NOUVELLE FLORE

DES

ENVIRONS DE PARIS.

NOUVELLE FLORE

DES

ENVIRONS DE PARIS,

SUIVANT LE SYSTÈME SEXUEL DE LINNÉE,

AVEC L'INDICATION
DES VERTUS DES PLANTES USITÉES EN MÉDECINE,
DES DÉTAILS SUR LEUR EMPLOI PHARMACEUTIQUE, etc. ;

PAR F. V. MÉRAT,

Docteur en médecine, Membre adjoint de la Société de la Faculté,
de la Société médicale d'émulation, etc. etc.

A PARIS,

Chez MÉQUIGNON-MARVIS, Libraire, rue de l'École de Médecine,
vis-à-vis la rue Hautefeuille, n° 9.

~~~~~~~~~~~~~~~~~~~~~~~~~~~~

DE L'IMPRIMERIE DE CRAPELET.

1812.
~~~~~~~~~~~~~~~~~~~~~~~~~~~~

PRÉFACE.

Le besoin d'un ouvrage sur les plantes des environs de Paris se faisait généralement sentir ; on désirait qu'il fût exact, précis, complet, et pourtant le moins volumineux possible, pour pouvoir être facilement porté dans les herborisations. J'attendais, comme les autres amateurs de la science végétale, que quelqu'un publiât ce traité si utile : personne ne l'entreprenant, j'ai essayé de remplir cette lacune.

Dix-huit années d'herborisations dans les environs de la capitale, des excursions fréquentes, à différentes époques de l'année, dans les lieux les plus riches en plantes, m'ont donné les moyens de reconnaître sur place les végétaux qui forment le domaine de la Flore parisienne. J'ai pu d'ailleurs m'aider des avis des Botanistes les plus éclairés de la capitale, qui m'ont communiqué leurs observations et leurs herbiers ; j'ai pu vérifier les plantes qui me paraissaient douteuses, les confronter avec celles qui portent le même nom dans les contrées voisines, soit en France, soit chez l'étranger : cette comparaison m'a mis à même de voir beaucoup d'erreurs, et de les rectifier.

Nous ne manquons pas de matériaux sur les plantes des environs de la capitale ; *les herborisations aux environs de Paris* du célèbre Tournefort méritent beaucoup d'estime, et contiennent des observations curieuses : on néglige trop cet ouvrage, qui peut être très-utile. Le *Botanicon parisiense* de Vaillant est aussi un excellent traité, qui offre de fort bonnes descriptions, et toujours des figures bien dessinées ; il y a même dans cet ouvrage des plantes qu'on n'a point encore retrouvées depuis Vaillant. Je me suis très-bien trouvé pour ma Flore de l'étude de ce livre, que je ne saurais trop conseiller aux personnes qui veulent connaître à fond la botanique de nos environs. L'ouvrage de Dalibard

(*Floræ parisiensis Prodromus*) n'est guère qu'un catalogue, mais il est exact. La *Flore des environs de Paris*, de M. Thuillier, a réveillé le goût de la botanique parmi nous ; cet ouvrage a été utile : son auteur a fait découvrir dans nos environs plusieurs plantes qu'on n'y soupçonnait pas ; son infatigable activité lui a fait propager le zèle de la science avec une ardeur que l'âge même ne ralentit pas. Les botanistes doivent beaucoup regretter que la magnifique *Flore des environs de Paris*, de MM. Poiteau et Turpin, n'ait pu être continuée ; il est fâcheux que le zèle des gens riches ne les porte pas à favoriser une si belle entreprise : les botanistes, qui sont en général peu fortunés, ne peuvent que gémir sur cette insouciance qui les prive d'un ouvrage utile, qu'on eût pu mettre en parallèle avec les *Flora danica*, *austriaca* et *rossica*; ouvrage qui d'ailleurs eût fait honneur à la France, et qui était peut-être digne de la protection du Gouvernement.

Mais tous ces ouvrages sont loin d'être complets; les deux premiers sont écrits avant l'établissement du système de Linnée ; le troisième avant que ce célèbre réformateur de la botanique eût adopté un langage particulier, généralement admis maintenant parmi les botanistes ; l'avant-dernier enfin, publié depuis douze ans, n'est plus au courant de la science. On a découvert depuis cette époque beaucoup d'espèces nouvelles, au moins pour nos environs ; des amateurs se sont plu à en naturaliser dans nos campagnes un certain nombre, pour accroître nos jouissances ; plusieurs autres étaient désignées par des noms qui ne leur appartenaient pas. Il nous fallait donc reprendre tous ces objets, les examiner, les discuter, les critiquer et les juger: c'est l'objet du travail que j'ai entrepris, et que je publie aujourd'hui.

Mes descriptions sont faites sur les plantes, et non répétées d'après d'autres livres, comme cela se fait si souvent, après toutefois m'être bien assuré que ces plantes sont celles désignées par les auteurs. J'ai tâché de tenir le milieu entre les *phrases linnéennes* et une description complète. Les premières, trop brèves, laissent souvent beaucoup à désirer; la seconde, trop étendue, laisse échapper les vrais caractères dans des détails nombreux. J'ai mis peu de synonymie, science dont on abuse trop maintenant, et dont on remplit les livres de botanique avec tant de facilité; je n'ai donné que celle qui m'a semblé nécessaire pour se reconnaître en consultant les auteurs principaux qui renvoient eux-mêmes aux autres ouvrages. A chaque plante j'ai indiqué une figure qu'on pourra consulter au besoin. La couleur des fleurs, le temps précis de la fleuraison, les localités, sont indiqués avec soin; j'ai même augmenté cette dernière partie, persuadé que, pour les botanistes commençans, on ne saurait trop indiquer de lieux où se trouvent les plantes que l'on décrit. Je n'ai point étendu le rayon de la Flore au-delà des limites ordinaires déterminées par la majorité des botanistes.

J'ai inséré une assez grande quantité de plantes qui, depuis un certain nombre d'années, se sont tellement naturalisées dans nos champs et dans nos bois, qu'on peut les regarder maintenant comme indigènes. J'en ai rejeté quelques-unes trop délicates pour s'y multiplier spontanément, et qui périssent dès la seconde année, quand elles sont abandonnées à la nature.

J'ai distingué quelques plantes que je crois tout-à-fait nouvelles; j'ai tâché de le faire avec discernement, sachant plus que personne combien il y a d'inconvéniens à multiplier les espèces, ce qui nous reporterait au chaos des anciens botanistes. Je les soumets d'ailleurs à la critique des savans, tout prêt à profiter de leurs observations, et à rectifier mes idées d'après les leurs, si elles me paraissent exactes. J'ai donné de nouveaux noms à quelques plantes déjà connues, mais auxquelles on en avait accordé qui n'étaient pas les leurs : cela était indispensable pour éviter la confusion, et rétablir l'ordre parmi les espèces de certains genres ; trois plantes m'ont même paru présenter des caractères assez saillans pour devoir former des genres nouveaux. Enfin j'ai indiqué quelques variétés nouvelles qui m'ont semblé distinctes, et j'ai réduit certaines espèces de quelques auteurs au rang des variétés, parce que je les ai jugées ne pas mériter d'autre place. J'estime à environ trois cents le nombre des plantes, espèces ou variétés dont est augmentée cette Flore, en prenant pour point de départ la seconde édition de la *Flore* de M. Thuillier, qui est l'ouvrage le plus complet publié jusqu'ici. Le nombre total de celles que j'ai décrites dans mon ouvrage, est de 1752, tant espèces que variétés ; 20 espèces et une centaine de variétés le sont pour la première fois.

Les botanistes pourront vérifier, dans mon herbier des environs de Paris, les espèces sur lesquelles ils auront des doutes, ou qu'ils voudront étudier : je me ferai un vrai plaisir de les recevoir toutes les fois que mes occupations me le permettront.

J'ai suivi, pour la classification, le système de Linnée, qui est généralement connu, facile pour la plus grande partie des classes, et d'une étude assez aisée ; celui de M. de Jussieu, plus savant, plus méthodique, et surtout plus satisfaisant, n'a pu être employé, parce que nous ne possédons pas assez de plantes dans nos environs pour suivre la chaîne des familles naturelles, et qu'elle eût été trop souvent rompue : il y a telle classe où nous eussions eu des familles entières vides. J'ai pourtant jugé utile de placer au commencement de mon ouvrage une sorte de table raisonnée suivant cette méthode, et qui sera, je pense, fort commode pour les étudians, et même pour les botanistes qui ne se servent que d'elle dans leurs études.

J'ai cru devoir ajouter les vertus des plantes usitées en médecine; c'est joindre, suivant moi, l'agréable à l'utile, et faire voir que la Botanique n'est pas seulement une science de mots, puisqu'elle sait aussi porter ses regards vers les besoins de l'homme : ces observations délassent en quelque sorte de la sécheresse des descriptions.

J'ai suivi pour les indications médicales les auteurs les plus estimés ; souvent elles sont l'énoncé de ma propre expérience, ou de celles de confrères d'un mérite reconnu. Les anciens botanistes ne manquaient jamais de joindre les vertus des plantes à leurs descriptions ; ils négligeaient même ces dernières, pour s'occuper davantage des autres. Les modernes ont fait tout le contraire ; je crois qu'ils ont eu tort, et qu'on doit tenir un juste milieu, en ne parlant que des plantes véritablement utiles. Le nombre des plantes médicales, pour nos environs, est d'environ deux cents, nombre qui pourrait être réduit de moitié, si on s'en tenait à celles qui ont des vertus marquées. Il serait à désirer même que tous les médecins botanistes fissent des expériences exactes pour s'assurer des propriétés de beaucoup de plantes indigènes qui ne sont pas encore connues sous ce rapport. J'ai émis, à ce sujet, dans le courant de l'ouvrage, quelques opinions médicales qui m'ont paru ne pas trop s'éloigner de cette vue.

On me reprochera peut-être de ne m'être pas servi des expressions nouvelles, consacrées par quelques auteurs, pour désigner les organes des plantes. J'avoue que j'en adopte volontiers plusieurs, mais que la brièveté de cet ouvrage, fait pour être élémentaire et compris de tout le monde, ne m'a pas permis d'en faire usage, et que j'ai préféré n'employer que le langage ordinaire des botanistes.

Je dois témoigner ici aux personnes qui ont bien voulu me seconder dans mon travail, toute ma reconnaissance : MM. de Jussieu et Richard, membres de l'Institut, m'ont donné plusieurs conseils qui m'ont été utiles ; M. Loiseleur Deslongchamps, auteur de la *Flora gallica*, a bien voulu me communiquer d'excellentes observations sur plusieurs parties de la Botanique, et me faire part de ses nombreux travaux, qui m'ont été d'un grand secours ; M. Léman, l'un des collaborateurs de la *Flore française*, m'a fourni des renseignemens sur plusieurs plantes, et des notes précises dont j'ai fait usage avec fruit ; M. Lallemant, botanophile zélé, m'a procuré plusieurs espèces nouvelles, et des éclaircissemens sur d'autres assez rares qu'il avait observées dans nos environs ; M. Lepeletier, autre amateur de la science végétale, m'a permis de vérifier dans son herbier toutes les espèces qui m'ont paru mériter un examen approfondi, et m'a aussi procuré plusieurs plantes nouvelles pour la Flore.

EXPOSÉ SUCCINCT

DES PARTIES EXTÉRIEURES DES PLANTES.

La botanique est une science qui nous apprend à connaître par principes les végétaux.

L'homme qui s'occupe de cette science, qui l'approfondit, qui en fait le sujet de ses méditations, qui cherche à en améliorer ou à en étendre le domaine, s'appelle botaniste.

Un végétal est un corps organisé, ordinairement attaché à la terre, privé de la faculté locomotrice, mais pourvu de celle de croître et de sentir.

C'est surtout à l'aide d'une méthode, ou d'un système, qu'on parvient à la connaissance des végétaux.

On appelle de ce nom une distribution régulière des végétaux par classes et ordres ; la présence de certaines parties, dont on est convenu, dans les végétaux, constituent les classes, puis les ordres. Plus ces parties sont constantes et faciles à apercevoir, meilleure est la méthode et le système. Les classes renferment les ordres ; les ordres, les genres.

Les genres sont formés des végétaux qui ont tous les caractères de la classe et de l'ordre où ils doivent se trouver, et qui diffèrent entre eux par d'autres caractères.

Les espèces sont formées des plantes qui, ayant les caractères du genre, diffèrent entre elles par d'autres caractères constans.

Les variétés sont des individus d'une même espèce, qui n'en diffèrent que par des caractères passagers qui peuvent se perdre, soit avec le temps, soit avec les circonstances qui les ont fait naître.

L'individu proprement dit est la plante qu'on a sous les yeux, quelle qu'elle soit.

Un végétal est ordinairement composé des parties suivantes :

1°. La racine, 2°. la tige, 3°. les feuilles, 4°. les fleurs, 5°. le fruit, 6°. de quelques organes accessoires qu'on désigne sous le nom de *supports*.

Tous les végétaux ne présentent pas ces organes ; ils manquent quelquefois d'un ou de plusieurs ; mais ils en offrent toujours un nombre quelconque qui servent au botaniste, de caractères pour les distinguer des autres et les reconnaître.

Nous ne prétendons pas parler des organes internes, dont la connaissance constitue plus particulièrement l'anatomie et la physiologie végétales, branche de la botanique maintenant très-cultivée, mais dont il n'entre pas dans notre plan de nous occuper.

DES RACINES.

On en distingue trois espèces principales :

1°. Racine FIBREUSE : celle qui est composée de filets alongés, rameux, arrondis, d'un petit calibre, ordinairement nombreux ; si ces filets sont très-fins, on dit la racine CHEVELUE.

2°. Racine TUBÉREUSE : celle qui consiste en un corps renflé, creux ou solide, charnu. Quelquefois il n'y a qu'un tubercule (le *radis*) ; quelquefois il y en a deux (*orchis*) ; d'autres fois ils sont nombreux et petits (la *saxifrage granulée*). Les tubercules peuvent faire le corps de la racine : ce sont les véritables racines tubéreuses (*corydalis tuberosa*, Decand.) ; mais ils sont souvent seulement adhérens aux fibres de la racine (*filipendule*, *pomme de terre*). La racine tubéreuse, qui va graduellement en diminuant, est dite PIVOTANTE (la *rave*, le *navet*).

3°. Racine BULBEUSE : celle qui consiste en un corps charnu, succulent, composé de tuniques qui se recouvrent (*narcisse*). A proprement parler, ce n'est pas une racine ; le bulbe est un véritable bourgeon radical ; la racine est fibreuse et située au-dessous.

On distingue trois parties à ces racines, le corps, le collet et le chevelu : COLLET, l'espèce de rétrécissement qui est à fleur de terre entre le commencement de la tige et le corps de la racine ; CORPS, ce qui constitue la véritable racine ; et CHEVELU, les fibres qui tiennent au corps : il y a des racines qui n'ont que le collet et le chevelu.

Par rapport à leur direction en terre, les racines sont PERPENDICULAIRES OU HORISONTALES ; RAMPANTES, si elles poussent des fibres d'espace en espace dans cette dernière direction.

Par rapport à leur durée, elles sont annuelles ⊙, bisannuelles ♂, vivaces ♃, ligneuse et d'une durée indéfinie ♄.

DE LA TIGE.

La tige est, à proprement parler, le corps du végétal : on en reconnaît trois espèces.

1°. La TIGE spécialement dite : c'est cette partie du végétal qui s'élève ordinairement de la racine, perpendiculairement à la terre, et qui porte les feuilles, les fleurs et les fruits ; la plupart des herbes et des sous-arbrisseaux ont des tiges.

2°. Le CHAUME : on appelle ainsi la tige des graminées ; elle est garnie, dans toute sa longueur, de nœuds qui servent à l'affermir (le *blé*, le *seigle*, etc.).

3°. Le TRONC : c'est la tige des arbrisseaux et plus particulièrement des arbres ; elle est ligneuse, grosse et pourvue d'une écorce plus ou moins épaisse (le *chêne*, l'*orme*, etc.).

On considère les tiges par rapport à leur position : elles sont le plus souvent DRESSÉES (la *valériane*, le *millepertuis*); si elles montent verticalement, si elles le font sans se ramifier, ou du moins très-peu, on les dit MONTANTES (le *peuplier d'Italie*,) : elles sont INCLINÉES, si elles s'éloignent de la verticale (*danthonia decumbens*, Decand.) : elles sont COUCHÉES, si elles s'étendent sur la terre (la *centinode*, etc.) : les tiges couchées sont RAMPANTES, si elles poussent seulement des racines de leurs nœuds (la *nummulaire*) : elles sont TRAÇANTES OU STOLONIFÈRES, si étant couchées elles poussent des tiges et des racines de leurs nœuds (le *fraisier*, le *lierre terrestre*).

Par rapport à leur rectitude, les tiges sont DROITES, si elles ne s'éloignent pas de la ligne de ce nom, lors même qu'elles seraient couchées (*sisymbrium supinum*, L.); FLEXUEUSES OU SINUEUSES, si elles forment des courbures ou des angles d'un nœud à l'autre (*thalictrum minus*, L.); en ZIGZAGS, si les inflexions sont tantôt tortues, tantôt droites : elles peuvent être ROULÉES EN SPIRALE, COURBÉES, etc. Les tiges peuvent s'entortiller autour des corps voisins; si c'est à l'aide de leurs vrilles ou des pétioles, on les dit GRIMPANTES (*vicia*, etc.); si c'est au moyen des tiges, on les appelle VOLUBILES (le *houblon*, etc.); quelquefois les plantes qui ont la tige rampante montent par le moyen des racines qu'elles implantent dans les murs, etc. (le *lierre*).

Par rapport à leur épaisseur, les tiges sont GROSSES, MOYENNES, GRÊLES, EFFILÉES, FILIFORMES, CAPILLAIRES, etc. On entend ces termes sans qu'il soit besoin de les expliquer. Les tiges creuses intérieurement sont dites FISTULEUSES (*allium*, etc.)

Par rapport à leur surface, elles sont LISSES, si aucune aspérité ne se remarque à leur extérieur (le *jonc fleuri*); RUDES, RABOTEUSES, APRES, RUGUEUSES, etc., s'il s'en trouve; elles sont STRIÉES, si on y voit de petites lignes creuses et parallèles, (les *ombellifères*); CANNELÉES, si on y remarque de petites raies creusées plus profondément; SILLONNÉES, si ces raies sont très-excavées et grandes (*heracleum spondylium*, L. etc.).

Les tiges sont quelquefois garnies de nœuds : s'ils sont gros, on les dit NOUEUSES (*caucalis nodosa*, All.); si elles sont cassantes à ces nœuds, on les dit ARTICULÉES (le *gui de chêne*).

Les tiges sont NUES, si on n'y observe pas de feuilles; GLABRES, si on n'y voit ni poils, ni soies, ni duvet ou épines, etc. : elles sont FEUILLÉES, VELUES, SOYEUSES, COTONNEUSES, ÉPINEUSES, etc., dans le cas contraire. Elles sont AILÉES, si on y observe des prolongemens membraneux venant des pétioles ou des feuilles, etc. (les *lathyrus*).

Par rapport à leur contour, les tiges sont CYLINDRIQUES, ARRONDIES, COMPRIMÉES, TRIANGULAIRES, QUADRANGULAIRES : ou à beaucoup d'angles, on les dit alors ANGULEUSES (la *saponaire*, etc.)

Enfin les tiges des plantes , considérées sous l'aspect de leur division , peuvent être SIMPLES (la *benoîte*, etc.), si elles ne poussent pas de branches ; RAMEUSES , si elles en poussent ; DIFFUSES , si le nombre en est considérable (la *tormentille*) : les tiges rameuses sont DICHOTOMES , si les divisions vont toujours de deux en deux (la *mâche*) ; TRICHOTOMES , si elles vont de trois en trois , etc.

Les rameaux , qui sont des parties de la tige , peuvent être ALTERNES OU OPPOSÉS ; VERTICILLÉS , s'ils sont opposés plus de deux ; RAMASSÉS , s'ils partent plusieurs du même point : ils sont DIVERGENS , s'ils s'éloignent de la tige presque à angle droit ; DRESSÉS , FASTIGIÉS , s'ils se rapprochent de la tige , PENCHÉS , TOMBANS , etc.

Les ÉPINES sont des prolongemens ligneux, aigus, qui naissent sur l'écorce des tiges et des rameaux, qui vont jusqu'au bois , et qui paraissent dus à l'avortement des rameaux ; elles adhèrent fortement à l'écorce, ce qui les différencie des aiguillons qui s'en détachent avec facilité. Les épines sont SIMPLES , BIFIDES , TRIFIDES , RAMEUSES , ÉTOILÉES , etc.

DES SUPPORTS.

Ils servent à soutenir les feuilles , les fleurs et les fruits , et sont probablement formés aux dépens des rameaux.

1°. Le PÉTIOLE : c'est un prolongement de la tige qui porte la feuille : il peut être simple, rameux, dichotome, trichotome, glabre ou velu , épineux, etc. ; AILÉ , s'il est pourvu d'une sorte de membrane sur les côtés : il porte souvent à la base des stipules , des épines, etc. ; il est solitaire, géminé (deux à deux), ramassé , verticillé , etc. Les divisions des pétioles rameux s'appellent PÉTIOLES PARTICULIERS.

2°. Le PÉDONCULE : c'est un prolongement de la tige qui porte la fleur : il peut avoir toutes les manières d'être du pétiole ; lorsqu'il est rameux , les ramifications simples s'appellent des PÉDICELLES.

3°. La HAMPE OU SCAPE : c'est une sorte de pédoncule qui part de la racine , et qui est toujours dépourvu de feuilles.

DES FEUILLES.

Les FEUILLES sont un des organes les plus importans des plantes; elles offrent au botaniste de bons caractères pour distinguer entre eux et reconnaître les différentes espèces des végétaux.

1°. Considérées sous le rapport de leur circonscription , les feuilles sont :

LANCÉOLÉES , lorsqu'elles sont allongées de manière à ce que leur longueur soit au moins triple de leur largeur , et qu'elles vont en diminuant de la base au sommet.

Ovales, si le diamètre transversal du milieu est le plus grand, et qu'à égale distance du centre les diamètres soient de même longueur entre eux, avec les bords plus ou moins arrondis à la base et au sommet; ovales-élargies, si la base ou le sommet sont plus larges que le centre; obovales, si l'ovale est renversé; arrondies, orbiculaires, si les diamètres en tous sens sont à peu près égaux.

Elliptiques, si les diamètres du centre et ceux de deux points pris à une certaine distance de ce centre sont égaux.

spatulées, si une feuille ovale ou arrondie est rétrécie avant la base qui conserve une certaine largeur.

Linéaires, si la longueur surpasse beaucoup de fois la largeur, avec les bords parallèles dans la plus grande partie de leur étendue. On conçoit, d'après cette définition, qu'une feuille linéaire peut être large.

Subulées : c'est la feuille très-allongée, et dont les bords vont en se rapprochant de la base à la pointe, et finissent par se confondre en manière d'alène.

Capillaires : ce sont les feuilles dont les deux bords sont presque confondus pour ne former qu'une ligne presque de la finesse d'un cheveu.

Triangulaires, feuilles dont la base et les côtés sont en lignes droites et forment un triangle : on les appelle deltoïdes, si leur figure se rapproche d'un delta grec Δ; si les angles inférieurs des feuilles triangulaires se prolongent beaucoup, on les appelle sagittées, etc. Si c'est le sommet de la feuille qui est élargi, et qu'elle aille en diminuant jusqu'à la base, elle prend le nom de cunéiforme; il n'y a quelquefois que la base d'une feuille qui soit cunéiforme.

Quadrangulaires, pentagulaires, etc., suivant qu'elles sont à quatre ou cinq côtés en lignes droites, etc.; rhomboïdales, si les quatre côtés sont obliques les uns sur les autres et parallèles (le *peuplier d'Italie*); trapéziformes, si deux des quatre côtés seulement sont parallèles.

2°. Considérées par rapport à leur base et à leur sommet.

On appelle base cette partie de la feuille à laquelle est attaché le pétiole; et sommet, l'extrémité opposée.

La base des feuilles est arrondie, si elle affecte cette forme; atténuée, si elle diminue peu à peu jusqu'à se confondre avec le pétiole; échancrée, si les côtés de la feuille au point d'attache du pétiole font un angle rentrant; si les feuilles échancrées à la base sont en même temps ovales, on les dit cordiformes; elles sont cordiformes-ovales, cordiformes-lancéolées, suivant que ces figures se trouvent réunies; si la feuille est élargie et échancrée au sommet, on la nomme en cœur renversé, obcordée; si la base est très-échancrée en rond, et le sommet arrondi, déprimé, la feuille est réniforme, semi-lunaire, etc.

Le sommet des feuilles est quelquefois arrondi ; on les appelle alors OBTUSES ; si les bords se rapprochent au sommet sous un angle de très-peu d'étendue, elles sont AIGUËS ; POINTUES, si les bords réunis se confondent en une seule ligne faisant la pointe ; si les bords restent quelque temps parallèles, on dit que les feuilles sont prolongées en LANGUETTE. Le sommet des feuilles peut être TRONQUÉ, ÉCHANCRÉ, etc.

3°. Considérées sur leurs bords, les feuilles sont :

ENTIÈRES, si la ligne extérieure de leur pourtour se prolonge sans aucune discontinuité ; DENTÉES, si cette ligne est rompue à chaque instant par de petits angles rentrans et saillans. On dit les feuilles DENTÉES SIMPLEMENT, si les deux côtés de la dent sont égaux ; DENTÉES EN SCIE, si un des côtés est plus long que l'autre ; ce qui les force nécessairement à être obliques, et disposées à peu près comme les dents d'une scie ; CRÉNELÉES, si les deux côtés de la dent se réunissent en manière de demi-cercle ; les feuilles sont DOUBLEMENT DENTÉES, si de grandes dents en ont de plus petites sur leurs côtés ; IRRÉGULIÈREMENT DENTÉES, si les dents sont inégales. On dit que les DENTS sont AIGUËS, si leurs deux côtés se réunissent sous un angle peu ouvert ; OBTUSES, si cet angle est ouvert et émoussé au sommet. Lorsque les dents des feuilles sont grandes, on dit qu'elles sont pourvues de GROSSES DENTS ; si elles sont fines, on les appelle DENTICULES. Les feuilles crénelées subissent plusieurs des modifications des feuilles dentées.

Si les bords des feuilles, au lieu d'offrir des dents ou des crénelures, sont comme LACÉRÉS, ÉRODÉS, DÉCHIQUETÉS, MORCELÉS, etc., on les appelle de ces noms ; si les anfractuosités qu'on y observe sont régulières, arrondies, et d'une certaine étendue, on les dit SINUEUSES.

4°. Considérées par rapport à leurs deux faces, les feuilles sont :

PLANES, si on n'y observe ni élévation, ni cavité ; c'est le plus grand nombre des feuilles.

ONDULÉES, si on y remarque des élévations allongées et arrondies sur le côté saillant de l'élévation ou dos.

PLISSÉES, si on y remarque des élévations allongées et à dos aigu.

CRÉPUES, si on y remarque des élévations courtes, nombreuses et arrondies ; ce sont les bords des feuilles qui sont ordinairement crépus, ce qui paraît dépendre de ce qu'ils ont une étendue plus grande que le centre de la feuille proportionnellement.

RIDÉES, si les élévations sont nombreuses, courtes et à dos aminci.

Les feuilles sont quelquefois PLIÉES en deux ; EN GOUTTIÈRES, si les deux côtés sont creusés sur une de leur face en demi-cercle dans toute leur longueur ; CANALICULÉES, si l'écartement des deux portions de la feuille pliée laisse une sorte de conduit moins grand ; ENSIFORMES, si ces deux côtés sont appliqués immédiatement l'un sur l'autre (*iris*).

Les feuilles peuvent être CONCAVES, former le capuchon, la cuiller, etc.

Les feuilles peuvent être ROULÉES en cornet, etc., comme dans beaucoup de graminées, etc.

5°. Sous le rapport de leur vestiture :

Les feuilles peuvent être NUES, c'est-à-dire, sans aucun autre organe dépassant leur surface. Une feuille nue peut être GLABRE, LUISANTE ; VEINÉE, si les vaisseaux rampent à la surface de manière à être facilement aperçus ; marqués de NERVURES, qui sont des lignes saillantes, allongées, qu'on y remarque ; elles peuvent être RUGUEUSES, RABOTEUSES, RUDES, etc.

Les feuilles peuvent être garnies :

De POILS, petits filets creux qu'on observe sur les tiges, les feuilles, etc. ; ils sont mous, roides ; dans ce dernier cas, ils sont appelés HISPIDES ; ils peuvent être simples, bifurqués, rameux, disposés en étoiles, etc. (*feuilles velues, hispides*, etc.).

De SOIES, petits filets doux, allongés, luisans, probablement sans canal intérieur (*feuilles soyeuses*).

De DUVET, petits filets soyeux fort courts (*feuilles pubescentes*).

De COTON, filets soyeux, nombreux et entrelacés (*feuilles cotonneuses*).

De LAINE, soies nombreuses, épaisses et rameuses (*feuilles laineuses*).

D'une MATIÈRE GLUANTE, VISQUEUSE, qui les vernit et en recouvre la surface, soit d'un seul côté ou des deux (*feuilles visqueuses*).

La soie, les poils, etc., peuvent garnir les deux faces des feuilles, ou un seul des côtés, ou seulement les bords ; dans ce dernier cas, on les dit CILIÉES, si les poils sont de la même longueur et également écartés.

De GLANDES : on en distingue de miliaires, de vésiculaires, de globuleuses, de lenticulaires, d'utriculaires, etc. (*feuilles glanduleuses*).

De TUBERCULES : ce sont des corps solides, durs, plus ou moins gros (*feuilles tuberculeuses*) ; ils les rendent rudes au toucher. Les tubercules sont souvent surmontés de poils hispides. Si les tubercules sont arrondis, à peu près égaux et d'un certain volume, on les appelle MAMELONS.

D'AIGUILLONS : ce sont des corps piquans, solides, non creux, qui se détachent par la base avec facilité (*feuilles aiguillonnées*).

6°. Relativement à leur coloration, les feuilles sont en général vertes ; mais ce vert peut être PALE, NOIRATRE, JAUNATRE, etc. On le dit GLAUQUE, s'il se rapproche du vert de mer, avec la propriété de ne se point mouiller lorsqu'on trempe ces feuilles dans l'eau (*feuilles glauques.*).

Les feuilles peuvent être ROUGEATRES, PURPURINES, VIOLETTES, etc. Elles ne prennent le plus souvent ces couleurs qu'en vieillissant ; quelquefois, au contraire, à leur naissance elles sont BLANCHES, JAUNES, etc. ; mais elles perdent ce coloris en croissant. Les feuilles sont quelquefois colorées par maladie.

Les feuilles peuvent être PANACHÉES, MARBRÉES, c'est-à-dire, avoir par places des couleurs blanches, jaunes, rouges, etc.

7°. Relativement à leur épaisseur, elles peuvent être MINCES, si les deux faces sont très-rapprochées ; elles sont alors souvent TRANSPARENTES : elles sont ÉPAISSES, si les deux faces sont séparées par une substance plus abondante ; les feuilles épaisses sont souvent OPAQUES ; CHARNUES, si cette substance est très-abondante : les feuilles charnues peuvent être LANGUIFORMES, si l'épaisseur est à peu près la même partout, avec un sommet arrondi ; OVOÏDES, si les deux faces sont gonflées de manière à imiter un œuf ; SPHÉROÏDES, si elles ressemblent à une sphère. Si le gonflement arrondi a lieu suivant la longueur d'une feuille, on l'appelle CYLINDRIQUE.

Les feuilles peuvent avoir plus de deux faces : on les dit TRIGONES, si elles ont trois faces ; si les trois côtés sont sur une feuille allongée, on la dit TRIANGULAIRE.

Les feuilles à trois faces peuvent être en DOLOIRE, si elles sont courtes et amincies par un côté en forme de hache ; ACINIFORMES, si elles sont allongées et amincies d'un côté en forme de sabre, etc.

Les feuilles peuvent avoir quatre faces : on les appelle QUADRANGULAIRES, CARRÉES, TÉTRAGONES ; PENTAGONES, si elles en ont cinq, etc. ; et si les faces sont multipliées, ANGULEUSES, etc.

Les feuilles ont quelquefois sur leurs bords des productions membraneuses, cartilagineuses, scarieuses ; quelquefois elles sont entièrement de cette nature : de là viennent les noms de FEUILLES CARTILAGINEUSES, MEMBRANEUSES, SCARIEUSES ; DENTS CARTILAGINEUSES, etc.

8°. Par rapport à la consistance, les feuilles sont MOLLES, FERMES, ROIDES, CORIACES, CASSANTES, TENACES, etc. On entend ces termes sans qu'il soit besoin d'en donner d'explication.

9°. Par rapport à leur durée, les feuilles sont TOMBANTES, si elles périssent chaque année à l'entrée de l'hiver, comme il arrive au plus grand nombre des plantes et des arbres ; CADUQUES, si elles tombent avant l'époque ordinaire et avec facilité ; PERSISTANTES, lorsqu'elles restent plusieurs années sur la plante ou l'arbre : il y a quelques feuilles qui restent sur les arbres, quoique desséchées à leur époque ordinaire (les *chênes*).

10°. Par rapport à leurs divisions, les feuilles sont SIMPLES ou COMPOSÉES.

Les feuilles simples sont celles qu'un pétiole simple soutient et va attacher à la tige ou aux branches ; elles affectent une ou plusieurs des formes indiquées ci-dessus ; leur contour peut être divisé, en outre, de la manière suivante :

En violon, si elles ont une échancrure arrondie de chaque côté, un peu au-dessus de la base (*rumex pulcher*, L.).

Lobées, s'il y a plusieurs divisions arrondies, un peu obliques, presque égales et allant à peu près jusqu'au milieu du disque de la feuille (*hepatica triloba*, Vill.).

Palmées, si les lobes sont droits et aigus (la *vigne*).

Laciniées, si les lobes sont inégaux, nombreux et irréguliers (le *laceron*, etc.).

Pinnatifides, lorsque le contour d'une feuille est divisé en segmens égaux, qui ne pénètrent pas jusqu'au pétiole ; les segmens peuvent être eux-mêmes pinnatifides, de sorte qu'on dit alors que les feuilles sont bipinnatifides, tripinnatifides, etc. Il faut faire attention que les segmens des feuilles pinnatifides, qu'on appelle quelquefois abusivement folioles, sont souvent profonds, de sorte qu'on pourrait croire que les feuilles où cette disposition se rencontre sont ailées.

Lyrées, si le contour d'une feuille est divisé en segmens arrondis, qui vont graduellement en augmentant de la base au sommet sans atteindre le pétiole (*lapsana fœtida*, All.).

Roncinées, lorsque le contour d'une feuille est divisé en segmens inégaux, anguleux, qui vont graduellement en augmentant de la base au sommet, et dont les inférieurs atteignent le pétiole (*pissenlit*, etc.)

Les feuilles composées sont celles qui sont soutenues par des pétioles particuliers, qui se rendent à un pétiole commun qui les attache à la tige ou aux branches.

Les feuilles composées sont formées de plusieurs feuilles qu'on appelle folioles ; les folioles en particulier sont de véritables feuilles simples, qui en ont les formes et les caractères, et qui peuvent par conséquent être de toutes sortes de grandeur. Il ne s'agit que d'indiquer leur disposition sur le pétiole commun.

Lorsqu'elles sont attachées au sommet du pétiole, on les dit :

Conjuguées ; ce sont celles qui ont deux folioles.

Ternées, celles qui ont trois folioles (les *trèfles*).

Quaternées, etc., celles qui en ont quatre.

Digitées, lorsque plus de quatre folioles sont attachées au sommet du pétiole commun (la *quintefeuille*).

Pédalées, lorsque le pétiole étant bifurqué au sommet, les folioles sont attachées à chacun des côtés externes de la bifurcation (le *pied de griffon*).

Si les folioles, au lieu d'être attachées au sommet du pétiole commun , sont disposées sur ses côtés comme les barbes d'une plume , on les appelle AILÉES ou PINNÉES (la *vesce*, le *pois*); elles sont SIMPLEMENT AILÉES , lorsqu'il n'y a qu'une seule rangée de folioles à droite et à gauche ; les feuilles sont AILÉES AVEC IMPAIRE , lorsqu'il y a une foliole terminale à l'extrémité du pétiole (le *baguenaudier*) ; et AILÉES SANS IMPAIRE , lorsqu'il n'y en a pas (les *lathyrus*).

Les feuilles ailées sont doublement ailées ou BIPINNÉES , ou TRIPINNÉES , suivant que le pétiole particulier porte lui-même une rangée de folioles , ou qu'il est rameux , et qu'il est encore doublement ailé : au-delà de trois rangées de folioles , les feuilles sont dites DÉCOMPOSÉES.

11°. Par rapport au pétiole et à son insertion , il s'attache brusquement à la feuille qui est arrondie à la base ou tronquée , ou bien celle-ci finit insensiblement en se confondant avec lui. Si le pétiole s'attache sous la feuille, on la dit PELTÉE, EN BOUCLIER (*l'écuelle d'eau*, etc.)

Le pétiole est simple dans les feuilles simples ; composé , rameux , dichotome , trichotome , décomposé , suivant qu'il appartient à des feuilles de ces différens genres.

Il peut être nu , velu , soyeux , cotonneux , aiguillonné , glanduleux , etc.

Le pétiole manque souvent, alors les feuilles sont dites SESSILES ; elles peuvent être seulement posées sur la tige ; mais aussi elles peuvent l'embrasser : on les appelle alors AMPLEXICAULES, EMBRASSANTES ; si la tige passe au travers de la feuille , elle est dite PERFOLIÉE ; si la feuille se prolonge sur la tige en manière d'aile ou de membrane , elle est dite DÉCURRENTE ; les pétioles sont quelquefois un peu décurrens.

On trouve souvent à la base du pétiole ou sur le pétiole une sorte de feuille avortée qu'on appelle STIPULE : elle peut affecter la plupart des formes et des manières d'être des feuilles ; elle est ordinairement sessile ; elle paraît avoir pour usage de protéger la feuille avant son développement.

12°. Par rapport à leurs disposition , direction et situation , les feuilles sont :

1°. ALTERNES, OPPOSÉES, VERTICILLÉES, RAMASSÉES, ÉPARSES.

2°. ÉTALÉES , APPLIQUÉES les unes contre les autres ou sur les rameaux ; PENCHÉES, DIVARIQUÉES , etc.

3°. Celles qui viennent de l'intérieur de la graine sont dites SÉMINALES. Celles qui partent de la racine ou du collet sont dites RADICALES ; CAULINAIRES , celles de la tige ; TERMINALES , celles du sommet ; FLORALES , celles qu'on trouve au voisinage des fleurs : ces dernières sont souvent différentes des autres , et colorées.

Les BRACTÉES sont de petits feuilles avortées qu'on trouve à la base des fleurs , et qui sont aux fleurs ce que les stipules

sont aux feuilles : elles paraissent destinées à protéger la fleur
en bouton ; elles peuvent affecter les formes diverses des feuilles ;
elles sont ordinairement sessiles, souvent membraneuses, colorées, etc.

DES FLEURS.

La fleur est ordinairement la partie la plus apparente du
végétal, et toujours la plus essentielle, puisqu'elle contient les
organes de la reproduction ; c'est dans la fleur que les botanistes trouvent les caractères qui servent de fondement aux
méthodes, aux classes, aux ordres et aux genres.

Les fleurs peuvent être composées des parties suivantes :

1º. Le CALICE.	5º. Les PISTILS.
2º. La COROLLE.	6º. L'OVAIRE.
3º. Le RÉCEPTACLE.	7º. Le NECTAIRE.
4º. Les ÉTAMINES.	

DU CALICE.

Le CALICE est cette partie extérieure de la fleur, ordinairement colorée en vert, épaisse, qui renferme la corolle et les
parties de la fructification, ou seulement les parties de la fructification, ou quelques-unes des parties de la fructification.

Il est utile pour protéger les parties qu'il renferme : souvent les
étamines sont posées sur lui, et il sert aussi d'enveloppe au fruit.

Il faut considérer les calices par rapport à leur tube, à leur
bord supérieur, et à leur division.

1º. Le tube des calices est cylindrique, anguleux, pyramidal,
gonflé, vésiculeux, ovoïde, gros, petit, subulé, etc.

2º. Les calices sont composés d'une seule pièce sans divisions
au sommet : on les appelle entiers (*ceux de beaucoup d'ombellifères*) ; ce sommet peut être divisé en découpures peu profondes qu'on appelle dents (CALICE DENTÉ), et qui peuvent
présenter les caractères des différentes dents des feuilles. Si les
découpures vont jusqu'à la moitié du tube du calice et plus,
elles prennent le nom de lobes (CALICE LOBÉ) ; les lobes peuvent avoir toutes les formes que nous avons vues affecter aux
feuilles : ainsi ils sont lancéolés, ovales, arrondis, incisés,
pinnatifides, ailés, etc. Le nombre des dents et des lobes varie
depuis 2 jusqu'à 10, 12 et plus : s'il n'y en a que 2, on les
appelle ordinairement lèvres ; leur nombre le plus ordinaire est
de cinq. Les calices d'une seule pièce sont appelés MONOPHYLLES,
et, suivant le nombre des dents, BIFIDES, TRIFIDES, QUADRI-
FIDES, QUINQUEFIDES, MULTIFIDES, etc.

3º. Les calices peuvent être composés de plusieurs folioles
distinctes ; elles sont au nombre de 2, 3, 4, 5, etc. Ces folioles peuvent affecter toutes les manières d'être des feuilles : on
appelle les calices de plusieurs folioles DIPHYLLES, TRIPHYLLES,

POLYPHYLLES, etc., suivant leur nombre. Le calice des graminées s'appelle GLUME ; d'autres l'appellent BALE : ce calice a ordinairement 2 folioles ou VALVES. Nous avons réservé le nom de bâle pour la corolle des plantes de cette famille.

Si les calices sont doubles, on les dit CALICULÉS (la *mauve*). Le calice général des fleurs composées est composé de beaucoup de folioles imbriquées : on le nomme CALICE IMBRIQUÉ (la *verge d'or*, etc.).

Les calices sont persistans, caduques, marcescens, etc.

Il y a souvent à la base des calices des espèces d'écailles ou bractées calicinales (les *œillets*).

L'intérieur des calices est quelquefois velu (*thymus*), ordinairement glabre.

Le calice manque dans un certain nombre de plantes (*robertia*, etc.). Comme le calice est quelquefois coloré, il devient difficile de décider si c'est la corolle ou le calice qui est absent. Il y a des botanistes qui tranchent la difficulté en appelant l'enveloppe florale unique, PERIANTHE (autour de la fleur).

On comprend quelquefois abusivement, parmi les calices, l'INVOLUCRE, espèce de collerette à folioles verticillées qu'on observe à la base des rayons des fleurs en ombelle; et l'INVOLUCELLE, celle qui se trouve à la base des pédicelles des ombellules des mêmes fleurs.

La SPATHE est une sorte d'enveloppe souvent monophylle, quelquefois diphylle, qui enveloppe quelques espèces de fleurs ordinairement dépourvues de calice particulier.

Les fleurs en chaton n'ont le plus souvent pour calice qu'une écaille qui protége et porte les étamines dont chaque fleur se compose.

On appelle CALICE INFÈRE celui qui contient l'embryon; CALICE SUPÈRE celui qui est situé au dessus.

Les calices peuvent être glabres, velus, aiguillonnés, etc.

DE LA COROLLE.

La COROLLE est cette partie de la fleur ordinairement colorée de toutes sortes de façons, mince, délicate, située entre le calice et les étamines, et renfermant les parties sexuelles en tout ou en partie.

Les corolles sont simples ou composées, régulières ou irrégulières.

On donne le nom de PÉTALE à chacune des pièces qui composent la corolle : lorsqu'elle est d'une seule pièce, on la dit MONOPÉTALE, etc.; POLYPÉTALE, s'il y en a plusieurs.

On considère dans chaque pétale le sommet, le corps et la base : le SOMMET est l'extrémité libre du pétale, opposé à celui qui est fixé au fond de la fleur; il peut être entier, denté, lobé, déchiqueté, multifide, etc.; il est glabre, velu, cilié, aristé, etc. : il est quelquefois d'une autre couleur que le corps même du pétale. Celui-ci est compris entre les deux extrémités du pétale; il est glabre, velu, glanduleux, etc. La base est la partie située à l'extrémité adhérente du pétale, ordinairement rétrécie, quelquefois la partie la plus large, souvent entière, parfois échancrée, etc. On remarque quelquefois à la base interne des pétales un ONGLET, qui est une espèce d'écaille, très-visible dans les œillets.

La corolle considérée dans son ensemble présente plusieurs parties ; le LIMBE, qui est l'espace renfermé entre les sommets de chaque pétale, ou des divisions du pétale si elle est monopétale : il peut être ovale, arrondi, régulier, irrégulier, etc. Le TUBE DE LA COROLLE est cette partie située entre le limbe et la base : il peut être court, allongé, cylindrique, comprimé, velu, glabre, glanduleux, etc.

Les COROLLES RÉGULIÈRES sont celles dont le limbe est semblable et égal dans toutes ses divisions ; les IRRÉGULIÈRES, celles dont le limbe est inégal et différent dans ses divisions.

Les FLEURS MONOPÉTALES RÉGULIÈRES sont en cloche, CAMPANIFORMES (les *campanules*, etc.) ; en entonnoir, INFUNDIBULIFORMES (le *lilas*, le *troéne*, etc.); en ROUES (la *pervenche*, la *bourrache*, etc.) ; TUBULEUSES, lorsque le limbe est peu ouvert, et le tube très-prononcé, comme dans les fleurs composées (la *tanaisie*, le *séneçon*, etc.) Chacune de ces corolles peut être dentée, lobée, divisée : on exprime le nombre des dents, des divisions des lobes par BIFIDE, TRIFIDE, QUADRIFIDE, QUINQUEFIDE, etc.

Les FLEURS MONOPÉTALES IRRÉGULIÈRES sont LABIÉES, parce qu'elles semblent avoir deux lèvres (le *marrube*, la *bétoine*, etc.) ; en LANGUETTE, parce qu'une de leurs divisions est prolongée beaucoup plus que les autres, comme on le voit dans les composées appelées semi-flosculeuses (le *pissenlit*, la *chicorée*, etc.) ; et à la circonférence des radiées (la *jacobée*, la *grande marguerite*, etc.)

Les FLEURS POLYPÉTALES RÉGULIÈRES ont des pétales en nombres différens, depuis deux jusqu'à une quantité indéfinie ; la forme la plus ordinaire est celle dite en ROSE : la moitié des plantes polypétales régulières affectent cette manière d'être, et ont 5 pétales (les *ombelles*, les *roses*, etc.) ; en CROIX, ou CRUCIFÈRES, ce sont les fleurs à 4 pétales opposés deux à deux (le *chou*, la *moutarde*, etc.).

Les FLEURS POLYPÉTALES IRRÉGULIÈRES sont dites légumineuses ou PAPILIONACÉES, parce qu'elles ont un peu la ressemblance avec un papillon qui vole ; elles sont composées de 4 pétales qui ont reçu des noms différens : le supérieur, qui est ordinairement redressé et étendu, s'appelle l'ÉTENDARD ; l'inférieur, qui est recourbé et comme plié en deux, s'appelle la CARÈNE; les deux latéraux, qui sont planes, s'appellent les AILES : on nomme ANOMALES ou nectarifères les fleurs polypétales irrégulières, qui ont un prolongement cornu d'un ou de plusieurs pétales au dessous de la corolle (le *pied d'alouette*, etc.)

Toute corolle monopétale ou polypétale dont une ou plusieurs divisions ne sont pas symétriques, ou sont inégales, est irrégulière, quoiqu'elle ne se trouve pas comprise dans les formes précédentes.

Le NECTAIRE est une partie de la corolle qui renferme une liqueur particulière, souvent miellée : c'est une partie accessoire de la fleur qu'on ne rencontre que dans quelques-unes : il est de forme très-variable; il consiste tantôt dans des prolongemens cornus, comme dans les fleurs anomales (*l'ancolie*, les *orchis*, etc.); d'autres fois dans des tubes intérieurs, comme dans le *pied de griffon*, la *robertia*, etc.; d'autres fois dans des lames écailleuses, comme dans les *renoncules*, etc.; dans des glandes, des pores, comme dans les *crucifères*; des poils, etc.

Les corolles sont caduques (les *pavots*), etc., persistantes dans le plus grand nombre des fleurs; marcescentes (*l'iris*, les *campanules*, etc.).

Toutes les fleurs ne sont pas pourvues de corolle; on les désigne alors sous le nom de FLEURS APÉTALES; s'il y a un calice, et qu'elles se trouvent dans des herbes, on les appelle FLEURS A ÉTAMINES (les *chénopodes*, *l'épinard*, etc.) : on les nomme FLEURS EN CHATON, lorsque les fleurs sont réunies sur un épi écailleux, et portées par des arbres (le *chêne*, le *noyer*, etc.).

Les fleurs sont SIMPLES, lorsqu'elles sont solitaires et portées sur un pédoncule propre; elles sont COMPOSÉES, si elles se trouvent réunies dans un calice commun; les composées sont de trois sortes : 1° les SEMI-FLOSCULEUSES OU CHICORACÉES, celles dont toutes les fleurs sont en languette; 2°. les FLOSCULEUSES, celles dont toutes les fleurs sont tubuleuses et à 5 divisions égales; 3°. les RADIÉES, celles qui sont composées de fleurons au centre, et de demi-fleurons à la circonférence.

DU RÉCEPTACLE.

On donne ce nom à cette partie de la fleur qui porte l'ovaire, souvent les étamines, et qui est comprise dans la circonférence inférieure de la corolle, au fond du calice.

Le réceptacle peut être plane, bombé, excavé, concave; il peut être uni, rugueux, celluleux; il est nu, soyeux; paléacé, si on y observe des paillettes, comme dans plusieurs composées (le *chanvre aquatique*, le *chardon hémorrhoïdal*, etc.). Le réceptacle fournit de bons caractères pour la distinction des fleurs composées; le réceptacle porte les capsules et les graines.

DES ÉTAMINES.

On donne ce nom à une sorte de tube qui est l'organe mâle des plantes. Les ÉTAMINES sont susceptibles de mouvemens qui tiennent à une irritabilité particulière, et qui ont souvent pour but de faciliter la fécondation, comme on le voit dans la RUE dont les 10 étamines viennent l'une après l'autre se pencher sur le pistil, y déposer leur pollen ; les étamines sont composées de trois parties, le filet, l'anthère, et le pollen.

Le FILET est à proprement parler le support de l'étamine : il est court, quelquefois nul, d'autres fois très-allongé ; il est nu, velu, arrondi, comprimé, entier, denté, membraneux, grêle, gros, faible, robuste, dressé, penché, incliné, etc.

L'ANTHÈRE est le sommet ordinairement renflé de l'étamine ; si le filet manque, l'anthère est sessile ; c'est un corps qui affecte des formes diverses ; il est souvent à plusieurs loges, quelquefois globuleux, d'autres fois comprimé, hasté, subulé, obtus ; l'anthère est parfois mobile au sommet du filet : elle s'ouvre de plusieurs manières, ordinairement latéralement, mais parfois aussi au sommet, à la base ; le pollen sort par ces ouvertures.

Le POLLEN est une poussière jaunâtre qui sort des loges de l'anthère, et qui est le principe fécondant des végétaux : cette poussière très-fine est portée par le vent sur le pistil, organe femelle des fleurs ; quelquefois pourtant le pollen est très-gros, comme on peut l'observer dans le nénuphar, etc. Le pollen paraît composé de globules creux, qui se rompent en répandant une liqueur.

Les étamines ont trois espèces de position dans la corolle ; elles sont placées sous le pistil (HYPOGYNES), sur le pistil (ÉPIGYNES), ou sur le calice (PÉRIGYNES), (ou sur la corolle pour les Linnéistes : dans la méthode de Jussieu, où on se sert beaucoup de l'insertion des étamines pour la formation des classes, toutes les fois qu'il n'y a qu'une enveloppe, on l'appelle calice). Dans les corolles monopétales les étamines sont attachées à la corolle ; au calice, dans les polypétales. La corolle a toujours le même mode d'insertion que les étamines, et *vice versâ*. Les étamines sont toujours au dessous de 20 dans les corolles monopétales.

Les étamines ont la propriété de se transformer en pétales par la culture ou d'autres circonstances ; ce qui forme des variétés doubles et monstrueuses des plantes, que nous observons surtout dans les jardins, et quelquefois dans les campagnes.

DU PISTIL.

Le PISTIL est l'organe femelle des végétaux : il consiste en un tuyau creux situé au centre de la fleur, et qui est destiné à recevoir le pollen des étamines pour opérer la fécondation. Les plantes ont un ou plusieurs pistils, d'où on leur donne le nom de MONOGYNES, DIGYNES, TRIGYNES, POLIGYNES, etc., suivant qu'elles ont 1, 2, 3, ou plusieurs pistils.

On distingue trois parties au pistil, le stigmate, le style, l'ovaire.

Le STIGMATE est le sommet du pistil : il est ordinairement renflé, toujours spongieux, perforé, humide, conditions nécessaires pour faciliter l'agglutination du pollen ; le stigmate affecte des formes différentes, comme les anthères ; il est quelquefois radié, comme dans les pavots ; il est ordinairement porté sur le style, parfois sessile : il y a souvent plusieurs stigmates sur un seul style, etc.

Le STYLE est le corps du pistil : il peut subir les mêmes variations que les filets des étamines ; il est souvent creux, quelquefois plein ; il transmet à l'ovaire le principe fécondant : dans le cas où il est plein, il y a absorption de ce principe qui se transmet alors par une sorte d'AURA SEMINALIS. Les styles sont parfois PERSISTANS au sommet des fruits.

L'OVAIRE : c'est l'œuf de la plante, le rudiment du fruit ; il est placé sous la corolle ou dans la corolle, ce qui fait dire OVAIRE INFÈRE dans le premier cas, OVAIRE SUPÈRE dans le second. L'ovaire peut être globuleux, allongé, glabre, velu, visqueux, etc. On appelle DISQUE DE L'OVAIRE l'espace du réceptacle qui s'étend entre la circonférence de sa base et l'insertion des pétales ; ce disque porte les étamines, quelquefois des nectaires, des glandes, etc. Il y a souvent plusieurs ovaires dans la même fleur.

Les étamines et les pistils ne sont pas toujours réunis dans la même fleur ; lorsqu'ils s'y trouvent, les fleurs sont dites HERMAPHRODITES ; elles forment plus des trois quarts des plantes. Si les étamines sont placées dans une fleur, les pistils dans une autre, mais sur la même plante, les fleurs sont appelées MONOÏQUES : on nomme DIOÏQUES celles où les étamines et les pistils sont séparés dans des fleurs différentes, et placés dans des individus différens. Les fleurs POLYGAMES sont des fleurs hermaphrodites, qui en ont sur le même pied d'UNISEXUELLES, c'est-à-dire, qui ne contiennent que des pistils ou des étamines ; mais ces dernières espèces de fleurs doivent être considérées comme hermaphrodites, puisque c'est toujours par l'avortement d'un des organes que cela a lieu, et dont on aperçoit quelquefois les restes.

Si les étamines d'une plante fécondent le pistil d'une autre espèce, il en croît quelquefois des HYBRIDES. Les botanistes donnent souvent ce nom à des espèces qui participent des deux autres, voisines par quelques caractères ; de sorte qu'ils supposent qu'elle est due à la fécondation de l'une de ces espèces avec l'autre ; mais sans que cela soit aucunement prouvé, quoique le fait ne soit pas impossible.

Les fleurs sont disposées de plusieurs manières sur les tiges ou les rameaux ; voici les modes principaux :

SOLITAIRES : celles qui sont seulés et isolées des autres.

En ÉPI : fleurs attachées à un pédicelle simple ou peu rameux, sur l'AXE COMMUN. L'épi est rameux s'il y a des épis attachés à l'axe commun ; ces épis particuliers prennent le nom d'ÉPILLETS ; l'épi est DIGITÉ, si les épillets sont insérés au sommet et sur le même point de l'axe, qui n'est plus alors qu'un pédoncule.

En PANICULE, si les fleurs sont attachées par un pédicelle rameux, lâche, sur l'axe commun ; les panicules sont simples, rameuses, étalées, divariquées, etc. Si la panicule est à peu près ovale, on l'appelle THYRSE (la *pétasite*, le *troéne*).

En CORYMBE, si les fleurs naissent sur des pédoncules attachés à des points différens de la tige, mais parviennent à peu près à la même hauteur (la *mille-feuille*, etc.).

En CIME : si les fleurs portées par des pédoncules communs qui partent d'un même point, sont ensuite divisées en pédoncules particuliers qui naissent de points différens, de manière à ce que les fleurs atteignent à la même hauteur (le *sureau*).

En OMBELLE : si les fleurs, dont les pédoncules communs partent d'un même point, sont divisées ensuite au sommet en plusieurs pédicelles partant aussi du même point, de manière à ce qu'elles atteignent à peu près la même hauteur (la *carotte*, le *persil*, etc.). On appelle OMBELLULES les ombelles partielles qui, réunies, forment l'ombelle proprement dite.

FASCICULÉES, si les fleurs sont ramassées et serrées les unes contre les autres ; si le fascicule est arrondi et pédiculé, on dit que les fleurs sont en TÊTE ; si les fleurs sont sessiles, on les dit AGGLOMÉRÉES.

VERTICILLÉES, fleurs placées en anneau autour de la tige, les *labiées*, etc.

En SPADICE : ce sont des fleurs souvent unisexuelles, réunies sur un axe commun dépourvu d'écailles, qui est enveloppé par une sorte de cornet qu'on appelle SPATHE.

En CHATON : ce sont des fleurs, souvent unisexuelles, réunies sur un axe commun, écailleux, et non enveloppé d'une spathe.

Les fleurs, considérées relativement à l'insertion de leur pédoncule, sont axillaires, terminales, radicales, etc., suivant que celui-ci s'insère à l'aisselle des feuilles, ou au sommet de la plante, ou qu'il part de la racine ; les pédoncules sont solitaires, géminés, fasciculés suivant leur nombre ; uniflores, biflores, multiflores, etc., suivant qu'ils portent une, deux ou plusieurs fleurs.

Les VRILLES sont des productions ou appendices des plantes dépourvues de feuilles et de fleurs, qui ne paraissent que des pétioles ou des panicules avortés, comme on le voit dans la *vigne*, où il naît quelquefois des grains de raisins sur les vrilles. Les vrilles sont simples ou rameuses ; elles sont situées sous les feuilles ou opposées aux feuilles , ou à l'extrémité des pétioles : elles servent à soutenir les plantes grimpantes , volubiles , auxquelles elles servent de mains.

DU FRUIT.

Le FRUIT, en général, est la partie de la plante qui , étant mise en terre , reproduit le végétal d'où il vient, quelquefois avec de légères variétés. Le fruit est l'ovaire accru , mûri, et qui a pris les caractères qui lui sont propres.

On distingue plusieurs sortes de fruits ou péricarpes ; savoir :

La CAPSULE , péricarpe sec, plus ou moins ovoïde, renfermant les graines , et s'ouvrant d'une manière déterminée : elle a ordinairement plusieurs VALVES ou panneaux qui s'ouvrent en long à sa maturité (le *lin*, la *lysimachie*, etc.) ; quelquefois elle est d'une seule pièce, et ne s'ouvre pas naturellement (la *ravenelle*, etc.) ; d'autres fois elle s'ouvre par des pores , comme dans les *antirrhi-num*, les *linaires*, etc. ; d'autres fois par des trous, comme dans les *pavots*, etc. ; quelquefois elle est composée de deux valves hémisphériques, l'une supérieure, l'autre inférieure, qui s'ouvrent comme une boîte à savonnette (le *mouron*, plusieurs *amaran-thes*, etc.).

Le FOLLICULE , péricarpe sec, oblong, qui se fend dans toute sa longueur, d'un seul côté (le *dompte-venin*, l'*ancolie*, etc.).

La COUSSE OU LÉGUME , péricarpe sec, à 2 valves sans cloison moyenne, et dont les graines sont attachées le long des sutures. (*Pois*, *fève*, *haricot*.)

La SILIQUE , péricarpe sec, à 2 valves, dont les graines sont attachées immédiatement de côté et d'autre à la suture, et séparées par une cloison moyenne. La silique est beaucoup plus longue que large (la *giroflée*, la *moutarde*, etc.) Si elle est presque aussi large que longue, ou plus large que longue, elle prend le nom de SILICULE (la *bourse à berger*, le *thlaspi*, etc.).

CÔNE OU STROBILE , péricarpe sec , formé de plusieurs écailles imbriquées, plus ou moins coriaces , et serrées les unes sur les autres, et dont l'assemblage sur un axe commun est de forme conoïde. (*Pin*, *sapin*, *bouleau*, etc.)

Le DRUPE , péricarpe charnu, dont les graines sont enfermées dans un noyau osseux et dur (la *noix*, la *pêche*, l'*amande*, etc.).

La POMME , péricarpe charnu, dont les graines sont fixées dans une capsule coriace (la *pomme*, la *poire*, le *coing*, etc.).

La BAIE , péricarpe mou, dont les graines sont sans noyau , et répandues dans l'intérieur (le *raisin*, l'*yèble*). Les baies peuvent avoir plusieurs loges.

A l'exemple de quelques auteurs, j'ai employé le nom de NOIX pour quelques graines dont l'enveloppe est dure et d'une seule pièce (la *noisette*, etc.)

Toutes les graines qui sont renfermées dans les espèces de fruits dont il vient d'être parlé, y sont fixées par un petit lien qu'on appelle CORDON OMBILICAL. Le lien où elles sont attachées prend le nom de PLACENTA ; le placenta n'est souvent qu'un point qui se confond avec les valves des capsules : il est très-visible dans certaines plantes, où il s'élève en pyramide, etc. (la *saponaire*, *les œillets*, etc.).

La graine renferme la plante en petit ; la germination développe la PLANTULE, qui est composée en bas de la RADICULE, et supérieurement des COTYLÉDONS ; si ceux-ci manquent, on dit la plante ACOTYLÉDON ; s'il n'en existe qu'un, on l'appelle MONOCOTYLÉDON, et DICOTYLÉDON, s'il y en a deux.

Les graines ne sont pas toujours renfermées dans des péricarpes ; elles sont souvent nues (la *bourrache*, le *caille-lait*, la *sauge*, etc.)

Les graines affectent des formes différentes ; elles sont ovoïdes, globuleuses, triangulaires, tétragones, comprimées, subulées, réniformes, cordiformes, etc.

Elles sont glabres, velues, soyeuses, hispides, tuberculeuses, mamelonnées, striées, sillonnées, etc.

Elles sont solitaires, géminées, trois, quatre, cinq, etc. ensemble dans le même calice, ou en quantité considérable, comme dans les *fleurs composées*.

Les graines sont nues à leur sommet, ou terminées par des dents, par une membrane ou une aigrette ; elles sont dentées dans les *bidens*, la *lampsane*, la *chicorée*, etc. ; elles sont terminées par une membrane dans les *pins*, les *sapins*, etc. ; elles sont AIGRETTÉES dans beaucoup de composées (le *pissenlit*, etc.) ; ces aigrettes peuvent être sessiles ou portées, sur un pédicelle, ce qu'on appelle STIPITÉES, comme dans la *laitue*, la *scorsonère*, etc. Les aigrettes sont simples dans le *tussilage*, la *jacobée*, etc., ou rameuses, ce qu'on désigne par le mot de PLUMEUSES, comme dans le *chardon des marais*, l'*hypochœris* ; les aigrettes sont assez courtes dans les composées, très-longues dans la *benoîte*, la *pulsatille*, l'*herbe aux gueux*, etc.

Les aigrettes paraissent destinées à favoriser le transport des graines, à la faveur du vent.

NOTA. On consultera un dictionnaire de botanique pour les mots ou les détails qu'on ne trouvera pas dans ce précis. Nous avons dû ne mettre que ceux indispensables, pour être entendus, et dont nous nous étions servis dans le cours de l'ouvrage.

EXPLICATION
DU SYSTÈME DE LINNÉE.

Ce système est celui dont on s'est servi dans cette Flore, et suivant lequel on a rangé et décrit les plantes qui croissent aux environs de Paris.

Linnée a fondé son système sur le sexe des plantes, et ses classes sur le nombre, l'insertion, la proportion, l'adhérence, la séparation ou l'absence des étamines. Les ordres sont déterminés d'après le nombre des pistils, quelquefois d'après les caractères du fruit, d'autres fois sur le nombre ou sur la manière d'être des étamines.

Nous allons donner un aperçu de ces classes, et des ordres que forment les plantes de nos environs.

La MONANDRIE contient les plantes dont la fleur a 1 étamine; elle a 2 ordres, fondés sur le nombre des pistils.

La DIANDRIE renferme les plantes dont les fleurs n'ont que 2 étamines; elle a 2 ordres, fondés sur le nombre des pistils..

La TRIANDRIE est composée des plantes qui ont 3 étamines; ses ordres sont au nombre de 3, fondés sur le nombre des pistils.

La TÉTRANDRIE se constitue des plantes dont les fleurs ont 4 étamines; elle est divisée en 3 ordres fondés sur le nombre des pistils.

La PENTANDRIE, classe très-nombreuse, est formée des plantes dont les fleurs ont 5 étamines, et ses ordres, au nombre de 6, basés sur le nombre des pistil.

L'HEXANDRIE renferme les plantes dont les fleurs ont 6 étamines; ses 3 ordres sont fixés sur le nombre des pistils.

L'HEPTANDRIE ne renferme pour nous qu'une seule plante, dont la fleur a 7 étamines.

L'OCTANDRIE contient les plantes à fleurs ayant 8 étamines; elle a 3 ordres établis sur le nombre des pistils.

L'ENNEANDRIE n'a dans nos environs qu'une seule plante, dont la fleur à 9 étamines.

La DÉCANDRIE est composée des plantes à fleurs ayant 10 étamines, et ses 4 ordres sont fixés d'après le nombre des pistils.

La DODÉCANDRIE est formée des plantes dont les fleurs ont 12 étamines et plus (sans aller jusqu'à 20); ses 4 ordres sont formés d'après le nombre des pistils.

L'ICOSANDRIE se compose des plantes dont les fleurs ont 20 étamines ou davantage, et sont de plus insérées sur le calice; ses 3 ordres sont établis sur le nombre des pistils.

La POLYANDRIE renferme les plantes à fleurs dont les étamines sont au dessus de 20 , jusqu'à un nombre indéfini , et dont l'insertion n'a pas lieu sur le calice ; ses 4 ordres sont basés sur le nombre des pistils.

Les 13 classes précédentes sont fondées sur le nombre des étamines ; les fleurs qu'elles renferment sont presque toutes hermaphrodites : les deux classes suivantes sont basées sur le nombre et les proportions des étamines.

La DIDYNAMIE contient les plantes dont les fleurs ont 4 étamines , dont 2 plus courtes ; elle renferme 2 ordres. Le premier , la GYMNOSPERMIE a pour caractère d'avoir 4 graines nues au fond du calice ; le second, l'ANGYOSPERMIE, d'avoir les graines renfermées dans une capsule.

La TÉTRADYNAMIE est formée des plantes dont les fleurs ont 6 étamines dont 2 plus courtes ; ses 2 ordres sont fondés sur les proportions du fruit. Dans le premier , les plantes ont des siliques , et on le nomme TÉTRADYNAMIE SILIQUEUSE ; dans le second , les plantes ont des silicules , et il est dit TÉTRADYNAMIE SILICULEUSE.

La MONODALPHIE renferme des plantes ayant des fleurs dont les étamines sont réunies en un seul faisceau par les filamens : ses 3 ordres sont fondés sur le nombre des étamines.

La DIADELPHIE contient les plantes à fleurs dont les étamines sont ordinairement réunies par les filamens en 2 faisceaux ; ses ordres , au nombre de trois , sont fondés sur le nombre des étamines.

La POLYADELPHIE est maintenant supprimée , parce que le caractère d'avoir les étamines réunies par les filamens en plus de 2 faisceaux , n'est pas constant ; les plantes qui la composaient sont mieux placées dans la POLYANDRIE.

La SYNGÉNÉSIE : cette classe fort nombreuse est formée des plantes à fleurs composées , dont les étamines, au nombre de 5 , sont réunies par les anthères ; ses 5 ordres sont fondés sur la manière dont les sexes des plantes se comportent les uns relativement aux autres. L'ordre premier, appelé POLYGAMIE ÉGALE , contient des plantes dont tous les fleurons sont hermaphrodites , tant au centre qu'à la circonférence ; l'ordre deux, la POLYGAMIE SUPERFLUE , celles dont les fleurons sont hermaphrodites au centre, et seulement femelles à la circonférence ; la POLYGAMIE FRUSTRANÉE , celles dont les fleurons sont hermaphrodites au centre et stériles à la circonférence, ce qui compose le troisième ordre ; le quatrième, la POLYGAMIE NÉCESSAIRE , contient les plantes à fleurons mâles au centre et femelles à la circonférence ; la POLYGAMIE SÉPARÉE est l'ordre cinq , et comprend les plantes dont les fleurs sont hermaphrodites et séparées dans des calices particuliers , entourés d'un calice commun. Linné avait établi un sixième ordre sous le nom de SINGENESIE MONOGAMIE qu'on a supprimé , et qui renfermait des plantes à fleurs solitaires ayant

5 étamines et un calice particulier; on les a reportées à la Pentandrie.

La GYNANDRIE renferme les plantes dont les fleurs ont les étamines sur le pistil ; ses deux ordres sont basés sur le nombre des étamines.

Les 5 classes précédentes sont fondées sur la réunion d'une partie quelconque des étamines entre elles ou avec le pistil ; toutes renferment des fleurs hermaphrodites, à l'exception de la Syngénésie où il y a quelques fleurons unisexuels ; les 2 classes suivantes ne contiennent que des plantes de ce dernier genre, elles sont fondées sur la séparation des étamines d'avec le pistil.

MONOÉCIE : elle comprend les plantes unisexuelles placées séparément sur le même végétal ; ses six premiers ordres sont fixés d'après le nombre des étamines, et le septième d'après leur réunion par les filamens en un faisceau.

La DIOÉCIE se compose des plantes à fleurs unisexuelles, placées sur des végétaux différens ; ses sept premiers ordres sont déterminés d'après le nombre des étamines ; le huitième d'après l'adhérence des filamens des étamines en un seul faisceau, et le neuvième sur l'adhérence des étamines par les anthères.

La POLYGAMIE, classe supprimée, renfermait des plantes à fleurs hermaphrodites, qui avaient en même temps des fleurs unisexuelles ; comme ces fleurs unisexuelles ne le deviennent que par avortement de quelques-unes de leur partie, on en fait abstraction, et on ne considère que les premières ; les plantes que cette classe renfermait, ont été reportées dans diverses autres, d'après leurs caractères.

La CRIPTOGAMIE est fondée sur l'absence ou du moins sur l'invisibilité des étamines : nous ne nous sommes pas occupé de cette classe dans notre ouvrage.

C'est à l'aide de ce système qu'on cherchera à déterminer toute plante qu'on trouvera ; on tâchera de l'avoir en fleurs, et surtout en fruit bien mûr ; on en fera l'analyse, en s'essayant sur celles qui ont les fleurs les plus grandes, dont l'examen des parties, à cause de leur grosseur, sera plus facile. On cherchera d'abord sa classe, ensuite son ordre, puis son genre, et enfin son espèce ; et avec du soin et de l'attention, on parviendra à trouver le nom d'une plante qu'on ne connaissait pas l'instant d'auparavant, ce qui cause une joie indicible au botaniste.

TABLE RAISONNÉE

Des genres de Plantes qui composent la Flore des environs de Paris, classés suivant la méthode naturelle de Mr A. L. de Jussieu.

CLASSE I.

Acotylédons.

ORDRE I.

Les Champignons.

Famille non décrite.

ORDRE II.

Les Algues.

Famille non décrite.

ORDRE III.

Les Hépatiques.

Famille non décrite.

ORDRE IV.

Les Mousses.

Famille non décrite.

ORDRE V.

Les Fougères.

Famille non décrite.

OBSERVATION. Les familles précédentes composent la Cryptogamie de Linnée, classe non décrite dans cet ouvrage.

ORDRE VI.

Les Naïades.

Hippuris, 1.
Ceratophyllum, 377.
Nayas, 369.
Caulinia, 352.
Saururus, 145.
Potamogeton, 66.
Zanichellia, 351.
Callitriche, 11.
Lemna, 552.

CLASSE II.

Monocotylédons.

Etamines attachées sous le pistil.

ORDRE I.

Les Aroïdes.

Arum, 379.

ORDRE II.

Les Massettes.

Typha, 28.
Sparganium, 355.

ORDRE III

Les Souchets.

Carex, 356.
Schoenus, 15.
Eriophorum, 20.
Scirpus, 16.
Cyperus, 16.

ORDRE IV.

Les Graminées.

* *Glumes uniflores.*

Heleochloa, 22.
Anthoxanthum, 11.
Alopecurus, 22.
Phleum, 21.
Leersia, 23.
Phalaris, 23.
Paspalum, 25.
Panicum, 23.
Sturmia, 26.
Milium, 25.
Agrostis, 27.
Stipa, 28.
Andropogon, *ibid.*
Calamagrostis, 29.
Tragus, *ibid.*

** *Glumes à plusieurs fleurs*

Aira, 50.
Andropogon, 28.
Sesleria, 30.
Ægilops, 34.
Melica, 33.

ORDRE V.
Les savonniers.

Nous n'avons pas de genre de cette famille dans nos environs.

ORDRE VI.
Les érables.

Æsculus, 145.
Acer, 14.

ORDRE VII.
Les malpighies.

Nous n'avons pas de genre de cette famille dans nos environs.

ORDRE VIII.
Les millepertuis.

Hypericum, 206.

ORDRE IX.
Les guttiers.

Nous n'avons pas de genre de cette famille dans nos environs.

ORDRE X.
Les orangers.

Nous n'avons pas de genre de cette famille dans nos environs.

ORDRE XI.
Les Azédaracs.

Nous n'avons pas de genre de cette famille dans nos environs.

ORDRE XII.
Les Vignes.

Cissus, 65.
Vitis, 93.

ORDRE XIII.
Les Geranium.

Erodium, 266.
Geranium, 267.
Impatiens, 84.
Oxalis, 173.

ORDRE XIV.
Les Malvacées.

Malva, 269.
Stegia, 270.
Althæa, 269.

ORDRE XV.
Les Magnoliers.

Nous n'avons pas de genre de cette famille dans nos environs.

ORDRE XVI.
Les Anones.

Nous n'avons pas de genre de cette famille dans nos environs.

ORDRE XVII.
Les Ménispermes.

Nous n'avons pas de genre de cette famille dans nos environs.

ORDRE XVIII.
Les Vinettiers.

Berberis, 159.

ORDRE XIX.
Les Tilleuls.

Tilia, 204.

ORDRE XX.
Les Cistus.

Helianthemum, 204.
Viola, 82.

ORDRE XXI.
Les Rues.

Ruta, 156.

ORDRE XXII.
Les Cariophyllées.

Polycarpon, 51.
Sagina, 69.
Mœnchia, 69.
Alsine, 123.
Elatine, 155.
Spergula, 172.
Cerastium, 171.
Arenaria, 162.
Stellaria, 164.
Gypsophila, 159.
Saponaria, 161.
Dianthus, 159.
Silene, 165.
Cucubalus, 167.
Lychnis, 170.
Agrostema, ibid.
Linum, 129.
Radiola, 69.

CLASSE XIV.

Dicotylédons polypétales.

Etamines attachées au calice.

ORDRE I.

Les Joubarbes.

ORDRE II.

Les Saxifrages.

ORDRE III.

Les Cierges.

ORDRE IV.

Les Portulacées.

ORDRE V.

Les ficoïdes.

Nous n'avons pas de genre de cette famille dans nos environs.

ORDRE VI.

Les Onagres.

ORDRE VII.

Les Myrtes.

Nous n'avons pas de genre de cette famille dans nos environs.

ORDRE VIII.

Les Mélastomes.

Nous n'avons pas de genre de cette famille dans nos environs.

ORDRE IX.

Les Salicaires.

ORDRE X.

Les Rosacées.

ORDRE XI.

Les Légumineuses.

DES Signes admis par les Botanistes pour désigner la durée des plantes.

⊙ Plante annuelle.
♂ Plante bisannuelle.
♃ Plante vivace.
♄ Durée indéfinie des arbres, arbrisseaux et sous-arbrisseaux.

———

AVERTISSEMENT. Souvent l'auteur dont je cite une figure, donne un autre nom que moi à la plante citée ; il ne faut faire attention qu'à sa figure, et nullement à sa nomenclature.

NOUVELLE FLORE

DES

ENVIRONS DE PARIS.

CLASSE PREMIÈRE.

MONANDRIE. — UNE ÉTAMINE.

MONOGYNIE. — UN STYLE.

HIPPURIS. Calice entier, peu apparent; corolle nulle; style reçu dans un sillon de l'anthère; une graine.

H. **VULGARIS**, L. *sp.* 6; *Fl. dan. tab.* 87. Pesse d'eau. — Tiges dressées, élevées au-dessus de la surface de l'eau, simples, quelquefois un peu branchues dans les individus vigoureux, cylindriques, sillonnées; 8-15 feuilles verticillées, linéaires, lancéolées, blanchâtres à la pointe; graines axillaires, également verticillées, et en même nombre que les feuilles : c'est surtout vers le milieu de la plante qu'elles se trouvent; les sommets sont stériles.

Var. **B.** *H. fluviatilis.* Hoffm. *Germ.* 1. Feuilles inférieures très-allongées, nageantes.

Fleurs d'un blanc sale. Juin, juillet; vient sur le bord des eaux, *rivière d'Yerres;* la variété **B**, dans les lieux inondés. ♃

CENTRANTHUS. Calice nul; corolle à 5 divisions, éperonnée à la base; capsule à une loge, monosperme, couronnée par une aigrette plumeuse.

C. **RUBER**, Decand. *Fl. fr.* 4, *p.* 239. *Valeriana rubra*, L. *sp.* 44; Lam. *Ill. t.* 24, *f.* 2. Valériane rouge. — Tige très-rameuse, diffuse, haute de 2 à 3 pieds, faible, glauque, glabre; feuilles sessiles, ovales-lancéolées, très-entières, glauques et glabres, quelquefois un peu dentées vers le sommet de la tige; fleurs en panicules terminales; éperon long et délié; fleurs rouges ou blanches. Été; se trouve dans les vieilles murailles, *à Meudon, Saint-Germain,* les fossés de *la Bastille,* etc. ♃

DIGYNIE.—DEUX STYLES.

CALLITRICHE. Etoile d'eau. Calice nul ; corolle de 2 pétales ; capsule tétragone, a 2 loges, à 4 graines. (Il y a des individus qui ont quelques fleurs monoïques.)

C. SESSILIS , Decand. *Fl. fr.* 4, *p.* 414. Etoile d'eau. — Tiges flottantes sur l'eau pendant la fleuraison , ou croissant au bord , où elles sont couchées , grêles , flexibles , munies de feuilles opposées , glabres , entières , affectant des formes variables , depuis la linéaire jusqu'à la ronde , d'un vert tendre , plus nombreuses vers la sommité de la plante, où elles font la rosette ou touffe ; les fleurs sont petites , axillaires ; les fruits sont petits , sessiles , tétragones , à quatre sillons. On distingue six variétés principales , dont on faisait autrefois des espèces distinctes; mais on trouve des passages de l'une à l'autre qui prouvent que ces variétés sont dues au lieu où croît la plante , et au temps de l'année où on l'observe.

Var. A. *C. verna* , L. *sp.* 6 ; *Fl. dan. t.* 129. Toutes les feuilles entières , ovales. (Le *C. œstivalis* , Thuill. *Fl. par.* 2 , n'est qu'une sous-variété.)

Var. B. *C. stellata* , Schk. *tab.* 1 , *fig.* a. Feuilles supérieures ovales , les inférieures linéaires , entières.

Var. C. *C. intermedia* , Schk. *tab.* 1 , *fig.* e. Feuilles supérieures ovales ; celles de la tige linéaires , bifides à l'extrémité.

Var. D. *C. autumnalis* , L. *sp.* 6 ; Lœsel , *Pruss. t.* 38. Toutes les feuilles linéaires , bifides à l'extrémité.

Var. E. *C. tenuifolia* , Persoon. *Synop.* 6. Toutes les feuilles linéaires , pointues et entières au sommet.

Var. F. *C. minima* , Hopp. *Bot. Taschenb.* 157. Toutes les feuilles linéaires , entières , obliques au sommet.

Cette plante croît dans les eaux qui ont peu de mouvement; lorsque l'eau se retire , elle est de dimension moindre ; et si , elle croît au bord de l'eau , elle est très petite ; les feuilles s'allongent dans l'eau courante , et la plante est bien plus forte. Les fleurs sont d'un blanc sale , et se succèdent tout l'été. ☉

C. PEDUNCULATA , Decand. *Fl. fr.* 4 , *p.* 415. Elle est plus petite que les variétés précédentes , à l'exception de la dernière , dont elle se rapproche. Les fruits sont pédonculés , et c'est par cela seul qu'elle diffère de l'espèce ci-dessus. Les péduncules sont d'autant plus longs , qu'ils sont plus voisins de la racine ; les supérieurs sont presque nuls. Fl. *id.* Se trouve au bord des eaux , ou même dans l'eau , à *Fontainebleau* , *Versailles* , *Sénart* , etc. ☉

OBSERVATION. Je ne suis pas éloigné de croire que cette plante ne soit également qu'une variété de l'autre espèce ; j'ai observé des passages qui y conduisent ; il est certain que chez les individus qui croissent au bord de l'eau , le fruit devient pédonculé.

BLITUM. Calice trifide ; corolle nulle ; 1 graine, recouverte par le calice, qui devient bacciforme.

B. virgatum, L. *sp.* 7 ; Moriss. *s.* 5, *t.* 32, *f.* 9. Tige haute d'un pied au moins, effilée, penchée ; feuilles triangulaires, allongées, pendantes, à dents irrégulières ; fleurs axillaires, placées tout le long de la tige, et feuillues jusqu'au sommet ; calice à divisions un peu obtuses, acquérant par la maturité une couleur rouge, qui lui donne l'apparence d'une fraise ; fleurs d'un blanc-sale. Juillet, août. Se trouve dans les lieux cultivés, à la *Gare*, *Vincennes*, *Montmartre*, etc. ☉

B capitatum, L. *sp.* 6 ; Moriss. *s.* 5, *t.* 32, *f.* 10. Arroche-fraise. — La plante s'élève moins, est plus droite ; les feuilles sont triangulaires, plus larges que dans l'espèce précédente, à dents irrégulières ; les fleurs sont axillaires, bien moins nombreuses, et dénuées de feuilles vers le sommet ; le calice à divisions un peu aiguës devient également rouge par la maturité, et imite la fraise. Il est plus gros que les fruits du *B. virgata*. Fleurs d'un blanc sale. Juillet et août. Elle paraît étrangère aux environs de Paris, où elle est rare, et se trouve toujours au voisinage des jardins. Elle est originaire du *Tyrol*. ☉

CLASSE II.

DIANDRIE. — DEUX ÉTAMINES.

MONOGYNIE. —.UN STYLE.

LIGUSTRUM. Calice à quatre dents ; corolle à tube court, à quatre divisions ouvertes, étalées ; baie à quatre graines.

L. vulgare, L. *sp.* 10 ; Bull. *Herb. t.* 295. Le Troëne.—Arbrisseau de 6 à 7 pieds de haut ; feuilles simples, opposées, ovales-lancéolées, glabres, pointues, très-entières, persistantes dans les hivers doux ; fleurs en grappe ; baies vertes, lisses, noires à leur maturité ; fleurs blanches. Mai, juin. Se trouve dans les haies, les bois. ♄

ORNUS. Calice à 4 parties ; corolle à 4 pétales linéaires, longs ; étamines longues ; noix ailées.

O. europæa, Pers. *Synop.* 1, *p.* 9 ; *Fraxinus Ornus*. L. *sp.* 1510. Arbre de 20 à 30 pieds ; feuilles opposées, ailées, avec impaire, à 5 - 9 folioles, ovales-lancéolées, dentées en scie, terminées en languettes, glabres, velues à la base des pétioles particuliers ; fleurs nombreuses, en panicule rameuse, odorantes. Fl. d'un blanc sale. Mai. Se trouve dans les bois du *Piteux*, de *la Rochette*, etc. ♄

SYRINGA. Calice tubuleux, petit, à 4 dents ; corolle en tube, dont le limbe est divisé en quatre ; capsules ovales, comprimées, à 2 valves, 2 loges, et 2 graines.

S. VULGARIS, L. *sp.* 11. Bull. *Herb. t.* 265. Lilas. — Arbrisseau de 12 à 15 pieds de haut ; feuilles opposées, cordiformes, glabres, très-entières ; fleurs en grappes, nombreuses, à limbe un peu concave. Fl. d'un violet clair, purpurines ou blanches. Avril, mai. Originaire d'Orient. Cultivé à *Romainville*, *les Prés-Saint-Gervais*, etc. ♄

CIRCÆA. Calice bifide, supère, caduc ; corolle de deux pétales ; capsule pyriforme, à 2 loges, 2 valves, 2 graines.

C. LUTETIANA, L. *sp.* 12 ; Lob. *Ic.* 266. Herbe-aux-magiciennes, Circée. — Tige dressée, velue, de 1 à 2 pieds de haut ; feuilles ovales, aiguës, ciliées sur les bords, denticulées ; calice réfléchi ; fleurs en longues grappes, très-simples, portées sur des pédoncules velus, placés au sommet de la tige ou des rameaux ; capsules très-hérissées de crochets, penchées.

Var. B. *C. intermedia.* Hoffm. *Germ. p.* 4. Tige moins élevée ; feuilles ovales-cordées, glabres, pointues, denticulées, un peu sinueuses.

Fleurs blanches, mêlées de rose. Juin, juillet. Se trouve dans les bois ombragés, à *Saint-Cloud*, *Meudon*, etc. ; la variété vient dans les bois découverts, à *la Malmaison*. Ses fleurs sont plus colorées. ♃

VERONICA. Calice à 4 ou 5 divisions ; corolle en roue, à 4 divisions, un peu irrégulières ; capsules en cœur ou ovales, à 2 loges.

* *Fleurs en grappes.*

V. BECCABUNGA, L. *sp.* 16 ; *Fl. dan. t.* 511. Le Beccabunga. — Tiges couchées, de hauteur très-variable, tendres, rameuses, quelquefois nageantes ; feuilles ovales-arrondies, dentées en scie, un peu épaisses, luisantes ; fleurs en longues grappes lâches ; calices à divisions aiguës ; capsules presque ovales. Fleurs bleues. Juin, juillet. Se trouve dans les fontaines et les ruisseaux. ♃

Cette plante est d'un grand usage en médecine. Elle est dépurative, fondante, anti-scorbutique. On en prend le suc, on en fait un sirop, et elle entre dans la composition de plusieurs médicamens.

V. ANAGALLIS, L. *sp.* 16. *Fl. dan. t.* 903. Tige de 1 à 2 pieds, fistuleuse, molle, garnie de racines aux nœuds inférieurs ; feuilles semi-amplexicaules, longues de 3 à 4 pouces, lancéolées-ovales, luisantes, dentées en scie ; fleurs en grappe ; capsule presque en cœur ; filets des étamines épaissis ; stigmate velu. Fleurs violet clair ; Été. Se trouve dans les eaux qui ont peu de mouvement, à *Yerres*, *Ville-d'Avrai*, etc. ♃

V. SCUTELLATA, L. *sp.* 16; *Flor. dan. t.* 209. Tige faible, grêle, haute de 6 à 8 pouces, rameuse; feuilles opposées, étroites, linéaires, pointues, entières, ou légèrement denticulées; grappes un peu lâches; pédoncules capillaires; fleurs petites; capsules très-échancrées, planes.

Var. B. *V. parmularia*, Poit. et Turp. *Fl. par. p.* 19, *t.* 14. Tiges et feuilles velues.

Fleurs d'un bleu incarnat. Mai, juin. Se trouve dans les marais, à *Meudon*, etc. ♃

V. MONTANA, L. *sp.* 17; Jacq. *Aust. t.* 109. Tiges couchées, rampantes, débiles, velues, longues de 8 à 10 pouces; feuilles pétiolées, ovales-arrondies, à dents profondes, obtuses, rougeâtres en dessous, un peu velues; grappes composées de 5 ou 6 fleurs portées par des pédoncules flexibles, velus; capsules larges, aplaties, très-échancrées. Fleurs bleues. Juin, juillet. Se trouve dans les bois ombragés, au bois de *la Selle*, près Malmaison, à *Bondy*, à *Sézanne* en Brie, etc. ♃

V. TEUCRIUM, L. *sp.* 16? Tige un peu couchée à la base, dure, ligneuse, velue, haute de 10 à 12 pouces; feuilles inférieures ovales, un peu pétiolées, profondément dentées; les supérieures plus étroites, sessiles, presque pinnatifides : fleurs grandes, en grappe lâche, dépassant la tige; capsule un peu comprimée, peu échancrée, munie d'un long style; graines membraneuses. Fleurs bleues, marquées de lignes rouges. Mai. Se trouve sur les coteaux et au bord des bois. ♃

V. PROSTRATA, L. *sp.* 17; Clus. *Hist.* 349. *f.* 2. Tige plus petite, plus couchée que celle de l'espèce précédente; les feuilles sont presque linéaires, les unes entières, les autres marquées de quelques dentelures; les fleurs sont plus petites que dans le *V. teucrium*; graines membraneuses. La fleur varie du bleu au violet. Mai, juin. Se trouve à *Fontainebleau* (Decandolle). Plusieurs botanistes pensent que cette plante n'est qu'une variété de la précédente; je suis de leur avis. ♃

V. SATUREIÆFOLIA, Poit. et Turp. *Fl. par.* 21, *t.* 17. Tiges de 6 à 7 pouces, grêles, plus blanches et plus velues que l'espèce précédente; feuilles les plus basses un peu ovales, toutes les autres linéaires, rarement denticulées, bien plus communément entières; les grappes de fleurs dépassent la tige, comme dans les deux espèces précédentes; le tube de la corolle est un peu velu en dedans; fleurs comme le *V. prostrata*; capsules échancrées; graines membraneuses; fleurs bleues veinées. Se trouve à *Fontainebleau*, à *Rosny*. M. Loisel. Desl. (*Notice sur les Plantes de France, p.* 2) pense que ce n'est qu'une variété du *V. prostrata*. Elle est fort remarquable. ♃

Nota. On trouve encore aux environs de Paris des variétés du *V. teucrium*, qu'on peut rapporter au *V. pilosa* de Willd. Il s'ensuit que cette espèce, qui est fort commune, a encore besoin d'être étudiée : jusque-là, j'ai cru devoir laisser les choses dans leur état actuel.

V. CHAMÆDRIS, L. *sp.* 17 ; *Fl. dan. t.* 448. Tiges de 6 à 8 pouces, un peu flexueuses, assez ordinairement simples, garnies de deux rangées de poils alternativement opposées ; feuilles presque sessiles, ovales-cordiformes, ridées, velues, à dents obtuses, et d'autant plus profondes et plus grandes qu'elles sont plus voisines du sommet ; grappes pourvues de fleurs assez grandes, d'un bleu pâle. Mai, juin. Fréquente dans les buissons et les bois. ♃

V. OFFICINALIS, L. *sp.* 14 ; *Fl. dan. t.* 258. Véronique mâle, Thé d'Europe.—Tige presque ligneuse, longue d'un pied, souvent couchée, et même poussant des racines de ses nœuds inférieurs ; feuilles ovales, atténuées à la base, assez finement dentées, velues, ainsi que la tige ; grappes axillaires, paraissant terminer la tige. Fleurs petites, d'un bleu pâle. Se trouve très-communément sur les coteaux arides, tout l'été. ♃

Cette plante est employée en médecine comme cordiale, excitante et stomachique ; on la prend en infusion théiforme.

** *Fleurs en épis.*

· V. SPURIA, L. *sp.* 13 ; Barr. *Icon.* 891. Tiges d'un pied et demi ou deux, lisses ; feuilles trois à trois, longues, lancéolées, extrêmement pointues, à dents aiguës, serrées, un peu irrégulières, munies de folioles linéaires dans leurs aisselles ; épis terminaux au nombre de quatre, ayant 5 à 6 pouces de long ; tube de la corolle plus long que dans les autres espèces ; fleurs d'un beau bleu. Juin. Se trouve à *Fontainebleau.* On la cultive aussi pour l'ornement des jardins. ♃

V. SPICATA, L. *sp.* 14 ; *Fl. dan. t.* 52. Tige ordinairement simple, un peu courbée à la base, haute de 12 à 15 pouces ; feuilles molles, velues, les inférieures ovales, crénelées, les supérieures allant en rétrécissant, et ayant les crénelures moins visibles ; épi terminal faisant le tiers de la plante ; fleur bleue. Juin, juillet. Se trouve dans les lieux stériles, au *bois de Boulogne*, à *Fontainebleau*, au *Vésinet.* Cette plante varie par des feuilles ternées, un épi bifide, ou par deux épis sur la même tige. ♃

*** *Fleurs solitaires et axillaires.*

V. SERPYLLIFOLIA, L. *sp.* 15 ; *Fl. dan. t.* 492. Tige de 4 à 5 pouces de long, un peu courbée à la base ; feuilles inférieures ovales, obtuses, opposées, denticulées ; les supérieures alternes (toutes les espèces précédentes les ont opposées), plus étroites ; fleurs solitaires, imitant une grappe terminale ; capsules dressées, renfermant des graines nombreuses.

Var. B. *V. humifusa*. Dicks. *Act. Soc. linnéen.* 2 , *p.* 288. Tiges couchées ; feuilles arrondies.

Fleurs petites, bleuâtres. Avril, mai, juin. Se trouve communément sur le bord des fossés et des bois. ♃

V. ARVÉNSIS, L. *sp.* 58 ; *Fl. dan. t.* 5ı5. Tige de 6 à 8 pouces de haut, redressée, souvent rameuse à la base, ordinairement simple, velue, un peu rouge inférieurcment ; feuilles sessiles, les inférieures, ovales-cordiformes, opposées, obtuses, et crénelées ; les florales, lancéolées, presque entières et alternes ; fleurs sessiles, terminales, imitant un épi ; capsules comprimées ; graines elliptiques et planes.

Var. B. *V. polyanthos*, Thuill. *Fl. par.* 11 , *p.* 9. Cette variété est remarquable en ce que les fleurs existent tout le long de la tige, avec des feuilles florales comme dans l'espèce ; à peine y a-t-il deux ou trois feuilles inférieures, ovales et opposées, sans fleurs ; la tige est couchée. La plante vient dans le sable, au *bois de Boulogne*, de *Vincennes*, etc.

Fleurs d'un bleu pâle, petites. Avril, mai. Très-commune dans les champs et les lieux cultivés. ☉

V. AGRESTIS, L. *sp.* ı8 ; *Fl. dan. t.* 449. Tige rameuse, étalée à la base, haute de 4 à 5 pouces, velue ; feuilles pétiolées, opposées ou alternes, comme lobées, toutes semblables (dans l'espèce précédente, les florales sont différentes de celles du bas) ; fleurs pédonculées, subpaniculées ; capsule ventrue, velue ; graine concave d'un côté, et ridée de l'autre. Fleurs bleues, veinées. Tout l'été. Très-commune dans les champs cultivés. ☉

V. HEDERÆFOLIA, L. *sp.* ı9 ; *Fl. dan. t.* 428. Tiges diffuses, faibles, couchées, garnies de poils un peu rares, très-rameuses ; feuilles en cœur, à 3 ou 5 lobes, celui du milieu fort grand, pétiolées, la plupart alternes, velues comme la tige ; fleurs à pédoncules longs ; calice grand, à folioles en cœur, ciliées, pointues ; capsule ventrue, renfermant 4 graines très-grosses, ombiliquees d'un côté, rugueuses de l'autre. Fleurs du bleu au blanc. Avril, mai. Commune dans les lieux cultivés, près des pierres, etc. ☉

V. TRIPHYLLOS, L. *sp.* ı9 ; *Fl. dan. t.* 627. Tige rameuse, étalée ; rameaux flexueux, velus ; feuilles inférieures dentées, cordiformes, les supérieures divisées en 3 ou 5 lobes très-profonds, étroits et obtus ; fleurs pédonculées, petites ; calice se développant beaucoup, et inégalement, lors de la maturité du fruit ; capsules velues, un peu aplaties, plus grandes que dans toutes les autres espèces de la flore. Elle noircit dans l'herbier. Fleurs bleues. Avril. Champs et moissons, où elle n'est pas rare. ☉

V. VERNA, L. *sp.* ı9 ; *Fl. dan. t.* 252. Tiges dressées, simples, s'élevant à 4 ou 5 pouces, ou rameuses, et étant alors moins élevées, velues, ainsi que toute la plante ; feuilles inférieures pinnatifides, les supérieures entières ; fleurs presque sessiles ; calice à divisions étroites, assez longues, presque égales ; capsules très-comprimées, velues sur les bords ; fleurs bleu-pâle. Mars, avril. Se trouve dans les endroits sablonneux, à *Romainville*, au *bois de Boulogne*, à *Fontainebleau*, à *Andresy*, etc. ☉.

V. ACINIFOLIA, L. *sp.* 19 ; Vaill. *Bot. t.* 33, *fig.* 3. Tige un peu moins haute que la précédente, dressée, ayant 3 ou 4 branches principales, velue, ainsi que toute la plante, qui est peu feuillue ; feuilles inférieures ovales, arrondies, crénelées, les supérieures entières, lancéolées ; fleurs pédonculées, comme en corymbe, vers le sommet ; calice moins grand que dans le *V. verna*, à divisions égales et ovales ; capsules comprimées, profondément divisées en 2 lobes arrondis, un peu dilatées, terminées par un style court. Fleurs bleues. Mars, avril, mai. Se trouve dans les lieux cultivés un peu humides, à *Saint-Cloud*, *Montreuil*, etc. ☉

V. OCYMIFOLIA, Thuill. *Fl. par. p.* 10 ; Vaill. *Bot.* 202. *V. præcox*, *var*. B. Allioni, *Auct.* 5, *t.* 1, *fig.* 1. Tige simple ou rameuse (j'en ai des pieds très-rameux), de 2 à 4 pouces, velue ; feuilles inférieures opposées ou alternes, cordiformes, incisées, rouges en dessous, les supérieures alternes, pinnatifides ; fleurs pédonculées ; calice velu, à divisions ovales, égales ; capsules ventrues, terminées par un style long. Fleurs d'un bleu vif. Mars, avril. Se trouve dans les champs cultivés, à *Bondy*, *Saint-Hubert*, *Labriche*, *Ormesson*, etc. ☉

GRATIOLA. Calice à 5 divisions, muni de deux bractées linéaires à la base ; corolle tubuleuse, à 2 lèvres peu distinctes, la supérieure échancrée, l'inférieure à 3 lobes, égales ; 4 filamens d'étamines, dont 2 seulement sont fertiles ; on découvre le rudiment d'un cinquième au fond de la corolle ; capsule ovale, à 2 valves, 2 loges polyspermes.

G. OFFICINALIS, L. *sp.* 24 ; Bull. *Herb. t.* 130. Gratiole. Herbe au pauvre homme. — Tige d'un pied et demi de haut, dressée, glabre, simple ; feuilles amplexicaules, presque connées, marquées de trois nervures principales, ovales-lancéolées, dentées en scie, surtout au sommet de la tige, où elles sont plus rapprochées ; fleurs axillaires ; pédoncules filiformes ; fleurs grandes, et d'un blanc-rougeâtre. Prés humides, bords des étangs ; à *Ville-d'Avrai*, *Gentilli*, *Grosbois*, *Melun*, etc. ♃

Cette plante est fortement purgative, hydragogue ; employée avec méthode, elle est très-utile. Les charlatans s'en servent beaucoup, et sauvent des gens qui paraissent désespérés, en procurant des évacuations considérables.

PINGUICULA. Calice à 5 divisions ; corolle à 2 lèvres, la supérieure à 2 lobes, l'inférieure à 3, prolongée en éperon à la base; capsule uniloculaire.

P. vulgaris, L. *sp.* 25; *Fl. dan. t.* 93. Grassette. — Hampes de 2 à 4 pouces, cylindriques, molles; feuilles planes, étalées en rosette, ovales, obtuses, concaves, grasses au toucher, d'un vert-jaune; une seule fleur terminale, placée obliquement sur le sommet de la hampe, à divisions arrondies; celles de la lèvre supérieure pointues. Fl. d'un violet pâle. Mai, juin. Dans les collines humides, à *Montmorency*, *Saint-Léger*, *Bièvre*. ⊙

UTRICULARIA. Calice de deux folioles égales, caduc; corolle à 2 lèvres entières, la supérieure, droite, portant les étamines, l'inférieure est munie d'un palais saillant, et d'un éperon à la base; capsule globuleuse, à une loge polysperme.

U. vulgaris. Herbe nageant dans l'eau, très-rameuse, prenant racine au fond, et d'une hauteur quelquefois considérable; feuilles décomposées; folioles sétacées, garnies de vésicules remplies d'air (Smith); fleurs au nombre de 4 à 12, sur des pédoncules alternes, disposés sur une hampe qui s'élève de 6 à 8 pouces au-dessus de l'eau; nectaire conique, obtus, de la longueur de la fleur; lèvre supérieure entière. Fleurs jaunes. Juin, juillet. Se trouve dans les mares, à *Bondy*, à *Meudon*, forêt de *Crecy*, etc. ♃

U. intermedia, Hayne in Schrad. *Journ. Bot.* 1800, *p.* 18, *t.* 5. *U. minor*, Thuill. *Fl. par. t.* 12. Cette plante est celle qui est connue des botanistes de la capitale sous le nom d'*U. minor*; elle est intermédiaire entre l'*U. vulgaris* et la *minor*. Elle est plus petite dans toutes ses parties; son nectaire est conique, moins court que la fleur; la lèvre supérieure est entière, ce qui la distingue de la suivante, qui a la lèvre fendue. (*Voyez* Persoon. *Synop.* 1, *p.* 18; et la figure de MM. Poiteau et Turpin, *Fl. par. t.* 32.) Fl. jaunes. Juin, juillet. Plus rare que la précédente. Se trouve dans les mêmes lieux. ♃

U. minor, L. *sp.* 26; *Fl. dan. tab.* 128. Ressemble en tout à l'espèce précédente, à l'exception de la lèvre supérieure, qui est fendue. J'ignore si elle se trouve aux environs de Paris. Je pense qu'elle doit se rencontrer mêlée avec les autres espèces. ♃

VERBENA. Calice à 5 divisions, dont une est tronquée; corolle infondibuliforme, à 5 divisions, un peu irrégulière, un peu courbe; 2 ou 4 étamines; 2 ou 4 graines nues, entourées d'un tissu un peu charnu.

V. officinalis. L. *sp.* 29; *Fl. dan. t.* 628. Verveine. — Tiges rameuses, quadrangulaires, étalées à la base, puis redressées; feuilles ridées, ovales-cunéiformes, crénelées en bas; celles du haut pinnatifides, et même bipinnatifides; fleurs terminales, en longues grappes, simples, filiformes, petites. Fleurs d'un blanc-violet. Tout l'été. Commune le long des chemins et des haies. ☉

Quelques personnes font un grand cas de la verveine, qu'elles emploient en substance ou en fomentations sur les douleurs et les contusions. Je ne lui crois pas une grande vertu.

LYCOPUS. Calice tubuleux, à 5 divisions, entières, aiguës; corolle tubuleuse, bifide, une des divisions un peu échancrée; étamines distantes; 4 graines nues.

L. EUROPÆUS, L. *sp.* 30; Lam. *Illust. t.* 28. Marrube aquatique. — Tiges quadrangulaires, dressées, fistuleuses, de 12 à 20 pouces de haut; feuilles opposées, ovales, pinnatifides à la base, dentées au sommet; feuilles supérieures seulement dentées; verticilles de fleurs serrés; calices épineux; corolles petites.

Var. B. Feuilles velues.

Fleurs blanches. Juillet, août. Se trouve dans les lieux humides, le long des eaux, à *Ville-d'Avrai*, *Meudon*, etc. Commune. ♃

SALVIA. Calice en cloche; corolle à deux lèvres, la supérieure en faucille, à 3 dents, l'inférieure à deux lobes; filets des étamines fourchus, et attachés transversalement à un pédicule particulier; 4 graines nues; style très-long.

S. PRATENSIS, L. *sp.* 35; Bull. *Herb. t.* 357. La Sauge-des-prés. — Tiges simples de 1 à 2 pieds, et plus, de haut, carrés, un peu laineuse par bas; feuilles radicales pétiolées, ridées, ovales-cordiformes, doublement crénelées, les caulinaires au nombre de 2 ou 4, sessiles; verticilles de 4 ou 6 fleurs, grandes, sessiles, disposés en épis allongés; lèvre supérieure en forme de casque dépassant beaucoup la lèvre inférieure.

Var. B. Feuilles profondes, incisées.

Fleurs bleues, roses, ou blanches. Juin, juillet. Fréquente dans les prés secs. ♃

S. VIRGATA, Jacq. *Hort. Vend.* 1, *p.* 14, *t.* 37. Tige de la même hauteur, plus velue par le bas, effilée, droite; plus visqueuse que la précédente; feuilles inférieures pétiolées, ovales, oblongues, échancrées en cœur à la base, rugueuses, crénelées plus régulièrement que dans la sauge des prés; 5-6 fleurs à chaque verticille, sessiles, dont le casque ne dépasse pas la lèvre inférieure; moitié plus petites que la précédente. Fleurs blanches ou roses. Juin, juillet. Se trouve près le *Bourg-la-Reine*, où elle parait avoir été semée. ♃

S. SILVESTRIS, Jacq. *Aust.* 3, *t.* 212. Tige dressée, de 12 à 18 pouces de haut, branchue, pubescente, à poils rares; feuilles inférieures pétiolées, oblongues, crénelées irrégulièrement; celles de la tige sessiles, presque dentées en scie; fleurs petites, en épis verticillés; bractées vertes, ou colorées comme la tige; pédoncule cotonneux; calice muni de gros points brillans, résineux; on en remarque aussi sur le tube de la corolle; il n'y a ordinairement qu'une seule graine qui mûrit. Fleurs d'un bleu foncé. Juillet, août. Lieux stériles; elle a été trouvée à *Longjumeau*, par M. Thuillier. ♃

S. VERTICILLATA, L. *sp.* 37; Clus. *Hist. xxix.* Tige pubescente, de 1 à 2 pieds; feuilles radicales pétiolées, velues, les caulinaires d'autant plus sessiles, qu'elles atteignent le sommet, cordiformes, crénelées, avec une pointe sur chaque crénelure; 20 à 30 fleurs par verticille, pédonculées, finissant en épis, petites; calice coloré; style incliné vers la lèvre inférieure. Fleurs d'un bleu-rouge. Juin, août. Se trouve dans les lieux secs, à *Gentilli, Arcueil.* ☉

S. VERBENACA, L. *sp.* 35; Bergius, *Phyto.* 2, *pag.* 99, *Icon.* Tige d'un pied et plus, coudée, peu velue; feuilles radicales, longuement pétiolées, ovales, presque glabres, obtuses, veinées en dessous, crénelées un peu irrégulièrement; les caulinaires supérieures sessiles; verticilles de 4 à 6 fleurs, presque sessiles; calice à divisions très-pointues; corolle petite, dépassant à peine le calice, à peine plus grande que lui. Fleurs bleuâtres. Été. Se trouve dans les pâturages. Rare. ♃

S. SCLAREA, L. *sp.* 38; Regn. *Bot t.* 8. Orvale, Sclarée. — Tige de 2 ou 3 pieds, droite, grosse, velue, rameuse; feuilles radicales, velues, cordiformes, épaisses, ridées, veinées, pétiolées, crénelées irrégulièrement; les supérieures sessiles; bractées colorées en beau rose, très-larges, très-pointues; verticilles de 4 à 6 fleurs, formant par leur réunion un épi terminal; dents du calice piquantes; corolle bien ouverte. Fleurs d'un bleu cendré, ou blanches. Juillet et août. Peu commune. Se trouve le long des chemins, au *Calvaire*, à *Montmorency*, etc. ♂

DIGYNIE. — DEUX STYLES.

ANTHOXANTHUM. Glume bivalve, uniflore; corolle à 2 valves, pointues, aristées; une seule graine.

A. ODORATUM, L. *sp.* 40; *Fl. dan. t.* 666. Flouve. — Racine poussant plusieurs chaumes, simples, dressés, d'environ un pied; feuilles planes, pubescentes, toutes radicales, une seule au milieu de la tige, qui est noueuse du bas; épis ovales, d'un jaune-verdâtre, solitaires; arêtes droites, peu apparentes, excédant la fleur.

Var. B. Tige et feuilles très-velues.

Fl. herbacées. Commune au printemps et une partie de l'été, dans les lieux secs. Cette graminée répand une odeur agréable en séchant. ♃.

CLASSE III.

TRIANDRIE. — TROIS ÉTAMINES.

MONOGYNIE. — UN STYLE.

VALERIANA. Calice nul; corolle 5-fide, gibbeuse à la base; capsule à une loge, à une graine couronnée par une aigrette plumeuse.

V. OFFICINALIS, L. *sp.* 45 ; *Fl. dan. t.* 570. Valériane officinale. — La tige s'élève quelquefois jusqu'à 5 ou 6 pieds, lisse, striée; feuilles ailées, avec impaire; folioles lancéolées, dentées en scie, à l'exception du sommet qui est nu; fleurs formant une large panicule; rameaux garnis de bractées ou folioles linéaires transparentes. Fleurs rougeâtres ou blanches. Mai, juin. Se trouve dans les bois élevés, touffus, humides; à *Saint-Maur*, *Meudon*, etc. ♃

La racine de cette plante a une odeur nauséabonde très-forte; elle est très-employée en médecine, comme tonique et anti-spasmodique. C'est un des plus puissans moyens dont on puisse se servir dans l'hystérie, l'épilepsie, les maladies nerveuses, les fièvres intermittentes (associée au kina), dans les fièvres putrides, malignes, etc. On en use en poudre ou en décoction. C'est un remède héroïque.

V. DIOICA, L. *sp.* 44 ; Bull. *Herb. t.* 311. Tige d'un pied ou un pied et demi, droite, glabre; feuilles inférieures entières, ovales ou arrondies, les supérieures pinnatifides, avec une foliole terminale très-grande, trifides au sommet de la tige; fleurs, les unes mâles, les autres femelles, ramassées en tête, et terminales; les pieds mâles sont plus grêles et moins élevés. *Scopoli* dit qu'à proprement parler, cette plante n'est pas dioïque, car dans toutes il y a des graines fertiles. Fleurs purpurines ou blanchâtres. Avril, juin. Se trouve dans les marais des bois; commune à *Meudon*, *Montmorency*, etc. ♃

Valeriana rubra. V. *Centranthus ruber.*

VALERIANELLA. Calice à 5-6 dents très-petites; corolle tubuleuse, à 5 lobes irréguliers; capsules à 3 loges, dont 2 sont souvent avortées, nues, ou couronnées par les dents du calice.

* *Fruits glabres.*

V. OLITORIA, Moench. *Meth.* 493; Gœrt. *Fruct.* 2, *p.* 36, *t.* 86, *f.* 3. *V. locusta olitoria*, L. *sp.* 47. La Mâche ou Doucette. — Tiges dressées, fourchues, un peu velues à la base, feuillées, hautes de 6 à 8 pouces; feuilles à la bifurcation des tiges, entières, ou un peu dentées, linéaires-lancéolées ; fleurs terminales, réunies en petites têtes ; graines aplaties, partagées en 2 moitiés inégales par deux sillons, ayant au milieu une ligne saillante: Fleurs blanches, ou bleuâtres. Mars, avril. Commune dans les lieux cultivés. Les jardiniers la cultivent pour en faire des salades. ⊙.

V. DENTATA, Decand. *Fl. fr.* 4, *p.* 241. *V. locusta dentata*, L. *sp.* 47. Tiges doubles de la précédente, également bifurquées, pubescentes à la base ; feuilles linéaires, entières, ou ayant seulement quelques dents à la base ; fleurs terminales, presque en tête ; graines pyriformes, un peu sillonnées d'un côté, avec une dent mousse, creuse, qui s'éraille quelquefois de manière à imiter des dents. Fl. blanches-améthystes. Avril, mai. Commune dans les champs cultivés. ⊙

V. CARINATA, Loisel. Deslonch. *Notice*, 149. Tige ordinairement rameuse, étalée, dichotome, un peu velue à la base, de 6 à 8 pouces de haut ; feuilles entières ; fleurs comme les précédentes ; graines oblongues, un peu courbées, une moitié plus petite que l'autre, creusée en nacelle, l'autre taillée en carène. Fl. *id.* assez commune dans les champs cultivés. ⊙

** *Fruits velus.*

V. CORONATA, Decand. *Fl. fr.* 4, *p.* 241. *V. locusta coronata*. L. *sp.* 47. *Col. Ecphr.* 1, t. 209. Tige de 1 à 2 pieds, très légèrement pubescente, bifurquée ; feuilles lancéolées, dentées, les supérieures presque pinnatifides ; fleurs terminales, serrées ; graines ovoïdes, terminées par 6 dents recourbées en crochets, très-ouvertes. Fl. *id.* Se rencontre quelquefois, mais rarement, dans les endroits cultivés. ⊙

V. ERIOCARPA, Desv. *Journ. botan.* 2, *p.* 314. Loisel. Deslonch. *Notice*, t. 3, *fig.* 2. Tige de 6 pouces à un pied, et plus, dichotome, un peu poilue à la base ; feuilles quelquefois denticulées ; fleurs en corymbe, presque fastigiées, portées sur des pédoncules à écailles membraneuses, ce qui donne un aspect particulier à la plante ; graines garnies de poils roides, ayant une dépression au milieu, et terminées par un prolongement en cornet évasé, à 3 ou 4 dents, dont une seule est bien visible. Fl. plus tard que la mâche ordinaire. Se trouve dans les lieux cultivés. Elle est souvent mêlée avec l'*olitoria* dans les semis des jardiniers, qui la connaissent sous le nom de *Mâche d'Italie* ou *de Hollande.* ⊙

V. PUBESCENS. N. Tige de 12 à 15 pouces, dichotome, pubescente à la base ; feuilles presque pinnatifides à leur base, surtout les moyennes, les supérieures linéaires et entières ; fleurs ramassées, sur une panicule étalée, à graines pyriformes, pubescentes, avec une dépression sur un côté terminée par une pointe très-aiguë. Fl. en juin et juillet. Se trouve en abondance à *Ruel*, dans les moissons. ⊙

POLYCNEMUM. Calice à 5 divisions ; corolle nulle ; style bifide ; capsule qui ne s'ouvre pas, renfermant une seule graine.

P. ARVENSE, L. *sp.* 50 ; Jacq. *Aust. t.* 365. Tige très-rameuse, étalée à la base, petite, pouvant acquérir un pied et plus de développement ; feuilles déliées, sétacées, roides, un peu courbées, glabres ; fleurs très-petites, nombreuses, axillaires, sessiles, avec des bractées blanchâtres ; anthères pourpres. Fleurs d'un blanc sale. Juillet, août. Se trouve dans les endroits sablonneux, à *Sèvres*, plaine du *Point du Jour*, *Champigni*, etc. ⊙

IRIS. Corolle à 6 divisions profondes, dont 3 intérieures, elles sont alternativement dressées et courbées, réfléchies ; style court, portant trois lanières pétaloïdes, souvent échancrées ; capsules à 3 valves, à 3 loges. (Fleurs enveloppées dans une spathe membraneuse).

** Pétales barbus.*

I. GERMANICA, L. *sp.* 55 ; Bull. *Herb. t.* 141. Iris des jardins, Flambe. — Tige d'environ 2 pieds, dressée, feuillée dans sa partie inférieure ; feuilles ensiformes, aiguës, un peu courbes, planes, moins hautes que la tige, amplexicaules, et dont l'ensemble est très-aplati ; fleurs très-grandes, au nombre de 4 ou 5, dont les inférieures sont pédonculées, et dépassent la spathe ; pétales obtus. Fleurs violettes ou bleues. Mai, juin. Se trouve sur les murailles et les chaumières. ♃

La racine de cette plante a une odeur de violette ; on s'en sert comme parfum. On fait avec les pétales et la chaux le *vert d'iris*.

I. PUMILA, L. *sp.* 56, Jacq. *Aust. t.* 1. Tige de 4 à 6 pouces, uniflore ; feuilles presque droites, aiguës, embrassantes, plus hautes que la tige ; pétales obtus ; fleurs hors de la spathe, à tube grêle. Fl. purpurine, pâle, ou variée. Mars et avril. Se trouve sur les vieux murs et chaumières, sur le chemin de *Valvins* à *Fontainebleau*, etc. ♃

OBSERV. Je ne suis pas éloigné de croire que la variété indiquée par M. Thuillier (*Fl. par.* 17), *I. pumila, flore luteo*, ne soit l'*iris lutescens* de Lam. *Dict.* 3, 297, qui ne diffère de celle-ci qu'en ce que la tige dépasse les feuilles, que sa fleur est renfermée dans la spathe, et que ses pétales sont jaunes.

*** Pétales nus.*

I. PSEUDO-ACORUS, L. *sp.* 56 ; *Fl. dan.* 494. Iris ou Glaïeu des marais. — Sa tige s'élève à 2 ou 3 pieds, un peu flexueuse au sommet ; feuilles très-longues, ensiformes, embrassantes ; fleurs au nombre de 3 à 6, les inférieures pédonculées ; les trois pétales intérieurs sont petits et canaliculés, plus courts que les stigmates. Fl. jaunes, mêlées de lignes noires. Juin, etc. Se trouve dans les marais, les ruisseaux fangeux. Commun. ♃

I. FŒTIDISSIMA, L. *sp.* 57 ; Blackw. *Herb. t.* 158. — Iris gigot. Tige de 1 à 2 pieds, à un seul angle, plus grêle que celle de l'espèce précédente ; feuilles d'un vert obscur, égalant presque la tige, très-pointues, ensiformes ; fleurs au nombre de 2 ou 3, à pétales plus étroits que dans aucune des espèces précédentes ; les intérieurs très-évasés. Fleurs d'un bleu gris, mêlées de lignes noires. Juillet, août. Se trouve dans les bois secs, à *Saint-Maur*, *Vincennes*, *Bondy*, *Saint-Germain*, *Arcueil*, etc. ♃

Les feuilles de cette plante, lorsqu'on les presse, exhalent une odeur de gigot de mouton qui ne méritait réellement pas l'épithète de *fœtidissima*.

SCHŒNUS. Calice composé d'écailles univalves, imbriquées de tous côtés, et ramassées en tête arrondie ; corolle nulle ; 1 seule graine ronde, située entre les écailles, entourée ou dépourvue de soie à sa base (les écailles extérieures stériles).

S. MARISCUS, L. *sp.* 62 ; Lam. *Ill. t.* 32, *f.* 2. Tige arrondie, striée, haute de 4 à 5 pieds, feuillée ; feuilles inférieures presque pleines, larges, longues, les supérieures triangulaires ; toutes sont garnies de dents très-aiguës, sur les côtés et le dos ; panicule rameuse, à tête de fleurs nombreuses, de couleur rousse, chacune composée de 2 ou 3 fleurs ; une seule graine mûrit, elle est lisse, à 3 angles obtus et dépourvue de soie. Fleurit en juillet et août. Croît dans les marais, à *Saint-Gratien*, à l'*Étang-Coquenard*, etc. ♃

S. NIGRICANS, L. *sp.* 64 ; Lam. *Ill. t.* 28, *f.* 1. Tiges fasciculées, simples, dressées, nues, arrondies, hautes de 15 à 20 pouces ; feuilles un peu triangulaires, roides, longues, fines, noirâtres à la base, et rousses à leurs pointes ; fleurs en une seule tête terminale, noirâtre, surtout à la base des écailles, pourvues de deux folioles, dont l'une est très-longue, arrondie, et terminée en pointe roide ; une seule graine blanche, luisante et triangulaire, dans chaque épillet, entourée de 3 soies. Fleurit l'été. Se trouve dans les prés où l'eau séjourne l'hiver ; à *Saint-Gratien*. ♃

S. FUSCUS, L. *sp.* 1664 ; Moriss., *s.* 8, *t.* 11, *fig.* 40. S. *setaceus*, Thuill. *Fl. par.* 19 (non Willd). Tige de 5 à 6 pouces, un peu triangulaire, feuillue ; feuilles sétacées, grêles, celles de la base plus courtes que celles de la tige ; 2 fleurs ovales sur chaque tige, rousses, et naissant comme dans l'aisselle des 2 feuilles supérieures ; la terminale est munie de 2 bractées, dont une longue et plane, l'inférieure en manque ; graine entourée de soies. Fleurit en mai. Prairies humides, à *Saint-Léger*. ♃

S. ALBUS, L. *sp.* 65. *Fl. dan. t.* 320. Tige d'environ un pied, filiforme, presque triangulaire, feuillée ; feuilles sétacées, creusées en gouttières, comme celles de la précédente ; 3 ou 4 têtes de fleurs arrondies sur chaque tige ; les inférieures longuement pédonculées et axillaires ; toutes sont dépourvues de bractées sensibles ; elles sont blanches d'abord , et deviennent rousses en vieillissant ; les épillets sont moins serrés que dans le *S. fuscus ;* graines entourées de soies. Fleurit en juin et juillet. Croît dans les prés humides , à *Saint-Léger.* ⊙

S. compressus. V. *Scirpus caricis.*

CYPERUS. Calice à paillettes imbriquées sur 2 rangs, creusées en nacelles , et disposées en épis ; corolle nulle ; 1 seule graine nue , dépourvue de soies.

C. LONGUS , L. *sp.* 67 ; Jacq. *Icon. rar. t.* 297. Souchet odorant. — Racines horizontales , très-longues , d'une odeur agréable ; tige de 2 à 4 pieds , triangulaire , nue ; feuilles longues , striées, un peu carénées , rudes sur les bords ; panicules décomposées , munies d'un involucre de 3 ou 4 folioles , longues , aplaties ; pédoncules communs , au nombre de 5 à 6 , inégaux ; épillets alternes , linéaires , pointus , munis de bractées ; fleurs rousses , luisantes. Fleurit en août , septembre. Croît dans les fossés et marais. Se trouve à *Gentilly.* ♃

La racine est employée en médecine comme sudorifique et diurétique. Elle peut remplacer avantageusement le *Sassafras.*

C. FLAVESCENS , L. *sp.* 68 ; Lam. *Ill. t.* 38 , *f.* 1. Tiges de 2 à 3 pouces de haut , nombreuses , nues ; feuilles triangulaires , recourbées en arrière, pointues ; fleurs en têtes terminales , pourvues de 3 ou 4 folioles inégales, recourbées ; épillets presque sessiles , jaunâtres , ovales-linéaires , au nombre d'environ une vingtaine. Fl. en juillet , août. Vient dans les prés humides, *à Meudon , Montmorency , Saint-Léger.* ⊙

C. FUSCUS , L. *sp.* 69 , *Fl. dan. t.* 179. Tiges nombreuses , hautes de 4 à 6 pouces , triangulaires , presque nues , molles ; feuilles triangulaires , de la longueur de la tige ; panicules terminales régulières , à pédoncules inégaux , garnis de 3 folioles longues , dont une est beaucoup plus petites ; environ une quarantaine d'épillets linéaires , noirâtres. Fleurit tout l'été. Se plaît dans les prés marécageux. Plus commun que le précédent. ⊙

SCIRPUS. Calice à écailles imbriquées de tous côtés en épis , conniventes ; corolle nulle ; graines nues , entourées ou dépourvues de soies plus courtes que les écailles , qui sont toutes fertiles.

* Un seul épi.

S. PALUSTRIS , L. *sp.* 70 ; *Fl. dan. t.* 273. Racines rampantes ; tige d'environ deux pieds , pourpre-noirâtre à la base , stipulacée , arrondie , nue , à l'exception d'une gaîne tronquée , qui se rencontre également sur les feuilles ; celles-ci sont longues , rondes , comme desséchées au sommet ; l'épi est ovale-lancéolé , à écailles scarieuses et blanchâtres sur les bords , luisantes , aiguës , ayant 1 à 3 bractées courtes et en forme d'écailles à la base ; fleurs au nombre de 12 à 20 ; fruits ovoïdes, entourés de quelques poils à la base.

Var. **B.** *S. reptans.* Thuill. *Fl. par.* 22. Tiges de 2 à 3 pouces, roides, peu feuillées.

Fl. en été. Se trouve dans les marais, la *var.* B dans les fossés desséchés. ♃

S. **MULTICAULIS,** Smith. *Fl. brit.* 48. *S. intermedius,* Thuill. *Fl. par.* 21. Il diffère du précédent par sa racine fibreuse, non rampante, et par les écailles des épis, qui sont obtuses ; l'épi est ovale. Mai. Se trouve dans les marais, au *Rainci.* ♃

S. **BÆOTHRION,** Willd. *sp.* 1, *p.* 293 ; Scheuch. *Agrost.* 366, *t.* 7, *f.* 21. *S. cæspitosus.* Thuill. *Fl. par.* 22 ; (non L.) Racines non rampantes ; tiges de 8 à 10 pouces au plus, plus grêles que le *S. palustris,* unies, ainsi que les feuilles, par une gaîne tronquée ; feuilles peu nombreuses, assez courtes ; épi presque ovale, semblable à celui du *S. multicaulis,* à l'exception qu'il contient moins de fleurs ; graines triangulaires, entourées de quelques soies à la base. Mai. Se trouve dans les marais, à *Saint-Léger,* marais des *Planets,* etc. ♃

S. **OVATUS,** Roth. *Cat. bot.* 1, *p.* 5 ; Moris. *s.* 8, *t.* 10, *f.* 33. *S. annuus,* Thuill. *Fl. par. p.* 22. Tiges nombreuses, engaînées comme les espèces précédentes, faibles, dressées, dont les plus hautes de 6 à 8 pouces, et sur le même pied, d'autres qui vont en diminuant graduellement jusqu'à 6 lignes ; les feuilles sont peu nombreuses, molles ; elles m'ont paru planes et garnies d'une espèce d'oreillette à la base ; les épis sont presque sphériques, gonflés, à écailles peu scarieuses, compactes ; les fleurs n'ont souvent que 2 étamines ; la graine est ovoïde et luisante, munie de soies à la base. Fl. en juillet, août. Se trouve dans les lieux humides, à *Meudon, Marcoussis,* etc. ☉. Th. ♃. Willd.

S. **CÆSPITOSUS,** L. *sp.* 71 ; Scheuch. *Gram. pag.* 361, *t.* 7, *f.* 18. Tiges nombreuses, roides, d'un vert glauque, hautes de 3 à 4 pouces, pourvues de 5 à 6 écailles embrassantes à la base, et d'une gaîne terminée en languette, tandis qu'elle est tronquée dans les espèces précédentes ; les feuilles sont très-rares ; on prend souvent pour elles des débris de tiges ; les épis sont petits, et contiennent 3 ou 4 fleurs au plus ; les graines sont aplaties et pourvues de soies. Fl. en mai. Croît dans les endroits humides. Elle a été trouvée aux environs de Paris, par M. Thuill. ; il y est rare. ♃

S. **ACICULARIS,** L. *sp.* 71 ; *Fl. dan. t.* 287. Tiges nombreuses, déliées, formant des gazons très-fins, pourvues à la base d'une gaîne tronquée ; feuilles très-menues, de la hauteur de la plante, qui a de 2 à 3 pouces ; épis ovales, à 2 valves, contenant 4 à 6 fleurs ; graines dépourvues de soies à la base.

Var. B. *S. capillaris.* Tiges de 5 à 6 pouces, capillaires, flexueuses, presque tombantes.

Fl. en juin et juillet. Croît aux lieux humides, un peu sablonneux, sur les rives de la *Seine*, à l'étang de *Ville-d'Avrai*, etc. ♃

S. CARICIS, Willden. *sp.* 1, *pag.* 292. *Schœnus compressus,* L. *sp.* 65; Pluk. *Alm.* 178, *t.* 34, *f.* 9. Tige triangulaire, presque nue, glabre, haute de 6 à 8 pouces; feuilles aussi longues que la tige, planes, striées, glabres, engaînantes à la base; épi terminal, comprimé, distique, à 10 ou 12 épillets alternes; involucre d'une seule feuille, longue, roulée; glume rousse; graines entourées de 4-5 poils bruns. Mai, juin. Se trouve dans les prés humides; commun à *Saint-Gratien.* ♃

S. FLUITANS, L. *sp.* 71; Moriss. *s.* 8, *t.* 10, *f.* 11. Tiges longues, flasques, rameuses, feuillées, ce qui distingue cette espèce de toutes les précédentes; feuilles planes, flottantes, élargies et scarieuses à la base, longues; épis portés vers le haut, sur de longs pédoncules, à deux valves vertes; il est court et contient 3 ou 4 fleurs; les graines sont dépourvues de soies. Cette plante, qui fleurit en juin, nage dans les eaux; elle se trouve à *Saint-Léger*, à *Fontainebleau.* Il arrive, lorsque l'eau se retire, avant son développement, que sa tige reste courte, et forme le *S. stolonifer* de Roth, qui n'en est ainsi qu'une variété. ♃

** *Plusieurs épis sessiles sur la même tige.*

S. SETACEUS, L. *sp.* 73; *Fl. dan. t.* 311. Tiges nombreuses, sétacées, nues, hautes de 3 à 5 pouces, munies d'une gaîne qui se prolonge en alène; feuilles filiformes, qui paraissent n'être que des tiges stériles; épis, au nombre de 2 ou 3, à l'extrémité des tiges; ils sont sessiles, ovoïdes, noirâtres, et munis d'une bractée feuillue, qui paraît être la continuation de la tige; graines planes d'un côté, convexes de l'autre, striées en long. Fleurit en juillet. Vient aux lieux humides, aux bords des petits ruisseaux et des marais des bois. Commun. ♃

S. SUPINUS, L. *sp.* 73. Tiges de 6 pouces environ, un peu courbées, pourvues de gaînes foliées, terminées en languette, et n'ayant point d'autre feuille; épis au nombre de 3 ou 4 sur le milieu de la tige, qui est fendue en spathe, le double de grosseur que ceux de l'espèce précédente, ovoïdes, roux. Fleurit en juin. Croît dans les lieux humides, à *Chailly, Montfort-l'Amaury.* ☉

*** *Fleurs en panicule foliacée.*

· S. LACUSTRIS, L. *sp.* 72; Lobel. *Icon.* 85, *f.* 2. Tiges de 4 à 6 pieds, rondes, unies, entourées de longues gaînes par le bas, ainsi que les espèces suivantes; tandis que toutes les autres, décrites plus haut, n'en ont qu'une, ou n'en ont pas; point de feuilles ni tiges stériles; épis terminaux en panicule, nue, décomposée;

pédoncules inégaux, les uns simples , les autres rameux , accompagnés de bractées scarieuses ; spathe à une valve longue, feuilliforme , pointue et roide ; épillets au nombre de 60 ou 80 ; graine plane d'un côté, convexe de l'autre , garnie de 5 à 6 soies. Fleurit en mai et juin. Croît dans les étangs, forêt de *Crecy* , etc. ♃

S. **virgatus**, N. Moriss. *s.* 8 , *t.* 10 , *f.* 1 ? Tige ronde , de la même hauteur que le précédent , mais des trois quarts moins forte , également pourvue de gaîne à la base ; feuilles ou tiges stériles, pointues , longues , et naissant des racines ; épillets en panicule , nue , décomposée , à pédoncules les uns simples , les autres rameux, pourvus de bractées scarieuses ; spathe à une valve longue , bien plus scarieuse que dans l'espèce précédente ; épillets au nombre de 30 ou 40 ; quelquefois ils sont sessiles dans la gaine de la spathe. Toute la plante est plus grêle que l'espèce précédente, avec laquelle elle avait été confondue. Fleurit en juin. Se trouve dans les étangs. Commun à *Ville-d'Avrai.* ♃

S. **maritimus** , L. *sp.* 74 ; Curt. *Fl. lond. t.* 284. Tiges de 2 à 3 pieds , feuillées, triangulaires (toutes les espèces ci-dessus les ont rondes); feuilles planes, larges , dont un côté est âpre en y passant le doigt , situées le long de la tige , et engaînantes , très-longues ; épillets terminaux en panicule feuillue ; spathe très-longue ; pédoncules simples , avec des bractées , dont la première est très-longue ; 8 à 12 épillets , plus gros du double qu'aucune autre espèce , à écailles comme à 3 pointes, dont celle du milieu très-prononcée ; graines inégales , munies de trois soies à la base : quelquefois les épillets sont sessiles sur la tige.

Var. B. *S. macrostachyus* , Persoon. *Synop.* 1 , *p.* 68. Tige d'un pied ; épillets épais et doubles de grosseur de l'espèce.

Fl. en juin , juillet. Fréquent dans les étangs et les rivières , à *Meudon* , etc. la var. B. à *Saint-Gratien.* ♃

S. **sylvaticus** , L. *sp.* 75 ; *Fl. dan. t.* 307. Tige de 1 à 2 pieds , triangulaire , feuillue presque jusqu'à la panicule ; feuilles très-larges , pliées en gouttière , engaînantes (la gaîne est complettée par une membrane très-mince), un peu rudes sur les bords ; ordinairement deux panicules sur chaque tige, très-décomposées , feuillues , ayant une grande quantité d'épillets d'un vert-noirâtre , très-serrés , avec des bractées à la base des pédoncules qui sont tous rameux , et une spathe qui s'élève à la hauteur de la dernière feuille ; écailles pointues ; graines triangulaires , munies de 6 soies droites à la base. Cette plante a l'aspect d'une graminée plutôt que d'un *scirpus.* Fleurit en juin. Croît sur le bord des étangs et des rivières , à *Montmorency* , etc. ♃

S. **radicans** , Schk. *in An. bot.* 4. 48 , *t.* 1. Tige triangulaire , feuillue , qui retombe après la floraison , et devient radicante ; panicule décomposée, foliacée ; épillets serrés , à écailles dépourvues de pointes ; graines triangulaires , entourées de 6 soies tortillées. Fl. *id.* Se trouve dans les lieux inondés. C'est la variété 4 du *S. sylvaticus* de la *Fl. par.* de M. Thuill. (*V.* Hoffm. *Fl. germ.* 26.) ♃

ERIOPHORUM. Calice imbriqué ; corolle nulle ; une seule graine entourée de longs filamens laineux.

* *Un seul épi.*

E. vaginatum, L. *sp.* 76 ; *Fl. dan. t.* 236. Racines non tracantes ; tige dressée, haute de 1 à 2 pieds, nue, arrondie ; feuilles radicales, longues, pointues, triangulaires, celles du bas de la tige engaînantes, celles du haut renflées et presque nulles ; fleurs en un seul épi ovale avant la fleuraison, dépourvues de spathe ; soies assez longues. Fleurit en avril, mai. Croît dans les marais spongieux, à *Saint-Léger, Fontainebleau, Bondi,* etc. ♃

E. capitatum, Hoffm. *Germ.* 3, *p.* 26 ; Scheuch. *Agrost.* 304, *app. t.* 7, *f.* 2. Racines traçantes ; tige haute de 6 à 8 pouces, cylindrique, nue ; feuilles dressées, assez courtes, canaliculées, pointues, engaînantes, une seule feuille renflée sur la tige ; fleur en épi globuleux avant la floraison, munie d'une spathe noirâtre, double du calice par sa longueur ; soie un peu plus longue que dans l'espèce précédente. Fleurit dans le même temps, et se trouve aux mêmes lieux. ♃

** *Plusieurs épis.*

E. Vaillantii, Poiteau et Turpin, *Fl. par. t.* 52 ; Vaill. *Bot.* 117, *t.* 21, *f.* 1. Tige presque rameuse, un peu couchée, haute de 1 à 2 pieds, cylindrique ; feuilles longues, triangulaires, au nombre de 2 ou 3 sur la tige ; 3 ou 4 épis terminaux gros, serrés, portés sur des pédoncules très-courts, à très-longues soies presque droites, munis d'un involucre de deux folioles, dont l'une plus longue, très-pointues. Fleurit *id.* Dans les marécages, à *Episi, Montmorency, Saint-Léger.* ♃

E. polystachion, L. *sp.* 76 ; Leers. *t.* 1, *f.* 5. *E. latifolium,* Hop. Linaigrette, Lin des marais. — Tige dressée, haute de 2 à 3 pieds, arrondie, simple, feuillue ; feuilles presque planes, larges de la base, embrassantes, courtes, un peu mousses au sommet ; fleurs au nombre de 8 à 12, penchées du même côté, moitié moins grosses que dans l'espèce précédente, pédonculées ; les pédoncules portant plusieurs fleurs, et étant d'autant plus longs, que les fleurs sont plus éloignées, ayant jusqu'à 1 pouce et demi ou 2 pouces de longueur ; involucre de 3 folioles presque égales ; écailles du calice noirâtres, ovales. Fl. *id.* Commun dans les marais. ♃

E. angustifolium, Willd. *sp.* 1, *p.* 313 ; Scheuch. *Agrost.* 308. Tige dressée, de 12 à 15 pouces d'élévation, arrondie, simple, feuillue ; feuilles étroites, un peu rétrécies vers le tiers supérieur, triangulaires, canaliculées, trois sur la tige, dont une proche les fleurs, qui sont au nombre de 5 ou 6, munies d'écailles membraneuses, transparentes, linéaires, doubles de celles de l'espèce précédente; les pédoncules sont inégaux, toujours simples, toujours penchés; involucelle de deux feuilles, dont l'une est triple de l'autre. Fl. *id.* Se trouve dans les marais assez communément. ♃

E. GRACILE, Roth. *Catalect.* 2, *p.* 259; Scheuchz. *Agrost.* 302, *f.* 1, 2, 3. Tige filiforme, de 12 à 15 pouces de haut, triangulaire, feuillue; feuilles triangulaires, très-étroites, longues, deux plus courtes sur la tige; 3 ou 4 épis terminaux, sessiles et droits; involucelle à deux feuilles courtes, dont l'une est double de l'autre. Fl. *id.* Se trouve dans les marais, à *Saint-Léger*, et ailleurs. ♃.

NOTA. Je ne pense pas, quoique tous les auteurs l'aient cru, que la fig. 2 de Vaillant, tab. XVI, représente l'*E. gracile*; je crois que c'est l'*E. polystachion*, dont une des folioles de l'involucelle a été oubliée par le dessinateur.

NARDUS. Calice nul; corolle à 2 valves acérées; une graine recouverte par les valves de la corolle.

N. STRICTA, L. *sp.* 77; Lam. *Ill. t.* 39. Tiges nombreuses, fasciculées, dressées, nues, hautes de 3 à 5 pouces; feuilles capillaires, d'un vert gris, les extérieures étalées, les intérieures droites; fleurs en épi très-simple, tourné d'un seul côté, long comme le quart de la plante, d'une couleur un peu violette; une des fleurs est tout-à-fait terminale; elles sont munies de barbes courtes. Fleurit en mai, juin. Se trouve dans les lieux stériles, sablonneux, à *Saint-Léger.* ♃

DIGYNIE. — DEUX STYLES.

PHLEUM. Glume à 2 valves sessiles, tronquées, avec 2 pointes au sommet, uniflores; corolle bivalve, plus petite que le calice.

P. PRATENSE, L. *sp.* 87; Schreb. *Gram. t.* 14. Racine fibreuse; tiges de 2 à 3 pieds de haut, rameuses à la base, coudées; feuilles distantes sur la tige, planes, celles du bas plus longues; épi linéaire, de 2 à 3 pouces de long; valves du calice ciliées à la base, ayant des pointes un peu courbées en crochet. Fl. en juin et juillet. Commun dans les prés. ♃

P. NODOSUM, L. *sp.* 88; *Fl. dan. t.* 380. Racines bulbeuses; tiges d'un pied à deux, un peu couchées, et branchues inférieurement, noueuses, plus particulièrement à la base, ce qui fait couder quelquefois le chaume; les feuilles sont plus larges que dans l'espèce précédente, et un peu rudes au toucher: l'épi est moins long de plus de moitié, un peu cilié sur les valves, qui ont des pointes plus longues et plus droites que dans le *P. pratense*. Fl. *id*. N'est pas rare dans les lieux secs, au bord des chemins. ♃

P. ALPINUM, L. *sp.* 88 ; *Fl. dan. t.* 213. Racine fibreuse ; tige très-simple, un peu coudée, haute de 6 à 8 pouces, munie de 3 ou 4 feuilles planes, molles ; épi ovale, violet, à valves ciliées, à pointes plus longues que dans les deux autres espèces, et qu'on pourrait prendre pour des arêtes très-droites. Fl. *id*. dans les prés montueux, à *Canneville*, *Satori*. ♃

HELEOCHLOA. Glume à 2 valves entières, uniflore ; bâles aiguës, à 2 valves ; fleurs adhérant intimement à la tige.

H. ALOPECUROIDES, Host. *Gram.* 1 , *t.* 29. *Crypsis alopecuroides*, Schrad. *Fl. germ.* 1, *p.* 169. Tiges souvent très-rameuses, étalées, redressées, un peu bulbeuses, dont les unes ont près d'un pied de long, les autres à peine deux pouces ; feuilles planes, roulées, et engaînant la tige presque jusqu'à l'épi ; épi semblable à celui des *Phleum* (avec lesquels on pourrait confondre la plante, si on ne remarquait pas les caractères du genre), long d'un pouce, souvent noirâtre, comme soyeux. Fleurs très-petites. Fl. en août et septembre. Elle a été trouvée sur la butte *Montmartre*, par M. Desvaux ; elle est très-commune à la Verrerie près l'hôpital de la Salpêtrière. ☉

ALOPECURUS. Calice à deux valves, uniflore ; corolle à une valve, aristée à la base.

A. PRATENSIS, L. *sp.* 88 ; Leers, *Fl. herb. t.* 2, *f.* 4. Tiges simples, presque nues, hautes de 2 à 3 pieds et plus, dressées ; feuilles glabres, celles de la base un peu molles, celles de la tige courtes, assez roides, et finissant en pointe piquante ; grappe de 2 à 3 pouces imitant un épi, velue, avec des arêtes saillantes, glabres. Fl. en mai. Commun dans les prés. ♃

A. GENICULATUS, L. *sp.* 89 ; *Fl. dan. t.* 564. Tiges simples, à base renflée, un peu coudées ; feuilles radicales courtes, assez fermes ; celles de la tige presque nulles ; chaume colorée vers le haut ; panicule en épi, presque ovale, de 8 à 10 lignes de long, glabre, ou légèrement velue au sommet, sans arêtes visibles dans quelques individus, plus longues que la bâle dans d'autres. Fl. *id*. Vient dans les lieux humides ou dans l'eau. ♃

A. AGRESTIS, L. *sp.* 89 ; Lob. *Ic. t.* 9, *f.* 2. Tiges rameuses à la base, ou plutôt à la racine, droites, un peu coudées, hautes de 1 à 2 pieds ; feuilles larges, surtout sur la tige ; panicule en épi grêle, lâche, filiforme, long d'environ deux pouces, glabre, devenant quelquefois violette ; valves à arêtes très-longues, tortillées. Fl. *id*. Commune dans les endroits cultivés. ♃

PHALARIS. Calice à deux valves égales, courbées en carène, uniflore ; corolle à 2 valves inégales, pointues, plus petites que le calice.

P. **phleoides**, L. *sp.* 80; *Fl. dan. t.* 581. Tiges dressées, presque nues, s'élevant à plus de deux pieds ; feuilles courtes, celles de la tige presque nulles, la supérieure ayant une gaîne fort longue ; la panicule est en forme d'épi de 2 à 3 pouces de long, grêle ; bâles ciliées sur le dos (caractère qui le distingue de l'*Alopecurus geniculatus*, qui manque souvent d'arêtes). Fl. en mai. Commun dans les lieux arides. ♃

P. **canariensis**, L. *sp.* 79; Moriss. *s.* 8, *t.* 3, *f.* 1. Graine de Canarie. — Tiges rameuses à la base, hautes de 1 à 2 pieds, dressées ; feuilles assez longues, planes, membraneuses sur la tige, celle du sommet a la gaîne ventrue ; l'épi est ovale, gros, panaché de blanc et de vert ; les écailles du calice sont scarieuses sur les bords et glabres ; les graines blanches ou noires. Fleurit en juillet. Se trouve dans les environs de *Meaux*. Il est cultivé. ☉

P. **utriculata**, L. *sp.* 80 ; Scheuchz. *Agrost.* 55. Tige redressée, rameuse à la souche, glabre, haute d'un pied ; feuilles inférieures simples, glabres, une ou deux supérieures, à gaîne, ventrues, en vessie ; épi ovale ; fleurs à arêtes tortues, longues et divariquées. Fl. en juin. Se trouve dans les lieux incultes, à *Chaumont*, *Meudon*, *Poigny*, *Rambouillet*. ♃

Ph. arundinacea. V. *Arundo colorata*. — *Ph. orysoides*. V. *Leersia orysoïdes*.

LEERSIA. Calice nul ; une seule fleur ; corolle à deux valves fermées, et ciliées.

L. **orysoides**, Willd. *sp.* 1, *p.* 325. *Phalaris. orysoides*, L. *sp.* 81 ; Schreb. *Gram. t.* 22. Tiges de 2 à 3 pieds, dressées, feuillées, à nœuds poilus ; feuilles planes, rudes sur les bords, la supérieure est tout proche la panicule, qui est lâche, étalée ; les pédicules sont flexueux ; les fleurs sont blanchâtres, et ont le dos de leurs valves hérissé de cils roides. Fl. en juillet et août. Croit dans les terres humides, dans les *îles de la Marne*. Il ne se trouve plus à Brunoi, l'étang de *la vieille machine* ayant été desséché. ♃

PANICUM. Calice uniflore, à 3 valves, dont une est bien plus courte ; corolle à 2 valves persistantes autour de la graine, sous la forme d'une enveloppe crustacée.

P. **verticillatum**, L. *sp.* 82 ; Lam. *Ill. t.* 43. Tige un peu diffuse et rameuse à la base, feuillue ; gaînes inférieures des feuilles un peu velues ; celles-ci sont assez longues, planes, rudes sur les bords, avec un paquet soyeux à l'ouverture intérieure de la gaîne ; sommet de la tige glabre ; épi long de 1 à 2 pouces ; fleurs verticillées par quatre, et un peu écartées ; elles sont munies à leur base de filets hispides et accrochans, quelquefois ils manquent ; la graine a quelques nervures longitudinales. Fl. en juillet et août. Commune dans les lieux cultivés. ⊙

P. **viride**, L. *sp.* 83 ; Curt. *Fl. lond. t.* 262. Tiges un peu moins élevées, plus grosses, plus fermes, feuillues, rameuses à la base, où il y en a quelquefois qui restent très-petites ; gaînes des feuilles glabres, et munies à l'ouverture de leur gaîne de longs poils soyeux, plus larges que dans l'espèce précédente ; épi à-peu-près de la même longueur, mais plus gros et plus soyeux, parce que les fleurs sont entourées à leur base de poils nombreux, un peu rudes, jamais accrochans, ni hispides ; les graines sont un peu enfoncées à leur sommet et marquées de stries nombreuses et transversales. Fl. *id.* Se trouve dans les endroits cultivés. ⊙

P. **glaucum**, L. *sp.* 83 ; Leers. *Fl. herb.* n° 39, *t.* 2, *f.* 2. Les tiges, rameuses à la base, s'élèvent à plus d'un pied ; les gaînes des feuilles sont glabres ; celles-ci sont larges, placées sur la tige, avec de longues soies à l'ouverture de leur gaîne, laquelle se prolonge un peu sur les côtés des feuilles qui sont un peu glauques ; les épis ont deux pouces et plus ; les fleurs sont entourées de soies presque nues, qui acquièrent une couleur rousse, ce qui distingue cette espèce de toutes les autres ; les graines sont chagrinées et rugueuses, surtout à leur partie supérieure. Fl. *id.* Se trouve dans les endroits cultivés ; à *Massy, Palaiseau,* etc. ⊙

P. **italicum**, L. *sp.* 83 ; Lob. *Ic.* 42, *f.* 1. Millet des oiseaux. — Tiges de 3 à 4 pieds de haut, dressées, rameuses ; feuilles larges, velues à l'entrée et sur les bords de leur gaine ; axe de l'épi laineux ; épi très-gros, long de près d'un pied, penché, composé de grappes nombreuses, arrondies, dont les fleurs portent à la base des soies longues, ou à peine visibles (ce qui constitue le *P. germanicum* de Willd). Les graines sont lisses et luisantes, de couleur blanchâtre ou un peu violette. Fl. en juin et juillet. Originaire de l'Inde ; cultivé. ⊙

P. **crus-galli**, L. *sp.* 83 ; *Fl. dan. t.* 852. Tiges rameuses à la base, haute de 1 à 2 pieds, feuillées ; feuilles larges, glabres, ainsi que les gaînes ; panicule composée d'épis alternes, d'autant plus longs et plus écartés, qu'ils sont plus inférieurs, tournés du même côté, ayant l'axe glabre ; fleurs dépourvues de soies à la base ; valves ciliées, pourvues d'arêtes hispides, quelquefois très-longues. Graine un peu aplatie, luisante, lisse. Fl. en juillet et août. Dans les endroits cultivés. ⊙

P. **miliaceum**, L. *sp.* 85 ; Regnault. *Bot. t.* 381. Millet. — Tiges de 2 à 3 pieds, droites ; feuilles très-velues sur leurs gaines, ayant à leur ouverture une ligne circulaire poilue, pubescentes dans toute leur longueur, très-larges ; panicule très-rameuse, à fleurs solitaires, dont les calices sont marqués de nervures vertes, sans arètes, ni poils à la base ; graines lisses, luisantes, blanches, jaunes ou noires. Fl. en juillet. Originaire de l'Inde ; cultivé. ⊙

PASPALUM. Calice à 2 valves inégales, uniflore ; corolle à 2 valves persistantes autour de la graine, sous la forme d'une enveloppe crustacée; (épis digités.)

P. SANGUINALE, Lam. *Ill. n° 938. Panicum sanguinale,* L. *sp.* 84; Scheuch. *Agrost.* 101. Tiges couchées à la base, puis redressées, ayant plus de 1 pied de hauteur ; feuilles munies sur leur gaine de poils tuberculeux, pubescentes sur le reste, molles, assez larges ; épis au nombre de 5 à 10; fleurs 2 à 2, dont une est pédicellée ; valves du calice inégales, de couleur purpurine, glabres, quelquefois pubescentes. Fl. tout l'été. Se trouve dans les lieux cultivés, les jardins. ⊙

P. AMBIGUUM, Decand. *Fl. fr. t.* 3, *p.* 16. Tiges étalées, couchées, de 6 à 10 pouces; feuilles glabres, ayant une écaille à l'ouverture de la gaine, au lieu de la ligne poilue de l'autre espèce ; épis au nombre de 2 ou 3, très-étalés; fleurs 2 à 2, dont l'une pédicellée, colorée en pourpre; valves extérieures presque égales, un peu pubescentes. Fl. *id.* Se trouve dans les mêmes lieux que le précédent, avec lequel il avait été confondu. ⊙

P. DACTYLON, Decand. *Fl. fr. tom.* 3, *p.* 16. *Panicum dactylon,* L. *sp.* 85 ; Moriss. *s.* 8, *t.* 3, *f.* 4. Chiendent, Pied de poule. — Ses tiges sont nombreuses, branchues, rampantes sous terre, radicantes et très-noueuses aux ramifications ; les rameaux se redressent, et sont garnis de feuilles presque distiques, courtes, glauques, ordinairement glabres, quelquefois velues en dessous, poilues à l'ouverture de la gaine; épis digités violets, au nombre de 4 ou 5, partant du même point (ce qui n'a pas lieu dans les autres espèces); fleurs 2 à 2, sessiles; valves extérieures inégales, dont l'une trèslongue, imite une bractée. Fl. *id.* Abondante dans les lieux sablonneux. ♃ Sa racine a les mêmes vertus que celle du véritable chiendent.

MILIUM. Glume à 2 valves égales, entières, uniflore ; corolle à 2 valves égales (non carénées), sans arête.

M. EFFUSUM, L. *sp.* 90 ; Moriss. *s.* 8, *t.* 5, *f.* 10. Tige dressée, de 2 à 3 pieds de haut ; feuilles larges, à bords scabres ; panicule étagée, lâche ; pédicelles semi-verticillés, glabres, inégaux, étalés divergens ; les valves extérieures sont plus grandes que les intérieures, un peu obtuses, et glabres. Fl. en mai. Se trouve communément dans les bois ombragés. ♃

M. VULGARE, N. Tiges très-variables, tantôt dressées, tantôt couchées, noueuses, et souvent coudées ; feuilles étroites, planes, rudes sur les bords, très-glabres; panicules filiformes, quelquefois très-étalées; fleurs petites, nombreuses, luisantes, portées sur des pédicelles presque verticillés, scabres; glumes extérieures constamment hispides sur leur ligne médiane, aiguës. Cette plante varie beaucoup, suivant l'âge où on l'observe, et les terrains où elle croit. On a pris souvent ses nombreuses variétés pour des espèces, mais c'est à tort; voici les principales :

Var. A. *Agrostis vulgaris*, Smith; *A. capillaris*, *Fl. dan.*; *A. hispida*, Willd. Panicule étalée; fleurs d'un jaune-roux. L'*Agrostis pumila*, L. *Mant.* 3, n'est pas même une variété, puisque sur la racine de l'*A. vulgaris* on trouve des individus qu'on peut lui rapporter, comme j'en possède dans mon herbier, que j'ai recueillis dans le bois d'*Ozouer*.

Var. B. *A. divaricata*, Hoffm. *A. violacea*, Thuill. Panicules très-divariquées, fleurs violettes.

Var. C. *A. verticillata*, Vill.; Thuill.; *A. coarctata*, Hoffm. Pédicelles serrés contre la tige, courts, espacés; fleurs d'un jaune-violet.

Var. D. *A. alba*, L. *sp.* 93; Huds. *Angl.* 27. Panicule un peu serrée contre la tige; fleurs blanches.

Var. E. *A. stolonifera*, L. *sp.* 93; Scheuch. *Agrost. t.* 128. *A. tenella*, Hoffm. Tiges couchées, stolonifères; panicule serrée; pédicelles courts; fleurs de couleur fauve.

On passe par une suite d'individus d'une variété à l'autre, de manière à ne pas s'y reconnaître. Les variétés **A** et **B** sont très-communes, et viennent dans les endroits secs ou montueux : les variétés **C**, **D**, **E**, viennent dans les prairies fraîches et les lieux humides. Fleurit tout l'été. ♃

M. lendigerum. V. *Agrostis lendigera.*
M. paradoxum. V. *Agrostis paradoxa.*

STURMIA. Glume à deux valves linéaires, tronquées et un peu calleuses au sommet, égales, uniflore; bâle membraneuse, en forme de godet, velue, ovale, mutique.

S. verna, Pers. *Synop.* 1, *p.* 76. *Agrostis minima*, L. *sp.* 93; Scheuch. *Agrost. t.* 1, *f.* 7, I. Tiges dressées, nombreuses, formant des touffes, hautes de 1 à 2 pouces, fort simples; quelques feuilles par le bas, un peu obtuses, à gaines assez marquées; épi filiforme, simple; fleurs alternes, sur un axe flexueux, un peu violettes. Fl. en mars et avril. Dans les bois sablonneux. Très-commune à *Romainville* et au bois de *Boulogne*, etc. ☉

AGROSTIS. Glume à 2 valves égales, uniflore; corolle à 2 valves égales (non carénées), munies d'une arête sur le dos de l'une d'elles.

A. paradoxa, Decand. *Fl. fr. t.* 3, *p.* 17. *Milium paradoxum*,

L. *sp.* 90 ; Schreb. *Gram. t.* 28, *f.* 2. Tiges de 2 ou 3 pieds, dressées, glabres, feuillées, planes ; panicule lâche, à pédicelles longs, étagés, 2 – 3 ensemble ; bâles lisses, vertes à la base, transparentes et blanchâtres au sommet, chargées d'une barbe longue de 3 à 4 lignes ; graines ovales, noires et luisantes. Fl. en juillet. Se trouve dans les bois montueux, à *Vincennes*. (Thuillier.) Rare. ♃

A. LENDIGERA, Decand. *Fl. fr.* 3, *p.* 18. *Milium lendigerum*, L. *sp.* 91 ; Schreb. *Gram. t.* 23, *f.* 3. Tiges rameuses, dressées, hautes de 10 à 15 pouces, feuillées ; feuilles glabres, celles du bas roulées, celles de la tige, planes, pointues ; panicule en épis soyeux ; fleurs petites, d'un vert-jaune ; épillets redressés, serrés ; glumes très-aiguës, longues, et renflées à la base par la graine ; arête déliée, peu visible. Fleurit en mai et juin. Elle a été trouvée aux environs de Paris, par Ventenat. Très–rare. ♃

A. SPICA-VENTI, L. *sp.* 91 ; Lob. *Ic. t.* 3, *f.* 1. Épi du vent. — Souche souvent rameuse ; tige dressée, de 3 ou 4 pieds, à sommet penché ; feuilles assez larges ; panicule très-longue, étalée, composée de verticilles éloignés de plus d'un pouce par le bas, se rapprochant par le haut, à rayons très-inégaux, recouvrant de beaucoup le verticille au-dessus. Fleurs nombreuses, très-petites ; arête capillaire, très-longue, droite. Fl. en juin. Se trouve communément dans les moissons. ☉

A. INTERRUPTA, L. *sp.* 92 ; Vaill. *Bot. t.* 17, *f.* 4. Tiges d'un pied à deux, droites, point penchées, comme dans l'espèce précédente ; feuilles plus étroites, à longues gaines sur la tige, pointues ; panicule très-longue, filiforme, à rameaux verticillés, serrés contre la tige, interrompus ; le verticille inférieur n'atteint pas celui de dessus ; ils vont en se rapprochant par le haut, où ils imitent l'épi ; fleurs petites, moins nombreuses que dans l'*A. spica-venti* ; arête presque aussi longue, droite. Fl. en juin. Moissons, terres sablonneuses. Cette plante a de grands rapports avec celle décrite avant. La figure de Vaillant qui la représente est beaucoup trop petite. ☉

A. RUBRA, L. *sp.* 92 ; Kœl. *Gram.* 78. Tiges dressées, hautes de un à deux pieds ; feuilles rudes sur les bords, avec une membrane déchirée à l'ouverture de la gaine ; panicule d'abord resserrée, puis étalée, rouge ; verticilles incomplets ; glumes un peu inégales, glabres ; arête grêle, recourbée en crochet, souvent tordue. Fl. en juin. Se trouve dans les marais et les prés ; à *Saint-Léger*, etc. ☉

A. CANINA, L. *sp.* 92 ; Scheuch. *Gram.* 141, *t.* 3, *f.* 9. Tiges rameuses, coudées à la base, redressées, hautes d'un pied ou un pied et demi ; feuilles courtes, étroites, quelquefois roulées ; panicule en verticilles, toujours resserrée ; glumes presque toujours violettes, hispides sur le dos, ainsi que l'extrémité des pédicelles, égales ; barbes courtes , un peu lisses. Fl. en juin. Se trouve dans les prés humides , à *Meudon, Montmorency* , etc. ♃

A. **dubia** , Leers. *Herb. t.* 4 *, f.* 4. *A. compressa* , Willd. *sp.* 1 , *p.* 368. Tiges longues de 3 à 4 pieds , débiles , grêles , coudées et presque radicantes à la base , redressées ; feuilles inférieures capillaires , les supérieures planes , étroites , glabres ; panicule lâche , étalée , à peu de fleurs , verticillée ; fleurs verdâtres ou blanchâtres ; glumes à valves inégales , une terminée en pointe aiguë , hispides , ainsi que l'extrémité des pédicelles ; barbe presque droite , manquant dans quelques fleurs , et quelquefois dans toutes , ce qui rend le genre douteux. Fl. en juillet. Se trouve dans les bois montueux et ombragés , forêt de *Crecy* , près d'*Armainvilliers*. ☉

A. minima. V. *Sturmia verna.*

ANDROPOGON. Fleurs polygames , géminées , dont une hermaphrodite , sessile ; l'autre mâle , rarement neutre , est pédicellée et mutique. Fl. hermaphrodite ; calice à 2 valves , uniflore ; corolle de 3 valves.

A. **ischæmum** , L. *sp.* 1483 ; Jacq. *Aust. t.* 384. Tiges rameuses , redressées ; les entre-nœuds sont enflés du bas , et vont en diminuant jusqu'au nœud suivant ; feuilles radicales étroites , planes , parsemées de poils blancs et rares ; celles de la tige sont glabres , plus larges à la base , et se rétrécissent subitement à l'ouverture de la gaine , qui est barbue. Les épis sont digités , au nombre de 4 à 6—8. Les fleurs sont entourées de soies blanches , l'hermaphrodite a une barbe torse , longue et rousse. Fl. en mai. Vient dans les endroits secs ; à *Compiègne, Senl.s.* ♃

STIPA. Glume à 2 valves acérées , très-longues , uniflore ; bâle à 2 valves , dont l'extérieure porte au sommet une arête extrêmement longue , articulée à sa base , et tombante.

S. **pennata** , L. *sp.* 115 ; Scheuch. *Gram.* 153 , *t.* 3 , *f.* 13. Tiges rameuses , dressées , de 2 pieds de haut ; feuilles très-roulées , de manière à paraître rondes , très-longues , velues en dedans ; panicule serrée , naissant de la gaine supérieure , à verticilles , dont les pédicelles sont simples ou rameux ; fleurs peu nombreuses , dont l'arête a quelquefois un pied de long , garnie de soies longues , blanches et nombreuses. Fl. en mai et juin. Se trouve dans les endroits montueux et sablonneux , à *Fontainebleau.* Quelques personnes se servent de la barbe de cette plante pour hygromètre. ♃

S. **capillata** , L. *sp.* 116 ; Allioni , *Auct. p.* 39 , *t.* 2 , *f.* 4. Tiges de la même hauteur ; les feuilles un peu moins roulées , et plus velues en dedans. La différence la plus notable de cette espèce d'avec l'autre , est dans l'arête , qui est très-glabre , et bien moins longue. Fl. un peu plus tard. Se trouve dans les mêmes lieux. ♃

CALAMAGROSTIS. Calice ou glume à 2 valves, uniflore ; bâle à 2 valves égales, munies de soies à la base ou sur toute la surface extérieure, avec ou sans arête dorsale. (Ceux de nos environs n'en ont pas.)

C. COLORATA, Sibth. *Oxon.* 37. *Phalaris arundinacea*, L. *sp.* 80, *Fl. dan. t.* 259. Tiges de 3 à 4 pieds, dressées, feuillées, lisses ; feuilles glabres, les inférieures un peu roulées, les supérieures, planes, rudes sur les bords ; panicule violette, panachée, pâle, peu étalée, à épillets presque sessiles ; glumes égales, un peu carénées ; bâles luisantes, plus courtes, munies de deux houppes soyeuses à la base. Fl. en juin. Se trouve sur le bord des ruisseaux et rivières. Commun. Il varie par des feuilles panachées. ♃

C. NIGRICANS, N. Tiges élevées, feuillées, dressées, hautes de 2 à 3 pieds ; feuilles larges, rudes sur les bords, très-pointues à l'ouverture de la gaîne, velues ; panicule très-longue, d'un violet-noir, composée d'une quantité considérable de fleurs extrêmement aiguës, très-fines, longues, à valves de la glume inégales, uniflores ; bâle à 2 valves, dont l'une, roulée en cornet, enveloppe l'autre, qui est bien plus petite et très-aiguë ; soies environnant les étamines ? On confond cette plante avec l'*Arundo phragmites*, L. Fl. en juin et juillet. Commune dans les bois élevés et clairs ; à *Yerres*, etc. ♃

C. LANCEOLATA, Roth. *Fl. germ.* 1, *p.* 34. *Arundo calamagrostis*, L. *sp.* 121 ; Kœl. *Gram.* 103. Racines horizontales, grêles, droites, d'où il naît à angle droit, d'espace en espace, des tiges droites, simples, très-feuillues du bas, rudes à la partie supérieure ; feuilles larges à la base, roulées de plus en plus vers le sommet, où on les croirait subulées ; panicule étroite, verdâtre foncée, pâlissant en mûrissant ; glumes longues, inégales, acérées, hispides sur le dos, ainsi que les pédicelles, qui sont verticillés ; bâles entourées de soies droites et longues. Fl. en juillet. Croît dans les bois et les prés couverts. ♃

TRAGUS. Glume uniflore, à une seule valve ovale, garnie d'aspérités crochues ; la bâle est à 2 valves inégales, dont la plus grande est roulée en cornet, et enveloppe la plus petite ; (fleurs polygames ?)

T. RACEMOSUS, Desfont. *Atlant.* 2, *p.* 386. *Cenchrus racemosus*, L. *sp.* 1487. Schreb. *Gram. t.* 4. Tiges rameuses, étalées à la base, hautes de 6 à 8 pouces ; feuilles courtes, larges, planes, ciliées sur les bords ; épi de 1 à 2 pouces, simple, composé d'épillets triflores ; deux fleurs latérales, collées sur le calice, celle du milieu, plus élevée, a un calice à deux valves ; les aspérités des glumes sont comme glanduleuses à la base, et recourbées en crochets. Fleurit en juillet. Se trouve dans les lieux sablonneux, à *Fontainebleau*. ☉

SESLERIA. Glume à 2 valves acérées, biflore; fleurs à 2 valves, dont une est à trois pointes, l'autre à deux.

S. Cœrulea, Ard. *sp.* 2, *p.* 18, *t.* 6, *f.* 3, 4, 5. *Cynosurus cœruleus*, L. *sp.* 106. Tiges rameuses, très-peu feuillées, de 8 à 10 pouces de haut, dressées; feuilles planes, rudes sur les bords, les supérieures courtes; épi ovale, bleuâtre, jaune à la maturité, muni à la base d'une bractée scarieuse, composé d'épillets sessiles, comprimés; 2 fleurs à bâles velues (il y a quelquefois une troisième fleur). Fleurit en avril et mai. Vient dans les prés montueux et secs, à *Fontainebleau.* ♃

AIRA. Glume à 2 valves, biflore; bâle à 2 valves, dont une porte une arête genouillée qui part de la base.

A. cœspitosa, L. *sp.* 96; Scheuch. *Gram.* 244, *t.* 2, *f.* 2, 3. Tiges de 2 ou 3 pieds, dressées, feuillues; les feuilles longues, glabres, les radicales roulées, les supérieures planes, rudes sur les bords, à gaines membraneuses; panicule longue, étalée, à pédicelles verticillés; les fleurs ont une arête qui ne les dépasse pas, de sorte qu'elle est peu visible; les bâles sont un peu dentées au sommet, et entourées de soies à la base.

Var. B. *A. parviflora.* Thuill. *Fl. par.* 38. Fleurs plus petites.

Fleurit en juillet. Croît dans les bois ombragés, à *Saint-Cloud, Vincennes, Bondi, Yerres*, etc. ♃

A. flexuosa, L. *sp.* 96; *Fl. dan. t.* 157. Tige dressée, de 1 à 2 pieds, presque nue; feuilles capillaires, dont 2 ou 3 sont sur la tige; panicule étalée, à pédicelles longs, et flexueux à la maturité des fleurs; bâles à arêtes visibles, entourées de quelques poils à la base, et entières au sommet.

Var. B. *Aira discolor*, Thuill. *Fl. par.* 39. Pédicelles pourpres

Fleurit en juin et juillet. Se trouve dans les lieux secs, les bois montueux. Commune. ♃ L'*A. montana*, L., qu'on regarde comme très-voisine de l'*A. flexuosa*, en est fort distincte, suivant Smith (*Fl. brit.* 1, *p.* 86), et n'a pas encore été trouvée aux environs.

A. cariophyllea, L. *sp.* 97; *Fl. dan. t.* 382. Tiges dressées, de 6 à 8 pouces, filiformes; feuilles courtes, molles, capillaires, une ou deux sur la tige; fleurs peu nombreuses, en panicule étalée munie d'arêtes longues, et ayant quelques petites soies très-courtes à la base des bâles; glumes très-scarieuses.

Var. B. *Aira divaricata*, Pourret, *Acad. Toul.* 3, *p.* 307. Tige très-petite.

Fleurit en mai. Commune dans les bois. ☉

A. canescens, L. *sp.* 97; Moris. *s.* 8, *t.* 3, *f.* 10. Tiges hautes de 10 à 12 pouces, coudées, roides, filiformes; feuilles capillaires dures, fermes, piquantes, une ou deux sur la tige; panicule étroite, presqu'en épi, à fleur dont les glumes ont des taches purpurines à leur maturité, ainsi que le bas des tiges, dont le bâles sont nues, et les arêtes épaissies au sommet ; elle est enfermée avant la maturité dans la dernière feuille, qui est élargie et en forme de spathe. Toute la plante est d'un glauque blanchâtre. Fleurit en juin et juillet. Se trouve dans les lieux sablonneux, aux bois de *Boulogne*, de *Romainville*, etc. ⊙

A. PRÆCOX, L. *sp.* 97 ; *Fl. dan. t.* 383. Tiges droites, filiformes, hautes de 2 ou 3 pouces ; feuilles capillaires, flexueuses, une ou deux sur la tige ; panicule en épi, presque ovale ; glumes légèrement pubescentes ; balles nues ; arêtes droites, filiformes. Fleurit en mars et avril. Commune dans les lieux sablonneux et humides ; *Meudon*, *Sèvres*, etc. ⊙

A. cærulea, *aquatica*. V. *Poa cærulea*, et **P.** *airoides*.

AVENA. Glume bivalve, à 2–8 fleurs hermaphrodites, ou polygames ; bâles à 2 valves pointues, dont l'extérieure porte sur son dos une arête genouillée.

* *Fleurs hermaphrodites, à valve externe des bâles entière au sommet.*

A. SATIVA, L. *sp.* 118 ; Regn. *Bot. t.* 15. L'Avoine. — Tige dressée, ferme, haute de 2 à 5 pieds ; feuilles larges, planes, glabres, un peu rudes au toucher ; panicule étalée, composée de pédicelles hispides, semi–verticillés, dont les uns sont rameux, les autres uniflores ; les épillets à 2 fleurs pendantes sur leur pédoncule ; la glume est plus longue que les fleurs, et les renferment ; barbes longues, rousses à la base, et tortillées ; elles se perdent souvent tout-à-fait par la culture, d'autres fois il n'y a qu'une des fleurs qui en est pourvue ; graine noire ou blanche. Fleurit en juillet. Cultivée. ⊙

A. NUDA, L. *sp.* 118 ; Lob. *Icon.* 32. Elle est plus petite que la précédente ; ses glumes sont un peu plus courtes que les fleurs qu'elles renferment ; les bâles divergent, et se séparent spontanément de la graine à la maturité ; les barbes sont dressées ou divergentes, mais point tortillées. Fleurit *id.* Cultivée. ⊙

A. ORIENTALIS, Willd. *sp.* 1, *p.* 446 ; Host. *Gram.* 3, *p.* 31, *t.* 44. *A. racemosa*, Thuill. *Fl. par.* 59. S'élève autant que l'avoine cultivée ; ses tiges sont trois ou quatre fois plus grosses ; feuilles larges, glabres, striées ; panicules tournées d'un seul côté, extrêmement fournies, à pédicules semi-verticillés, les uns rameux, les autres uniflores, hispides ; épillets à 2 fleurs, dont l'une est toujours mutique, et l'autre avec une arête presque droite. Fleurit *id.* Se trouve mêlée avec les autres avoines. ⊙

A. FATUA, L. *sp.* 118 ; Schreb. *Gram. t.* 15. Tiges de 4 ou 5 pieds, dressées, glabres ; feuilles planes, striées, larges ; panicule étalée ; pédicelles flexueux, hispides, semi-verticillés, les uns uniflores, les autres rameux, déliés ; épillets de 2 à 3 fleurs

plus courtes que la glume, dont les bâles sont garnies à la base
de soies rousses fort épaisses, et d'une arête longue, tortillée et
genouillée au milieu.

Var. B. *Avena sterilis*, L. *sp.* 118. Plus grande dans toutes
ses parties; épillets de 5 fleurs entourées de soies blanches.

Fl. *id.* Se trouve dans les lieux cultivés, assez communément. ☉

. A. pubescens, L. *sp.* 1665; Scheuch. *Gram.* 226, *t.* 4, *f.* 20.
Tige de 2 à 3 pieds, droite; feuilles courtes, molles, velues,
planes, surtout sur leur gaîne, accompagnant la tige presque
jusqu'en haut; panicule peu étalée, à pédicelles semi-verticillés
du bas, géminés, puis solitaires par le haut, déliés; épillets de
2 fleurs de la grandeur de la glume, garnis à la base de poils blancs
et courts, et d'une arête flexueuse. Fleurit en juin. Se trouve dans
les bois sablonneux; au bois de *Boulogne*, de *Vincennes*, à *Saint-
Germain en Laye.* ♃

A. pratensis, L. *sp.* 119; Vaill. *Bot. t.* 18, *f.* 5. Tiges de 1 à 2
pieds, droites; feuilles glabres, roulées, les supérieures presque en alène; panicules presque en épi, à pédicelles verticillés, les
uns très-courts, uniflores, les autres plus longs à 2 ou 3 épis, lesquels sont ovales, aplatis, glabres, contenant 5 à 6 fleurs, presque
distiques, à barbes divariquées, genouillées, avec un petit renflement poilu à la base de la bâle. Fleurit en juillet. Se trouve dans
les prés, et les pâturages des bois, à *Meudon*, au bois de *Boulogne*, etc. ♃

A. bromoïdes, L *sp.* 1665; Scheuch. *Agrost. t.* 4, *f.* 21, 22.
Tiges d'un pied environ, dressées; feuilles étroites, roulées,
presque capillaires, glabres, peu ou point sur la tige; panicule
en épis; épillets rarement géminés, presque tous solitaires,
alternes, sessiles, contenant 7 à 8 fleurs glabres, avec une barbe
divariquée et genouillée. Fleurit en juin. Se trouve dans les lieux
arides, à *Fontainebleau.* ♃

    ** *Fleurs hermaphrodites dont la valve externe de la bâle est
échancrée au sommet.*

A. brevis, Roth. *Gram.* 1, *p.* 40. *A. nuda*, Thuill. *Fl. par.* 59.
Tige d'environ deux pieds, droite; feuilles planes, glabres, 3 ou 4
garnissant presque jusqu'à la panicule, qui est lâche, étalée, à
pédicelles déliés, semi-verticillés, tantôt uniflores, tantôt portant
2 ou 3 fleurs; épillets de 2 fleurs, courts (comparés à l'avoine
cultivée), glabres, dont la bâle extérieure est terminée par deux
arêtes plus courtes que la barbe (Roth dit 2 dents), et munie d'une
arête dorsale, longue et flexueuse. Fleurit en juin. Se trouve dans
les avoines. ☉

A. flavescens, L. *sp.* 118; Schreb. *Gram. t.* 9. Tiges de 1 à
2 pieds, dressées, garnies de trois à quatre feuilles étroites, planes,
pubescentes, molles; panicule serrée, à pédicelles semi-verticillés,

rameux pour la plupart, nombreux ; épillets d'un jaune fauve, luisans, très-petits, abondans, renfermant 2 fleurs, dont la valve externe des bâles est terminée par deux dents, et ayant une longue arête dorsale pliée et courbée. Fleurit en mai et juin. Commune dans les prés. ♃

*** *Espèces polygames.*

A. **ELATIOR**, L. *sp.* 117 ; *Fl. dan. t.* 165. Racines rampantes, simples ; tiges de 2 à 3 pieds, dressées ; feuilles planes, un peu larges, douces au toucher ; panicule étalée, assez longue, composée de pédicelles semi-verticillés, rameux pour la plupart, déliés, glabres ; épillets de 2 fleurs glabres, dont une est fertile et surmontée d'une arête courte ; l'autre stérile, munie d'une barbe longue, flexueuse, manque quelquefois, ainsi que celle de la fleur fertile.

Var. B. *A. precatoria*, Thuill. *Fl. par.* 58. Racines tuberculeuses.

Fleurit en juillet. Se trouve communément dans les endroits cultivés ; la variété B, à *Champigni*, *Armainvilliers*, etc. ♃

A. **LANATA**, Kœl. *Gram.* 303 ; *Holcus lanatus*, L. *sp.* 1485 ; Scheuch. *Gram.* 234, *t.* 4, *f.* 24. Tiges de 2 à 3 pieds, dressées, velues dans le haut ; feuilles larges, molles, laineuses sur la gaine, et pubescentes sur les deux faces ; panicule peu étalée, allongée, à pédicelles semi-verticillés, nombreux, rameux ; épillets abondans, ramassés ; glume à 3 stries, dont celle du milieu est velue, presque pubescente sur le reste, contenant 2 fleurs ; une seule de ces fleurs est pourvue, sur la valve externe de sa bâle, d'une arête dorsale, torse, recourbée en hameçon, et peu visible à l'œil. Fleurit en juin, juillet. Commune dans les prés. ♃

A. **MOLLIS**, Kœl. *Gram.* 301 ; *Holcus mollis*, L. *sp.* 1485 ; Scheuch. *Gram.* 235, *t.* 4, *f.* 25. Tiges de 1 à 2 pieds, peu consistantes, velues à chaque articulation, garnies de feuilles jusqu'à la panicule ; celles-ci sont planes, larges, glabres, un peu rudes sur les bords ; panicule resserrée, étroite, imitant l'épi, composée de pédicelles semi-verticillés, courts et rameux ; l'épillet est blanchâtre ; les glumes sont ciliées sur le dos et les bords, et contiennent deux fleurs stériles, dont l'une est pourvue d'une arête droite assez longue. Fleurit en juin et juillet. Commune dans les moissons. ♃

MELICA. Glume à 2 valves scarieuses, renfermant deux fleurs, et le rudiment d'une troisième, qui est pédicellé ; bâles à 2 valves, ventrues.

M. **UNIFLORA**, Retz. *Obs.* 1, *p.* 10 ; *M. nutans*, Lam. Thuill. (non L.) ; *M. Lobelii*, Vill. *Dauph.* 2, *p.* 89, *t.* 3. Tiges d'un pied ou deux, dressées, glabres ; feuilles à gaine anguleuse, un peu rude, ayant à son ouverture une languette opposée à la feuille, qui est lisse, plane, et placée sur les 2 tiers inférieurs de la tige d'espace en espace ; fleurs en panicule, lâches, peu nombreuses, grosses, portées sur des pédoncules filiformes ; la glume est rayée, rousse : il n'y a qu'une fleur (par exception au genre), mais on y trouve le rudiment de la troisième ; graine noire, ovale, un peu chagrinée, luisante. Fleurit en mai et juin. Commune dans les bois montueux. ♃

M. ciliata, L. *sp.* 97 ; Scheuch. *Gram.* 174, *t.* 3, *f.* 16. Tiges rameuses, de 1 à 2 pieds, un peu rudes ; feuilles glauques, roulées, scabres, longues, subulées à l'extrémité, et garnies d'une membrane auriculaire à l'ouverture de la gaîne ; panicule simple, peu étalée ; fleurs grosses ; glumes scarieuses, jaunâtres ; 2 fleurs, dont l'une a une de ses bâles ciliées de longues soies ; on aperçoit très-bien le rudiment de la deuxième fleur, ce qui est difficile dans l'espèce précédente. Fleurit en juillet. Croît sur les collines pierreuses et dans les rochers, à *Vernon*, près Fontainebleau. ♃

CYNOSURUS. Glume à 2 valves, multiflore (3 à 5); bâles à 2 valves égales et entières ; une bractée foliacée à la base de chaque fleur.

C. cristatus, L. *sp.* 105 ; *Fl. dan. t.* 238. Tiges simples, redressées, hautes de 15 à 18 pouces et plus, glabres, feuillées ; feuilles glabres, roulées en gouttières, sur-tout sur la tige, où elles sont comme étranglées à l'ouverture de la gaîne ; épis simples, longs de 2 pouces, à épillets sessiles, comprimés en crête, avec une bractée comme palmée à la base ; 3 à 5 fleurs, terminées par une arête dorsale, courte. Fl. en juin. Se trouve dans les prés secs, les bois. Commun. ♃

ÆGILOPS. Fleurs polygames ; calice à 3 fleurs ; fleur hermaphrodite ; glume cartilagineuse, à 2 valves, dont l'extérieure est coriace, large, à 3 ou 5 barbes roides ; bâle à 2 valves, dont l'extérieure se divise au sommet en 3 ou 4 arêtes.

Æ. ovata, L. *sp.* 1489 ; Lam. *Ill. t.* 839, *f.* 1. Tiges rameuses, souvent coudées en angle droit vers leur tiers inférieur, glabres, hautes de 4 à 5 pouces ; feuilles un peu velues, ciliées sur les bords, un peu glauques ; fleurs en épi gros, ovale ; fleurs sessiles sur l'axe de la tige, qui est creusée pour les recevoir ; valves des glumes striées, un peu velues, et chargées de 3 arêtes hispides, longues, l'extérieure de près d'un pouce. Fleurit en juin, juillet ; vient sur le bord des chemins, à *Fontainebleau*. ♂ Decand. ⊙ Lois. Deslonch.

Æ. triuncialis, L. *sp.* 1489 ; Vaill. *Bot. t.* 17, *f.* 1. Tiges de 10 à 12 pouces, rameuses, coudées quelquefois, comme dans l'espèce précédente ; feuilles semblables, à soies plus courtes et plus nombreuses ; les épis sortent de la feuille supérieure ; ils sont gs, grêles, pauciflores; les glumes sont à 3 barbes longues, pides, et velues sur le dos; les bâles sont à 3 arêtes courtes, gales. Fl. *id.* Se trouve dans les lieux secs et arides, sur la butte -dessus de l'étang de *Moret.* ♃

ARUNDO. Calice bivalve, multiflore (2–5); fleurs bivalves, vêtues de poils à l'extérieur.

A. PHRAGMITES, L. *sp.* 120? Lam. *Ill. n°* 1083, *t.* 46. Roseau à lais. — Tiges de 4 à 6 pieds, simples, dressées; feuilles larges in pouce, glabres, très-longues, terminées en longues pointes, autres fois roulées; panicule très étendue, à fleurs nombreuses, longs pédicelles verticillés par le bas, d'un jaune fauve; glumes égales, 3 fleurs dans le plus grand nombre des calices; une des les de chaque fleur terminée en arête.
Var. B. *A. gracilis.* N. Plante à peine le quart de l'espèce; pani-le peu considérable, fauve; calices de 3 à 5 fleurs.
Fl. en septembre. Se trouve dans les étangs et fossés aquatiques, variété B dans les eaux courantes des rivières. ♃

A. calamagrostis, L. Vide *Calamagrostis lanceolata.*

BRIZA. Glume à 2 valves ovales, multiflore (5–7); bâles ven-ues, cordiformes.

B. MEDIA, L. *sp.* 103; Lam. *Ill. t.* 45, *f.* 1. Amourette. — Tiges mples, de 1 à 2 pieds, presque nues; feuilles planes, glabres, lus larges sur la tige, qui en porte 2 ou 3; panicule lâche, variquée; pédicelles simples, bifurqués, filiformes, ondulés; eurs comprimées, violettes, ainsi que le haut de la tige et les édicelles; épillet ovale, composé de 5 à 7 fleurs. Fl. en mai et in. Croît dans les prés secs et montueux, à *Meudon.* ♃ N.) Decandolle.

B. MINOR, L. *sp.* 102; Scheuch. *Agrost.* 205, *t.* 4, *f.* 9. Tiges ouvent rameuses, un peu étalées à la base, hautes de 6 à 8 pouces; euilles larges, rudes sur les bords (elles ne le sont pas sensible-ment dans l'espèce précédente); panicule à fleurs quatre fois plus ombreuses, moitié plus petites, vertes, à pédicelles très-ra-meux, plus onduleux; les bâles sont plus en godet, et au nombre le 5 à 7; épillets triangulaires. Fleurit en juin. Se trouve dans es prés secs et les bois montueux, à *Saint - Germain - en-Laye,* etc. ☉

B. eragrostis, L. Vide *Poa megastachya.*

DANTHONIA. Glume à 2 valves concaves, multiflore (3–4); bâle à 2 valves inégales, dont l'une plus petite a une échancrure au sommet, et est pourvue d'une arête courte, qui part du fond (il serait plus exact de dire que cette valve est à 3 dents).

D. DECUMBENS, Decand. *Fl. fr. tom.* 3, *p.* 33; *Festuca decum-*

bens, L. *sp.* 110 ; Pluk. *Alm. t.* 34 , *f.* 1. Tiges rameuses , de 1 à 2 pieds, presque nues, dressées, puis inclinées ensuite ; feuilles étroites , un peu roulées , munies de poils rares sur leur gaîne , et de 2 houppes à son ouverture ; panicule simple , épiforme , à fleurs grosses , peu nombreuses , légèrement violettes , ayant une houppe soyeuse à la base , et leurs bâles ciliées. Fl. en juin. Commune dans les prés et les bois secs , au bois de *Boulogne* , etc. ♃

DACTYLIS. Glume comprimée , à 2 valves inégales , aiguës , en carène , multiflore (3-5) ; fleurs à valves inégales , carénées , dont l'une est terminée en pointe aiguë.

D. GLOMERATA , L. *sp.* 105 ; Moris. *Hist.* 3 , *s.* 8 , *t.* 6 , *f.* 38. Tiges simples , de 2 ou 3 pieds , rudes au toucher ; feuilles radicales très-larges , plus étroites sur la tige , planes , à gaîne anguleuse , scabre , dont l'ouverture a une membrane déchirée ; fleurs nombreuses , en panicule agglomérée , tournées du même côté ; le dos de la grande bâle est hispide. Fl. tout l'été. Très-commune dans les prés , le long des chemins , etc. ♃.

POA. Glume à 2 valves , multiflore (2-20) ; bâles dépourvues d'arêtes , et souvent obtuses (non en cœur).

*   * Epillets ordinairement de 2 fleurs.*

P. ° CÆRULEA , N. *Aira cærulea* , L. *sp.* 95 ; Moriss. *s.* 8 , *t.* 5 , *f.* 22. Tiges lisses , de 3 ou 4 pieds , dressées , fermes , ayant un seul nœud près de la racine ; feuilles très-longues , planes , âpres sur les bords , glabres ; panicule longue , peu étalée ; pédicelles au nombre de 5 à 8 , partant du même point , dont quelques-uns ne portent qu'un épillet , les autres sont rameux ; 2 fleurs bleuâtres dans chaque glume , qui a la même teinte.

Var. B. *Aira atrovirens,* Thuill. *Fl. par.* 38. Fleurs d'un vert-noir. Fleurit en août. Se trouve dans les bois humides ; à *Meudon , Montmorency* , etc. ♃

P. CRISTATA , Murray , *Syst.* 99 ; *Aira cristata* , L. *sp.* 94 ; Moris. *s.* 8 , *t.* 4 , *f.* 7. Tiges rameuses , de 1 à 2 pieds , redressées , glabres , presque nues ; feuilles sétacées , courtes , pubescentes , une ou deux à longues gaînes sur la tige ; panicule en épi , interrompu quelquefois à la base ; épillets luisans , à glume aiguë , pubescente , contenant 2 ou 3 fleurs , à valves inégales. Fleurit en juin. Se trouve dans les endroits sablonneux. Commune. ♃

P. AIROÏDES , Kœl. *Gram.* 194 ; Vaill. *Bot. t.* 17 ; *f.* 7. *Aira aquatica* , L. *sp.* 95. Racines rampantes ; tiges glabres , naissan dessus à angle droit ; feuilles planes , lisses , glabres , avec une membrane à l'ouverture de la gaîne ; panicule étalée , lâche , pédicelles verticillés dans le bas ; épillet de 2 fleurs , dont la glume est courte , colorée ; les bâles sont marquées chacune de 3 côtes , et allongées. Fleurit en mai et juin. Vient dans les prés humides, les fossés; à *Saint-Léger*, *Montreuil* près *Versailles*, *Gentilli*, etc. ♃

P. **nemoralis**, L. *sp.* 102; Scheuch. *Agrost. Prod. t.* 2 , *f.* 2. Tiges débiles, un peu penchées, hautes de 1 à 2 pieds et plus, garnies de quelques feuilles planes, étroites, longues; panicule grêle, pauciflore, étalée; pédicelles semi-verticillés, un peu hispides; épillets de 2 fleurs, à glumes un peu aiguës, ainsi que les bâles, qui sont blanchâtres. Fleurit en juin. Se trouve dans les bois épais, à *Saint-Germain*, *Meudon*, etc. Assez commune. Il vient quelquefois des espèces de fongosités aux articulations de la tige, produites par des larves d'insectes (Gouan). ♃

** *Epillets ordinairement de* 3 *à* 5 *fleurs.*

P. **fertilis**, Host? *P. debilis*, Thuill. *Fl. par.* 43. Je soupçonne que cette plante n'est qu'une variété de la précédente, elle a tous ses caractères; mais comme elle vient dans les prés, elle a une fleur de plus, et les fleurs sont un peu pédonculées : la panicule est plus fournie. Fleurit en juin. Se trouve dans les prés. ♃

P. **angustifolia**, L. *sp.* 99; Leers. *Herb. t.* 6 , *f.* 3. Tiges élevées de 1 à 2 pieds, dressées, glabres, ainsi que les feuilles, qui sont roulées, ce qui les fait paraître capillaires, un peu roides, avec une petite gaîne courte, et tronquée à son ouverture, ainsi qu'une espèce d'auricule ferme : il y a aussi quelques feuilles planes et étroites; elles sont toutes un peu glauques : glumes inégales, contenant de 2 à 3 fleurs; bâles très-légèrement pubescentes.

Var. B. *P. cinerea*, Vill. *Dauph.* 2, *p.* 126. Tiges et feuilles glauques; épillets de 3 fleurs, un peu laineuses, à la base.

Fleurit au printemps. Très-commune dans les prés, champs, bois ; la variété B se trouve dans les bois d'*Yerres*. ♃

P. **scabra**, Ehrh. *Gram.* 72.; *P. dubia*, Leers. *Fl. Herb.* n° 69 ; . 6 , *f.* 4. *P. trivialis*, L. *sp.* 99 ? Tiges nombreuses, droites, cylindriques, de 1 à 2 pieds, un peu rudes au toucher, de bas en haut, sous la panicule; feuilles planes, scabres sur la gaîne, 1 ou 2 sur la tige, ayant à l'ouverture de leur gaîne une membra... allongée, un peu déchiquetée; panicule étalée; pédicelles hispides; glumes à 3 fleurs; bâles à 3 stries, très-légèrement pubescentes. Fleurit en juin. Fréquente dans les prés et les bois. ♃

P. **annua**, L. *sp.* 99; Lam. *Ill.* n° 969, *t.* 45 , *f.* 2. Tiges débiles, dressées ou couchées, comprimées, feuillées; feuilles planes, lisses, molles; panicule lâche, étagée, dont les pédicelles inférieurs s'ouvrent à angle droit, et sont semi-verticillés, ou seulement géminés; les glumes renferment 3 ou 4 fleurs verdâtres. Fleurit tout l'été. Extrêmement commune dans les lieux cultivés et incultes ; dans les cours, les rues peu fréquentées. ☉

P. **pratensis**, L. *sp.* 99; Scheuch. *Agrost.* 177 , *t.* 3 , *f.* 17 , A. Tiges rameuses à la souche, hautes de 1 à 2 pieds, glabres; feuilles planes , larges , rudes sur les bords , ayant à l'ouverture de leur gaîne une membrane courte et tronquée ; panicule un peu compacte ; épillets à 3 ou 4 fleurs, dont les bâles sont un peu scarieuses au sommet. Fleurit en juin. Croît dans les prés , et les champs. Commune. ♃

P. GLAUCA , Valh. *Fl. dan. t.* 964 (non With.) ; Decand. *Synop.* 131. La plante s'élève à un pied ; elle est dressée , un peu touffue , écailleuse à la base ; les feuilles sont rudes sur leur gaîne, pointues, et ont les bords planes ; celles de la tige sont courtes ; panicule atténuée , maigre ; pédicelles à un ou deux épillets , serrés contre la tige , et un peu hispides ; glume aiguë , à 3 ou 4 fleurs , dont la dernière est pédicellée. Fleurit en juin. Se trouve à l'entrée du bois de *Romainville* , sur la droite. ♃

P. BULBOSA , L. *sp.* 102 ; Vaill. *Bot. t.* 17 , *f.* 8. Racines gonflées , comme bulbeuses ; tige dressée, haute de 12 à 18 pouces, presque nue ; feuilles radicales , élargies autour des gonflemens , puis roulées , comme sétacées , celles de la tige, au nombre de 2 ou 3 , très-courtes ; panicule un peu étalée, ovale ; épillets luisans, à glume un peu carénée, hispide, à 3 ou 4 fleurs, dont la dernière est pédicellée.

Var. B. *P. crispa* , Thuill. *Fl. par.* 45. Bâles allongées en manière de feuilles.

Fleurit en mai et juin. Croît dans les lieux arides ; la variété B sur les murs. ♃

P. COMPRESSA , L. *sp.* 101 ; Vaill. *Bot. t.* 18 , *f.* 5. Tiges ayant quelquefois un pied , souvent diffuses , coudées , noueuses ; feuilles courtes , roides , planes , ou un peu roulées, 2 ou 3 sur la tige dont le haut est nu ; panicule serrée , comprimée , unilatérale , un peu roide ; épillets de 3 ou 4 fleurs rougeâtres sur les bords. Fleuri en juin. Croît dans les lieux secs, sablonneux, sur les murs. ♃

P. RIGIDA , L. *sp.* 101 ; Scheuch. *Gram.* 271, *t.* 6, *f.* 2, 3. Tiges rameuses, diffuses, coudées, atteignant quelquefois un pied d hauteur ; feuilles planes, étroites, glabres, avec une membrane à l'ouverture de la gaîne ; panicule roide, unilatérale ; pédicelle alternes, un peu velus ; épillets à glume verte, à 4 fleurs alternes glabres. Fleurit en juin. Se rencontre dans les lieux sableux secs , et aussi dans des endroits couverts , où elle devient très grande. ♃

P. PALUSTRIS , Hoffm. *Germ.* 3 , *p.* 43 ; L. *sp.* 98 ? Leers. *Herb* *t.* 6, *f.* 2. Tige de la même hauteur que le *P. rigida* , lisse sous l panicule ; feuilles plus étroites, un peu rudes sur les bords , san membrane à l'ouverture de leur gaîne ; les glumes renferment d 4 à 5 fleurs glabres , dont une des valves de la bâle a 5 nervures Fleurit en juin. Se trouve dans les près humides , à *Gentilli* , etc.

P. CAPILLATA , N. *Festuca capillata* , Lam. *Fl. fr.* 3 , *pag.* 597 Moriss. *s.* 8, *t.* 3, *f.* 13. Tiges nombreuses, formant des touffe dressées, filiformes, presque nues, un peu glauques; feuilles ouvertes, très-fines, capillaires; panicule serrée; épillets de 4 à 5 fleurs, glabres, aiguës. Fleurit en mai. Très-commune dans les endroits sablonñeux. ♃

*** *Epillets ordinairement de 6 à 20 fleurs.*

P. **alpina**, L. *sp.* 99; Scheuch. *Gram.* 186, *Prod. t.* 3, *f.* 4. Tige de 10 à 12 pouces, simple, glabre, violette vers le haut; feuilles planes, courtes, celles de la tige à longue gaîne, un peu roides; panicule ramassée, à pédicelles géminés, lisses; épillets panachés, noirâtres, ovales, comprimés, à 5 ou 6 fleurs pubescentes. Fl. en juin. Croît dans les prés élevés des montagnes. Je l'indique d'après MM. Dalibard et Thuill. Je ne l'ai jamais trouvée. ♃

P. **eragrostis**, L. *sp.* 100; Scheuch. *Gram.* 2, *p.* 81, *t.* 38. Tiges rameuses, longues de 6 pouces environ; feuilles larges, parsemées de poils rares, à gaîne velue, avec 2 houppes à leur ouverture; panicule allongée, noirâtre avant la maturité, vert foncé ensuite; glumes à 6 fleurs, portées sur des pédicelles scabres; bâles marquées de 3 raies vertes. Fleurit en juin. Se trouve dans les lieux incultes et les décombres, aux environs de *Paris.* ⊙

P. **aquatica**, L. *sp.* 98; Leers. *Herb. t.* 5, *fig.* 5. Tige qui s'élève quelquefois à 7 ou 8 pieds, dressée; feuilles larges, longues, rudes sur les bords, piquantes, ayant deux plaques couchées et élevées sur l'ouverture de la gaîne; panicule considérable, évasée; glume à 7 fleurs, dont la bâle est pubescente. Fleurit en juillet et août. S'observe dans les eaux, à *Saint-Gratien, Sèvres, Crosne,* etc. Assez commune. ♃

P. **elatior**, N. *Festuca elatior,* L. *sp.* 111; Moriss. *s.* 8, *t.* 2, *f.* 5. Tige de 3 à 4 pieds, simple, dressée, peu feuillée; feuilles planes, glabres, avec une membrane à l'ouverture de la gaîne; panicule peu considérable, presque simple; pédicelles alternes, scabres; épillets de 6 à 8 fleurs alternes, écartées à leur maturité, bâles aiguës.

Var. B. *F. pratensis,* Smith. *Fl. brit.* 123. Epillets à fleurs plus nombreuses.

Fleurit en mai et juin. Se trouve dans les prés montagneux, les bois, au bois de *Boulogne,* etc. La variété B dans les prés marécageux. ♃

P. **loliacea**, Kœl. *Gram.* 207; *Festuca phœnix,* Thuill. *Fl. par.* 52; Scheuch. *Gram.* 200, *t.* 4, *f.* 6. Tiges dressées, de 2 pieds, presque nues, glabres; feuilles planes, un peu rudes sur les bords, glabres, une seule sur la tige; panicule simple, composée d'épillets sessiles, alternes, espacés, contenant 7 à 8 fleurs, à glumes striées, et dont les bâles sont alternes, et éloignées à la maturité. Fl. en juin. Vient dans les prés humides, à *Gentilli, Saint-Gratien,* etc. ♃

P. **fluitans**, Kœl. *Gram.* 204; *Festuca fluitans*, L. *sp.* 111; Schreb. *Gram. t.* 3. Manne de Prusse. — Tiges molles, flasques, flottantes, épaisses, feuillées; feuilles larges, embrassant la tige dans presque toute sa longueur; panicule allongée, spiciforme; calice contenant 8 ou 10 fleurs, dont les bâles sont membraneuses au sommet, et un peu crénelées. Fleurit tout l'été. Assez commune dans les mares et fossés bourbeux. ♃

Sa graine, réduite en gruau et cuite dans du lait, sert de nourriture dans quelques provinces d'Allemagne.

P. **bromoides**, N. *Bromus inermis*, L. *Syst.* 100; *Festuca poœoïdes*, Thuill. *Fl. par.* 51; Schreb. *Gram. t.* 13. Tige glabre, haute de 2 ou 3 pieds; feuilles larges, glabres, un peu striées; panicule resserrée, puis étalée à la maturité des fleurs; épillets comprimés linéaires, contenant 10 à 15 fleurs, un peu écartées; glumes petites; bâles aiguës. Fleurit en juin. Croit dans les prés et au bord des ruisseaux, dans les bois, à *Fontainebleau*. ♃

P. **megastachya**, Kœl. *Gram.* 181; *Briza eragrostis*, L. *sp.* 103; Scheuch. *Gram.* 194, *t.* 4, *f.* 4. Tiges rameuses, les latérales couchées, puis redressées, de 5 à 6 pouces, et plus, de long; feuilles planes, étroites, un peu arquées, avec des houppes de soies à l'ouverture de la gaîne; fleurs en panicule; pédicelles courts; épillets lancéolés, de 20 fleurs environ, dont les bâles sont courbées en carène, marquées de 3 lignes vertes. Fleurit en juillet et août. Se trouve dans les lieux sablonneux, au bois de *Boulogne*. ☉

FESTUCA. Glume à 2 valves inégales, multiflore (3 à 15); bâles à deux valves acérées, l'une d'elles munie d'une arête au sommet.

** Arêtes n'excédant pas la longueur de la fleur.*

F. **ovina**, L. *sp.* 108; Leers. *Herb. t.* 8, *f.* 3. Tiges nombreuses, filiformes, creusées en stries, hautes de 8 à 10 pouces et plus, glabres; feuilles déliées, capillaires, longues, droites, d'un vert glauque dans le haut, blanches vers la racine; panicule resserrée; épillets ouverts, contenant 4 fleurs, glabres et pourvues d'une arête.

Var. B. Epillets prolifères; *Festuca vivipara*, Smith. ?

Fl. en mai. Commun dans les prés et les bois sablonneux. ♃

F. **amethystina**, L. *sp.* 109. Tige un peu courbée à la base, presque nue, glabre, haute de 12 à 15 pouces; feuilles roulées, larges, à gaînes membraneuses, celles du bas courbées, comme sétacées; 2 ou 3 feuilles sur la tige; panicule en épi, plus gros que dans l'espèce précédente; pédicelles du bas géminés, ceux du haut alternes; épillets de 7 fleurs aristées. Fl. en juin. Se trouve dans les lieux secs et sablonneux, au bois de *Boulogne*, etc. ♃

F. **rubra**, L. *sp.* 109. Tiges d'environ 2 pieds, grêles, presque nues, dressées; feuilles inférieures, fines, courtes, sétacées, celles du haut plus larges, velues en dessus; panicule étroite, peu fournie, rougeâtre, dont l'axe est rude au toucher; épillets de 4 5 fleurs aristées, glabres. Fl. en juin. Se trouve dans les endroits secs et stériles, à *Yerres*, etc. ♃

F. DURIUSCULA, L. *sp.* 108. Tiges de 10 à 12 pouces, presque nues, dressées; feuilles sétacées, courtes, roulées, velues en dedans, glabres à l'extérieur; panicule serrée, maigre, dressée; pédicelles géminés par bas; épillets verdâtres à 4 fleurs aristées. Fl. en juin. Se trouve dans les mêmes lieux. ♃

OBSERVATION. Les trois espèces *F. amethystina*, *F. rubra*, *F. duriuscula*, et même les deux suivantes, sont bien voisines l'une de l'autre, et bien difficiles à distinguer. Comme elles ne sont figurées nulle part, les botanistes ne sont pas d'accord sur leur compte. Peut-être devrait-on les réunir?

F. HETEROPHYLLA, Lam. *Fl. fr. p.* 600. Tiges de 2 ou 3 pieds, dressées; les feuilles inférieures déliées, soyeuses, très-glabres, et d'un vert agréable; celles de la tige, longues, planes, glabres; panicule étroite, longue, peu serrée; pédicelles géminés par bas; épillets glabres, à quatre fleurs, munis de longues arêtes. Fl. en juin. Se trouve assez communément dans les bois, dans les endroits cultivés. ♃

F. GLAUCA, Lam. *Dict.* 2. *p.* 459. Toute la plante est d'une belle couleur glauque; tiges de 1 à 2 pieds, dressées, lisses, glabres; feuilles inférieures roulées, mais plus larges que dans toutes les espèces ci-dessus, glabres, rudes au toucher, les 2 ou 3 qui sont sur les tiges, presque planes; panicule resserrée, longue, à pédicelles geminés ou bifurqués; épillets ovales de 5 à 6 fleurs aristées, un peu pubescentes.

Var. B. *F. longifolia*, Thuill. *Fl. par.* 50. Feuilles inférieures plus longues et plus étroites.

Fl. en juin. Se plaît dans les terrains sablonneux, dans les bois, au bois de *Boulogne*, etc. ♃

F. ASPERA, N; *Bromus asper*, L. *Suppl.* 111; Moriss. *S.* 8, *t.* 7, *f.* 27. Tiges de 4 à 5 pieds et plus, dressées; feuilles glabres ou un peu pubescentes, à gaîne très-velue; on n'en voit que 3 ou 4 sur la tige; panicule inclinée, à pédicelles très-longs, fort rudes au toucher, géminés, portant plusieurs épillets, qui ont eux-mêmes des pédicelles particuliers fort longs; épillets glabres, linéaires, un peu pubescens, planes, de 8 à 10 fleurs chargées de barbes moins longues que les fleurs. Fleurit en juin, juillet. Croit communément dans les bois ombragés et touffus. ♃

F. LEMANII, Batard, *Fl. de Maine et Loire.* Tiges très-nombreuses, dressées, de 1 à 2 pieds, presque nues; feuilles sétacées, droites, un peu rudes, tant à la racine, où elles forment gazon, que sur la tige, où on n'en voit qu'une ou deux très-courtes; panicule en épi; épillets presque sessiles, composés de 5 fleurs à bâles très-velues, à arêtes courtes et à glumes glabres. Fleurit en juin. Croît dans les lieux stériles, au bois de *Boulogne*. ♃

** *Bâles terminées par une arête beaucoup plus longue que la fleur.*

F. GIGANTEA, Vill. *Dauph.* 2, *p.* 110. *Bromus giganteus*, L. *sp.* 114; Vaill. *Bot. t.* 18, *f.* 3. Tige de 3 à 4 pieds, forte, grosse, garnie de plusieurs nœuds noirâtres; feuilles planes, glabres, ayant plus d'un demi-pouce de large, rudes sur le bord, de haut en bas, tandis que la gaîne est rude de bas en haut; panicule de plus d'un pied, dressée, décomposée, à pédicelles longs, fermes, géminés, rudes au toucher; épillets petits, linéaires, lancéolés, glabres, renfermant 4 à 5 fleurs, à arêtes beaucoup plus longues que les fleurs elles-mêmes.

Var. B. Gaînes velues.

Var. C. Gaînes hispides.

Fl. en juillet. Se trouve dans les taillis; forêt de *Creci*, etc. ♃

F. MYURUS, L. *sp.* 109; Scheuch. *Gram.* 293, *t.* 6, *f.* 11. Tiges coudées, redressées, garnies de trois nœuds, hautes de 1 à 2 pieds; feuilles roulées, glabres, celles de la tige plus larges; panicule filiforme, très-simple, penchée du même côté occupant la moitié de la tige; épillets de 4-5 fleurs; glume inégale, mutique; bâles dont la barbe est chargée d'aspérités dans toute la longueur. Fl. l'été. Se trouve dans les endroits secs, sur les vieux murs. ♃

F. BROMOIDES, L. *sp.* 110; Scheuch. *Agrost.* 297, *t.* 6, *f.* 14. Tige dressée, nue supérieurement; feuilles semblables à celles de l'espèce précédente, à l'exception qu'au lieu de membrane à l'ouver-ture de la gaîne, il y a une tache brune; panicules droites, à pédi-celles presque toujours solitaires; bâles lisses à la base, un peu rudes au sommet; valves du calice inégales, dont l'une est mu-tique, et l'autre porte une longue arête. Fl. en juin. Assez com-mune dans les lieux sablonneux. ☉

F. SCIUROIDES, Roth. *Fl. germ.* 1, *p.* 46; Willd. *sp.* 1, *p.* 423. Scheuch. *Agrost. t.* 6, *f.* 12. Diffère peu de l'espèce précédente et n'en paraît qu'une variété. Les calices sont ordinairement pres-que égaux, mutiques; quelquefois une seule valve aristée, quel-quefois toutes les deux; fleurs diaphanes, scabres, à arêtes lon-gues. Fl. en mai et juin. Le long des chemins, à *Orsay*, *Palaiseau*. ☉

F. UNIGLUMIS, Willd. *sp.* 1, *p.* 423; Ray, *Syn.* 413, *t.* 16, *f.* 2. Tiges simples ou légèrement rameuses, hautes de 8 à 10 pouces, glabres; les feuilles ressemblent à celles des trois espèces précé-dentes, dont celle-ci diffère en ce que son calice a une très-grande valve d'un côté, et n'en a qu'un rudiment de l'autre, de sorte qu'elle paraît manquer. Les barbes sont hispides, comme dans les autres espèces, et les fleurs au nombre de 4-5. Fl. en juin. Dans le lieux sablonneux , au bois de *Boulogne*, à *Saint-Maur*, *Saint-Germain*, sur la route des *Loges* , etc. ☉.

F. fluitans, elatior, capillata. **V.** *Poa fluitans, elatior, capillata.*
F. decumbens. **V.** *Danthonia decumbens.*

BROMUS. Glume à 2 valves égales , multiflore (5-18) ; bâle à deux valves inégales , l'une extérieure , grande , concave, est terminée par une arête , qui part au-dessous du sommet , ou dans le milieu d'une petite échancrure terminale ; l'intérieure est petite , plissée et ciliée sur les bords.

B. SECALINUS, L. *sp.* 112 ; Lam. *Illust. t.* 46 , *f.* 2. Tiges de 3 à 4 pieds, dressées ; feuilles glabres , les inférieures plus courtes , les supérieures plus larges et plus longues , ayant quelques poils épars sur la face supérieure ; panicule ouverte , penchée , composée de pédicelles semi-verticillés , au nombre de 4 à 6 , ne portant qu'un épillet , lequel est ovale-lancéolé , plane , composé de sept à 9 fleurs , à arête droite , un peu flexueuse.

Var. B. Fleurs sans arêtes.

Fl. en juin. Se trouve communément dans les moissons. ☉

B. MULTIFLORUS, Weig. *Obs. t.* 1 , *f.* 1 ; Willd. *sp.* 1. *p.* 428 ; *B. racemosus*, L. *sp.* 114 ? Tiges de 1 à 2 pieds , dressées ; feuilles velues , molles , courtes , les supérieures étroites ; panicule redressée , composée de pédicelles géminés inférieurement , dont l'un est plus court, solitaires en haut , portant tous un épillet plane , de 7 à 9 fleurs , glabres , à arêtes droites. Fl. en juin. Se trouve dans les lieux cultivés , les moissons , à la *Villette* , sur les bords du canal. ☉. S. ♃

B. MOLLIS , L. *sp.* 112 ; Schreb. *Gram. t.* 6 , *f.* 1. Tiges de 12 à 18 pouces , dressées, glabres supérieurement ; feuilles courtes , laineuses sur la gaîne , velues sur le limbe ; panicule pauciflore , redressée ; pédicelles géminés , en bas, dont un plus court ; épillets velus , lancéolés , arrondis , renfermant 5 à 7 fleurs , a arêtes presque droites. Fleurit l'été. Se trouve dans les prés secs et le long des chemins. ☉

B. GROSSUS , Desfont. *Catal. p.* 16. Tiges dressées , de 1 à 2 pieds ; feuilles à gaîne velue , l'étant très-peu sur le limbe ; panicule dressée , serrée , à pédicelles semi-verticillés , dont plusieurs portent plusieurs épillets , les autres un seul ; les épillets sont courts , arrondis , gonflés , pubescens , et renferment 4 à 5 fleurs , qui tombent facilement , à arêtes courtes. Fleurit en juin et juillet ; se trouve dans les lieux stériles , le long des chemins , sur les bords de la prairie de *Gentilli* , etc. ☉. S. ♃.

B. SQUARROSUS , L. *sp.* 112 ; Scheuch. *Gram.* 251 , *t.* 5 , *f.* 11. Tige d'environ 1 pied , dressée ; feuilles très-velues sur la gaîne , pubescentes sur le limbe ; panicule pauciflore , dressée , à pédicelles solitaires ou géminés ; les épillets grands , ovales-lancéolés , glabres, contenant de 8 à 15 ou 18 fleurs dont la bâle extérieure est ample, et a une arête longue et très-divariquée. Fleurit en été. Se trouve sur le bord des champs. Rare aux environs de *Paris*. ⊙

B. ERECTUS, Huds. *Angl.* 49 ; Vaill. *Bot. t.* 18 , *f.* 2. Tiges simples, presque nues, de 1 à 2 pieds ; feuilles munies de poils assez rares, étroites, un peu canaliculées ; panicule droite, serrée, roide ; pédicelles verticillés par bas, géminés, puis solitaires par le haut ; épillets linéaires, arrondis, velus, contenant de 6 à 10 fleurs, à arêtes droites. Fleurit en juin. Se trouve dans les prés et les champs. ⊙

B. ARVENSIS, L. *sp.* 113 (non Lam.) ; Scheuch. *Agrost. t.* 5 , *f.* 15. Tiges de 2 à 3 pieds, dressées ; feuilles velues sur le limbe supérieur, et un peu sur la gaine, celles du haut courtes et linéaires ; panicule ample, multiflore, étalée, dirigée d'un seul côté ; pédicelles rudes, longs, semi-verticillés, les uns simples, les autres portent 2 ou 3 épillets, lesquels sont glabres, ovales-allongés ; la valve externe est échancrée au sommet, et l'arête est droite, assez longue. Fl. *id.* Croit dans les prés, les champs. ⊙

B. PRATENSIS, Kœl. *Gram.* 239. Tiges dressées, de un à deux pieds ; gaines des feuilles inférieures velues ; feuilles planes, hérissées de poils ; panicule violette, droite, à pédicelles rudes, simples ou rameux ; épillets glabres, ovales-lancéolés, comprimés, contenant de 5 à 8 fleurs, pointues, à arêtes de leur longueur, et dont les valves externes sont entières. Fl. *id.* Prés, champs. ♃

B. STERILIS, L. *sp.* 113 ; Curt. *Fl. lond. t.* 24. Tiges de un à deux pieds, noueuses, penchées au sommet ; feuilles planes, glabres, dures, striées ; panicule étalée, inclinée ; pédicelles très-longs, semi-verticillés, roides, hispides, portant un ou deux épillets ; ceux-ci sont planes, distiques, longs, contenant de 10 à 15 fleurs, dont la valve externe est rude, hispide, membraneuse et fendue au sommet, surmontée d'une arête hispide, longue et droite. Fleurit tout l'été. Vient communément dans les lieux stériles. ⊙

B. TECTORUM, l. *sp.* 114. Tiges d'un pied environ, courbées au sommet ; feuilles planes, molles, pubescentes des deux côtés, velues sur la gaine ; panicule irrégulière, penchée ; pédicelles semi-verticillés, très-flexueux, doux au toucher, portant la plupart 4 à 5 épillets, linéaires, pubescens, renfermant 5 à 6 fleurs serrées, arrondies, dont la bâle externe est pubescente, scarieuse et fendue au sommet, surmontée d'une arête longue, droite, un peu hispide. En vieillissant, la plante perd une partie du velu des pédicelles et des bâles, et devient un peu scabre ; mais les feuilles restent toujours molles. Fl. tout l'été. Se trouve très-communément sur les murs, les toits et dans les lieux stériles ⊙

B. inermis, L. Vide *Poa bromoïdes*.

B. aspera, *giganteus*, L. Vide *Festuca aspera*, *gigantea*.

B. pinnatus, *sylvaticus*, *distachyos*, L. Vide *Triticum pinnatum*, *sylvaticum*, *ciliatum*.

TRITICUM. Epillets solitaires sur chaque dent de l'axe, au sommet de la tige, et opposés à cet axe ; glume à 2 valves, multiflore (de 3 à 5) ; bâle bivalve.

** Epillets serrés, imbriqués de tous côtés.*

T. **sativum**, Lam. *Dict.* 2, *p.* 554 ; *T. hybernum*, L. *sp.* 126 ; Blackw. *Herb. t.* 40, *f.* 1, 3, 4. Le Froment. — La tige a de 3 à 5 pieds de haut ; elle est glabre, d'un jaune luisant à sa maturité, connue sous le nom de *paille* ou *chaume* ; les feuilles sont longues, planes, glabres, et se trouvent jusqu'au voisinage de l'épi ; celui-ci est arrondi, simple, imbriqué, composé d'épillets ventrus et un peu comprimés, contenant quatre fleurs, dont les bâles sont mutiques et glabres ; graines gonflées.

Var. B. *T. æstivum*, L. *sp.* 126. Le Bled de mars. — Epillets aristés ; tige plus basse.

Fleurit en juin. Cultivé partout où il peut croitre, pour la nourriture de l'homme. ⊙. On en cultive beaucoup de variétés. *Voyez* le Dictionnaire d'Agriculture de Rozier. •

T. **turgidum**, L. *sp.* 126 ; Moriss. *s.* 8, *t.* 1, *f.* 14. Bled barbu. — Caractères du précédent, à l'exception de l'épi, qui a les glumes et les bâles velues, les dernières aristées. Fleurit *id.* Cultivé. ⊙

T. **compositum**, L. *Suppl.* 115 ; Moriss. *s.* 8, *t.* 1, *f.* 7. Bled de miracle. — Caractère des précédens, à l'exception de l'épi, qui est rameux ; glumes et bâles velues, les dernières aristées ; trois fleurs dans l'épillet. Fl. *id.* ⊙. Cultivé. Rare.

*** Epillets distincts, non imbriqués.*

T. **spelta**, L. *sp.* 127 ; Moriss. *s.* 8, *t.* 6, *f.* 1. L'épeautre. — Chaume et feuilles comme dans les précédens ; épi distique ; glumes ovales, tronquées obliquement, cartilagineuses, terminées par une dent, bordées d'une ligne saillante ; bâles aristées ; graines allongées. Fleurit *id.* Cultivé dans quelques endroits. ⊙ Rare.

T. **pinnatum**, Moench. *Hass. n°.* 102 ; *Bromus pinnatus*, L. *sp.* 115 ; Leers. *Herb. t.* 10, *f.* 3. Tiges de 2 ou 3 pieds, dressées, à nœuds velus ; feuilles un peu roulées, et coupantes sur les bords, rudes, et comme tuberculeuses en dessus, finissant presque en alêne ; panicule en épi ; épillets grêles, alternes, presque sessiles, glabres, éloignés, arrondis avant la maturité, un peu aplatis après, contenant quatorze ou quinze fleurs, glabres, dont la bâle externe est légèrement hispide au sommet, ainsi que l'arête, qui est courte et terminale.

Var. B. *Bromus corniculatus*, Lam. *Fl. fr.* 3, *p.* 608. Epillets recourbés et plus arrondis, glabres.

Fleurit tout l'été. Commun dans les buissons des bois. ♈

T. SYLVATICUM , Moench: *Hass. n°.* 113. *Bromus sylvaticus*, Lam. *Dict.* 1 , *p.* 469. Tige de 2 à 3 pieds, dressée , grêle ; feuilles longues , à limbe plane , glabres , un peu roulées , légèrement ciliées ; panicule en épis alternes , rapprochés, tout-à-fait sessiles , velus, linéaires, très-pointus ; épillets de 10 à 12 fleurs ; la valve externe de la bâle est velue , et son bord cilié très-manifestement ; l'arête est droite , longue et terminale. Fleurit en juin et juillet. Commun dans les haies des bois. ♃

T. CILIATUM , Decand. *Fl. fr.* 3 , *p.* 83. *Bromus distachyos*, L. *sp.* 115 ; Gerard, *Flor. prov.* 98 , *t.* 3 , *f.* 1. Tige rameuse à la base, étalée , haute de 10 à 12 pouces , genouillée ; feuilles courtes , pubescentes sur le limbe , ciliées sur le bord ; panicule de deux ou trois épis glabres , sessiles ; la tige est même un peu creusée pour les recevoir ; la glume est un peu inégale ; la bâle interne a les cils si grands , qu'on les aperçoit à l'œil, et on croit que c'est l'externe qui est ciliée ; celle-ci est terminée par une arête longue , très-droite et terminale. Fleurit en mai , juin et juillet. Se trouve dans les endroits secs , les montagnes. ⊙ Rare.

T. CANINUM , L. *sp.* 1 , *p.* 86 (1re édit.) ; *Elymus caninus* , L. *sp.* 124 (2e édit.) ; Moriss. *s.* 8 , *t.* 1 , *f.* 2. Racines fibreuses, feuillées ; tiges dressées, de 2 à 3 pieds , penchées par le haut ; feuilles planes , longues , rudes sur les bords , glabres ; épi long de 3 à 5 pouces , à épillets alternes (non géminés à la base), rapprochés, contenant de 3 à 5 fleurs ; les valves de la glume sont à 5 nervures , avec une arête courte ; les bâles sont glabres , terminées par une arête longue , un peu hispide. Fleurit en juin. Se trouve assez fréquemment dans les baies touffues , les buissons. ♃

OBSERVATION. Le *T. caninum* et le *T. sepium* , de M. Thuill. , *Fl. par.* 67 , me paraissent la même plante.

T. REPENS , L. *sp.* 118 ; Schreb. *Gram. t.* 26. Chiendent.— Racines rampantes , longues , articulées (connues sous le nom de *Chiendent*) ; tiges dressées , coudées, longues de 2 à 3 pieds ; feuilles planes , molles , pubescentes en dessus , divariquées ; épi de trois à quatre pouces , à épillets alternes , presque distiques ; glumes aiguës , à 5 nervures , glabres , contenant cinq fleurs , dont les bâles sont glabres , ou un peu pubescentes et mutiques.

Var. B. Glumes aristées. Vaillant , *Bot. t.* 17 , *f.* 2 ?

Var. C. *T. repens capillaris* , Persoon. *Synop.* 1 , *pag.* 109. Epillets à 3 fleurs.

Var. D. *T. repens multiflorum* , Persoon. *Synop.* 1 , *p.* 109. Epillets à 8 fleurs.

Var. E. *T. repens glaucum* , Persoon. *Synop.* 1 , *pag.* 109. Feuilles glauques.

Fleurit tout l'été. Très-commun dans les lieux cultivés , les vignes , les jardins. ♃

On emploie beaucoup la racine du chiendent en médecine. On

fait, avec sa décoction, des boissons délayantes, légèrement diurétiques, et un peu incisives.

T. intermedium, Host. ; Gaudin, *Agrost. hel. tom.* 1, *p.* 345. *T. junceum*, Thuill. *Fl. par.* 66? Racines rampantes, comme celles du *T. repens;* tiges élevées, de 1 à 2 pieds, roides, feuillées; feuilles roulées, glauques, glabres, fermes, pointues, un peu planes vers le haut de la tige; épi simple, long de 4 à 5 pouces, grêle, distique; épillets alternes, à glumes obtuses, un peu tronquées, contenant 4 ou 5 fleurs glabres, mutiques, et dont le bord de la valve externe des bâles est denticulé. Fl. tout l'été. Se trouve dans les endroits secs et arides. ♃. Ce doit être la plante indiquée par Vaillant. Le véritable *T. junceum* est une plante maritime.

T. cristatum, Persoon. *Synop.* 1, *p.* 109. *Bromus cristatus*, L. *sp.* 127? Tige dressée, simple, haute de 2 pieds, glabre; feuilles à gaîne pubescente, roulées, glabres; épi tétragone, long; épillets à 4-5 fleurs, sans arête, à bâles aiguës, très-légèrement pubescentes sur le dos. Fleurit en juin. Cette plante a été trouvée aux environs de Paris. Rare. ♃

T. tenellum, L. *sp.* 127? *T. poa*, Decand. *Fl. fr. t.* 3, *p.* 86; Pluk. *Alm. t.* 32, *f.* 7. Tiges dressées, filiformes, hautes d'un pied au plus, glabres; feuilles courtes, roulées, vertes, très-fines; épi simple, très-grêle, droit, composé d'épillets alternes, espacés, renfermant 3-4 fleurs petites, glabres, sans arête, dont la glume et les bâles sont un peu obtuses. Fl. en juin. Se trouve dans les lieux arides. Rare. ☉

T. nardus, Decand. *Fl. fr. t.* 3, *p.* 87. *T. hispanicum*, Willd. *sp.* 1, *p.* 479? Tige de 6 à 10 pouces, très-droite, filiforme, glabre; feuilles fines, glabres, capillaires, allant souvent jusqu'à l'épi, qui est linéaire, long, ayant tous les épillets tournés du même côté; les valves des glumes sont inégales, glabres, pointues; elles renferment de 4 à 5 fleurs alternes, dont la bâle est pubescente, et dont une des valves est terminée par une arête droite et longue; l'axe des fleurs, dans les épillets, est flexueux à la maturité de ceux-ci. Fleurit en mai et juin. Se trouve dans les endroits secs, pierreux, du côté de *Ménilmontant*, etc. ☉

LOLIUM. Epillets solitaires sur chaque dent de l'axe, au sommet de la tige, et parallèles à cet axe; glume à 2 valves, multiflore (3 à 20), dont l'une, appliquée contre l'axe, est petite et souvent avortée; bâle bivalve.

L. perenne, L. *sp.* 122; Lam. *Ill. n*° 1135, *t.* 48, *f.* 1. Raigrass. — Tige de 1 à 2 pieds, grêle, presque nue, quelquefois rameuse; feuilles planes, étroites, glabres, assez longues; épi filiforme, de 5 à 6 pouces de long, composé d'épillets alternes, étroits, glabres, contenant de 6 à 10 fleurs mutiques.

Var. B. *L. compositum*, Thuill. *Fl. par.* 62. Epillets rameux à la base.

Var. C. Epillets vivipares.

Var. D. *L. cristatum*, Scheuch. Epillets très-élargis.

Var. E. Epillets aristés.

Fleurit tout l'été. Commun le long des chemins, et dans les lieux incultes ; les variétés viennent dans les endroits cultivés. 2.

L. TENUE, L. *sp.* 122. La tige est de la même hauteur, encore plus menue que dans l'espèce ci-dessus ; les feuilles plus comrtes ; l'épi, aussi long, est plus grêle, et les épillets ne contiennent que 3 à 4 fleurs dans le haut de l'épi, et 1 ou 2, dans le bas. Fl. *id.* Se trouve dans les endroits stériles, à *Meudon*, etc. ♃

L. TEMULENTUM, L. *sp.* 122 ; Bull. *Herb. t.* 107. Ivraie. — Tiges de 2 à 3 pieds, dressées, grosses, roides, scabres par le haut ; feuilles larges, planes, rudes au toucher de tous les côtés, montant presque jusqu'à l'épi, qui est long de 8 à 10 pouces, très-renflé, composé d'épillets alternes, dont la valve externe de la glume, plus longue que les fleurs, est roide, arrondie, et contient 6 fleurs aristées, un peu ventrues.

Var. B. Fleurs mutiques.

Fl. *id.* Se trouve dans les moissons. ☉. Il est probable que nous devons avoir dans nos environs le *L. arvense* de Smith, qui ne diffère du *L. temulentum* qu'en ce que la valve externe du calice est un peu plus courte que les fleurs, et que le haut de la tige est lisse.

L. MULTIFLORUM, Lam. *Fl. fr.* 3, *p.* 621 ; Vaill. *Bot. t* 17, *f.* 3 ? Tiges rameuses, de 3 à 4 pieds de haut, point roides, feuillées jusque vers l'épi, glabres en haut ; feuilles planes, point rudes, un peu étroites ; épi de 12 à 15 pouces de long, composé d'épillets alternes, plus espacés que dans le *L. temulentum*, distiques, aplatis ; valve extérieure du calice petite, des deux tiers moins longue que les fleurs, qui sont au nombre de 18 à 20, portant des arêtes étalées. Fl. en juillet. Se trouve dans les lieux cultivés, aux iles de *Charenton*. ☉.

Les ivraies passent pour être malfaisantes, mais le fait n'est pas prouvé. Il est croyable qu'elles ont les mêmes vertus que les autres graminées, qui ne sont aucunement nuisibles ; c'est à des maladies des frumentacées, et sur-tout à celle connue sous le nom de *blé ergoté*, qu'on doit rapporter les épidémies causées, suivant quelques-uns, par l'ivraie.

HORDEUM. Epillets ternés sur chaque dent de l'axe, au sommet de la tige ; les deux latéraux souvent mâles et pédicellés, celui du milieu sessile, hermaphrodite ; glume à 2 valves, uniflore ; bâle à 2 valves ; (la réunion des glumes des trois épillets forme une sorte d'involucre à 6 feuilles).

H. VULGARE, L. *sp.* 125 ; Blackw. *Herb. t.* 423. Orge. — Tige d'environ 3 pieds, dressée, ferme, glabre, feuillée presque jusqu'à l'épi ; feuilles larges, striées, rudes au toucher, glabres ; épi long de 2 à 3 pouces, gros, disposé presque sur six rangs, dont deux sont plus proéminens ; les trois fleurs sont hermaphrodites, et sont pourvues de barbes ; les latérales les ont plus longues : ces barbes sont toutes, triangulaires et hispides.

Var. B. *H. nudum*, L. *sp.* 125. Orge céleste. — Graines nues ; fleurs latérales mutiques.

Fl. en juillet. Cultivé. ☉. Voyez le *Dict. d'Agric.* de Rosier, pour les variétés, ainsi que pour celles des espèces suivantes.

H. HEXASTICHON, L. *sp.* 125 ; Vib. *Cer. t.* 2. Escourgeon. — Il diffère de l'espèce précédente par un épi plus court, plus renflé ; les six rangs de graines sont égaux. Il n'est probablement qu'une variété de l'*Hordeum vulgare.* Fl. *id.* Se trouve souvent mêlé avec l'orge ordinaire. ☉.

H. DISTICHON, L. *sp.* 125. Il s'élève à la même hauteur que l'orge ordinaire ; ses feuilles sont également planes, un peu rudes ; son épi est distique, allongé, égal dans toute sa longueur, qui est de 3 à 4 pouces ; les fleurs latérales sont stériles, non pourvues d'arêtes, il n'y a que les deux rangées de fleurs fertiles qui en soient munies ; la base des glumes fertiles est un peu velue. Fl. *id.* Se cultive aussi communément que l'orge ordinaire. ☉

H. ZEOCRITON, L. *sp.* 125 ; Schreb. *Gram. t.* 17. Se rapproche du précédent par les fleurs latérales qui sont stériles et dépourvues de barbes (quelquefois il y en a quelques-unes courtes et très-fines) ; l'épi est court, distique, plus large du bas que du haut ; les graines sont plus étalées. Fl. *id.* Cultivé plus rarement que le précédent. ☉

H. MURINUM, L. *sp.* 126 ; *Fl. dan. t.* 629. Ses tiges forment des touffes épaisses, sont genouillées, étalées à la base, hautes d'un pied environ ; les feuilles sont velues, molles, planes ; l'épi est cylindrique, d'abord renfermé dans une feuille qui forme la spathe ; les fleurs latérales sont mâles, celles du milieu hermaphrodites, et elles ont les 2 valves de la glume ciliées, les stériles n'en ont qu'une de ciliée, l'autre est scabre ; les barbes sont rondes et hispides. Fleurit tout l'été. Très-abondant sur les murs et à leur pied, le long des chemins, etc. ☉. L. ♃, N.

H. SECALINUM, Schreb. *sp.* 148 ; Vaill. *Bot. t.* 17, *f.* 6 ; *H. pratense*, Huds. *Angl.* 56. Tiges simples, hautes de 2 à 3 pieds, grêles ; feuilles inférieures velues, les supéricures glabres, un peu rudes au toucher ; épis cylindriques, plus grêles que dans l'espèce précédente ; fleurs latérales mâles, pédonculées, à valves de la glume (involucre) hispides ; la fleur du milieu sessile, à arêtes courtes et hispides, ainsi que la glume. Fleurit en juin. Se trouve assez communément dans les prés. ☉

H. PRATENSE, Roth. *ex* Persoon, *Syn.* 1 *,p.* 108. (Non Hudson.) Ce n'est peut-être qu'une variété de l'espèce précédente ; elle en diffère en ce que les fleurs latérales, qui sont mâles, sont plus courtement aristées, et velues sur le dos ; leur involucre est velu et scabre. Fl. *id.* Elle est plus commune dans les prés que l'*Hordeum secalinum*, suivant M. Persoon. Je n'ai point observé cela. ☉

ELYMUS. Epillets ternés sur chaque dent de l'axe, au sommet de la tige, contenant tous des fleurs hermaphrodites ; glume à 2 valves, renfermant de 2 à 4 fleurs, dont les supérieures sont quelquefois mâles ; (la réunion des valves des glumes imite un involucre.)

E. EUROPÆUS, L. *Mant.* 35 ; Scheuch. *Agrost.* App. *t.* 1 ; *Hordeum sylvaticum*, Thuill. *Fl. par.* 65. Tiges de 1 à 2 pieds, simples, dressées ; feuilles planes, glabres, ou légèrement pubescentes ; épi cylindrique, d'environ 2 pouces de long, composé d'épillets ternés, dont celui du milieu est sessile, et les autres un peu pédonculés ; ces derniers ont la barbe hispide, plus longue que celle de l'autre ; les épillets ne renferment quelquefois qu'une fleur, et alors on prendrait la plante pour l'*Hordeum secalinum*, à laquelle elle ressemble beaucoup ; mais son épi cylindrique et ses trois épillets hermaphrodites la distinguent de toutes les espèces de ce genre. Fleurit en juin. Se trouve dans les endroits frais des prés, des bois, dans la forêt de *Compiègne*, etc. ♃

* **SECALE.** Epillets solitaires sur chaque dent de l'axe ; glume à 2 valves, biflore ; bâle à 2 valves, dont l'extérieure est aristée ; (on trouve quelquefois le rudiment stérile d'une troisième fleur.)

S. CEREALE, L. *sp.* 124 ; Lam. *Ill. t.* 49. Seigle. — Tiges de 4 à 5 pieds, dressées, fermes, velues sous l'épi ; feuilles assez courtes, planes, larges, molles, montant presque jusqu'à l'épi, qui est aplati, long de 3 à 5 pouces, composé d'épillets serrés, imbriqués, accompagnés de 2 folioles très-menues, outre la glume qui est un peu plus grande ; la valve externe de chaque bâle est denticulée sur les bords, et surmontée d'une barbe hispide.

Var. B. Deux ou plusieurs épis sur la même tige.

Fleurit en mai. Cultivé. ☉. *Voyez* le *Dictionnaire d'Agriculture*, pour les variétés.

TRIGYNIE. — TROIS STYLES.

MONTIA. Calice à 2 divisions ; corolle monopétale un peu irrégulière ; capsule à 3 valves, à une loge, renfermant 3 graines.

M. FONTANA, L. *sp.* 129 ; Vaill. *Bot. t.* 3 *, f.* 4. Petite plante rameuse, diffuse, s'élevant à 1 ou 2 pouces ; à tiges glabres ; à feuilles opposées, embrassant la tige, spatulées, entières, obtuses ; à fleurs la plupart terminales, disposées en manière de grappes feuillées et axillaires; elles sont petites, en rosette, assez nombreuses, s'ouvrant difficilement; on y observe quelquefois 5 étamines. (Decand.) : les graines sont au fond de la capsule, attachées par une sorte de cordon ombilical.

Var. **B.** *M. major.* Cette variété vient le long des eaux vives ; si elle est inondée, elle devient flottante, et a un port tout différent. Fleurs blanches. Fleurit le printemps et l'été. Se trouve dans les marais des bois, aux endroits un peu desséchés, à *Meudon*, etc. ⊙

TILLÆA. Calice à 3 folioles; corolles à 3 pétales; une écaille à la base de chacun des trois ovaires; 3 capsules étranglées par le milieu, à 2 graines.

T. **muscosa**, L. *sp.* 186; Decand. *Pl. grass. t.* 73. Petite plante grasse, d'environ 6 lignes, rougeâtre, un peu branchue à la racine, glabre; à feuilles perfoliées, faisant à leur jonction une sorte de bateau ; elles sont épaisses, et ont dans leur aisselle de petits paquets feuillus qui sont des pousses de nouvelles branches et des fleurs, de manière que la plante paraît à feuilles verticillées ; les fleurs sont axillaires, solitaires, sessiles, très-petites. Fl. blanches. Juin, juillet. Se trouve dans les allées ombragées des bois, à *Saint-Léger, Fontainebleau.* ⊙

POLYCARPON. Calice à 5 divisions; corolle de 5 pétales, ovales, petits; capsule à une loge, à trois valves.

P. **tetraphyllum**, L. *sp.* 131 ; Lam. *Ill. t.* 51. Petite plante rameuse, diffuse, s'élevant à 2 ou 3 pouces, dont les tiges sont légèrement pubescentes ; les feuilles 4 à 4 sur les rameaux, verticillées, ovales, très-obtuses, entières, glabres, accompagnées de stipules membraneuses ; les fleurs très-nombreuses, petites, avec de petites bractées membraneuses à la bifurcation des pédoncules ; les pétales sont cachés par les divisions du calice, qui sont verdâtres et aiguës. Fl. d'un blanc sale. Se trouve dans les endroits arides; commun dans les cours et le parc du château de *Saint-Cloud.* ⊙

CLASSE IV.

TÉTRANDRIE.—QUATRE ÉTAMINES.

MONOGYNIE.—UN STYLE.

GLOBULARIA. Calice commun, imbriqué; calice propre, tubuleux, 5-fide, infère; corolle inégale, à 5 lobes ; graine nue; réceptacle garni de paillettes plus petites que les fleurs.

G. **vulgaris**, L. *sp.* 139; Lob. *Ic. t.* 478. Globulaire. — La tige s'élève de 3 pouces à 1 pied; il en part ordinairement plusieurs de la racine ; elles sont dressées, simples, feuillées ; les feuilles radicales sont arrondies, pétiolées, entières, hormis au sommet où il y a deux crénelures; les caulinaires sont alternes, sessiles, ovales-lancéolées, garnies de quelques légères crénelures, ou entières; les fleurs sont petites, réunies en une seule tête globuleuse; lorsqu'elles sont passées, le calice qui est persistant donne un aspect particulier à cette plante. Fl. bleues. Fleurit en mai. Se trouve sur les pelouses sèches, au *Val*, à *Saint-Germain*, *Fontainebleau*. ♃

DIPSACUS. Calice commun, à plusieurs feuilles; calice particulier double, entier sur les bords, persistant, libre; corolle tubuleuse à 4 lobes; réceptacle garni de longues paillettes qui dépassent les fleurs.

D. PILOSUS, L. *sp.* 141; Jacq. *aust. t.* 248. Verge de Pasteur. — Tige haute de 2 à 3 pieds, rameuse, cannelée, ayant sur les côtes de petits aiguillons clair-semés; les feuilles sont opposées, presque connées, velues à leur jonction, marquées de dents obtuses, ayant 2 appendices à la base; les radicales sont pétiolées; les fleurs réunies en tête sphérique, sont portées sur de longs pédoncules, plus aiguillonnés que la tige, elles sont velues, ciliées, ainsi que les écailles du réceptacle. Fl. blanc-bleuâtre. Croît le long des fossés humides et couverts, à *Montmorency*, au bois de *la Selle*, etc. ♂

D. FULLONUM, Willd. *sp.* 1, *p.* 543; Lob. *Icon.* 2, *t.* 17, *f.* 2. Chardon à foulon.—Les tiges sont hautes de 3 ou 4 pieds, robustes, garnies d'une grande quantité de forts aiguillons; les feuilles sont étalées à la base et sessiles, elles sont connées, et forment des entonnoirs autour des tiges, où l'eau séjourne; les fleurs sont en tête oblongue, grosse, ayant des paillettes florales larges à la base, recourbées en crochet au sommet, et légèrement ciliées sur les bords. Fleur d'un pourpre clair. Fleurit en juin et juillet. Cultivé pour servir aux bonnetiers et aux drapiers, à tirer les laines de leurs ouvrages. ♂

D. SYLVESTRIS, Willd. *sp.* 1, *p.* 544; Lob. *Ic.* 2, 18, *f.* 1. La tige est de la même hauteur, les feuilles sont plus longues, moins réunies que dans l'espèce précédente; les fleurs forment une tête moins grosse, qui est accompagnée à la base (outre l'involucre) de bractées linéaires, longues, molles, foliacées et aiguillonnées; les écailles florales sont dressées, fines, et très-piquantes. Fl. *id.* Commun le long des chemins et des haies. ♂

D. FEROX, Lois. Desl. *Fl. gall.* 719, *t.* 3. Tige de 3 à 4 pieds, dressée, rameuse, très-forte, à épines nombreuses et très-grosses; feuilles radicales, petites, pétiolées, un peu lobées, les caulinaires connées, incisées, crénelées, plissées, aiguillonnées dessus, dessous et sur les bords; les supérieures pinnatifides; fleurs en têtes oblongues, grosses, ayant des bractées roides et épineuses à la base, des paillettes droites, et étant couronnées par un bouquet de longues épines, semblables aux bractées. Fleurit *id.* en juillet. Se trouve entre *Meudon* et *Sèvres,* où il a été semé par M. Loiseleur Deslonchamps. Il est originaire de l'île de *Corse.* ♂

SCABIOSA. Calice commun à plusieurs feuilles ; calice particulier double, l'intérieur terminé par 4-5 arêtes ; réceptacle garni de poils ou de paillettes ; corolle à 4-5 divisions.

* *Corolle quadrifide.*

S. succisa, L. *sp.* 142 ; *Fl. dan. t.* 279. Mors du diable. — Racine tronquée à son extrémité ; tiges simples, de 2 à 3 pieds, glabres ; feuilles radicales, pétiolées, lancéolées-ovales, entières, chargées de quelques poils en dessous, quelquefois velues, les caulinaires sessiles, lancéolées, opposées, espacées, un peu dentées, les supérieures linéaires, quelquefois un peu incisées ; 3 têtes de fleurs portées sur de longs pédoncules ; corolles égales et petites ; involucre (calice commun) court. Fleurs azurées. Fleurit en septembre et octobre. Se trouve dans les bois et les pâturages humides. Commune. ♃

S. arvensis, L. *sp.* 143 ; *Fl. dan. t.* 447. Scabieuse.—Les tiges ont de 2 à 3 pieds, sont rameuses, velues ; les feuilles grandes, profondément pinnatifides, ayant les lanières dentées, celles du sommet presque décomposées ; les têtes de fleurs sont au nombre de 3 ou 4, ayant des bractées ovales, longues ; les fleurs extérieures sont inégales, et rayonnées.

Var. B. *S. hybrida,* Boucher, *Fl. abb. p.* 12. (*non All.*); feuilles presque entières.

Fleur d'un bleu cendré. En été, fréquente dans les prés et les champs. ♃

Cette plante amère est très-employée comme dépurative, contre la gale, les dartres ; et en général dans les maladies de la peau.

S. silvatica, L. *sp.* 142 ; Jacq. *Aust. t.* 362. Tige de 2-3 pieds, branchue, cylindrique, garnie de poils roides, tuberculeux à la base ; feuilles ovales, dentées, pointues, d'un vert-noirâtre, un peu soudées ensemble à la base ; fleurs grandes, terminales. Fl. purpurines. Mai, juin. Se trouve dans les bois, à *Senlis, Compiègne,* etc. ♃

** *Corolles 5-fides.*

S. columbaria, *sp.* 143 ; Cam. *Epit. p.* 711, *Ic.* Tige de 1 à 2 pieds, rameuse, pubescente, presque nue au sommet ; feuilles radicales ovales, dentées ou crénelées, finissant en un pétiole assez long, les caulinaires pinnatifides, les supérieures quelquefois linéaires et simples ; têtes de fleurs portées sur de longs pédoncules , et munies de longues bractées linéaires ; fleurs extérieures inégales , et rayonnées ; graines à huit cannelures , chargées d'un petit godet scarieux , ayant au milieu une étoile terminée par cinq filets longs et noirâtres.

Var. B. *S. asterocephala ,* Thuill. *Fl. par.* 72. Découpures des feuilles très-étroites.

Fl. d'un bleu cendré. Fréquente dans les lieux secs. ♃

S. SUAVEOLENS, Desf. *Cat. Hort. par.* 110 ; Tabern. *Ic.* 160 et 161. Tige de 1 pied environ, pubescente ; feuilles radicales lancéolées , entières, celles de la tige lancéolées , divisées en segmens allongés et linéaires, les supérieures pinnatifides, à découpures très-entières ; nœuds de la tige verts (ils sont purpurins dans l'espèce précédente) ; une ou plusieurs têtes de fleurs , à bractées un peu en spatule ; fruit semblable à celui de la *S. columbaria ,* mais dont les soies sont vertes ; fleurs également semblables , mais odorantes. Fl.*id.* Se trouve dans les lieux secs, à *Fontainebleau.* ♃

S. UCRANICA , L. *sp.* 144 ; Gmelin. *Sib.* 2 , *p.* 213 , *t.* 87. Tige grêle , rouge , haute de 1 à 2 pieds , garnie çà et là de longs poils ; feuilles inférieures pinnatifides , les supérieures à 3 ou 5 découpures, celles du haut quelquefois linéaires, y ayant sur toutes de longs poils comme sur la tige ; une ou plusieurs petites têtes de fleurs à involucre à folioles linéaires , longues ; fleurs grandes , les extérieures inégales , rayonnantes ; calice extérieur formant un large rebord membraneux et blanc , l'intérieur muni de 5 arêtes brunâtres. Fl. d'un jaune-vert. Fleurit en juin et juillet. Croît dans les lieux stériles. Cette plante a été trouvée à *Roncevaux* près de *Fontainebleau ,* par M. Saint-Hilaire. ♃

MAYANTHEMUM. Calice nul ; corolle à 4 divisions profondes ; baie à 2 loges monospermes ; 1 style à 2 stigmates.

M. BIFOLIUM, Decand. *Fl. fr.* 3 , *p.* 177 ; *Convallaria bifolia ,* L. *sp.* 452 ; *Fl. dan. t.* 291. Tige de 4 à 6 pouces, un peu flexueuse, arrondie, garnie de 2 feuilles cordiformes , aiguës , marquées de nervures fines , et portées sur des pétioles courts, pubescens ; fleurs petites , en épi lâche, terminal, dont les pédoncules sont 2 à 2, presque verticillés au sommet ; baie rougeâtre. Fleurs blanches. Mai. Se trouve dans les bois , à *Bondi , Montmorency, Fontainebleau.* ♃

CENTUNCULUS. Calice 4-fide ; corolle 4-fide , à divisions étalées ; étamines courtes ; capsule à une loge, polysperme , s'ouvrant circulairement.

C. MINIMUS , L. *sp.* 169 ; Vaill. *Bot. t.* 4 , *f.* 2. Petite plante qui s'élève au plus à un pouce ; la tige est cylindrique , glabre , branchue ; les feuilles sont ovales, alternes, entières, obtuses ; les fleurs sont axillaires, presque sessiles ; les divisions du calice sont longues, aiguës ; la corolle est petite ; la capsule presque membraneuse, et les graines sont anguleuses. Fleurs blanc-verdätre. Été. Croit dans les allées sablonneuses humides des bois, à *Ville-d'Avray, Montmorency, Fontainebleau, Jouy*, etc. ⊙

EXACUM. Calice à 4 divisions ; corolle 4-fide, dont le tube est globuleux ; capsule à 2 sillons, à 2 loges polyspermes, s'ouvrant par le sommet.

E. FILIFORME, Willd. *sp.* 1, *p.* 638 ; *Gentiana filiformis*, L. *sp.* 335 ; Vaill. *Bot. t.* 6, *f.* 3. La tige s'élève à 2 pouces environ ; elle est simple, filiforme, cylindrique, et très-légèrement pubescente ; les feuilles sont au nombre de 3-4 au bas dè la tige, opposées dans le reste, linéaires et pointues, situées à la division des rameaux, qui sont uniflores ; les fleurs sont petites. jaunes, à limbe ouvert. Se trouve dans les terres humides, où l'eau a séjourné l'hiver, à *Meudon, Jouy, Fontainebleau, Saint-Léger*. ⊙

E. PUSILLUM, Decand. *Fl. fr.* 3, *p.* 663 ; *Chironia inaperta*, Willd. *sp.* 1, *p.* 1069 ; *C. minima*, Thuill. *Fl. p.* 116 ; Vaill. *Bot. t.* 6, *f.* 2. La tige est fine, et rameuse dès la base, s'élevant à 1 ou 2 pouces ; les feuilles sont opposées, linéaires, entières ; les rameaux plusieurs fois bifurqués ; les fleurs axillaires, solitaires, pédicellées, ou bien terminales, et alors elles sont deux ou trois ensemble ; elles sont très-petites, et ne s'ouvrent pas ; fleurs blanches. Se trouve dans les endroits où l'eau a séjourné l'hiver, à *Fontainebleau, Saint-Léger, Jouy*. Rare. ⊙

PLANTAGO. Calice à 4 divisions ; corolle 4-fide, à limbe réfléchi ; étamines très-longues ; capsules à 2 loges, s'ouvrant comme une boite à savonnette.

P. MAJOR, L. *sp.* 163 ; *Fl. dan. t.* 461. Le Plantain. — Les feuilles sont radicales, larges, à 7 nervures principales, glabres, à dents inégales et espacées, ou sinuées, portées par un large pétiole ; la hampe acquiert environ 1 pied de haut ; elle est cylindrique, un peu pubescente, et terminée par un long épi de 6 à 7 pouces, dressé, à fleurs serrées, à l'exception de la base, où elles sont distantes, toutes accompagnées d'une bractée ; la cloison longitudinale de la capsule porte plusieurs graines sur chaque face.

Var. B. Plantain à bouquet ; bractées foliacées.

Var. C. •Epi rameux.

Fleurs blanchâtres. Tout l'été. Commun dans les endroits secs et les jardins. ♃

P. MINIMA, Decand. *Fl. fr.* 3, *p.* 408. Ce n'est qu'une variété du *P. major*. M. Loiseleur Deslonchamps et moi avons observé tous les passages de ces plantes à *Armainvilliers*, où elle est commune dans les moissons où l'eau a séjourné. *Voyez* la Notice sur les plantes à ajouter à la *Flore de France*, 1 vol. *in*-8. p. 154.

P. media, L. *sp.* 163 ; *Fl. dan. t.* 581. Feuilles radicales ovales, denticulées, ou entières, pubescentes, marquées de 5 nervures ; la hampe est un peu hispide, haute d'un pied environ, cylindrique ; l'épi est ovale-allongé, argenté ; la cloison de la capsule ne porte qu'une graine sur chaque face. Fleurs blanches. Fleurit l'été. Très-commun dans les endroits secs. ♃

P. lanceolata, L. *sp.* 164 ; *Fl. dan. t.* 437. Les feuilles sont radicales, lancéolées, très-longues, marquées de 3 ou 5 nervures, entières, ou un peu dentées, pubescentes, atténuées en pétiole allongé ; les hampes sont longues d'un pied, hérissées de longs poils, anguleuses, et portant des épis serrés, presque en tête ovale, et de couleur brune ; la cloison longitudinale de la capsule porte une seule graine sur chaque face.

Var. B. Feuilles étroites.

Var. C. Bractées foliacées.

Var. D. Epis rameux.

Fleurs d'un blanc sale. Tout l'été. Commun dans les prés secs. ♃

On prépare avec les Plantains précédens des eaux distillées, dont on fait des collyres qu'on emploie contre les inflammations légères de l'œil.

P. arenaria, Waldst. *Pl. hung.* 51 ; *P. psyllium*, Bull. *Herb. t.* 363, (non L.). *Psyllium annuum*, Thuill. *Fl. par.* 81. La tige est très-rameuse, dressée, haute de 1 pied environ, pubescente, cylindrique ; les feuilles sont linéaires, étroites, entières, opposées, hérissées, ainsi que la tige, de poils visqueux ; les fleurs en têtes, ovales-oblongues, portées sur des pédicelles inégaux, dont les plus longs égalent les feuilles ; à la base de chaque épi il y a une sorte d'involucre, dû au développement des bractées inférieures, qui est double et triple du calice, dont les folioles sont dilatées au sommet, très-obtuses, et membraneuses ; les graines sont comme dans les deux espèces précédentes, c'est-à-dire, oblongues, noires. Fl. d'un blanc sale. Juin, juillet. Très-commun dans les endroits sablonneux, à *Fontainebleau*, *Yerres*, au bois de *Boulogne*, etc. ☉

P. coronopus, L. *sp.* 166 ; *Fl. dan. t.* 272. Les feuilles sont radicales, étalées en rond sur la terre, glabres, pinnatifides, à segmens linéaires et éloignés ; les hampes sont dressées, quelquefois un peu courbées, longues de 5 à 6 pouces, cylindriques, pubescentes, terminées par un épi grêle ; les anthères surmontées d'une membrane lancéolée ; la cloison longitudinale de la capsule est à 4 faces, et porte une graine sur chaque face. Fl. jaunâtres. Tout l'été. Commun dans les endroits secs. ☉

SHERARDIA. Calice à 4 dents ; corolle infundibuliforme , 4-fide ; 2 graines oblongues, couronnées par les dents du calice, qui persistent et s'accroissent après la fleuraison.

S. ARVENSIS, L. *sp.* 149 ; *Fl. dan. t.* 439. Plante étalée , hispide , rameuse, qui quelquefois s'étend à 5–6 pouces en tous sens ; ses feuilles sont verticillées par 4 à 8 , lancéolées , pointues ; les fleurs sont terminales , ramassées 6 ou 8 ensemble , et entourées d'une collerette de 6 à 8 feuilles ; les graines sont hispides , comme tronquées. Fleurs bleues. Fl. tout l'été. Fréquente dans les champs. ☉

ASPERULA. Calice à 4 dents ; corolle infundibuliforme, 4-fide ; 2 baies sèches, non couronnées, réunies, monospermes.

A. ODORATA , L. *sp.* 150 ; Lob. *Ic.* 801 , *f.* 1. Petit Muguet.— Les tiges sont hautes de 8 à 10 pouces, simples, lisses ; il y a 4–5 verticilles de 8 feuilles lancéolées-ovales, entières, très-légèrement ciliées ; les fleurs sont terminales, pédonculées , presque en corymbe , au nombre de 12 à 15 , odorantes ; les fruits sont un peu velus. Fl. blanches. Fleurit en mai. Se trouve dans les bois ombragés et épais , à *Montmorency,* etc. ♃

A. ARVENSIS , L. *sp.* 150 ; Dod. *Pempt.* 355. Tiges de 8 à 10 pouces , pubescentes , rameuses , dressées ; feuilles verticillées par 6-8 , linéaires-lancéolées , très-entières , obtuses , un peu hispides ; fleurs réunies , sessiles , entourées d'une collerette dont les feuilles sont ciliées. Fleurs d'un bleu pourpre. Fleurit en mai et juin. Assez commune dans les blés. ☉

A. TINCTORIA , L. *sp.* 150 ; Tabern. *Ic. t.* 733 , *f.* 1. Tiges de 1 à 2 pieds , rouges du bas , très-rameuses , molles, tombantes , lisses , à articulations gonflées ; feuilles inférieures verticillées par 6 , les supérieures par 4 , opposées au sommet , elles sont linéaires , glabres , un peu obtuses ; celles qui sont au voisinage des fleurs sont ovales ; celles-ci sont nombreuses , en corymbe , souvent à 3 lobes , 3 étamines et 3 dents au calice ; les baies sont chagrinées , noires. Fleurs blanches. Mai , juin. Se trouve sur les collines sèches , à *Fontainebleau , Sataury ,* etc. ♃

A. CYNANCHICA , L. *sp.* 151 ; Regn. *Bot. t.* 22. Herbe à l'esquinancie.—Tiges dressées, de 8 à 10 pouces, rameuses, fermes, grêles ; feuilles verticillées inférieurement par 4 , opposées et linéaires en haut ; les fleurs sont moins nombreuses que dans l'espèce précédente , un peu divariquées , réunies , sans verticilles , à 4 divisions, 4 étamines , et 4 dents au calice ; les baies sont chagrinées , rougeâtres. Fleurs couleur de chair. Fl. tout l'été. Très-commune sur les collines et dans les endroits secs, au bois de *Boulogne ,* etc. ♃

GALIUM. Calice à 4 dents ; corolle en roue, 4-fide ; 2 capsules ovoïdes , accolées , non couronnées par le calice ; (fleurs quelquefois polygames.)

** Fruits glabres, non tuberculeux ; fleurs jaunes.*

G. verum , L. *sp.* 155 ; Regn. *Bot. t.* 23. Le Caille-lait. — Les tiges s'élèvent de 1 à 3 pieds , elles sont un peu velues inférieurement, d'abord molles (elles durcissent en vieillissant), carrées, irrégulières, souvent couchées, et très-rameuses ; les feuilles sont verticillées par 6–8 , linéaires, glabres, très-aiguës, roulées en dessus, ce qui y forme un sillon ; les rameaux florifères sont courts et arrondis ; les fleurs sont nombreuses, petites , et ont une odeur de miel ; les graines sont petites , lisses. Fleurs jaunes. Tout l'été. Commun dans les prés secs. ♃

Le Caille-lait est un peu antispamodique , et encore employé comme tel par quelques praticiens.

G. cruciatum , Smith. *Fl. brit.* 173 ; *Valantia cruciata*, L. *sp.* 1491 ; Lob. *Ic. t.* 804, *f.* 2. Les tiges sont hautes de 1 pied environ, molles , velues , ainsi que toute la plante , presque carrées, simples, feuillées dans toute leur longueur ; les feuilles sont 4 à 4 , ovales , larges , velues , obtuses , marquées de 3 nervures , se déjetant en bas après la floraison ; les fleurs sont axillaires , et par petits bouquets moins longs que les feuilles , garnies chacune de 2 bractées très-petites ; on en trouve parmi elles quelques-unes qui sont mâles. Fleurs jaune clair. En avril et mai. Se trouve communément dans les bois et les buissons. ♃

*** Fruits glabres , non tuberculeux ; fleurs blanches.*

G. uliginosum , L. *sp.* 153. Les tiges sont très-rameuses , irrégulières , hautes de 1 à 2 pieds , glabres , munies sur les angles de crochets rudes , très-fins , écartés ; les rameaux sont étalés , divariqués ; les feuilles sont verticillées par 6 , linéaires-lancéolées , obtuses , rudes sur les bords , un peu roulées ; les fleurs terminales sur les rameaux , écartées , plus grandes que les fruits , qui sont glabres , mais légèrement raboteux. Fleurs blanches. En mai et juin. Se trouve dans les lieux humides , fangeux. ♃

G. spinulosum , N. Tiges grêles, presque simples, couchées , longues de 1 à 2 pieds , tétragones , luisantes , glabres , chargées sur ses angles , et jusque sur les pétioles , de crochets épineux , visibles , rapprochés et très-nombreux ; 6 à 8 feuilles verticillées , lancéolées , acérées sur les bords , terminées par une pointe épineuse ; petites grappes latérales , pauciflores ; graines un peu raboteuses. Fleurs blanches , un peu purpurines. Juillet, août. Se trouve dans les lieux humides , à *Meudon*, etc. ♃. Cette plante ne noircit pas dans l'herbier comme le *G. uliginosum* , avec laquelle on la confond.

G. supinum , Lam. *Fl. fr.* 3 , *p.* 319 ; *G. Jussiæi*, Vill. *Dauph.* 3 , *p.* 323 , *t.* 7 ; Jussieu. *Acad. de Paris* , 1714 , *p.* 373 , *t.* 15 , *f.* 2. Les tiges sont hautes d'un pied au plus, nombreuses , sans crochets, lisses, couchées, et étalées par terre; les feuilles sont verticillées par 6-7, lancéolées-linéaires, roides, glabres, accrochantes sur les bords, et terminées par une pointe; les fleurs sont pédonculées et fort petites. Fleurs blanches. En été. Se trouve dans les lieux secs, au bois de *Boulogne*, etc. ♃. On confond souvent cette plante avec le *G. uliginosum*, quoique fort distincte par ses caractères.

G. PALUSTRE, L. *sp.* 153; *Fl. dan. t.* 423. Tige tétragone, grêle, lisse, de grandeur variable (comme toutes les plantes qui viennent dans les lieux humides); feuilles verticillées par 4-5-6, ovales, presque rondes, très-entières, obtuses, avec une petite pointe au sommet, plus allongées vers le haut de la tige; fleurs terminales, à pédicelles ternés; fruits un peu chagrinés. Fleurs blanches. Tout l'été. Se trouve autour des mares. Suivant moi, ce *Galium* est inconnu aux environs de Paris, ou du moins celui qu'on donne sous ce nom n'a pas les caractères désignés, et se rapproche beaucoup du *G. uliginosum.* ♃

G. MOLLUGO, L. *sp.* 155; *Fl. dan.* 455. Tiges tétragones, hautes de 1 à 2 pieds, rameuses, débiles, renflées aux articulations, souvent velues par le bas; feuilles verticillées par 8, ovales-oblongues, glabres, ou un peu pubescentes, très-ouvertes, terminées par une pointe; fleurs en panicule ramifiée, à divisions obtuses; fruits un peu chagrinés.

Var. B. *G. elatum*, Thuill. *Fl. p.* 76. Tiges de 3 à 4 pieds, anguleuses, grosses, velues, ainsi que les feuilles, qui sont ovales; la panicule de fleurs est resserrée.

Var. C. *G. scabrum*, With. 190; (*non* Jacq.) Tiges et feuilles scabres.

Fleurs blanches. Eté. L'espèce vient dans les prés et les bois, où elle est très-commune; la variété B, dans les buissons épais; et la variété C, dans les endroits découverts. ♃

G. ERECTUM, Hudson, *Angl.* 68; *G. provinciale*, Lam. *Dict.* 2, *p.* 581. Tige dressée, simple, haute d'environ deux pieds, carrée, glabre, luisante, lisse, un peu renflée aux articulations; feuilles verticillées par 8, ovales, obtuses, terminées par une pointe, à bords un peu roulés en dessous, et scabres; rameaux droits, lâches, portant des panicules de fleurs petites, peu nombreuses, à pédicelles divariqués, à divisions un peu aiguës; fruit glabre et lisse. Fleurit en juin et juillet. Vient dans les taillis, à *Bondi.* ♃

G. MONTANUM, Villars, *Dauph.* 2, *p.* 317, *t.* 7; *G. lœve*, Thuill. *Fl. par.* 77. Tiges de grandeur variable, ayant en général de 8 à 10 pouces, glabres, luisantes, lisses, rameuses, un peu couchées; verticilles de 8 feuilles, acérées, linéaires; fleurs en panicules terminales, peu nombreuses, à divisions de la corolle aiguës, sans poil au sommet. Fleurs blanches. En juin. Se trouve sur les côteaux, à *Bièvre*, etc. ♃

G. Bocconi, All. *Ped.* n° 24. *G. nitidulum*, Thuill. *Fl. p.* 76; Bar. *Ic. t.* 57. Tiges faibles, hautes de 8 à 10 pouces, un peu dressées, simples, velues, surtout à la base; verticilles de 6–7 feuilles, pubescentes, scabres sur les bords, acérées, un peu luisantes, d'une teinte grise; fleurs droites, à divisions obtuses, terminales, peu nombreuses, presque en ombelle, à pédoncules bifides ou trifides glabres, avec de petites bractées aiguës à la base; fruits noirs, assez lisses. Fleurs blanches. Juin, juillet. Se trouve dans les bois secs, le long des haies, au bois de *Boulogne*, de *Vincennes*, à *Juvisi*, etc. ♃

G. SYLVATICUM, L. *sp.* 155. Tige ronde, dressée, simple, glabre, lisse, tachées de blanc et de noir, à articulations renflées; verticilles de 6 à 8 feuilles ovales-oblongues, courtement pointues, glabres, comme denticulées sur les bords, qui sont un peu roulés; panicules pauciflores; pédicelles accompagnés de bractées ovales, aiguës; fleurs petites; fruits glabres et lisses. Fleurit en juillet. Croit dans les bois montagneux, à *Orsay*. (Thuill.) ♃ Je n'ai pas encore trouvé cette plante dans mes herborisations.

G. ANGLICUM, Smith. *Fl. brit.* 179; *G. parisiense*, Lam. *Dict.* 2, *p.* 584; Ray, *Syn. t.* 9, *f.* 1. Les tiges sont tétragones, rameuses du bas, étalées, souvent couchées, hispides, très-rudes au toucher, glabres, et ont (après la fleuraison) jusqu'à un pied d'étendue; les feuilles sont hispides comme la tige, verticillées par 6–8, acérées, souvent réfléchies en bas en vieillissant; les rameaux florifères sont opposés; les fleurs sont petites, à divisions un peu obtuses, portées sur des pédicelles bi ou trifurqués; les fruits sont glabres, un peu chagrinés. Fleurs d'un blanc-jaune. Fleurit tout l'été. Abondant dans les moissons et les endroits cultivés secs, au bois de *Boulogne*, à *Villeneuve-Saint-Georges*, *Fontainebleau*, etc. C'est cette espèce qu'on a long-temps prise pour le *G. parisiense* de L. ☉

*** *Fruits tuberculeux, glabres.*

G. DIVARICATUM, Lam. *Dict.* 2, *p.* 580. Les tiges sont assez simples du bas, rameuses ensuite, diffuses, hautes de 4 à 6 pouces, menues, hispides, à angles obtus; les feuilles sont à verticilles distans, au nombre de 5 à 7, souvent 4, 3, et même opposées dans le haut, elles sont linéaires, hispides, et acérées; les rameaux sont filiformes, très-divariqués; les pédicelles de la panicule sont bifurqués, très-étalés, et très-longs, terminés par 3 ou 4 fleurs petites; le fruit est assez visiblement tuberculeux, quoique petit. Fleurs blanches. Fl. en mai et juin. Se trouve dans les lieux arides, à *Fontainebleau*, sur le bord des bois. ☉

G. SPURIUM, L. *sp.* 154. Tiges de 1 à 2 pieds, carrées, s'accrochant aux corps voisins, ou couchées par terre, garnies d'aspérités crochues, à articulations glabres, ainsi qu'elles ; verticilles de 6 feuilles, acérées, remplies d'aspérités comme la tige, à l'exception de la nervure longitudinale, qui est lisse ; fruits gros, légèrement tuberculeux, portés sur des pédoncules deux fois plus longs que les feuilles, et un peu recourbés au sommet. Fleurs blanchâtres. Fleurit en été. Commun dans les lieux cultivés. ⊙

G. TRICORNE, With. *Brit.* 2, *p.* 153 ; Vaill. *Bot. t.* 4, *f.* 3, *a, a.* Ressemble beaucoup au précédent, dont il ne diffère que par les pédoncules, qui ne dépassent pas la longueur de la feuille, et qui ne portent à leur sommet que trois fruits recourbés en bas. Fl. *id.* Se trouve aussi très-communé...ent dans les lieux cultivés. ⊙

G. SACCHARATUM, Allion. *Ped. n°.* 39. *Valantia aparine*, L. *sp.* 1491 ; Vaill. *Bot. t.* 4, *f.* 3, *b.* Ressemble, par le port, aux deux précédens, dont il diffère par beaucoup de caractères ; les denticules des feuilles sont en sens inverse ; les pédoncules sont penchés, de la longueur des feuilles, et portent à leur sommet de deux à cinq fleurs ; les fruits sont presque sessiles, très-tuberculeux, et comme plissés. Il y en a quelques-unes, parmi les fleurs, qui sont mâles par avortement, de même que dans les deux espèces précédentes. Fleurs jaunâtres. En juin. Se trouve dans les moissons, où on le confond souvent avec les deux espèces précédentes. Il a besoin d'être en fruit bien mûr (ainsi que tous les *Galium*), pour être reconnu. ⊙

* * * * *Fruits hispides.*

G. APARINE, L. *sp.* 157 ; Lob. *Ic. t.* 800, *f.* 2. Le Grateron. — La tige qui s'élève à 2 ou 3 pieds, est tétragone, faible, hérissée de petits crochets, ce qui fait qu'elle s'attache aux corps environnans, ou est couchée par terre ; ses articulations sont renflées et velues ; les feuilles sont verticillées par 8 à 10 feuilles lancéolées, hérissées de petits crochets, sur les côtés et sur la ligne dorsale, pubescentes dessous, terminées par une pointe assez longue ; les fleurs, en petite quantité, sont portées sur de longs pédoncules axillaires ; elles sont petites, et les fruits gros, à poils rudes et droits. Fleurs blanches. Fleurit en juin et juillet. Se trouve communément dans les haies et les endroits cultivés. ⊙

G. VAILLANTII, Decand. *Fl. fr.* 4, *p.* 263 ; Vaill. *Bot. t.* 4, *f.* 4. Je ne vois absolument que la petitesse de toutes les parties de la plante, pour distinguer cette espèce de la précédente ; aussi mon opinion est que l'on doit la regarder comme une simple variété, qui tient aux localités. Fl. *id.* Se trouve dans les moissons, à *Montmartre*, etc. ⊙

Nota. Les *Galium boreale* et *G. parisiense* de L. n'ont jamais été trouvés, à ma connaissance, aux environs de Paris, et doivent être exclus de la Flore de cette capitale. Le genre *Galium* est d'une étude difficile; il a encore besoin d'être observé. J'aurais pu en admettre deux ou trois espèces de plus, mais leurs caractères ne m'ont pas paru assez distincts.

RUBIA. Calice à 4 dents ; corolle campanulée, 4-fide (il y a quelquefois une division de plus au calice et à la corolle, et une étamine surabondante) ; 2 baies presque rondes, glabres, accolées et monospermes.

R. TINCTORUM, L. *sp.* 158 ; Blackw. *Herb. t.* 26. La Garance.— Racines traçantes, rouges ; les tiges s'élèvent à 2-3 pieds, elles sont carrées, crochues sur les angles, glabres ; les feuilles verticillées, par 4–6, larges, ovales, entières, avec trois fortes nervures, hérissées sur les bords et sur les nervures, périssent en hiver ; les fleurs sont en panicule décomposée, avec des folioles opposées à la bifurcation des pédoncules ; les fleurs ont leurs divisions rétrécies, calleuses au sommet, et comme réfléchies ; baies noires. Fleurit en juin et juillet. Se trouve dans les buissons, à *Arcueil*, *Antony*, etc. ♃

Cette plante est employée, dans la teinture, à faire des couleurs rouges.

R. PEREGRINA, L. *sp.* 158 ; Moriss. *s.* 9, *t.* 21, *f.* 2. Tiges tétragones, moins élevées, plus fermes que dans l'espèce précédente, revêtues d'aiguillons crochus ; feuilles verticillées par 5-6, ovales, pointues, rudes sur les bords, opposées dans le haut des rameaux, persistantes, dures, et luisantes en dessus ; fleurs 5-fides, plus grandes que dans l'espèce précédente ; lobes de la corolle larges et ovales à leur base, brusquement rétrécis en une pointe acérée. Fl. d'un blanc sale. Vient dans les buissons, aux environs de *Paris*, à *Arcueil*, etc. ♃

R. LUCIDA, L. *Syst. nat.* 12, *p.* 732. Diffère de la précédente par les angles de la tige, qui sont moins rudes, surtout dans le bas ; les verticilles n'ont que 4 feuilles, qui sont plus luisantes en dessus; les fleurs sont à 4-5 divisions acérées, mais qui finissent moins brusquement. Fleurs blanches. Fleurit en mai. Se trouve dans les endroits stériles, à la côte de *Champagne*, près de *Valvins*. ♃

TRAPA. Calice 4-fide ; corolle à 4 pétales ; noix dure, coriace, à 2-4 cornes épineuses.

T. NATANS, L. *sp.* 175 ; Dod. *Pempt.* 571. Mâcre, Châtaigne d'eau. — La plante est flottante, et d'une longueur considérable ; les feuilles inférieures sont capillaires, ailées, très-menues ; celles qui sont à la surface de l'eau sont larges, rhomboïdes, dentées de deux côtés, entières des deux autres, glabres et vertes (rougissant quelquefois) en dessus, vertes, velues ou glabres en dessous,

portées par de longs pétioles , souvent renflées au milieu , elles
s'épanouissent en rosette à l'endroit où paraissent les fleurs , qui
sont petites , réunies , et portées sur des pédoncules velus , uniflores ; le fruit est noir , lisse , armé de cornes pointues et divergentes ; la graine est grande , entourée d'une pulpe farineuse ,
bonne à manger. Fleurs blanchâtres. Juin, juillet. Il y a des bassins du jardin de Versailles , qui en sont remplis. ♃. Les fruits
de cette plante sont alimentaires dans quelques cantons de la
France.

CORNUS. Calice 4 - fide, caduc ; corolle de quatre pétales ;
drupe ovoïde , contenant un noyau à 2 loges et à 2 graines.

C. **mas** , L. *sp.* 171 ; Blachw. *Herb. t.* 121. Le Cornouiller. —
Arbre de 10 à 15 pieds de haut , rameux, d'un bois dur ; les fleurs
naissent avant les feuilles, elles sont réunies au nombre de 12
à 15 par petits bouquets axillaires , enveloppées avant leur développement dans des écailles ovales , égales à la longueur des pédicelles uniflores , qui servent ensuite de collerette ; les fruits sont
ovoïdes, et rouges à leur maturité ; les feuilles sont ovales, arrondies , entières , terminées comme en languette , opposées , un peu
pubescentes en dessous, marquées de 8 à 10 nervures conver-
gentes. Fleurs jaunes. Mars, avril. Assez commun dans les haies. On
cultive cet arbre pour améliorer son fruit , qui est connu sous le
nom de corme ou corniole , et dont quelques personnes mangent.
Il y en a une variété à fruits jaunes. Son bois est employé dans les
arts , à cause de sa dureté. ♄

C. **sanguinea** , L. *sp.* 171 ; *Fl. dan. t.* 481. Il s'élève un peu
moins que le précédent ; son bois est moins dur , ses rameaux
deviennent quelquefois d'un rouge vif dans l'hiver ; les feuilles
sont opposées , ovales-arrondies , terminées par une languette
courte , un peu oblique , pubescentes dessous , très-entières , marquées de 8 à 10 nervures , et devenant quelquefois d'un rouge
vif en dessus , ce qui , joint à la couleur des rameaux , lui a fait
donner son nom ; les fleurs sont en une sorte d'ombelle , pédonculées , sans collerette ; le fruit est noir et globuleux. Fleurs blanches. Juin , juillet. Plus commun que le précédent dans les haies
et les bois. ♄

CISSUS. Calice infère , à 4 dents ; corolle de 4 pétales ; nectaires entourant l'ovaire ; baie à deux loges , contenant une à
quatre graines.

C. **quinquefolia** , Desf. *Cat.* 139 ; *Hedera quinquefolia*, L. *sp.*
292 ; Duham. *Arb.* 176. Vigne vierge. — Arbrisseau à tige volubile , radicante , très-rameuse, atteignant à 5 ou 6 toises et plus
de longueur ; feuilles digitées , glabres , à 5 folioles , ovales-lancéolées , dentées dans leur moitié supérieure , se terminant en lan-

guette; fleurs en corymbes dichotomes, axillaires, ayant souvent cinq étamines; baie d'un vert-noirâtre. Fleurs d'un blanc sale. Mai, juin. Se trouve dans les bois et les murs. ♄

ALCHEMILLA. Calice tubuleux, à limbe ouvert, 8-fide; corolle nulle; une graine recouverte par le calice.

A. APHANES, Leers. *Herb. n°.* 122; *Aphanes arvensis*, L. *sp.* 179; *Fl. dan. t.* 973. La plante est petite et s'élève de deux à quatre pouces; elle est très-rameuse, étalée; la tige est ronde, velue; les feuilles sont comme palmées, divisées en trois lobes principaux, qui se subdivisent en 3 – 4 autres, velues, à bords très-entiers, ciliés, portées sur des pétioles fort courts, et stipulées; les fleurs sont très-petites, agglomérées, sessiles, axillaires (Willd. *sp.* 1, *p.* 699, prétend qu'elles n'ont qu'une étamine); il y a quelquefois deux styles et deux graines dans cette plante; mais, comme il est ordinaire qu'elle n'en ait qu'une, on l'a fait passer dans le genre *Alchemilla*, dont elle a d'ailleurs tous les caractères. Fleurs herbacées. Mai, juin. Commune dans les moissons, le long des sentiers, etc. ☉

SANGUISORBA. Calice 4-fide, coloré, avec deux écailles à la base; corolle nulle; deux graines contenues dans le calice, qui ressemble à une capsule.

S. OFFICINALIS, L. *sp.* 169; Lam. *Ill. t.* 85. Tiges de deux ou trois pieds, assez simples, anguleuses, glabres, striées; feuilles alternes, ailées; 9-13 folioles alternes, souvent opposées, cordiformes, crénelées (ou à dents mousses), obtuses, d'un vert plus pâle en dessous; fleurs en épi terminal, ovale, court, rougeâtre. Fleurit en juillet, août. Se trouve dans les prés montueux, à *Bonneuil.* Rare. ♃

ISNARDIA. Calice campanulé, 4-fide; corolle nulle; capsule à quatres loges polyspermes, entourée par le calice.

I. PALUSTRIS, L. *sp.* 175; Lam. *Ill. t.* 77. La racine est rampante; les tiges sont feuillées et un peu rameuses, grêles, rampantes, couchées ou flottantes, de 6 pouces à 1 pied; elles sont ovales-arrondies, glabres; les feuilles sont opposées, ovales-arrondies, dégénérant en pétioles, très-entières, glabres : les fleurs sont sessiles, axillaires, solitaires, petites et verdâtres; le fruit adhère au calice; les graines sont nombreuses, très-petites, jaunâtres, convexes d'un côté, creusées de l'autre. Fleurit dans l'été. Se trouve dans les marais, à *Saint-Léger.* ♃

DIGYNIE. — DEUX STYLES.

CUSCUTA. Calice à 4-5 divisions ; corolle 4-5-fide ; capsules à 2 loges ; chaque loge à 2 graines.

C. EUROPÆA, L. *sp.* 180 ; *C. minor*, Decand. *Fl. fr.* 3 , *p.* 644 ; *Fl. dan. t.* 199. Cuscute.—Les tiges sont parasites, semblables à des crins ; elles s'accrochent aux plantes voisines, y enfoncent de petits suçoirs : on y remarque çà et là de petites écailles, qu'on peut regarder comme les feuilles ; les fleurs sont par paquets, sessiles, jaunâtres, comme scarieuses. Fl. en été. Cette espèce s'accroche aux sous-arbrisseaux ou aux plantes dures, comme la bruyère, etc. ⊙

C. EPITHYMUM, L. *sp.* 180 ; *C. major*, Decand. *l. c.*; *Fl. dan. t.* 427. Les fleurs sont un peu pédonculées ; c'est tout ce qui la distingue de l'espèce précédente ; les corolles ne sont pas plus grandes. Je n'ai pas parlé des étamines munies ou dépourvues d'écailles dans les deux plantes, parce que ce n'est point un caractère constant, et sur quoi les auteurs soient d'accord. Je ne balance pas à croire que ce n'est qu'une simple variété du *C. europœa*, comme le pense Willdenou, *sp.* 1, *p.* 702. Fleurit *id.* Se trouve sur les plantes herbacées, l'ortie, la vesce, le chanvre, etc. ⊙

HYPECOUM. Calice à 2 folioles caduques ; corolles à 4 pétales, dont les 2 extérieurs plus larges et trifides ; une silique longue.

H. PROCUMBENS, L. *sp.* 181 ; Lobel. *Ic. t.* 744. Cumin cornu. — La plante est rameuse à la base ; les hampes sont étalées, un peu couchées, puis redressées, cylindriques, glabres, lisses, elles s'élèvent à 5-6 pouces ; les feuilles sont radicales bi ou tripinnées, à folioles ovales, entières, pointues, glabres, glauques (semblables à celles de la fumeterre), moitié moins longues que la tige ; les hampes se divisent au sommet en 3-4 pédoncules uniflores, avec des feuilles florales ou involucre découpé menu, tant à la base de la fleur que sur le pédoncule ; la fleur est grande, la silique dressée, recourbée en dedans ou en bas, comprimé et articulé. Fl. jaunes. Juin. Se trouve dans les moissons, parc de *Vincennes,* entre *Issy* et *Vaugirard*, etc. ⊙

H. PENDULUM, L. *sp.* 181 ; Lob. *Ic. t.* 743. La plante est un peu plus petite ; les hampes ne dépassent presque pas les feuilles radicales, dont les folioles sont un peu linéaires ; les fruits sont dressés et réfléchis en bas, à leur point d'attache. Malgré ces caractères, je soupçonne que cette plante n'est qu'une variété de la précédente. Fl. *id.* Se trouve dans les mêmes lieux, aux environs de Paris. (Lois. Deslonch.) ⊙

TÉTRAGYNIE.—QUATRE STYLES.

ILEX. Calice à 4 dents; corolle en roue; style nul; baie à 4 graines.

I. AQUIFOLIUM, L. *sp.* 181; *Fl. dan. t.* 508. Le Houx. — Arbrisseau de 8 ou 10 pieds, qui s'élève quelquefois au double; l'écorce est lisse; les feuilles sont alternes, pétiolées, ovales, pointues, entières en leur bord, ou garnies de dents saillantes et épineuses, glabres, persistantes, coriaces, luisantes en dessus; les fleurs sont axillaires, pelotonnées, presque sessiles, à pédoncules courts, rameux; la baie est rouge.

Var. B. Feuilles très-épineuses.

Fl. blanchâtres. Avril, mai. Se trouve dans les bois et les haies, à *Saint-Germain, Meudon,* etc. ♄. On fait la glu avec la seconde écorce du Houx.

POTAMOGETON. Calice nul; corolle de 4 pétales; style nul; quatre graines nues.

** Feuilles ovales ou lancéolées.*

P. NATANS, L. *sp.* 182; *Fl. dan. t.* 1025. Épi d'eau. — Plante flottante, ainsi que toutes les autres espèces; la tige est arrondie, rameuse, variable en hauteur, suivant celle de l'eau, glabre; les feuilles sont pétiolées, elliptiques, veinées, aiguës, arrondies par la base, glabres, très-entières seulement dans les supérieures; les fleurs sont en épi terminal ou axillaire, gros; les graines sont un peu chagrinées (à la loupe). On remarque sur les nœuds des tiges des gaînes foliacées qui paraissent être des rudimens de feuilles avortées. Fl. d'un blanc sale. Eté. Commun dans les eaux stagnantes. ♃

P. FLUITANS, Willd. *sp.* 1, *p.* 713; *P. natans, var.* 1. Thuill. *Fl. p.* 86. Il diffère du précédent en ce que toutes ses feuilles sont ovales-lancéolées, atténuées des deux côtés, et finissant en pétiole à la base. Fl. *id.* Se trouve dans les mêmes lieux, mais plus rarement; à *Saint-Léger.* Willd. pense que ce n'en est peut-être qu'une variété. ♃

P. HETEROPHYLLUM, Willd. *sp.* 1, *p.* 713; *P. hybridum.* Thuill. *l. c.*; *P. variifolium.* Thor. *Chlor. land.* 47? Les feuilles inférieures sont sessiles, linéaires-lancéolées, étroites, semblables à celles des graminées, les supérieures flottantes, ovales-lancéolées, pointues, quelquefois arrondies à la base, beaucoup moins grandes que celles du *P. natans,* et légèrement pétiolées; l'épi est plus court, presque aussi gros que dans cette dernière plante. Fl. *id.* Se trouve dans les mares de la forêt de *Senart.* ♃

P. LUCENS, L. *sp.* 183; *Fl. dan. t.* 195. Les tiges sont molles, flexibles, rameuses; les feuilles sont très-longuement lancéolées, finissant en pétiole à la base, aiguës, planes, très-entières, si transparentes qu'on aperçoit, outre la grosse ligne médiane, les réticules des vaisseaux; chaque pétiole est accompagné d'une longue bractée foliacée, qui atteint presque le nœud suivant; l'épi est long, cylindrique et pédonculé. Fl. *id.* Se trouve dans les rivières et les étangs. ♃

P. PERFOLIATUM, L. *sp.* 182; *Fl. dan. t.* 196. La tige est rameuse, assez grosse, ramassée; les feuilles sont alternes, quelquefois opposées, sessiles, amplexicaules, ovales-cordiformes, obtuses, marquées de nervures, plus courtes dans le haut que les entre-nœuds, plus longues dans le bas, très-entières, planes; les épis, axillaires, composés de fleurs un peu écartées, portés sur de longs pédoncules, sont aussi gros que la tige. Fleurit *id.* Se trouve dans les étangs, les rivières. ♃

P. DENSUM, L. *sp.* 182; J. Bauh. *Hist.* 3, *p.* 777, *Ic.* La tige est grêle, articulée, fourchue à son extrémité, garnie inférieurement de feuilles alternes; supérieurement elles sont opposées, très-rapprochées, presque imbriquées, et disposées sur deux rangs; elles sont sessiles, ovales-lancéolées, entières, pointues, un peu ondulées, lisses, luisantes; les pédoncules partent de la bifurcation des branches, et portent un épi court, composé de 4-6 fleurs. Fl. *id.* Croît dans les ruisseaux et les rivières. ♃

P. CRISPUM, L. *sp.* 183; Clus. *Hist. cclii.* Les tiges sont longues, menues, un peu rameuses; les feuilles sont opposées dans le haut de la tige, alternes et écartées dans le bas, elles sont lancéolées, sessiles, transparentes, à bords ondulés, denticulées au sommet: les stipules sont courtes, membraneuses, comme ciliées; les épis, axillaires, courtement pédonculés, composés de 5 - 7 fleurs. Fl. *id.* Dans les fossés et les ruisseaux. ♃

P. OPPOSITIFOLIUM, Décand. *Fl. fr. tom.* 3, *p.* 186; *P. serratum*, *l. sp.* 183. Toutes les feuilles sont opposées dans cette espèce, ce qui la distingue des deux précédentes; elles sont entières, ovales-lancéolées, sessiles, luisantes, un peu ondulées, rapprochées dans le haut de la tige: les stipules sont très-petites et non ciliées au sommet; l'épi est semblable à celui du précédent. Fl. *id.* Se trouve dans les ruisseaux et les rivières. ♃ J'ai cru devoir adopter le changement de nom de cette espèce, l'ancien en donnait une idée fausse.

P. SETACEUM, L. *sp.* 184. Feuilles lancéolées, opposées, terminées par une pointe. Je me contente de rapporter la phrase de Linnée sur cette plante que je ne connais pas, et dont l'existence me paraît fort douteuse, si j'en juge par le silence des auteurs sur son compte. Tous rapportent, comme moi, la phrase de Linné;

c'est un fait à observer. Elle est indiquée par **M.** Thuillier, à l'étang de *Saint-Gratien*, où je l'ai cherchée, et où j'ai trouvé quelques — unes des espèces précédentes. Au rapport de Smith (*Fl. brit.* 1, *p.* 198), cette plante n'est pas dans l'herbier de Linnée, d'où il s'ensuit que c'est une plante à rayer des flores.

** *Feuilles linéaires.*

P. gramineum, **L.** *sp.* 184; *Fl. dan. t.* 222. Tige grêle, garnie de feuilles alternes, linéaires-lancéolées, atténuées aux deux extrémités, munies d'une nervure longitudinale visible, longues d'un pouce, larges d'une ligne; stipules linéaires, de moitié plus courtes que les feuilles, et enchâssant exactement la tige; épi court, non interrompu, à pédoncule cylindrique et épais. Fl. *id.* Vient dans les eaux stagnantes. ♃

P. compressum, **L.** *sp.* 183; *Fl. dan. t.* 203. Ses tiges sont assez courtes, flexibles, aplaties, et comme feuillées dans toute leur longueur, ou plutôt l'aplatissement des entre-nœuds de la tige les fait prendre pour les feuilles de la plante; celles-ci sont planes, très-entières, linéaires dans toute leur étendue, transparentes, longues d'environ 2-3 pouces, terminées par une sorte de pointe; les pédoncules sont courts, assez forts, et portent 4 à 6 fleurs un peu écartées. Fl. *id.* Dans les fossés et les mares. ♃

P. pectinatum, **L.** *sp.* 185; Vaill. *Bot. t.* 32, *f.* 5. Les tiges sont très-longues, rameuses, nues dans les entre-nœuds, où on aperçoit la tige arrondie et blanchâtre; les feuilles sont longues de 3 à 4 pouces, planes, engaînantes à la base, linéaires, disposées (dans l'eau) comme sur deux rangs, alternes, et se rétrécissant petit à petit d'une manière aiguë; elles ont à leur gaîne 2 petites languettes, comme quelques graminées; l'épi est grêle, interrompu, composé de 8 à 10 fleurs, et porté sur un pédoncule assez long. Fleurit *id.* Se trouve communément dans la *Seine* et ailleurs. ♃ On a long-temps cru que la figure de Vaillant, que nous avons citée, avec **M.** Decandolle, pour être celle de ce *Potamogeton*, était celle du *P. marinum* de **L.**, ce qui a été cause de beaucoup d'obscurité dans l'étude du genre. Le *P. marinum*, ainsi que l'indique son nom, vient sur les bords de la mer, et peut-être ne croît-il pas en France. Au reste, le *P. pectinatum* varie beaucoup. ♃

P. pusillum, **L.** *sp.* 184; Vaill. *Bot. t.* 32, *f.* 4. Cette plante, que **M.** de Lamarck (*Fl.fr.* 3, *p.* 211.) regarde comme une variété de la précédente, a les tiges et les feuilles beaucoup plus menues, surtout ces dernières, qui sont quelquefois moins longues qu'elle; la figure citée la représente avec des stipules engaînantes, elles sont difficiles à apercevoir, caduques, et plus larges que les feuilles; l'épi est moins fourni de fleurs, et plus interrompu ☉ ?

BULLIARDA. Calice à 4 lobes ; corolle de 4 pétales ; 4 écailles nectarifères, égales à la longueur du calice, et situées à la base des ovaires, qui sont au nombre de quatre; capsules polyspermes. (Point étranglées comme dans les *Tillæa*).

B. Vaillantii, Decand. *Pl. grass. t.* 74 ; *Fl. fr. tom.* 4, *p.* 385; *Tillæa aquatica*, Thuill. *Fl. p.* 90 ; (non L.) ; Vaill. *Bot. t.* 10, *f.* 2. Petite plante grasse, rougeâtre, glabre, un peu rameuse, haute de 6 lignes à 1 pouce ; feuilles opposées, un peu connées, linéaires, épaisses; fleurs axillaires, pédonculées, globuleuses, solitaires, d'un blanc-rougeâtre. Fleurit en juin jusqu'en septembre, dans les lieux inondés, à *Fontainebleau.* ☉

MŒNCHIA. Calice à 4 folioles conniventes ; corolle de 4 pétales entiers ; capsules indivises, à une loge, à 8-10 dents ; graines presque réniformes, scabres.

M. glauca, L. *sp.* 185 ; Vaill. *Bot. t.* 3, *f.* 2. *Sagina erecta*, Persoon, *Syn.* 1, *p.* 153. Tiges glabres, glauques ; feuilles lancéolées, aiguës, un peu roides, entières, serrées contre la tige, glauques; folioles calicinales lancéolées, aiguës, scarieuses sur les bords ; pétales un peu plus courts que le calice, entiers ; stigmates presque sessiles, velus.

Var. **A.** *M. stricta.* Tige dressée, élevée de 1 à 10 pouces, souvent uniflore, quelquefois ayant jusqu'à 6-8 fleurs sur le même pied ; il y en a alors quelquefois 2 sur le même pédoncule, une située à moitié, avec 2 écailles à la base, et une dans chaque aisselle des feuilles inférieures.

Var. **B.** *M. patula.* Tiges nombreuses, étalées, hautes de 1 à 2 pouces, uniflores ou biflores.

Fleurs blanches. Fl. en avril et mai. Se trouve dans les endroits secs et pierreux, à *Montmorency*, etc. ☉

RADIOLA. Calice multifide ; corolle de 4 pétales ; capsule supère, à 8 valves, à 8 loges monospermes.

R. millegrana, Smith, *Fl. brit.* 1, *p.* 202 ; *Linum radiola*, L. *sp.* 402 ; Vaill. *Bot. t.* 4, *f.* 6. Petite plante d'environ un pouce de haut, grêle, filiforme, glabre, rameuse, bifurquée, dichotome ; à feuilles opposées, ovales, sessiles, entières ; à fleurs terminales, ordinairement 3 ensemble, dont une solitaire dans la dichotomie, globuleuses, très-petites ; à calice à 4 divisions trifides, à peu près égales aux pétales, qui sont ovales-renversés ; à style court; à stigmate en tête ; à graines elliptiques. Fl. blanches. Juin, juillet. Se trouve dans les allées sablonneuses et ombragées des bois. ☉

SAGINA. Calice à 4 folioles; corolle de 4 pétales (ou nulle) ; capsules à 4 valves, à 4 loges polyspermes.

S. PROCUMBENS, L. *sp.* 185; Lam. *Ill. t.* 90. Petite plante, dont les tiges sont filiformes, et ont environ un pouce de long, s'étalent par terre, sont glabres et cylindriques; les feuilles radicales sont touffues, comme en rosette, linéaires, un peu planes, plus longues que celles de la tige qui sont opposées, un peu réunies par la base, glabres, et d'un vert tendre, toutes sont terminées par une pointe visible : les pédoncules sont axillaires, solitaires, plus longs que les feuilles, et uniflores; les fleurs sont souvent penchées; le calice est ouvert, à folioles obtuses, doubles de la corolle, dont les pétales sont entiers.; la capsule est ovale; les graines sont fines, arrondies et rougeâtres.

Var. B. Corolle apétale (non *Sagina apetala*, L.).

Var. C. Tige et feuilles hispidiuscules.

Fleurs herbacées qui durent tout l'été. Se trouve dans les champs sablonneux. Commune. ☉

Sagina erecta, L. *Vide Mœnchia erecta*.

CLASSE V.

PENTANDRIE. — CINQ ÉTAMINES.

MONOGYNIE. — UN STYLE.

HELIOTROPIUM. Calice tubuleux, à 5 dents ; corolle hypocratériforme, à 5 lobes, entremêlés de 5 petites dents ; entrée du tube nue.

H. EUROPÆUM, L. *sp.* 187 ; Jacq. *Aust. t.* 207. Héliotrope, Herbe aux verrues. — Tige dressée, haute d'environ 1 pied, rameuse, arrondie, un peu velue, ainsi que toute la plante ; feuilles ovales, presque anguleuses, obtuses, un peu ridées, entières en leurs bords; fleurs nombreuses, petites, tournées d'un seul côté, en épis courbés en spirale à leur extrémité, souvent géminés ; graines hispides. Fl. blanches. Eté. Se trouve dans les lieux cultivés, plaine du *Point-du-Jour*, etc. ☉

PULMONARIA. Calice à cinq angles, à cinq divisions; corolle infundibuliforme, à cinq divisions, sans écailles au tube ; stigmate échancré.

P. VULGARIS, N.; *P. officinalis*, Decand., Thuill. *an* L. *sp.* 194 ? La Pulmonaire. — Tige de 5 à 6 pouces, dressée, peu consistante, velue ; feuilles radicales, ovales, maculées en vieillissant, entières, aiguës, courtes, les caulinaires sessiles, ovales, plus allongées, presque spatulées; fleurs terminales, en corymbe rapproché. Fl. bleues. Avril. Se trouve dans les bois ; au bois de *Boulogne*, etc. ♃. Comme Linné dit que sa plante a les feuilles.

radicales cordiformes , et que les figures qu'il cite représentent effectivement une plante à fenilles cordiformes , il est probable que notre plante n'est pas la sienne ; ce qui m'a engagé à en changer le nom. Elle se rapproche d'ailleurs du *P. mollissima* , qui croît en Allemagne ; mais elle n'a pas ses poils doux et sa consistance molle.

P. **angustifolia** , L. *sp.* 194 ; Clus. **clxx**. La tige s'élève jusqu'à 1 pied , dressée, simple, garnie de poils un peu rares ; les feuilles radicales sont lancéolées , longues , presque de la hauteur de la tige , finissant en un long pétiole par un bout , très-aigu de l'autre , les caulinaires sont sessiles , lancéolées , toutes sont très-entières et velues ; les fleurs sont presque en tête. Fl. bleues. Avril et mai. Se trouve dans les bois , forêt de *Saint-Germain* , etc. ♃. Cette espèce se rapproche beaucoup de la précédente.

LITHOSPERMUM. Calice à cinq divisions ; corolle infundibuliforme , à cinq lobes , à tube nu ; stigmate bifurqué.

L. **officinale** , L. *sp.* 189 ; Blackw. *t.* 436. Herbe aux perles.— La tige est haute de 1 à 2 pieds , elle est dressée , simple , grosse , ronde , velue ; les feuilles sont longues , linéaires-lancéolées , pointues , très-entières, et scabres ; les fleurs qui sont à l'extrémité de la tige , et de quelques courts rameaux qu'on y observe , dépassent à peine le calice ; la graine est luisante , et un peu semblable à une perle. Fl. blanches. Mai , juin. Commun le long des chemins et des sentiers. ♃

L. **purpuro-cœruleum** , L. *sp.* 190 ; Jacq. *Aust. t.* 14. Les tiges sont couchées, diffuses , rameuses , velues , rudes , fort longues (2-3 pieds) ; les feuilles sont lancéolées , sessiles , très-entières , scabres , pointues ; les fleurs sont terminales , grandes ; les semences sont luisantes , semblables à celles de l'espèce précédente. Fl. violettes. Mai. Se trouve le long des chemins montueux , dans les buissons, à la côte de *Champagne* près de *Fontainebleau.* ♃

L. **arvense** , L. *sp.* 190 ; *Fl. dan. t.* 456. La tige est dressée , branchue , hispide , rude , haute d'environ 1 pied ; les feuilles sont molles , étroites , sessiles , velues , et d'un vert peu foncé ; les fleurs sont petites , en épi terminal , avec de grands calices , qu'elles dépassent à peine ; les graines sont petites , non luisantes , rugueuses et comme graveleuses. Fl. blanches , qui s'ouvrent en mai , juin. Vient dans les champs. ⊙

ECHIUM. Calice à 5 divisions ; corolle irrégulière , divisée en 5 lobes inégaux , et tronqués obliquement au sommet ; tube sans écailles.

E. **vulgare** , L. *sp.* 200 ; Lam. *Ill. t.* 94 , *f.* 1. La Vipérine. — La tige , rarement rameuse, s'élève à 2 pieds environ , elle est hérissée de poils hispides, qui partent d'un tubercule noir, ce qui la fait paraître tachetée ; les feuilles sont linéaires, lancéolées, les radicales finissent en espèce de pétiole, les caulinaires sont sessiles, rudes en dessus, un peu douces en dessous ; les fleurs sont nombreuses, formant de petits épis particuliers, recourbés, axillaires, qui en composent de très-longs. Fl. bleues, roses ou blanches. Tout l'été. Se trouve très-communément le long des chemins, dans les lieux secs, sur les murailles. ♃

SYMPHYTUM. Calice 5-fide ; corolle en cloche, tubuleuse, à 5 lobes courts, droits, presque fermés et ventrus ; tube muni de 5 écailles en alène, rapprochées en cône ; stigmate simple.

S. OFFICINALE, L. *sp.* 195 ; *Fl. dan. t.* 664. La grande Consoude. — La tige s'élève à plus d'un pied ; elle est branchue, velue, sillonnée, et ailée d'une feuille à l'autre ; celles-ci sont grandes, lancéolées, spatulées à la base, décurrentes, pointues et velues ; les fleurs sont peu nombreuses, grandes, ont le style très-long, et qui dépasse la corolle.

Var. B. *S. patens*, Sibth. *Oxon. p.* 70. Calice ouvert ; fleurs rouges.

Fl. jaunâtres ou blanches. Mai, juin. Se trouve dans les lieux humides des prés et des bois. ♃. Assez commun.

La grande Consoude passe pour astringente ; on en fait un sirop fort employé dans les cours de ventre non accompagnés de symptômes inflammatoires.

MYOSOTIS. Calice à 5 dents ; corolle hypocratériforme, à 5 divisions échancrées ; tube muni de 5 écailles convexes, rapprochées.

M. ANNUA, Moench. *Hass. n°.* 153 ; *M. arvensis*, Willd. *sp.* 1, *p.* 746 ; Bull. *Herb. t.* 355. Tige rameuse, dressée, haute de 10 à 15 pouces, garnie de longs poils, ainsi que toute la plante ; feuilles radicales, un peu pétiolées, les caulinaires espacées, lancéolées, amplexicaules, très-entières, un peu aiguës ; fleurs en panicule lâche, pauciflore, presque dressée, finissant en épi ; tube de la corolle plus court que les divisions du calice, qui sont droites, non étalées ; graines lisses, non dentelées sur les bords.

Var. B. *M. collina*, Ehrh. *Herb.* 31. Tige de 1 à 2 pouces.

Var. C. *versicolor.* Tige de 1 à 2 pouces ; à fleurs, les unes toutes jaunes en vieillissant, les autres bleues. Vaillant et Guettard l'ont observée plusieurs fois dans les lieux arides.

Fl. bleues, avec la gorge jaune. Se trouve dans les bois ; les variétés sur les collines sèches. ☉

M. PERENNIS, Moench. *Hass. n°.* 154 ; *M. scorpioïdes*, Willd. *sp.* 1, *p.* 746. Tiges simples, souvent couchées, un peu radicantes, glabres, ou très-légèrement velues, hautes de 6 à 8 pouces ; feuilles pétiolées à la base de la tige, lancéolées, obtuses, glabres, sessiles au sommet ; tube de la fleur égal à la longueur des divisions du calice ; fleurs plus grandes, et l'épi ordinairement moins fourni que dans le *M. annua* ; graines lisses, non dentées.

Var. **B.** *M. sylvatica*, Ehrh. *Herb.* 31. Tiges et feuilles velues. Fl. bleues ou blanches, à gorge jaune. Se trouve dans les prés humides, ou au bord des eaux ; la variété dans les bois frais. ♃

M. LAPPULA, L. *sp.* 189 ; Lam. *Ill. t.* 91. La tige est dressée, simple, velue, rude au toucher, haute de 1 pied environ, se ramifiant un peu vers le haut ; les feuilles sont lancéolées, sessiles, obtuses, velues, très-entières ; les fleurs sont en espèce d'épis foliacés, presque sessiles ; le calice est étalé à la maturité des graines, qui sont dentées, épineuses. Fl. bleues ou blanches. Été. Se trouve sur les murailles, les décombres, dans les lieux stériles. ☉

CYNOGLOSSUM. Calice à 5 divisions ; corolle en entonnoir, à 5 lobes courts, à tube muni d'écailles convexes, rapprochées ; graines aplaties, fixées latéralement au style persistant.

C. OFFICINALE, L. *sp.* 192 ; Lam. *Ill. t.* 92, *f.* 1. Cynoglosse, Langue de Chien. — La tige s'élève de 1 à 2 pieds, elle est très-branchue, velue, cannelée ; les feuilles sont longues, molles, couvertes d'un duvet blanchâtre, les inférieures sont pétiolées, les supérieures embrassantes, lancéolées, ou ovales-lancéolées, très-entières ; les fleurs sont en épis longs, droits, unilatéraux, lâches ; les graines sont épineuses.

Var. **B.** *C. hybridum*, Thuill. *Fl. p.* 94. Fleurs veinées de lignes rougeâtres.

Var. **C.** *C. subglaber.* N. Tige simple ; feuilles peu velues, et non chargées d'un duvet blanc. Elle se rapproche beaucoup du *C. montanum* de Lam.

Fl. rouges-pourpres, quelquefois blanches. Mai, juin. Croît dans les lieux incultes, sablonneux. La variété C à *Saint-Germain-en-Laye*, au *Val.* ♂

On attribue à la Cynoglosse une vertu légèrement narcotique ; elle entre dans la composition des pilules dites de Cynoglosse.

BORRAGO. Calice à 5 parties ; corolle en roue, à 5 lobes planes, pointus ; tube fermé par des écailles obtuses et échancrées ; stigmate simple ; graine ridée, non comprimée.

B. OFFICINALIS, L. *sp.* 197 ; Blackw, *Herb. t.* 36. La Bourrache. — La tige, qui s'élève de 1 à 2 pieds, est très-rameuse, très-hispide, ainsi que toute la plante ; les feuilles sont larges, ovales, sessiles, les inférieures pétiolées ; les fleurs sont terminales, disposées en une sorte de panicule étendue, portées sur de longs pédoncules simples, ayant le calice très-hispide, et souvent penchées. Fleurs bleues, roses, ou blanches. Été. Croît dans les endroits cultivés. ☉

La Bourrache est très-employée en médecine ; elle est pectorale, et légèrement diaphorétique.

ANCHUSA. Calice à 5 divisions ; corolle en entonnoir, à 5 lobes entiers ; tube fermé par des écailles ovales, proéminentes, rapprochées ; graines ovoïdes, tronquées à la base, et adhérentes.

A. ITALICA, Retz, *Obs.* 1 , *p.* 12 ; *A. officinalis*, Lam. , Thuill. (non L.) La Buglosse. — Tige de 1 à 2 pieds, dressée, garnie de poils roides ; feuilles un peu luisantes, hispides, sessiles, lancéolées, embrassantes, finissant en pointe, entières, comme ciliées ; grappes unilatérales, recourbées et géminées ; calices allongés, a divisions linéaires, profondes ; corolle munie d'écailles barbues, et représentant des espèces de pinceaux. Fleurs violettes, quelquefois blanches. Juin, juillet. Se trouve le long des chemins, et dans les endroits cultivés, à *Saint-Maurice*, etc. ♃

La Buglosse a les mêmes propriétés médicinales que la Bourrache.

LYCOPSIS. Caractère du genre précedent ; tube de la corolle courbé.

L. ARVENSIS, L. *sp.* 199 ; *Flor. dan. t.* 435. Tige dressée, haute de 1 à 2 pieds, très-hispide, branchue ; feuilles radicales longues, linéaires, finissant un peu en pétiole, les caulinaires sessiles, lancéolées, toutes sont un peu ondulées, comme dentées dans leur jeunesse, chagrinées, et presque bulleuses dans leur vieillesse, extrêmement hispides, tuberculeuses ; fleurs petites, un peu pédonculées, disposées en épi terminal, ayant le tube de la corolle et les écailles blanches. Fleurs bleues. Avril, juin. Se trouve dans les endroits incultes, pierreux. Commune. ☉

ASPERUGO. Calice à 5 lobes inégaux, dentés ; corolle à tube court, munie d'écailles convexes, rapprochées ; limbe à 5 divisions ; 5 graines couvertes par le calice, qui est comprimé et refermé après la fleuraison.

A. PROCUMBENS, L. *sp.* 198 ; *Fl. dan. t.* 552. Tiges couchées, branchues, longues de 1 à 2 pieds, garnies de poils rudes ; feuilles ovales—lancéolées, velues, sessiles, alternes du bas, opposées au sommet ; fleurs axillaires, sessiles, petites ; calice grandissant ensuite beaucoup, et devenant comme à 2 lames plates et palmées. Fl. bleues ou blanches. Eté. Se trouve dans les lieux cultivés, autour des pierres, du côté de *Vincennes*, etc. ☉

ANDROSACE. Calice persistant, à 5 divisions profondes ; corolle à 5 lobes, munie à l'orifice du tube de 5 protubérances glanduleuses ; capsules à 5 valves.

A. MAXIMA, L. *sp.* 203 ; Jacq. *Aust. t.* 331. Les feuilles radicales sont ovales-lancéolées, denticulées, glabres ; il sort d'entre elles 3-5 hampes de 2 à 4 pouces de haut, pubescentes, terminées par des ombelles simples, à 6-8 rayons., et dont l'involucre est à 4-6 folioles ovales-spatulées ; les calices sont grands, velus, farineux, et cachent au fond une petite fleur ; les capsules renferment une vingtaine de graines. Fleurs blanches. Avril, mai. Se trouve dans les bois de *Meaux*. ⊙

PRIMULA. Calice persistant, 5-fide ; corolle tubuleuse ; stigmate globuleux ; capsule ayant 10 valves à son sommet.

P. ELATIOR, Willd. *sp.* 1, *p.* 801 ; *P. veris elatior*, L. *sp.* 204 ; *Fl. dan. t.* 434. Primevère. — Hampe élevée d'un pied, pubescente ; feuilles presque aussi longues qu'elles, ovales, allongées en un long pétiole, ridées, obtuses, denticulées irrégulièrement, un peu pubescentes ; fleurs (8 à 12) en ombelle simple, éparses ; calice à dents allongées, aiguës ; limbe de la corolle plane ; capsules dressées après la fleuraison.

Var. B. *P. incisa*, N. Tiges de moitié plus petites, portant 4-6 fleurs ; calice incisé très-profondément, en 5 dents linéaires, aiguës.

Fleurs jaunes. Fleurit en mai, juin. Se trouve dans les bois humides ; la variété B, parc de *Ruel*. ♃

P. VERIS, Willd. *sp.* 1, *p.* 800 ; *P. veris officinalis*, L. *sp.* 204 ; Bull. *Herb. t.* 171. Coucou. — Hampe élevée de 6-8 pouces, pubescente ; feuilles courtes, finissant en un large pétiole, pubescentes, denticulées, obtuses ; ombelle simple, de 6 - 10 fleurs ; calice large, blanchâtre (à cause d'un duvet court qui le revêt), à dents courtes, et un peu obtuses ; limbe de la corolle concave.

Var. B. *P. officinalis*, Thuill. *Fl. par.* 98. Fleurs moins nombreuses, penchées ; feuilles plus velues ; tube de la corolle plus étroit, et sortant davantage du calice, dont les dents sont courtes, un peu aiguës.

Fleurs jaunes. Avril. Se trouve dans les prés et les bois. Très-commune ♃.

Il y a des personnes qui regardent la Primevère comme pectorale, et qui emploient comme telle sa fleur dans les rhumes et les affections catarrhales légères.

P. GRANDIFLORA, Lam. *Fl. fr.* 2, *p.* 240 ; *P. veris acaulis*, L. *sp.* 204 ; Clus. *Hist.* 302. Les feuilles sont radicales, longues, grandes, obtuses, pubescentes, denticulées, ovales, finissant en un large pétiole : il part de la racine des pédoncules nombreux, uniflores, presque laineux à leur sommet, ainsi que les calices, qui sont à dents profondes, très-aiguës ; la corolle est grande, à limbe plane, inodore, ainsi que le *P. elatior*. Fleurs jaunes. Avril, mai. Se trouve dans les bois. ♃

MENYANTHES. Calice à 5 lobes ; corolle en entonnoir, à 5 divisions barbues en dessus ; stigmate simple ; capsule à 1 loge, à plusieurs graines nues.

M. trifoliata, L. *sp.* 208 ; *Fl. dan. t.* 541. Trèfle d'eau, Ménianthe. — Feuilles radicales, portées sur de longs pétioles, glabres, composées de trois folioles ovales, très-entières et glabres ; scape longue de 1 à 2 pieds, glabre, et terminée par une panicule, composée de pédicelles uniflores, solitaires (quelquefois deux ensemble), avec une bractée à la base ; corolles grandes, et barbues intérieurement. Fleurs blanc - rougeâtre. Avril, mai. Se trouve dans les lieux marécageux, à *Ville-d'Avrai*, etc. ♃

Le trèfle d'eau est assez employé en médecine ; on se sert ordinairement de son extrait, que l'on regarde comme un bon fébrifuge amer ; il est aussi fondant, antiscorbutique et stomachique.

Menyanthes nymphoïdes. V. *Villarsia nymphoïdes.*

VILLARSIA. Calice à 5 lobes ; corolle en roue, à 5 divisions ciliées ; stigmate à 2 lobes ; capsule à 1 loge, à plusieurs graines bordées d'une membrane.

V. nymphoïdes, Vent. *Choix*, n° 9, *p.* 2 ; *Menyanthes nymphoïdes*, L. *sp.* 207 ; *Fl. dan. t.* 309. Tiges extrêmement longues, nues, glabres ; à leurs extrémités naissent des feuilles presque rondes, glabres, cordiformes, très-entières, flottantes sur l'eau, et portées sur des pétioles proportionnés à la hauteur de l'eau ; le dessus des feuilles est vert, le dessous plus ou moins violet ; les fleurs naissent en ombelle simple, au nombre de 6 à 8 à chaque, elles sont grandes et comme ciliées. Fleurs jaunes. En juin, juillet. Se trouve dans la Seine, vers *Charenton, Neuilly*, etc. ♃

HOTTONIA. Calice à 5 parties ; corolle en soucoupe, 5—fide ; étamines attachées sur le tube, qui est fort court ; capsule globuleuse, à une loge.

H. palustris, L. *sp.* 208 ; *Fl. dan. t.* 427. Millefeuille aquatique, Plumeau. — Tiges fort longues, garnies de feuilles verticillées, pinnées, à folioles linéaires, très-étroites, très-aiguës, luisantes, glabres ; le pédoncule des fleurs sort de l'eau, et a environ un pied de longueur, il est fistuleux, glabre, très-droit, assez gros ; portant 3 à 4 verticilles espacés, composés de 4—6 rayons de 5 à 6 lignes de long, munis de bractées ; les fleurs sont grandes, blanches-rosées. Mai, juin. Se trouve dans les mares et fossés des bois, à *Bondi, Versailles, Saint-Léger.* ♃

LYSIMACHIA. Calice à 5 divisions profondes ; corolle en roue, à 5 divisions ; capsule globuleuse, à 5 valves.

L. vulgaris, L. *sp.* 209 ; *Fl. dan. t.* 639. Corneille, Chassebosse. — Tige dressée, haute de 2-3 pieds et plus, ferme, cannelée, pubescente ; feuilles opposées, ovales, pubescentes en dessous, aiguës, entières, presque sessiles ; fleurs en grappe courte, arrondie, portées sur des pédoncules rameux ; calices bordés d'une ligne colorée, tachetées de quelques points noirs, ainsi que les corolles ; étamines réunies par leur base ; capsule à 5 valves ; graines anguleuses, nombreuses.

Var. B. Feuilles verticillées par 3 ou 4.

Fleurs jaunes. Juillet, août. Se trouve dans les lieux humides, ombragés. Assez commune. ♃

L. NUMMULARIA, L. *sp.* 211 ; *Fl. dan. t.* 493. Nummulaire, Herbe aux écus, Monoyère. — Tiges rameuses à la base, couchées, un peu quadrangulaires, longues de 8 à 10 pouces, glabres, rampantes ; feuilles orbiculaires, glabres, très-entières, pédonculées ; fleurs axillaires, dans le milieu des tiges, portées sur des pédoncules fermes, uniflores, qui ne dépassent guère la longueur des feuilles ; étamines séparées ; capsule à graines peu nombreuses. Fleurs jaunes. Eté. Croit fréquemment dans les lieux humides des bois, des prés, etc. ♃

L. *nemorum.* V. *Lerouxia nemorum.*

LEROUXIA. Calice à 5 folioles aiguës ; corolle en roue, à 5 divisions profondes ; capsules orbiculaires, comprimées, à 2 valves.

L. NEMORUM, N. ; *Lysimachia nemorum,* L. *sp.* 211 ; *Fl. dan. t.* 174. Tige couchée, simple, longue de 6 à 8 pouces, glabre ; feuilles ovales, opposées, entières, glabres, subsessiles, à 3-5 nervures, peu marquées ; fleurs axillaires, portées sur des pédoncules filiformes, plus longs que les feuilles, et qui se tortillent après la fleuraison ; capsule orbiculaire comprimée, à 2 valves arrondies ; réceptacle semi-lunaire. Fleurs jaunes. Se trouve sur les pelouses humides des bois, à *Montmorency.* ☉

J'ai dédié ce genre nouveau à M. le professeur J. J. Leroux, doyen de la faculté de médecine de Paris, comme un gage public de ma gratitude particulière, et un témoignage de la reconnaissance qui lui est due pour la protection qu'il accorde à toutes les sciences qui ont un rapport marqué avec l'enseignement médical, et particulièrement à l'instruction des élèves dont il fait sa plus chère occupation.

ANAGALLIS. Calice à 5 lobes ; corolles en roue à 5 divisions ; capsules globuleuses s'ouvrant en travers, à la manière des boîtes à savonnette.

A. CÆRULEA, Lam. *Fl. fr.* 2, *p.* 285 ; Dod. *Pempt.* 32. Mouron bleu. — Tiges étalées à la base, dressées, rameuses, hautes de 6 à 8 pouces, glabres ; feuilles glabres, sessiles, ovales-lancéolées, pointues ; pédicelles de la longueur des feuilles ; dents du calice aiguës, presque sétacées ; pétales un peu crénelés, nus ; graines bordées d'une large membrane. Fl. bleues. Eté. Commun dans les endroits cultivés. ☉

A. PHŒNICEA, Lam. *Fl. fr.* 2 , *p.* 285 ; *A. arvensis*, L. *sp.* 211 ; *Fl. dan. t.* 83 ? Mouron rouge. — Tiges très-rameuses, couchées, puis redressées, glabres, ayant jusqu'à 1 pied et plus d'étendue ; feuilles sessiles, glabres, ovales, courtes, opposées, un peu obtuses ; pédicelles axillaires, doubles de la longueur des feuilles ; dents du calice lancéolées ; pétales un peu crénelés, bordés souvent de petites glandules noires ; graines noires, arrondies, nues. Fl. rouges. Tout l'été. Très-commun dans les endroits cultivés. ⊙ L. ♃ N ?

A. TENELLA, L. *Mant.* 335 ; Moriss. *s.* 3, *t.* 26, *f.* 2, 1re *rangée*. Tiges débiles, couchées, filiformes, longues de 1 pouce ou 2 ; feuilles opposées, ovales—arrondies, un peu sinueuses sur les bords et pétiolées · fleurs inférieures, très-longuement pédoncu- lées ; calices à divisions aiguës ; corolle grande, à découpures un peu allongées. Fl. rose pâle. Mai, juin. Se trouve dans les lieux tourbeux, les prairies des bois, à *Montmorency*, *Sèvres*, *Saint-Léger*, etc. ♃

CONVOLVULUS. Calice à 5 divisions ; corolle en cloche, plis- sée ; stigmate bifide ; capsules de 2—4 loges, loges à 1—2 graines.

C. ARVENSIS, L. *sp.* 218 ; *Fl. dan. t.* 459. Le Liseron des champs. — Tige grimpante, menue, haute de 1—2 pieds, glabre, et munie de quelques poils en haut ; feuilles alternes, étroites, pétiolées, avec une petite pointe au sommet, et 2 crochets écartés en fer de flèche à la base ; fleurs portées sur des pédoncules subpubescens plus longs que la feuille, ayant 2 petites bractées dans leur mi- lieu ; calice nu. Fl. blanches, souvent variées de rose. Tout l'été. Très-commun dans les champs, les bleds, les vignes. ♃

C. SEPIUM, L. *sp.* 218 ; *Fl. dan. t.* 458. Le grand Liseron, Lise- ron des haies. — Tige grimpante, glabre, pouvant acquérir de 3 à 6 pieds de développement ; feuilles ovales, alternes, glabres, en- tières, obtuses ou un peu pointues au sommet, comme tronquées des deux côtés de la base, pétiolées ; pédoncules axillaires, uni- flores, moins longs que les feuilles, glabres, un peu tétragones, sans bractées dans le milieu, mais en ayant deux ovales à la base du calice, qu'elles dépassent. Fl. blanches, grandes. Juillet, août. Commun dans les haies. ♃

Ce Liseron est purgatif. Son extrait purge très-bien à la dose de 20 à 30 grains.

CAMPANULA. Calice à 5 divisions ; corolle en cloche, à 5 divi- sions ; étamines élargies à leur base ; stigmate trifide ; capsule ovoïde à 3—5 loges, s'ouvrant par des pores latéraux.

* Feuilles lisses.

C. HEDERACEA, L. *sp.* 240 ; *Fl. dan. t.* 330. Tiges débiles, diffuses, rameuses, filiformes, étalées, élevées de 2-3 pouces ; feuilles réniformes, arrondies, lobées, crénelées, glabres ; fleurs portées sur de longs pédoncules ; dents des calices courtes, lancéolées ; corolle presque tubulée, longue ; capsules globuleuses ; graines aplaties. Fl. bleues. Se trouve dans les lieux montueux, couverts et humides, à *Verrières, Saint-Léger*, etc. Assez rare ☉.

C. **ROTUNDIFOLIA**, L. *sp.* 232 ; Dod. *Pempt.* 167. Tiges débiles, grêles, couchées ou dressées, souvent rameuses, longues de 1 à 2 pieds, glabres ; feuilles radicales, réniformes-arrondies, crénelées, glabres, pétiolées, les caulinaires linéaires, étroites, aiguës, sessiles, longues, entières ; fleurs grandes, peu nombreuses, terminales ; dents du calice très-fines ; graines ovoïdes, transparentes, jaunâtres.

Var. B. *C. tenuifolia*, Hoff. *Germ.* 1, *p.* 100 ; feuilles radicales oblongues, glabres.

Var. C. *C. linifolia*, Vill. *Dauph.* 2, *t.* 10 ; feuilles radicales ovales, un peu pubescentes ; tige subuniflore.

Fl. bleues ou blanches. Tout l'été. Se trouve très-communément dans les buissons, les lieux arides, le bord des bois ; les var. B et C à *Vincennes*. ♃

C. **PERSICIFOLIA**, L. *sp.* 232 ; Bull. *Herb. t.* 367. Tiges dressées, glabres, s'élevant jusqu'à 2-3 pieds ; feuilles radicales, ovales, finissant en un long pétiole, obtuses, entières ; les caulinaires linéaires, à denticules très-éloignées ; fleurs grandes ; dents du calice lancéolées ; graines concaves.

Var. B. Fleurs très-grandes.

Fl. bleues ou blanches. Se trouve dans les taillis, à *Juvisi, Vincennes*, au bois de *Boulogne*, etc. ♃

C. **RAPUNCULUS**, L. *sp.* 232 ; Fusch. *Hist.* 214. *Ic.* Tige haute de 2 à 4 pieds, simple ou rameuse, dressée, pubescente ; feuilles radicales ovales, obtuses, un peu ondulées, finissant en un large pétiole, les supérieures sessiles, linéaires-lancéolées, souvent pubescentes, à dents éloignées et glanduleuses ; calice à dents sétacées, un peu divergentes ; fleurs disposées en panicule redressée. Fl. bleues ou blanches. Mai, juin. Croît dans les prés, les haies, les bois. ♃

** *Feuilles rudes.*

C. **RAPUNCULOIDES**, L. *sp.* 234 ; Moriss. *s.* 5, *t.* 3, *f.* 32. Tige simple, haute de 2 pieds environ, à angles rudes ; feuilles radicales cordiformes, dentées, portées sur de longs pétioles, les caulinaires ovales, terminées en pétiole à la base, et en pointes allongées au sommet, dentées irrégulièrement, et un peu rude au toucher ; fleurs placées le long de la tige, portées sur des pédicelles uniflores, penchées, ayant une bractée linéaire à la base ; calice à divisions sétacées et réfléchies après la fleuraison. Fl. bleues ou blanches. Juin, août. Se trouve dans les lieux secs et arides. ♃

C. GLOMERATA, L. *sp.* 235; Lob. *Ic. t.* 326, *f.* 2. Tige de 1 pied environ, presque cylindrique, un peu velue; feuilles radicales, pétiolées, ovales, lancéolées, blanchâtres en dessous, velues et rudes des deux côtés, finement dentées, ainsi que celles de la tige qui sont sessiles et embrassantes vers le sommet; fleurs en tête (quelques-unes éparses), accompagnées de feuilles ou bractées presque cordiformes; dents des calices lancéolées. Fl. bleues. Juin — août. Se trouve dans les lieux montueux et secs. ♃

C. CERVICARIA, L. *sp.* 235; Bauh. *Prod. p.* 36, *f.* 2; (*non Pinacis*). Tige de 1 à 2 pieds, simple, hérissée de longs poils, cylindrique; feuilles linéaires-lancéolées, hispides, sessiles, crénelées, obtusiuscules; fleurs grosses, terminales, quelques-unes éparses et axillaires; divisions du calice courtes et ovales; corolle velue sur les angles. Fl. bleues. Août, septembre. Se trouve dans les lieux montueux et pierreux. Elle a été observée dans les bois de *Livry*, près *Melun*, par M. Laugier. ♃

C. TRACHELIUM, L. *sp.* 235; Lob. *Ic.* 326, *f.* 1. Gantelée, Gant de Notre-Dame. — Tige simple ou rameuse, haute de 2-3 pieds, anguleuse, hérissée, rude; feuilles en cœur, à l'exception de celles du haut qui sont ovales-lancéolées, les inférieures sont grandes, à grosses dents, doublement dentées, pointues, hispides, pétiolées ainsi que les caulinaires; fleurs portées sur des pédoncules souvent trifides; calice hérissé de poils blancs, comme cilié, ayant le dents lancéolées, assez larges. Fl. bleues, violettes ou blanches Juin — août. Se trouve dans les bois. Assez commune. ♃

C. MEDIUM, L. *sp.* 236; Dod. *Pempt.* 163. Carillon. — Tige de 1 ou 2 pieds, quelquefois fort branchue, diffuse, rude, un peu anguleuse; feuilles lancéolées-linéaires, obtuses, sessiles, velues rudes, un peu plus vertes en dessus, à dents émoussées; fleurs axillaires; pédicelles uniflores, avec deux folioles voisines des calices qui sont grands, réfléchis et hispides dans leur moitié inférieure; les dents en sont larges et obtuses; fleur très-grande à 5 stigmates capsule à 5 loges. Fl. bleues ou blanches. Se trouve dans les bois et les lieux arides. Elle a été trouvée à *Meudon*, *Mousseaux* *Saint-Cloud.* ♃

PRISMATOCARPUS. Calice à 5 divisions; corolle en roue, à 5 divisions; capsules prismatiques, allongées, à 2-3 loges, s'ouvrant au sommet.

P. SPECULUM, Lher. *Sert. angl.*; *Campanula speculum.* L. *sp.* 340 Lob. *Ic.* 418. Miroir de Vénus. — Tige cylindrique, un peu flexueuse, haute de 4 à 6 pouces, quelquefois rameuse; feuille sessiles, ondulées, ovales-lancéolés, obtuses, un peu dentées

fleurs terminales, dressées, pédicellées ; divisions du calice sétacées ; étalées, égalant la corolle ou la dépassant un peu.
Var. B. Tiges et feuilles pubescentes.
Fleurs d'un violet-rougeâtre, ou blanches. Été. Se trouve abondamment dans les moissons. ☉

P. HYBRIDUS, Lher. *L. c. ; Campanula hybrida*, L. *sp.* 239 ; Moriss. *s.* 5, *t.* 2, *f.* 22. Elle ne diffère de l'espèce précédente que par sa tige rameuse, par son calice dont les segmens sont courts, presque ovales, rapprochés au-dessus de la corolle qu'ils dépassent du double. Fl. *id.* Se trouve dans les lieux sablonneux, plaine du *Point-du-Jour*, à *Châtillon*, *Montrouge*, etc. ☉

JASIONE. Involucre 10-fide ; calice à 5 divisions ; corolle à 5 pétales, régulière ; anthères cohérentes à la base ; capsule infère à 2 loges polyspermes.

J. MONTANA, L. *sp.* 1317, *Fl. dan. t.* 319. Tiges souvent diffuses, rameuses, longues de 6 à 10 pouces, nues dans le haut, hérissées ; feuilles étroites, linéaires, courtes, très-ondulées, garnies de poils blancs, rarement dentées ; fleurs en tête globuleuse, portées sur de longs pédoncules.
Var. B. Tiges et feuilles glabres.
Var. C. Fleurs prolifères.
Fl. d'un bleu cendré (presque semblables à celles de la *Scabiosa succisa*). Juillet, août. Se trouve dans les endroits sablonneux, à *Romainville*, etc. ☉

PHYTEUMA. Calice à 5 divisions ; corolle à tube court, divisée en 5 lobes aigus, linéaires ; stigmate bifide ou trifide ; capsule infère, à 2-3 loges.

P. ORBICULARIS, L. *sp.* 242 ; Jacq. *Aust. t.* 437. Tige d'un pied, glabre, cylindrique ; feuilles radicales, cordiformes-allongées, glabres, pétiolées, blanchâtres dessous, crénelées, les caulinaires au nombre de 3-4, linéaires, dentées, sessiles, glabres ; fleurs en tête sphérique, avec des bractées lancéolées à la base ; capsule à 3 loges.
Var. B. *P. lanceolata*, Vill. *Dauph.* 2, *p.* 517, *t.* 12, *f.* 1. Toutes les feuilles lancéolées-oblongues.
Var. C. *P. elliptica*, Vill. *Dauph.* 2, *p.* 517, *t.* 11, *f.* 2. Feuilles radicales ovales-elliptiques.
Fl. bleues. Juin, août. Se trouve sur les collines sèches, à *Fontainebleau.* ♃

P. SPICATA, L. *sp.* 242 ; *Fl. dan. t.* 362. Tige de 1 à 2 pieds, cylindrique, simple, glabre ; feuilles radicales, cordiformes, pétiolées, doublement dentées, glabres, les moyennes ovales, les supérieures linéaires, sessiles, dentées, glabres ; fleurs en épi qui a quelquefois deux pouces de long, accompagnées de bractées linéaires, longues; style pubescent, ordinairement bifide; capsules à 2 loges.

Var. B. *P. betonicæfolia*, Vill. *Dauph.* 2, *p.* 518, *t.* 12, *f.* 3. Feuilles radicales, cordiformes, lancéolées, les supérieures lancéolées-linéaires; épi plus court; style souvent trifide.

Fl. blanches, très-rarement bleues. Se trouve dans les prés montueux des bois, à *Montmorency,* etc.; la variété B à *Meaux.* ♃

LOBELIA. Calice 5-fide; corolle monopétale, tubuleuse, irrégulière, à 5 lobes, fendue eu dessus; anthères cohérentes; capsules infères, à 2-3 loges.

L. urens, L. *sp.* 1321; Bull. *Herb. t.* 9. Tige dressée, haute d'un pied, très anguleuse, simple, rude, glabre; feuilles inférieures ovales, les supérieures lancéolées; toutes sont à dents inégales, un peu plissées, glabres; fleurs terminales, en épi allongé, lâche. Fl. bleues, à gorge blanchâtre. Juin — septembre. Se trouve dans les prés humides, à *Saint-Léger, Fontainebleau.* ⊙

VIOLA. Calice à 5 divisions; corolle de 5 pétales, irrégulière, avec un éperon à la base; anthères conniventes; capsules supères, à 3 valves, à une loge.

* *Stigmate aigu, courbé.*

V. palustris, L. *sp.* 1324; *Fl. dan.* n 83. Plante acaule, haute de 1 à 2 pouces; feuilles radicales réniformes, finement crénelées, glabres, portées sur des pétioles glabres; fleurs solitaires, portées sur des pédoncules glabres, ayant 2 bractées courtes au milieu; calice obtus; éperons très-courts. Fl. d'un bleu cendré. Avril Elle se plaît dans les marais spongieux, à *Saint-Léger.* ♃

V. hirta, L. *sp.* 1324; *Fl. dan. t.* 618. Plante acaule, sans rejets rampans, haute de 3 à 4 pouces; feuilles radicales cordiformes-ovales, crénelées, velues sur les bords et sur les nervures, portées sur de longs pétioles velus, surtout à la base; pédoncules uniflores, glabres, aussi longs que les feuilles, munis sur leur longueur de 2 bractées courtes; divisions du calice courtes et obtuses; fleurs inodores, bleues. Avril et mai. Commune dans les bois. ♃

V. odorata, L. *sp.* 1324; Bull. *Herb. t.* 169. La Violette. — Plante acaule, haute de 3-4 pouces, poussant des rejets rampans; feuilles radicales, cordiformes, crénelées, glabres, très-légèrement pubescentes dans leur jeunesse, portées sur des pétioles, glabres; fleurs portées sur des pédoncules glabres, pourvus sur leur longueur de 2 bractées courtes; dents du calice plus longues que larges et obtuses; fleurs odorantes; (les capsules s'enterrent souvent après la fleuraison dans cette espèce, et quelques autres, pour y mûrir). Fl. bleues ou blanches. Mars, avril. Dans les bois. ♃

Les pétales de Violettes sont employés à faire un sirop très-adoucissant, et fort usité.

V. CANINA, L. *sp.* 1324; J. Bauh. *Hist.* 3, *p.* 544, *f.* 1. Plante caulescente; tige demi-cylindrique, flexueuse, redressée, glabre; feuilles pétiolées, glabres ou pubescentes, cordiformes, crénelées, avec des stipules longues, ciliées; fleurs axillaires; pédoncules uniflores, ayant 2 bractées proche le calice, qui est à divisions aiguës et linéaires; éperon gros et obtus; corolle grande, inodore; capsule glabre.

Var. B. Fleurs apétales.

Fl. bleu pâle. Mars, avril, mai. Se trouve dans les bois.

V. LANCIFOLIA, Thore. *Chl. Land.* 355; *V. montana*, Thuill. *Fl. p.* 453; (non L.) Tiges dressées, arrondies, plus menues que dans l'espèce précédente; feuilles ovales-lancéolées, glabres ainsi que leurs pétioles; stipules linéaires, pinnatifides dans le haut, quelquefois entières dans le bas de la tige; fleurs portées sur des pédoncules axillaires, garnis de 2 folioles bractéales vers le calice, dont les divisions sont étroites, aiguës; éperon court et obtus. Fl. d'un bleu pâle. Avril, mai. Se trouve dans les bois montueux, sablonneux, à *Fontainebleau.* ♃

V. MONTANA, L. *sp.* 1325; Cam. *Epit.* 911, *Ic.* Tiges hautes de 1 pied environ, glabres; feuilles oblongues-lancéolées, portées sur des pétioles courts, glabres ainsi qu'elles; stipules foliacées, dentées; fleurs solitaires, portées sur des pédoncules glabres, munis de 2 bractées si petites qu'on a peine à les apercevoir; calice à divisions aiguës; éperon court et obtus. Fl. d'un bleu pâle. En mai et en automne. Se trouve dans les prairies de montagnes. Je l'indique aux environs de Paris, quoique je ne l'y aie pas trouvée, mais parce qu'il n'est pas impossible qu'on la rencontre avec la précédente. ♃

**** *Stigmate urcéolé, droit.***

V. ARVENSIS, Murrai, *Prodr.* 73; *V. tricolor,* α. L. *sp.* 1326; Cam. *Epit.* 913. *Ic.* Pensée sauvage. — Tige glabre, rameuse, diffuse, étalée ou redressée; feuilles radicales, ovales, crénelées, glabres, dégénérant en pétiole, les supérieures linéaires, dentées, sessiles; stipules pinnatifides à la base; fleurs portées sur des pédoncules fermes, munis de 2 écailles; divisions du calice aiguës, plus longues que la corolle. Fl. blanchâtres. Tout l'été. Se trouve communément dans les champs sablonneux. ☉

Dans ces derniers temps, on a beaucoup préconisé le suc de Pensée sauvage contre les maladies de la peau, particulièrement contre les dartres.

V. TRICOLOR, *Fl. dan. t.* 623; *V. tricolor,* β. L. *sp.* 1326. La Pensée. — Diffère de l'espèce précédente, en ce qu'elle est plus droite, plus verte; que toutes les feuilles sont ovales, et les fleurs du double plus grandes que le calice. Fl. violettes et jaunes. Tout l'été. Se trouve dans les lieux cultivés, autour des jardins. ☉

V. hispida, Lam. *Fl. fr.* 2, *p.* 679 ; *V. rothomagensis*, Thuill. *Fl. p.* 454. Plante à tiges étalées à la base, ensuite redressées, chargée, tant sur la tige que sur les feuilles, les pétioles et les pédoncules, de poils hispides, écartés ; feuilles ovales, pétiolées, crénelées ; stipules très-grandes, comme palmées, à divisions foliacées ; fleurs portées sur de longs pédoncules, chargés de 2 écailles ; éperon linéaire, obtus. Fleurs d'un bleu pâle. Tout l'été. Se trouve sur les coteaux sablonneux, le long de la *Seine*, à *Mantes*, *Liancourt*, *Meaux*, etc. ♃

IMPATIENS. Calice de 2 folioles ; corolle de 4 pétales, irrégulière, éperonnée à la base ; anthères conniventes ; capsules supères, à 5 valves.

I. noli-tangere, L. *sp.* 1329 ; *Fl. dan. t.* 588. Tige de 1 pied ou deux, rameuse, glabre, un peu renflée aux articulations ; feuilles grandes, ovales, pétiolées, glabres, à grosses dents ; pédoncules terminaux, axillaires, solitaires, portant 3–4 fleurs grandes, à éperon courbé. Fl. jaune. Juillet, août. Se trouve dans les bois ombragés et humides, à *Versailles, Saint-Germain*, etc. ♃

SAMOLUS. Calice persistant, à 5 lobes courts ; corolle en soucoupe, à 5 divisions, munie de 5 écailles à l'entrée du tube ; capsule à 1 loge, à 5 valves.

S. Valerandi, L. *sp.* 243 ; *Fl. dan. t.* 198. Le Mouron d'eau. — Plante dressée, haute de 1 pied environ, glabre ; feuilles ovales, entières, celles du bas terminées en pétiole, glabres, obtuses ; fleurs en grappes lâches et allongées ; pédicelles coudés et pourvus d'une écaille ; capsules globuleuses, recouvertes par le calice ; graines nombreuses, fines, anguleuses et noirâtres. Fl. blanches. Tout l'été. Se trouve autour des mares, à *Meudon*, etc., etc. Commun. ♂

LONICERA. Calice à 5 dents ; corolle tubuleuse, 5-fide, irrégulière ; baie à 1-3 loges polyspermes.

L. periclymenum, L. *sp.* 247 ; Blackw. *t.* 25. Chèvrefeuille des bois. — Tige volubile, pouvant acquérir plusieurs toises, ronde, glabre ; feuilles ovales, entières, libres, celles du sommet connées ; les fleurs distinctes, nues, à tube long, formant des verticilles un peu écartés, et répandant une odeur agréable ; une seule baie. Fl. rougeâtres. Mai, juin. Se trouve dans les bois. ♄

L. etrusca, Santi, *Viagg.*, *apud* Lois. Desl. *Notic.* 42. Diffère du précédent en ce que ses feuilles sont pubescentes en dessous, et que ses fleurs sont presque réunies en tête. Fl. jaunâtres. Août, septembre. Se trouve dans les bois, à *Montmorency*. ♄

L. xilosteum, L. *sp.* 248 ; *Fl. dan. t.* 208. Il est dressé, et s'élève jusqu'à 4-5 pieds ; les feuilles sont ovales, très-entières, velues des deux côtés, surtout en dessous où elles sont un peu blanchâtres ; les pédoncules sont souvent géminés , quelquefois solitaires , moins longs que les feuilles ; ils portent 2 fleurs dont les ovaires sont réunis. Fl. d'un blanc sale. Juin. Se trouve dans les bois et les buissons , à *La Queue en Brie, Ozouer , Armainvilliers.* ♄

VERBASCUM. Calice 5-fide ; corolle à 5 lobes, en roue, un peu inégale ; étamines barbues ; capsule à 2 valves, à 2 loges.

* *Feuilles décurrentes ; filamens des étamines garnis de poils jaunes.*

V. THAPSUS, L. *sp.* 252 ; *Fl. dan. t.* 631. Tige de 3-4 pieds , dressée, simple , ferme , un peu anguleuse, velue ; feuilles grandes, épaisses, blanchâtres , chargées d'un duvet court des deux côtés , décurrentes ; fleurs grandes , disposées en épi serré, fort long ; il n'y a quelquefois que deux étamines velues , les autres étant jaunes et glabres ; anthères rouges. Fl. jaunes. Tout l'été. Se trouve très-communément sur les bords des chemins et des fossés fraîchement remués. ♃

V. THAPSOIDES, Decand. *Fl. fr.* 3 , *p.* 600 ; *an* L. *sp.* 169 ? Il diffère du précédent par sa tige rameuse ; les fleurs sont plus petites, et accompagnées de bractées qui les dépassent ; les étamines sont garnies de poils jaunes (la plante de Linnée les a purpurins). Les auteurs ne sont pas d'accord sur cette plante, et Willd. (*sp.* 1 , *p.* 1001) ne la regarde que comme une hybride de l'espèce précédente et du *V. lychnitis.* Fleurs jaunes. Juillet , août. Se trouve dans les endroits stériles , à Saint-Léger. ♂

V. CRASSIFOLIUM , Decand. *Fl. fr.* 3 , *p.* 601 ; Dod. *Pempt.* 143 , *f.* 2. Tige de 2 - 3 pieds , simple ou rameuse , couverte de poils cotonneux et rayonnans , ainsi que toute la plante ; feuilles ovales-oblongues , pointues , souvent rétrécies au sommet , épaisses, un peu décurrentes ; fleurs en grappes longues ; étamines à filets glabres. Fl. jaunes. Juillet , août. Se trouve dans les endroits arides , à *Fontainebleau , Melun.* ♂

** *Feuilles non décurrentes ; filamens des étamines garnis de poils jaunes.*

V. PHLOMOIDES, L. *sp.* 253 ; Lob. *Ic.* 560 et 561. Tige simple s'élevant à 3 ou 4 pieds , velue ; feuilles ovales-lancéolées , les inférieures dégénérant en pétiole, les supérieures sessiles, embrassantes , velues des deux côtés , non décurrentes , unicolores, et un peu inégalement dentées ou crénelées ; épi terminal, interrompu ; fleurs comme groupées par fascicules de 5 à 10. Fleurs jaunes. Juillet, août. Se trouve dans les endroits secs des bois , au bois de *Boulogne,* où il est rare. ♂

V. LYCHNITIS, L. *sp.* 253 ; *Fl. dan. t.* 585. Tiges dressées , rameuses au sommet, hautes de 2 à 3 pieds, velues, anguleuses; feuilles ovales, obtuses, un peu crénelées, blanches et velues en dessous, les inférieures finissant en pétiole, les supérieures sessiles et embrassantes; fleurs très-nombreuses, en épi rameux, placées par fascicules; étamines à poils jaunes; anthère orangée.

Var. B. *V. album*, Moench. *Meth.* 447. Plante plus grêle; fleurs moins nombreuses, plus grandes, blanches.

Fl. jaunes. Juillet, août. Se trouve dans les lieux secs. Bois de *Boulogne*, etc. ♂

**** Feuilles non décurrentes; filamens des étamines garnis de poils blancs.*

V. pulverulentum, Smith. *Fl. brit.* 1, *p.* 251; Vill. *Dauph.* 2, *p.* 410; *V. pulvinatum*, Thuill. *Fl. p.* 109. Tige dressée, s'élevant de 2-4 pieds, glabre, couverte d'un duvet qu'on ôte facilement par le frottement, cylindrique, rameuse dans le haut; feuilles sessiles, cordiformes, embrassantes, presque glabres en dessus, chargées d'un duvet blanc en dessous, avec une pointe oblique au sommet, les inférieures plus alongées; fleurs en épi rameux, pelotonnées; calice entouré d'un duvet épais, et dont l'extrémité est glabre; étamines pourvues de poils blancs; anthères rouges. Fleurs jaunes. Juillet, août. Se trouve dans les endroits secs, au bois de *Boulogne*, où il est plus rare que le suivant, avec lequel il a été long-temps confondu. ♂

V. floccosum, *Pl. Hung. p.* 81, *t.* 79. Tiges anguleuses, grosses, rameuses, chargées d'un duvet épais qu'on détache par le frottement, et qui recouvre une tige violette, noirâtre; feuilles radicales, ovales, oblongues, sessiles, presque glabres en dessus, blanchâtres en dessous, celles du sommet blanchâtres des deux côtés, presque toutes entières; fleurs en épi rameux, pelotonnées; calices entourés de beaucoup de flocons épais, bien moins glabres au sommet que ceux de l'espèce précédente; étamines à poils blancs. Fl. jaunes. Juillet et août. Croît dans les lieux secs. Cette plante, qu'il est facile de confondre avec la précédente, et qui n'en est peut-être qu'une variété, est beaucoup plus commune qu'elle; au bois de *Boulogne*, du côté de *Bagatelle*, où on trouve presque toutes les espèces de *verbascum*. ♂

***** Filamens des étamines garnis de poils purpurins.*

V. nigrum, L. *sp.* 253; Fusch. *Hist. p.* 849. *Ic.* Tige haute de 2 à 5 pieds, dressée, ferme, noirâtre, et parsemée de poils blancs rayonnans; feuilles lancéolées-cordiformes, d'un vert foncé en dessus, blanchâtres et cotonneuses en dessous, crénelées, les inférieures, pétiolées, les supérieures sessiles; fleurs formant un long épi, composé de fascicules rapprochés; filets des étamines purpurins ou rouges; anthères safranées.

Var. **B.** *V. parisiense*, Thuill. *Fl. p.* 100. Tige rameuse ; fleurs en épi rameux.

Var. **C.** *V. nigro-pulverulentum*, Smith, *Fl. brit.* 1, *p.* 251. Plante hybride ; tige rameuse, arrondie ; feuilles lancéolées ; filamens des étamines à poils blancs, tirant sur le violet ; fleurs jaunes, en épi très-rameux.

Var. **D.** *V. nigro-lychnitis*, N. Plante hybride ; tige rameuse, anguleuse ; feuilles subcordiformes ; fleurs d'un jaune pâle, en épi très rameux ; filamens des étamines, chargés de poils un peu violets.

Fl. jaunes. Juin — août. Se trouve dans les endroits stériles. Il est abondant, ainsi que les variétés, au bois de *Boulogne*. ♂

V. **ALOPECURUS**, Thuill. *Fl. par.* 110 ; Decand. *Fl. fr.* 3, *p.* 603. Tige simple, dressée, haute de 1 à 2 pieds, anguleuse, couverte de quelques poils blanchâtres ; feuilles ovales-oblongues, pointues, crénelées, cotonneuses en dessous, pétiolées en bas, sessiles en haut ; fleurs en épi long, terminal, simple ; étamines hérissées de poils purpurins. Fl. jaunes. Juin, juillet. Se trouve dans les lieux secs et arides, à *Fontainebleau*. ♃

V. **MIXTUM**, Decand. *Fl. fr.* 3, *p.* 603. Tige de 2 à 3 pieds, cylindrique, ferme, striée, simple, couverte d'un duvet blanchâtre ; feuilles ovales-lancéolées, sessiles, légèrement crénelées, douces au toucher, blanches en dessous, velues, les inférieures un peu pétiolées ; fleurs en long épi, un peu ramifié du bas ; fascicules de fleurs un peu distincts ; calice velu ; filamens des étamines garnis de poils violets. Fl. jaunes. Juillet, août. Se trouve dans les bois secs, au bois de *Boulogne*. ♂

V. **BLATTARIA**, L. *sp.* 254 ; Lob. *Ic.* 564. Plante glabre, ramifiée, haute de 1 pied environ ; feuilles radicales incisées, presque pinnatifides, à peines pétiolées, les caulinaires petites, ovales-linéaires, dentées ; fleurs dispersées le long des tiges, alternes, solitaires sur leur pédicelle, qui est axillaire, un peu velu, ainsi que le calice ; filamens des étamines garnis de poils pourpres ; capsules globuleuses. Fl. jaunes ou blanches. Juin, juillet. Se trouve sur le bord des bois, des chemins, des haies, au *Plessis-Piquet*, à *Bondi*, etc. ♂

V. **BLATTARIOIDES**, Lam. *Dict.* 4, *p.* 225 ; *V. viscidulum*, Pers. *Synop.* 1, *p.* 215 ; Lob. *Ic.* 564, *f.* 1. Tige haute de 2 à 3 pieds, un peu pubescente, grêle, légèrement anguleuse ; feuilles ovales, crénelées, ayant quelques poils en dessus, les inférieures sinuées ; fleurs nombreuses en très-long épi, à pédicelles uniflores, rarement solitaires, partant souvent deux, et quelquefois trois, du même point, axillaires, hispides, ainsi que le calice ; corolles grandes, à filamens pourpres. Fl. jaunes. Juin et juillet. Se trouve dans les îles de la *Seine* et de la *Marne*, près *Charenton*. ♂

DATURA. Calice tubuleux, anguleux, caduc, à cinq divisions ; corolle infundibuliforme, à cinq divisions, plissées ; capsule épineuse, à 4 valves, quatre loges.

D. STRAMONIUM , L. *sp.* 255 ; *Fl. dan. t.* 436. Pomme épineuse. — Tige de 2 ou 3 pieds, très-branchue, glabre ; feuilles ovales, pétiolées, larges, sinuées–anguleuses, pointues, glabres ; corolle grande ; capsules grosses comme une noix, hérissées de pointes aiguës, fortes ; graines noires, comprimées, un peu rugueuses et grosses. Fl. blanches ou violettes. Juillet, août. Se trouve dans les endroits sablonneux, les chemins, etc. ☉

Le *Stramonium* est une plante vireuse et narcotique, très-malfaisante : on s'en sert pourtant, à des doses convenables, avec beaucoup d'efficacité ; à l'extérieur, en lotion, fomentation (pour dilater les pupilles lors de l'opération de la cataracte), contre les douleurs, les inflammations, le cancer, etc. ; et à l'intérieur, depuis 1 grain jusqu'à 3 ou 4 (de son **extrait**), pris en plusieurs doses dans la journée, contre l'hystérie, **les convulsions**, la manie, etc. etc.

HYOSCIAMUS. Calice en cloche, à cinq lobes aigus ; corolle à 5 divisions inégales ; étamines inclinées ; capsule operculée, à 2 loges.

H. NIGER, L. *sp.* 257 ; Bull. *Herb. t.* 93. La Jusquiame. — Tige de 1 pied, cylindrique, rameuse, laineuse dans le haut ; feuilles alternes, sessiles, sinuées, anguleuses, pubescentes ; fleurs presque sessiles ; dents des calices épineuses ; capsules tournées du même côté ; graines rougeâtres, creusées d'un côté, et petites. Fl. jaune sale sur les bords, noirâtre au milieu. Juin, juillet. Se trouve sur les bords des chemins. Fréquent. ☉

La Jusquiame a les mêmes qualités délétères et les mêmes vertus que le *Stramonium.*

NICOTIANA. Calice en godet, à 5 divisions ; corolle en entonnoir, à tube long, à limbe plissé ; étamines inclinées ; capsule à deux valves, à deux loges.

N. RUSTICA, L. *sp.* 258 ; Bull. *Herb. t.* 289. Tige de 2 pieds, velue, rameuse ; feuilles ovales, obtuses, pétiolées, entières, un peu poisseuses, pubescentes ; fleurs en panicule ; corolle à divisions obtuses ; capsules globuleuses ; graines déliées. Fl. vertes. Août, septembre. Cultivée, et presque spontanée dans les champs et décombres. ☉

On connaît l'usage le plus ordinaire du Tabac ; en médecine, c'est un médicament important, on en administre la fumée aux noyés, au moyen d'un appareil convenable ; ou en donne des décoctions en lavemens, toutes les fois qu'il faut agir fortement sur le canal intestinal, comme dans la paralysie, l'apoplexie, l'asphyxie, etc.

PHYSALIS. Calice à 5 lobes, se renflant pendant la maturation, et formant une sorte de vessie ; corolle en roue ; étamines conniventes ; baie à 2 loges.

P. ALKEKENGI, L. *sp.* 262 ; Blakw. *Herb. t.* 161. Le Coqueret.— Tige haute de 1 pied, diffuse, rameuse, étalée, ayant quelques poils épars ; feuilles pétiolées, ovales ou arrondies, irrégulières, entières, plissées, glabres ; fleurs portées sur des pédoncules filiformes, plus courts que les pétioles ; calices se renflant, et devenant d'un rouge vif ; baie rouge. Fl. blanches. Mai, juin. Se trouve dans les lieux cultivés, frais, les vignes, à *Marly*, *Yerres*, etc. ⊙

ATROPA. Calice à 5 divisions ; corolle en cloche à 5 lobes égaux ; étamines distantes ; baie globuleuse à 2 loges.

A. BELLADONA, L. *sp.* 60 ; Bull. *Herb. t.* 29. La Belladone. — Tige dressée, haute de 2 ou 3 pieds, très-rameuse, pubescente ; feuilles alternes, ovales, glabres ou légèrement pubescentes, entières, géminées, inégales, finissant en un court pétiole ; fleurs axillaires, pédonculées ; baies rondes et noires. Fleurs d'un pourpre obscur. Juin, juillet. Se trouve sur le bord des bois, des fossés, etc. Garennes de *Canneville*, entre *Chantilly* et *Creil*, à *Raiz*, etc. ♃.

La Belladone est la plus employée de toutes les plantes narcotiques de la pentandrie : on se sert de son extrait, dans les cas où ces végétaux conviennent. Récemment on en a fait usage, à très-petites doses, avec succès, contre la coqueluche des enfans.

SOLANUM. Calice à 5 divisions ; corolle en roue, à 5 divisions ; anthères presque soudées, s'ouvrant au sommet par deux pores ; baie à 2 loges :

S. DULCAMARA, L. *sp.* 264 ; Bull. *Herb. t.* 23. Douce-amère. — Tige frutescente, grimpante, pouvant acquérir plusieurs toises de longueur, pubescente sur les jeunes rameaux ; feuilles ovales-lancéolées, cordiformes au bas de la tige, pointues, entières, quelquefois lobées à la base ; fleurs en grappes ; baies rouges. Fl. bleues ou violettes, quelquefois blanches. Été. Se trouve dans les bois et les buissons très-communément. ♄

La Douce-amère est fort employée, en décoction, contre les maladies de la peau.

S. TUBEROSUM, L. *sp.* 265 ; Bauh. *Prodr.* 89, *Ic.* Pomme de terre. — Racines produisant çà et là de gros tubercules appelés *pommes de terre* ; tige creuse, rameuse, haute de 1 à 2 pieds et plus ; feuilles pinnées, ou pinnatifides ; folioles ovales, entières, presque opposées, un peu velues en dessous, entremêlées de folioles beaucoup plus petites ; fleurs en corymbe, portées sur des pédoncules droits, longs et velus, souvent bifides. Fl. blanches ou violettes. Juin, juillet. Cultivée. ♃ On compte beaucoup de variétés de cette racine. *Voyez Rozier* (*Dict.* 8, *p.* 184).

Les pommes de terre sont fort employées comme aliment, et sont d'une grande ressource pour la classe indigente. Dans les hôpitaux, on en use maintenant, réduites en bouillie, pour servir de cataplasmes. Ce moyen réussit fort bien, et remplace avantageusement la graine de lin, qui est plus chère.

S. NIGRUM, *α*. L. *sp.* 266; *Fl. dan. t.* 460. Morelle. — Plante glabre; tige rameuse, diffuse, étalée, s'élevant au plus à 1 pied; feuilles ovales, dégénérant en pétiole à la base, anguleuses, ou marquées de grosses dents; fleurs en grappes; baies noires et glabres.

Var. B. S. nigrum, β. L. *sp.* 266; feuilles entières.

Fl. blanches. Eté. Croît le long des murs et dans les endroits cultivés. Commun. ⊙

La Morelle est fort employée en lotion et en fomentation contre les douleurs locales, les démangeaisons, les cuissons, etc.

S. VILLOSUM, Lam. *Dict.* 4, *p.* 289; *S. nigrum, γ.* L. *sp.* 266; Dill. *Elth. t.* 274, *f.* 353. Plante velue. Elle diffère de la précédente par ce caractère et par ses baies jaunes. M. Persoon (*Synop.* 1, *p.* 224) assure qu'elle a une odeur de musc. Fleurs *id.* Se trouve dans les champs, du côté de *Bondi*, etc. ⊙

LYCIUM. Calice court, à 2-4-5 divisions; corolle en entonnoir; filamens des étamines barbus à la base; baie à 2 loges polyspermes.

L. EUROPÆUM, L. *Mant.* 47; Mich. *Gen.* 224, *t.* 105, *f.* 1. Arbrisseau épineux; tige dressée, branchue; rameaux flexibles, arrondis; feuilles ovales, entières, dégénérant en pétiole à la base, glabres, inégales, et insérées plusieurs au même point; pédicelles partant quelquefois des épines, d'autres fois des aisselles des feuilles, solitaires, ou naissant plusieurs du même lieu; calice à cinq dents; baie allongée, rouge. Fleurs d'un violet pâle. Eté. Se trouve dans les haies. ♄

L. BARBARUM, L. *sp.* 192. Jasminoïde. — Arbrisseau épineux; tige plus faible, à rameaux un peu anguleux, pendans; feuilles lancéolées, dégénérant en pétiole, glabres, entières, pointues; pédicelles solitaires, ou naissant plusieurs du même point; calice à 2 lèvres obtuses, entières ou bifides; fleurs d'un rouge violet. Fleurs *id.* Se trouve plus communément dans les haies, à *Passy*, etc. ♄

CHIRONIA. Calice 5-fide; corolle en entonnoir, à 5 divisions; étamines insérées sur le tube; anthères tortillées; capsules à 2 valves, à 2 loges (formées par les bords rentrans des valves).

C. CENTAURIUM, Smith. *Fl. brit.* 1, *p.* 257. (Non Decand.); *Gentiana centaurium, α,* L. *sp.* 332. La petite Centaurée. — Tige herbacée, haute de 1 pied, tétragone, divisée au sommet, rarement à la base, en rameaux opposés, qui forment un corymbe terminal; feuilles ovales-oblongues, à 3 nervures, entières; fleurs sessiles à l'aisselle des ramifications, ou à leur sommet; calice moitié plus court que le tube, divisé jusqu'au milieu de sa longueur en 5 dents aiguës, non serrées contre la corolle, liées par une membrane très-mince. Fleurs roses. Juin–août. Très-commune dans les bois. ⊙ La plante décrite sous le même nom par M. Decandolle, et qui n'est pas la nôtre, ne se trouve pas aux environs de Paris.

Cette plante est celle généralement connue sous le nom de petite Centaurée; c'est le meilleur, après la Gentiane (*Gentiana lutea*, L.), de nos fébrifuges indigènes, très-bon dans les fièvres intermittentes ordinaires; elle convient très-bien aussi dans l'atonie de l'estomac, et en général dans celle du système digestif.

C. INTERMEDIA, N.; Vaill. *Bot. p.* 32, *Centaurium*, n° 2? Tige de 6 à 8 pouces, glabre, simple du bas, dichotome et bifurqué au sommet, dressée, presque tétragone, mais dont 2 côtés sont bien plus marqués; feuilles ovales, opposées, presque connées, linéaires au sommet des bifurcations; fleurs plus rares que dans les deux autres espèces, moins serrées, pédonculées; calice montant jusqu'au sommet du tube, étant très-fendu. Fleurs roses. Août, septembre. Cette plante se trouve dans les endroits indiqués par Vaillant, dans les prés, à *Ville-neuve-Saint-Georges*, *Maisons*, *Sénart*, etc. ⊙

C. RAMOSISSIMA, Hoffm. *Fl. germ.* 1, *p.* 111; Thuill. *Fl. par.* 116; *Ch. pulchella*, Smith. *Fl. brit.* 1, *p.* 258 (non Swartz.); *Gentiana centaurium*, β. L. *sp.* 333; Vaill. *Bot. t.* 6, *f.* 1. Plante élevée de 1 ou 2 pouces, extrêmement rameuse du haut et du bas; à tige tétragone, diffuse, touffue; à feuilles glabres, lisses; à fleurs les unes sessiles, et d'autres pédonculées; à calice fendu jusqu'à la base, et presque de la longueur du tube, appliqué sur la corolle.

Var. B. *Gentiana palustris*, Lam. *Ill.* n° 2221; *an. C. pulchella*, Swartz? Tige simple, portant de 1 à 3 fleurs.

Fleurs roses. Juin, juillet. Se trouve sur le bord des mares, et dans les terres où l'eau a séjourné l'hiver, à *Saint-Léger*, *Fontainebleau*, etc. La *var.* B à *Bondi*. ⊙

RHAMNUS. Calice en godet, à 4–5 divisions; corolle de 4–5 pétales très-petits, squammiformes; stigmate 2–4-fide; baie à 3-4 graines. (Fleurs quelquefois dioïques.)

R. CATHARTICUS, L. *sp.* 279; *Fl. dan. t.* 850. Nerprun. — Arbrisseau épineux, dont le tronc s'élève à 9 ou 10 pieds, et dont les vieux rameaux deviennent piquans à leur extrémité; feuilles ovales, glabres et pétiolées, chargées de 5-6 nervures, visibles surtout en dessous, à dents arrondies; fleurs dioïques, ramassées au voisinage de la naissance des branches, pédonculées, petites; calice à 4 divisions; 4 pétales et autant d'étamines; baies noires, petites, à 4 graines. Fleurs verdâtres. Mai. Se trouve dans les haies et buissons. ♄

Le Nerprun est un excellent purgatif; on s'en sert en sirop; comme il est un peu fort, il ne convient guère qu'aux gens robustes, ou dans les maladies où il y a atonie générale, comme les hydropisies, etc.

R. FRANGULA, L. *sp.* 280. *Fl. dan. t.* 278. Bourdaine, Bourgène. — Arbrisseau sans épine, dont le tronc s'élève de 6 à 8 pieds; feuilles ovales, pétiolées, marquées de 10 à 12 nervures, entières, glabres; fleurs axillaires, pédonculées, moins ramassées que dans l'espèce ci-dessus, à 5 divisions, presque toutes hermaphrodites (rarement monoïques); baies rouges, puis noirâtres, à 2 graines. Fleurs verdâtres. Mai, juin. Se trouve dans les bois humides. Commun. ♄

Le charbon de la Bourgène est un des matériaux de la poudre à canon.

EVONYMUS. Calice à 4–5 divisions, muni en dedans d'une espèce de disque peltiforme; corolle à 4-5 divisions; capsules à 5 loges, 5 valves; chaque loge contient une graine entourée d'une membrane pulpeuse.

E. EUROPÆUS, L. *sp.* 286; Bull. *Herb. t.* 135. Fusain, Bonnet de prêtre. — Arbrisseau glabre, non épineux, s'élèvant à 6 à 8 pieds; feuilles lancéolées-ovales, finement denticulées, glabres, souvent opposées, terminées par une pointe, et portées sur un pétiole court; pédicelles solitaires à 3-4 fleurs, petites; corolle souvent à 4 divisions; capsule rouge, à 4 angles arrondis. Fleurs blanchâtres. Mai, juin. Se trouve dans les haies et buissons, à *Savigni*, au bois de *Boulogne*, etc. ♄

RIBES. Calice à 5 divisions; corolle de 5 pétales; style bifide; baie polysperme, infère, à 1 loge.

R. RUBRUM, L. *sp.* 290; Blackw. *Herb. t.* 285. Le Groseiller rouge. — Arbrisseau sans épines; tige élevée à 3 ou 4 pieds; feuilles grandes, à 3-5 lobes, dentées irrégulièrement, échancrées en cœur à la base, pubescentes en dessous, et ayant les pétioles ciliés à leur naissance; fleurs en grappes, pendantes, glabres, avec une petite bractée à la base de chaque pédicelle; baies rouges ou jaunâtres. Fl. d'un blanc verdâtre. Avril. Se trouve dans les des jardins et les bois, à *Meudon*, *Saint-Cloud*, etc. ♄

On fait avec les Groseilles un sirop très-agréable, employé avec succès dans les fièvres inflammatoires, bilieuses, etc.

R. NIGRUM, L. *sp.* 291; *Fl. dan. t.* 556. Cassis. — Arbrisseau sans épines, qui s'élève à la même hauteur; feuilles portées sur des pétioles velus, non ciliées, à 3-5 lobes plus aigus que dans le *R. rubrum*, dentés irrégulièrement, glabres des deux côtés ; fleurs en grappes pauciflores, pendantes, velues ; fruits doubles en grosseur du précédent, noirs, parsemés, ainsi que le dessous des feuilles, de gouttes résineuses, qui donnent de l'odeur à la plante ; baies velues dans leur jeunesse, noires ou rougeâtres. Fl. d'un blanc sale. Mars et avril. Se trouve dans les haies. On le cultive. ♄

R. **uva crispa**. L. *sp.* 292. *Fl. dan. t.* 546. Arbrisseau de 3-4 pieds de haut, chargé d'aiguillons, qui sont 3 à 3 le long de la tige ; feuilles arrondies, à 3 ou 5 lobes incisés, un peu pubescentes dessous, portées sur des pétioles velus, ainsi que les pédoncules, qui sont le plus souvent solitaires, toujours uniflores ; calices velus ; les fruits le sont aussi dans leur jeunesse.

Var. B. *R. grossularia*, L. *sp.* 292. Groseiller à maquereaux. — A peine y observe-t-on quelques légères variétés dues à la culture.

Fl. d'un blanc sale. Avril. Se trouve dans les endroits pierreux et incultes, dans les haies. La variété est cultivée dans les jardins. ♄

HEDERA. Calice à 5 dents ; corolle de 5 pétales oblongs ; baie à 5 loges monospermes.

H. **helix**, L. *sp.* 292 ; Bull. *Herb. t.* 133. Le Lierre. — Arbrisseau sarmenteux, rampant ou grimpant ; il peut s'élever à une hauteur considérable ; il peut même, fort vieux, prendre la forme d'un arbre. Les feuilles sont persistantes, coriaces, pétiolées, fermes, luisantes, ovales, lobées ou à 5 angles, très-entières ; les fleurs en ombelles simples, pédonculées ; les baies noirâtres.

Var. B. Tiges grêles, rampantes et stériles.

Fleurs d'un vert-jaunâtre. Septembre et octobre. Se trouve sur les murs, sous les arbres et sur les vieux arbres. Très-commun. ♄

Les feuilles de Lierre s'appliquent sur les cautères, pour y maintenir la fraîcheur, et en entretenir la suppuration.

VITIS. Calice à 5 dents ; corolle de 5 pétales, adhérant par le sommet, s'ouvrant par la base, et se détachant comme une coiffe ; baie à cinq graines.

V. **vinifera**, L. *sp.* 293 ; Blackw. *t.* 154. La vigne. — Arbrisseau dont le tronc est irrégulier, sarmenteux, susceptible de s'élever beaucoup ; feuilles lobées, incisées, dentées, velues en dessous, surtout dans leur jeunesse, quelquefois glabres ; vrilles opposées aux feuilles, rameuses, glabres ; fleurs en grappes, opposées aux feuilles ; baie noire ou blanchâtre. La culture a produit une multitude de variétés de cette plante. (*V.* Rozier, *Dict. Agr.* 10, p. 175.)

Fleurs verdâtres. Juin, juillet. Cultivée. ♄

PARONYCHIA. Calice de cinq folioles acérées, colorées ; étamines séparées par des écailles linéaires; style bifide ; capsule à 5 valves, monosperme.

P. **verticillata**, Lam. *Fl. fr.* 3, *p.* 231. *Illecebrum verticillatum*, L. *sp.* 298; Vaill. *Bot. t.* 15, *f.* 7. Petite plante, dont les tiges sont nombreuses, longues de 2 à 3 pouces, couchées, glabres ; les feuilles opposées, arrondies, entières, petites, sessiles ; les fleurs axillaires, très-petites, sessiles, formant des verticilles blanchâtres; les folioles du calice creusées en capuchon, et terminées par une soie. Fleurs blanches. Été. Se trouve dans les lieux sablonneux, à *Fontainebleau*, *Saint-Léger.* ♃

THESIUM. Calice à 4–5 lobes ; corolle nulle ; étamines placées sur le calice ; capsule monosperme, close, couronnée par le calice persistant.

T. **linophyllum**, L. *sp.* 301; Clus. *Hist.* 324. Tiges nombreuses, déliées, anguleuses, jaunâtres, dressées ou penchées, très-glabres, comme cartilagineuses, ainsi que toute la plante ; feuilles alternes, linéaires, glabres, longues ; fleurs à peine visibles, axillaires, disposées en panicule terminale ; calice entouré de trois bractées pointues, denticulées, inégales ; calice à 5 divisions.

Var. B. *T. intermedium*, Schck.; *Th. alpinum*, Thuil. *Fl. par.* 122; (non L.) Feuilles linéaires-lancéolées.

Fl. couleur de la plante. Été. Se trouve sur les montagnes arides, pierreuses, à *Meudon*; la variété, que la figure citée de Clusius représente bien, à *Fontainebléau*, etc. ♃

VINCA. Calice à 5 parties ; corolle à 5 découpures, obliquement tronquées, contournées ; deux follicules oblongs, acuminées ; graines nues.

V. **minor**, L. *sp.* 304 ; Blackw. *t.* 59. Pervenche. — Tiges de 1 pied, couchées, presque ligneuses, grêles, rondes, glabres, rampantes ; feuilles ovales-lancéolées, presque sessiles, glabres, très-entières, fermes ; fleurs axillaires, solitaires, sur des pédoncules plus longs que les feuilles ; calice court. Fl. bleues ou blanches, ou même d'un rouge foncé. Avril, mai. Se trouve dans les haies et les bois. ♄

La Pervenche est employée avec utilité, en tisane et en lavement, dans les maladies laiteuses, et à la suite des couches, pour faire couler le lait des accouchées.

V. **major**, L. *sp.* 304 ; Lob. *Ic. t.* 636. Diffère de la précédente par sa tige un peu redressée ; ses feuilles ovales-cordiformes, un peu ciliées sur les bords ; son calice à divisions grêles et allongées, et ses pédoncules souvent plus courts que les feuilles. La plante est d'ailleurs beaucoup plus grande dans toutes ses parties. Fl. bleues. Mai et juin. Se trouve aux voisinages des parcs et des jardins, dans les haies de clôture. Elle paraît n'être pas indigène de nos environs. ♄

DIGYNIE.—DEUX STYLES.

ASCLEPIAS. Calice à 5 dents; corolle à 5 lobes, coupés obliquement, contournés; 5 nectaires ovales et concaves, ayant une saillie en forme de petit cornet; 2 follicules oblongs; graines laineuses.

A. VINCETOXICUM, L. *sp.* 514; *Fl. dan. t.* 849. Dompte-venin. — Tige dressée, simple, haute de 1 à 2 pieds, glabre; feuilles opposées, ovales-lancéolées, finement velues sur les bords, entières, courtement pétiolées; pédicelles axillaires, terminaux, portant deux ombelles simples, dont l'une est au sommet; follicules pointus, striés, glabres; graines rougeâtres, comprimées, aigrettées. Fl. blanches. Mai, juin. Se trouve dans les endroits secs des bois, dans les rochers, au bois de *Boulogne*, etc. ♃.

HERNIARIA. Calice à 5 divisions profondes; corolle nulle; 5 écailles nectariformes parmi les étamines; capsules closes, monospermes, recouvertes par le calice.

H. GLABRA, L. *sp.* 317; *Fl. dan. t.* 529. Turquette. — Tiges grêles, très-rameuses, diffuses, couchées et étalées, longues de 2 à 4 pouces; feuilles ovales-arrondies, planes, épaisses, entières, glabres, opposées ou alternes, sessiles, obtuses, accompagnées de stipules membraneuses; fleurs axillaires, agglomérées, nombreuses, très-peu distinctes; calices glabres; anthères jaunes. Fl. verdâtres. Été. Se trouve dans les lieux sablonneux. ♃

La Turquette est conseillée, avec quelque succès, aux graveleux, aux personnes qui ont des catarrhes de la vessie, qui rendent des urines glaireuses, difficiles, etc.; on emploie sa décoction.

H. HIRSUTA, L. *sp.* 317; Zanic. *Ic.* 284. Diffère de l'espèce précédente par ses feuilles ovales-oblongues, ciliées-hispides sur les bords, rugueuses sur leur limbe, et par les dents du calice qui sont terminées par un poil roide. Fl. *id.* Se trouve dans les mêmes lieux. Smith (*Flor. brit.* 1, *p.* 272) penche à croire que cette plante n'est qu'une variété de la précédente; mon opinion est conforme à la sienne, et je pense que c'est en vieillissant qu'elle devient velue.

CHENOPODIUM. Calice de 5 folioles, pentagone, persistant, et ne prenant pas d'accroissement; corolle nulle; une graine nue, supère.

** Feuilles anguleuses.*

C. BONUS HENRICUS, L. *sp.* 318; *Fl. dan. t.* 579. Bon Henry. — Tige s'élevant à 1 ou 2 pieds, assez grosse, rameuse, un peu

rougeâtre, glabre, couverte dans quelques points d'une espèce de
poussière; feuilles triangulaires, avec deux prolongemens sagittés
à la base, entières, glabres, pétiolées et un peu ondulées; fleurs en
grappes formant par leur réunion un épi terminal très-allongé,
non feuillé (elles sont souvent dioïques). Fl. herbacées. Mai—août.
Se trouve sur les bords des chemins assez communément. ⊙

C. URBICUM, L. *sp.* 318; Buxb., *Fl. Hall.* 69, *t.* 1. Tige de
1 à 2 pieds, dressée, un peu anguleuse, marquée de raies vertes et
blanches, glabres; feuilles triangulaires, dentées, glabres, finissant en pétiole à la base; fleurs en grappes axillaires, dressées,
serrées contre la tige, rameuses, nues; graines grosses. Fl. *id.* Se
trouve aux environs des villages et des habitations, sur *les boulevards*, près le Jardin des Plantes, etc. ⊙

C. RUBRUM, L. *sp.* 318, *t. Ic. t.* 427. Tige de 1 à 2 pieds,
rameuse, branchue, glabre, un peu sillonnée, haute de 1 à 2
pieds; feuilles rhomboïdales, entières sur les deux côtés inférieurs,
dentées-incisées sur les deux autres, glabres, pétiolées; fleurs en
grappes axillaires, rameuses, lâches, entremêlées de feuilles et
écartées de la tige, surtout en bas. Fl. *id.* Croit dans les décombres, les terrains abandonnés. ⊙

B. BLITOÏDES, Lejeune, *Fl. de Spa*, 126. Tige presque simple,
dressée, haute de 2 à 3 pieds, grosse, glabre, un peu rayée;
feuilles pétiolées, lancéolées-sinueuses, dentées, glabres, terminées par une languette allongée, les inférieures plus élargies;
fleurs très-petites, formant des grappes nombreuses, grêles,
dressées et serrées contre la tige, entremêlées de folioles; calice
rougissant au sommet, ce qui donne à cette plante un peu du
facies du *Blitum virgatum*, et la rend très-facile à reconnaître.
Fleurs *id.* Se trouve dans les endroits cultivés, frais, les fossés de
la Bastille, etc. ⊙

C. MURALE, L. *sp.* 318, *Tabern. ic.* 428. Tige rameuse, faible,
s'élevant à 1 pied environ, glabre; feuilles ovales-rhomboïdales,
très-luisantes en dessus, un peu farineuses en dessous, surtout
dans leur jeunesse; fleurs en grappes terminales, nues et rameuses; graines finement ponctuées. Fl. *id.* Se trouve le long des murs
et des chemins. ⊙

C. HYBRIDUM, L. *sp.* 319; Vaill. *Bot. t.* 7, *f.* 2. Tige de 1 à 2
pieds, glabre, simple, un peu cannelée; feuilles glabres, échancrées à la base, anguleuses, marquées de 3–4 grosses dents profondes de chaque côté, et terminées par une longue pointe; fleurs
en grappes terminales, faisant presque la cime, nues et divariquées; graines ponctuées; plante ayant une odeur fétide lorsqu'on la touche. Fl. *id.* Se trouve dans les allées sablonneuses des
bois et les endroits cultivés, au bois de *Boulogne*, etc. ⊙

C. PATULUM, N. *C. crassifolium*, Willd.? Tige divisée dès la ase en 3-4 rameaux verts, courts, de 3-4 pouces de longueur, ntièrement couchés ou étalés ; feuilles pétiolées, subdeltoïdes-lancéolées, sinuenses, dentées un peu inégalement, vertes des deux ôtés, glabres ; fleurs en grappes, axillaires, très-courtes, formées de glomérules denses. Fl. *id.* Se trouve dans les décombres les fossés de la Bastille, où il est abondant. Je l'ai décrit sur des ndividus que j'ai vus dans l'herbier de M. de Saint-Fargeau, à qui il a été donné par M. Thuillier. ☉

C. **album**, L. *sp.* 319 ; Curt. Lond. *fasc.* 2, *t.* 15. Tiges rameues, quelquefois rougeâtres, s'élevant à 1-2 pieds ; feuilles inférieures presque ovales, à dents érodées, entières du côté du péiole, les supérieures, étroites, entières ; toutes sont parsemées en essous d'une poussière blanchâtre ou glauque ; fleurs en grappes, ressées, presque nues ; graines lisses.

Var. B. *C. viride*, L. *sp.* 319 ; Vaill. *Bot. t.* 7, *f.* 1. Tige et euilles plus vertes, celles-ci plus étroites ; grappes plus lâches.

Var. C. *C. concatenatum*, Thuill. *Fl. par. p.* 125 ; *C. album*, ar. ♂, Smith, *Fl. brit.* 276. Toutes les feuilles entières, étroites ; ombreuses.

Fl. *id.* Cette plante et ses variétés sont communes dans les endroits cultivés. Je n'ai pas cru devoir adopter le nom de *C. leiospermum* proposé par M. Decandolle, parce que les graines de cette plante ne sont pas plus lisses que celles de plusieurs autres espèces. ☉

C. **ficifolium**, Smith, *Fl. brit.* 1, *p.* 276 ; Curt. Lond. *Fasc.* 2, *t.* 16. Tige de 1 à 2 pieds, nuancée de bandes vertes et blanches, arrondie, glabre ; feuilles allongées, comme hastées à la base, entières du côté du pétiole, dentées-érodées des deux autres côtés, très-obtuses et entières au sommet ; feuilles supérieures entières, ovales-très-oblongues ; grappes grêles, à peine rameuses, peu étalées ; graines ponctuées. Fl. *id.* Se trouve dans les endroits cultivés. (Decand.) ☉ Cette plante étant indiquée d'une manière générale dans les ouvrages qui traitent des plantes de France, j'ai cru devoir en enrichir ma Flore, je pense qu'on doit la trouver dans nos environs ; les espèces de ce genre sont nombreuses, difficiles à reconnaître à cause de la ressemblance qu'elles ont entre elles, ce qui a été cause que plusieurs espèces de nos environs, décrites dans cet ouvrage, ont été méconnues jusqu'ici.

C. **glaucum**, L. *sp.* 320 ; *Tab. Ic.* 427. Tiges diffuses, souvent couchées, épaisses, courtes, atteignant au plus à 1 pied de longueur, glabres, jaunâtres au voisinage de la racine, vertes à l'extrémité ; feuilles ovales-elliptiques, petites, sinuées-dentées, un peu obtuses, d'un glauque très-prononcé en dessous, ce qui tranche avec le dessus de la feuille, qui est d'un vert-rougeâtre ; fleurs en grappes, courtes, composées de glomérules épais, nus ;

graines excavées-ponctuées. Fl. *id.* Se trouve dans les endroits cultivés. ⊙

C. botrys, L. *sp.* 320 ; Blackw , *t.* 314. Botris. — Tige dressée, un peu rameuse, haute de 12 à 18 pouces, un peu visqueuse et velue ; feuilles oblongues, subpinnatifides, à lobes obtus, anguleux, verdâtres des deux côtés, comme pubescentes ; fleurs presque en épis longs , formés de petites grappes courbes, serrées ; la plante répand une odeur forte. Fl. *id.* Juillet, août. Se trouve dans les endroits sablonneux , au bois de *Boulogne* , où elle aura peut-être été semée. ⊙

Le *botrys* est employé comme un bon incisif du système pulmonaire, et administré comme tel en infusion théiforme dans la dyspnée, le catarrhe chronique, etc.

C. ambrosioides, L. *sp.* 320 ; Regnault, *Botan. t.* 75. Ambroisie du Mexique. — Tige dressée, de 1 à 2 pieds, un peu rameuse, presque glabre; feuilles lancéolées, atténuées des deux bouts, allongées, d'un vert agréable, et le même en dessous qu'en dessus, glabres, marquées de dents longues ; fleurs petites, sessiles, situées par paquets à l'aisselle des rameaux naissans , imitant une grappe ; la plante répand une odeur agréable. Fl. *id.* Juin, juillet. Se trouve dans les lieux incultes, sur les boulevards du *Mont-Parnasse.* Elle est originaire du Mexique. ♃

** *Feuilles entières.*

C. polyspermum, L. *sp.* 321 ; Lob. *Ic.* 254. Tige haute de 1 pied environ, rameuse, dressée ou couchée, glabre ; feuilles entières, ovales un peu rhomboïdales, plissées, vertes, pointues, petiolées, glabres ; fleurs en grappes assez simples, axillaires, et formant une sorte d'épi terminal, feuillé au sommet ; graines finement ponctuées. Fl. *id.* Se trouve dans les endroits cultivés. ⊙

C. lanceolatum, **N.** Tiges étalées, rameuses, rayées de vert et de blanc, glabres, arrondies ; feuilles oblongues-lancéolées , très-pointues, entières , vertes, quelquefois un peu élargies à la base, finissant en pétiole ; fleurs en grappes nombreuses, très - rameuses, étalées : glomerules espacés ; axe de la grappe et pédicelles presque capillaires ; graines excavées d'un côté. Fleurs *id.* J'ai trouvé cette plante, il y a trois ans, dans un terrain abandonné, proche les boulevards, parmi les décombres. On a cultivé cette année, au Jardin des Plantes de Paris, la même espèce, sous le même nom ; j'ignore de qui elle est , ne la trouvant pas décrite. ⊙

C. vulvaria, L. *sp.* 321 ; Lob. *Ic.* 255, *f.* 1. La Vulvaire. — Tiges rameuses, couchées, divariquées, chargées d'une poussière écailleuse qui les rend glauques, ainsi que toute la plante ; feuilles rhomboïdes-ovales, glauques, pulvérulentes, obtuses, entières, rendant, lorsqu'on les frotte dans les doigts, une odeur de marée pourrie ; fleurs en panicules axillaires et terminales, agglomérées ;

graines très-luisantes. Fl. *id.* Se trouve dans les endroits cultivés, surtout dans les jardins. ⊙

C. SCOPARIA, L. *sp.* 321 ; Dod. *Pempt.* 101. Belvédère. — Tige de 1 à 2 pieds, dressée, blanche, glabre, poussant dès la base beaucoup de rameaux dressés et serrés contre elle; feuilles linéaires, entières, velues ciliées sur les bords, aiguës; fleurs en glomerulés à l'aisselle des folioles des rameaux. Fl. *id.* Été. Croit dans les champs sablonneux. On la trouve au bois de *Boulogne*, où elle a probablement été semée. ⊙

ATRIPLEX. Fleurs polygames ; dans les hermaphrodites, calice 5-phylle, corolle nulle, une graine comprimée ; dans les femelles, calice 2-phylle, grandissant après la fleuraison, corolle nulle, une graine comprimée.

A. HORTENSIS, L. *sp.* 1493; Blackw. *Herb. t.* 99 et 552. Arroche, Bonne-Dame. Tige dressée, haute de 3 à 4 pieds, glabre, lisse, arrondie ; toutes les feuilles cordiformes - hastées, arrondies, dentées, pétiolées, obtuses, quelquefois un peu glauques en dessous, glabres; fleurs en grappes axillaires et terminales ; valves des calices fructifères, ovales, réticulées, entières, un peu pointues.

Var. B. Tiges et feuilles purpurines.

Fl. Herbacées. Juin. Se trouve dans les endroits cultivés. Originaire d'Asie. ⊙

A. HASTATA, Lois. Desl. *Fl. gall.* 2, *p.* 694 ; L. *sp.* 1494 ? (non Decand.) Tige rameuse, dressée; feuilles pétiolées hastées, profondément dentées, très-glabres; fleurs en grappes; valves des calices fructifères palmées-dentées, dent intermédiaire allongée. Fl. *id.* Se trouve dans les lieux incultes, aux environs de Paris ? ⊙

A. MICROSPERMA, Lois. Desl. *Fl. gall.* 2, *p.* 695; Willd. *sp.* 4, *p.* 964 ? Tige herbacée, dressée; feuilles triangulaires, hastées, un peu aiguës, les inférieures à dents éloignées, les supérieures très-entières: fleurs en grappes axillaires et terminales; valves des calices fructifères, ovales, presque triangulaires, très-entières, un peu aiguës. Fl. *id.* Août. Se trouve dans les champs, aux environs de Paris ? ⊙

A. PATULA, L. *sp.* 1494 ? (non Decand.); Moris. *s.* 5, *t.* 32, *f.* 14. Tige rameuse, étalée; toutes les feuilles pétiolées, hastées-lancéolées, quelques-unes dentées; fleurs en grappes axillaires et terminales; valves des calices fructifères rhomboïdes, denticulées à la pointe, rugueuses sur leur surface extérieure. Fl. *id.* Fréquente dans les endroits incultes. ⊙

A. ANGUSTIFOLIA, Smith, *Fl. brit.* 3, *p.* 1092 ; *A. patula,* Decand. (non L.); Moris., *s.* 5, *t.* 32, *f.* 15. Tige rameuse, divariquée; feuilles inférieures, les unes un peu hastées-lancéolées, les autres ovales-lancéolées, les supérieures lancéolées linéaires, très-entières ; fleurs en grappes axillaires et terminales ; valves des calices fructifères hastées et très-entières. Fl. *id.* Fréquente dans les endroits incultes. ☉

A. LITTORALIS , L. *sp.* 1494 ; Moris. *s.* 5 , *t.* 32 , *f.* 20. Tiges dressées , rameuses ; toutes les feuilles linéaires , quelquefois un peu dentées ; fleurs en une sorte d'épi terminal, cylindrique ; valves des calices fructifères ovales , aiguës , inégalement sinuées sur les bords, rugueuses sur la surface extérieure. Fl. *id.* Assez fréquente sur le bord des rivières , à *Argenteuil* , etc. ☉

BETA. Calice 5-phylle ; corolle nulle ; graines réniformes , couvertes par le calice , qui se durcit et prend l'apparence d'une capsule.

B. VULGARIS , L. *sp.* 322 ; Blackw. *t.* 235. Tige anguleuse , glabre , s'élevant à 3 ou 4 pieds ; feuilles ovales , comme échancrées à la base, entières , plissées sur les bords, de manière à les faire croire dentées ou crénelées , dégénérant en un large pétiole ; fleurs en panicule terminale , foliacée , ramassées 3 ou 4 ensemble dans l'aisselle des folioles.

Var. A. Racine dure. La Poirée.

Var. B. Racine molle , grosse. La Betterave blanche , jaune ou rouge.

Fl. herbacées. Juin. Cultivée. ♂

La Betterave est maintenant cultivée en grand dans toute la France , par ordre du Gouvernement , pour extraire le sucre contenu dans sa racine. L'expérience a appris que de 100 liv. de racines on pouvait retirer 3 livres de sucre aussi beau que celui de la Canne à sucre , ayant la même saveur et toutes les autres propriétés au même degré.

GENTIANA. Calice à 5 lobes ; corolle à 4-5 divisions ; capsule à 2 valves , à 1 loge.

G. PNEUMONANTHE , L. *sp.* 380. *Fl. dan. t.* 269. Gentiane des marais. — Tige simple , grêle , rougeâtre , glabre , s'élevant au plus à 1 pied ; feuilles opposées , sessiles , linéaires ou lancéolées , entières , glabres , à bords un peu roulés ; fleurs axillaires , terminales , presque sessiles , grandes , en cloche , peu nombreuses , à cinq divisions. Fl. bleues. Se trouve dans les prés humides et les marais , à *Saint-Gratien* , *Fontainebleau* , *Meudon* , *Saint-Léger.* ♃

G. CRUCIATA , L. *sp.* 334 ; Clus. *Hist.* 313. Gentiane croisette. — Racines poussant plusieurs grosses tiges simples , courbées , et s'élevant à environ un pied ; feuilles opposées , et formant deux à deux des gaînes larges, qui enveloppent la tige , en se recouvrant mutuellement ; du reste , elles sont ovales-lancéolées , entières, glabres, et marquées de trois nervures ; fleurs terminales, presque sessiles , disposées par verticilles rapprochés ; corolle tubulée, à quatre divisions. Fl. bleues. Juin, juillet. Se trouve dans les pâturages secs et montagneux, à *Fontainebleau*, *Compiègne*. ♃

G. GERMANICA., Willd. *sp.* 1, *p.* 1346 ; *G. amarella*, Thuill. *Fl. par.* 129 (non L.) ; Barr. *Ic. t.* 102 et 510, *f.* 2. Tige simple, dressée, haute de 3 à 6 pouces, glabre ; feuilles opposées, sessiles, glabres, cordiformes, allongées, entières, marquées de trois nervures, souvent discolores ; fleurs terminales et axillaires, ces dernières portées sur des pédoncules assez longs ; divisions du calice égales, celles de la corolle, qui est en entonnoir, au nombre de 5, barbues à l'entrée du tube. Fl. bleues. Se trouve dans les prairies montueuses, au *Val* forêt de *Saint-Germain*, à *Compiègne*. ♃

NOTA. Le *G. nivalis* ne se trouve pas aux environs de *Paris*.

ULMUS. Calice 5-fide ; corolle nulle ; capsule orbiculaire, plane, comprimée, membraneuse, gonflée au milieu par la graine, qui est solitaire.

U. CAMPESTRIS, L. *sp.* 327 ; Lam. *Ill. t.* 185. L'Orme. — Grand arbre à tronc droit, à écorce grisâtre, épaisse ; à feuilles rudes, surtout en dessus, à base inégale, quelquefois velues en dessous, alternes, ovales, portées par de courts pédoncules, doublement dentées, susceptibles de variations pour la grandeur et la forme ; ses fleurs naissent avant les feuilles, et sont pelotonnées, sessiles, à 5 étamines ; ses fruits sont ovales-orbiculaires, échancrés au sommet, glabres ; la graine est lenticulaire. Fleurs d'un blanc sale ou rougeâtre. Mai. Dans les bois, sur les routes. ♄

U. SUBEROSA, Willden. *sp.* 1, *p.* 1324. Diffère du précédent par l'écorce, qui est fongueuse, et par les fleurs, qui n'ont que quatre étamines. Fl. *id.* Se trouve aussi fréquemment que l'*U. campestris*. ♄

U. EFFUSA, Willden. *sp.* 1, *p.* 1325 ; *U. pedunculata*, Thuill. *Fl. par.* 128 ; Schk. *Bot. handb.* 178, *t.* 57. *b.* Diffère des deux précédens, dont il a le port, par ses feuilles plus arrondies, et surtout par ses fleurs, qui ont 8 étamines, sont pédonculées inégalement, et pendantes ; les fruits sont ciliés-velus sur les bords. Fl. *id.* Il se trouve à *Saint-Léger*, et dans le parc de Versailles. ♄

CELTIS. Fleurs polygames ; dans les fleurs hermaphrodites, calice 5-fide, corolle nulle, drupe globuleux, monosperme ; dans les fleurs mâles, calice 6-fide, corolle nulle, 6 étamines.

C. AUSTRALIS, L. *sp.* 1478 ; Lam. *Ill. t.* 844, *f.* 1. Le micocoulier. — Arbre assez élevé, à tronc droit, à écorce unie et grisâtre ; à feuilles alternes, obliques sur le pétiole, inégales à la base, ovales, terminées par une longue pointe oblique ; à dents de scie très-aiguës, glabres et un peu rudes ; à rameaux pubescens, ainsi que les pétioles ; à fleurs solitaires, axillaires ; à fruit noir et gros comme une très-petite cerise. Fl. d'un blanc sale. Avril. Se trouve dans les bois du *Pileux* et ceux de la *Rochette*. ♄

ERYNGIUM. Calice 5 – fide, persistant ; corolle à 5 pétales pliés en double ; fruit ovale – oblong, couronné par les dents du calice ; fleurs en tête, entremêlées de paillettes épineuses.

E. campestre, L. *sp.* 337 ; Fuchs. *Hist.* 297. Chardon roulant, Chardon roland. — Tige très-rameuse, diffuse, haute d'environ 1 pied, glabre, grosse, ronde ; feuilles coriaces, dures, à folioles décurrentes, incisées, très-épineuses, glabres ; fleurs en tête ovoïde, très-épineuse, avec un involucre de 6 à 8 folioles épineuses ; chaque fleur détachée est très-petite, et laisse voir à sa base une petite coiffe écailleuse. Fl. blanches. Août, septembre. Très-commun sur le bord des chemins et dans les champs arides. ♃

Le Chardon roulant est employé comme apéritif et diurétique. On se sert de sa racine en tisane.

E. planum, L. *sp.* 336 ; Clus. *Hist.* clviii, *f.* 1. Il naît une ou plusieurs tiges de la même racine, elles sont simples, dressées, hautes de 1 à 2 pieds, glabres ; les feuilles radicales sont pétiolées, cordiformes, les caulinaires sessiles, presque cordiformes, ovales, les supérieures fendues en 2-3 parties, toutes sont planes, à dents épineuses, obliques, glabres ; les fleurs sont comme en panicule ; les têtes sont entourées d'un involucre épineux-pinnatifide, de 5 à 8 folioles. Fl. bleues. Juin, juillet. Se trouve dans les bois de *Vincennes* et de *Boulogne* (Thuill.). Je ne l'ai jamais rencontré aux environs de *Paris*. M. Decandolle prétend qu'il n'y vient pas. ♃

HYDROCOTILE. Ombelle simple ; involucre de 4 feuilles ; calice peu apparent ; corolle de 5 pétales entiers, égaux ; graines comprimées, à 2 lobes.

H. vulgaris, L. *sp.* 338 ; Lob. *Ic.* 338. Ecuelle d'eau. — Tiges grêles, rampantes, glabres ; feuilles petites, arrondies, à 6-8 lobes peu profonds, glabres, souvent creuses en dessus, portées sur des pétioles d'environ 2 pouces de haut ; fleurs axillaires, en très-petites têtes, portées sur des pédoncules qui atteignent à peine au tiers du pétiole. Fl. blanches. Eté. Se trouve dans les marais, à *Bondi*, *Meudon*, *Saint-Gratien*, etc. ♃

SANICULA. Calice 5-fide ; corolle à 5 pétales entiers, courbés au sommet ; graines ovoïdes, presque globuleuses, hérissées de pointes dures ; ombellules presque en tête ; (les fleurs du disque avortent souvent.)

S. **europæa**, L. *sp.* 339 ; *Fl. dan. t.* 283. Sanicle. — Tige
imple , haute d'environ 1 pied , nue , rougeâtre , glabre ;
euilles radicales, pétiolées , à 5 lobes cunéiformes , dentées, in-
isées ou trifides ; à la naissance des branches des ombelles, ainsi
u'aux ombellules , on remarque de petites folioles. Fl. blanches.
Iai , juin. Se trouve dans les bois ombragés. Commune. ♃
La Sanicle a eu une très-grande réputation comme topique ;
ctuellement son usage est presque abandonné.

BUPLEVRUM. Calice 5-fide ; corolle de 5 pétales égaux , en-
iers, courbés en demi-cercle ; fruit ovoïde, bossu sur les 2 faces ,
trié , comprimé ; involucre à 3–4 folioles ou nul ; involucelle de
folioles larges. (Feuilles simples.) .

B. **rotundifolium** , L: *sp.* 340 ; Math. *Valg.* 1156. Perce-
euille. — Tige glabre, un peu branchue du haut , dressée , s'éle-
ant à 1 pied de haut ; feuilles ovales, glabres , perfoliées à la
ase , entières ; involucre nul ; involucelle à 5 folioles ovales ,
ntières , terminées par une pointe. Fl. jaunes. Juillet. Se trouve
ans les moissons , à *Saint-Maurice* , *Charenton* , *Bercy* , *Saint-*
Maur , etc. ☉

B. **falcatum** , L. *sp.* 341 ; Lob. *Ic.* 456 , *f.* 2. Oreille de
èvre. — Tige de 1 à 2 pieds , glabre , flexueuse , rameuse à la
ouche, se colorant en automne ; feuilles radicales ovales , pé-
iolées , ou ovales-lancéolées , marquées de 3-5 veines , et un
eu torses , celles du haut linéaires , toutes très-entières et gla-
res ; involucre à 3 , ou 2, ou 1 folioles inégales , ou même man-
uant quelquefois tout-à-fait ; involucelle à 5 folioles, un peu con-
aves , aiguës , petites ; fleurs jaunes. Eté. Se trouve dans les haies ,
es buissons , les bois taillis , les endroits rudes et pierreux , a
aint-Maur , Saint-Cloud , etc. ♃

B. **junceum** , L. *sp.* 343 ; Moriss. *s.* 9 , *t.* 12 , *f.* 3. Tiges plus
autes , plus fermes que celle de l'espèce précédente , plus ra-
neuses, et à rameaux plus droits, plus menus , et d'un vert plus
oncé ; toutes les feuilles , même les radicales , longues , linéaires ,
n peu roides , très-glabres ; finissant en pointes (ce qui donne a
ette plante un véritable aspect jonciforme) ; involucre à 3 folioles
négales, aiguës , fines ; involucelle à 5 petites folioles pointues ,
troites. Fleurs jaunes. Juin , juillet. Se trouve dans les bois et
uissons, à *Naufle* (Thuill.)? ☉

B. **tenuissimum** , L. *sp.* 343 ; Barr. *Ic. t.* 1248. Tiges étalées ,
ouchées ou inclinées, longues de 1 à 2 pieds , grêles , fines , un
eu roides ; feuilles du bas de la tige linéaires , longues , les supé-
ieures alternes , courtes , fines , presque sétacées ; ombellules
atérales placées le long de la tige , simples ; les terminales com-
osées ; involucre à 4 folioles très-aiguës ; involucelle à 5 , plus

long que les fleurs, qui sont inégalement pédonculées et très-pointues. Fleurs jaunes. Eté. Se trouve dans les prés secs, les champs près d'*Auteuil*, plaine du *Point-du-Jour*, au bois de *Boulagne*, à *Viroflé*, etc. ⊙

TORDYLIUM. Calice à 5 dents; corolle à 5 pétales, courbés en cœur, égaux dans les fleurs du centre, souvent très-grands, et bifurqués sur les bords de l'ombelle (radiés); fruit orbiculaire, comprimé, entouré d'un rebord calleux; involucre et involucelle à plusieurs folioles.

T. maximum, L. *sp.* 345; Jacq. *Aust. t.* 142. Tige de 2 à 3 pieds, dressée, rameuse, velue, hispide, un peu rude; feuilles ailées, à folioles pubescentes, ovales, incisées et dentées dans le bas, lancéolées dans le haut, l'impaire est très-allongée; pétioles et axe des feuilles très-velus; ombelles terminales, peu considérables; fruits serrés les uns contre les autres, d'abord semblables à ceux des *Caucalis*, se développant ensuite, et prenant leur caractère; ils sont à rebord blanchâtre, et ont le centre gris rayé, tuberculeux-hispide dans toutes leurs parties; involucre à 5–8 folioles; involucelle inégal, et à 3–4 folioles. Fleurs blanches. Juin, juillet. Se trouve sur le bord des chemins, dans les montagnes, à *Fontainebleau*, Côte-de-Champagne, à *Juvisi*. ⊙

CAUCALIS. Calice à 5 dents; corolle de 5 pétales, courbés en cœur, égaux dans le centre de l'ombelle, souvent inégaux, rayonnans et bifurqués à la circonférence (radiés); fruit ovoïde-oblong, hérissé de pointes roides; le plus souvent un involucre.

* *Fruits hérissés par séries réguliéres.*

C. grandiflora, L. *sp.* 346; Jacq. *Aust. t.* 54. Tige dressée, de 1 à 2 pieds, très-glabre; feuilles bi ou tripinnées, à folioles linéaires, très-glabres, finement denticulées, hispides; pétioles élargis et scarieux (on trouve aussi sur la plante quelques feuilles simples ou bifides, longues, qui sont des feuilles ordinaires avortées); ombelles à 5–8 rayons courts, inégaux; fleurs de la circonférence très-inégales, grandes; fruits garnis de pointes longues et un peu crochues; involucre à 4–5 folioles aiguës, scarieuses; involucelle à 5 folioles ovales, très-membraneuses, terminées par une pointe. Fleurs blanches. Juin, juillet. Se trouve dans les moissons, à *Romainville*, *Longjumeau*, *Antoni*, etc. ⊙

C. latifolia, L. *Syst.* 205; Jacq. *Hort. Vind. t.* 128. Tige presque simple, dressée, haute de 1 pied, ferme, velue en bas, hispide, presque épineuse en haut; feuilles profondément pinnatifides, à laciniures allongées, dentées-étagées, à lobe terminal, cunéiforme, tri ou quinquefide; pétiole élargi; ombelle à 2–3 rayons; ombellules à fleurs sessiles, petites, égales; fruits gros, chargés de pointes roides, presque droites ; involucre à 2-3 folioles écailleuses; involucelle à 5 folioles scarieuses. Fleurs rougeâtres. Juin, juillet. Se trouve dans les moissons, à *Aunai*, *Livri*, *Montgeron*, *Pontchartrain*, etc. ⊙

C. DAUCOÏDES, L. *sp*. 346 ; Jacq. *Aust. t.* 157. Tige haute de 6 à 8 pouces, branchue, étalée, lisse ; feuilles tripinnées, à folioles épaisses, obtuses et glabres; pétiole commun élargi, et pubescent ; involucre nul ou à une feuille ; ombelle divisée en 3 rayons, qui portent ordinairement 3 fruits gros, divergens (les autres fleurs avortent), chargés sur leurs côtes de pointes roides, courbées en crochet à leur extrémité, et rangées sur des lignes régulières; l'involucelle est à 3-5 petites folioles. Fleurs blanches-violettes. Juin, juillet. Très-commune dans les moissons. ⊙

C. LEPTOPHYLLA, L. *sp*. 347 ; Jacq. *Hort. Vind.* 2, *t.* 195. Tige assez simple, bifurquée, haute de 6 à 8 pouces, rude au toucher, à cause des poils hispides couchés sur elle; feuilles bipinnées, à folioles étroites, aiguës, et velues-hispides, à pétiole élargi, presque glabre; ombelles à 2-3 rayons; 2-3 fruits à chaque ombellule, de moitié moins gros que dans l'espèce précédente, garnis de pointes rudes, en crochet à l'extrémité, de couleur blanchâtre; involucre nulle ; involucelle à 4-5 folioles courtes. Fleurs blanches, teintes de pourpre. Juin. Se trouve dans les moissons. J'indique cette plante d'après MM. Dalibard et Thuillier, ne l'ayant jamais rencontrée aux environs de Paris. ⊙

** *Fruits hérissés sans ordre.*

C. ARVENSIS, Willd. *sp*. 1, *p*. 1387 ; Jacq. *Hort. Vind.* 3, *p*. 12, *t*. 16 ; *C. segetum*, Thuill. *Fl. par.* 136. Tige, d'abord assez simple, haute de 6 à 8 pouces, devenant dans la vieillesse de la plante très-rameuse, diffuse, un peu rude au toucher; feuilles ailées, à folioles pinnatifides, aiguës, velues, hispides ; involucre nul, ou à une seule feuille ; ombelles nombreuses, de 2-4 rayons ; involucelle à 5 folioles petites et pointues ; fruit tout couvert de pointes un peu noirâtres, presque droites ou peu crochues. Fleurs blanches. Juin, juillet, août. Se trouve dans les jachères un peu rocailleuses, les moissons, au *Plessis-Piquet*, etc. ⊙

C. ANTHRISCUS, Willd. *sp*. 1, *p*. 1388 ; *Tordylium anthriscus*, L. *sp*. 346; Jacq. *Fl. aust. t.* 26. Tige haute de 2 à 3 pieds, dressée, rameuse, chargée de poils hispides et couchés, qui la rendent un peu rude au toucher ; feuilles ailées, à folioles pinnatifides et même bipinnatifides, velues-hispides, pointues, écartées, ovales, la terminale allongée, surtout supérieurement ; ombelles de 4 à 8 rayons; fruits garnis de pointes courbes, non, ou peu en crochet; involucre de 4-5 folioles; involucelle de 5 folioles aiguës. Fleurs rougeâtres ou blanchâtres. Eté. Se trouve communément dans les haies et buissons. ⊙

C. **NODIFLORA**, Lam. *Dict.* 1 , *p.* 656 ; *Tordylium nodosum* , L. *sp.* 346 ; *C. nodosa* , Jacq. *Aust. App. t.* 24 ; Willd. Smith. Thuill. Tige étalée à la base, longue de 6 à 10 pouces, rude, chargée de poils couchés, à rameaux couchés, redressés ; feuilles bipinnées , à folioles linéaires - lancéolées , hispides , aiguës ; ombelles sessiles , ou presque sessiles , situées aux nœuds des tiges ; graines rapprochées en une tête sphérique , couverte de pointes jaunâtres et presque droites ; involucre de 5 à 6 folioles pointues. Fleurs blanches. Juin , juillet. Se trouve dans les lieux secs , sur le bord des chemins , fossés, etc. Assez commune. ⊙

C. **SCANDICINA**, *Fl. dan. t.* 863 ; *Scandix anthriscus,* L. *sp.* 368. Tige grêle , haute de 1 pied et plus, glabre ; feuilles bipinnées ou tripinnées , à folioles ovales, velues , ainsi que le pétiole ; ombelles presque toutes latérales , à 3–6 rayons ; graines chargées de pointes très-crochues , fines , très-blanches , terminées par un bec court , bifide et glabre ; involucre nul , ou à une feuille ; involucelle de 5 folioles légèrement ciliées. Fl. blanches. Avril, mai. Dans les haies et buissons , les gravois , sur les murailles. Fréquente. ⊙

C. **NODOSA** , Allion. *Ped.* n° 1385 (non Willd.) ; *Scandix nodosa,* L. *sp.* 369 ; Jacq. *Hort. Vind.* 3, *t.* 25. Tige haute de 1 pied , rameuse , velue , très – enflée sous chacune des articulations ; feuilles bipinnées , à folioles ovales, incisées et crénelées ; ombelle de 2 à 4 rayons ; graines cylindriques , un peu longues , couvertes de poils roides dirigés vers le sommet. Fleurs blanches. Mai , juin. Se trouve sur le bord des fossés et des haies. ⊙

DAUCUS. Calice à 5 divisions ; corolle à 5 pétales courbés en cœur , plus grands sur le bord de l'ombelle (radiés) ; fruit hérissé de poils roides ; involucre pinnatifide.

D. **CAROTA** , L. *sp.* 348 ; *Fl. dan. t.* 723. La Carotte sauvage. — Tige dressée , haute de 1 à 2 pieds , tuberculeuse, hispide , striée ; feuilles bi ou tripinnées , à folioles lancéolées , pointues , velues , à pétioles élargis , marqués de nervures en dessous ; ombelle à collerette pinnatifide , et à 20–30 rayons ; involucelle de 8-10 folioles simples ; graines terminées par les 2 styles persistans , hérissées de poils fins , roides , tortillées ; (il y a souvent au centre de l'ombelle une fleur avortée de couleur rouge.)
Var. B. *Sativa.* Racine grosse , succulente , rouge , jaune ou blanche.
Fleurs blanches. Eté. Se trouve très-communément dans les prés secs. ♂
La Carotte, outre son usage alimentaire, est employée en médecine ; on la vante beaucoup en décoction contre la jaunisse ; réduite en pulpe, on l'applique avec avantage sur les cancers.

D. **CINCIDIUM**, L. *sp.* 348. Tige de 1 à 2 pieds, dressée, glabre, un peu rameuse, presque nue du haut, renflée aux nœuds; feuilles tripinnées, à folioles pinnatifides, à découpures linéaires, aiguës, écartées, garnies sur les bords du pétiole et de ses divisions, de quelques poils rudes très-fins; le sommet de la tige et des rameaux se renfle sous les ombelles, et devient comme charnu, il en part une multitude de rayons inégaux (60–80); ombellules à environ autant de rayons; fleurs très-petites, égales; graines hérissées de petits poils rudes et blanchâtres; involucres presque pinnés, à folioles linéaires, aiguës, écartées; involucelles pinnés. Fleurs jaunes. Juin. J'ai trouvé un seul pied de cette plante dans un terrain inculte le long des boulevards extérieurs de *Ménilmontant*, en 1806. ♃

AMMI. Calice entier; corolle à 5 pétales courbés en cœur, plus grands sur les bords de l'ombelle (radiés); fruit petit, arrondi, glabre, strié; involucre à folioles pinnatifides.

A. **majus**, L. *sp.* 349; Lam. *Ill. t.* 193. Tige dressée, haute de 1 à 2 pieds, striée, presque anguleuse, glabre; feuilles inférieures ailées, à 5 folioles, ovales-lancéolées, simples ou lobées à la base, dentées en scie, glabres; les supérieures bipinnées, à folioles plus étroites; involucre à folioles trifides, très-étroites, allongées; involucelle à une douzaine de folioles presque sétacées.
Var. B. *A. glaucifolium*, L. *sp.* 349? Toutes les feuilles à folioles linéaires.
Fleurs blanches. Juillet. Se trouve dans les endroits cultivés, à *Charenton*, *Saint-Cloud*, *Pantin*; la variété B, en allant de *Charenton* à *Saint-Maur*. ☉

A. **visnaga**, Lam. *Dict.* 1, *p.* 132; *Daucus visnaga*, L. *sp.* 348; Lob. *Ic.* 726, *f.* 1. Herbe aux cure-dents. — Tige dressée, haute de 1 pied, grosse, ferme, flexueuse, glabre, se gonflant sous les ombelles en forme de réceptacle; feuilles décomposées, à divisions longues, linéaires, étroites, aiguës, glabres; ombelles à rayons nombreux, inégaux, à fleurs petites, serrées (après la fleuraison les rayons se pressent les uns contre les autres, et ne font qu'un faisceau); involucre à folioles trifides, à divisions linéaires; involucelle à folioles simples, sétacées. Fleurs blanches. Août. Se trouve dans les moissons, à *Clagni*. ☉

BUNIUM. Calice entier; corolle de 5 pétales courbés en cœur, uniformes; fruit oblong, strié; involucre de plusieurs folioles simples.

B. **bulbocastanum**, L. *sp.* 349; Lob. *Ic.* 745, *f.* 1. Terre-noix. — Racine bulbeuse, noirâtre, tige haute de 1 à 2 pieds, glabre; feuilles bi ou tripinnées, à découpures linéaires, glabres; ombelle à environ 20 rayons, presque égaux; fruits noirâtres, un peu serrés les uns contre les autres, et chagrinés dans les interstices des stries; involucre à 7–8 folioles linéaires, plus courtes que les rayons; l'involucelle en a autant. Fl. blanches. Juillet. Se trouve dans les prés et les moissons, à la butte *Saint-Chaumont*, à *Mont-faucon*, etc. ♃

Quelques personnes, surtout les enfans, mangent les tubercules radicaux de cette plante.

CONIUM. Calice entier; corolle à 5 pétales inégaux, courbés en cœur; fruit globuleux, à côtes tuberculeuses; involucre et involucelle à plusieurs folioles.

C. MACULATUM, L. *sp.* 349; *Cicuta major*, Lam. *Ill. t.* 195, *f.* 1. La Ciguë officinale. — Tige haute de 2 à 3 pieds, dressée, très-branchue, glabre, souvent chargée de taches noirâtres à la base; feuilles bipinnées, dont les folioles sont écartées et pinnati-fides au sommet, glabres, d'un vert foncé; ombelle à environ 10 rayons inégaux, longs, écartés; fruits un peu distans, comme raboteux; involucre à 3–5 folioles très-petites, réfléchies; invo-lucelle à 2–3 folioles très-aiguës, placées du côté externe de l'ombelle. Fleurs blanches. Juin, juillet. Se trouve dans les dé-combres, les lieux cultivés, les haies et buissons. ♂

Cette plante est la *Ciguë officinale*, celle que l'on a regardée long-temps comme un poison violent, mais dont on peut se servir avec avantage en l'administrant avec précaution. On n'emploie que son extrait, à la dose de 1 à 2 grains par jour, d'où on va assez promptement en graduant jusqu'à 8–10–12, etc. Il y a beaucoup de gens qui parviennent ainsi à en prendre un demi-gros, à deux scrupules par jour, et même plus. La ciguë est fort recommandée pour le cancer, où on a des exemples de sa réussite; elle convient aussi dans les autres engorgemens des viscères. Réduite en pulpe, on l'applique extérieurement sur les cancers ouverts. Il ne faut pas la confondre avec d'autres plantes auxquelles on a aussi donné le nom de ciguë, savoir, la Ciguë aquatique (*Phellandrium aqua-ticum*, L.) la Petite-ciguë (*Æthusa cynapium*, L.), et la Ciguë vireuse (*Cicuta virosa*, L.); cette dernière ne vient pas aux environs de Paris.

SELINUM. Calice entier ou à 5 dents; corolle de 5 pétales égaux, en cœur; fruit glabre, ovale, comprimé; graines à 5 ner-vures, dont 2 latérales, saillantes; ombelles avec ou sans invo-lucre.

* *Un involucre.*

S. CERVARIA, Crantz, *Aust.* 167, *t.* 3, *f.* 1; *Athamanta cer-varia*, L. *sp.* 352. Tige haute de 3–4 pieds, glabre, striée, cylin-drique, rameuse; feuilles presque bipinnées, fermes, glauques; les premières folioles lobées − ailées à la base, les autres en-tières, toutes sont incisées, ovales-lancéolées, doublement et irrégulièrement dentées, à dents terminées par une pointe (on voit sur le haut de la tige des feuilles avortées qui ressemblent à de larges pétioles); ombelle à 10 où 12 rayons inégaux; involucre à 6–8 folioles linéaires, souvent réfléchies; involucelle à 5–6, semblables. Fleurs blanches. Juin, juillet. Se trouve dans les lieux pierreux, à *Fontainebleau*. ♃

S. **oreoselinum**, Crantz, *Aust.* 169; *Athamanta oreoselinum*, L. *sp.* 352; Clus. *Hist. cxcv*, *f.* 2. Persil de montagne. — Tige rameuse, haute de 2 à 3 pieds, glabre; feuilles tripinnées, à découpures incisées, trifides au sommet, glabres, étalées, divariquées, portées sur des pétioles souvent très-longs, planes; ombelles spacieuses, étalées, à 12–15 rayons; involucre à 8–10 folioles linéaires; l'involucelle en a autant, elles sont souvent l'une et l'autre réfléchies : on trouve quelquefois de véritables feuilles parmi les folioles de l'involucre. Fleurs blanches. Juillet, août. Se trouve sur les collines incultes, au *Mont-Valérien*, à *Saint-Prix*, *Chatou*, *Fontainebleau*, au bois de *Boulogne*. ♃

****** *Point d'involucre.*

S. **carvifolia**, L. *sp.* 350; Jacq. *Aust. t.* 16. Tige de 2 à 3 pieds, glabre, munie d'angles tranchans, presque ailées; feuilles tripinnées, à découpures ovales ou lancéolées, terminées par une pointe qui part d'un petit renflement; ombelles d'une vingtaine de rayons inégaux, assez serrés après la fleuraison; le fruit a bien les caractères du genre; involucre nul ou à une feuille; involucelle à 6–8 folioles. Fleurs blanches. Juillet, août. Se trouve dans les prés et bois humides, à *Montmorency*, *Saint-Prix*, *Saint-Léger*. ♃

S. **Chabræi**, Jacq. *Aust. t.* 72; *S. palustre*, Thuill. *Fl. par.* 139. (Non L.) Tige haute de 2 à 3 pieds, glabre, d'un vert clair, ainsi que les feuilles; celles-ci ailées, à folioles planes, lâches, glabres, étalées, dont les laciniures, linéaires, sont disposées en croix autour du pétiole dans les feuilles inférieures; ombelle à 10 rayons inégaux; ombellule à 10 fleurs; involucre nul; involucelle à 2–3 folioles fines comme des soies. Fl. blanches. Juillet, août. Se trouve dans les prés humides et les bois, à *Montmorency*, etc. ♃

PEUCEDANUM. Calice à 5 dents; corolle de 5 pétales égaux, oblongs, courbés au sommet; fruit ovale, légèrement comprimé, strié, aminci sur les bords; un involucre et une involucelle.

P. **parisiense**, Decand. *Fl. fr. p.* 336; *P. officinale*, Thuill. *Fl. par.* 140. (Non L.) Tige de 2 à 3 pieds, presque nue, glabre, simple; feuilles presque toutes radicales, trichotomes, tripinnées, étalées, à folioles linéaires, étroites, longues, écartées, très-entières, pointues, glabres; ombelles terminales (1 à 3) à

12-15 rayons écartés, presque égaux; ombellules à fleurs nombreuses; involucre à 6-8 folioles déliées; involucelle à 8-10 folioles plus fines. Fl. blanches. Août, septembre. Se trouve dans les bois couverts, un peu humides, à *Meudon*, *Sévres*, *Bondi*, etc. ♃

P. SILAUS, L. *sp.* 354; Lob. *Ic.* 738, *f.* 1. Tige de 2 à 3 pieds, glabre, dressée, un peu rameuse, striée, assez grosse; feuilles du bas de la tige trichotomes, bipinnées ou tripinnées, larges; folioles linéaires, planes, écartées, trifides, confluentes, glabres, très-entières dans le haut; ombelles (6 - 8) à 8-10 rayons inégaux; ombellules à rayons inégaux; quelques fleurs sessiles; involucre nul ou à une foliole. involucelle de 10 folioles déliées. Fl. d'un blanc-jaune. Se trouve assez communément dans les prés, à *Juvisi*, etc. ♃

ATHAMANTA. Calice entier; corolle de 5 pétales échancrés, courbés au sommet; fruit ovale, oblong, strié, velu; involucre et involucelle.

A. LIBANOTIS, L. *sp.* 351; All. *Ped. t.* 62. Tige de 2 à 3 pieds, glabre, dressée, un peu rameuse, presque anguleuse, peu feuillée; feuilles bipinnées, longues, glabres, presque toutes radicales; folioles distantes, larges, incisées, à laciniures pointues, lobées à l'extrémité, ou trifides (les feuilles supérieures sont peu considérables, courtes, et ont les laciniures quelquefois arrondies); ombelle à fleurs serrées, de 18 à 20 rayons, pubescens ainsi que le support, égaux; rayons de l'ombellule inégaux; involucre de 10-12 folioles; involucelle à 6-8; fruit velu, blanc. Fl. blanches. Septembre, octobre. Se trouve sur les collines sèches, au bord des chemins. Cette plante a été trouvée dans la forêt de *Compiègne*. Je l'ai trouvée un peu plus loin que le rayon ordinaire des environs de *Paris*. ♃

A. cervaria et oreoselinum, L. Vide *Selinum cervaria et oreoselinum*.

LASERPITIUM. Calice presque entier; corolle de 5 pétales échancrés, ouverts et presque égaux; fruit ovale-oblong; graines à 4 ailes membraneuses; un involucre; pas d'involucelle.

L. LATIFOLIUM, L *sp.* 356; Jacq. *Aust. t.* 146. Tige dressée, haut de 2 à 3 pieds, glabre, lisse, presque simple; feuilles portées sur des pétioles larges à la base, divisés en 3; chaque division portant 3-5 folioles ovales, entières, dentées, les latérales obliques, comme lobées, glabres ou très-légèrement pubescentes, échancrées en cœur à la base; 2-3 ombelles terminales, à rayons écartés, au nombre de 15-18; fruit à ailes crispées; involucre à 5-6 folioles très-petites; l'involucelle manque.

Fl. blanches. Juin, juillet. Se trouve dans les bois couverts, à *Fontainebleau.* ♃

HERACLEUM. Calice presque entier ; corolles de 5 pétales échancrés au sommet, plus grands au bord de l'ombelle (radiées), et bifurqués ; fruit elliptique, comprimé, strié, un peu échancré au sommet ; graines membraneuses sur les bords ; involucre nul ; un involucelle.

H. SPONDYLIUM, L. *sp.* 358 ; Lob. *Ic.* 703 , *f.* 2. Branc-ursine. — Tige de 3 ou 4 pieds, rameuse, anguleuse, striée, hispide ; feuilles amples, ailées, à folioles lobées, dentées, pubescentes en dessous ; ombelles à 10-12 rayons pubescents, dressés ; fruits aplatis, renflés au milieu ; involucre nul ou à 1-2 folioles exiguës ; involucelle à 8-10 folioles déliées. Fl. blanches. Eté. Se trouve très-communément dans les prés humides. ♃

IMPERATORIA. Calice entier ; corolle de 5 pétales, courbés, presque égaux ; fruits comprimés, elliptiques ; graines bordées d'une aile membraneuse, munies sur le dos de 3 petites côtes ; point d'involucre ; un involucelle.

I. SYLVESTRIS, Lam. *Fl. fr.* 3, *p.* 417 ; *Angelica sylvestris*, L. *sp.* 361 ; Lob. *Ic.* 699 , *f.* 1. Tige haute de 3-4 pieds, dressée, violette, glabre, lisse ; feuilles bipinnées, à 3 divisions principales ; laciniures ovales, dentées en scie, souvent coupées obliquement à la base, lobées ; ombelles à rayons nombreux (30-40) ; involucre nul ; involucelle à quelques folioles très déliées. Fl. blanches. Juillet, août. Se trouve sur les bords des ruisseaux des bois, à *Montmorency*, *Meudon*, etc. Commune. ♃

SIUM. Calice presque entier ; corolle de 5 pétales un peu courbés à leur sommet ; fruit ovoïde ou oblong, glabre, strié ; un involucre et un involucelle.

★ Feuilles simplement ailées.

S. LATIFOLIUM, L. *sp.* 361 ; *an* Decand. *Fl. fr.* 4, *p.* 299 ? Jacq. *Aust. t.* 66. Berle. — Tige de 2 pieds, grosse, peu consistante, rameuse, un peu irrégulière, sillonnée, glabre ; feuilles ailées, à 7-11 folioles grandes, ovales-lancéolées, dentées, glabres, la dernière trifide, lobée ou simple ; ombelles terminales à 10-14 rayons ; involucre à 5-6 folioles linéaires, qui se découpent quelquefois ; involucelles à 5-7 folioles ovales-lancéolées ; pétales en cœur. Fl. blanches. Été. Se trouve dans les mares et ruisseaux, à *la Gare*, dans la rivière d'*Orge* à *Juvisy*, etc. ♃

S. INCISUM, Pers. *Synop.* 1, *p.* 316 ; *S. angustifolium*, L. *sp.* 1672 ; Jacq. *Aust. t.* 67. Tige de 1 à 2 pieds, rameuse, plus grêle que celle de la précédente, glabre, ordinairement dressée ; feuilles ailées à 11-15 folioles, les inférieures les ont ovales-oblongues, dentées, un peu incisées, lobées ou auriculées à la base, les supérieures très-incisées, presque laciniées, comme trifides, la dernière est souvent trifide ; ombelles terminales et caulinaires, celles-ci opposées aux feuilles, comme axillaires, à 12-15 rayons; involucre de 5-6 folioles simples, trifides ou pinnatifides, réfléchies ; involucelles de 3-5 folioles linéaires ; pétales en cœur. Fl. blanches. Été. Se trouve dans les mares, fossés et ruisseaux. Commun. ♃

S. NODIFLORUM, L. *sp.* 361 ; Moriss. *s.* 9, *t.* 5, *f.* 3. Tiges de 1 à 2 pieds, glabres, grêles, couchées; feuilles pinnées, à 5-7 folioles ovales, ou ovales-lancéolées, dentées, glabres, la dernière souvent lobée; ombelles presque sessiles, axillaires, et opposées aux feuilles, à 5-7 rayons ; involucre à 1 foliole ou nul ; involucelle à 4-5 folioles lancéolées ; pétales en cœur. Fl. blanches. Été. Habite dans les ruisseaux. Commun. ♃

' S. HYBRIDUM, N.; *S. repens*, Thuill. *Fl. fr. p.* 144; *S. repens*, *var.* B. *S. ochreatum*, Decand. *Fl. fr.* 4, *p.* 300 ? Plante petite, couchée, glabre, longue de 5-6 pouces, poussant des racines des nœuds des tiges et des branches ; feuilles ailées, de 3-5 folioles ovales ou ovales-lancéolées, quelquefois un peu lobées, dentées en scie, glabres ; ombelles presque sessiles aux nœuds des feuilles à 4-5 rayons ; involucre à 1-2 feuilles ; involucelle de 5 folioles linéaires-lancéolées ; pétales en cœur ? Fl. blanches. Été. Se trouve dans les lieux marécageux, à *Neuilli-sur-Marne*, à *Saint-Gratien*, *Juvisi*. ♃ Cette plante était prise pour le *S. repens*, L. qui a les tiges rampantes, les feuilles à 7-9 folioles arrondies, lobées ; les ombelles pédonculées, avec un involucre de 5 folioles, qui ne vient pas aux environs de Paris ; notre espèce s'approche davantage du *S. nodiflorum* par ses feuilles et ses ombelles ; mais sa tige rampante et sa petitesse l'en distinguent suffisamment. Comme M. Decandolle dit que sa variété *ochreatum* a les ombelles pédonculées, je ne sais si elle peut être rapportée à notre *S. hybridum*.

S. SEGETUM, Lam. *Fl.fr.* 3, *p.* 458 ; *Sison segetum*, L. *sp.* 362; Jacq. *Hort. Vind.*, *t.* 134. Tige s'élevant à 1 pied, dressée, rameuse à la souche, glabre; feuilles ailées, à folioles ovales, incisées, dentées, glabres, lobées à la base ; elles sont quelquefois fort petites et arrondies ; ombelles à 2-3 rayons très-inégaux, ainsi que celles de l'ombellule qui est à 4-5 fleurs ; involucre à 1-2 petites folioles ; l'involucelle à 5 très-fines ; pétales lancéolés. Fl. blanches. Juillet, août. Se trouve dans les moissons, et les endroits cultivés, à *Montmorency*, *Yerres*, etc. ☉

S. AMOMUM, Roth. *Germ.* 2, *p.* 236 ; *Sison amomum*, L. *sp.* 362; Jacq. *Hort. Vind.* 3, *t.* 17. Tige de 1 à 2 pieds, dressée, un peu diffuse, glabre ; feuilles radicales ailées, à 5-7 folioles, grandes, ovales, un peu incisées, dentées, les supérieures à folioles plus étroites, plus incisées, et paraissant comme bipinnatifides, à cause de l'écartement des laciniures ; ombelle à 4-5 rayons inégaux ; ombellule à 5-7 fleurs portées la plupart sur des rayons inégaux, quelques-unes sessiles ; involucre à 2-3 folioles, très-petites, quelquefois pinnatifides ; involucelle à 2-3 folioles très-courtes ; pétales lancéolés. Fl. blanches. Se trouve assez communément dans les haies et les buissons. ⊙

**** *Feuilles plusieurs fois ailées.***

S. falcaria, L. *sp.* 362 ; Lob. *Ic.* 2, *t.* 24, *f.* 1. Tige (partant d'une grosse racine) haute de 1 à 2 pieds, dressée, flexueuse, glabre ; feuilles radicales à 3 divisions ailées, à folioles linéaires, très-longues, à dents fines et très-aiguës, quelquefois lobées, surtout la terminale qui est souvent trifide ; feuilles du milieu de la tige simplement ailées, et les supérieures trifides ; ombelles terminales de 15-20 rayons ; graines allongées, un peu courbées ; involucre de 6-8 folioles très-déliées ; involucelle de 4-5 semblables ; pétales en cœur. Fl. blanches. Juillet, août. Croît dans les moissons, au *Bourg-la-Reine*, etc. ♃

S. verticillatum, Lam. *Fl. fr.* 3, *p.* 460 ; *Sison verticillatum*, L. *sp.* 363 ; Lightf. *Scot.* 2, *p.* 1096, *t.* 35. Racines tuberculeuses; tige s'élevant à 1 ou 2 pieds, cylindrique, presque simple, presque nue, glabre ; feuilles longues, bi ou trifides, composées d'une multitude de folioles verticillées autour du pétiole commun, très-fines, aiguës et glabres ; ombelles à 15-18 rayons évasés ; involucre de 6-8 folioles courtes, linéaires ; celles de l'involucelle en même nombre et plus élargies ; pétales en cœur. Fl. blanches. Juillet, août. Se trouve dans les prés humides, à *Saint-Hubert, Saint-Léger* et *Rambouillet*. ♃

S. inundatum, Lam. *Fl. fr.* 3, *p.* 460 ; *Sison inundatum*, L. *sp.* 363 ; *Fl. dan. t.* 85. Plante flottante, glabre ; tige de 1 à 2 pieds, assez grosse ; presque toutes les feuilles décomposées à folioles capillaires, très-menues, quelques feuilles supérieures ailées, à 3-5 folioles ovales-cunéiformes, trifides ; ombelle à 2 rayons, le plus souvent simple, à 4-5 fleurs presque sessiles ; involucre nul ; involucelle à 3-4 folioles un peu ovales ; pétales lancéolés. Fl. blanches. Juin, juillet. Se trouve dans les mares, à *Saint-Léger, Fontainebleau*. ♃

Obs. J'ai trouvé abondamment autour des mares de la forêt de *Fontainebleau* une variété de cette plante, qui, quoique en parfaite fructification, n'avait que 1 à 2 pouces ; elle était mêlée avec l'*élatine hydropiper*.

ŒNANTHE. Calice à 5 dents fines, persistantes ; corolle de

5 pétales courbés en cœur, plus grands au bord de la circonférence (radiés) ; fruit oblong, strié, surmonté par les dents du calice et les styles ; involucre souvent nul ; un involucelle.

Œ. PHELLANDRIUM, Lam. *Fl. fr.* 3, *p.* 452 ; *Phellandrium aquaticum*, L. *sp.* 366. Ciguë-d'eau. — Tige ordinairement grosse, creuse, cannelée, très-rameuse, variable pour la hauteur, en général de 1 à 2 pieds ; feuilles bi ou tripinnées, glabres, menues, à folioles laciniées, obtuses, un peu ovales, petites ; ombelles terminales, portées sur de courts pédoncules, à 5-7 rayons égaux ; involucre nul ou à une foliole ; involucelle à 6-8. Fl. blanches. Été. Se trouve dans les mares, ou au bord ; dans ce dernier cas elle a un port différent ; sa tige est moins grosse et plus feuillée. Commune. ♃

Cette plante passe pour malfaisante ; elle a cependant été employée, même à assez grande dose, sans inconvénient ; ainsi je crois qu'il faut beaucoup rabattre de ses qualités nuisibles. On s'en est souvent servi comme succédanée de la ciguë : on la croit, à petite dose, très-bonne contre les fièvres intermittentes. On l'a essayée depuis dans d'autres maladies ; mais le succès n'en est point encore assez constaté, pour que nous osions la conseiller dans les mêmes cas.

Œ. CROCATA, L. *sp.* 365 ; Jacq. *Hort. Vind. t.* 55. Racines à tubérosités sessiles ; tige de 2 pieds, grosse, striée, dressée, rameuse, glabre, d'un vert sale, pleine d'un suc jaune ; feuilles bipinnées, à folioles cunéiformes, incisées, trifides, glabres (semblables à celles du persil) ; ombelle grande, ayant quelquefois 25-30 rayons évasés, longs ; ombellule à fleurs presque sessiles ; involucre à 5-6 folioles un peu allongées ; involucelle à 6-8. Fleurs blanches. Juillet, août. Se trouve dans les fossés et marais, aux environs de *Versailles.* ♃

Œ. FISTULOSA, L. *sp.* 365 ; Dod. *Pempt.* 590. Filipendule aquatique. — Racine rampante ; tige dressée, haute de 10 à 12 pouces, fistuleuse, un peu en zig-zag, glabre ; feuilles simplement ailées, portées sur des pétioles fistuleux du haut, fendus du bas pour laisser sortir une autre feuille, qui en laisse sortir quelquefois encore une autre ; folioles lancéolées-linéaires, au nombre de 7-9, glabres et distantes ; ombelle à 2-3 rayons ; ombellules grosses, en tête sphérique, à fleurs sessiles et serrées ; involucre nul ou à une feuille ; involucelle à 6-8 folioles un peu réfléchies. Fl. blanches. Juin, juillet. Se trouve communément dans les marais, à *Meudon*, etc. ♃

Œ. PEUCEDANIFOLIA, Pollich. *Pal. n°.* 192, *f.* 3 ; *Œ. filipenduloides*, Thuill. *Fl. par.* 146. Racines à tubercules ovoïdes ; tige de 2-3 pieds, glabre, dressée, assez simple ; feuilles bi ou tripinnées, à folioles linéaires allongées et divariquées, les supérieures simplement ailées; ombelle à 8-10 rayons un peu inégaux; fleurs de l'ombellule sessiles (les dents des calices sont si marquées sur les fruits , qu'on les croirait épineux , ainsi que dans la plupart des espèces de ce genre); involucre nul ; involucelle à 8-10 folioles étroites , un peu scarieuses sur les bords. Fleurs blanches. Juin. Se trouve dans les prés humides , à *Issy* , *Meudon* , etc. ♃

Œ. PIMPINELLOIDES , L. *sp*. 366; Jacq. *Aust. t.* 394. Racines à tubercules allongés; tige de 1 à 2 pieds , dressée , glabre , simple; feuilles radicales bipinnées , à folioles laciniées , courtes , ovales , cunéiformes ; ombelles à 6-10 rayons un peu serrés ; ombellules à fleurs presque sessiles ; involucre de 5 - 6 folioles (Decand. ; dans mon exemplaire , il est à 1 feuille); involucelle en même nombre. Fl. blanches. Juillet , août. Se trouve dans les prés humides , aux environs de *Paris ?* ♃

Œ. APPROXIMATA , N. ; *Œ. pimpinelloides* , Thuill. *Fl. par.* 146? Elle ne diffère de la précédente , avec laquelle on l'a confondue , que par les folioles des feuilles radicales , qui sont ovales-entières , au lieu d'être cunéiformes—incisées , et par l'absence de la collerette générale. Fleurs blanches. Juin. Se trouve dans les prés. J'ai récolté mes échantillons à *Marcoussis*. ♃

CORIANDRUM. Calice à 5 dents ; corolle de 5 pétales courbés en cœur , plus grands sur les bords de l'ombelle (radiés); fruit sphérique ; involucre nul ; un involucelle.

C. SATIVUM , L. *sp*. 367 ; Lob. *Ic.* 705. Coriandre. — Tige un peu noueuse du bas ; haute de 1 pied ou 2 , rameuse , glabre ; feuilles radicales , souvent simples , incisées , cunéiformes , lobées , les caulinaires bipinnatifides , à découpures laciniées , assez larges , un peu arrondies au sommet; les supérieures ont les découpures linéaires ; ombelle à 4-6 rayons égaux ; ombellules pauciflores ; fruits globuleux , striés ; involucre nul ou à 1 foliole ; involucelle de 3-5 folioles. Fleurs blanches , tirant sur le pourpre. Juin , juillet. Se trouve dans les endroits cultivés , plaine *Saint-Denis* , à *Belleville* dans les vignes , etc. ☉

La graine de Coriandre sent mauvais étant fraîche ; sèche , elle a une odeur agréable. On s'en sert comme aromatique ; elle est carminative , digestive et tonique.

ÆTHUSA. Calice entier ; corolle à 5 pétales inégaux , courbés en cœur fruit ovoïde , strié; involucre nul ; involucelle placé d'un seul côté , réfléchi.

Æ. CYNAPIUM , L. *sp*. 367 ; Lam. *Ill. t.* 196. Petite Ciguë. — Tige de 1 à 2 pieds (quelquefois ayant seulement 2 pouces), dressée , glabre , rameuse ; feuilles bi ou tripinnatifides , à découpures

incisées (semblables au cerfeuil) ; ombelles de 10 à 12 rayons inégaux, étalés ; ombellules à fleurs assez nombreuses ; involucre
nul ; involucelle de 3-4 folioles capillaires, longues et réfléchies.
Fl. blanches. Juillet, août. Assez commune dans les jardins,
mêlée avec le cerfeuil, avec laquelle on la confond ; dans les endroits cultivés, à l'abbaye de *Livri*, etc. ☉

La petite Ciguë passe pour nuisible ; comme elle ressemble au
cerfeuil, et qu'elle vient dans les jardins, il est arrivé souvent
qu'on en a mangé sans qu'il en soit pourtant résulté aucun accident.

SCANDIX. Calice entier ; corolle de 5 pétales inégaux, échancrés ; fruits très-allongés, surmontés par une pointe subulée ;
involucre nul ; un involucelle.

S. PECTEN, L. *sp.* 368 ; *Fl. dan. t.* 844. Peigne de Vénus. —
Tige atteignant 1 pied, dressée, rameuse, pubescente ; feuilles
tripinnatifides au moins, à découpures très-menues, pinnatifides,
glabres ; ombelle à 2 rayons, souvent simple ; ombellules à 6-8
fleurs fertiles ; fruit très-allongé (1 à 2 pouces), hispidiuscule,
surmonté de 2 styles persistans ; involucre nul ; involucelle à 6-8
folioles simples, quelquefois ailées. Fl. blanches. Eté. Très-commun dans les moissons. ☉

S. *cerefolium*, L. Vide *Chærophyllum sativum*.
S. *anthriscus*, *nodosa*, L. Vide *Caucalis scandicina*, *nodosa*.

CHÆROPHYLLUM. Calice entier ; corolle de 5 pétales échancrés, inégaux ; fruit oblong, strié ou à côtes ; point d'involucre ;
un involucelle.

C. SATIVUM, Lam. *Fl. fr.* 3, *p.* 438 ; *Scandix cerefolium*, L.
sp. 368 ; Jacq. *Aust. t.* 390. Cerfeuil. — Tige de 1 à 2 pieds,
grêle, glabre, rameuse ; feuilles tripinnées, à folioles ovales,
pinnatifides, incisées, distantes, très-glabres, fort tendres ; ombelles souvent latérales, sessiles, les terminales pédonculées, à
4-5 rayons presque égaux ; fruits allongés, marqués de quelques côtes, et surmontés d'une espèce de bec ; involucre nul ou à
une foliole ; involucelle de 1-3 folioles. Fleurs blanches. Eté. Se
cultive, et se trouve dans les endroits cultivés. ☉

Le Cerfeuil est employé en médecine comme antiscorbutique,
dépuratif ; son eau distillée, qui est très-odorante, est fort en
usage. C'est un bon tonique.

C. SYLVESTRE, L. *sp.* 369 ; Dod. *Pempt.* 701. Cerfeuil sauvage. — Tige de 2-3 pieds, glabre, fistuleuse, dressée, rameuse ; feuilles bipinnées ou tripinnées, larges ; folioles allongées, ovales-lancéolées, pinnatifides, incisées, pointues, glabres ;
ombelles terminales à 8-12 rayons inégaux (dans le ombellules
il n'y a guère que la moitié des fleurs qui soit fertile) ; fruits
oblongs, un peu ventrus, marqués de côtes ; involucre nul ;

involucelle de 5-6 folioles courtes, ovales, réfléchies. Fl. blanches. Eté. Se trouve dans les prés et les haies. ♃

C. TEMULUM, L. *sp.* 370 ; Tabern. *Ic.* 94. Tige de 2 pieds, rameuse, presque hispide, rude au toucher, un peu renflée aux articulations, rougeâtre, tachetée ; feuilles bipinnées, velues, à folioles obtuses, incisées, pinnatifides, allongées ; ombelles penchées avant leur épanouissement, à 10-12 rayons presque égaux ; fruits striés, oblongs ; involucre nul ; involucelle de 5-6 folioles réfléchies. Fleurs blanches. Eté. Se trouve communément dans les haies et buissons. ♂

SESELI. Calice entier ; corolle de 5 pétales égaux, courbés en cœur ; fruit petit, ovoïde, strié ; involucre souvent nul ; un involucelle.

S. MONTANUM, L. *sp.* 372 ; Jacq. *Hort. Vind. t.* 159. Tige haute de 1 pied environ, glabre ; pétioles des feuilles radicales simples et entiers, ceux des feuilles de la tige échancrés, comme tronqués, un peu ventrus ; feuilles bi ou tripinnées, à folioles courtes, linéaires, un peu glabres, souvent trifides, un peu ramassées, terminées par une pointe (visible à la loupe) ; presque simples dans le haut de la tige ; ombelle à 8-10 rayons égaux ; fleurs de l'ombellule un peu serrées après la fleuraison ; graines subpubescentes ; involucre à plusieurs folioles courtes, qui tombent facilement, et avant même la maturation de la graine, de sorte qu'on le croit nul ; involucelle à 8-12 folioles plus courtes que les fleurs, et non scarieuses. Fl. blanches. Septembre, octobre. Se trouve dans les montagnes arides, le long des chemins, aux bois de *la Grange*, de *Sèvres*, au *Château-Frayé*, etc. ♃

S. GLAUCUM, L. *sp.* 372. Cette plante ne me parait qu'une variété de la précédente ; presque tous ses pétioles sont entiers et simples ; il n'y a guère que ceux du sommet de la tige qu'on trouve échancrés et un peu ventrus. Fl. blanches. *Id.* Se trouve à *Fontainebleau*. ♃

S. ANNUUM, L. *sp.* 373 ; Jacq. *Aust. t.* 55. Tige dressée, haute de 1 à 2 pieds, un peu flexueuse, rougeâtre, rameuse, pubescente du bas, à articulations noueuses, dures ; toutes les feuilles à pétioles courts, ventrus, scarieux sur les bords, et fortement échancrés, celles-ci sont bipinnées, à folioles planes, linéaires, un peu écartées, peu nombreuses, quelquefois légèrement hispides, terminées par une petite pointe rougeâtre ; l'ombelle est à 15-20 rayons égaux, pubescens, blanchâtres ; l'involucre manque ; l'involucelle a 8-12 folioles plus longues que les fleurs, et scarieuses sur les bords. Fleurs blanches. Juillet, août. Se trouve sur les montagnes, au *Calvaire*, à *Fontainebleau*, etc. ♃

S. PEUCEDANIFOLIUM, N.; *S. elatum*, Thuill. *Fl. par.* 151 ; (non L.). Tige d'environ 2 pieds, rameuse, diffuse, glabre, à articulations noueuses ; pétiole long, échancré, presque simple ; feuilles inférieures trichotomes, tripinnées, les supérieures plus simples ; folioles linéaires, charnues, cylindriques, presque capillaires, fort longues, très-écartées, parfaitement glabres, ainsi que toute la plante (elles sont surtout remarquables en ce que leur extrémité est de couleur jaunâtre, qui tranche avec celle du reste de la feuille, lorsqu'elle est fraîche), et terminée par une sorte de petite pointe aiguë ; ombelle à 6-10 rayons égaux ; involucre nul ; involucelle à 6-8 folioles très-petites ; graines un peu chagrinées dans l'intervalle des stries. Fleurs blanches. Juillet. Se trouve sur les montagnes, à *Fontainebleau.* ♃

S. ELATUM, Gouan. *Illust.* 16, *t.* 8 ; L. *sp.* 375 ? Tige de 1 à 2 pieds, dressée, rameuse, glabre ; feuilles à pétiole entier et simple, bipinnées, glabres ; folioles linéaires très-étroites, souvent trifides ; ombelles de 6-8 rayons égaux ; fruit sans stries, et chargé partout d'aspérités tuberculeuses blanches, ce qui le fait paraître velu à l'œil ; involucre de 4-5 folioles assez longues, pointues ; involucelle de 5-6, dont les bords sont un peu blanchâtres. Fl. blanches. Se trouve aux environs de *Paris ?* ☉ ?

S. CARVI, Decand. *Fl. fr.* 4, *p.* 285 ; *Carum carvi*, L. *sp.* 378 ; Jacq. *Aust. t.* 393. Racine semblable à une rave ; tige dressée, rameuse, haute de 2 pieds, un peu anguleuse, lisse, glabre ; feuilles bipinnées, à folioles comme verticillées autour du pétiole, pinnatifides, incisées, à pétiole échancré dans les feuilles supérieures ; ombelle à 8-10 rayons inégaux ; involucre à 1 feuille ou nul ; involucelle nul ; pétales bifides. Fleurs blanches. Mai, juin. Se trouve dans les prés, à *Meudon*, etc. ♂

OBSERV. Je n'ai pas cité les fig. 2, *t.* 5, et 4, *t.* 9 de Vaillant, qu'on rapporte au *S. montanum* et au *S. annuum ;* parce que, suivant moi, elles ne représentent nullement ces plantes. D'ailleurs les auteurs ne sont pas d'accord à leur sujet ; ils les transportent tantôt à une plante, tantôt à une autre, même à des genres différens. En général, les figures de Vaillant, quoique for' bien dessinées, sont quelquefois inexactes.

PASTINACA. Calice entier ; corolle de 5 pétales courb's en demi-cercle, presque égaux ; fruit elliptique, comprimé, ailé sur les bords, muni de 3 nervures de chaque côté du d's de la graine ; involucre et involucelle nuls.

P. SATIVA, L. *sp.* 376 ; Lam. *Ill. t.* 206. Le Panais.— Tige de 2-3 pieds et plus, fortement creusée en cannelures, glabre, dressée et rameuse ; feuilles simples, glabres, à folioles-ovales, dentées, un peu lobées, incisées, à lobes conflues au sommet ;

ombelle de 20-30 rayons inégaux ; involucre nul ; involucelle semblable.

Var. B. *P. sylvestris*, Mill. Dict. Feuilles velues.

Fleurs jaunes. Se cultive ; la variété B se trouve dans les champs. ♂

SMIRNIUM. Calice entier ; corolle de 5 pétales, pointus, relevés en carène, courbés au sommet, presque égaux ; fruit ovale, comprimé, à 3 nervures sur les côtés, sillonné en dedans ; graines en croissant ; involucre et involucelle nuls.

S. olusatrum, L. *sp.* 376 ; Lob. *Ic.* 708. Tige de 2-3 pieds, anguleuse, glabre, rameuse ; feuilles inférieures trichotomes, les supérieures simplement ternées ; folioles ovales, arrondies, cunéiformes, dentées, un peu échancrées ou lobées ; ombelle de 12-15 rayons égaux, glabres ; point d'involucre ni d'involucelle. Fleurs jaunes. Mai et juin. Se trouve dans les endroits cultivés, à *Champigni*, *Charonne*, *Brunoy*, etc. ♂

ANETHUM. Calice entier ; corolle de 5 pétales entiers, courbés en demi-cercle ; fruit oblong, comprimé, strié ; involucre et involucelle nuls.

A. fœniculum, L. *sp.* 377 ; Gærtn. *Fruct.* 1, *t.* 23. Le Fenouil. — Tiges dressées, hautes de 3 à 5 pieds, grosses, vertes, rameuses, lisses ; feuilles décomposées, à folioles capillaires, d'une odeur agréable lorsqu'on les touche ; ombelles terminales, grandes, planes, à beaucoup de rayons ; fruit ovale, petit, à peine comprimé, à 3 côtes de chaque côté ; involucre et involucelle nuls. Fleurs jaunes. Eté. Se trouve dans les murs, les décombres, les endroits cultivés, à *Saint-Germain*, etc. ♃

La graine de Fenouil est employée à cause de son odeur très-aromatique ; elle est cordiale, stomachique, carminative. Elle entre dans une foule de compositions pharmaceutiques.

A. segetum, L. *Mant.* 219. Tige simple, dressée, de 1 à 2 pieds, glabre, lisse, striée ; feuilles décomposées, à folioles capillaires, plus courtes que dans le fenouil, au nombre de 3 ou 4 sur la tige ; ombelle terminale, à 10-15 rayons ; ombellules à 15-20 rayons assez longs et distincts ; fruits ovales, très-peu convexes, à 3 stries de chaque côté ; involucre et involucelle nuls. Fleurs jaunes. juillet. Se trouve dans les moissons, aux environs de *Paris* ? ☉

A. graveolens, L. *sp.* 377 ; Lob. *Ic.* 776. Aneth, Fenouil puant. — Diffère des précédens par un fruit visiblement comprimé ; son odeur est forte. Fl. jaunes. Juillet. Se trouve aux environs de *Paris* ? ☉

PIMPINELLA. Calice entier ; corolle de 5 pétales entiers, fléchis au sommet en forme d'échancrure, presque égaux entre eux ; fruit ovale-oblong , strié ; stigmates globuleux ; involucre et involucelle nuls.

P. saxifraga , L. *sp.* 378 ; *Fl. dan. t.* 669. Petite Boucage. — Tige dressée , un peu branchue, haute de 1 pied et plus , peu feuillée ; feuilles presque toutes radicales , ailées , à 5-7 folioles ovales-arrondies , incisées ou lobées , la terminale trilobée , les caulinaires très-petites et à divisions linéaires (il y en a même quelques-unes de simples , dans le haut de la tige, qui ne sont que des rudimens des feuilles) ; ombelle penchée avant la fleuraison , à 10-15 rayons presque égaux ; involucre et involucelle nuls.

Var. B. *P. nigra* , Willd. *sp.* 1 , *p.* 1471. Tige et feuilles visiblement velues et un peu noirâtres.

Fleurs blanches. Eté. Se trouve dans les prés secs , les endroits arides , les montagnes. Commune. ♃ ⚥

P. magna , L. *Mant.* 219 ; Jacq. *Aust. t.* 396. La grande Boucage. — Tige de 3 à 4 pieds , dressée , rameuse, un peu anguleuse , glabre ; feuilles ailées , à 5-7 folioles , grandes , larges , ovales , irrégulièrement dentées , un peu lobées , devenant plus étroites en allant vers le haut de la tige ; les feuilles les plus radicales sont simples , ovales-arrondies ou trilobées ; ombelle penchée avant la fleuraison , à 12-15 rayons inégaux ; involucre et involucelle nuls.

Var. B. *P. rubra* , Hop. Fleurs purpurines.

Fl. blanches. Juillet, août. Se trouve dans les bois humides , à *Montmorency* , etc. ♃

P. dissecta , Retz, *Obs.* 3 , *p.* 30 , *t.* 2 ; *P. pratensis* , Thuill. *Fl. p.* 154. Diffère de la précédente , dont elle n'est peut-être qu'une variété , quoique très-différente par le port , par ses feuilles , qui sont ailées , quelquefois bipinnées , et dont toutes les folioles sont allongées , pinnatifides , aiguës , à divisions un peu arquées. Fl. *id.* Se trouve dans les prés , à *Sceaux* , etc. ♃

P. glauca , L. *Mant.* 357 ; Jacq. *Aust. t.* 28. Tige haute de 1 pied , très-rameuse, diffuse , anguleuse , glabre ; feuilles bi ou tripinnées , à laciniures bifides, trifides ou simples , courtes ; dans le haut de la tige, elles sont seulement ailées et plus allongées ; ombelles nombreuses (il en naît au collet de la racine, entre la base des pétioles des feuilles radicales , qui sont irrégulières et à très-peu de fleurs , comme vivipares), souvent simples ou à peu de rayons (2-3) ; ombellules peu considérables , à 5-6 fleurs : toutes ne me paraissent point rapporter des graines ; l'involucre et l'involucelle manquent. Fl. blanches. Mai et juin. Se trouve dans les bois, à *Fontainebleau.* Cette plante est tantôt appelée *P. glauca* , tantôt *P. dioica* , parce que, sous ces deux noms, il n'y a qu'une seule et même espèce, du moins il m'est impossible-d'y remarquer aucune différence. ♃

APIUM. Calice entier ; corolle de 5 pétales arrondis , égaux , courbés au sommet ; fruit ovoïde ou globuleux ; graines marquées de 5 petites côtes ou nervures saillantes ; involucre nul ; involucelle manquant souvent.

A. GRAVEOLENS , L. *sp.* 379 ; Cam. *Epit.* 527. L'Ache. — Tige de 1 à 2 pieds , rameuse , sillonnée , glabre ; feuilles ailées , à 5-7 folioles presque triangulaires , glabres , lobées , marquées de grosses dents , les supérieures à folioles cunéiformes , incisées ; ombelles souvent latérales et sessiles , à 10 rayons , ainsi que les terminales , qui paraissent sortir des ombelles inférieures ; l'involucre et l'involucelle manquent , mais on y voit souvent en leur place de petites folioles trifides ou pinnatifides.
Var. B. *Sativa.* Le Céleri.
Fl. d'un jaune pâle. Eté. Se trouve dans les fossés et marais, aux environs de *Paris ?* La variété B est cultivée. ☉

A. PETROSELINUM , L. *sp.* 379 ; Lam. *Ill. t.* 196 , *f.* 1. Le Persil. — Tige de 2 à 3 pieds , dressée , rameuse , glabre , noueuse aux articulations des branches ; feuilles inférieures bipinnées , à folioles cunéiformes , incisées , lobées , les supérieures simplement ailées , à folioles linéaires-lancéolées ; ombelle terminale , à 6-8 rayons ; involucre nul ou à une foliole ; involucelle à 3-4 folioles très-petites.
Var. B. Feuilles crispées.
Fl. blanches. Tout l'été. Cultivé , et se trouve dans les endroits cultivés. ♂

ÆGOPODIUM. Calice entier ; corolle de 5 pétales entiers , fléchis au sommet en forme d'échancrure , inégaux entre eux ; fruit ovale-oblong , marqué de 3-5 côtes longitudinales sur chaque graine ; involucre et involucelle nuls:

Æ. PODAGRARIA , L. *sp.* 379 ; *Fl. dan. t.* 670. Podagre , herbe aux Goutteux. — Tige dressée , haute de 2 ou 3 pieds , glabre , un peu rameuse ; feuilles inférieures trichotomes , chacune des divisions du pétiole porte 3 folioles ovales , larges , un peu inégalement dentées , entières ; les supérieures simplement ternées et à folioles plus étroites ; ombelle de 12-15 rayons égaux ; involucre nul , ainsi que l'involucelle. Fl. blanches. Juillet. Se trouve dans les bois et les haies , du côté de la machine de *Marly* , etc. ♃

TRIGYNIE. — TROIS STYLES.

VIBURNUM. Calice à 5 lobes courts ; corolle 5-fide, en cloche , 1 baie monosperme.

V. lantana, L. *sp.* 384 ; Jacq. *Aust. t.* 34. Mentiane. — Arbrisseau de 5-6 pieds d'élévation, dont l'écorce des jeunes pousses est comme farineuse ; feuilles ovales, larges, grandes, pubescentes en dessus, velues en dessous et un peu blanchâtres, douces au toucher, denticulées, opposées, pétiolées ; fleurs en corymbe ; pédoncules rameux, cotonneux ; baies noirâtres à leur maturité. Fl. blanches. Mai. Se trouve communément dans les taillis. ♄

V. opulus, L. *sp.* 384 ; *Fl. dan. t.* 661. Arbrisseau de 4 à 6 pieds de haut, dressé, rameux, à bois tendre ; à feuilles opposées, arrondies, à 3 lobes principaux, qui sont à dents irrégulières, comme déchiquetées et pointues, glabres, portées sur des pétioles glanduleux ; à fleurs terminales, disposées en bouquet, dont celles de la circonférence sont plus grandes que les autres, et stériles ; à baies rougeâtres.

Var. B. *V. sterilis.* La Boule de Neige. — Toutes les fleurs stériles.

Fl. blanches. Mai. Se trouve dans les bois ; la variété B se cultive pour l'ornement des jardins. ♄

SAMBUCUS. Calice 5-fide ; corolle en roue, à 5 lobes ; baie à 1 loge, à 3 semences ridées.

S. nigra, L. *sp.* 385 ; *Fl. dan. t.* 545. Le Sureau. — Arbrisseau de 15-20 pieds et plus de haut, à bois cassant, à rameaux creux et remplis de moelle ; à feuilles opposées, pinnées avec impaire ; à folioles au nombre de 5-7, ovales-oblongues, dentées dans les 2 tiers de leurs bords supérieurs, entières à la base, pointues, glabres ; à fleurs nombreuses portées sur des pédoncules rameux, au nombre de 4-5 principaux, et imitant une ombelle ; à baies noires à leur maturité.

Var. B. *S. laciniata,* Mill. *Dict.* 2. Feuilles laciniées.

Fl. blanches. Juin, juillet. Se trouve vulgairement dans les haies et les bois, la variété B dans les haies des jardins. ♄

On fait un grand usage, comme sudorifique, de la fleur de Sureau, dans la pratique de la médecine : on s'en sert en lotion, en fomentation ; on en fait des tisanes ; on prépare avec les fruits un extrait ou *rob ;* il convient dans les maladies vénériennes anciennes, les maladies de la peau, etc.

S. virescens, Desfont. *Trait. des Arb. tom.* 1. Diffère du précédent par son fruit, qui reste vert, même à sa maturité. *Id.* ♄

S. ebulus, L. *sp.* 385 ; Blackw. *t.* 488. Yèble. — Tige herbacée, dressée, haute de 2-3 pieds, rameuse, glabre ; feuilles ailées, avec impaire, glabres, à 7-9 folioles lancéolées, longues, à dents aiguës, et dont un côté de la base est plus long que l'autre ; fleurs en bouquet terminal, portées sur des pédoncules rameux partant de points différens ; baie noire.

Var. B. *S. humilis,* Mill. *Dict.* Feuilles un peu laciniées.

Fl. **blanches. Juin, juillet. Se trouve très-communément sur le bord des chemins et des fossés. ♃**

CORRIGIOLA. Calice à 5 feuilles, membraneuses sur les bords ; corolles de 5 pétales ; une capsule ou noix, arrondie, triangulaire, monosperme.

C. littoralis, L. *sp.* 388 ; *Fl. dan. t.* 334. Petite plante à tige couchée, étalée, très-rameuse, de 3 à 5 pouces de long ; à feuilles alternes, glauques, linéaires, plus larges au sommet, très-entières, un peu épaisses, glabres, munies de stipules scarieuses ; à fleurs terminales, axillaires, fort petites, agglomérées, un peu pédonculées ; à fruit triangulaire (la graine qu'il contient ressemble à une molécule saline par sa transparence et sa blancheur). Fl. blanches. Eté. Se trouve dans les lieux sablonneux, humides, plaine des *Sablons, Fontainebleau, Saint-Léger,* etc. ⊙

ALSINE. Calice à 5 feuilles ; corolle de 5 pétales bifides ; capsule à une loge ; à 3-6 valves.

A. media, L. *sp.* 389 ; *Fl. dan. t.* 438 et 525. Morgeline, Mouron des oiseaux. — Tige couchée, longue de 6 à 12 pouces, tendre, faible, étalée, redressée, glabre, rameuse ; feuilles opposées, rétrécies en pétiole à la base, sessiles en haut de la tige, ovales, entières, glabres, pointues ; fleurs terminales, solitaires, partant de points différens ; calice un peu velu, égalant la longueur des pétales ; capsules à 6 valves ; graines rugueuses et pointillées. Fl. blanches. Tout l'été. Très-commune dans les endroits cultivés, le bord des fossés, etc. ⊙

A. umbellata, Lam. *Fl. fr.* 3, *p.* 45 ; *Holosteum umbellatum,* L. *sp.* 130 ; Lam. *Ill., t.* 31. Tige de 4 à 6 pouces, un peu rameuse du bas, puis simple, dressée, un peu visqueuse, pourvue de quelques poils crochus, auxquels s'attachent des grains de sable ; feuilles sessiles, lancéolées, opposées 2 ou 4 sur les tiges, d'un vert glauque ; fleurs terminales ; une ombelle simple, à pédoncules inégaux, uniflores, réfléchis après la fleuraison ; capsules s'ouvrant largement par le sommet ; graines rugueuses. Fl. blanches. Mars, avril. Se trouve très-communément sur les murs, et dans les endroits stériles. ⊙

Alsine segetalis, L. Vid. *Arenaria segetalis.*

TETRAGYNIE. — QUATRE STYLES.

PARNASSIA. Calice à 5 folioles, persistant ; corolle de 5 pétales ; 5 nectaires lamelleux, à cils globuleux au sommet, placés à la base des pétales ; capsule à 4 valves.

P. palustris, L. *sp.* 391 ; *Fl. dan. t.* 584. Parnassie. — Il part de la racine une ou plusieurs tiges simples, dressées, unifoliées, hautes de 1 pied , glabres ; les feuilles sont radicales , pétiolées (la caulinaire est sessile) , cordiformes , entières et glabres ; il y a une fleur unique et terminale , ayant le calice lancéolé , les pétales arrondis , veinés ; les nectaires sont ciliés et munis de globules jaunes à l'extrémité des cils , qui ressemblent à des pistils ; la capsule est ovoïde , obtuse ; les graines sont petites et nombreuses. Fl. blanches. Septembre , octobre. Se trouve dans les prés et les lieux marécageux des bois , à *Meudon* , *Montmorency* , etc. ♃

PENTAGYNIE. — CINQ STYLES.

STATICE. Calice monophylle , entier , plissé , scarieux ; corolle de 5 pétales ; une graine supère.

S. ARMERIA , L. *sp.* 394 ; Dod. *Pempt.* 564, *f.* 1. Gazon d'Olympe. — Scape s'élevant à 6-8 pouces au plus , glabre ; feuilles touffues , linéaires , très-étroites , sans nervures , glabres , obtusiuscules , point roides ; fleurs en tête serrée , et entourées de bractées ovales , scarieuses , et d'une sorte de gaine réfléchie sur la scape. Fl. roses. Juillet , août. Se trouve dans les prés secs , à *Saint-Mandé* , etc. ♃

S. ELONGATA , Hoffm. *Germ.* 1 , *p.* 150 ; *Fl. dan. t.* 1092 ; *S. pseudo-armeria* , Murray ? — Scape glabre , s'élevant à 15-18 pouces ; feuilles linéaires , lancéolées , aiguës , dressées , marquées de 3 nervures principales , et 2 plus petites , légèrement pubescentes , un peu molles , et douces au toucher ; fleurs semblables à à celles de l'espèce précédente , ayant la tête un peu plus grosse. Fl. *id.* Juin. Se trouve dans les prés montueux , près *Dourdan.* ♃

S. PLANTAGINEA , All. *Fl. ped.* n° 1606 ; *S. arenaria* , Persoon. *Syn.* 332. ; *S. cephalotes* , Willd. *sp.* 1525 , Jacq. *Hort. Vind.* 16 , *t.* 42. Scape de la hauteur de la précédente , glabre et roide ; feuilles lancéolées , linéaires , un peu plissées , torses ou recourbées en arrière , roides , un peu scarieuses sur les bords , marquées de 5-7 nervures , glabres , un peu obtuses , colorées , et comme desséchées au sommet ; fleurs en tête , comme dans les espèces précédentes , avec des bractées écailleuses , allongées , pointues , un peu réfléchies , et plus longues que les fleurs. Fl. *id.* Juin. Se trouve dans les endroits sablonneux et secs , au *Calvaire* , à *Fontainebleau* , etc. ♃

LINUM. Calice persistant , à 5 feuilles ; corolle de 5 pétales ; capsules à 10 valves , à 10 loges monospermes.

L. USITATISSIMUM , L. *sp.* 397 ; Blackw. *Herb. t.* 160. Le Lin. Tige simple , ou peu rameuse , dressée , glabre , haute de 1 à 2 pieds ; feuilles lancéolées , entières , alternes , pointues , glabres , à 2 nervures ; fleurs presque terminales ; calice à folioles ovales , scarieuses sur les bords , surmontées d'une pointe ; corolle à pétales crénelés ; capsule globuleuse , pointue ; graine plane , luisante et très-lisse. Fleurs bleues ou rougeâtres. Juillet. Cultivé, et se trouve dans les endroits cultivés, les moissons. ⊙ •

La graine est fort usitée, en boisson, en lotion, injection, fomentation et lavement; elle est très-adoucissante, et propre contre l'inflammation; dans ce dernier cas, on se sert très-efficacement de sa farine appliquée en cataplasme : c'est une chose étonnante, que la quantité de graine de lin qu'on use tous les ans en cataplasme dans les hôpitaux de Paris.

L. PERENNE, L. *sp.* 397; Mill. *Dict. t.* 166, *f.* 2. Tige consistante, de la même hauteur que le précédent, glabre; feuilles linéaires-lancéolées, à bords un peu roulés en-dessous, un peu roides, alternes, entières, glabres, presque glauques, à une seule nervure, terminées par une pointe piquante; fleurs presque terminales; calice ovale, obtus, scarieux, mais sans pointe, à folioles, marqué de 5 plies ou nervures à la base; pétales échancrés; capsule obtusiuscule, sans pointe. Fleurs bleuâtres. Juin. Se trouve à *Fontainebleau?* Je ne l'ai jamais rencontré. On le cultive dans les jardins sous le nom de *Lin de Sibérie.* ♃

L. TENUIFOLIUM, L. *sp.* 398; Clus. *Hist.* 318, *f.* 2. Tiges simples, s'élevant à environ 1 pied, très-feuillées, glabres ou un peu velues; feuilles éparses, alternes, linéaires, roulées en dessous, hispides sur les bords, rudes au toucher, glabres, très-pointues, un peu roides; fleurs terminales, comme paniculées; calice à divisions lancéolées, terminées par une pointe longue, et garnies de denticules glanduleuses sur les côtés; étamines réunies à la base; fleurs grandes; capsule gonflée, terminée par une pointe courte; graines un peu triangulaires, petites et luisantes. Fleurs couleur de chair. Juin, juillet. Se trouve sur les collines arides, à *Saint-Germain, Fontainebleau, Moret;* il se trouvait autrefois au bois de *Boulogne.* (Clusius.) ♃

L. ANGUSTIFOLIUM, Huds. *Angl.* 134; *L. tenuifolium,* β, L. *sp.* 399. Tiges hautes de 1 à 2 pieds, nombreuses, glabres; feuilles alternes, éparses, linéaires-lancéolées, entières, un peu roulées, à 3 nervures, glabres, très-aiguës au sommet, les supérieures très-fines; fleurs terminales, subpaniculées; calices à folioles elliptiques, un peu membraneuses, presque à 3 nervures, qu'on n'aperçoit bien qu'après la fleuraison, sans glandes sur les côtés, terminées par une pointe, ainsi que la capsule, qui est globuleuse. Fl. bleu clair. Mai, juin. Il a été trouvé à *Fontainebleau.* ♃

L. GALLICUM, L. *sp.* 401; Ger. *Gall. prov. t.* 16, *f.* 1. Tige s'élevant quelquefois à 1 pied, dressée, rameuse, glabre; feuilles éparses, alternes, linéaires, aiguës, glabres, ramassées en assez grand nombre au bas de la tige; fleurs nombreuses, un peu pédonculées, solitaires, ou deux à deux, petites et en panicule; calice à divisions linéaires, allongées, pointues; pétales dépassant peu les divisions du calice ; capsules globuleuses , dépourvues de points ; graines très-petites , très-plates , comme bordées , avec une ligne au milieu. Fl. jaunes. Mai et juin. Se trouve dans les lieux arides, à *Emery*. (Richard.) ☉

L. CATHARTICUM, L. *sp*. 402 ; *Fl. dan. t.* 851. Lin purgatif. — Tige grêle, haute de 5 à 6 pouces, bifurquée en haut, glabre ; feuilles opposées sur la tige, alternes sur les ramifications, ovales-lancéolées ; celles de la base ovales, entières, glabres et espacées ; fleurs terminales ; calice à divisions ovales, pointues, et égalant presque la corolle, qui est aiguë ; capsule globuleuse sans pointe au sommet ; graines aplaties, un peu concaves d'un côté, comme auriculées et membraneuses à une des extrémités. Fl. blanches. Eté. Se trouve dans les allées herbeuses des bois, à *Meudon*, *Yerres* , forêt de *Senart*, etc. ☉

OBSERV. Il faut, pour l'étude du genre *Linum*, que les fruits soient bien mûrs ; sans cela on ne pourra pas voir les dix valves qui composent sa capsule , et il n'en paraît que cinq , parce qu'elles sont comme géminées, et un peu adhérentes.

Linum radiola, L. Vide *Radiola millegrana*.

DROSERA. Calice persistant, à 5 divisions ; corolle à 5 pétales marcescens ; capsule arrondie, entourée par le calice et la corolle, à 3-5 valves qui s'ouvrent du sommet au milieu, à une loge.

D. ROTUNDIFOLIA, L. *sp*. 402 ; Bull. *Herb. t.* 181. Rossoli. — La scape qui naît du milieu des feuilles s'élève à 4—5 pouces ; celles-ci sont arrondies, et dégénèrent en de longs pétioles ; chaque feuille est rougeâtre et garnie, surtout sur la circonférence, de poils glanduleux , rougeâtres , presque déchiquetés ; le corps de la feuille est comme spongieux ; le pétiole est aussi un peu hérissé de ces poils ; les fleurs sont terminales, en épi simple ou bifurqué le long de la tige ; le calice est à folioles obtuses ; les pétales sont ovales ; il y a 6 à 7 styles ; la capsule est ovale—allongée , à 3 valves ; les graines sont longues, petites, noirâtres et nombreuses. Fl. blanches. Juin, juillet. Se trouve dans les marais, à *Meudon*, *Montmorency*. ☉

D. LONGIFOLIA, L. *sp*. 403 ; Lam. *Ill. t.* 220, *f.* 2. Cette plante ressemble entièrement à l'autre, à l'exception des feuilles, qui au lieu d'être arrondies sont ovales-allongées, et se rétrécissent insensiblement en pétiole ; la scape n'est pas droite, elle est redressée ; elle a quelquefois 9 styles. (Smith.) Il y a à l'extrémité des soies rouges de ces deux plantes des gouttes limpides d'un liquide âcre. (Vaillant.) Fl. *id.* Juin, juillet. Se trouve dans les marais tourbeux, à *Saint-Léger*. ☉

CRASSULA. Calice de 5 feuilles ; corolle de 5 pétales ; 5 écailles ovales, nectarifères, à la base du germe ; 5 capsules.

C. RUBENS, L. *Syst.* 253 ; Decand. *Pl. grass. t.* 55. Tige rameuse,

hauté de 2-3 pouces, rougeâtre ou verdâtre, fourchue, glabre;
feuilles charnues, alternes, éparses, cylindriques, allongées, glabres, et souvent rougeâtres; fleurs nombreuses, axillaires, solitaires, sessiles (elles forment quelquefois des grappes terminales et
recourbées); calice court; pétales allongés, finissant en pointe,
blancs, avec une ligne colorée sur le milieu, un peu velus sur le
dos; capsules aiguës, triangulaires, subpubescentes; graines
ovoïdes, à peine visibles, peu nombreuses. Fl. blanches. Eté. Se
trouve sur les vieux murs. Commune. ⊙

POLYGYNIE. — STYLES NOMBREUX.

MYOSURUS. Calice à 5 feuilles, coloré, se prolongeant en
espèce de gibbosité au-dessous du point d'insertion; corolle nulle;
un nectaire pétaliforme; capsules (ou graines) nombreuses, placées sur un réceptacle qui s'allonge considérablement.

M. MINIMUS, L. *sp.* 407; *Fl. dan. t.* 406. Queue de Souris. —
Petite plante touffue à la base, à scape de 2-3 pouces, glabre, et
qui s'épaissit en montant; feuilles linéaires, longues, glabres,
étalées; fleurs petites, solitaires, sur le haut de la hampe; réceptacle d'abord très-petit, s'accroissant jusqu'à avoir plus d'un pouce;
et alors, muni de ses graines, il ressemble exactement à une petite
lime ronde d'horloger. Fl. d'un jaune-vert. Juin, juillet. Se trouve
dans les moissons, à *Montmorency, Tournan, Ville-d'Avrai, Saint-
Hubert.* ⊙

CLASSE VI.

HEXANDRIE. — SIX ÉTAMINES.

MONOGYNIE. — UN STYLE.

GALANTHUS. Calice nul; corolle de 3 pétales concaves; 3 nectaires pétaloïdes, de moitié plus courts, obtus et échancrés; stigmate simple.

G. NIVALIS, L. *sp.* 413; Jacq. *Aust. t.* 313. Perce-neige. —
Hampe de 4 à 5 pouces, grêle; feuilles glauques, ordinairement
au nombre de deux, planes, atteignant la moitié de la hampe et
plus; spathe allongée, linéaire et recourbée; une fleur unique,
penchée, dont tous les pétales ont la même direction, et forment
une sorte de cloche; capsules à 3 valves, à 3 loges; graines globuleuses. Fl. blanches, inodores (nectaires verdâtres). Février. Se
trouve dans les prés couverts, et les bois, parc de *Versailles,*
où elle devient fort rare. ♃

NARCISSUS. Calice nul ; corolle de 6 pétales égaux ; nectaire infundibuliforme d'une seule pièce, renfermant les étamines.

N. POETICUS, L. *sp.* 414 ; Bull. *Herb. t.* 206. Narcisse des Poëtes. — La scape s'élève à 1 pied environ, est dressée, et comme à 2 tranchans ; les feuilles, au nombre de 2-3, sont larges d'environ 3-5 lignes, obtuses, glauques, obscurément carinées sur le dos ; la spathe est membraneuse, souvent à 2 lobes ; il n'y a qu'une fleur unique, terminale, odorante ; le nectaire est en roue, court, crénelé. Fl. blanches (nectaire orangé). Mai. Se trouve dans les champs, autour de Versailles. ♃

N. ANGUSTIFOLIUS, Curt. *Bot. mag. t.* 193. Il diffère du précédent par des feuilles plus étroites (2-3 lignes), parce que les feuilles ont la carène plus aiguë ; et enfin parce que la scape est presque cylindrique. Il s'élève davantage, et fleurit 15 jours plus tôt. Cette plante ayant été confondue jusqu'ici avec la précédente, j'ai cru devoir en faire mention ; c'est elle que l'on cultive le plus abondamment dans les jardins ; je n'ai trouvé que le véritable *N. Poeticus* aux environs de *Paris.* ♃

N. PSEUDO-NARCISSUS, L. *sp.* 414 ; Redout. *Lil.* 3, *t.* 158. Porillon, Narcisse des prés. — La scape comprimée s'élève de 8 à 10 pouces ; les feuilles, au nombre de 2-3, sont planes, obtuses, moins longues que la tige, un peu glauques ; la spathe est indivise, et entoure toujours la base de la fleur, qui est grande, terminale et penchée, d'une odeur peu prononcée ; les pétales sont droits ; le nectaire campanulé, de la longueur des pétales, est plissé en haut, crénelé, et divisé en six parties au sommet. Fl. jaune pâle (le nectaire jaune plus foncé). Se trouve dans les bois et les prés, à *Bondi, Neuilli-sur-Marne, Senart, Chantilli,* etc. ♃

Le Narcisse des prés est une plante nouvellement employée en médecine ; on se sert de l'extrait de ses fleurs contre la coqueluche, à la dose d'un quart de grain jusqu'à un grain ; il a réussi, sinon à guérir, du moins à soulager les épileptiques, dont il recule les accès. M. Deslonchamps a même employé avec succès la poudre de Narcisse des prés dans la dyssenterie et les fièvres intermittentes, à la dose d'un à deux gros, à prendre en cinq à six fois à égale distance. Le Narcisse des prés est émétique ; il est à remarquer que l'eau parait développer le principe émétique dans cette plante, car deux ou trois grains de son extrait font vomir abondamment, tandis qu'un à deux gros de la poudre ne produit quelquefois qu'un ou deux vomissemens. Les bulbes sont également émétiques.

ALLIUM. Spathe à deux valves, multiflore ; fleurs en ombelle globuleuse ; calice nul ; corolle à 6 divisions ouvertes, dont 3 sont extérieures ; capsules triangulaires, à 3 valves, à 3 loges ; style persistant.

* *Feuilles planes ; ombelles bulbifères.*

A. ARENARIUM, L. *sp.* 426; Smith, *Fl. br.* 356; *A. scorodoprasum*, *Fl. dan. t.* 290. La tige qui s'élève à 3-4 pieds est ronde, grosse, garnie de feuilles planes, larges d'environ 6 lignes, crénelées et rudes sur les bords : avant la fleuraison le sommet de la tige est plié en spirale, et se déroule ensuite ; la tête des fleurs est entremêlée de bulbes ; les fleurs sont au nombre d'environ 50 ou 60, pédonculées, penchées ; des 6 étamines il y en a alternativement 1 simple et 1 trifide ; spathe très - courte. Fl. purpurines. Juin, juillet. Se trouve dans les champs sablonneux, à *Saint-Maur* et dans le bois de *Vincennes.* ♃

A. CARINATUM, L. *sp.* 426; Lob. *Ic. t.* 156, *f.* 1. La tige est de 1 à 2 pieds, dressée, ronde, glabre, garnie de 2-3 feuilles planes, étroites, légèrement crénelées (vues à la loupe) sur les stries, carénées, un peu torses, glabres ; la spathe est à 2 valves, terminées par 2 longues pointes inégales ; les fleurs, au nombre de 12-15, sont entremêlées de bulbes, portées sur des pédoncules purpurins, lâches, flexueux, assez longs et divariqués ; toutes les étamines sont simples. Fl. couleur de paille avec une teinte de pourpre. Juin, juillet. Très-commun au bois de *Boulogne.* ♃

** *Feuilles arrondies ; ombelles ne portant que des capsules.*

A. SPHÆROCEPHALON, L. *sp.* 426; Clus. *Hist.* 195, *f.* 1. Tige de 1 à 2 pieds, dressée, garnie de 2-3 feuilles demi-cylindriques, fistuleuses, un peu roides à leur maturité, striées ; spathe courte, ovale, mutique ; une centaine de fleurs en tête ronde, serrée, portées sur des pédoncules bruns, courts ; pétales aigus ; étamines plus longues, et étant alternativement simples et trifides. Fl. d'un rouge-violet ou pourpre, blanches à la base. Été. Se trouve communément dans les endroits sablonneux et stériles, aux bois de *Boulogne*, de *Vincennes*, à *Juvisi*, etc. ♃

A. FLAVUM, L. *sp.* 428; Jacq. *Aust. t.* 181. Tige d'environ 1 pied, glauque, glabre, garnie de 2-3 feuilles demi-cylindriques, striées, fistuleuses ; spathe longue et terminée par 2 pointes très-longues et inégales ; fleurs en ombelle, portées sur des pédoncules jaunes, filiformes, au nombre de 40-60 ; corolles obtuses, comme tronquées ; toutes les étamines simples et plus longues que les pétales. Fl. jaunes. Juin. Se trouve à *Fontainebleau*, sur les murs du petit parc. ♃

A. PALLENS, L. *sp.* 427. Il se distingue de l'espèce précédente par sa tige plus haute (18 à 20 pouces), flexueuse, ses feuilles plus longues, sa corolle plus tronquée, ses étamines moins longues, égalant la corolle, et surtout par la couleur blanchâtre de ses fleurs. Juillet, août. Se trouve dans les allées couvertes des bois, à *Yerres*, etc. ♃

*** *Feuilles arrondies ; ombelles bulbifères.*

A. VINEALE, L. *sp.* 428; Lob. *Ic.* 155, *f.* 2. Tige de 1 à 2 pieds, dressée, garnie de 2-3 feuilles presque cylindriques, fistuleuses ; fleurs en tête, très-peu nombreuses, manquant souvent : on trouve en place, des bulbes qui poussent des folioles longues, ce qui rend l'ombelle comme chevelue ; fleurs, lorsqu'il y en a, à étamines alternativement simples et trifides ; spathe courte.

Var. B. *A. compactum*, Thuill. *Fl. par.* 167. Plusieurs têtes sphériques (2-3), bulbeuses, très-compactes, non hérissées, sur le même pied.

Var. C. *A. pratense*, Schleicher, *Cat. pl. hel.* Une seule tête, bulbeuse, peu fournie, non hérissée ; valves de la spathe à pointes longues.

Var. D. *Sylvaticum*, N. Tige de 2-3 pieds, filiforme ; feuilles très-longues, creuses ; une seule tête à 5-6 bulbes, hérissée.

Fl. rougeâtres. Juin, juillet. Se trouve dans les endroits cultivés assez communément, la var. D à *Saint-Germain.* ♃

A. OLERACEUM, L. *sp.* 429 ; *A. parviflorum*, Thuill. *Fl. p.* 166; Hall. *All. n*° 27, *t.* 2, *f.* 2. Tige d'environ 1 pied, dressée, glabre, garnie de 2-3 feuilles demi-arrondies, striées, fistuleuses et très-menues ; spathe à deux valves, inégales, terminées par de longues pointes ; fleurs, au nombre de 10-12, portées sur des pédoncules inégaux, jaunâtres, longs d'environ 6 lignes ; ombelles bulbifères ; toutes les étamines simples. Fl. couleur de paille. Juin. Se trouve dans les prés et les vignes. ♃ Cette plante se confond facilement dans l'état sec avec l'*A. carinatum ;* mais les crénelures des feuilles, qui n'existent pas dans celles-ci, et les autres caractères, la distinguent bien.

**** *Toutes les feuilles radicales.*

A. MOLY, L. *sp.* 432 ; Swert, *Fl.* 1, *t.* 60, *f.* 2. Ail doré. — Hampe de 1 pied, presque cylindrique ; 2-3 feuilles sessiles, lancéolées, larges de 12 à 15 lignes (on en trouve quelquefois une qui est bien plus étroite, pliée et comme celle des *Allium* à feuilles rondes). Fleurs au nombre d'environ 40, grandes, en ombelle, toutes à capsules, dépourvues de bulbes, et dont les étamines sont simples ; pétales aigus. Fl. jaunes. Avril, mai. Se trouve dans les prés et les bois, à *Stain*, *Saint-Cloud* et *Montmorency.* ♃

A. URSINUM, L. *sp.* 431 ; *Fl. dan. t.* 757. Hampe de 8 à 10 pouces, presque triangulaire ; 2-3 feuilles radicales, portées sur de longs pétioles, lancéolées, planes, larges, marquées de 16 nervures fines ; fleurs au nombre d'environ 12, ayant toutes les étamines simples, à capsules à 3 coques, dépourvues de bulbes. Fl. blanches. Avril, mai. Dans les prés et bois humides, à *Jouy*, *Orsay*, *Montmorency* et *Saint-Léger.* ♃

Les *Allium rotundum* et *parviflorum* n'ont jamais été trouvés aux environs de *Paris*, à ma connaissance.

TULIPA. Calice nul ; corolle de 6 pétales, campanulée ; stigmate sessile sur l'ovaire ; capsule oblongue, à 3 valves, 3 loges ; graines planes.

T. SYLVESTRIS, L. *sp.* 438 ; *Fl. dan. t.* 375. Tulipe sauvage. — Tige de 1 pied, presque nue, dressée, cylindrique ; 2–3 feuilles linéaires-lancéolées, longues ; fleur terminale, penchée avant son épanouissement ; pétales lancéolés, très-aigus ; étamines un peu velue à la base. Fleurs jaunes. Mars, avril. Se trouve dans le parc de *Saint-Cloud*, où elle devient fort rare, à *Melun, Meaux*. ♃

ORNITHOGALUM. Calice nul ; corolle de 6 pétales dressés, persistans, serrés du bas, étalés du haut, dont 3 sont extérieurs ; étamines à filamens élargis à la base ; capsules à 3 valves, 3 loges ; graines rondes.

* *Tous les filamens des étamines non dilatés.*

O. LUTEUM, L. *sp.* 430 ; *Fl. dan. t.* 612. Petite plante dont la tige cylindrique, glabre, s'élève de 1 à 3 pouces ; il nait 1–2 feuilles de la racine, elles sont le double en longueur de la tige, étroites, planes, linéaires ; sur la tige on observe deux folioles ou bractées lancéolées-linéaires, longues de plus de 1 pouce ; il sort de leur milieu 2–5 pédoncules uniflores, glabres, égaux ; les fleurs ont les pétales lancéolés, obtus. Fleurs jaunes. Mars, avril. Habite dans les champs et les lieux cultivés, dans les allées des parcs et jardins. Rare. ♃

O. MINIMUM, L. *sp.* 440 ; *O. arvense*, Pers. *Ust. Annal.* 5, *p.* 8, *t.* 1, *f.* 2. Se distingue de l'espèce précédente à ses pédoncules velus, souvent rameux, et à ses pétales extérieurs qui sont velus, et un peu aigus. Fleurs jaunes. Mars, avril. Se trouve dans les champs et les endroits cultivés, plaine de *Grenelle*, parc de *Fontainebleau*, *Meudon*, etc. ♃

O. PYRENAICUM, Jacq. *Aust.* 2, *t.* 103. Tige de 2 pieds, presque nue, arrondie ; 6–8 feuilles radicales canaliculées, se séchant de bonne heure, de sorte qu'on ne les trouve plus quand la plante est en fleur ; fleurs en épi terminal, portées sur des pédicelles accompagnés à la base d'une bractée de moitié plus petite ; après la fleuraison, les fruits se dressent et se serrent contre la tige ; étamines égales entre elles.

Var. B. *O. stachyoides*, Aiton. *Kew.* 1, *p.* 441 ; Ren. *sp.* 50, *t.* 90. Bractées de la longueur des pédicelles ; étamines inégales ; fleurs plus grandes, plus serrées.

Fleurs d'un blanc-jaunâtre, mêlé de vert dans le milieu des pétales. Juin. Se trouve dans les bois et les prés, à *Montmorency*, *Neuilly-sur-Marne*, *Bondi*, *Senart*, etc. la var. B à *Fontaine-bleau*. ♃

** *Filamens des étamines alternativement dilatés.*

O. UMBELLATUM , L. *sp.* 441 ; Jacq. *Aust. t.* 343. Dame d'onze heures. — Hampe de 5 à 10 pouces , arrondie ; feuilles radicales longues, étroites, planes , étalées , molles ; fleurs terminales disposées en grappes, ressemblant à une ombelle, parce que les pédicelles les plus bas sont les plus longs , et accompagnés de longues bractées membraneuses , plus courtes qu'eux. Fleurs blanches , ayant le dos des pétales verts , 3 étamines dilatées à la base. Avril , mai. Se trouve dans les bois , à *Saint-Cloud* , *Verrières* , etc. ♃

O. NUTANS , L. *sp.* 441 ; Jacq. *Aust. t.* 301. Hampe de 1 pied environ ; feuilles plus longues qu'elle , planes , molles , étroites ; fleurs en grappe ou épi lâche , penché , portées sur de courts pédoncules , accompagnés de bractées aussi longues que lui et la fleur qu'ils portent ; corolle grande ; pétales allongés , obtus ; filets des étamines soudés à leur base , et dont 3 sont alternativement plus larges , et terminés , outre l'anthère , par 2 cornes. Fl. verdâtres. Avril , mai. Cette plante a été trouvée dans le parc de *Montereau* , près *Neuilly* , par M. Desvaux. ♃

PHALANGIUM. Calice nul ; corolle de 6 pétales , ouverte , persistante ; étamines glabres , filiformes ; capsule à 3 valves , à 3 loges ; graines arrondies.

P. RAMOSUM , Lam. *Dict.* 5 , *p.* 250 ; *Anthericum ramosum* , L. *sp.* 445 ; Jacq. *Aust. t.* 161. Tige rameuse du haut , presque nue , cylindrique ; feuilles longues , étroites , planes , canaliculées , atteignant les 2 tiers de la tige ; rameaux formant la panicule , accompagnés d'une feuille à leur naissance ; fleurs éparses , pédonculées , avec une petite bractée à la base ; style dressé. Fleurs blanches , avec 3 raies sur chaque pétale. Juin , juillet. Se trouve dans les bois , à *Saint-Germain* , *Fontainebleau* , *Compiègne* , etc. ♃

P. LILIAGO , Schreb. *Spic.* 36 ; *Anthericum liliago* , L. *sp.* 445 ; Lam. *Ill. t.* 240 , *f.* 2. Tige nue , cylindrique , simple , haute de 1 — 2 pieds ; feuilles radicales , planes , un peu en gouttières , étroites , flexueuses ; on voit sur la tige 1 ou 2 folioles ; fleurs disposées en épi sur le haut de la tige , écartées à la base , rapprochées au sommet ; corolles le double de celles de l'espèce précédente , portées sur des pédoncules munis d'une bractée à la base ; style incliné ; graine noire , anguleuse. Fleurs blanches , avec 3 raies sur chaque pétale. Mai , juin. Se trouve dans les bois touffus , à *Fontainebleau* et *Compiègne.* ♃

SCILLA. Calice nul ; corolle de 6 pétales , ouverte , caduque ; filamens des étamines filiformes ; graines arrondies.

S. AUTUMNALIS , L. *sp.* 443 ; Cav. *Ic. t.* 274 , *f.* 2. Hampe de 4-6 pouces ; 5-6 feuilles longues , filiformes , arrondies , plus courtes qu'elle ; une douzaine de fleurs en épi court , lâche , à pédoncules filiformes, alternes, dépourvus de bractées. Fleurs bleues. Août, septembre. Se trouve dans les bois secs; au bois de *Boulogne*, etc. ♃

S. BIFOLIA, L. *sp.* 443; Jacq. *Aust. t.* 117. Tige presque nue, haute de 4 à 6 pouces; 1–3 feuilles planes, larges de 2 lignes, un peu obtuses; 3–8 fleurs en corymbe ou épi lâche; fleurs portées sur des pédoncules alternes d'autant plus longs, qu'ils sont plus inférieurs, dénués de bractées. Fleurs bleues. Mars, avril. Se trouve dans les prés et les bois, forêt de *Senart*, bois des *Camaldules*, etc. ♃

S. NUTANS, Smith. *Fl. brit.* 1, *p.* 366; *Hyacinthus non scriptus*, L. *sp.* 453; *H. cernuus*, Thuill. *Fl. p.* 174. Hampe d'environ 1 pied, grêle; feuilles planes, molles, un peu plus courtes que la hampe, tombantes, étroites, linéaires; 3–6 fleurs terminales, presque sessiles, rapprochées, penchées avant la fructification, ayant le sommet des divisions de la corolle un peu roulé; ensuite elles se redressent, et les débris des pétales sont réfléchis; 2 bractées filiformes, colorées, situées à la base des pédoncules; graines noires et luisantes. Fleurs bleues, odorantes. Avril, mai. Se trouve très communément dans les bois. ♃

S. PATULA, Decand. *Fl. fr.* 3, *p.* 211; *Hyacinthus patulus*, Desf. *Cat. Hort. par.* 26; *Hyacinthus non scriptus*, Thuill. *Fl. par.* 173 (non L.). Hampe de 1 pied environ, grosse, forte, dressée; feuilles (4–5) étalées par terre, lancéolées-linéaires; 12–15 fleurs en épi interrompu, droit; pétales écartés (ils sont rapprochés par la base dans l'espèce précédente), non roulés; pédoncules accompagnés de 2 bractées, dont une plus large; graines luisantes, un peu rugueuses, noires. Fleurs bleues. Mai. Se trouve dans les bois, à *Neuilly-sur-Marne*. ♃

CONVALLARIA. Calice nul; corolle globuleuse, à 6 divisions peu profondes; baie globuleuse, à 3 loges monospermes.

C. MAJALIS, L. *sp.* 451; Lam. *Ill. t.* 248. Le Muguet. — Hampe haute de 4 à 6 pouces, grêle; 2-3 feuilles ovales, ou ovales-lancéolées, pointues, plissées à la base, plus hautes que la hampe, qui a 4-6 fleurs placées le long de son extrémité, écartées, penchées, et portées sur de courts pédoncules unilatéraux, ayant une bractée à la base; baie tachée avant la maturité. Fl. blanches, très-odorantes. Mai. Se trouve dans les bois, à *Romainville*, etc. Commune. ♃

Le Muguet est un assez bon sternutatoire; il entre, à ce titre, dans plusieurs compositions pharmaceutiques.

MUSCARI. Calice nul; corolle ovoïde, renflée dans le milieu, resserrée en grelot et à 6 dents au sommet; capsule à 3 angles, à 3 loges; 2 graines dans chaque loge.

M. racemosum, Mill. *Dict. n°.* 3 ; *Hyacinthus racemosus* , L. *sp.* 455 ; Clus. *Hist.* 181. Ail des Chiens. — Hampe de 6 à 8 pouces, dressée ; feuilles plus longues qu'elle , junciformes, avec une gouttière d'un côté , faibles ; fleurs terminales , en épi court , ovoïde , à fleurs penchées , pédonculées , imbriquées , petites. Fl. bleu foncé , avec un rebord blanchâtre. Avril , mai. Commun dans les endroits cultivés , plaine du *Point-du-Jour* , etc. ♃

M. comosum , Mill. *Dict. n°.* 2 ; *Hyacinthus comosus* , L. *sp.* 455 ; Lob. *Ic.* 106 , *f.* 2. Vaciet. — Tige presque nue , d'environ 1 pied , ronde , assez grosse , dressée ; 2 ou 3 feuilles plus longues qu'elle , planes , assez larges , un peu ondulées sur leur longueur ; fleurs disposées en une longue grappe lâche ; pédoncules accompagnés de courtes bractées , placés à angles droits ; grappes terminées par des fleurs stériles , à pédoncules plus longs , ce qui forme une sorte de houppe bleue. Fl. bleues. Mai. Se trouve très-communément dans les champs et les prés , à *Vincennes* , etc. ♃

POLYGONATUM. Calice nul ; corolle cylindrique , infundibuliforme , à 6 divisions peu profondes ; baie globuleuse à 3 loges monospermes.

P. uniflorum , Desfont. *Cat. hort. p.* 21 ; *Convallaria polygonatum* , L. *sp.* 451 ; *Fl. dan. t.* 377. Le Sceau de Salomon. — Tige de 1 à 2 pieds , arquée , anguleuse, à 2 tranchans , garnie dans sa moitié supérieure de feuilles alternes , ovales-oblongues , sessiles , dressées , marquées de nervures ; pédoncules axillaires , grêles , portant 1 ou 2 fleurs ; baie bleue. Fl. blanches. Avril , mai. Se trouve dans les bois. ♃

P. multiflorum, Desf. *l. c.* ; *Convallaria multiflora* , L. *sp.* 452 ; Clus. *Hist.* 1 , *p.* 275 , *f.* 2. Diffère du précédent , auquel il ressemble beaucoup , par sa tige presque arrondie, ses feuilles ovales-lancéolées , ses pédoncules portant 2 - 5 fleurs , et ses baies rougeâtres. Fl. blanches. Avril , mai. Commun. ♃

P. latifolium , Desf. *l. c.* ; *Convallaria latifolia* , Jacq. *Aust. t.* 232. Tige épaisse , anguleuse, comme ailée , arquée, plus courte que celle des espèces précédentes ; feuilles ovales-courtes , sessiles , obtuses , dressées, plissées, alternes ; pédoncules axillaires , courts , portant 2 - 4 fleurs , grosses et plus courtes que celles des autres espèces ; baie bleuâtre. Fl. blanches. Mai. Se trouve dans les bois épais ; au bois de *Boulogne* , etc. ♃

ASPARAGUS. Calice nul ; corolle à 6 divisions , dont 3 intérieures , réfléchies au sommet ; baie à 3 loges , chacune à 2 graines.

A. officinalis , L. *sp.* 448 ; *Fl. dan. t.* 805. Tige dressée , cylindrique , verte , très-rameuse , paniculée ; feuilles capillaires , courtes , nombreuses , pointues , disposées par faisceaux de 2 à 5 , avec une stipule écailleuse à la base ; fleurs solitaires , axillaires, souvent dioïques , portées sur des pédoncules renflés aux deux tiers de leur longueur ; baie rougeâtre.

Var. **B.** *Sativa.* L'Asperge.

Fl. verdâtres. Eté. Se trouve dans les endroits sablonneux , au bois de *Boulogne* , etc. La variété B cultivée, et alimentaire. ♃

JUNCUS. Calice à 6 divisions , scarieuses, dont 3 extérieures, avec des écailles à la base; corolle nulle; capsules à 3 valves, à 3 loges polyspermes ; (feuilles rondes).

** Tiges nues.*

J. conglomeratus , L. *sp.* 464 ; Lam. *Ill. t.* 250 , *f.* 1. Tige de 2-3 pieds , lisse , cylindrique ; feuilles radicales, presqu'aussi longues qu'elle, et paroissant n'être que des tiges sans fleurs ; celles-ci sont ramassées presqu'à l'extrémité de la tige , latérales , portées par des pédoncules rameux, de manière à paraitre sessiles, en tête ; calice à divisions étroites , aiguës , débordant un peu la capsule , qui est obtuse , luisante , brune, comme tronquée ; la tige se prolonge au-dessus des fleurs, et paraît n'être, si on fait attention à l'étranglement qui existe à leur naissance, qu'une longue bractée. Fl. brunes. Juin. , juillet ; se trouve dans les fossés humides. Commun. ♃

J. effusus , L. *sp.* 464 ; *Fl. dan. t.* 1096. Cette plante ressemble parfaitement à la précédente par la tige , le feuillage et la position des fleurs ; mais, au lieu d'être ramassées en peloton , elles forment plusieurs panicules lâches , divariquées , pendantes ; les fleurs sont moitié plus petites , verdâtres , elles ont les dents du calice plus aiguës, et la capsule obtuse , blonde , moins globuleuse ; la panicule est quelquefois resserrée, mais la plante se reconnait toujours aux caractères de la fleur. Fl. blanchâtres ou verdâtres. Mai. Se trouve dans les fossés marécageux des bois et des chemins. ♃

J. glaucus , Willden. *sp.* 2 , *p.* 206 ; *J. inflexus,* L. *sp.* 246 ? Moriss. *sect.* 8 , *t.* 10 , *f.* 25. Jonc des Jardiniers. — Tige de 1 à 2 pieds , grêle , dure , glauque , cylindrique , flexueuse du haut ; feuilles cylindriques, déliées , dressées . glauques , dures , moins longues qu'elle ; tige et feuilles colorées d'une belle couleur pourpre à la base ; fleurs en panicule dressée , resserrée, ayant les calices aigus , égaux à la capsule , qui est gonflée et surmontée d'une pointe courte et grosse ; sommet de la tige ou bractée flexueuse et tombante , plus longue que les fleurs. Fl. brunes. Juillet. Se trouve dans les fossés desséchés , à *Yerres* , *Tournans* , etc. ♃

J. filiformis , L. *sp.* 465 ; Pluk. *Alm. t.* 40 , *f.* 8. Tige élevée d'environ 1 pied , grêle , molle , glauque , dressée ; feuilles glauques et molles ; fleurs peu nombreuses , en panicule latérale, portées sur des pédoncules filiformes, et accompagnées, outre la grande bractée caulinaire, d'une autre très-menue, longue, et déliée comme une soie à l'extrémité; calice à dents aiguës; capsule sphérique, globuleuse, avec une pointe mousse. Fl. d'un vert pâle. Juin, juillet. Se trouve dans les marais tourbeux, aux environs de *Paris*? ♃

J. SQUARROSUS, L. *sp.* 465; *Fl. dan. t.* 430. Tige d'environ 1 pied, dressée, roide, ronde; feuilles radicales atteignant le tiers de la tige, déliées, subulées, roides, glauques; fleurs terminales, en 1 ou 2 petites grappes dressées, de 2-3 fleurs chacune, sortant d'une spathe membraneuse; dents du calice peu aiguës; capsules globuleuses, obtuses, terminées par une espèce de mamelon. Fl. brunes. Mai, juin. Se trouve dans les endroits humides, à *Saint-Léger*, *Poigni*, *Fontainebleau*, etc. ♃

** *Tiges feuillées; feuilles sans nœuds.*

J. BULBOSUS, L. *sp.* 466; *Fl. dan. t.* 431. La racine n'est pas bulbeuse, comme son nom semblerait l'indiquer; elle est horizontale et rampante; les tiges sont dressées, feuillées, grêles, hautes d'environ 1 pied, comprimées à la base; les feuilles très-étroites, canaliculées, molles, les supérieures dépassent la tige, il y en a 1 terminale; les fleurs sont en 2-3 panicules terminales, serrées, qui semblent réunies; elles sont entourées de bractées foliacées plus ou moins longues, très-fines; les calices sont obtus, scarieux; les capsules allongées et obtuses. Fl. verdâtres. Eté. Se trouve dans les fossés, le long des chemins. Commun. ♃

J. BUFONIUS, L. *sp.* 466; Lob. *Ic.* 18, *f.* 2. Tiges paniculées, très-rameuses dans leur moitié supérieure, diffuses, filiformes, hautes de 1 pied environ; feuilles capillaires, anguleuses, longues; panicules rameuses, fort longues, étalées, articulées; fleurs sessiles, solitaires ou géminées, très-nombreuses, avec des bractées à la base (outre les bractées du calice); calice scarieux sur les bords, fort aigu, à folioles terminées par une pointe; capsule obtuse, plus courte que le calice, et de couleur mordorée.

Var. B. *J. repens*, Scheuch. *Gram.* 329. Tige petite; fleurs toutes solitaires; calice terminé par une longue pointe.

Fl. verdâtres. Eté. Se trouve communément dans les allées des bois, les fossés, etc. ☉

J. TENAGEYA, L. *f. suppl.* 208; *J. Vaillantii*, Thuill. *Fl. par.* 177; Vaill. *bot. t.* 20, *f.* 1. Tige de 4 à 8 pouces, paniculée, dressée, un peu roide, rameuse; feuilles assez courtes, sétacées, fines; panicules dichotomes constituant la moitié de la plante, et portant des fleurs solitaires, courtes, distantes, éparses, petites, avec une bractée opposée; calices à divisions un peu aiguës, ovales ; capsules globuleuses, obtuses, fort courtes, presque égales au calice. Fl. brunes. Juillet, août. Se trouve dans les lieux où l'eau a séjourné l'hiver, à *Fontainebleau*, *Saint-Léger*, *Meudon*, etc. ☉

J. PYGMEUS, Thuill. *Fl. par.* 178. Tige de 1 à 3 pouces, grêle, filiforme, presque simple ; feuilles très-déliées, comprimées, les radicales aussi longues que la plante ; à-peu-près au milieu de la tige il sort d'une spathe foliacée 2 pédicelles menus qui donnent naissance à des fleurs, puis il part d'entre ces fleurs 2 autres pédicelles qui portent un ou deux autres fascicules ; chaque fascicule est composé de 4-6 fleurs oblongues, écartées en étoile, entourées d'écailles scarieuses presque aussi longues qu'elles ; les divisions du calice sont resserrées, striées, aiguës, plus longues que la capsule, qui est triangulaire, longue, très-pointue, comme comprimée et verdâtre. Cette fleur n'a que 3 étamines. (Decandolle.) Fl. verdâtres. Juin, juillet, août. Se trouve dans les lieux humides, à l'étang de *Saint-Hubert*, à *Fontainebleau*. ☉

*** *Tiges feuillées ; feuilles noueuses.*

J. SUBVERTICILLATUS, Willd. *sp.* 2, *p.* 212 ; *J. sepinus*, Roth. *Germ.* 1, *p.* 156 ; *Fl. dan. t.* 1099. La tige est couchée, atteignant 4 à 6 pouces de long, un peu noueuse, arrondie, gonflée aux articulations ; les feuilles radicales sont déliées, longues, finement noueuses ; les fleurs sont sessiles sur 2-3 points de la tige, qu'on pourrait considérer comme des pédicelles, puisqu'on les voit sortir d'une spathe foliacée ; elles sont réunies 3-5 ensemble, entourées de folioles scarieuses, et poussant quelques feuilles sétacées qui imitent l'involucre ; le calice a ses folioles aiguës, plus longues que la capsule, qui est triangulaire, obtuse, à 3 valves, à 1 loge. Fleurs à 3 étamines, comme l'espèce précédente. (Decandolle.)

Var. B. *J. uliginosus*, Roth. *Germ.* 1, *p.* 155 ; *J. fluitans*, Lam. *Dict.* 3, *p.* 270 ; *Fl. dan. t.* 817. Tige et feuilles flottantes, très-longues, capillaires ; glomerules, avec ou sans feuilles.

Var. C. *Erectus*, N. Tige dressée, glomerules de fleurs non foliacés, et dont les pédicelles sortent d'une spathe foliacée.

Fl. brunes. Eté. L'espèce et la variété C se trouvent aux bords des eaux marécageuses, dans les endroits desséchés. La variété B dans l'eau, à *Saint-Léger*, *Tournant*, *Meudon*, etc. ♃

J. ARTICULATUS, L. *sp.* 465 ; *J. obtusiflorus*, Ehrh. *Gr.* 76 ; *Fl. dan. t.* 1097. Tige simple de 1 à 2 pieds, cylindrique, sans nœuds ; 2-3 feuilles dressées, très-noueuses, articulées, un peu comprimées, pointues ; fleurs pelotonnées par 2-3, disposées en panicule terminale, décomposée, très rameuse, divariquée ; divisions du calice obtuses ; capsule obtuse, luisante, surmontée d'une pointe mousse, et qui seule dépasse le calice. Fl. d'un jaune-pâle. Eté. se trouve communément dans les fossés, les marais, etc. ♃

J. sylvaticus, Vill. *Dauph.* 2, *p.* 232; *J. acutiflorus*, Erhr. *Gram.* 66; Morris. *s.* 8, *t.* 9, *f.* 1. Diffère du précédent par ses feuilles non comprimées, mais arrondies; sa panicule moins étalée, plus rameuse; surtout par les divisions du calice qui sont très-aiguës, et dont les trois intérieures sont plus longues; la capsule égale celles-ci, elle est aiguë, et a une pointe. Fl. d'un brun-noirâtre. Eté. Plus commun que le précédent, dans les ruisseaux et fossés des bois. ♃

Le *Juncus acutus*, L. est une plante maritime, et ne vient pas aux environs de Paris; c'est à tort qu'il a été placé dans la Flore de cette capitale.

Tous les *Juncus*, L. à feuilles planes. Vide *Luzula*.

LUZULA. Calice à 6 divisions scarieuses, dont 3 extérieures, avec des écailles à la base; corolle nulle; capsules à 3 valves, à 1 loge, à 3 graines; (feuilles planes).

L. vernalis, Decand. *Fl. fr.* 3, *p.* 160; *Juncus vernalis*, Ehrh. *Beit* 6, *p.* 137; *J. pilosus*, α, L. *sp.* 468; Leers. *Herb. t.* 13, *f.* 10. Tige haute d'environ 1 pied, dressée, glabre, garnie de quelques feuilles courtes, presque toutes radicales, larges de 4-5 lignes, planes, longues, dressées, munies de quelques poils longs et rares sur les bords; celles de la tige ont les gaînes et les bords beaucoup plus velus, ainsi que la spathe; fleurs étalées en corymbe terminal, portées sur des pédoncules qui quelquefois n'en contiennent qu'une, d'autres fois de 2 à 4; calice à divisions égales, terminées par une pointe; capsule verdâtre, plus courte que les divisions du calice, et comme obtuse. Fl. brunâtres. Avril, mai. Se trouve dans les bois communément. ♃

L. Forsteri, Decand. *Synop. p.* 150; *Juncus Forsteri*, Smith, *Fl. brit. p.* 1395; *Engl. bot. t.* 1293. Tiges en touffes, simples, dressées, hautes de 12 à 15 pouces, grêles, glabres, feuillées; feuilles atteignant à peine la moitié de la tige, étroites, presque pubescentes, et garnies sur les bords et à leur gaîne de longs poils blancs, soyeux et rares; corymbe terminal, composé de pédoncules inégaux, portant de 2 à 4 fleurs peu étalées, à divisions aiguës, plus longues que la capsule, qui est un peu pointue. Fl. jaunâtres. Mai. Se trouve dans les bois, à *Saint-Cloud, Sèvres, Saint-Germain;* etc. ♃

L. nivea, Decand. *Fl. fr.* 3, *p.* 158; *Juncus niveus*, L. *sp.* 468; Scheuch. *Gram. t.* 7, *f.* 7. Les tiges s'élèvent à 2 pieds, sont striées, feuillées; les feuilles longues, les caulinaires dépassant la tige, sont tortillées, et presque subulées à l'extrémité, un peu en gouttière dans le reste, garnies de poils longs et rares sur les bords et à l'ouverture de leur gaîne; les fleurs sont en têtes réunies par 5-8 sur des pédoncules, serrées, d'un beau blanc, ayant les divisions du calice aiguës, ainsi que celles de la corolle, qui sont beaucoup plus longues, et renferment une capsule noire. Fl. blanches. Juin. Dans les bois, à *Saint-Léger*. ♃

L. CAMPESTRIS, Decand. *Fl. fr.* 3, *p.* 161 ; *Juncus campestris*, L. *sp.* 468 ; Leers. *Herb.* t. 13, *f.* 5. Racine rampante ; tige petite, s'élevant à environ 6 pouces, dressée, presque dépourvue de feuilles ; celles-ci sont radicales, un peu étalées, planes, garnies de longs poils sur les bords et à l'ouverture de la gaine ; fleurs en épis terminaux, presque globuleux, au nombre de 3-4, les uns pédonculés, penchés, celui du milieu sessile ; calices aigus, plus longs que la capsule, qui renferme des graines rousses. Fl. brunes. Mai. Se trouve dans les bois et les champs secs très - communément. ♃

L. ERECTA, Desvaux, *Monogr. Journal bot.* t. 1, *p.* 156 ; Host. *Gram. Ic.* t. 97, *f.* 5 ; *L. campestris*, var. γ, Decand. *Fl. fr. l. c.* ; *Juncus intermedius*, Thuill. *Fl.* par. 178. Cette espèce diffère de la précédente par sa racine non rampante ; sa tige est plus haute du double ; ses têtes sont en épis dressés, et ses capsules plus grosses dépassent les valves externes et internes du calice : elle pourroit bien n'être qu'une variété de la précédente.

Var. B. *Juncus congestus*, Thuill. *Fl. p.* 179. Epis tous sessiles et rapprochés.

Fl. *id.* Se trouve très-communément dans les bois. ♃

BERBERIS. Calice de 6 feuilles ; corolle de 6 pétales, munis de glandes à leur base interne ; style nul ; baie à 2-3 graines.

B. VULGARIS. L. *sp.* 471 ; Lam. *Ill.* t. 253, *f.* 1. Berberis, épine-vinette. — Arbrisseau de 3-5 pieds, d'un bois jaunâtre, à écorce grise, cendrée, chargé d'épines ternées à la base des rameaux ; feuilles par bouquet de 3 ou 4, partant du même bouton, ovales-renversées, dégénérant en pétiole, plus vertes en dessus, cilioso-dentées sur les bords ; fleurs en grappes pendantes ; pédicelle muni de petits crochets épineux, courbes ; baies rouges, oblon-gues ; étamines irritables. Fl. jaunes, petites. Mai. Se trouve dans les haies et les buissons. ♄

On fait avec le fruit du Berberis un sirop acide, qui est rafraî-hissant et astringent ; son suc entre dans quelques compositions pharmaceutiques.

LYTHRUM. Calice tubuleux à 12 dents, dont 6 sont alterna-ivement membraneuses, plus courtes, et 6 sétiformes, plus longues ; corolle de 6 pétales attachés au sommet du calice ; cap-sule cylindrique, un peu prismatique, à 4 loges, polyspermes.

L. HYSSOPIFOLIUM, L. *sp.* 642 ; Jacq. *Aust.* t. 133. Tige de 6 à 5 pouces, rameuse, couchée ou redressée, un peu diffuse, dure, glabre comme toute la plante ; feuilles alternes, linéaires, sessiles, entières, quelquefois un peu ovales, un peu obtuses ; fleurs axillaires, petites, sessiles ; capsule couronnée par les dents du calice, s'appliquant contre la tige après la fleuraison ; graines fines, gonflées, jaunes. Fl. rouges. Juin, juillet. Se trouve dans les lieux où l'eau a séjourné l'hiver, aux buttes de *Sèvres*, etc. Assez commune. ⊙

L. salicaria, L. Vide *Salicaria spicata*.

PEPLIS. Calice à 12 dents, dont 6 alternativement plus petites ; corolle nulle ou à 6 pétales ; capsule courte, à 2 loges.

P. PORTULA, L. *sp.* 474 ; Vaill. *Bot. t.* 15, *f.* 5. Tige longue de 5 à 6 pouces, glabre, étalée, couchée, redressée à l'extrémité, poussant de ses nœuds de petites racines ; feuilles opposées, arrondies au sommet, presque spathulées, dégénérant en pétiole ; fleurs petites, sessiles dans toutes les aisselles des feuilles ; capsule globuleuse, luisante, polysperme. Fl. rougeâtres. Juin, juillet. Se trouve au bord des mares où l'eau a séjourné, à *Meudon*, *Tournans*, etc. Commune. ⊙

TRIGYNIE. — TROIS STYLES.

COLCHICUM. Calice nul ; corolle à 6 divisions, dont 3 intérieures, campanulée, portée sur un long tube partant du bulbe ; capsule à 3 lobes profonds, réunis à la base, enflés.

C. AUTUMNALE, L. *sp.* 485 ; Bull. *Herb. t.* 18. Colchique, Veillote. — La fleur paraît en automne, elle est solitaire, ou 2 à 2 ; ses pétales sont lancéolés, un peu obtus ; les feuilles viennent au printemps suivant ; elles sont lancéolées, entières, larges, planes, dressées, au nombre de 3-4, avec une gaine 2 ou 3 fois plus large que la tige qu'elles renferment, et qui s'élèvent à 6 ou 8 pouces ; la capsule est ventrue et a ses lobes terminés par 3 pointes aiguës ; les graines sont globuleuses, noires. Fl. d'une couleur lilas pâle, à tube blanc. Se trouve abondamment dans les prés humides. ♃

L'oignon récent du Colchique est très-énergique, et ses effets sont violents ; on s'en sert pourtant avec avantage dans quelques cas. On en fait un oximel et un vin, qu'on emploie à petite dose ; savoir, le sirop à 1 gros ou 2, et le vin par demi-cuillerées : on peut répéter ces doses plusieurs fois dans les vingt-quatre heures. Le Colchique est un puissant incisif, un diurétique actif ; mais la propriété émétique, qu'il a aussi à un degré marqué, est cause qu'on n'en fait pas un usage très-fréquent. Sa force nécessite de ne l'employer que dans des circonstances où il faut agir avec une sorte de violence, comme dans l'hydropisie de poitrine, l'ascite, l'anasarque, etc.

RUMEX. Calice en 3 parties ; corolle de 3 pétales connivens, persistans ; une graine triangulaire.

* *Pétales entiers, granifères.*

R. AQUATICUS, L. *sp.* 479; *R. hydrolapathum*, Huds. *Angl.* 15; Blackw. *Herb. t.* 490. Patience aquatique. — Tige rameuse, haute de 4-5 pieds, dressée, épaisse, cannelée; feuilles radicales, grandes (1-2 pieds), pétiolées, lancéolées, larges, atténuées par les 2 bouts, très-légèrement crénelées, un peu ondulées, surtout sur la tige; fleurs nombreuses, semi-verticillées, disposées en panicule; pétales entiers, ovales-lancéolés, chargés d'un grain ou tubercule oblong, manquant quelquefois sur le même pied. Fl. herbacées. Août. Se trouve dans les ruisseaux et les étangs, à *Saint-Gratien*, etc. ♃

R. CRISPUS, L. *sp.* 476; Curt. *Lond. t.* 104. Patience, Parelle. — Tige élevée de 2-3 pieds, arrondie, branchue; feuilles lancéolées-linéaires, pétiolées, ondulées-crépues sur les bords, les supérieures sessiles et plus étroites; fleurs paniculées, semi-verticillées; pétales arrondis, entiers et chargés d'un grain presque globuleux. Fl. *id.* Se trouve le long des chemins et fossés un peu humides. ♃

Cette espèce est surtout celle dont on emploie la racine dans les officines de Paris, sous le nom de *racine de Patience*, quoique plusieurs autres espèces partagent sans doute ses propriétés. Elle est dépurative, et propre contre les maladies de la peau, comme les dartres, la gale, etc. On l'emploie aussi fort souvent pour redonner du ton au système gastrique affaibli, dans la convalescence des maladies.

R. NEMOLAPATHUM, L. *Suppl.* 212 ; *R. divaricatus*, Thuill. *Fl. par.* 182 (*non* L.) ; *Lapathum virgatum*, Mœnch. *Meth.* 355. Tige haute de 1 à 2 pieds, simple, grêle, un peu anguleuse, striée, ayant ses rameaux presque filiformes, étalés; feuilles lancéolées, étroites, pointues, courtement pétiolées, à bords entiers ou très-légèrement déchiquetés, un peu ondulées, échancrées en cœur à la base; fleurs semi-verticillées, écartées; pétales étroits, oblongs, obtus, entiers, chargés d'un petit tubercule. Fl. *id.* Juin, juillet. Se trouve dans les bois humides et couvert, le long des fossés, à *Bondi*, *Ville-d'Avray*, *Tournans*, etc. ♃

R. SANGUINEUS, L. *sp.* 476; Blackw, *Herb.* 492. Sang-de-dragon. — Tige de 1 à 2 pieds, d'un rouge noirâtre, tachetée au sommet, un peu rameuse du haut; feuilles lancéolées, pointues, un peu cordiformes à la base, portées sur des pétioles noirs, marquées de veines rouges ramifiées, très-visibles; fleurs disposées comme dans l'espèce précédente, avec laquelle elle a quelque ressemblance; pétales oblongs, obtus, entiers, chargés d'un petit grain. Fleurs *id.* Juin , juillet. Se trouve dans les marais et les endroits cultivés, aux environs de *Paris ?* ♃

** *Pétales dentées , granifères.*

R. PURPUREUS, Lam. *Dict.* 5, *p.* 63. Tige d'environ 2 pieds, anguleuse, striée ; feuilles cordiformes-ovales , larges , pétiolées, obtuses , veinées de rouge ; fleurs en grappe axillaire , semi-verticillées , peu ou point foliacées, devenant pourpres à leur maturité ; pétales réticulés , à dents courtes , chargés d'un grain petit et oblong. Fleurs *id.* Cette plante a été trouvée aux environs de *Paris*, par M. Thuillier, qui en a communiqué des échantillons à M. Lepelletier de Saint-Fargeau , chez lequel je l'ai décrite. ♃

R. DIVARICATUS, L. *sp.* 478; Till. *Pis.* 93 , *t.* 37 ,*f.* 2. Tige diffuse, haute de 1 pied , striée , flexueuse, à rameaux divariqués, flexueux; feuilles radicales presque en cœur, un peu obtuses, échancrées ou sinueuses sur les côtés , les caulinaires étroites et sessiles; elles sont toutes chargées en dessous , sur leur côte principale et leurs veines, d'une substance écailleuse rude, disposée sur 3 lignes dans la première, et remplie de points âpres dans l'intervalle des veines; fleurs semi-verticillées sur les rameaux ; pétales presque triangulaires , dentés-épineux sur les bords, portant un gros grain verruqueux sur le dos.

Var. B. *R. pulcher*, L. *sp.* 477. Feuilles radicales en forme de violon.

Fleurs *id.* Juin, juillet. Se trouve le long des chemins et des haies, au bois de *Boulogne*, à *Yerres*, etc. Assez commun. ♃

R. ACUTUS, L. *sp.* 478; Dod. *Pempt.* 648. Tige haute de 1 à 2 pieds, anguleuse, sillonnée, dressée, presque simple; feuilles cordiformes, lancéolées, pétiolées, aiguës, entières ou presque entières, glabres, souvent tachetées; fleurs semi-verticillées, en panicule courte ; pétales lancéolés-oblongs, dentés, chargés d'une graine longue et grosse. Fleurs *id.* Se trouve dans les prés et terrains frais. ♃

R. OBTUSIFOLIUS, L. *sp.* 478; Curt. *Lond. t.* 168. Tige de 1 à 2 pieds, dressée, presque simple, striée, arrondie; feuilles radicales cordiformes-ovales, les supérieures ovales-lancéolées, toutes sont canaliculées, courtement aiguës, pétiolées; fleurs en petits épis axillaires, terminaux; pétales cordiformes, réticulés, larges, à une ou plusieurs dents de chaque côté, chargées d'une graine longue et assez petite. Fleurs *id.* Se trouve le long des chemins un peu humides, le long des murailles des villages, etc. ♃

R. MARITIMUS, L. *sp.* 478; Pet. *H. brit. t.* 2, *f.* 8. Tige rameuse, dressée, anguleuse, rayée, s'élevant quelquefois à 1 pied; feuilles linéaires, longues, entières, pointues, planes, dégénérant en pétiole; fleurs en verticilles serrés, fort nombreuses, et formant des épis terminaux, foliacés, épais, gros et touffus; pétales presque triangulaires, marqués de dents longues, sétacées, et chargés d'un grain allongé. Fleurs *id.* Se trouve sur le bord des rivières et des endroits marécageux, à la *Gare*, *Saint-Cyr*, etc. ☉

R. **palustris**, Smith, *Fl. brit.* 1, *p.* 394; *R. limosus*, Thuill. *Fl. par.* 182; Curt. *Lond. Fasc.* 3, *t.* 23. Ressemble à la précédente espèce, dont elle diffère par ses feuilles plus larges, un peu lancéolées et plus redressées; par ses verticilles plus écartés; par sa fleur plus petite; par ses pétales sublancéolés, marqués de dents sétacées, beaucoup moins longues. Fleurs *id.* Se trouve dans des endroits semblables, à l'étang de *Marcoussis*, et aux îles de *Charenton.* ☉

******* *Pétales entiers, dépourvus de grains.*

R. **acetosa**, L. *sp.* 481; Blackw. *Herb. t.* 230. Oseille.— Tige élevée de 1 à 2 pieds, arrondie, striée; feuilles ovales-oblongues, sagittées, surtout à la base de la tige où elles sont pétiolées, obtuses et rétrécies inférieurement; fleurs dioïques, en panicule, semi-verticillées; pétales ovales, entiers, nus, mais soulevés par la graine, de manière à paraître granifères (Granifères, suivant Smith). Fleurs *id.* Se trouve dans les bois couverts et les prés. Cultivée. ♃

L'oseille est fort employée en médecine; on s'en sert en tisane, et surtout on fait usage de son suc dépuré, qu'on conseille dans la cachexie, le scorbut, les maladies de la peau, les engorgemens des viscères, etc.

R. **acetosella**, L. *sp.* 481; Blackw. *Herb. t.* 307. Tige de 1 pied, dressée, menue; feuilles linéaires, sagittées, aiguës, dont les oreilles sont écartées, au lieu d'être parallèle comme dans l'espèce précédente; fleurs en panicule rameuse, filiforme, semi-verticillées, dioïques; pétales ovales, entiers, et destitués de grains.

Var. B. Toutes les feuilles ovales-oblongues et entières.

Fleurs *id.* Se trouve tout l'été, et en abondance dans les endroits sablonneux. ♃. Les *Rumex patientia* et *multifidus*, L. ne viennent pas aux environs de Paris.

TRIGLOCHIN. Calice à 3 folioles; corolle de 3 pétales caliciformes; style nul; capsule à 3 loges, s'ouvrant à la base.

T. **palustre**, L. *sp.* 482; Lob. *Ic. t.* 17, *f.* 1. Hampe élevée de 1 pied, grêle, ronde, lisse; feuilles radicales linéaires, très-étroites, fines, planes, un peu charnues; fleurs en un long épi, simple; capsules plus longues que les pédicelles, comme tronquées au sommet, solitaires, linéaires, à 3 loges. Fleurs verdâtres. Juillet, août. Se trouve dans les prés marécageux, à *Saint-Gratien*, etc. ♃

POLYGYNIE. — PISTILS NOMBREUX.

ALISMA. Calice triphylle ; corolle de 3 pétales ; 6–30 capsules monospermes, qui ne s'ouvrent point spontanément.

A. PLANTAGO, L. *sp.* 486 ; *Fl. dan. t.* 561. Plantain d'eau. — Hampe de 4 à 6 pieds, dressée, ferme, ronde ; feuilles longuement pétiolées, ovales-cordiformes, larges, entières, pointues, nerveuses ; 4-8 verticilles écartés, composés de 5-6 pédicelles inégaux, rameux, portant des espèces d'ombelles simples ou rameuses ; fleurs petites et nombreuses ; capsules au nombre de 15-20, comprimées, obtuses, subtrigones, disposées en cercle.

Var. B. *A. lanceolatum*, Hoffm. *Germ.* 1, *p.* 175. Tiges de de 2 pieds ; feuilles ovales-lancéolées, courtes.

Var. C. *Angustifolia*. Tige de 1 à 2 pieds ; feuilles lancéolées, étroites, longues.

Fleurs blanches ou roses. Juin — août. Se trouve, l'espèce aux environs de *Soissons*, les variétés B et C communément dans nos environs, sur le bord des eaux stagnantes. ♃

A. RANUNCULOÏDES, L. *sp.* 487 ; Lob. *Ic. t.* 300 ,*f.* 2. Hampe élevée de 6 pouces à 2 pieds, souvent flexueuse ; feuilles pétiolées, lancéolées-linéaires, aiguës ; fleurs disposées en 1–3 verticilles terminaux, à 10-12 pédicelles presque égaux, simples, écartés ; capsules pointues, en tête hérissée, au nombre de 25-30. Fleurs purpurines pâles. Juin — août. Se trouve dans les marais, à *Saint-Gratien*, forêt de *Senart*, etc. ♃

A. NATANS, L. *sp.* 487 ; Vaill. *Act. Acad.* 1719, *t.* 4,*f.* 8. Tige flottante, débile, filiforme, rampante, longue de 1-2 pieds ; feuilles inférieures capillaires, les supérieures ovales, flottantes, très-entières ; pédoncules terminaux, uniflores, opposés ; 8-12 capsules oblongues, striées, dressées, puis divergentes, caduques. Fleurs blanches. Juin, juillet. Se trouve sur le bord des mares, à *Saint-Léger*, *Fontainebleau*. ☉

A. DAMASONIUM, L. *sp.* 486 ; Lob. *Ic.* 301 ,*f.* 1. Etoile d'eau. — Hampe de 3 à 5 pouces, dressée, ferme ; feuilles pétiolées, ovales-cordiformes, obtuses, à 3 nervures ; fleurs courtement pédonculées, disposées en 2 verticilles, de 6-8 pédicelles uniflores, inégaux ; 6 capsules subulées, divergentes. Fl. blanches. Mai — août. Se trouve communément sur le bord des étangs et des mares, à *la Garre*, à *Meudon*, etc. ☉

CLASSE VII.

HEPTANDRIE.—SEPT ÉTAMINES.

MONOGYNIE.—UN STYLE.

ÆSCULUS. Calice ventru, à 5 dents ; corolle à 5 pétales inégaux ; capsules à 3 loges, 3 valves ; 2 graines dans chaque loge.

Æ. HIPPOCASTANUM, L. *sp.* 488 ; Regn. *Bot. t.* 417. Marronnier
d'Inde. — Arbre très-élevé, à bois tendre ; feuilles digitées, composées de 5–7 folioles ovales-renversées, à dents irrégulières, terminées par un prolongement pointu, et garnies en-dessous de
petits paquets laineux, à l'aisselle des veines qui sont parallèles ;
fleurs en grappes redressées et coniques, portées sur un pédoncule
pubescent ; fruit épineux. Fleurs blanches, mêlées de rouge. Avril,
mai. Cultivé ; originaire de l'Inde. ♄

Depuis quelques années on a beaucoup préconisé l'écorce des
jeunes branches du Marronnier d'Inde dans les fièvres intermittentes ; sur cette indication, cette substance a été employée par
beaucoup de praticiens, mais leur espoir n'a été qu'à demi réalisé ;
il résulte de leurs observations et des nôtres, que la poudre de
Marronnier peut être administrée à haute dose sans inconvénient ;
que plusieurs fièvres intermittentes guérissent pendant son usage ;
mais on ne peut assurer que ces guérisons lui soient dues, puisque,
abandonnées à elles-mêmes, un certain nombre de fièvres guérissent
avant le septième accès. Il y en a d'ailleurs qui résistent au meilleur
kina, et qu'on ne détruit que par de forts antispamodiques, ou
des moyens tirés de l'hygiène, comme le changement de lieu, etc.
Tous les praticiens ont pourtant remarqué qu'après avoir donné
la poudre de Marronnier d'Inde, dont la dose ordinaire est de
2 à 6 gros par jour, pendant quelque temps, il fallait une moindre
quantité de kina pour couper la fièvre.

TÉTRAGYNIE. — QUATRE STYLES.

SAURURUS. Calice consistant en de petites écailles latérales,
persistantes ; corolle nulle ; style nul ; 4 stigmates ; 4 baies monospermes.

S. CERNUUS, L. *sp.* 489 ; Pluck. *Alm. t.* 117, *f.* 4. Tige dressée,
haute de plus de 1 pied, glabre, anguleuse ; feuilles cordiformes,
entières, glabres, à pétiole faisant la gaîne ; fleurs nombreuses,
en très-longs épis ou chatons, à étamines saillantes (ce qui fait un
peu ressembler ces épis à ceux des plantains), portés sur des pédoncules opposés aux feuilles. Fleurs d'abord blanchâtres, verdissant

ensuite. Fleurit en automne. Se trouve à l'étang de *Rambouillet*, où il a été semé depuis plus de 20 ans par feu M. Lemonnier, premier médecin du roi Louis xvi. ♃

CLASSE VIII.

OCTANDRIE. — HUIT ÉTAMINES.

MONOGYNIE. — UN STYLE.

ŒNOTHERA. Calice à 4 divisions ; corolle de 4 pétales ; capsule infère, à 4 valves, 4 loges ; graines nues.

Œ. biennis, L. *sp.* 492 ; *Fl. dan. t.* 446. Onagre, Herbe aux Ânes. — Tige de 1-2 pieds, anguleuse, dressée, rameuse ; feuilles lancéolées, dégénérant en pétiole, munies de dents longues, peu profondes, alternes, garnies de quelques poils courts et rares ; fleurs axillaires, pédonculées, solitaires, formant par leur réunion une sorte d'épi ; capsule sessile, poilue, à 4 angles arrondis. Fleurs jaunes. Eté. Se trouve dans les bois, et les endroits un peu frais ; au bois de *Boulogne*, à *Fontenai-aux-Roses*, etc. ♂

Œ. longiflora, Jacq. *Hort. Vind. t.* 172. Cette plante se distingue de la précédente par sa fleur qui a un long tube, et par ses pétales écartés et échancrés ; elle est très-velue. Fleurs jaunes. Elle est originaire d'Amérique, ainsi que le *Œ. biennis* ; elle paraît se multiplier facilement ; on la trouve au *Plessis-Piquet* et ailleurs, où elle a été semée. ♂

EPILOBIUM. Calice 4-fide ; corolle de 4 pétales, tubuleuse ; capsule infère à 4 valves, 4 loges ; graines couronnées de poils.

    * *Fleurs irrégulières ; étamines inclinées.*

E. spicatum, Lam. *Dict.* 2, *p.* 373 ; *E. angustifolium*, β, L. *sp.* 494 ; *Fl. dan. t.* 289. Laurier Saint-Antoine. — Tige dressée, rameuse, haute de 2-3 pieds, rougeâtre, glabre, ronde ; feuilles sessiles, glabres, lancéolées, longues, entières ; fleurs en épi lâche terminal ; calice coloré ; capsule pubescente, pédonculée, avec une bractée à la base du pédoncule. Fleurs roses. Juillet, août. Se trouve dans les bois montueux, un peu humides, à *Meudon*, *Fontainebleau*, *Saint-Léger*, etc. ♃

E. rosmarinifolium, Haenk. Jacq. *Coll.* 2, *p.* 50 ; *E. angusti-folium*, L. *sp.* 493. Tige élevée de 1 à 2 pieds, cylindrique, glabre, rameuse ; feuilles éparses, linéaires, étroites et rarement dentées ; fleurs en épi terminal, portées sur des pédoncules chargés vers le milieu d'une bractée ; capsules longues, pubescentes. Fleurs purpurines. Juin, juillet. Se trouve dans les bois et les plaines, à *Marcoussis*, *Villers-Coterets*, etc. ♃

** *Fleurs régulières; étamines dressées.*

E. **hirsutum**, Willd. *sp.* 2, *p.* 315; *E. hirsutum*, α, L. *sp.* 494; *E. aquaticum*, Thuill. *Fl. par.* 191; Fuchs, *Hist.* 491, *Ic.* Tige dressée, velue, branchue, haute de 1 à 2 pieds; feuille un peu décurrente, formant souvent une sorte de gaine avec celle du côté opposé, elles sont lancéolées ou ovales-lancéolées, amplexicaules, opposées, pubescentes sur les deux faces, garnies de dents irrégulières, dont les plus grandes sont acérées et recourbées en crochets; fleurs grandes, terminales; capsules pubescentes. Fleurs roses. Eté. Se trouve dans les lieux humides, à *Meudon*, etc. ♃

E. **intermedium**, N.; *E. hirsutum*, Thuill. *Fl. par.* 190? (non L.) Tige dressée, rameuse, haute de 1 à 2 pieds, velue; feuilles sessiles, presque toutes alternes, lancéolées-étroites, non décurrentes, pubescentes des deux côtés, à dents écartées, irrégulières, pointues, crochues; fleurs petites; capsules un peu poilues, marquées de lignes colorées glabres. Fleurs roses. Eté. Se trouve dans les lieux humides, à *Meudon*, etc. ♃

E. **molle**, Lam. *Dict.* 2, *p.* 475; *E. hirsutum*, β, L. *sp.* 494; Moris. *Sect.* 3, *t.* 11, *f.* 4. Tige dressée, ordinairement très-simple, haute d'environ 1 pied, pubescente; feuilles lancéolées-linéaires, dressées, blanchâtres, molles, opposées en bas, alternes au sommet de la tige, garnies de denticules rouges et comme glanduleux; fleurs petites, dressées, ainsi que les capsules qui sont pubescentes. Fleurs d'un rose pâle. Juin, juillet. Se trouve dans les lieux marécageux, à l'étang de *Ville-d'Avrai*, etc. ♃

E. **roseum**, Schreb. *sp.* 147. Tige de 12 à 18 pouces, dressée, simple, subpubescente, tétragone du bas; feuilles opposées, quelquefois ternées, courtement pétiolées, ovales, ou ovales-allongées, glabres, marquées de denticules irréguliers, les supérieures alternes; fleurs terminales, axillaires; capsules glabres; stigmate simple. Fleurs roses. Eté. Se trouve dans les bois, aux environs de *Paris.* ♃

E. **montanum**, L. *sp.* 494; *Fl. dan. t.* 922. Diffère de l'espèce précédente par sa tige ronde, ses pétales fortement échancrés, et son stigmate quadrifide; du reste, mêmes formes. Fleurs roses. Eté. Se trouve dans les bois élevés et secs, à *Saint-Cloud*, *Meudon*, etc. ♃

E. **tetragonum**, L. *sp.* 495; *Fl. dan. t.* 1029. Tige dressée, rameuse, haute de 1-2 pieds, légèrement pubescente, un peu tétragone du bas; feuilles glabres, presque linéaires, éparses, non réunies par la base, marquées de denticules éloignés, portées sur de courts pétioles, dont les prolongemens marquent les angles de la tige; fleurs axillaires, terminales, petites; capsules pubescentes; stigmate entier, en forme de massue. Fleurs roses. Eté. Se trouve dans les lieux couverts, humides, les bois, à *Armain-villiers*, *Saint-Cloud*, etc. ♃

E. **palustre**, L. *sp.* 495; Tabern. *Ic.* 856. Tige haute de 4 à 10 pouces, débile, dressée, glabre; feuilles opposées, courtes, linéaires, entières ou très-peu dentées, à bords un peu roulés, obtuses, glabres ou subpubescentes, réunies par la base au moyen d'un prolongement qui embrasse la tige; fleurs petites, peu nombreuses; capsules pubescentes; stigmate linéaire, entier. Fleurs roses. Se trouve au bord des étangs, surtout des tourbeux, comme il y en a à *Bondi*, *Senart*, *Moret*, etc. ♃

CHLORA. Calice de 8 feuilles; corolle à 8 divisions; capsule à 2 valves, à 1 loge polysperme.

C. **perfoliata**, L. *Mant.* 10; Clus. *Hist.* **clxxx**. Tige dressée, haute de 1 à 2 pieds, glabre, ronde, un peu dichotome au sommet; feuilles opposées, connées, perfoliées, ovales-oblongues, très-entières, aiguës; corolle plus longue que le calice; capsules gonflées. Fleurs jaunes. Juillet, août. Se trouve dans les bois et les prés humides, à *Saint-Gratien*, *Fontainebleau*, etc. ☉

C. **sessilifolia**, Desv. *Mém.* Soc. *Scienc. Phys.* 1807, *p.* 74, *t.* 3, *f.* 2; *C. perfoliata, var. minor* auctorum. Tige filiforme, pauciflore; feuilles opposées, sessiles, ovales-lancéolées; calice à 6—7 divisions; corolle plus courte que le calice. Fl. jaunes. Se trouve dans les lieux sablonneux, aux environs de *Paris?* ☉. Je soupçonne que cette plante est la *var. minor* de la *Flore* de M. Thuillier.

STELLERA. Calice à 4 dents; corolle nulle; étamines très-courtes; une graine terminée par une pointe en forme de bec.

S. **passerina**, L. *sp.* 512; Gouan, *Fl. monp.* 44, *Ic.* Herbe à l'hirondelle. — Tige grêle, dressée, un peu rameuse, haute de 1 pied et plus; feuilles éparses, petites, étroites, sessiles, glabres, entières; fleurs axillaires, sessiles, au nombre de 1—3 dans chaque aisselle; calice velu; graines pyriformes, glabres, pointues. (Port du *Polygonum aviculare*.) Fleurs blanchâtres. Septembre, octobre. Se trouve dans les champs après la moisson, à *Livri*, etc. ☉

ERICA. Calice de 4 feuilles, persistant; corolle à 4 divisions, persistante; anthères bifides; capsule membraneuse à 3 ou 8 loges.

E. **vulgaris**, L. *sp.* 501; *Calluna erica*, Decand. *Fl. fr.* 3, *p.* 680; *Fl. dan. t.* 677. Bruyère ordinaire. — Sous-arbrisseau d'environ 1 pied de haut, à tige couchée ou redressée, tortue, rameuse; feuilles disposées sur 4 rangs, fines, imbriquées, glabres, comme collées contre la tige, avec un prolongement inférieur, pointu; fleurs en longues grappes terminales, composées de petites grappes partielles de 4-5 fleurs, ayant un double calice; l'extérieur à divisions étroites, vertes, l'intérieur à divisions arrondies, colorées, velues; corolles à 4 divisions profondes; étamines incluses; stigmate renflé, sortant de la corolle; cloisons de la capsule placées à la jonction des valves, au lieu de l'être au milieu comme dans les autres espèces.

Var. B. Fleurs blanches.

Var. C. Feuilles velues.

Fleurs purpurines. Juillet, août. Se trouve très-communément dans les bois, la variété C à *Fontainebleau.* ♄

E. CINEREA, L. *sp.* 501; *Fl. dan. t.* 38. Bruyère cendrée.— Sous-arbrisseau rameux, d'environ 1 pied; feuilles par paquets, ternées sur les jeunes branches; fleurs en petites grappes, qui, par leur réunion, en forment une grande, terminale; corolle globuleuse, à 4 dents; étamines courtes, incluses, en crête; stigmate un peu saillant, globuleux. Fleurs variant du pourpre au blanc. Juillet, août. Commune dans les bois secs et élevés. ♄

E. SCOPARIA, L. *sp.* 502; Clus. 42, 1111. Bruyère à balais.— Arbrisseau de 2–3 pieds, à tige dressée, ainsi que les rameaux qui sont blanchâtres, glabres; feuilles 3 à 3 ou 4 à 4, pétiolées, étroites; fleurs éparses, à pédoncules courts; corolle petite, courte, à divisions assez profondes; étamines incluses, aristées? stigmate saillant, élargi en bouclier; capsule à 3 loges, à 3 graines? Fleurs verdâtres. Mai. Se trouve dans les bois montueux et secs, à *Fontainebleau*, plaine de la *Glandée*, etc. ♄

E. TETRALIX, L. *sp.* 502; *Fl. dan. t.* 81. Sous-arbrisseau de 1 à 2 pieds, à rameaux grêles, quelquefois opposés 3–4 ensemble; feuilles 4 à 4, ouvertes, velues, ciliées de poils roides; fleurs en tête, penchées, terminales; calice très-velu; corolle ovoïde, grosse, à 4 dents pubescentes en dessous; étamines incluses, aristées; stigmate globuleux, ne dépassant guère la corolle. Fleurs variant du pourpre au blanc. Eté. Se trouve dans les bois humides et marécageux, à *Saint-Léger*, *Montmorency*, etc. ♄

E. VAGANS, Smith, *Fl. brit. p.* 419, L. *Mant.* 230? *E. multiflora*, Thuill. *Fl. p.* 195 (non L.); *Engl. Bot. t.* 3. Sous-arbrisseau à tige tortue, de 2–3 pieds de haut, à rameaux raboteux; feuilles verticillées par 4–5, d'un vert foncé, un peu obtuses; fleurs portées sur des pédoncules roses assez longs, partant 2–4 du même point, munies de 3 bractées à la base; corolles ovoïdes à 4 dents; étamines saillantes et mutiques; le stigmate les surpasse et est subfiliforme. Fleurs roses; étamines noires. Août, septembre. Se trouve dans les bois montueux, à *Saint-Léger.* ♄

ACER (*fleurs polygames*). Calice 5–fide; corolle de 5 pétales; 2 capsules uniloculaires réunies et surmontées d'une aile, à 1–2 graines dans chaque.

A. CAMPESTRE, L. *sp.* 1497; Dod. *Pempt.* 840. Erable.—Arbre peu élevé, à écorce rude , gercée; feuilles à 3 lobes principaux (en ayant souvent 2 petits à la base), anguleux, obtus, glabres; fleurs en grappes, toutes hermaphrodites, ramassées, assez droites; fruit pubescent à ailes très-écartées , presque en ligne droite. Fleurs verdâtres. Avril. Se trouve dans les haies et les bois. ♄

A. OPULIFOLIUM, Vill. *Dauph. p.* 802. Arbre de 12-15 pieds , à écorce pointillée; à feuilles cordiformes, à 3–5 lobes arrondis, un peu pointus, dentés , portés sur des pétioles rouges ; à fleurs presque en cime, pendantes ; à fruit glabre, à ailes parallèles. Fl. *id.* Avril. Se trouve dans les bois , à *Meudon* , etc. ♄

A. PSEUDO-PLATANUS, L. *sp.* 1495; Duh. *Arb.* 1, *t.* 9. Sycomore. — Arbre élevé ; écorce roussâtre ; bois blanc; feuilles blanches en dessous, un peu échancrées à la base, portées sur des pétioles canaliculés , à 3 - 5 lobes ovales , dentés ou anguleux ; fruit globuleux, glabre, pendant, à ailes écartées , très-larges ; graine entourée d'une espèce de duvet. Fleurs *id.* Avril. Se trouve dans les bois. ♄

A. PLATANOÏDES , L. *sp.* 1496 ; Cam. *Ep.* 63 , *Ic.* Plane.— Arbre de 30-40 pieds ; feuilles comme tronquées à la base, à 5 lobes principaux , pointus, à dents très-aiguës, longues; fleurs polygames , en corymbe; fruit glabre, à ailes en ligne droite et sur le même plan. Fleurs jaunes. Avril. Se trouve dans les bois. ♄

VACCINIUM. Calice supère , entier ou à 4 dents ; corolle en cloche , à 4 divisions ; baie globuleuse , à 4 loges polyspermes.

V. MYRTILLUS , L. *sp.* 418 ; Lob. *Ic.* 2 , *t.* 109 , *f.* 1. Airelle, Myrtille. — Sous-arbrisseau d'environ 1 pied de haut , à rameaux anguleux , comme ailés , glabres; feuilles alternes , sessiles ou presque sessiles, non persistantes, ovales , glabres , denticulées , obtuses ; fleurs axillaires , solitaires, pendantes , à pédoncules courts ; baie bleue. Fleurs rougeâtres. Avril , mai. Se trouve dans les bois montueux épais, à *Montmorency* , *Fontainebleau* , *Compiègne.* ♄

V. OXYCOCCOS , L. *sp.* 500 ; Lob. *Ic. t.* 109 , *f.* 2. Canneberge, Coussinet.— Tiges filiformes , rameuses, couchées , rougeâtres, étalées, atteignant quelquefois 1 pied de long; feuilles petites, sessiles , presque cordiformes, ovales-lancéolées , à bords roulés , glauques en dessous ; fleurs portées sur de longs pédoncules dressés ; baie rouge. Fl. d'un blanc-rosé. Eté. Se trouve aux bords des marais tourbeux , à *Saint-Léger*, à *Croie* près *Chantilli.* ♄

DAPHNÉ. Calice à 4 dents, pubescent en dehors ; corolle nulle ; baie à 1 loge monosperme.

D. MEZEREUM , L. *sp.* 509 ; *Fl. dan. t.* 268. Bois gentil. — Arbrisseau de 2-3 pieds , rameux , couvert d'une écorce grisâtre , un peu couturée; feuilles non persistantes, dégénérant en pétiole , ovales-lancéolées, minces, un peu spatulées, obtuses, très-entières, d'un vert un peu plus pâle en dessous; les fleurs naissent avant les feuilles, elles sont sessiles, réunies par paquet de 3 à 4, odorantes; les baies sont noires (ou jaunes). Fl. rouges. Février, mars. Se trouve dans les bois, à *Senart.* ♄

Le Bois gentil a les mêmes propriétés que le Garou (*Daphne gnidium*, L.), qui croît dans nos provinces méridionales : il parait même qu'à Paris on use surtout du Bois gentil. Les baies de cet arbrisseau sont vénéneuses; l'écorce appliquée sur la peau, après avoir été macérée un peu dans l'eau ou le vinaigre, cause des ampoules, comme les cantharides; dans les campagnes, les paysans se servent de ce moyen pour se faire des exutoires; on s'en sert aussi quelquefois dans les villes, pour les personnes irritables, qui ont la vessie susceptible de s'enflammer par l'action des cantharides. L'écorce de Bois gentil, mise en poudre, et mêlée avec la graisse, forme la pommade épispastique, dite *au Garou*, que l'on fait encore par la macération de la même écorce dans la graisse ; cette pommade s'emploie à la place de celle où il entre des cantharides, pour les raisons que nous venons de dire.

D. LAUREOLA, L. *sp.* 510 ; Dod. *Pempt.* 365. Lauréole. — Arbrisseau de 2-3 pieds, rameux supérieurement, à rameaux flexibles, à écorce grise ; à feuilles lancéolées, persistantes, épaisses, très-entières, dégénérant en un court pétiole; à fleurs en petites grappes axillaires, au nombre de 4-5, penchées ; à baie noire. Fl. d'un jaune-vert. Février, mars. Se trouve dans les bois, à *Senlis, Saint-Léger*, etc. ♄

TRIGYNIE. — TROIS STYLES.

POLYGONUM. Calice de 4 à 6 parties ; corolle nulle ; une graine nue (étamines variables pour le nombre).

* *Fleurs axillaires.*

P. AVICULARE, L. *sp.* 519 ; Blackw. *Herb. t.* 315. Renouée, Centinode, Traînasse. — Tige couchée, longue de 1 pied et plus, rameuse, ronde, glabre, feuillée; feuilles lancéolées, entières, presque planes, un peu ondulées sur les bords, dégénérant en court pétiole, muni de grandes bractées blanches, plus courtes que les entrenœuds, déchirées au sommet; fleurs axillaires, réunies par 2-4, subsessiles ; graines triangulaires, luisantes.

Var. B. *P. erectum*, Roth. *Germ.* 458 ? Feuilles ovales-lancéolées; tige un peu redressée.

Fl. blanches, mêlées de vert et quelquefois de rouge. Eté. Commun dans les champs et le long des chemins. ♃

La Centinode est estimée astringente ; mais sa vertu est si faible, que son usage est presque abandonné.

P. Bellardi, All. *Fl. ped. n°.* 2052, *t.* 90, *f.* 2. Cette plante diffère de la précédente par sa tige dressée, simple, ferme, d'un jaune – citron, marquée de quelques angles. M. Loiseleur (*Fl. gall.* 1, *p.* 230) prétend qu'elle se trouve aux environs de *Paris;* je ne l'y ai pas encore observée. Il faut prendre garde de ne pas la confondre avec la variété B de l'espèce précédente. ♃

*** Fleurs en épi oblong; feuilles lancéolées.*

P. bistorta, L. *sp.* 516; Bull. *Herb. t.* 314. Racines grosses, fibreuses, à plusieurs inflexions; tige simple, dressée, glabre, haute de 1 à 2 pied; feuilles radicales lancéolées, larges, dégénérant en un long pétiole, glauques en dessous, entières, finement denticulo - ciliées sur les bords; les caulinaires sessiles, cordiformes; un épi unique, terminal, ovoïde-oblong; fleurs à 9 étamines, 3 stigmates; graine triangulaire. Fl. rose. Juin, juillet. Se trouve sur les montagnes, à *Villers - Coterets.* ♃   ·

La racine de Bistorte est un de nos meilleurs astringens indigènes; on s'en sert en poudre et en décoction; elle entre dans beaucoup de formules pharmaceutiques.

P. amphibium, L. *sp.* 517; *Fl. dan. t.* 282. Tige nageante, longue de 1 – 2 pieds, glabre, flexueuse; feuilles pétiolées, ovales-lancéolées, très-entières, nageantes, glabres, souvent cilioso-denticulées, arrondies à la base, pointues, munies de stipules courtes et entières, les inférieures plus étroites; fleurs en épis terminaux, courts, serrés, obtus, ayant 5 étamines de longueur variable, et le style à 2 stigmates; graines ovales, comprimées.

Var. B. *P. terrestre*, Mœnch. *Meth.* 629. Tige redressée; feuilles un peu velues, rudes.

Fl. rouges. Eté. Se trouve assez communément dans l'eau; la variété B dans les prés, au bord des eaux. ♃

P. lapathifolium, L. *sp.* 517; Lob. *Ic.* 315, *f.* 1. Tige dressée, ferme, rameuse, glabre, à articulations très–renflées; feuilles lancéolées, longues, glabres, très-pointues, cilioso-denticulées sur les bords et sur les nervures moyennes, ponctuées par dessous, finissant en un court pétiole, garnies de stipules rousses, grandes et presque entières; fleurs en épis assez nombreux, courts, obtus, lâches; ils sont portés par des pédoncules rudes presque tuberculeux; calice à 6 étamines; style bifide; graines aplaties, marquées de 2 lignes et excavées des deux côtés. Fl. verdâtres. Juillet. Se trouve dans les endroits marécageux, à *Meudon*, etc. ♃

P. incanum, Willd. *sp.* 2, *p.* 446; *P. persicaria*, L. γ, *sp.* 518; *P. turgidum*, Thuill. *Fl. par.* 199. Tige couchée inférieurement, redressée, haute d'environ 1 pied, rougeâtre, rameuse, glabre; feuilles entières, variables depuis la forme presque ronde jusqu'à la lancéolée, finissant toujours en un court pétiole, velues le plus souvent en dessous, d'autres fois très-blanches en dessus et en dessous, et quelquefois glabres des deux côtés, tachées en fer-à-cheval en dessus lorsqu'elles sont glabres, munies de bractées assez grandes, rougeâtres, entières ; fleurs en épis axillaires, alternes et terminaux, portés sur de courts pédoncules ; calice à 6 étamines ; style bifide ; graine comprimée, excavée des deux côtés.

Var. **B.** *Angustifolia*, N. Tige de 1 pouce de haut ; feuilles linéaires plus longues qu'elle.

Fleurs blanchâtres. Juillet, août. Se trouve autour des étangs, à *Marcoussis*, *Palaiseau*, *Meudon*, *Moret* ; dans les moissons, à *Montmorency* ; la variété B à l'étang de *Saint-Hubert* près *Saint-Léger*. ⊙

P. **persicaria**, L. *sp.* 518 ; *Fl. dan. t.* 702. Persicaire. — Tige rameuse, couchée à la base, puis redressée, haute de 1 pied environ, glabre ; feuilles lancéolées, dégénérant en pétiole, glabres, entières, un peu cilioso-denticulées, quelquefois pubescentes en dessous, souvent tachées ; stipules ciliées ; fleurs en épis ovales-oblongs, assez denses, dressés, obtus ; pédoncules glabres ; calice à 6 étamines, à 5 lobes, à pistil bifide ; graine comprimée, pointue. Fl. roses ou blanches. Juillet, août. Se trouve souvent dans les fossés et les lieux humides. ⊙.

*** *Fleurs en épis filiformes ; feuilles lancéolées.*

P. **hydropiper**, L. *sp.* 518 ; *Fl. dan. t.* 282. Poivre d'eau, Curage. — Tige d'environ 1-2 pieds, couchée, redressée du haut, glabre, tuméfiée aux articulations ; feuilles lancéolées, pointues, glabres, sans tache, constamment pétiolées, pourvues de stipules tronquées, ciliées, nerveuses ; fleurs en épis grêles, filiformes, lâches, penchés, interrompus ; calice à 4 divisions ponctuées-glanduleuses en dehors ; 6 étamines ; style bifide ; graines comprimées, pointues, un peu bombées des deux côtés. Fl. roses. Eté. Commun dans les fossés humides et les mares. ⊙

Cette plante, fraîche, a un goût âcre qui lui suppose des vertus ; elle est cependant peu ou point usitée : on peut croire qu'appliquée sur les vieux ulcères, elle en faciliterait la cicatrisation en les détergeant.

P. **minus**, Willd. *sp.* 2, *p.* 445 ; *P. angustifolium*, Roth., Thuill. *Fl. p.* 199 ; *P. persicaria*, β, L. *sp.* 518 ; Lob *Ic.* 316, *f.* 1. Tige longue de 6 à 8 pouces, couchée, un peu relevée au sommet, rameuse, grêle, glabre ; feuilles linéaires, étroites, glabres, rudes sur les bords, à cause de très-petits cils qu'on y observe, munies de stipules ciliées ; fleurs en épis filiformes, interrompus, très-peu fournis ; calices à 4 divisions ; 6 étamines ; style bifide ; graine triangulaire, aiguë. Fl. d'un rose-verdâtre. Juillet, août. Se trouve dans les endroits humides et sablonneux, à *Saint-Léger*, *Marcoussis*, etc. ⊙

******** *Feuilles cordiformes.*

P. **fagopyrum**, L. *sp.* 522; Dod. *Pempt.* 512. Sarrasin, Blé noir. — Tige dressée, haute de 1 à 2 pieds, branchue, rougeâtre; feuilles en cœur-sagittées, pétiolées, plus pâles en dessous, entières, les supérieures sessiles; stipules courtes, tronquées, mutiques; fleurs ramassées en grappes, terminales; graines triangulaires, à bords entiers et droits; il y a une glande jaunâtre à la base de chaque étamine. Fl. blanches mêlées de rose. Eté. Cultivé. ☉

P. **convolvulus**, L. *sp.* 522; *Fl. dan. t.* 744. Vrillée bâtarde. — Tige grimpante, anguleuse, élevée de 1 à 2 pieds, glabre; feuilles cordiformes, un peu en fer de flèche, pétiolées, entières, un peu écailleuses sur le bord (à la loupe), rougissant en vieillissant; stipules peu remarquables; fleurs en panicule filiforme, 2-3 ensemble, penchées, foliacées, interrompues; calice à 5 parties, dont 2 petites caduques, les 3 autres subpubescentes, non membraneuses, recouvrant la graine, qui est triangulaire, à bords entiers et droits. Fleurs blanchâtres. Eté. Se trouve dans les champs et les lieux cultivés. ☉

P. **dumetorum**, L. *sp.* 522; Lob. *Ic.* 624, *f.* 1. Grande Vrillée bâtarde. — Tige arrondie, striée, glabre, grimpante, s'élevant à 3 ou 6 pieds; feuilles cordiformes, triangulaires-hastées, entières, glabres; stipules presque nulles; fleurs en panicule plus fournie que celle de la précédente, pédonculées, pendantes, par petites grappes; calice à 5 divisions, dont 3 restent sur la graine et sont prolongées en aile membraneuse; graine triangulaire, à bords droits et entiers. Fleurs blanchâtres. Août, septembre. Se trouve dans les buissons et les haies. ☉

TÉTRAGYNIE. — QUATRE STYLES.

PARIS. Calice de 4 folioles; corolle de 4 pétales plus étroits; baie à 4 loges, renfermant chacune 6-8 graines.

P **quadrifolia**, L. *sp.* 527; Lob. *Ic.* 267, *f.* 1. Herbe à Paris, Parisette. — Tige très-simple, dressée, haute de 1 pied au plus, glabre, portant à son sommet 4 feuilles (quelquefois 5-6-7-8, ou seulement 3) en croix, opposées, ovales, pointues, glabres, très-entières, marquées de 5 nervures délicates; une seule fleur terminale, pédonculée; calice à 4 folioles lancéolées; corolle à divisions linéaires-étroites, de la même couleur que le calice; baie noire. Fl. vertes. Mai, juin. Se trouve dans les bois couverts et montueux, à *Bondi*, *Montmorency*, etc. ♃

Cette plante est active; on l'a donnée en poudre, avec succès, dans la coqueluche, à des enfans de 10 à 12 ans, à la dose d'un scrupule; mais il est bon de l'expérimenter de nouveau.

ADOXA. Calice bifide, infère; corolle 4 ou 5-fide, supère; baie adhérente au calice, à 4-5 loges monospermes.

A. MOSCHATELLINA, L. *sp.* 527; *Fl. dan. t.* 94. Petite plante de 4-5 pouces de haut, à tige simple, glabre; 2 feuilles radicales, biternées, et dont les folioles sont ternées elles-mêmes, glabres, à découpures lobées, ovales, un peu pointues; tige ayant 2 feuilles opposées, portées sur des pétioles courts, une seule fois ternés; folioles semblables à celles des feuilles radicales; fleurs en tête solitaire, au nombre de 4-5, celle du sommet à 10 étamines; corolles latérales à 4 divisions, celle du sommet à 5. Ces fleurs sentent un peu le musc. Fl. vertes. Avril. Se trouve dans les bois couverts, à *Meudon, Bondi,* etc. ♃

ELATINE. Calice à 4 folioles; corolle de 4 pétales; capsule déprimée, à 4 valves, à 4 loges polyspermes.

E. HYDROPIPER, L. *sp.* 527; Vaill. *Bot. t.* 2, *f.* 2. Petite plante d'environ 1 à 4 pouce; à tige rameuse, diffuse, d'abord couchée, poussant des racines des nœuds de sa moitié inférieure, redressée ensuite; à feuilles opposées inférieurement, alternes supérieurement, glabres, entières, ovales, courtes, un peu spathulées, dégénérant en un court pétiole; à fleurs axillaires, ayant des pédoncules plus courts que les feuilles, alternes et opposés aux feuilles; à corolles de 4 pétales, s'ouvrant rarement; à graines très-fines. (La plante n'est point âcre, comme son nom semblerait l'indiquer.) Fl. blanches. Juillet, août. Se trouve sur le bord des mares, à *Fontainebleau, Saint-Léger.* ☉

E. HEXANDRA, Decand. *Ic. rar. fasc.* 1, *t.* 43, *f.* 1; *E. triandra,* Hoffm. *Germ.* 186; *Birolia hexandra,* Bell. *Acad. Tur.* 1808; Vaill. *Bot. t.* 2, *f.* 1? Cette plante a un port différent de la précédente, ce qui tient sans doute à ce qu'elle vient dans l'eau, tandis que l'autre vient au bord. Ses feuilles sont allongées, ovales-lancéolées, plus transparentes; les fleurs ont 3 divisions au calice, 3 pétales et 6 étamines; les corolles sont plus petites, ainsi que toute la plante. Fl. roses. Vient dans les mêmes lieux que la précédente, à *Saint-Léger.* ☉

E. ALSINASTRUM, L. *sp.* 527; Vaill. *Bot. t.* 1, *f.* 6. Tiges dressées, hautes de 1 pied environ, rameuses du bas, arrondies, creuses; feuilles verticillées, les inférieures inondées, au nombre de 10-12 à chaque verticille, les supérieures, au nombre de 4-5, ovales-lancéolées, entières, sessiles, placées sur la portion de la tige qui sort de l'eau; fleurs axillaires, sessiles; capsules globuleuses, sillonnées en long, rugueuses transversalement; graines nombreuses, oblongues, anguleuses. Fl. blanches. Juillet, août. On la trouve dans les mares, à *Senart, Bondi, Fontainebleau,* etc. ☉

CLASSE IX.

ENNÉANDRIE. — NEUF ÉTAMINES.

HEXAGYNIE. — SIX STYLES.

BUTOMUS. Calice nul; corolle de 6 pétales; 6 capsules supères, polyspermes.

B. umbellatus, L. *sp.* 532; Lob. *Icon.* 86, *f.* 2. Jonc fleuri. — Hampe de 2 à 3 pieds, ronde, creuse, simple, lisse; feuilles radicales triangulaires, puis planes en haut, un peu moins longues que la tige, aiguës, linéaires; fleurs en ombelle simple, terminale, à 12-15 rayons presque égaux à leur maturité; involucre composé de 3 larges bractées ovales, aiguës, et de quelques-unes plus petites, intérieures; pétales concaves; styles courts; graines comprimées, bordées, partagées en deux par une ligne médiane élevée. Fleurs du rose au blanc. Mai, juin. Se trouve dans les fossés, les marais, les étangs. ♃

CLASSE X.

DÉCANDRIE. — DIX ÉTAMINES.

MONOGYNIE. — UN STYLE.

RUTA. Calice à 4-5 divisions; corolle de 4-5 pétales, concaves; réceptacle entouré de 10 points mellifères; capsules à 4-5 lobes, à 4-5 loges.

R. graveolens, L. *sp.* 548; Blackw. *Herb. t.* 7. Rue. — Tige de 1-2 pieds, glauque, ainsi que toute la plante, dressée et ferme; feuilles bipinnées, à folioles ovales, obtuses, souvent cunéiformes; fleurs en panicule terminale, pédonculées; pétales entiers; étamines s'approchant et s'éloignant alternativement du pistil; capsules à lobes obtus. Fl. jaunes. Juillet, août. Se trouve dans les lieux stériles, coteau de *Beauté*, parc de *Vincennes?* ♃

La Rue est une plante d'une odeur très-forte et d'une saveur très-amère; elle jouit d'une grande réputation, que je crois méritée. C'est un excellent emménagogue, un puissant vermifuge, et un bon antihystérique : on se sert de son infusion, de son eau distillée; on en fait un sirop; on l'emploie en substance et en poudre. Les anciens préconisaient beaucoup un vinaigre de Rue, auquel ils attribuaient la propriété de préserver des maladies contagieuses. On en tire une huile essentielle, que l'on met par gouttes dans les potions antispasmodiques.

R. **sylvestris**, Mill. *Dict. n°.* 3 ; Clus. 2 , *p.* 136. La tige est presque aussi haute que celle de l'espèce précédente , plus verte ; les feuilles sont bipinnées , à folioles linéaires , divariquées , pointues ; dans le haut de la plante elles sont plus simples, et les folioles plus longues ; les fleurs sont en corymbe terminal, plus serrées et plus nombreuses ; les pétales entiers ; son odeur est très-forte. Fl. d'un jaune-vert. Août. Se trouve dans les lieux élevés , arides, dans les carrières, à *Gouvieux* près de *Chantilli*, etc. ♃

MONOTROPA. Calice nul ; corolle de 8-10 pétales , dont 5 extérieurs sont excavés à la base , et remplis d'une liqueur mielleuse ; capsule à 4-5 valves, polysperme.

M. **hypopithys** , L. *sp.* 555 ; Lam. *Ill. t.* 362 , *f.* 2. Suce-pin. — Plante parasite. Tige de 6 à 8 pouces , succulente , dressée, très-simple, jaunâtre, d'une substance analogue à celle des orobanches ; feuilles (ou plutôt écailles) sessiles , ovales , plus nombreuses en bas ; fleurs terminales , ramassées, penchées et unilatérales ; celle du sommet est à 10 pétales et 10 étamines , les autres n'en ont que 8 et 8 étamines. La plante est odorante et noircit beaucoup par la dessiccation. Fl. jaunâtres. Juillet , août. Se trouve sur la racine des arbres , sur le chêne , le hêtre , etc. , à *Bondi*, *Montfermeil* , *Fontainebleau* , etc. ♃

PYROLA. Calice à 5 parties ; corolle de 5 pétales ; capsules à 5 valves , à 5 loges polyspermes , s'ouvrant par les angles.

P. **rotundifolia** , L. *sp.* 567 ; Lob. *Ic.* 294 , *f.* 2. Pyrole. — Tige redressée , haute de 8-10 pouces , simple , nue, rougeâtre ; feuilles rondes , très-entières , glabres , un peu bordées, pétiolées ; sur la tige, on observe 2-3 écailles foliacées ; 12-15 fleurs en grappe terminale ; pédicelles alternes , écartés , munis d'une bractée aussi longue qu'eux ; le pistil est bien plus long que l'ovaire , et recourbé en trompe à son sommet. Fl. blanches. Mai , juin. Se trouve dans les bois à *Versailles*, *Meudon*, *Ozouer*, *Armainvilliers*, etc. ♃

P. **minor** , L. *sp.* 567 ; *Fl. dan. t.* 55. Ressemble beaucoup à la précédente ; elle en diffère par une stature un peu plus petite ; par ses feuilles ovales-arrondies ; par ses fleurs , au nombre de 5-6 ; par la bractée moitié plus courte que le pédicelle ; et par son pistil dressé, de la longueur de l'ovaire. Fl. *id.* Se trouve dans les bois , à *Meudon* , *Sataury* , *Compiègne* , *Marcoussis* , etc. ♃.

DIGYNIE. — DEUX STYLES.

CHRYSOSPLENIUM. Calice à 4-5 divisions , coloré ; corolle nulle ; capsule à 2 valves, 2 becs, à 1 loge polysperme.

C. ALTERNIFOLIUM, L. *sp.* 539;-*Fl. dan. t.* 366. Tige haute de 4-5 pouces, faible, un peu rameuse, glabre; feuilles alternes, pétiolées, réniformes, glabres, marquées de grandes crénelures; elles sont rapprochées au sommet de la tige, et presque opposées; les dernières feuilles reçoivent les fleurs, qui sont au nombre de 3-4, comme sessiles; les fleurs latérales n'ont souvent que 4 divisions et 8 étamines. Fl. jaunes. Avril, mai. Se trouve dans les lieux ombragés et humides de la forêt de *Compiègne..* ♃

C. OPPOSITIFOLIUM, L. *sp.* 569; *Fl. dan. t.* 365. Saxifrage dorée. —Diffère de la précédente, parce qu'elle est plus petite, qu'elle a les feuilles opposées, arrondies, finissant en pétiole, à dents sinueuses, et que ses fleurs sont plus nombreuses. Fl. *id.* Avril, mai. Se trouve dans des lieux semblables, à *Senlis.* ♃

SAXIFRAGA. Calice en 5 parties; corolle de 5 pétales; capsule à 2 valves, 2 becs, et 1 loge polysperme.

S. GRANULATA, L. *sp.* 576; *Fl. dan. t.* 514. Saxifrage, Perce-pierre. — Racines accompagnées de tubercules granuleux; tige haute de 8 à 10 pouces, dressée, presque simple, velue: feuilles presque toutes radicales, subréniformes, velues, finissant en pétiole, marquées de larges crénelures, presque lobées; 2-3 folioles sur la tige; fleurs en grappes axillaires, ramassées, dressées, le plus souvent il y en a une terminale; corolle grande.

Var. B. Toutes les fleurs penchées.

Fl. blanches. Avril, mai. Se trouve dans les lieux un peu secs, aux bois de *Boulogne*, de *Saint-Cloud*, de *Sèvres*, etc. ♃

S. NIVALIS, L. *sp.* 573; *Fl. dan. t.* 28. Tige nue, haute de 4-5 pouces, velue; feuilles radicales ovales, crénelées, cunéiformes-atténuées en pétiole à la base, velues sur les bords; fleurs terminales en corymbe, au nombre de 6-10, avec une ou deux bractées linéaires-lancéolées, au-dessous des pédoncules; calices à lobes arrondies, glabres, purpurins; pétales doubles du calice en longueur. Fl. blanches. Juillet. Cette espèce a été trouvée par M. de Lamarck, sur les rochers à *Montlhéry.* ♃

S. TRIDACTYLITES, L. *sp.* 578; Curt. *Lond. t.* 129. Tige dressée, haute de 2 à 4 pouces, un peu rameuse; feuilles radicales, étalées, ovales, entières; les caulinaires cunéiformes, 3-fides ou 5-fides, alternes; fleurs axillaires et terminales, pédicellées; corolle petite. Fl. blanches. Mars, avril. Se trouve dans les lieux arides, sur les toits et les murs. Très-commune. ♃

SCLERANTHUS. Calice à 5 dents; corolle nulle; une graine renfermée dans le calice.

S. ANNUUS, L. *sp.* 580; *Fl. dan. t.* 504. Tige haute de 2 à 4 pouces, très-rameuse, diffuse, étalée, dressée, à articulations gonflées, velues-écailleuses; feuilles opposées, presque confluentes à la base, très-déliées, longues et torses; fleurs en grappes courtes, latérales et terminales; calices à divisions linéaires, aiguës et ouvertes. Fl. verdâtres. Eté. Se trouve communément dans les champs et les moissons. ☉

S. PERENNIS, L. *sp.* 580; Vaill. *Bot. t.* 1, *f.* 5. Tige redressée, rameuse, étalée, haute de 2 à 4 pouces, légèrement pubescente, d'une couleur glauque, ainsi que toute la plante; feuilles opposées, courtes, épaisses, un peu ciliées; il naît dans leur aisselle des rudimens de branches, ce qui donne l'aspect d'un paquet de feuilles; fleurs en grappes courtes, axillaires et terminales; divisions du calice obtuses, courtes et fermées. Fl. *id.* Eté. Se trouve dans les lieux secs et sablonneux, à *Fontainebleau*, *Senlis*, *Compiègne*, *Chantilli*, etc. ♃

GYPSOPHILA. Calice anguleux, à 5 lobes, membraneux sur les bords; corolle de 5 pétales sans onglets; capsule globuleuse à 1 loge, à 5 valves.

G. MURALIS, L. *sp.* 583; *J. Bauh.* 3, *p.* 2, *t.* 338, *f.* 1. Tige diffuse, rameuse, haute de 4 à 6 pouces, un peu rude, subpubescente; feuilles très-fines, étroites, opposées, glabres; fleurs solitaires, axillaires, portées sur des pédoncules déliés, un peu plus longs que les feuilles; divisions du calice obtuses. Fl. purpurines. Juillet, août. Se trouve dans les champs arides, sablonneux, à *Montmorency*, dans les îles de la Marne à *Charenton*, etc. ☉.

G. SAXIFRAGA, L. *sp.* 584; Barr. *Ic.* 998. Tige haute d'environ 1 pied, rameuse, étalée, un peu rude, subpubescente, un peu gonflée aux articulations, à dichotomies nombreuses; feuilles opposées, fines, courtes, surtout dans le haut; fleurs en panicule étalée, solitaires, munies de 2–4 bractées à la base du calice, disposées en croix, pointues et scarieuses sur les bords. Fl. d'un rouge pâle. Juillet, août. Se trouve parmi les rochers, à *Fontainebleau.* ♃

DIANTHUS. Calice cylindrique, à 5 dents, entouré à la base de 2 à 4 écailles; corolle de 5 pétales à onglets; capsule cylindrique, à 5 valves, à 1 loge polysperme.

** Fleurs réunies en tête.*

D. CARTHUSIANORUM, L. *sp.* 586. OEillet des Chartreux. — Souche rameuse; tige haute de 12 à 15 pouces, simple, grêle, dressée, striée, glabre; feuilles la plupart radicales, très-étroites, pointues, à 3 nervures fines, longues de 2–3 pouces, formant des gaînes, glabres; celles de la tige plus courtes; fleurs réunies en tête, 3-5 ensemble, avec deux bractées, lancéolées, très-pointues; écailles calicinales, plus courtes que le calice, arrondies, terminées par une pointe longue; pétales crénelés, munis en dedans de quelques poils rares, peu visibles. Fl. rouges ou blanches. Juin, juillet. Commun dans les lieux sablonneux, aux bois de *Boulogne,* de *Romainville,* de *Vincennes,* etc. ♃

D. **prolifer**, L. *sp.* 587; Lob. *Ic.* 449, *f.* 1. Tige redressée, un peu noueuse, haute de 1 pied environ, glabre; feuilles de 1 pouce de long, très-finement denticulées, glabres, étroites, pointues; 2-4 fleurs petites, réunies en tête; bractées et écailles calicinales, très-larges, scarieuses, très-obtuses, et dépassant les corolles.

Var. B. *D. diminutus,* L. *sp.* 587. Tête uniflore.

Fl. rougeâtres. Juin, juillet. Commun dans les lieux arides, à *Chatou,* etc. ♃

D. **armeria**, L. *sp.* 586; Lob. *Ic.* 448, *f.* 2. OEillet velu. — Tige dressée, rameuse, haute de 12 à 18 pouces, glabre, un peu noueuse; feuilles linéaires-lancéolées, pubescentes, obtusiuscules, longues de 1 pouce et demi; fleurs au nombre de 3-5, réunies; bractées plus longues qu'elles, lancéolées, se terminant en pointe, très-velues, ainsi que les calices et les écailles calicinales, qui sont lancéolées, et finissent insensiblement en pointe. Fleurs rougeâtres. Juin, juillet. Se trouve communément dans les endroits secs. ♃

** *Pédoncules uniflores.*

D. **caryophyllus**, L. *sp.* 587; Lob. *Ic.* 442, *f.* 1. OEillet des jardins. — Tige élevée de 1 à 2 pieds, débile, noueuse, branchue, glabre, anguleuse; feuilles planes, linéaires-lancéolées, glabres, scarieuses à la base, et formant des gaines avec celles du côté opposé; fleurs axillaires et terminales, allongées, solitaires; bractées courtes, ovales, pointues; 4 écailles calicinales, larges, très-courtes, glabres ainsi que le calice, terminées insensiblement par une pointe; pétales denticulés, glabres. Fl. rougeâtres. Juin, juillet. Se trouve dans les lieux pierreux, stériles, les murailles, à *Vincennes,* dans les murs du château. ♃

D. **deltoides**, L. *sp.* 588; *Fl. dan. t.* 577. Tige débile, flexueuse, très-rameuse, de 1 pied environ de long, couchée, puis redressée, pubescente dans le haut; feuilles courtes (1 pouce au plus), linéaires, pubescentes, aiguës; fleurs solitaires, formant une panicule nombreuse; 1-2 bractées ovales-pointues; 2 écailles calicinales, ovales-pointues, plus courtes que le calice. Fl. rougeâtres. Juin, juillet. Se trouve dans les allées des bois, à *Neuilly-sur-Marne, Rambouillet, Senart, Montmorency,* etc. ♃

D. **integer**, N.; *D. arenarius,* Thuill. *Fl. par. p.* 212; (non L., non Decand.) Tige un peu coudée à la base, subpaniculée du haut, élevée d'environ 1 pied, glabre; feuilles gazonnantes à la racine, longues de 1 pouce, planes, pointues, fines, striées, denticulées sur les bords, glabres; celles de la tige un peu plus courtes; fleurs 2-5 sur chaque tige, solitaires, axillaires et terminales; elles sont courtes, grosses; il n'y a pas de bractées; le calice à 4 écailles plus courtes que lui, dont les 2 extérieures sont lancéolées-ovales, très-pointues ; les 2 intérieures plus élargies et aussi pointues ; les pétales sont ovales-arrondis, entiers, à peine y remarque-t-on quelques denticules. Fl. rougeâtres. Juin, juillet. Se trouve dans les lieux arides, sablonneux, à *Fontainebleau*, *Vaudré*, *Roide-Mont*. ♃ Cette espèce se rapproche du *D. cæsius* de L.

D. BIFLORUS, N. Tige de 6 à 8 pouces, simple, glabre; feuilles linéaires, allongées, très-étroites, les radicales un peu plus nombreuses, piloso-denticulées sur les bords (celles de la tige ne le sont pas); 1 ou 2 fleurs terminales ; 2 bractées au-dessous du calice, derrière l'une desquelles se trouve quelquefois la seconde fleur ; 2 écailles, à la base du calice, courtes, arrondies un peu mucronées ; pétales dentés-laciniés, à gorge très-légèrement velue. Fl. blanches. Eté. Se trouve aux environs de *Clermont sur Oise* ; il m'a été communiqué par M. Lallemant. ♃ Cette plante tient le milieu entre le *D. plumarius* et le *virgineus* ; elle n'a pas les pétales digités-multifides comme le premier, et ils ne sont pas simplement crénelés comme dans le second ; il diffère du *D. geminiflorus*, du *flora gallica*, en ce que ce dernier a 4 écailles au calice. En général le genre OEillet n'est pas encore bien connu, parce que toutes les espèces sont très-voisines ; et nous en avons jusque dans nos jardins qui n'ont point encore reçu de noms.

SAPONARIA. Calice tubuleux, nu, à 5 dents; corolle de 5 pétales à onglets; capsule oblongue, à 5 valves, à une loge polysperme.

S. OFFICINALIS, L. *sp.* 584; *Fl. dan. t.* 543. Saponaire. — Tige dressée, de 1 à 2 pieds de haut, branchue, glabre, anguleuse au sommet ; feuilles lancéolées-ovales, entières, glabres, sessiles, marquées de 3 nervures ; fleurs presque sessiles, en panicule terminale, resserrée ; calices comme tronqués du bas, un peu vésiculeux, velus ou glabres, cylindriques, à dents aiguës; capsules contenant des graines nombreuses, comprimées, ponctuées et subréniformes. Fleurs rosées. Juillet, août. Se trouve sur le bord des champs, des fossés, à *Montgeron*, etc. ♃

La Saponaire est usitée ; elle est réputée fondante, incisive, dépurative; on s'en sert dans les engorgemens des viscères, lorsqu'ils sont commençans, dans les maladies de la vessie, celles de la peau, etc. On emploie sa décoction et son extrait; l'un et l'autre tirés de sa racine récente, ou des sommités fleuries. Il y a quelques praticiens qui s'en servent dans les maladies syphilitiques.

S. VACCARIA, L. *sp.* 585 ; Dod. *Pempt.* 104. Tige dressée, simple du bas, haute de 1 pied, très-glabre; feuilles sessiles, embrassantes, entières, lancéolées, glabres, aiguës avec une pointe; fleurs en panicule terminale, à longs pédoncules, qui sont souvent trichotomes; calice globuleux, à cinq angles très-marqués, à dents obtuses, glabres; capsules courtes; graines peu nombreuses, gonflées, à facettes régulières et ponctuées. Fleurs rosées. Juin, juillet. Se trouve communément dans les moissons. ☉

TRIGYNIE. — TROIS STYLES.

ARENARIA. Calice à 5 divisions; corolle de 5 pétales entiers; capsule à une loge polysperme, à 5 valves.

* *Feuilles ovales; point de stipules.*

A. TRINERVIA, L. *sp.* 605; *Fl. dan. t.* 429. Tige longue quelquefois de 1 pied, débile, très-rameuse, dichotome, filiforme, couchée en partie, légèrement pubescente; feuilles ovales, atténuées aux 2 bouts, larges, ciliées sur les bords, glabres, très-minces, entières, marquées de 3 nervures; fleurs en panicule terminale, dichotome; pédoncules déliés, uniflores; calice un peu cilié sur le dos, membraneux sur les bords, à divisions aiguës, plus longues que la corolle; graines globuleuses, luisantes, subréniformes. Fleurs blanches. Juin, juillet. Se trouve dans les endroits couverts des bois, à *Meudon*, *Saint-Cloud*, etc. Assez commune. ☉

A. MONTANA. L. *sp.* 606; Vent. *Cels. t.* 34. Tige de 3–4 pouces, couchée, à rameaux redressés, pubescens; feuilles lancéolées-ovales, pubescentes, blanchâtres, un peu aiguës, entières, sessiles; fleurs grandes, terminales, solitaires; calice à divisions ovales, pubescentes, obtuses; pétales obtus, plus longs que le calice. Fl. blanches. Mai, juin. Feu M. Cels m'a dit avoir trouvé cette plante dans les lieux arides et montueux, à *Mantes* ♃

A. SERPILLIFOLIA, L. *sp.* 606; Fuchs. *Hist.* 23, *Ic.* Tige couchée, rameuse, étalée, longue de 2–4 pouces, redressée à l'extrémité, pubescente; feuilles ovales, petites, pointues, ciliées, entières; fleurs terminales, paniculées, à pédoncules courts; calice à divisions lancéolées, aiguës, plus longues que la corolle; capsule ventrue, dépassant le calice; graines fines, rougeâtres, globuleuses. Fleurs blanches. Été. Se trouve abondamment dans les lieux arides, sablonneux, sur les murs, etc. ☉

** *Feuilles sétacées; point de stipules.*

A. TENUIFOLIA, L. *sp.* 607; Vaill. *Bot. t.* 3, *f.* 1. Tige dressée, rameuse, haute de 2 à 5 pouces; feuilles sétacées, glabres ainsi que toute la plante, un peu recourbées au sommet lorsqu'elles vieillissent; fleurs en panicule terminale; pédoncules déliés; calice à divisions scarieuses, aiguës, plus longues que les pétales, marquées de quelques nervures. Fleurs blanches. Mai, juin. Se trouve dans les lieux secs et arides très-communément. ☉

A. **viscidula**, Thuill. *Fl. par. p.* 219. Elle ressemble à la précédente, dont elle diffère en ce qu'elle est chargée dans toute son étendue de poils visqueux, auxquels s'attachent des grains de sable ; elle est plus petite, et a ses calices à divisions un peu plus étroites ; elle pourrait n'en être qu'une variété.

Var. B. *A. hybrida*, Vill. *Dauph.* 3, *p.* 634, *t.* 47 ? Tige plus élevée, plus divariquée, et chargée de quelques poils courts sur les calices et les rameaux ; feuilles glabres.

Fleurs blanches. Avril, mai. Se trouve dans les lieux sablonneux, l'espèce à *Romainville*, la *variété* B à *Andresy*, dans les lieux cultivés. ☉

A. **setacea**, Thuill. *Fl. par.* 220, et *A. saxatilis*, Thuill. *l. c.* (non L.) ; Vaill. *Bot. t.* 2, *f.* 3 ? Souche touffue ; tiges de 4–6 pouces de haut, nombreuses, couchées à la base, rameuses, un peu pubescentes, surtout du bas, et au-dessous des nœuds des tiges ; feuilles nombreuses, sétacées, serrées, recourbées, très-fines ; haut de la tige étant presque nu, et formant une panicule pauciflore et serrée ; pédicelles glabres, accompagnés de petites bractées à ses bifurcations ; divisions des calices glabres, étroites, membraneuses sur les bords, très-aiguës ; pétales obtus, plus longs que les calices ; capsule à 3 valves égales au calice. Fl. blanches. Juillet. Se trouve dans les lieux arides, à *Fontainebleau*, *Saint-Maur*. ♃

A. **triflora**, L. *Mant.* 240 ; Cav. *Ic. t.* 249, *f.* 2 ; *A. juniperina*, et *A. laricifolia*, Thuill. *Fl. par. l. c.* (non L.). Tiges courtes, fermes, velues, dichotomes au sommet, hautes de 2–3 pouces ; feuilles planes, sétacées, très-aiguës, recourbées, ouvertes, glabres au bas de la tige, velues au sommet ; panicule ordinairement à 3 divisions uniflores, quelquefois à 5 ; calices à divisions courtes, velues, aiguës, ovales, sans nervures, plus courtes que les pétales, qui sont obtus ; capsule globuleuse ; graines noires, chagrinées. Fl. blanches. Juillet, août. Se trouve dans les lieux sablonneux, à *Fontainebleau*, *Chantilli*. ♃

*** *Feuilles entourées de stipules scarieuses.*

A. **segetalis**, Lam. *Fl. fr.* 3, *p.* 43 ; *Alsine segetalis*, L. *sp.* 90 ; Vaill. *Bot. t.* 3, *f.* 3. Tige haute de 3-5 pouces, grêle, rameuse, dichotome, dressée, un peu velue ; feuilles sétacées, assez longues, filiformes, courbées, garnies de quelques poils, munies à la base de bractées scarieuses et déchirées ; rameaux floriferes écartés, divariqués ; pédoncules filiformes, uniflores, souvent acccompagnés de 2 petites bractées au milieu et aux bifurcations ; fleurs petites ; calice à divisions membraneuses sur les bords, un peu obtuses, dépassant de beaucoup les corolles. Fl. blanches. Juin, juillet. Se trouve dans les moissons, à *Saint-Hubert*, *Saint-Léger*, *Marcoussis*, etc. ☉

A. **rubra**, L. *sp.* 606 ; Bauhin, 3, *p.* 723, *f.* 3. Tige haute de de 6 à 8 pouces , rameuse , dressée , diffuse , un peu velue ; feuilles charnues , presque planes , très-étroites , longues , glabres , munies à leur base de stipules membraneuses , courtes , presque entières ; fleurs terminales , en panicule peu fournie ; pédoncules s'écartant après la fleuraison ; calice à divisions ovales , membraneuses sur les bords , un peu plus courtes que les pétales ; capsules grosses , à 3 valves ; graines petites , anguleuses , dépourvues de membranes , un peu chagrinées. Fl. pourpres. Eté. Se trouve dans les endroits sablonneux , à *Meudon* , etc. ☉

A. MEDIA , L. *sp.* 606 ; *A. marginata* , Decand. *Ic. rar. gall.* *t.* 48. Ressemble entièrement à la précédente , à l'exception de ses fleurs , qui sont deux fois plus grandes , et de ses graines , qui sont bordées d'une membrane circulaire. Fl. *id.* Elle se trouve quelquefois mêlée avec l'espèce précédente , à *Mantes,* etc. , quoiqu'elle préfère les sables maritimes. ☉

STELLARIA. Calice en 5 parties ; corolle de 5 pétales bifides ; capsule à 6 valves , à 1 loge.

S. NEMORUM , L. *sp.* 603 ; Moriss. *sect.* 5 , *t.* 23 , *f.* 2. Tige de 1 pied environ , faible , grêle , glabre ; feuilles radicales et du bas de la tige pétiolées , ciliées , cordiformes , pointues , entières , celles du haut de la tige sessiles , ovales ; pédoncules axillaires et terminaux , rameux , filiformes , foliacés ; après la fleuraison , ils s'écartent de la tige , et se réfléchissent ; pétales bifides , à divisions linéaires. Fl. blanches. Juin , juillet. Se trouve dans les bois , forêt de *Compiègne.* ♃

OBSERV. Cette plante varie beaucoup , et on parvient , par une suite d'échantillons , à la trouver à feuilles toutes sessiles , ovales , allongées , velues ; à lui observer une tige de 2-3 pieds , presque grimpante : c'est d'après la plante en cet état qu'est faite la description de M. Decandolle (*Fl. fr.* 4 , *p.* 793) , celle de la grande phrase de Smith (*Fl. brit.* 2 , *p.* 473) , et qu'elle est représentée dans la figure de Dod. (*Pempt.* 29) , et celle de Moriss. (*s.* 5 , *t.* 23 , *f.* 1). Les pétales de cette plante sont quelquefois laciniés.

S. HOLOSTEA , L. *sp.* 603 ; *Fl. dan. t.* 698. Tige débile , un peu dressée , longue de 1 à 2 pieds , glabre ; feuilles longues , lancéolées , étroites , très-pointues , ciliées-denticulées sur les bords , ouvertes , comme réfléchies , et plus étroites dans le bas ; fleurs en panicule terminale ; pédoncules pubescens , rameux , longs ; calice sans nervure ; pétales grands , bifides , dépassant le calice ; capsule globuleuse. Fleurs blanches. Avril , mai. Se trouve très-communément dans les bois taillis , les buissons. ♃

S. GRAMINEA , L. *sp.* 604 ; *Lob. Ic.* 46 , *f.* 2. Diffère de la précédente par des feuilles plus courtes , glabres , non denticulées sur les bords ; le calice est marqué de 3 nervures , et les pétales sont moins longs que le calice; la panicule est à fleurs plus nombreuses, plus étalées; les pédoncules sont glabres, divariqués. Fleurs *id.* Se trouve dans les mêmes lieux, où elle est encore plus commune. ♃

S. CLAUCA, Smith, *Fl. brit.* 475; *S. graminea, var. β,* L. *sp.* 604; *S. arenaria,* Thuill. *Fl. par.* 1, *p.* 217; Gmel. *Sib. t.* 61, *f.* 2 (*ex Herb.* L.) A beaucoup d'affinité avec l'espèce précédente, dont elle diffère par sa couleur glauque, par les divisions du calice terminées par une pointe, et par ses pétales presque moitié plus longs que le calice; les pédoncules sont dressés au lieu d'être divariqués. Fleurs blanches. Juin, juillet. Se trouve dans les prés humides, le long des fossés, à *Saint-Léger, Marcoussis, Fontainebleau.* ♃

S. AQUATICA, Poll. *Pal. n° 422; S. uliginosa,* Curt. *Lond. t.* 28; *S. hypericifolia,* Thuill. *l. c.; S. graminea, γ,* L. *sp.* 640. Tiges débiles, grêles, couchées, longues de 6 pouces à 1 pied, pâles, glabres; feuilles ovales-elliptiques, celles du haut un peu lancéolées, glabres, entières, un peu calleuses au sommet ou un peu obtuses; fleurs en petites panicules latérales ou terminales; pédoncules glabres, souvent munis de 2 écailles au milieu, et coudés à cet endroit, à la maturité des fruits; corolles petites; divisions du calice à 3 nervures, plus longues que les pétales. Fleurs blanches. Juin, juillet. Se trouve aux bords des marais, à *Saint-Léger, Marcoussis, Roussigni,* etc. ♃

SILENE. Calice à 5 dents; corolle de 5 pétales à onglets; capsules à 6 valves, à 3 loges polyspermes.

** Fleurs souvent dioïques.*

S. INFLATA, Smith, *Fl. brit. p.* 467; *Cucubalus behen,* L. *sp.* 591; *Fl. dan. t.* 914. Behen blanc.— Tige rameuse, élevée de 1 à 2 pieds, glabre, glauque, ainsi que toute la plante; feuilles sessiles, lancéolées, un peu charnues, très-entières, glabres, aiguës, les radicales spatulées; fleurs en panicule, latérales, axillaires, penchées, souvent monoïques; calice vésiculeux, réticulé, glabre; pétales linéaires, distans, bifides, ayant quelquefois des écailles à la gorge, le plus souvent nus; graines pointillées, noires, torses, un peu réniformes. Fleurs blanches. Eté. Commun dans les champs, les prés, et sur le bord des chemins. ♃

S. OTITES, Smith, *Fl. brit. p.* 469; *Cucubalus otites,* L. *sp.* 594; *Fl. dan. t.* 518. Souche rameuse; tige haute de 1 à 2 pieds, simple, dressée, velue, visqueuse, presque nue; feuilles ovales-renversées, finissant en un pétiole assez long; les caulinaires sessiles, toutes sont pubescentes et très-entières; fleurs très-petites, en grappes opposées, courtes, comme verticillées, surtout au sommet, souvent dioïques; calice velu; pétales linéaires, entiers, gorge nue ; 2-5 styles. Fleur d'un blanc-verdâtre. Juin , juillet. Se trouve dans les endroits arides, à *Fontainebleau , Saint-Maur, Champigni , Vincennes ,* etc. ♃

** *Fleurs hermaphrodites.*

S. QUINQUEVULNERA , L. *sp.* 595 ; Dodart, *Acad.* 4, *p.* 291 , *Ic.* Tige dressée , rameuse , velue , haute de 1 pied environ ; feuilles subovales-renversés, courtes, un peu spatulées, velues, entières, les inférieures obtuses , les autres courtement aiguës ; fleurs terminales sur les rameaux ou la tige , peu nombreuses, presque sessiles ; calices velus, rayés, un peu visqueux ; pétales arrondis, entiers ou légèrement anguleux, marqués d'une grande tache pourpre-noire au milieu, et dont les bords sont blancs ; capsules dressées. Fleurit en juin. Se trouve au bois de *Boulogne ,* où elle paraît avoir été semée. ☉

S. BIPARTITA , Desf. *Atl.* 1, *p.* 352 , *t.* 100. Tige de 1 pied et plus , pubescente ; feuilles inférieures spatulées, les supérieures ovales-oblongues ou lancéolées , subpubescentes , légèrement rudes au toucher ; fleurs terminales en grappes penchées ; calice cylindrique, un peu pubescent , à dents obtuses , velues ; pétales bifides, à divisions ovales. Fleurs rouges , à écailles de la gorge blanches. Juin , juillet. Se trouve en abondance dans le parc de *Saint-Fargeau,* où elle a sans doute été semée. ☉

S. ANGLICA , L. *sp.* 594 ; Curt. *Lond. Fasc.* 4 , *t.* 30. Tige haute de 12-15 pouces , dressée , rameuse , velue , un peu rude , un peu étalée ; feuilles lancéolées-linéaires , entières , presque glabres ; fleurs en panicule allongée , étroite, presque en épi ; elles sont éloignées , pédicellées , alternes ; après la fleuraison , les fruits s'écartent de la tige , et les inférieurs sont presque réfléchis ; calice velu, un peu renflé, marqué de lignes vertes ; pétales bifides. Fleurs blanches , avec des points pourpres. Août. Se trouve dans les moissons , à *Montmorency , Longjumeau , Palaiseau ,* etc. ☉

S. GALLICA , L. *sp.* 595 ; Vaill. *Bot. t.* 16, *f.* 12. Diffère de la précédente en ce qu'elle est plus grêle ; que les capsules restent toujours dressées , et serrées contre la tige ; et que les pétales sont entiers. Fl. *id.* Se trouve dans les endroits cultivés , à *Bondi, Fontenai-aux-Roses , Rambouillet , Saint-Léger , Sceaux , Champlan ,* etc. ☉

S. NUTANS , L. *sp.* 596 ; *Fl. dan. t.* 242. Tige haute de 1 pied , dressée, courbée du haut , un peu velue , un peu rude ; feuilles pubescentes , vertes , lancéolées , pointues , presque toutes radicales ; fleurs en panicule penchée, pendantes pendant la fleuraison ; la panicule et les fleurs se redressent ensuite ; calice presque glabre ; pétales bifides, linéaires ; capsule conique, faisant un peu le bec, couleur vert d'émeraude à l'intérieur ; graines nombreuses, noires , ponctuées.

Var. **B.** *Laciniata*, N. Calices et pétales déchiquetés, ceux-ci quelquefois nuls; capsules difformes.

Var. **C.** *Majus*, N. Tige rameuse, visqueuse, haute de 2 pieds environ, très-renflée aux articulations; feuilles ovales-oblongues, larges, pubescentes; fleurs semblables à celles de l'espèce; calices plus velus, et à stries plus marquées; fruits plus gros.

Fl. blanches ou rouges. Mai, juin. Se trouve dans les bois secs, au bois de *Boulogne*, de *Vincennes*, etc. La var. B, qui est probablement une monstruosité, au bois du *Vésinet;* la var. C, que quelques personnes regardent comme la *S. paradoxa* de L., à *Romainville.* ♃

S. CONICA, L. *sp.* 598; Jacq. *Aust. t.* 253. Tige haute de 6 à 10 pouces, rameuse, étalée à la base; branches latérales couchées, velues; feuilles linéaires, étroites, molles, velues, entières; fleurs axillaires et terminales en panicules; calices enflés, un peu velus; à stries nombreuses, pétales bifides; graines vertes, réniformes, ponctuées. Fl. d'un rouge pâle. Été. Se trouve dans les endroits cultivés, sablonneux, à *Montmartre*, *Belleville*, etc. ☉

S. CONOIDEA, L. *sp.* 598; Clus. *Hist.* 288 *,f.* 2. Diffère du précédent par ses feuilles glabres, ses pétales entiers ou presque entiers, et ses capsules qui sont presque le double de grosseur, et qui sont rétrécies au sommet comme une bouteille. Fleurs *id.* Se trouve dans des lieux semblables, plaine du *Point-du-Jour*, etc. ☉

CUCUBALUS. Calice enflé, à 5 dents: corolle de 5 pétales à onglets; fruit charnu, bacciforme, à une loge qui ne s'ouvre point en plusieurs valves.

C. BACCIFER, L. *sp.* 591; Dod. *Pempt.* 399, *fig. sup.* Tige faible, diffuse, branchue, presque volubile, haute de 2–3 pieds, pubescente; feuilles ovales, très-légèrement pubescentes, entières, aiguës, finissant en un court pétiole; pédoncule uniflore; fleurs peu nombreuses, en panicules axillaires, étalées, ou terminales; pétales distans, bifides, étroits; fruits globuleux, noirs, contenant des graines assez nombreuses, enflées, subréniformes, rougeâtres. Fleurs blanches. Juin, juillet. Se trouve dans les lieux ombragés, les buissons, à *Vincennes*, dans les iles de *Charenton*, à *Fontainebleau*, etc. ♃

C. *otites*, *behen*, L. Vide *Silene otites* et *inflata*.

PENTAGYNIE.—CINQ STYLES.

SEDUM. Calice à 5 divisions; corolle de 5 pétales; 5 écailles nectarifères à la base du germe; 5 capsules.

** Fleurs rouges ou blanches.*

S. TELEPHIUM, L. *sp.* 616; Decand. *Pl. grass. t.* 92. Orpin, Reprise. — Tige grosse, cylindrique, haute de 1 pied environ, tendre, feuillée, un peu paniculée en haut; feuilles larges, ovales, sessiles, planes, épaisses, lisses, dentelées en leur bord; fleurs en corymbe serré, terminal et grand. Fl. blanches ou rougeâtres. Août. Se trouve sur le bord des bois et des vignes, aux buttes de *Sèvres*, etc. ♃

S. ANACAMPSEROS, L. *sp.* 616; Decand. *Pl. grass. t.* 33. Tiges un peu couchées dans leur partie inférieure, cylindriques, simples, garnies de feuilles charnues (ramassées au sommet sur les tiges stériles), planes, cunéiformes-ovales, entières, d'un vert-bleuâtre; fleurs en corymbe ramassé en tête, rougeâtres. Juin, juillet. Se trouve sur les coteaux arides, à *Saint-Prix.* ♃

S. CEPÆA, L. *sp.* 617; Clus. *Hist.* 2, LXVIII, *Ic.* Tiges rameuses, faibles, grêles, longues de 3 pouces à 1 pied; feuilles alternes, planes, petites, lancéolées, obtuses, entières; fleurs en longue panicule; pédoncules flexueux, à 3 fleurs très-petites. Fl. blanches. Juin, juillet. Se trouve sur les bords des fossés des bois, sur les murs, à *Ville-d'Avrai*, *Yerres*, *Méranté*, etc. ☉

S. ALBUM. L. *sp.* 619; *Fl. dan. t.* 36.. Trique-madame. — Tige rameuse, couchée à la base, redressée; feuilles arrondies, oblongues, obtuses, sessiles, ouvertes, d'un beau vert; fleurs petites, dressées, disposées en cime corymbiforme. Fl. blanches, anthères purpurines. Juin, juillet. Se trouve dans les lieux secs, arides, sur les murs, à *Neuilly*, au bois de *Boulogne*, etc. Assez commun. ♃

S. VILLOSUM, L. *sp.* 620; Decand. *Pl. grass. t.* 70. Tige simple ou rameuse du bas, rougeâtre, dressée, velue ainsi que toute la plante; feuilles oblongues, alternes, planiuscules en dessus, convexes en dessous, de même couleur que la tige; fleurs terminales, en panicule ramassée, à pédicelle uniflore, flexueux. Fl. rougeâtres. Juillet. Se trouve à *Fontainebleau*, autour des mares. ☉

** *Fleurs jaunes.*

S. ACRE, L. *sp.* 619; Decand. *Pl. grass. t.* 117. Vermiculaire brûlante. — Tiges redressées, un peu flexueuses, tendres, hautes de 2 à 4 pouces, couvertes de feuilles courtes, éparses, obtuses, ovoïdes, un peu aplaties en dehors, jaunâtres, qui rougissent en vieillissant, et deviennent âcres à la même époque (au printemps cette plante n'est pas âcre); 2 – 4 fleurs sessiles sur les bifurcations de la tige, lesquelles sont écartées, penchées, et ordinairement au nombre de 3; folioles du calice ovales, obtuses. Fl. d'un jaune foncé. Mai, juin. Très-commun dans les endroits secs, sur les murs, les toits, etc. ♃

Le *Sedum acre* a été proposé, dans ces derniers temps, comme un spécifique assuré contre l'épilepsie; je l'ai moi-même administré à plusieurs individus attaqués de cette cruelle maladie, sans avoir eu d'autre succès que de reculer les accès pour un temps plus ou moins long; ils reprenaient leur intensité première quelque temps après la cessation du remède. Quelques médecins disent avoir été plus heureux. On le donne sec et en poudre, à des doses augmentées graduellement, en commençant par 3-4 grains. J'observe que dans cet état ce végétal a perdu une partie de son âcreté, et qu'il vaudrait mieux le donner vert ; mais les malades le prendraient peut-être alors difficilement, à cause de sa causticité. Cette espèce ne doit pas être employée au printemps, puisqu'elle n'est pas âcre, et la suivante, qui lui ressemble beaucoup, ne doit pas l'être du tout, si la vertu de cette plante réside dans son âcreté, parce qu'elle est entièrement insipide.

S. BOLONIENSE, Lois. Deslonch. *Notice* 71. Tige redressée, plus ferme que celle de l'espèce précédente, haute de 2-4 pouces, couverte de feuilles arrondies, allongées, obtuses ; 6—10 fleurs petites, sessiles sur les 2-3 bifurcations de la tige, qui sont dressées et rapprochées après la fleuraison ; calice à divisions ovales, obtuses. La plante n'est jamais âcre. Fl. jaunes. Juillet, août. Commun dans les lieux secs, au bois de *Boulogne*, du côté de *Longchamps*. ♃

S. REFLEXUM, L. *sp.* 618; Decand. *Pl. grass. t.* 116. Tige redressée, haute de 1 pied environ, fort simple, ou pourvue à la base de quelques rameaux stériles, réfléchis ; feuilles cylindriques, sétacées, éparses, tortillées, et tombantes à la fleuraison, ce qui laisse la tige presque nue ; fleurs pédonculées, disposées sur les 4-6 bifurcations de la tige, qui sont rameuses, penchées pendant la fleuraison, redressées ensuite. Fl. jaunes. Juillet, août. Se trouve dans les lieux secs, sur les murs, etc. Commun. ♃

S. SEXANGULARE, L. *sp.* 620; Decand. *Pl. grass. t.* 118 ; *S. acre*, *var.* β, Lam. *Fl. fr.* 3, *p.* 86. Tige un peu rameuse, un peu flexueuse, redressée ; feuilles verticillées par 3 inférieurement, et sur les jeunes pousses, ce qui, par la disposition des verticilles entre eux, les fait paraître à 6 angles, les supérieures sont éparses, toutes sont cylindriques, linéaires, étalées, prolongées sur la tige par leur base; fleurs presque sessiles, au nombre de 8-10 sur les 2-3 bifurcations de la tige, qui sont un peu penchées pendant la fleuraison. Fl. jaunes. Juin, juillet. Se trouve dans les endroits arides, près de *Saint-Maur*. (Thuill.) ♃

S. RUPESTRE, L. *sp.* 618 ; Dill. *Elth.* 343, *f.* 333. Tige un peu couchée à la base, redressée, haute de 4-6 pouces ; feuilles subulées, éparses, prolongées sur la tige, arrondies, glauques, les supérieures un peu planes, plus larges ; fleurs en corymbe resserré, presque globuleux, sessiles sur les 4-5 bifurcations, qui sont rameuses, un peu en zigzag, et munies de bractées lancéolées, très-visibles aux articulations; les pétales sont linéaires, doubles du calice. Fl. jaunes. Juin. Se trouve sur les rochers et les coteaux arides, garenne de *Canneville*. (Thuill.) ♃

AGROSTEMA. Calice à 5 dents; corolle de 5 pétales à onglets étroits; capsule à 1 loge.

A. CITHAGO, L. *sp.* 624; *Fl. dan. t.* 567. Nielle des bleds. — Tige simple, presque dressée, haute de 2-3 pieds, velue ainsi que toute la plante, à angles arrondis; feuilles linéaires, longues, étroites, entières; fleurs portées sur de longs pédoncules, solitaires; calice coriace, à dents prolongées en 5 lanières longues, et dépassant la corolle, dont le limbe est obtus et presque entier; graines chagrinées. Fl. d'un rouge-vineux. Eté. Se trouve abondamment dans les moissons. ⊙

A. FLOS CUCULI, N.; *Lychnis flos-cuculi*, L. *sp.* 625; Lam. *Ill. t.* 391, *f.* 1. Fleur du Coucou. — Tige simple, élevée de 1 à 2 pieds, un peu hispide; feuilles lancéolées, glabres, entières, finissant en une espèce de pétiole; fleurs en panicule terminale, lâche; calices marqués de 10 raies pourpres; pétales laciniés; capsule ovoïde; graines pédicellées. Fl. rouges ou blanches. Eté. Se trouve communément dans les prés humides. ♃

A. DIOICA, N.; *Lychnis dioica*, L. *sp.* 626; *Fl. dan. t.* 792. Compagnon blanc. — Tige de 1-2 pieds, velue ainsi que toute la plante, branchue, dressée; feuilles ovales, pointues, entières, marquées de 5 nervures; fleurs en panicule peu considérable, dioïques; calice marqué de 10 lignes rameuses; pétales à 2 lobes obtus; capsules grosses; graines un peu chagrinées. Ff. blanches, odorantes à l'entrée de la nuit. Eté. Se trouve le long des chemins et des haies. Commune. ♃

A. SYLVESTRIS, N.; *Lychnis sylvestris*, Decand. *Fl. fr.* 4, *p.* 763. Diffère de l'espèce précédente par ses capsules, qui sont plus grêles, ses calices moins nerveux; par ses fleurs, qui sont rouges et inodores. La plante est plus grêle, et a des poils plus longs. Fl. *id.* Se trouve dans les mêmes lieux, mais plus rarement. Il en existe une variété à fleurs doubles, que l'on cultive dans les jardins. ♃

LYCHNIS. Calice à 5 dents; corolle de 5 pétales, à onglets étroits; capsule à 5 loges.

L. VISCARIA, L. *sp.* 625; Clus. *Hist.* 289. Tige haute de 1 à 2 pieds, rameuse du bas, glabre, peu feuillue, visqueuse au-dessous des articulations, où s'attachent des corps étrangers, et surtout les graines de la plante; feuilles longues, linéaires, glabres, entières; pédoncules opposés, portant 2-4 fleurs, placés le long de la moitié supérieure des tiges; pétales un peu échancrés; graines réniformes, comme dans la plupart des caryophyllées. Fl. rouges. Juin, juillet. Se trouve dans les bois montueux, arides et sablonneux, à *Fontainebleau*, *Yerres*, etc. ♃

L. *flos-cuculi*, *dioica*, de L. Vide *Agrostema flos-cuculi*, *dioica*.

CERASTIUM. Calice à 5 parties ; corolle de 5 pétales fendus en deux ; capsule à 1 loge , s'ouvrant au sommet en 5-10 dents.

** Pétales égaux au calice , ou plus courts.*

C. VULGATUM, L. *sp.* 627. Tiges longues de 6-8 pouces , diffuses , étalées , rameuses à la souche , inclinées , velues , point visqueuses ; feuilles ovales-lancéolées , entières , velues , comme ciliées ; fleurs terminales sur la dichotomie de la tige ; pédoncules partant du même point , inégaux , les uns simples , uniflores , les autres portant 2-3 fleurs ; calice velu , scarieux-blanc sur les bords , de la longueur des pétales , qui sont fendus au sommet en 2 dents ; capsules longues , à 10 dents. Fl. blanches. Été. Commun au bord des chemins et des fossés. ♃

Je ne cite pas la figure de Vaillant , *t.* 30 , *f.* 1 , parce qu'elle ne représente pas les tiges diffuses de cette plante , qui est vivace ; la sienne paraît annuelle , et se rapporte beaucoup plus au *C. brachy petalum.* Au surplus , les caractères de Vaillant sont fautifs ; les *f.* 1 , 2 , 3 paraissent la même plante , prise dans des temps différens, et les *f.* 4 et 5 sont encore une même plante ; ce qui a fait faire à Linnée deux espèces mal à propos , le *C. arvense* et le *C. repens.*

C. BRACHYPETALUM , Pers. *Synop.* 1 , *p.* 520 ; Decand. *Ic. Pl. gal. rar. t.* 44. Il diffère du précédent par sa tige dressée , un peu violette à la base , simple , dichotome au sommet ; les pétales sont un tiers plus courts que le calice ; la plante est velue , un peu rousse , non visqueuse ; les calices sont moins scarieux , et nullement blancs sur le bord de leurs divisions. Fl. *id.* Été. Commun le long des chemins , dans les endroits secs ⊙

C. GLOMERATUM , Thuill. *Fl. par.* 226 ; Vaillant , *t.* 30 , *f.* 3 ? Tige dressée , rameuse à la souche , haute d'environ 6 pouces , velue , non visqueuse , un peu rousse , ainsi que toute la plante ; feuilles ovales-arrondies , entières , velues , obtuses ; fleurs nombreuses , ramassées au sommet , presque en tête ; pétales plus courts que le calice ; capsules à 10 dents. Fl. blanches. Mai, juin. Se trouve dans les endroits pierreux , au bois de *Boulogne* , de *Vincennes* , à *Versailles* , etc. ⊙

C. VISCOSUM , L. *sp.* 627. Tiges de 2-3 pouces , rameuses , presque dressées , velues-visqueuses , ainsi que toute la plante , et agglutinant des grains de sable ; feuilles ovales , obtuses , un peu spatulées , entières ; fleurs terminales sur la bifurcation de la tige ; pédicelles partant presque tous du même point , inégaux , les uns uniflores , les autres à plusieurs fleurs ; quelques fruits réfléchis et penchés après la fleuraison ; pétales plus courts que le calice ; capsules à 10 dents. Fl. blanches. Eté. Se trouve dans les lieux arides. ⊙

C. SEMI-DECANDRUM , L. *sp.* 627. Tige d'environ 1 pouce , étalée , couchée , velue , un peu visqueuse ; feuilles ovales , velues, épaisses, terminées par une petite pointe, ayant la ligne médiane transparente ; fleurs terminales, disposées sur des pédoncules simples ou rameux, réfléchies après la fleuraison ; pétales plus courts que les calices, à 2 dents très-petites ; capsules à 10 dents. Fleurs blanches. Mai, juin. Commun le long des chemins. ⊙

**** *Pétales beaucoup plus longs que le calice.***

C. TOMENTOSUM, L. *sp.* 629. Tiges rameuses, couchées inférieurement, cotonneuses, blanches, ainsi que toute la plante, longues de 5 à 6 pouces ; fleurs terminales partant souvent d'un même point, et portées sur des pédoncules rameux ; calice à divisions membraneuses au bord ; pétales grands, doubles ou triples du calice ; capsules cylindriques, courtes. Fleurs blanches. Été. Se trouve sauvage dans les allées du parc de *Bagatelle.* ♃.

C. ARVENSE, L. *sp.* 628 et C. *repens*, L. *sp.* 628 ; Vaill. *Bot. t.* 30, *f.* 4 et 5. Tiges nombreuses, de 4-6 pouces de long, étalées à la base, puis redressées, quelquefois coudées, pubescentes, un peu visqueuses (le bas est quelquefois glabre) ; feuilles nombreuses sur les rameaux stériles, rares sur les fleuris, elles sont lancéolées-ovales, un peu pointues, comme ciliées, pubescentes ; 3-4 fleurs terminales, dont les pédicelles partent du même point, et sont quelquefois pourvues, sur leur milieu, de 2 petites bractées ; pétales doubles du calice ; capsule globuleuse, à 10 dents. Fl. blanches. Eté. Se trouve sur les bords des chemins, communément. ♃

C. REFRACTUM, All. *Ped. n°.* 1727. Tige haute de 1-2 pouces, rameuse, un peu diffuse, glabre, ainsi que toute la plante ; feuilles lancéolées ou ovales-lancéolées, entières ; 1-2 fleurs sur chaque tige, dont une est sur un pédoncule plus court, l'autre sur un qui est un peu coudé ; pétales bifides, à divisions étroites, doubles des calices ; capsules globuleuses, à 8 dents. Fl. blanches. Eté. Se trouve aux environs de *Paris.* Ayant oublié de mettre l'indication, je ne puis désigner le lieu ; il y a aussi été trouvé par M. Lepelletier. ♃

C. AQUATICUM, L. *sp.* 629 ; Camer. *Epit.* 581 , *Ic.* Tige de 12 à 18 pouces, faible, un peu couchée, velue ; feuilles ovales, larges, aiguës, glabres, glauques, quelquefois un peu pétiolées, les supérieures un peu velues ; fleurs en panicule étalée ; pétales profondément bifides, un peu plus longs que les calices ; capsules globuleuses, à 5 dents. Fl. blanches. Mai, juin. Se trouve dans les fossés humides, auprès des mares, à *Yerres*, au *Gros-Caillou*, etc. ♃

SPERGULA. Calice à 5 divisions ; corolle de 5 pétales entiers ; capsule à 5 valves, à une loge.

* *Feuilles accompagnées de stipules.*

S. ARVENSIS, L. *sp.* 630 ; Lam. *Ill. t.* 392 , *f.* 1. Tiges longues de 5 à 6 pouces, rameuses, étalées, inclinées, velues ; feuilles verticillées par 8-10, subulées, velues, recourbées, accompagnées de stipules à peine visibles ; fleurs en panicule terminale, irrégulière, réfléchies après la fleuraison, ayant 5 ou 10 étamines ; pétales de la longueur du calice ; capsule globuleuse, à graines rondes, nues et jaunâtres. Fl. blanches. Eté. Se trouve communément dans les endroits sablonneux. ⊙

S. PENTANDRA, L. *sp.* 630 ; Lam. *Ill. t.* 392 , *f.* 2. Ressemble à la précédente ; mais les graines sont plates, noires et enveloppées d'une large membrane circulaire ; la plante est glabre ou presque glabre, et les verticilles sont moins feuillés. Fl. *id.* Se trouve dans les endroits sablonneux, au bois de *Boulogne*, à *Saint-Cloud*, etc. ⊙

** *Feuilles sans stipules.*

S. NODOSA, L. *sp.* 630 ; *Fl. dan. t.* 96. Tiges longues de 2-6 pouces, grêles, étalées à la base, débiles, presque glabres, ainsi que toute la plante ; feuilles radicales filiformes, longues, munies de quelques poils rares (à tous les nœuds de la tige, il y a 2 rudimens de feuilles et 1 rudiment de pousse dans chaque aisselle, ce qui la fait paraître noueuse) ; 2-3 fleurs, pédonculées, sur chaque tige ; pétales plus grands que le calice. Fl. blanches. Juillet, août. Se trouve dans les lieux sablonneux et humides, à *Saint-Gratien*, *Neuilly-sur-Marne*, etc. ♃

S. SUBULATA, Svartz, *Act. holm.* 1789, *t.* 1, *f.* 3 ; *S. saginoïdes*, Thuill. *Fl. par.* 228 (non L.). Tiges hautes de 1 pouce, nombreuses, dressées, rameuses, un peu flexueuses, ayant quelques poils rares, comme il y en a sur toute la plante ; feuilles subulées, arrondies, terminées par une pointe souvent crochue ; 2-3 fleurs sur de longs pédoncules terminaux ou axillaires, penchées après la fleuraison ; pétales de la longueur du calice. Fl. blanches. Mai, juin. Se trouve dans les sables humides, à *Saint-Léger*. ⊙ Le *S. saginoïdes*, L. ne vient pas aux environs de Paris ; c'est une plante des plus hautes montagnes.

OXALIS. Calice de 5 feuilles, persistant ; corolle de 5 pétales, à onglets un peu réunis par la base ; capsules élastiques, à 5 angles, à 5 valves, à 5 loges polyspermes, s'ouvrant par les angles.

O. ACETOSELLA, L. *sp.* 620 ; Jacq. *Oxal. t.* 80, *f.* 1. Alleluia, Surelle. — Plante acaule ; pédoncule radical, de 2-3 pouces de haut, un peu velu, uniflore ; feuilles portées sur des pétioles plus longs que le pédoncule, composées de 3 folioles en larges cœurs renversés, entières, un peu velues ; corolle grande ; capsules membraneuses ; loges à 2 graines. Fl. blanches, marquées de lignes pourpres. Mars, avril. Se trouve dans les endroits ombragés et un peu humides, à *Meudon*, *Montmorency*, etc. ♃

L'alleluia contient un sel abondant, connu sous le nom d'*oxalate de potasse*, et vulgairement *sel d'oseille*. Ce sel sert à plusieurs usages pharmaceutiques ; il est antiscorbutique, rafraîchissant, tempérant ; en se combinant avec le fer, il fait disparaître les taches d'encre : la plante partage à un degré moindre les mêmes propriétés.

O. CORNICULATA, L. *sp.* 628 ; Jacq. *Oxal. t.* 5. Tige rameuse, diffuse, couchée, flexueuse, longue de 4-6 pouces, pubescente, ainsi que toute la plante ; feuilles pétiolées, à 3 folioles en cœurs renversés, très-échancrées, entières ; fleurs en ombelles, à 2-4 rayons ; siliques grêles, prismatiques, et dont les loges renferment plus de 2 graines. Fl. jaunes. Mai — septembre. Se trouve dans les endroits cultivés, à *Meudon*, *Longjumeau*, *Sceaux*, *Champlan*, *Palaiseau*, etc. ♃

O. STRICTA, L. *sp.* 623 ; Jacq. *Oxal. t.* 4. Diffère de l'espèce précédente par la tige simple, dressée, un peu rameuse du haut, et les ombelles redressées. Fl. *id.* Se trouve à *Marcoussis* sur les coteaux, entre *Belle-Vue* et *Saint-Cloud* dans les moissons. ♃

CLASSE XI.

DODÉCANDRIE. — DOUZE A VINGT ÉTAMINES.

MONOGYNIE. — UN STYLE.

ASARUM. Calice à 3 dents, placé sur l'ovaire ; corolle nulle ; capsule coriace, à 6 loges.

A. EUROPÆUM, L. *sp.* 633 ; Bull. *Herb. t.* 69. Cabaret. — Tige presque nulle, terminée par 2 feuilles longuement pétiolées, réniformes, larges, très-entières, un peu pubescentes en dessous, velues sur le pétiole, surtout à la base ; une fleur solitaire, un peu velue en dehors, courtement pédonculée, placée dans l'intervalle des pétioles, penchée après la fleuraison. Fl. noirâtres. Avril, mai. Se trouve sur les coteaux des bois épais, à *Saint-Maur*, au bois de la *Grange*, aux *Camaldules*, à *Dammartin*, etc. ♃

L'Asarum était très-employé avant la découverte de l'Ipécacuanha, dont il a presque les vertus à un degré moindre ; il est émétique à la dose de 24 grains en poudre. On ne s'en sert plus maintenant que comme d'un bon sternutatoire ; il entre en cette qualité dans plusieurs compositions pharmaceutiques.

SALICARIA. Calice à 12 dents ; corolle de 6 pétales ; capsule à 2 loges.

S. *spicata*, Lam. *Fl.fr.* 3, *p.* 113; *Lithrum salicaria*, L. *sp.* 640, *Fl. dan. t.* 671. Salicaire. — Tige de 2 ou 3 pieds, dressée, presque simple, carrée, glabre du bas, velue et rude du haut; feuilles opposées (quelquefois verticillées par 3-4), sessiles, lancéolées, un peu en cœur à la base, aiguës, entières, glabres en dessus, un peu pubescentes en dessous; fleurs en verticilles serrés, formant de longs épis terminaux; capsules elliptiques, petites. Fl. rouges. Juillet, août. Se trouve sur le bord des ruisseaux et des mares. ♃

Quelques praticiens en recommandent la décoction dans les diarrhées chroniques; elle est un peu astringente.

PORTULACA. Calice fendu en 2; corolle de 5 pétales; capsules à une loge, s'ouvrant en travers.

P. *oleracea*, L. *sp.* 638; Decand. *Pl. grass. t.* 123. Pourpier. — Tige longue de près de 1 pied, rameuse, couchée, succulente, glabre; feuilles alternes, ovales-cunéiformes, entières, épaisses, glabres; 2-3 fleurs à l'extrémité des tiges et des rameaux, rapprochées, sessiles, contenant de 6 à 12 étamines. Fl. jaunâtres. Juillet, août. Se trouve dans les lieux cultivés et sablonneux. ☉

L'eau distillée de pourpier est encore employée par quelques médecins; la plante, qui est adoucissante, entre aussi dans quelques recettes médicamenteuses. On en prépare un extrait.

DIGYNIE. — DEUX STYLES.

AGRIMONIA. Calice à 5 lobes, hérissé en dehors de pointes crochues; corolle de 5 pétales; 2 graines renfermées dans le calice.

A. *eupatoria*, L. *sp.* 643; Blackw, *t.* 21. Aigremoine. — Tige de 2 pieds, velue, ainsi que toute la plante, dressée, blanchâtre; feuilles longues, ailées avec impaire, pubescentes, surtout en dessous, où elles sont un peu blanchâtres; folioles ovales, dentées-incisées, et entremêlées d'autres folioles beaucoup plus petites; il y a, à la base, des stipules auriculées, un peu en croissant, incisées; fleurs en long épi terminal et simple, un peu pédicellées, ayant une stipule trifide à la naissance du pédicelle, et une sorte d'involucre hérissé, à 2 dents épineuses, au-dessous de la fleur, dont le calice a les divisions ovales; fruits hérissés de pointes crochues. Fleurs jaunes. Juillet, août. Se trouve communément dans les bois, les haies. ♃

L'aigremoine est employée avec succès dans les gargarismes, dont on se sert contre les maux de gorge muqueux, froids, atoniques, gangréneux, etc.

A. *odorata*, Camer. *Hort.* 7; *A. odorata*, Thuill. *Fl. p.* 232. Diffère de la précédente, en ce qu'elle est le double en hauteur, plus forte dans toutes ses parties; les folioles, quoique plus larges, sont plus allongées, et surtout presque glabres, même en dessous, où on n'aperçoit pas ce duvet épais qui rend les feuilles de l'autre espèce presque blanchâtres ; les fleurs ont beaucoup d'odeur. Fl. *id.* Juillet. Forêt de *Montmorency*. ♃ Je ne la crois qu'une variété de la précédente.

TRIGYNIE. — TROIS STYLES.

RESEDA. Calice de 4 à 6 dents ; corolle de 4 à 6 pétales laciniés ; capsule à une loge polysperme, s'ouvrant par le sommet.

R. **lutea**, L. *sp.* 645 ; Bull. *Herb. t.* 281. Réséda sauvage. — Tige dressée, presque simple, haute de 1 – 2 pieds, un peu hispide ou glabre ; feuilles décomposées, à folioles longues, linéaires, entières, ondulées, ordinairement glabres, elles sont quelquefois seulement pinnatifides ; fleurs en un long épi terminal ; pédoncules courts, alternes ; les 6 dents étroites du calice se réfléchissent et se roulent après la fleuraison ; corolle de 6 pétales ; étamines au nombre de 12 à 15 ; capsule un peu triangulaire, comme tronquée, oblongue. Fl. d'un jaune pâle. Eté. Se trouve communément dans les lieux arides, sablonneux, sur les murs. ♃

R. **luteola**, L. *sp.* 645 ; *Fl. dan. t.* 864. Gaude.—Tige dressée, haute de 2–4 pieds, ferme, robuste, anguleuse du haut, glabre ; feuilles simples, lancéolées-linéaires, entières, glabres ; épis très-longs (1–2 pieds), garnis de fleurs nombreuses, dont le calice est à 4 divisions ; corolle de 4 pétales irréguliers, contenant 15 à 20 étamines ; capsules courtes, comme lobées. Fleurs verdâtres. Juin, juillet. Se trouve dans les endroits cultivés, surtout où il y a des terres nouvellement remuées, plaine du *Point-du-Jour*, à *Saint-Cloud*, etc. ♂

Cette plante fournit aux teinturiers une bonne couleur jaune ; on la cultive en grand pour cet objet.

Le *R. phyteuma*, L. ne vient pas aux environs de Paris.

EUPHORBIA. Calice monophylle, ventru, à 4–5 divisions ; corolle à 4–5 pétales, placée sur le calice ; capsule pédicellée, à 3 coques, à 3 loges, à 3 graines.

* *Capsules glabres et lisses.*

E. **peplus**, L. *sp.* 653 ; Bull. *Herb. t.* 79. Tige rameuse, s'élevant quelquefois à 1 pied ; feuilles éparses, ovales-renversées, obtuses-arrondies, finissant en pétiole ; folioles des involucelles un peu trapézoïdes ; ombelles trifides, puis dichotomes ; pétales en croissant ; capsules glabres. Fleurs jaunes. Eté. Se trouve fréquemment dans les endroits cultivés. ☉

E. **helioscopia**, L. *sp.* 658 ; *Fl. dan. t.* 725. Réveil-matin. — Tige presque simple, haute de 1 pied environ, un peu velue ; feuilles éparses, cunéiformes, dentées, élargies et arrondies au sommet, ainsi que les folioles de l'involucre qui sont plus grandes qu'elles ; ombelle 5-fide ; ombellules trifides, puis dichotomes ;

pétales entiers ; capsules glabres. Fleurs *id.* Eté. Se trouve dans les endroits cultivés. ☉

E. **exigua**, L. *sp.* 654; Lob. *Ic.* 357 , *f.* 2. Tige rameuse , diffuse, haute de 2 à 6 pouces, s'élevant quelquefois à 1 pied ; feuilles linéaires , entières , pointues , ou quelquefois tronquées ; folioles de l'involucelle lancéolées , un peu irrégulières à la base ; ombelle à 2–4 divisions dichotomes ; pétales en croissant ; capsules glabres. Fleurs *id.* Eté. Se trouve dans les endroits cultivés. ☉

E. **segetalis**, L. *sp.* 657 ; Moris. *s.* 10 , *t.* 2 , *f.* 3. Tige rameuse, s'élevant à 1 pied ; feuilles linéaires-lancéolées ; folioles de l'involucre ovales , celles des involucelles réniformes-cordées , aiguës , quelquefois obtuses ; ombelle 5–fide , dichotome ; pétales en croissant ; capsules glabres , rudes , ponctuées sur les angles. Fl. *id.* Juillet. Se trouve dans les moissons, à *Clagni, Melun,* etc. ♃

E. **cyparissias**, L. *sp.* 661 ; Math. *Valgr.* 1254. Tige presque simple , haute d'environ 1 pied , rameuse du haut, ayant des rameaux stériles ; feuilles linéaires , très-étroites , nombreuses , souvent réfléchies , entières ; folioles des involucelles presque en cœur ; ombelles de 10 à 15 rayons, dichotomes ; pétales en cœur ; capsules glabres (à la loupe elles sont un peu graveleuses). Fl. *id.* Se trouve dans les lieux arides , au bois de *Boulogne,* à *Saint-Maur,* etc. ♃

E. **gerardiana**, Jacq. *Aust. t.* 436 ; *E. esula,* Thuill. *Fl. par.* 238 (non L.). Tiges nombreuses (dont quelques-unes stériles) , rameuses à la base , hautes de 1 pied ; feuilles linéaires-lancéolées , quelquefois un peu ovales , aiguës ; folioles des involucelles arrondies , réniformes ; ombelles ayant de 10 à 20 rayons, dichotomes ; pétales entiers ; capsules glabres. Fleurs *id.* Mai , juin. Se trouve dans les endroits stériles , à *Saint-Maur, Saint-Germain, Moret, Fontainebleau,* etc. ♃

E. **esula**, L. *sp.* 660 ; Dod. *Pempt.* 374 , *f.* 2. Esule. — Tiges rameuses à la base (dont quelques-unes stériles), atteignant au plus 1 pied de hauteur ; feuilles ovales ou lancéolées-ovales ; folioles des involucelles en cœur , arrondies ; ombelle à 6–8 rayons , presque toujours dichotomes ; pétales en croissant ; capsules glabres. Fl. *id.* Juillet. J'ai trouvé cette plante un peu plus loin que le rayon ordinaire de la flore ; je la mets ici, pour qu'on puisse la reconnaître d'avec la précédente, avec laquelle elle a souvent été confondue , et parce qu'il est très-probable qu'on la trouvera dans nos environs , lorsqu'on saura la distinguer. ♃

E. **nicæensis**, All. *Ped. t.* 69 , *f.* 1 ; *E. multicaulis,* Thuill. *Fl. par.* 238 ? Tiges un peu couchées à la base, redressées, hautes de 1 pied environ ; feuilles ovales-oblongues, un peu lancéolées , charnues , coriaces, glauques, terminées par une pointe remarquable ; folioles des involucelles en cœur , arrondies ; ombelles de

5–7 rayons bifides; pétales en croissant; capsules glabres. Fl. *id.* Juin. Se trouve dans les lieux stériles, à *Orsay.* (Thuill.) ♃

E. AMYGDALOÏDES, L. *sp.* 662. Tige simple, de 1–2 pieds, velue; feuilles ovales–lancéolées, obtuses, entières, velues; ombelles latérales portées par des pédoncules fermes et droits; folioles des involucelles réunies et perfoliées, rondes; ombelles multifides, dichotomes; pétales en croissant; capsules glabres. Fl. *id.* Avril, mai. Dans les bois et les buissons. Se trouve à *Bondi* près l'abbaye de *Livri.* Rare. Cette espèce se rapproche beaucoup de la suivante. ♃

E. SYLVATICA, L. *sp.* 663; Bull. *Herb. t.* 95. Tige très-simple, de 1–2 pieds, velue; feuilles ovales-lancéolées, entières, un peu velues, les radicales plus longues; ombelles latérales portées par des pédoncules filiformes, pliant sous le poids de l'ombelle; folioles des involucelles réunies, perfoliées, arrondies, un peu aiguës sur chaque côté; ombelle à cinq rayons bifides; pétales en croissant; capsules glabres. Fleurs *id.* Avril, mai. Très-commune dans les bois. ♃

E. LATHYRIS, L. *sp.* 655; Bull. *Herb. t.* 103. Epurge. — Tige dressée, simple du bas, rameuse ensuite, haute de 2 à 4 pieds, grosse, glauque ainsi que toute la plante; feuilles opposées, disposées sur 4 rangs, lancéolées, larges, entières; ombelles quadrifides, dichotomes; pétales en croissant, terminés par un appendice lenticulaire à chaque corne; capsule glabre, très-grosse. Fl. *id.* Se trouve dans les endroits cultivés, à *Charonne*, etc. ♂

** *Capsules velues ou tuberculeuses.*

E. DULCIS, L. *sp.* 656; Jacq. *Aust. t.* 213. Tige simple, un peu velue, haute de 1 pied environ; feuilles éparses, légèrement pubescentes, ovales-lancéolées, obtuses, denticulées dans leur moitié extérieure, ainsi que les folioles des involucelles; ombelle 5–fide, puis bifide; pétales entiers; capsules tuberculeuses, velues. Fleurs *id.* Juillet. Se trouve dans les bois ombragés, à la *Queue-en-Brie.* ♃

E. PALUSTRIS, L. *sp.* 662; Bull. *Herb. t.* 87. Tige dressée, très-rameuse, grosse, à rameaux stériles, haute de 2–3 pieds; feuilles lancéolées-oblongues, denticulées ou entières; folioles des involucelles ovales; ombelles à beaucoup de divisions trifides, puis bifides; pétales entiers; capsules verruqueuses, glabres. Fl. *id.* Mai, juin. Se trouve dans les fossés et marais, au *Château-Frayé*, le long de la Marne à *Vincennes*, à *Fontainebleau*, au *Raincy*, etc. ♃

E. PURPURATA, Thuill. *Fl. par.* 235; *E. dulcis*, Lam. *Dict.* 2, *p.* 431 (non L.). Tige simple, un peu velue, haute de 1 à 2 pieds; feuilles éparses, entières, légèrement pubescentes, obtuses; folioles des involucelles entières ou très-légèrement denticulées;

ombelle 5-fide, dichotome ; pétales entiers ; capsules tuberculeuses, glabres. Fleurs pourpres. Mai, juin. Se trouve dans les bois secs et couverts, à *Saint-Germain, Denainvilliers, Palaiseau*, etc. ♃

E. PLATYPHYLLA, L. *sp.* 660 ; Jacq. *Aust. t.* 376 ; *E. serrulata*, Thuill. *Fl. p.* 237. Tige simple à la base, rameuse ensuite, haute de 1-2 pieds ; feuilles lancéolées, denticulées, un peu pubescentes ; folioles des involucres ovales arrondies, échancrées en cœur ; ombelle 5-fide, puis trifide et dichotome ; pétales entiers ; capsules glabres, verruqueuses. Fl. jaunes. Juin, juillet. Se trouve dans les endroits cultivés, à *Valvins, Linas, Sèvres*, etc. ☉

E. VERRUCOSA, L. *sp.* 658 ; *E. peploïdes*, Thuill. *Fl. par.* 237 ; Moris. *s.* 10, *t.* 3, *f.* 3. Tiges hautes de 1 pied environ, rameuses à la base, presque ligneuses, un peu diffuses, garnies de quelques poils ; feuilles lancéolées-ovales, légèrement pubescentes, denticulées ; folioles de l'involucelle ovales ; ombelle 5-fide, puis sub-trifide ; pétales entiers ; capsules glabres, chargées de tubercules épineux.

Var. B. *E. lanuginosa*, Thuill. *Fl. par.* 238. Bord des feuilles un peu lanugineux.

Fl. *id.* Juin — septembre. Se trouve dans les endroits où l'eau a séjourné l'hiver, sur les hauteurs de Sèvres, etc. ♃ La var. B à *Valvins*.

Les Euphorbes sont émétiques et purgatifs ; ils doivent cette propriété à un suc propre, laiteux, très-abondant, dont ils sont remplis, et qui coule à la moindre déchirure faite aux racines, aux tiges ou aux feuilles. Ce suc est plus ou moins âcre et caustique ; on lui attribue la faculté de détruire les callosités, les cors, les verrues qui viennent sur la peau. Il serait dangereux d'employer les Euphorbes à l'intérieur, lorsqu'ils sont frais ; mais on peut le faire sans inconvénient, lorsqu'ils sont secs. M. le docteur Loiseleur Deslongchamps a fait, pour constater les propriétés des Euphorbes, des observations multipliées, par lesquelles il s'est assuré qu'ils pouvaient être administrés en nature et à l'intérieur sans aucun inconvénient. Parmi les espèces soumises à ses expériences, quatre appartiennent à notre Flore, l'*E. gerardiana*, l'*E. cyparissias*, l'*E. lathyris*, et l'*E. sylvatica*. De ces quatre espèces, les deux premières sont éminemment émétiques ; elles peuvent être données à la dose de 12 à 18 grains ; les deux autres sont aussi émétiques, mais leur action est moins sûre sous ce rapport ; et, d'après les expériences de M. Deslongchamps, il leur arrive souvent de purger plus qu'elles ne font vomir. Elles peuvent être données à une dose un peu plus forte, comme de 15 à 24 grains. Les Euphorbes peuvent très-bien remplacer, comme on voit, l'ipécacuanna ; en cela, comme en beaucoup d'autres substances végétales, nous pouvons nous dispenser de payer tribut à l'étranger.

DODÉCAGYNIE. — DOUZE PISTILS.

SEMPERVIVUM. Calice à 12 divisions; corolle de 12 pétales; 12 capsules polyspermes.

S. TECTORUM, L. *sp.* 664; Decand. *Pl. grass. t.* 104. Joubarbe. —Tige de 1 pied, dressée, branchue du haut, un peu velue; feuilles épaisses, velues, sessiles, lancéolées, ciliées, les radicales presque ovales; fleurs placées sur des rameaux étalés, ouverts, recourbés, elles sont dressées, tournées du même côté et velues; il y a au pied de la plante des rejets radicaux. Fl. d'un rose pâle. Juillet. Commun sur les toits de chaume, les vieux murs, à *Berci, Vincennes*, etc. ♃

CLASSE XII.

ICOSANDRIE. — VINGT ÉTAMINES, ou PLUS,
attachées au parois des calices.

MONOGYNIE. — UN STYLE.

AMYGDALUS. Calice de 5 parties, caduc; corolle de 5 pétales; drupe couvert d'un duvet court, et dont la noix est parsemée de petits pores épars.

A. COMMUNIS, L. *sp.* 677; Dod. *Pempt.* 798. Amandier. — Arbre de 20–30 pieds de haut, dont le bois est dur, l'écorce gercée; les feuilles lancéolées, arrondies à la base, longues, pointues, pétiolées, glabres, à dents glanduleuses, et un peu inégales; les fleurs solitaires ou géminées; le fruit ovale, comprimé; l'amande douce (ou amère). Fl. blanches sur les bords, rouges au fond. Février, mars. Cultivé. ♄

Les amandes douces servent dans la pharmacie pour la préparation des émulsions, des loochs, du sirop d'orgeat; elles forment des boissons très-agréables, qui sont calmantes, adoucissantes, sédatives, rafraîchissantes, etc. L'huile d'amande douce est aussi fort usitée, lorsqu'elle est récente; c'est la seule qui entre dans la composition des médicamens pharmaceutiques qui doivent être pris par la bouche; le résidu forme ce qu'on appelle la *pâte d'amande*, qui sert à la toilette. La variété connue sous le nom d'*Amande amère*, est aussi employée quelquefois, à petites doses, comme aromatique; c'est un poison pour les volatiles, et peut-être pour l'homme, s'il en prenait une trop grande quantité, et qui rentre dans la classe des poisons amers.

A. persica, L.; Vide *Persica vulgaris*.

PERSICA. Calice en 5 parties, caduc; corolle de 5 pétales;

drupe dont la noix est creusée de sillons profonds et irréguliers.

P. **vulgaris**, Mill. *Dict. n° 1* ; *Amygdalus persica* , L. *sp.* 677 ; Cam. *Epit.* 145. Le pêcher. — Arbre de 8–12 pieds ; écorce lisse ; feuilles lancéolées-ovales, pointues, finissant en un court pétiole, glabres, à dents aiguës, non glanduleuses, régulières ; fleurs sessiles, solitaires ; fruit charnu, arrondi, globuleux, couvert d'un duvet court, serré, peu adhérent. Fl. roses. Mars, avril. Cultivé. *Voyez*, pour les variétés nombreuses de cet arbre, Duhamel , *Arb. fr.* 2 , *p.* 1–45. ♄

P. **lævis**, Decand. *Fl. fr.* 4 , *p.* 487. Brugnon. — Diffère du précédent par ses feuilles beaucoup plus longues, et dont les dents sont fines et glanduleuses ; le fruit est lisse, non couvert de duvet, d'un goût très-différent. Cultivé. *Voyez*, pour les variétés, Duhamel, *l. c.* ♄

On prépare avec les fleurs du Pêcher et des substances purgatives, un sirop dont les médecins se servent souvent pour les enfans, dont la médecine ne peut guère se faire qu'avec des sirops ; il purge depuis demi-once jusqu'à une once, suivant l'âge. Les feuilles de cet arbre sont aussi laxatives, et quelques personnes en font un sirop qu'elles prétendent, avec raison, pouvoir remplacer la manne. On sait que la pêche est le plus délicieux des fruits de notre climat.

ARMENIACA. Calice à 5 parties , caduc ; corolle de 5 pétales ; drupe charnu , arrondi, à noyau comprimé , marqué sur les bords de 2 lignes saillantes, dont l'une a la crête aiguë, et l'autre obtuse.

A. **vulgaris**,Lam. *Dict.* 1, *p.* 2 ; *Prunus armeniaca*, L. *sp.* 67 ; Blackw. *t.* 281. L'Abricotier. — Cet arbre s'élève à 12-15 pieds ; son écorce est brune ; ses feuilles ont un pétiole muni de 1–3 glandes, elles sont arrondies, glabres, dentées irrégulièrement, terminées par une languette foliacée (les feuilles naissantes sont rougeâtres). Les fleurs sont blanches et sessiles. Mars , avril. Cultivé. *Voy.* pour les variétés , Duhamel , *Arb.fr.* 1 , *p.* 131-144. ♄

PRUNUS. Calice à 5 divisions, caduc ; corolle de 5 pétales ; drupe à noyau oblong, comprimé, pointu au sommet, un peu raboteux, sillonné et anguleux vers les bords.

P. **domestica**, L. *sp.* 680 ; Blackw. *t.* 309. Prunier. — Arbre de 10–12 pieds, dont le bois est veiné, l'écorce brune ; les rameaux sans épines ; les feuilles ovales, glabres en dessus, pubescentes en dessous ; les fleurs presque solitaires ; le fruit gros, charnu , couvert d'une poussière glauque, surtout dans sa jeunesse. Fleurs blanches. Avril, mai. Cultivé. *Voyez*, pour les variétés de ce fruit, Duhamel, *Arb fr.* 2, *p.* 65-113. Il croît sauvage le long de la Marne, derrière le parc de *Saint-Maur*. ♄

Les Prunes, séchées au moyen d'une méthode particulière, sont connues sous le nom de *pruneaux* ; les pruneaux servent, étant cuits, d'alimens aux malades, et d'excipient à certains médicamens dont on veut masquer la saveur désagréable.

P. SPINOSA, L. *sp.* 681 ; Blackw. *t.* 494. Prunellier. — Arbrisseau de 4-5 pieds de haut, rameux, diffus, à écorce brune, un peu subéreuse ; à rameaux épineux ; à feuilles ovales, petites, glabres, un peu ciliées sur les bords, dentées ; à fleurs blanches, presque solitaires ; à fruits petits, peu charnus, d'un bleu foncé. Avril. Commun dans les haies et les buissons. ♄

Le fruit du Prunellier, connu sous le nom de *prunelle*, est astringent, et contient un acide végétal ; il peut très-bien remplacer les tamarins, et même avec avantage, puisqu'on peut l'avoir plus frais que le fruit du *tamarindus indica*, L. ; il a, comme lui, la propriété de décomposer l'émétique, ainsi que tous les corps qui contiennent de l'acide gallique, tels que le kina, le marronnier, le chêne, etc.

P. INSITITIA, L. *sp.* 680. Tige haute de 6-8 pieds, dont les rameaux deviennent épineux en vieillissant ; feuilles arrondies, dentées, terminées par une languette foliacée, pubescentes en dessous, portées sur des pétioles souvent safranés ; fleurs géminées ; fruit petit. Fleurs blanches. Avril. Se trouve dans les haies à *Meudon*, et dans les bois d'*Ozouer*. ♄

P. *armeniaca*, L. Vide *Armeniaca vulgaris*.

P. *mahaleb*, *padus*, *cerasus*, *avium*, L. Vide *Cerasus mahaleb*, *padus*, *vulgaris*, *avium*.

CERASUS. Calice à 5 divisions, caduc ; corolle de 5 pétales ; drupe charnu, à noyau lisse, arrondi, marqué d'un angle saillant d'un seul côté.

C. MAHALEB, Mill. *Dic. n° 4* ; *Prunus mahaleb*, L. *sp.* 678 ; Jacq. *Aust t.* 237. Bois de Sainte-Lucie. — Arbre de 15 à 18 pieds ; à bois dur, odorant ; à écorce grisâtre ; à feuilles glabres, subcordiformes, arrondies-ovales, avec un prolongement foliacé, dentées obtusément et un peu irrégulièrement ; ayant 4-6 fleurs en corymbe sur un pédoncule commun, foliacé ; à fruit petit, peu charnu, noirâtre. Fl. blanches. Avril, mai. Se trouve dans les bois et les haies, à *Vernon*, *Vigni*, etc. ♄

C. PADUS, Decand. *Fl. fr.* 4, *p.* 480 ; *Prunus padus*, L. *sp.* 677 ; *Fl. dan. t.* 205. Merisier à grappes. — Arbre de 6 à 12 pieds ; à écorce rougeâtre ; à feuilles glabres, ovales-élargies, pointues, dentées finement, et à dents un peu glanduleuses, portées sur des pétioles qui ont 2 glandes à la base de la feuille ; à 20-30 fleurs en grappe penchée ; à fruit peu charnu, petit, vert-noirâtre ou rouge. Fl. blanches. Avril, mai. Se trouve dans les bois et les haies. ♄

C. SEMPERFLORENS, Decand. *Fl. fr.* 4, *p.* 481 ; *Prunus semperflorens*, Willd. *sp.* 2, *p.* 992 ; Duh. *Arb. fr.* 1, *p.* 178, *t.* 7. Cerisier de la Toussaint. — Arbrisseau touffu dès la base ; à rameaux pendans ; à feuilles glabres , ovales, finissant en pétiole , doublement dentées de dents glanduleuses , ce qui est très-visible pour les 2 3 premières ; à pédoncules uniflores, quelquefois multiflores, ayant une foliole à la base ou sur sa longueur; à calices à divisions foliacées, dentées ; à fruit à chair tendre, un peu acide, rouge clair. Fl. blanches. Mai — septembre. Se trouve dans les bois. (Decandolle.) Cultivé. ♄

C. VULGARIS, Mill. *Dict. n° 1 ; Prunus cerasus* , L. *sp.* 679 ; Duhamel, *Arb. fr.* 1, *t.* 3-16. Cerisier. — Arbre de 20 à 25 pieds de haut ; à branches étalées, dont les feuilles sont glabres, d'un vert foncé , ovales-lancéolées, portées sur des pétioles glanduleux et fermes ; le fruit sphérique, fondant, un peu acide, rouge, et dont la peau se détache de la chair. Fleurs blanches. Avril, mai. Cultivé. ♄

C. JULIANA , Decand. *Fl. fr. p.* 482 ; *Prunus cerasus* , ε , L. *sp.* 679 ; Duham. *Arb. fr.* 1, *t.* 1. Guignier. — Arbre de 30-36 pieds , à branches verticales ; à feuilles grandes , souvent pendantes, ovales, dentées profondément en scie , glabres sur leurs faces ; à fruit en cœur, sucré , fondant, noirâtre , dont la peau adhère fortement à la chair. Fleurs blanches. Avril , mai. Cultivé. ♄

C. AVIUM , Moench. *Meth.* 672 ; *Prunus avium* , L. *sp.* 680 ; Blackw. *Herb. t.* 425. Merisier. — Arbre de 30 à 36 pieds , à bois coloré ; à branches étalées, dont l'écorce est lisse ; à feuilles ovales-élargies, dentées un peu inégalement, blanchâtres en dessous , quelquefois même pubescentes ; à pétiole souvent glanduleux ; à pédoncules uniflores, un peu pendans, 2-3 ensemble ; à fruit petit , ovoïde, noirâtre, sucré, dont la peau adhère à la chair , et dont le suc est coloré. Fleurs blanches. Avril , mai. Se trouve dans les bois, à *Ozouer, Yerres, Saint-Léger*, etc. On le cultive. ♄

C. DURACINA , Decand. *Fl. fr.* 4 , *p.* 483 ; *Prunus cerasus* , λ , L. *sp.* 679 ; Dub. *Arb. fr.* 1 , *t.* 2. Bigarreautier. — Arbre de 30 à 40 pieds , à rameaux dressés ; à feuilles ovales-élargies, dont les dents sont régulières , les pétioles et les nervures rougeâtres ; à 5-6 pédoncules réunis et uniflores ; à fruit cordiforme , gros , de consistance ferme , cassant , sucré , rouge , à peau adhérente ; à noyau gros. Fl. blanches. Avril , mai. Cultivé. ♄ .

Voyez , pour les variétés des fruits des espèces ci-dessus , le *Traité des Arbres fruitiers* de Duhamel. (Mes citations sont toujours faites sur l'édition petit *in-folio*).

Les fruits de la plupart des arbres précédens ont une saveur douce qui dénote chez eux la présence du sucre ; effectivement , on parvient à en extraire une quantité assez considérable ; mais , outre qu'ils sont presque tous consommés dans la saison, on en trouve dans la betterave de bien plus facile à extraire , et bien moins dispendieusement.

Ces fruits, qui mûrissent au milieu de l'été, sont fort propres à rafraîchir, et tempérer les humeurs ; on s'en sert efficacement dans les fièvres bilieuses ou putrides, qui sont alors nombreuses : on en prépare des boissons, en les écrasant dans l'eau, et les malades les boivent avec une sorte d'avidité.

Tous les arbres à noyau, particulièrement l'Abricotier, le Pêcher, le Cerisier, transsudent de leur écorce une gomme jaunâtre, abondante ; cette gomme a tous les caractères et toutes les propriétés de la gomme arabique, il n'y a aucun inconvénient à remplacer cette substance exotique par celle que la nature élabore sous nos yeux.

DIGYNIE. — DEUX STYLES.

CRATÆGUS. Calice à 5 dents ; corolle de 5 pétales ; pomme à 2 graines.

C. TORMINALIS, L. *sp.* 681 ; Cam. *Epit. Ic.* 162. Alouchier. — Arbre de médiocre hauteur, à écorce rougeâtre, dont les feuilles sont pétiolées, échancrées en cœur, dentées, glabres, un peu pubescentes en dessous, à 7 lobes, dont les premiers sont plus écartés ; les fleurs nombreuses, en corymbe, portées sur des pédoncules rameux, velus ainsi que les calices ; les fruits arrondis, ombiliqués au sommet ; il n'y a souvent qu'un seul style bifide ; les graines cartilagineuses. Fleurs blanches. Mai. Se trouve dans les bois, à *Bondi, Saint-Léger, Chantilli, Fontainebleau*, etc. ♄

C. ARIA, L. *sp.* 681 ; *Fl. dan. t.* 302. Alisier. — La tige de cet arbre est de 20 à 30 pieds, à écorce brune ; les feuilles ovales-oblongues, à dents inégales, velues et blanches en dessous, sont pétiolées ; les fleurs, disposées en corymbes axillaires, sont portées par des pédoncules velus, rameux ; les calices sont velus ; les fruits globuleux, un peu ombiliqués au sommet ; les graines cartilagineuses. Fleurs blanches. Mai. Se trouve dans les bois, à *Fontainebleau*, etc. ♄

Le fruit, connu sons le nom d'*alise*, est alimentaire dans quelques pays.

C. LATIFOLIA, Lam. *Fl. fr.* 3, *p.* 486 ; *C. dentata* ; Thuill. *Fl. par.* 245 ; Duh. *Arb.* 1, *t.* 80, *n°* 2. Alisier de Fontainebleau. — Arbre de 36 à 40 pieds, à écorce brune, à bois dur et blanc ; à feuilles ovales-arrondies, presque lobées, dentées un peu irrégulièrement, velues-blanches en dessous ; pétiolées ; à fleurs en corymbe, portées sur des pédoncules rameux, velus ainsi que les calices d'un duvet qui s'en va facilement ; à fruit semblable à celui de l'espèce précédente. Fleurs blanches. **Mai.** Se trouve dans les bois, à *Fontainebleau, Saint-Léger.* ♄

C. OXYACANTHA, L. 683 ; *Fl. dan. t.* 634. Aubépine.—Arbrisseau de 12-15 pieds de haut, un peu diffus, à écorce grise, et bois très-dur ; à feuilles un peu pâles en dessous, luisantes en dessus, cunéiformes, incisées, à 3-7, ordinairement 5 lobes, dentées au sommet des lobes ; à fleurs en corymbe, portées sur des pédoncules glabres ; à calices velus ; à fleurs odorantes, ayant 1, 2, 3 pistils (sur le même pied) ; à fruits rouges, très-durs, contenant 1-2 graines osseuses. Cet arbuste varie beaucoup ; voici les principales variétés que j'ai observées.

Var. B. *Ovata*, N. ; *C. oxyacanthoïdes*, Thuill. *Fl. par.* 245 ; Feuilles ovales-arrondies, dont les lobes sont confluens, ordinairement au nombre de 3.

Var. C. *Incisa*, N. ; *C. elegans*, Poiret, *Enc.* 4, *p.* 439. Lobes des feuilles écartés, étroits, incisés au sommet ; il y a souvent 7 lobes.

Var. D. *Auriculata*, N. Feuilles très-larges, à 7 lobes, avec 2 oreilles plus ou moins grandes, et en crète, à la base du pétiole.

Fleurs blanches. Mai. Se trouve dans les baies et les bois ; c'est dans les bois d'*Ozouer* que j'ai observées ces 3 variétés ; on passe par une suite d'échantillons de l'une à l'autre. ♄

TRIGYNIE. — TROIS STYLES.

SORBUS. Calice à 5 dents ; corolle de 5 pétales ; pomme à 3 graines cartilagineuses.

S. DOMESTICA, L. *sp.* 684 ; Jacq. *Aust. t.* 447. Cormier. — Arbre de 30-40 pieds, à écorce grisâtre, dont les feuilles sont ailées avec impaire, ayant de 15 à 17 folioles, ovales-oblongues, dentées, hormis à la base, pubescentes en dessous, un peu inégales dans leurs 2 moitiés ; les fleurs en corymbes nombreux, petites, portées sur des pédoncules rameux, velus ; le fruit gros, un peu pyriforme, verdâtre. Fleurs blanches. Mai. Se trouve dans les bois, à *Senart, Saint-Léger*, etc. ♄

Les fruits de cet arbre, appelés *cormes*, sont d'un goût austère ; cependant quelques personnes en mangent.

S. AUCUPARIA, L. *sp.* 683 ; Duh. *Arb.* 2, *t.* 73. Sorbier des oiseaux. — Il s'élève moins que le précédent ; ses feuilles sont semblables, mais glabres en dessous ; les fleurs sont aussi semblables ; les fruits forment un beau corymbe rouge vif, ils sont ovoïdes, plus petits, et contiennent 3-4 graines. Fleurs *id.* Mai. Se trouve à *Saint-Léger.* ♄

PENTAGYNIE. — CINQ STYLES.

MESPILUS. Calice à 5 dents ; corolle de 5 pétales ; pomme à 5 graines.

M. GERMANICA, L. *sp.* 684 ; Duh. *Arb. fr.* 1, *p.* 327, *t.* 2. Néflier. — Arbrisseau épineux, tortueux, haut de 4 à 6 pieds, dont les feuilles sont ovales, un peu cunéiformes, pubescentes en dessous, entières ou dentées dans leur moitié supérieure, finissant en un court pétiole; ses fleurs sont solitaires, sessiles, terminales, ayant le calice à dents presque foliacées; le fruit à chair un peu rousse, assez gros, devenant mangeable par la culture, et, quand il a molli, renfermant des graines osseuses. Fl. blanches. Mai. Se trouve dans les bois et les buissons, à *Rambouillet, Montmorency-les-Bois*, etc. ♄

M. AMELANCHIER, L. *sp.* 685; Jacq. *Aust. t.* 3oo. Amélanchier. — Petit arbrisseau de 1-2 pieds, sans épine; à feuilles rondes, un peu échancrées au sommet, dentées en scie, pétiolées, glabres; à fleurs solitaires, dont le calice a des dents fines; à fruit petit, contenant 6-10 graines cartilagineuses. Fleurs blanches. Mai. Se trouve parmi les rochers, à *Fontainebleau.* ♄

PYRUS. Calice à 5 dents; corolle de 5 pétales; styles distincts à la base; pomme pyriforme, ombiliquée au sommet, à 5 loges dispermes.

P. COMMUNIS, L. *sp.* 686; Duham. *Arb. fr.* 2, *p.* 117, *t.* 1-58. Poirier domestique. — Arbre de 20-30 pieds, à bois tortueux, dur, à écorce fendillée; ses feuilles sont ovales, dentées, glabres, luisantes en dessus, pétiolées; ses fleurs, réunies ensemble au nombre de 6-12, forment des ombelles axillaires; ses fruits sont petits, glabres, acerbes, dans l'arbre sauvage.

Var. B. *Sativa.* Le Poirier cultivé.

Fleurs blanches. Avril. Se trouve dans les bois, à *Saint-Léger, Ozouer*, etc. ♄. *Voyez*, pour les variétés du Poirier cultivé (environ 120), les *Arbres fruitiers* de Duhamel, *l. c.*

P. POLLVERIA, L. *Mant.* 244; Vaill. *Bot. p.* 166, *Pyrus*, n° 3. Poirier d'Allemagne, Poirier de Cyrole. — Il diffère du précédent en ce que ses feuilles sont plus petites, et velues en dessous; ses fleurs sont en corymbe; sa poire est blanche, et propre à faire du cidre. Fleurs *id.* Avril. Commun à *Saint-Léger, Roussigni, Saint-Clair*, etc. ♄

P. *cydonia.* Vide *Cydonia vulgaris.*

P. *malus.* Vide *Malus communis.*

CYDONIA. Calice à 5 divisions dentées; corolle de 5 pétales; styles réunis à la base; pomme velue, globuleuse, ombiliquée au sommet, à 5 loges visqueuses, polyspermes.

C. VULGARIS, N.; *Pyrus cydonia*, L. *sp.* 687; Duh. *Arb. fr.* 1, *p.* 201, *fig.* 1. Coignassier. — Arbre peu élevé, tortu, à écorce brune, et jeunes pousses cotonneuses; feuilles ovales-arrondies, très-entières, velues-blanches en dessous, portées sur de courts pétioles; fleurs solitaires, grandes; fruit gros, à côtes, velu. Fleurs blanches, mêlées de rose. Avril, mai. Se trouve dans les haies. Cultivé. *Voyez*, pour les variétés cultivées, Duham. *Arb. fr. l. c.* ♄

Le Coing est réputé astringent; on en prépare un sirop fort employé dans la dyssenterie, les hémorrhagies, les flux de toutes espèces; on en fait aussi une gelée fort agréable.

MALUS. Calice à 5 dents ; corolle de 5 pétales ; styles réunis à la base ; pomme globuleuse, glabre, ombiliquée à la base et au sommet, à 5 loges dispermes.

M. COMMUNIS, Lam. *Ill. t.* 435 ; *Pyrus malus*, L. *sp.* 686. Pommier domestique. — Arbre de 20 à 30 pieds, dont les rameaux deviennent épineux dans l'état sauvage ; les feuilles sont ovales, dentées, velues en dessous ou pubescentes ; les pédoncules, étant réunis à la base et uniflores, forment comme des espèces d'ombelles sessiles. Fleurs blanches, mêlées de rose. Avril, mai. Se trouve dans les bois, à *Ozouer*, etc. ♄

M. ACERBA, N. Pommier à cidre. — Je regarde cette espèce qu'on trouve sauvage dans les bois, ainsi que la précédente, comme le type de la pomme à cidre ; elle diffère du *M. communis* par ses feuilles ovales-lancéolées, terminées par une languette foliacée, et entièrement glabres des deux côtés ; ses fleurs sont semblables ; il y a la même différence entre ces deux espèces, qu'entre le *Pyrus communis* et le *P. pollveria*. Fleurs blanches. Avril, mai. Se trouve dans la forêt de *Fontainebleau*, etc. ♄. *Voyez* les variétés du Pommier ordinaire et du Pommier à cidre dans Duhamel, *Arb. fr.* 2, *pag.* 273, etc.

On fait un sirop de pomme, mais ces fruits n'y donnent guère que le nom ; ce sont les substances purgatives et aromatiques qui y entrent, qui en font toute la vertu ; on prépare avec les pommes des gelées ou confitures très-agréables aux malades, surtout dans les fièvres bilieuses, putrides, malignes, etc. ; elles les désaltèrent, et les nourrissent un peu.

SPIRÆA. Calice à 5 divisions ; corolle de 5 pétales ; 3–12 capsules à une loge qui contiennent 1–3 graines.

* Tige ligneuse.

S. HYPERICIFOLIA, L. *sp.* 701 ; Pluk. *Alm. t.* 218. *f.* 5. Arbrisseau de 2–3 pieds, à rameaux diffus ; à feuilles ovales-renversées, un peu cunéiformes, petites, glabres, entières, finissant en un très-court pétiole, presque sessiles ; ayant 3–6 fleurs réunies en ombelles simples, sessiles et latérales.

Var. B. *S. thalictroïdes*, Willd. *sp.* 2 ; *p.* 1059 ? Feuilles ovales-cunéiformes, marquées de 3 dents au sommet ; sur le même pied on rencontre les feuilles ovales, entières, de l'espèce.

Fleurs blanches. Avril, mai. Se trouve en abondance, ainsi que la variété, sur la pelouse du *Val*, a *Saint-Germain*, en face du château. ♄

S. OPULIFOLIA, L. *sp.* 702 ; Comm. *Hort.* 1, *p.* 169, *t.* 87. Cet arbrisseau est élevé de 2 à 4 pieds ; ses feuilles sont pétiolées, glabres, divisées en 3 lobes principaux, dont celui du milieu est plus grand, ils sont tous dentés et presque sous-lobés ; les fleurs sont nombreuses, disposées en corymbe terminaux, portées sur des pédoncules un peu étalés. Fleurs blanches. Mai. Se trouve au *Port-à-l'Anglais* assez communément ; il y aura sans doute été semé, car il est originaire de l'Amérique septentrionale. ♄

S. SALICIFOLIA, L. *sp.* 700 ; Duham. *Arb. t.* 75. Arbrisseau de 2 à 3 pieds, à écorce jaunâtre et lisse, à rameaux effilés, dont les feuilles sont éparses, lancéolées-oblongues, atténuées à la base en un très-court pétiole, glabres, d'un 'vert pâle, et marquées de veines qui paraissent noirâtres et épaisses en les regardant au jour, à dents de scie aiguës, nombreuses ; à fleurs en petites grappes pédicellées, avec une bractée linéaire, velue à la base du pédicelle, formant par leur réunion une sorte de panicule étroite, presque en épi ; à pétales un peu arrondis. Fleurs roses. Mai, juin. Se trouve dans les lieux cultivés, à *Fontenai-aux-Roses.* ♄

S. CRENATA, L. *sp.* 700 ; Pall. *Fl. ross. t.* 19. Arbrisseau de 3–4 pieds ; écorce grise, lisse ; rameaux grêles, nombreux ; feuilles ovales, à dents arrondies–acuminées dans leur moitié supérieure, vertes, glabres, un peu glauques en dessous, marquées de nervures à la base, portées sur des pétioles qui semblent se continuer sur les rameaux, et y forment des lignes saillantes ; ombelles arrondies, latérales, portées sur de longs pédoncules ; fleurs à pédicelles subfiliformes, blanches. Mai, juin. Se trouve dans les fentes des murs qui soutiennent l'avenue du château de *Meudon.* ♄

**** *Tige herbacée.***

S. FILIPENDULA, L. *sp.* 702 ; *Fl. dan. t.* 635. Filipendule. — Racine dont les fibres portent de petits tubercules pendus comme à des fils ; tige simple, haute de 1 pied, dressée, nue dans le haut ; feuilles ailées, longues, à folioles uniformes, pinnatifides ou bipinnatifides, incisées, glabres, les caulinaires pourvues de stipules embrassantes, dentées ; fleurs terminales presque en panicule corymbiforme ; calices réfléchis ; 8–12 styles.

Var. B. Fleurs doubles.

Fl. blanches ou rougeâtres. Juin. Se trouve dans les bois secs, à *Bondi*, au bois de *Boulogne*, où s'observe aussi, quoique rarement, la variété B. ♃

S. ULMARIA, L. *sp.* 702 ; *Fl. dan. t.* 547. Reine des prés, Ulmaire. — Tige dressée, haute de 2-3 pieds, rameuse ; feuilles ailées, à folioles ovales, doublement dentées, pubescentes, blanchâtres en dessous, entremêlées de folioles très-petites, stipulées à la base ; foliole terminale à 3 lobes ; fleurs formant des panicules terminales, rameuses, assez considérables ; 6-8 styles ; autant de capsules subsemilunaires, torses, comprimées. Fl. blanches. Été. Se trouve dans les prés humides, à *Meudon*, etc. Assez commune. ♃

Les fleurs de l'Ulmaire sont odorantes, et peuvent aller en

parallèle avec celles du Sureau pour les vertus ; elles sont sudori-
fiques , résolutives et anodines.

POLYGYNIE. — STYLES NOMBREUX.

ROSA. Calice urcéolé , resserré au sommet , à 5 divisions foliacées ; il devient charnu à sa maturité , et contient plusieurs
graines osseuses , hérissées ; corolle de 5 pétales.

** Fruit globuleux.*

R. EGLANTERIA , L. *sp.* 703 ; Rœss. *Ros. t.* 2. Rose églantier.—
Tige de 5-6 pieds , à aiguillons droits ; feuilles ailées (comme
toutes les espèces); folioles glabres, ovales , dentées, à dents glanduleuses , ainsi que les stipules ; pétioles un peu aiguillonnés ; pédoncule et fruit glabres ; fleurs solitaires , grandes.

Var. B. *R. bicolor* , Jacq. *Hort. Vind. t.* 1. Face interne des
pétales d'un rouge orangé.

Fleurs jaunes. Mai. Se trouve , avec la variété, au-dessus du village d'*Andresi-sur-Seine ,* dans les haies. ♄

R. PIMPINELLIFOLIA , L. *sp.* 703 ; Clus. *Hist.* 116 , *f.* 1, 2. Tige
dressée , haute de 2-3 pieds , à aiguillons nombreux , droits ,
très-fins , blancs, et de grandeur différente ; folioles rondes ,
petites, obtuses , glabres , sans glandes ; pétiole, pédoncule et
calice nus ; ce dernier globuleux , à lanières simples ; fleurs solitaires , blanches, un peu jaunes à la base. Juin. Se trouve dans
la forêt de *Fontainebleau.* ♄

R. SPINOSISSIMA , L. *sp.* 705. Ressemble exactement à l'espèce
précédente, dont elle diffère par le pétiole et le pédoncule hispides.
Fleurs *id.* Se trouve dans les mêmes lieux. ♄

R. ARVENSIS , L. *Mant.* 245 ; *Fl. dan. t.* 393. Tige rampante ,
longue de plusieurs pieds , à aiguillons presque droits ; folioles
ovales , dentées , glabres, non glanduleuses ; pétiole un peu aiguillonné ; pédoncule un peu velu ; fruit glabre ; folioles du calice
ovales , presque simples ; styles réunis en colonne ; fleurs ordinairement 3-5 ensemble , à longs pédoncules , blanches. Juin , juillet.
Se trouve dans les buissons des bois et des champs. ♄

R. DUMETORUM , Thuill. *Fl. par.* 250. Tige de 4-5 pieds , dressée ,
à aiguillons peu nombreux , recourbés (il y en a 2 en dessous du
pétiole sur chaque rameau); folioles ovales-arrondies , pubescentes en dessous , assez grandes , dentées-aiguës ; pétiole pubescent , à peine et très-finement aiguillonné ; pédoncule et fruit
glabres , ce dernier globuleux ; folioles du calice lancéolées , presque simples , terminées par une languette foliacée ; 2-4 fleurs ensemble , presque sessiles , d'un rose pâle. Juin , juillet. Se trouve
dans les buissons, à *Villaine , Ville-d'Avrai , Longchamps* , etc. ♄

R. TENUIGLANDULOSA , N. Tige haute de 3-4 pieds , armée

d'aiguillons courbes, petits; folioles ovales, un peu arrondies, glabres en dessous, mais parsemées d'une multitude de petites glandes qui les font paraître comme pubescentes, et un peu rouillées, à dents glanduleuses; pétiole pubescent, très-finement aiguillonné; pédoncules portant des poils glanduleux; fruit globuleux, glabre; folioles du calice un peu pinnatifides, glanduleuses; 2–3 fleurs ensemble, petites, d'un rose pâle. Juin. Se trouve dans les buissons à *Yerres*. ♄. Cette plante ressemble au *R. rubiginosa*, mais son fruit est globuleux.

R. VERTICILLACANTHA, N. Tige de 3–5 pieds, ayant des aiguillons petits, courbes, 4–5 ensemble, presque semi-verticillés; folioles ovales, à dents non glanduleuses, glabres; pétioles glabres, très-légèrement glanduleux; pédoncule et fruit hérissés de poils glanduleux; folioles du calice presque simples, très-glanduleuses; fleurs solitaires, d'un rose pâle. Juin. Se trouve dans les buissons, au *Calvaire*. ♄. Si cette plante n'avait pas le fruit globuleux, ce serait le *R. pyrenaica* de Gouan.

R. BISERRATA, N. Tige de 3–4 pieds, munie d'aiguillons courbes, à base plus longue qu'ils ne sont hauts; folioles ovales, assez grandes, doublement dentées en scie; chaque dent terminée par une glande; pétiole glabre, ainsi que les folioles, peu ou point aiguillonné, un peu glanduleux; stipules très-glanduleuses; pédoncule et fruit glabres, celui-ci globuleux; divisions du calice presque simples, très-glanduleuses; fruit gros; fleurs solitaires, d'un rose pâle. Juin. Se trouve le long des murs du *Calvaire*. ♄

R. MACROCARPA, N. Tige de 5–6 pieds, à aiguillons peu courbés; folioles ovales, pointues, dentées, non glanduleuses; pétiole presque aiguillonné, un peu glanduleux; pédoncule et fruit glabres, ce dernier globuleux, du volume d'une petite noix; 2–3 fleurs ensemble, de couleur rose pâle. Juillet. Se trouve dans les haies des champs. Je l'ai observée un peu plus loin que le rayon ordinaire de la Flore; mais je la consigne ici, pour qu'on puisse la reconnaître. ♄

R. VILLOSA, L. *sp.* 704; J. Bauh. *Hist.* 2, *p.* 38, *f.* 1. Tige de 3–4 pieds, à aiguillons un peu courbes; folioles ovales, velues des deux côtés, blanchâtres, ainsi que le pétiole et les stipules, qui sont tous un peu glanduleux; pétiole légèrement aiguillonné; pédoncules et fruits hispides; folioles du calice velues, glanduleuses; plusieurs fleurs ensemble.

Var. B. R. mollissima, Willd. *Prodr. n°.* 1237. Fruit lisse.

Fl. rouges. Juin. Se trouve dans les buissons des bois, aux endroits pierreux, à *Meudon*, *Fontainebleau*, etc. ♄

** *Fruit ovale.*

R. TOMENTOSA, Smith, *Fl. brit.* 539. Il ressemble entièrement au précédent, dont il ne diffère que par ses fruits ovales-elliptiques ; il est plus petit dans toutes ses parties ; Smith dit qu'il ressemble d'ailleurs au *R. canina*, par le port. Fl. d'un rose-blanc. Se trouve dans les haies et buissons, à *Fontainebleau ?* Je note ici cette espèce, qui a été confondue avec la précédente, et qu'on observera certainement lorsqu'on y fera attention. ♄

R. **collina**, Jacq. *Aust. t.* 197. Tige de 3-5 pieds, à aiguillons crochus ; folioles pubescentes en dessous, ovales ; pétiole un peu aiguillonné ; pédoncule et fruit glabres. Fleurs roses. Jnin. Cette espèce, que je n'ai pas encore rencontrée, est indiquée par MM. Decandolle et Loiseleur, dans la garenne de *Sèvres.* ♄

R. **remensis**, Desf. *Cat.* 175 ; *R. burgundiaca*, Rœss. *Ros. t.* 4. Rose de Champagne. — Tige élevée de 2-3 pieds, touffue, garnie d'aiguillons petits, droits et assez fins ; les folioles sont ovales, glabres, glauques en dessous, avec des dents courtes, munies de glandes rougeâtres, et dont le pétiole est un peu velu, un peu glanduleux ; les pédoncules et les fruits sont glabres, ceux-ci sont courts, petits et rougeâtres ; la corolle est peu grande. Fleurs rouges, souvent doubles. Juin. Se trouve dans les bois, à *Melun, Meaux.* ♄

R. **semperflorens**, Desf. *Cat.* 175 (non Jacq.). Rose des quatre saisons. — Tige plus ou moins élevée, garnie d'aiguillons nombreux, dont la plupart sont fins et presque droits ; folioles ovales, larges, dentées, non glanduleuses, subpubescentes en dessous, et un peu glauques ; pétiole velu, très-finement aiguillonné ; pédoncule très-hispide ; fruit en massue, un peu hispide aussi ; divisions des calices foliacées, un peu anguleuses ; plusieurs fleurs ensemble, de couleur rose, toujours doubles. Tout l'été. Cultivée dans les champs, aux prés *S.-Gervais*, à *Fontenai-aux-Roses*, etc. ♄

R. **centifolia**, L. *sp.* 704 ; Rœss. *Ros. t.* 1. Rose à cent feuilles. — Tige de 4 à 6 pieds, à aiguillons nombreux, presque droits ; folioles ovales, pubescentes en dessous, munies vers les bords de quelques poils glanduleux ; à pétioles non aiguillonnés, mais portant aussi des poils glanduleux ; pédoncule hérissé des mêmes poils ; fruit ovale ; sa fleur est la plus double de toutes les Roses cultivées. Fleurs roses. Cultivée dans les mêmes lieux que la précédente. ♄ C'est la plus estimée de toutes les Roses, à cause de la beauté de sa fleur.

R. **rubiginosa**, L. *Mant. t.* 564 ; Jacq. *Aust. t.* 50. Tige de 4-6 pieds, à aiguillons très-forts, recourbés ; folioles ovales, un peu cunéiformes, dentées, glanduleuses sur les dents et en dessous, de manière à les faire paraître rouillées ; stipules glanduleuses ; pétiole glanduleux et aiguillonné ; pédoncule glabre, ainsi que le fruit, qui est ovale ; folioles du calice un peu pinnatifides, glanduleuses, portant plusieurs fleurs ensemble ; les feuilles sentent la pomme de reinette, surtout lorsqu'on les frotte.

Var. **B.** Pédoncule (et quelquefois fruit) hispide.

Fl. d'un rose pâle. Juin, juillet. Se trouve communément dans les haies et buissons. ♄

R. sepium , Thuill. *Fl. par.* 250. Tige de 6 à 10 pieds, à aiguillons forts et recourbés ; à folioles lancéolées, ovales, petites, étroites, dentées, très-glanduleuses sur les bords et en dessous, ainsi que sur le pétiole et les stipules ; à pédoncules courts, glabres ; à fruits ovales, glabres ; à folioles du calice pinnatifides, ciliées-glanduleuses ; ayant toujours 2-4 fleurs ensemble, d'un rose pâle. Se trouve dans les haies à *Verrières, Meudon, Yerres*, etc. ♄

R. canina , L. *sp.* 253 ; *Fl. dan. t.* 555. Rose de Chien. — Tige de 4-5 pieds, ayant les aiguillons recourbés ; feuilles ovales-arrondies, pubescentes ou glabres en dessous, dentées, un peu glanduleuses sur les bords ; pétioles aiguillonnés, un peu glanduleux ; stipules à peine glanduleuses ; pédoncules courts, glabres ; fruit ovale, glabre ; folioles du calice pinnatifides, un peu foliacées, point glanduleuses ; 3-4 fleurs ensemble. Fl. rose pâle. Juin, juillet. Se trouve communément dans les haies et buissons. ♄

R. claucescens , Desvaux, inédit. Tige de 3-5 pieds, à aiguillons courbés ; folioles très-glabres, dentées, non glanduleuses, glauques surtout en dessous ; pétioles légèrement velus, un peu aiguillonnés ; fruit ovale, glabre, ainsi que le pédoncule et les folioles du calice ; fleurs solitaires, de couleur rose pâle. Juin. Se trouve le long des chemins, à *Ruel, Surenne*, etc. ♄

R. stipularis , N. Tige de hauteur ordinaire ; aiguillons recourbés ; folioles doublement dentées en scie, surtout en haut, glabres, non glanduleuses ; pétiole glanduleux et aiguillonné ; stipules très-grandes, entières, un peu glanduleuses ; pédoncules glabres ; fruit ovale, glabre ; folioles du calice simples, pubescentes, point glanduleuses ; 5-6 fleurs ensemble, de couleur rose pâle. Juin. Se trouve à *Yerres*, dans les buissons. ♄

R. nitens , Desvaux, inédit. Diffère de l'espèce précédente, en ce que les stipules sont de grandeur ordinaire et dentées, le dessus des folioles est un peu luisant, et les divisions du calice sont pinnatifides, glanduleuses. Fl. *id.* Se trouve dans les buissons, à *Ruel.* ♄

R. stylosa , Desv. *Journ. bot.* 2, *p.* 317. Tige de hauteur ordinaire ; aiguillons courbes ; folioles ovales, un peu cunéiformes, glabres, dentées, non glanduleuses, un peu pâles en dessous ; pétiole aiguillonné, à glandes rares ; pédoncules glabres, rameux ; fruit ovale, glabre ; folioles du calice subpinnatifides ; 6-8 fleurs ensemble ; styles réunis en colonne, comme dans le *R. arvensis* de L. Fl. blanches. Juin. Se trouve dans les buissons, à *Yerres.* ♄. Il y a quelques légères différences entre ma plante et celle de M. Desvaux ; mais elle lui appartient certainement.

R. LEUCANTHA, Lois. Desl. *Notice*, *p.* 83. Tige de 6 à 10 pieds
de haut ; à aiguillons recourbés ; à folioles ovales, aiguës, dentées, pubescentes en dessous ; à pétioles aiguillonnés, velus ; à
pédoncules glabres, rameux, ayant 10-15 fleurs en corymbe ;
à fruits ovales, glabres. Fl. blanches. Juin. Se trouve dans les haies.
Elle a été trouvée un peu plus loin que le rayon ordinaire de la
Flore (à *Dreux*), par M. Deslonchamps. Je pense que c'est la
Rosa, *n°*. 5 du *Bot. par.* de Vaill. *p.* 173. ♄

Le genre *Rosa* est d'une étude difficile ; il faut avoir les espèces
en fleurs et en fruits bien mûrs pour les déterminer ; encore cela
souffre-t-il de grandes difficultés. J'en ai admis un certain nombre
d'espèces nouvelles, qui m'ont paru bien caractérisées ; mais on en
observera certainement encore d'autres, tant elles sont multipliées
et voisines les unes des autres, ce qui a empêché long-temps de les
distinguer : c'est cette difficulté qui faisait dire à Linnée qu'il n'y
en avait peut-être qu'une espèce.

Des Roses de nos environs, il n'y a que la Rose pâle (on désigne
sous ce nom, en pharmacie, les fleurs des espèces sauvages) qui
soit d'usage ; encore ne prête-t-elle que son nom à un sirop où il
entre des ingrédiens purgatifs, etc. Il vient sur les Rosiers sauvages des espèces de végétations qu'on appelle *bédégars*, qui sont
causées par des piqûres d'insectes. On les a crues long-temps astringentes ; leur usage est abandonné. On prépare avec les fruits bien
mûrs des Roses sauvages, connus sous le nom de *Gratte-culs*, une
conserve astringente, nommée dans les pharmacopées *Conserve
de Cynnorrhodon*. On distille les pétales des Roses cultivées, particulièrement ceux de la Rose des quatre Saisons, qui est la plus
odorante, pour en retirer une eau fort employée, surtout dans
les collyres. Il surnage une petite quantité d'huile essentielle
solide, d'une odeur très-suave, qui est un parfum délicieux,
très-estimé, sur—tout des Orientaux.

RUBUS. Calice à 5 dents ; corolle de 5 pétales ; fruit composé
d'une multitude de petites baies monospermes.

R. IDÆUS, L. *sp.* 706 ; *Fl. dan. t.* 788. Framboisier. — Arbrisseau à tige dressée, haute de 3 - 4 pieds, un peu blanchâtre ; à
aiguillons petits ; à feuilles inférieures ailées, à 5 folioles ovales,
dentées, blanchâtres en dessous, les supérieures ternées ; à fleurs
en grappes terminales, dont les pédoncules sont velus, rameux ;
à fruits rouges ou blancs. Fl. blanches. Juin. Se trouve dans
les bois et les buissons, à *Meudon*, etc. ♄

On fait un sirop de Framboise, qui est encore quelquefois employé. Les fruits, bien mûrs, sont bons dans les maladies putrides
et scorbutiques, ainsi que tous ceux qui sont aigrelets et sucrés.

R. FRUTICOSUS, L. *sp.* 707 ; Lam. *Ill. t.* 441, *f.* 2 ; *R. tomentosus*, Thuill. *Fl. par.* 253. (Non Willd.) Ronce. — Tiges cou-

chées, anguleuses, longues, à aiguillons forts, crochus ; feuilles pétiolées, à 5 folioles vertes en dessus, blanches et velues en dessous, ovales, dentées, la dernière éloignée ; fleurs en grappes terminales ; pédoncules blanchâtres et rameux ; calices réfléchis ; fruits noirs.

Var. B. Feuilles laciniées.

Var. C. Tige et rameaux inermes.

Fl. blanches ou rougeâtres. Juin, juillet. Se trouve dans les bois et buissons très-communément. ♄

Les feuilles de Ronce sont estimées très-efficaces contre les maux de gorge ; on s'en sert, dans ce cas, en gargarisme. Elles sont un peu astringentes, et ne conviennent que dans ceux qui ne sont pas évidemment inflammatoires.

R. cœsius, L. *sp.* 706; Bull. *Herb. t.* 381. Ronce bleue. — Tige cylindrique, glauque, couchée, longue, faible, chargée, sur les rameaux, de beaucoup d'aiguillons fins et droits ; feuilles ternées ; folioles ovales, dentées, un peu velues en dessous, les latérales souvent bilobées ; fleurs en grappes terminales ; pédoncules rameux ; fruits bleus, à grains assez gros, peu nombreux. Fl. blanches. Juin, juillet. Fréquent dans les buissons, les bois, les champs. ♄

R. corylifolius, Smith, *Fl. brit.* 542 ; *Engl. Bot. t.* 827, R. Tige couchée, rougeâtre, velue aux extrémités des rameaux, longue, chargée de peu d'aiguillons droits, assez fins ; feuilles à 5 ou 3 folioles (dans ce dernier cas les folioles latérales sont souvent bilobées), ovales-élargies, grandes, vertes des deux côtés, dentées, incisées, velues en dessous, les latérales sessiles ; fleurs en grappes, peu nombreuses ; fruits d'un rouge foncé. Fleurs blanches. Juin, juillet. Se trouve dans les bois ombragés, les buissons, au bois de *Boulogne*, etc. ♄

R. glandulosus, Bell. *Act. Tur.* 3, *p.* 230 ; *R. hybridus,* Vill. 3, *p.* 559. Tige couchée, très-velue, chargée sur les rameaux, les pétioles et les pédoncules, de petits aiguillons fins, droits et glanduleux ; feuilles à 3 folioles, vertes et velues des deux côtés, ovales, dentées, grandes ; fleurs en grappes terminales ; calice glanduleux ; fruit noir. Fleurs blanches. Juin, juillet. Se trouve dans les bois ombragés, les broussailles ; fréquent au bois de *Boulogne*, à *Meudon*, à *Saint-Cloud.* ♄

R. tomentosus, Willd. *sp.* 2, *p.* 1083 (non Thuill.). Tige couchée, velue, peu étendue, à aiguillons fins, crochus ; feuilles à 5, plus souvent à 3 folioles, molles, velues des 2 côtés, blanchâtres, surtout en dessous où elles sont plus velues et plus blanches, dentées, incisées ; fleurs en grappes terminales ; calice réfléchi ; fruit noirâtre. Fleurs blanches. Juin. Se trouve sur les collines sèches et pierreuses, à *Fontainebleau.* ♄

Les ronces portent des fruits qui, lorsqu'ils sont bien mûrs, se

que l'on reconnaît à leur couleur noirâtre, sont très-bons à manger ;
on leur a attribué à tort la propriété de causer des fièvres intermittentes ; je puis assurer, dans mes nombreuses herborisations,
en avoir souvent mangé, et beaucoup, sans aucune espèce d'inconvénient, surtout ceux des *R. cœsius*, *fruticosus*, *glandulosus*
et *corylifolius* ; je ne balance pas à les préférer, pour leur goût
très-sucré, à la Framboise.

FRAGARIA. Calice à 10 dents ; corolle de 5 pétales ; graines
nues, portées sur un réceptacle bacciforme, ovale, caduc.

F. vesca, L. *sp* 708 ; Lam. *Ill. t.* 442. Le Fraisier des bois. —
Les racines émettent des jets rampans, d'où il naît des tiges ;
celles-ci sont presque nues, dressées, hautes de 3 à 10 pouces,
velues ; les feuilles sont à 3 folioles ovales, à grosses dents,
velues, rayées, surtout en dessous où elles sont soyeuses ; les
fleurs sont terminales, accompagnées de quelques folioles ; le calice
est plus long que les pétales ; le fruit est rouge.

Var. B. *F. magna*, Thuill. *Fl. par.* 254. Tige élevée ; fleurs souvent dioïques ; pétales égaux au calice.

Var. C. *F. grandiflora*, Thuill. *Fl par.* 254. Tige basse ; fleurs
souvent dioïques ; pétales plus grands que les calices.

Fleurs blanches. Avril, mai. Se trouve dans les bois montueux,
découverts ; les deux variétés qui n'en font qu'une, suivant moi,
que j'appellerai *F. vesca abortiva*, dans les bois couverts, les
futaies. Le manque d'air et de soleil fait avorter les organes de
la fructification de ces deux dernières plantes, et elles s'accroissent
dans d'autres parties. ♃

Les fraises sont humectantes, rafraîchissantes et tempérantes :
on en fait, en les écrasant dans l'eau, des boissons que les malades
prennent avec plaisir. Linnée prétend s'être guéri radicalement de
la goutte, en mangeant des fraises en abondance. La racine du
Fraisier est un bon apéritif, très-employé.

F. sterilis, L. Vide *Potentilla fragaria.*

COMARUM. Calice à 10 divisions ; corolle de 5 pétales ; graines
nues, portées sur un réceptacle ovale, spongieux, persistant.

C. palustre, L. *sp.* 718 ; *Fl. dan. t.* 636. Tige un peu couchée
à la base, redressée, pubescente dans le haut, élevée de 12 à 18
pouces, pourpre ; feuilles pinnées, à 7 ou 5 folioles ovales-allongées, dentées, pubescentes et blanches en dessous, portées sur
de longs pétioles élargis à la base ; 2–3 fleurs terminales ; pétales
plus courts que le calice qui est coloré en pourpre, et dont les
divisions sont alternativement petites et grandes. Fl. d'un pourpre-
noir. Mai, juin. Se trouve dans les prés marécageux, à *Saint-
Léger.* ♃

POTENTILLA. Calice à 10 dents ; corolle de 5 pétales ; graines
nues, placées sur un réceptacle sec.

* *Feuilles ailées.*

P. ANSERINA, L. *sp.* 710 ; Bull. *Herb. t.* 157. Argentine. — Tige velue, rampante, longue de plus de 1 pied ; feuilles ailées, à 15-17 folioles ovales, dentées-incisées, velues, vertes en dessus, argentées, soyeuses en dessous ; entre ces folioles il y en a d'autres très-petites ; fleurs solitaires, jaunes, portées sur de longs pédoncules. Eté. Vient abondamment sur les berges des rivières, sur les bords des chemins humides, etc. ♃

L'argentine est légèrement astringente ; on emploie son eau distillée dans les pharmacies ; mais on conçoit qu'elle ne doit conserver les vertus de la plante qu'à un degré bien faible : c'est la décoction dont il faut se servir, comme pour toutes les plantes inodores. Elle est potagère en Ecosse.

P. SUPINA, L. *sp.* 711 ; Clus. *Hist.* 2, cvii, *f.* 2. Tige rameuse, couchée, un peu velue, longue de 5 à 6 pouces ; feuilles ailées, à 7 folioles dentées, pinnatifides, confluentes au sommet, glabres ; fleurs axillaires, pédonculées, solitaires, jaunes. Eté. Se trouve dans les lieux où l'eau a séjourné l'hiver, à *Bondi*, *Saint-Léger*, à l'étang de *Saint-Mandé*, etc. ☉

P. PENSYLVANICA, L. *Mant.* 76 ; Jacq. *Hort. Vind. t.* 189. Tige de 1 à 2 pieds, dressée, pubescente, rameuse dans le haut ; feuilles ailées, les radicales à 13 ou 11 folioles, les caulinaires à 7-5 et 3, celles du haut de la tige, lancéolées, à grosses dents, presque incisées, velues en dessous, un peu jaunâtres, ainsi que toute la plante ; fleurs en panicule terminale, rameuse, assez nombreuses.

Var. B. Feuilles blanchés en dessous.

Fleurs jaunes. Juillet, août. Se trouve en grande abondance au bois de *Boulogne*, où elle s'est naturalisée depuis plusieurs années. ♃

** *Feuilles digitées (à 5-7 folioles).*

P. RECTA, L. *sp.* 711 ; Jacq. *Aust. t.* 383. Tige dressée, presque simple, haute de 1 pied, garnie de quelques poils rares, presque glabre ; feuilles radicales à 7 folioles, les caulinaires à 5, lancéolées-ovales, à grosses dents, munies de longs poils couchés, surtout en dessous ; stipules pinnatifides ; fleurs terminales, ramassées en corymbe. Fleurs jaunes. Juin, juillet. Se trouve dans les endroits sablonneux, au bois de *Boulogne*, de *Vincennes*, à *Palaiseau*, à *Sèvre*, etc. ♃

P. HIRTA, L. *sp.* 712 ; All. *Ped. t.* 71, *f.* 1. Tige dressée, rougeâtre, garnie de très-longs poils blancs, haute de 15 à 18 pouces ; feuilles radicales à 7 folioles, les caulinaires à 5, lancéolées-ovales, cunéiformes, à grosses dents, à poils blancs couchés, surtout en dessous ; stipules bifides ou entières ; fleurs en panicule terminale, d'un jaune safrané. Juin, juillet. Elle est spontanée actuellement au bois de *Boulogne*, où elle a été probablement semée. ♃

P. **argentea**, L. *sp.* 712; Cam. *Epit.* 760, *Ic.* Tige dressée, rameuse, étalée, velue, cendrée, haute de 1 pied; feuilles à 5 folioles, petites, écartées, pinnatifides ou trifides, cunéiformes, velues, et très-blanches en dessous; stipules linéaires, pointues; fleurs en corymbe terminal, petites, à pédoncules rameux, blanchâtres. Fleurs jaunes. Juin. Se trouve dans les lieux secs et sablonneux, le long des chemins, au-bois de *Boulogne*, etc. ♃

P. **verna**, L. *sp.* 712; Clus. *Hist.* cvi, *f.* 2. Tiges couchées, longues de 3 à 8 ou 10 pouces, très-rameuses, velues; feuilles à 5 foliôles ovales, cunéiformes, dentées-incisées, dont les deux extérieures plus petites, à longs pétioles velus ainsi qu'elles; panicule terminale pauciflore; pétales obcordés, plus longs que le calice. Fleurs jaunes. Mars, avril; refleurit en septembre. Commune dans les lieux secs, les bois, au bois de *Boulogne*, de *Vincennes*, etc. ♃

P. **reptans**, L. *sp.* 714; Fuchs. *Hist.* 624, *Ic.* Quintefeuille. — Tiges longues, atteignant quelquefois 2-3 pieds, rampantes, glabres; feuilles à 5 folioles ovales, obtuses, dentées, cunéiformes, ciliées finement sur les bords et la côte moyenne, pubescentes en dessous, à pétioles velus; fleurs solitaires, portées sur de longs pédoncules. Fleurs jaunes. Été. Se trouve communément le long des chemins et des fossés. ♃

La Quintefeuille est aussi en réputation d'être un astringent assez bon; elle entre en cette qualité dans plusieurs formules de nos pharmacopées. On se sert de sa racine.

*** *Feuilles à folioles ternées.*

P. **splendens**, Decand. *Fl. fr.* 4, *p.* 467; *P. nitida*, Thuill. *Fl. par.* 257 (non L.); Vaill. *Bot. t.* 10, *f.* 1. Tiges diffuses, rameuses, étalées, couchées, longues de 3 à 5 pouces, velues; feuilles à 3 (très-rarement 5) folioles, ovales-oblongues, obtuses, cunéiformes-allongées à la base, velues, surtout en dessous, où elles sont luisantes, soyeuses et blanchâtres, marquées de dents dans leur moitié supérieure; pédoncules velus à 1-2 fleurs blanches. Mai. Se trouve dans les lieux arides, sablonneux, à *Fontainebleau*, au bois de *Boulogne*, à *Satori*. ♃

P. **fragaria**, Poiret, *Dict.* 5, *p.* 599; *Fragaria sterilis*, L. *sp.* 709; Lob. *Ic.* 698, *f.* 1. Fraisier stérile. — Tiges rampantes, pouvant s'étendre à 1-2 pieds, ligneuses, rougeâtres, glabres; feuilles à 3 folioles arrondies, surtout à l'extrémité, cunéiformes-courtes à la base, dentées dans la moitié supérieure, velues surtout en dessous (mais non blanches et soyeuses), à pétioles velus; pédoncule velu à 1-2 fleurs blanches. Mai, juin. Se trouve dans les bois, dans celui de *Boulogne*, à *Saint-Germain*, etc. ♃

P. GRANDIFLORA, L. *sp.* 715; Hall. *Helv. n° 114, t. 21.* Tige presque dressée, simple, pubescente; feuilles à trois folioles, ovales, dentées, velues, les supérieures à folioles linéaires, dentées au sommet; 3-5 fleurs terminales, assez grandes, doubles des calices, nne ou deux sur chaque pédoncule. Fl. jaunes. Juin. Cette plante est indiquée à *Fontainebleau;* je ne l'y ai jamais trouvée, et je crois qu'elle ne vient pas même aux environs de *Paris.* ♃

TORMENTILLA. Calice à 8 dents; corolle de 4 pétales; graines nues, attachées à un réceptàcle sec.

T. ERECTA, L. *sp.* 716; Curt. *Fl. lond. t.* 35. Tormentille. — Tige pubescente, presque filiforme, longue de 1 pied environ, quelquefois redressée, plus souvent couchée, diffuse, à plusieurs dichotomies; feuilles sessiles, à 5 ou 3 folioles ovales, dentées dans leur moitié supérieure, un peu cunéiformes à la base, un peu ciliées-poilues sur les bords; panicules rameuses, étalées, multiflores; fleurs petites, jaunes. Juin, juillet. Se trouve dans les prés et bois secs. Commune. ♃

La Tormentille jouit d'une vertu astringente qui n'est point contestée; on en prépare une eau distillée, un sirop et un extrait; c'est sa décoction qui a le plus de valeur comme médicament; on la dit très-bonne pour le tannage; mais cette plante est si peu volumineuse, qu'il en faudrait une grande quantité pour cet usage. Elle fournit une teinture rouge.

GEUM. Calice à 10 divisions; corolle de 5 pétales; graines terminées par une arête genouillée.

G. URBANUM, L. *sp.* 716; *Fl. dan. t.* 672. Benoite. — Tige dressée, un peu velue, haute de 1 à 2 pieds, presque simple; feuilles radicales pinnées, à folioles inégales, les supérieures plus larges, ovales, lobées, confluentes, dentées, pubescentes, les caulinaires ternées et simples, trilobées en haut de la tige; fleurs dressées; graines hispides, à arêtes tortillées, nues.

Var. B. *G. intermedium*, Ehrh. *Herb.* 106. Fleurs penchées; arêtes velues dans le haut.

Fleurs jaunes. Juin, juillet. Se trouve fréquemment dans les lieux ombragés. ♃

La Benoite jouit de la vertu astringente, commune à beaucoup de plantes de cette classe; on a renouvelé, dans ces derniers temps, l'annonce de ses qualités fébrifuges, et effectivement des expériences bien faites ont prouvé qu'elle possédait cette vertu d'une manière très-marquée; c'est de sa racine récoltée en avril et mai, dont il faut se servir, après l'avoir fait bien sécher. On la donne en poudre, à la dose d'une once jusqu'à 4, en tout, suivant la nature des fièvres; on a guéri par son moyen, des fièvres qui avaient résisté au quinquina. Cette racine a une odeur de gérofle très-agréable, et que la chaleur fait dissiper promptement ; c'est cette odeur qui la faisait appeler *caryophyllata* par les anciens botanistes, nom qu'elle conserve dans les pharmacies. Pour que cette racine soit bonne, il faut que sa pulpe soit violette.

G. RIVALE, L. *sp.* 717 ; *Fl. dan. t.* 722. Tige redressée, haute de 1-2 pieds, pubescente ; feuilles radicales lyrées ; à foliole terminale très-grande, arrondie, lobée, dentée, glabre, les supérieures simplement trilobées ; fleurs terminales, penchées ; graines pédicellées, hispides, à arêtes tortillées, plumeuses du bas. Fleurs d'un jaune mêlé de pourpre. Juin, juillet. Se trouve dans les prés et les bois humides, à *Beaumont-sur-Oise.* ♃

Cette plante possède quelques-unes des vertus de sa congénère ; en Suède, on l'estime beaucoup ; mais en France, où elle est moins connue, on préfère avec raison la précédente.

CLASSE XIII.

POLYANDRIE. — ÉTAMINES AU-DESSUS DE VINGT, insérées sur le réceptacle.

MONOGYNIE. — UN SEUL STYLE.

ACTÆA. Calice à 4 folioles ; corolle de 4 pétales ; baie à 1 loge ; graines semi-orbiculaires.

A. SPICATA, L. *sp.* 722 ; Clus. *Hist. LXXXVI, f.* 2. Christophoriane, Herbe de Saint-Christophe. — Tige dressée, haute de 1 à 2 pieds, rameuse, glabre ; feuilles glabres, deux ou trois fois ailées, portées sur des pétioles trichotomes ; folioles ovales, larges, lobées, dentées-incisées, glabres, d'un beau vert ; fleurs en grappe terminale (non en épis), peu fournie ; baie ovale, noire. Fleurs blanches. Avril, mai. Se trouve dans les taillis montueux et épais, à *Saint-Germain, Saint-Michel,* près de Saint-Leu, etc. ♃

Cette plante est très-active et d'un usage dangereux à l'intérieur ; elle produit des vomissemens, le délire : à très-petite dose, elle est sudorifique, purgative, etc. ; à l'extérieur, on l'a employée comme résolutive contre la gale, etc. Comme elle doit agir en répercutant, nous ne conseillons pas de l'administrer de cette façon. En tout c'est une plante à essayer, et on doit attendre que l'expérience ait prononcé sur son compte pour s'en servir.

CHELIDONIUM. Calice caduc, à 2 folioles ; corolle de 4 pétales ; 1 silique linéaire, à 2 loges polyspermes.

C. MAJUS, L. *sp.* 723 ; *Fl. dan. t.* 576. Chélidoine, Eclaire. —

Tige haute de 1 à 2 pieds, dressée, rameuse, faible, glabre ou un peu velue; feuilles glabres, comme ailées, profondément pinnatifides, à folioles ovales, à dents et lobes arrondis, ainsi que les laciniures, glauques en-dessous; fleurs axillaires ou terminales, portées sur un pédoncule commun, qui se divise ensuite en ombelle simple, à 4-5 rayons; capsule lisse; graines ovoïdes, noires.

Var. B. *C. quercifolium*, Thuill. *Fl. par.* 261. Feuilles et pétales laciniés.

Fl. jaunes. Été. Se trouve dans les murs, entre les pierres, dans les lieux couverts, les haies. ♃

Cette plante et sa variété rendent, lorsqu'on les coupe, un suc jaune, caustique, dont on a conseillé l'usage contre l'hydropisie, à la dose d'une demi-cuillerée par jour dans une tisane. On le vante aussi contre les ulcères sordides, et ce peut être avec beaucoup de raison, puisque souvent il faut, pour les régénérer, détruire avec un véritable caustique la couche altérée, ce qui les change en plaie récente, dont on obtient facilement la guérison. La racine passe pour un puissant diurétique. On a conseillé le suc contre les taches de la cornée transparente; mais je n'ose applaudir à cet emploi, à cause de la délicatesse de cette partie, et de l'activité du médicament.

C. GLAUCIUM, L. *sp.* 724; *Fl. dan. t.* 585. Pavot cornu. — Tige haute d'un peu plus de 1 pied, dressée, rameuse, grosse, glabre; feuilles pinnatifides, épaisses, glauques des 2 côtés, glabres, incisées, lobées, arrondies, hispides ou glabres; 1 à 3 fleurs terminales, non en ombelle; corolle grande comme celle des Pavots; silique rude, longue de 3 à 6 pouces. Fl. jaunes. Été. Se trouve dans les endroits cailloutenx, au bois de *Boulogne*, etc. ♂.

Le Pavot cornu paraît jouir de l'activité de la Chélidoine: on assure que son usage produit une démence passagère.

PAPAVER. Calice caduc, à 2 folioles; corolle de 4 pétales; capsule cloisonnée, à 1 loge polysperme, s'ouvrant sous le stigmate, qui est sessile, persistant et en bouclier.

** Capsules glabres.*

P. SOMNIFERUM, L. *sp.* 726; Bull. *Herb. t.* 57. Tige haute de 2 à 4 pieds, dressée, grosse, rameuse, glabre, lisse, glauque, ainsi que toute la plante; feuilles ovales, amplexicaules, oblongues, sessiles, dentées, incisées; fleurs terminales, solitaires, penchées avant la fleuraison, portées sur de longs pédoncules quelquefois un peu hispides; pétales caducs; calice glabre; capsule glabre, globuleuse, droite, contenant des graines nombreuses, arrondies, noires ou blanches.

Var. B. Fleur pleine.

Fl. d'un rouge pâle, marquées d'une tache brune à la base des pétales. Se trouve dans les endroits cultivés. ⊙

C'est de ce Pavot qu'on extrait l'opium dans l'Orient ; ce médicament héroïque est, dans les mains du médecin habile, une source fréquente de guérison. Il est d'abord nécessaire de le priver d'une partie vireuse qui paraît liée à sa partie extractive, et qui cause des désordres assez graves : on y est parvenu au moyen d'une foule de procédés plus ou moins bons. L'extrait d'opium, connu sous le nom impropre d'opium gommeux, est très-employé : on s'en sert pour provoquer le sommeil chez les individus attaqués d'insomnies, ou de veilles opiniâtres à la suite de maladies, ou par d'autres causes. Les personnes nerveuses en font un usage avantageux ; dans les douleurs, c'est un moyen souverain et qui réussit quelquefois comme par enchantement. Depuis quelques années, on s'en est servi comme d'un excellent fébrifuge, en en donnant une dose un peu forte, quelque temps avant l'accès, qu'il supprime souvent complètement. L'opium est très — propre à arrêter les flux trop abondans, de quelque nature qu'ils soient ; c'est une des circonstances où on s'en sert le plus efficacement. La dose ordinaire de l'opium est depuis 1 demi-grain jusqu'à 2 grains : on voit des personnes s'y habituer tellement, qu'elles parviennent, par gradation, à en prendre 1 gros par jour. L'opium, pris subitement à des doses élevées, est un poison violent et douloureux ; ce qui est loin de l'opinion commune, où l'on suppose que c'est une manière douce de finir ses jours. Je l'ai vu produire des inflammations intestinales les plus graves, et les malheureux qui en avaient pris, finir leur vie dans des angoisses horribles et dans des douleurs atroces. La partie vireuse de l'opium cause ce qu'on appelle le narcotisme, espèce de délire accompagné d'assoupissement ; il est difficile d'en priver totalement l'opium, ce qui fait que quelques personnes très-irritables ne peuvent en faire aucun usage sans être prises de cet accident. Dans les plantes essentiellement vireuses, telles que la jusquiame, la belladone, etc., le narcotisme est le seul effet produit, parce que le principe somnifère, qui est abondant dans l'opium, y est nul ou en très-petite proportion.

Dans un Mémoire lu à l'Institut, et inséré par extrait dans le Journal général de Médecine, mois de janvier 1811, M. Loiseleur Deslonchamps a prouvé, par de nombreuses observations, la possibilité de remplacer l'opium exotique avec de l'opium indigène, retiré par la scarification des capsules de notre Pavot somnifère, qui croît maintenant aussi communément en France que s'il y était spontané ; mais, à cause de la difficulté qu'il y a à récolter en France l'opium en larmes, le même praticien propose, comme plus économique, l'emploi de plusieurs extraits qu'on peut retirer du Pavot avec la plus grande facilité. Les extraits que M. Deslonchamps a préparés sont au nombre de quatre : 1°. celui des têtes vertes, par contusion, expression, coction et évaporation ; 2°. celui des tiges et des feuilles, par les mêmes moyens ; 3°. celui des têtes vertes, par décoction ; 4°. enfin celui des têtes sèches, également par décoction. De ces quatre extraits, le premier surtout est parfaitement dans le cas de remplacer l'opium, surtout celui connu dans les boutiques sous le nom d'extrait gommeux d'opium ; il ne faut pour cela que le donner à double dose. Le second peut aussi être utile, donné à triple ou quadruple dose ; quant au troisième et au quatrième, ils sont plus faibles, et exigent encore des doses plus considérables.

Les capsules du *P. somniferum* doivent servir à la confection du sirop diacode ; mais on y a judicieusement substitué l'extrait gommeux, ce qui compose un médicament plus sûr. C'est avec le même extrait gommeux, aussi nommé laudanum solide, *opium thebaicum*, que l'on compose le sirop karabé, les gouttes de Rousseau, etc. etc. : le laudanum de Sydenham est fait avec l'opium brut.

P. RHŒAS, L. *sp.* 726 ; Fuchs. *Hist.* 515. Coquelicot. — Tige haute de 1 à 2 pieds, diffuse, rameuse, dressée, hispide ; feuilles pinnatifides, à pétiole hispide ; folioles linéaires, étroites, longues, confluentes au sommet, laciniées, dentées, écartées, presque glabres ; fleurs terminales, sur de longs pétioles, hispides ainsi que le calice ; capsules globuleuses, glabres. Fleurs rouges, avec une tache noire à la base des pétales. Été. Se trouve abondamment dans les moissons.

Les pétales du Coquelicot sont fréquemment employés en infusion ; elles forment une boisson pectorale et calmante très-convenable dans les toux sèches et férines. On peut retirer de toute la plante un extrait qui peut très-bien remplacer l'opium, en le donnant à une dose dix à douze fois plus forte.

P. DUBIUM, L. *sp.* 726 ; Moris. *sect.* 11, *t.* 14, *f.* 11. Tige haute de 2 pieds, rameuse, étalée, velue ainsi que toute la plante ; feuilles deux fois pinnatifides, à segmens aigus, terminés par un poil ; pédoncules terminaux, hispides, très-longs (1 pied), uniflores ; calice velu ; capsule allongée en massue, glabres. Fleurs rouges, petites. Mai, juin. Se trouve dans les champs et les moissons. ☉

Le *P. dubium* partage les vertus du Coquelicot, et doit être donné de la même manière ; il est probable que les autres espèces, qu'on n'a pas encore expérimentées, en approchent plus ou moins.

** *Capsules hérissées.*

P. HYBRIDUM, L. *sp.* 725 ; Lob. *Ic.* 276, *f.* 1. Tige d'environ 2 pieds, dressée, rameuse, très-peu velue, ainsi que toute la plante ; feuilles 2 ou 3 fois pinnatifides, à segmens linéaires, terminés par un poil ; fleurs terminales, sur de longs pédoncules, solitaires, hispides ; calice hispide ; capsule globuleuse, hérissée

e poils recourbés en crochets. Fl. rouges. Mai , juin. Se trouve
ans les moissons et les lieux cultivés , à *Vaugirard , Montmartre ,*
uvisi , etc. ⊙

P. ARGEMONE , L. *sp.* 725 ; Lob. *Ic.* 276 , *f.* 2. Tige dressée ,
aute de 8 à 10 pouces , un peu velue , ainsi que toute la
lante ; feuilles 2 ou 3 fois pinnatifides , à ségmens linéaires ,
erminés par un poil ; fleurs terminales , portées sur des pédon-
ules dressés , un peu hispides , longs ; capsule à 6 valves , en mas-
ue , hispide , à poils droits. Fl. petites , rouges , tachées de noir à la
ase des pétales. Se trouve dans les lieux cultivés à *Gentilli,* etc. ⊙

NYMPHÆA. Calice à 4 ou 5 folioles ; corolle polypétale ; pé-
ales disposés sur plusieurs rangs ; baie sèche , multiloculaire ,
olysperme.

N. ALBA , L. *sp.* 729 ; *Fl. dan. t.* 602. Nénuphar. — Plante
aquatique. Tige ou souche grosse , écailleuse , longue ; pétioles et
pédoncules cylindriques , glabres , spongieux , gagnant la surface
de l'eau ; feuilles épaisses , presque circulaires , planes , entières ,
endues à la base en 2 côtés contigus jusqu'au pétiole ; calice à 4
feuilles ; corolle à pétales nombreux, disposés en plusieurs rangs, les
extérieurs plus grands, de la longueur du calice ; capsule globuleuse.

Var. B. *Minor.* Fleurs à pétales moins nombreux et moitié plus
petits que dans l'espèce. *An N. odorata ,* Ait. ? Vide Gmel. *Sib.* 4 ,
p. 124 , *t.* 71.

Fl. blanches. Eté. Se trouve dans les rivières et étangs. ♃

Le Nénuphar est très-célèbre ; comme possédant la propriété de
calmer les passions érotiques, surtout le satyriasis et la nym-
phomanie : on en faisait un grand usage, dans cette croyance,
dans les communautés religieuses ; mais je doute beaucoup que
cette propriété soit au niveau de sa réputation. Je soupçonne
pourtant qu'il peut partager, quoique plus faiblement , la vertu
calmante des pavots, dont le caractère botanique se rapproche
beaucoup du sien. On prépare un sirop avec ses fleurs ; mais on
y joint ordinairement de l'opium.

N. LUTEA , L. *sp.* 729 ; *Fl. dan. t.* 603. Plante aquatique. La
tige ou souche est presque semblable à la précédente ; les pédoncules et les pétioles atteignent la hauteur de l'eau ; les feuilles sont
en cœur-allongé , ovales , entières , fendues à la base jusqu'au
pétiole , en 2 côtés écartés ; le calice est à 5 feuilles ; la corolle à
pétales disposés sur plusieurs rangs , très-petits , débordés par
le calice ; la fleur s'élève de 2-3 pouces au-dessus de l'eau , tandis
que dans l'autre espèce elle est à fleur d'eau.

Var. B. *N. pumila ,* Hoffm. *Fl. germ.* 1 , 241. Pédoncule à 2
tranchans dans le haut ; stigmate denté ; fleurs semblables. C'est
le *n°.* 2 * du *Bot. par. p.* 145. (En faisant attention à la transposition qui a lieu dans cet endroit de l'ouvrage.)

Fl. jaunes. Eté. Se trouve dans les eaux tranquilles des mares, des étangs , etc. ♃

TILIA. Calice à 5 parties ; corolle de 5 pétales ; baie sèche, globuleuse, à 5 loges , à 5 valves , s'ouvrant par la base.

T. europæa , L. *sp.* 733; *Fl. dan. t.* 553. Tilleul de Hollande. — Arbre élevé, à bois blanc, à écorce brune ; à feuilles larges, grandes , cordiformes - arrondies acuminées , inégalement dentées , subpubescentes, au moins en dessous ; à capsules turbinées, dont les parois sont épaisses, dures , marquées de côtes proéminentes , velues. Fl. jaunâtres. Juin. Cultivé sur les chemins, les avenues , etc. ♄

T. sylvestris , Desfont. *Cat.* 152 ; *Vent. monog. Till. t.* 1, *f.* 1. Arbre moins élevé ; ses feuilles sont petites, presque glabres cordiformes-arrondies , acuminées , à dents aiguës ; ses capsule subglobuleuses , à parois minces , fragiles , marquées de petite côtes. Fl. *id.* Se trouve dans les bois. ♄

Les fleurs de tilleul répandent une odeur douce et très-agréable lors de leur épanouissement ; elles sont fort usitées en médecine. Dans les pharmacies , on emploie leur eau distillée. qui doit être à peu près insignifiante ; leur infusion , qui est douée de toute leur vertu , forme la boisson la plus commune des personnes nerveuses, vaporeuses , irritables , hystériques , etc. , et en général de tous les dérangemens de la santé qui tiennent à l'action irrégulière des nerfs , ou du moins qu'on leur attribue, classe de maladies toujours nombreuses dans les grandes villes, où l'abondance le luxe , l'ennui , les passions , en sont des causes trop fréquentes et sans cesse renaissantes.

HELIANTHEMUM. Calice à 5 divisions , dont 2 extérieures plus petites ; corolle de 5 pétales , fugaces ; capsule ovale, à valves , à 1 loge polysperme.

*** *Feuilles pourvues de stipules.*

H. vulgare , Desfont. *Cat.* 153 ; *Cistus helianthemum , L. sp.* 744 ; *Fl. dan. t.* 101. Fleur du soleil. — Tiges diffuses , rameuses, couchées , velues ; feuilles presque sessiles , ovales oblongues , à bords roulés, un peu glauques en dessous , pubescentes ; stipules lancéolées ; fleurs en grappe courte ou épi terminal (comme dans toutes les espèces) ; calice presque glabre. F jaunes. Eté. Habite communément dans les lieux secs. ♄

H. hirsutum , N. ; *Cistus hirsutus ,* Thuill. *Fl. par.* 266. Tige couchées , rameuses , étalées, se redressant un peu à l'extrémit des rameaux , longues de 1 pied environ , velues ; feuilles infé rieures petites , rondes , les supérieures plus grandes , ovales elliptiques , planes , glauques en dessous , un peu pubescentes

ipules lancéolées ; fleurs en longues grappes ; calice presque
labre , garni de quelques poils qui naissent d'un petit tubercule ;
apsules grosses. Fl. jaunes. Juin. Se trouve dans les endroits
mbragés des bois , les allées , au bois de *Boulogne*, etc. ♄

H. **pilosum**, Decand. *Fl. fr.* 4 , *p.* 825 ; *Cistus pilosus*, L.
. 744 ; *All. ped. t.* 45, *f.* 2. Tiges dressées, grêles, peu rameuses,
ouvertes de poils blancs , hautes de 8 à 10 pouces ; feuilles
néaires, roulées, velues, blanches ou glauques en dessous ; sti-
ules linéaires, caduques ; fleurs terminales ; calices pubescens.
l. blanches. Juin. Se trouve dans les rochers, au *Mail-de-*
Henri iv à *Fontainebleau*, où je l'ai observé il y a plus de
ans. ♄

H. **appenninum**, Decand. *Fl. fr.* 4, *p.* 824 ; *Cistus appenninus*,
. *sp.* 744 ; Tabern. *Ic.* 1062. Tige étalée , rameuse de la souche ,
ongue de 6 pouces environ, dressée, pubescente ainsi que toute
a plante ; feuilles linéaires-lancéolées , presque planes , vertes
n dessus, blanches ou un peu glauques en dessous ; stipules
inéaires ; grappes pauciflores ; calices à peine pubescens. Fleurs
lanches. Eté. Se trouve sur les collines pierreuses, à *Fontaine-*
leau , Compiègne , etc. ♄

H. **pulverulentum**, Decand. *Fl. fr.* 4, *p.* 823 ; *Cistus pulveru-*
entus , Pourret, *Mém. acad. Toul.* 3 , *p.* 311 ; Thuill. *Fl. par.*
67. Tiges petites , couchées, étalées , rabougries , velues , dif-
uses, couvertes, ainsi que toute la plante , d'une poussière cré-
acée ; feuilles linéaires , très-roulées , blanches des deux côtés ,
velues ; stipules linéaires ; fleurs terminales ; calices un peu pu-
escens. Fl. blanches. Juin , juillet. Se trouve dans les endroits
arides, à *Fontainebleau , Vincennes* , etc. ♄

** *Feuilles dépourvues de stipules.*

H. **umbellatum** , Desfont. *Cat.* 152 ; *Cistus umbellatus* , L. *sp.*
739 ; Clus. *Hist.* 81. Tiges élevées de 1 pied au plus , rameuses ,
tortues , glabres ; feuilles petites, roulées complètement, linéaires,
à peine pubescentes ; pédoncule commun velu , portant de 1
à 4 verticilles ombellés , à 6-10 rayons uniflores , rougeâtres (souvent il n'y a qu'une ombelle terminale) ; calices rougeâtres , pubescens. Fl. blanches. Mai , juin. Se trouve sur les collines sèches
et pierreuses, à *Fontainebleau.* ♄

H. **fumana**, Desfont. *Cat.* 152 ; *Cistus fumana* , L. *sp.* 740 ;
Jacq. *Aust. t.* 252. Tiges glabres , couchées , étalées , diffuses ,
tortues , longues de 4 à 5 pouces , à rameaux redressés ; feuilles
alternes (ce qui la distingue de toutes les espèces de nos environs),
fines, vertes, non roulées , planes d'un côté , convexes de l'autre ,
un peu épaisses , un peu rudes , glabres ; 2-3 fleurs terminales ;
calice à peine pubescent. Fl. jaunes. Eté. Se trouve sur les montagnes rocailleuses , à *Fontainebleau.* ♄

H. **guttatum**, Mill. *Dict. n° 18*; *Cistus guttatus*, L. *sp.* 741
Tige haute de 1 pied au plus, herbacée, un peu rameuse, faible
velue; feuilles lancéolées, planes, velues, entières, marquées d
3-5 nervures; fleurs en panicule lâche après la fleuraison; pé
tales entiers. Fleurs jaunes, avec 5 points d'un violet foncé à la bas
de chaque pétale. Été. Se trouve dans les lieux sablonneux, dé
couverts, le long des chemins des bois, aux bois de *Boulogne*
d'*Yerres*, etc. ☉.

H. **serratum**, N.; *Cistus serratus*, Cav. *Ic. 2*, *p.* 57, *t.* 175
f. 1; Lois. Desl. *Notice 85*. Cette plante ressemble exactement
la précédente, à l'exception des pétales qui sont dentés en scie
Fleurs *id.* Été. Se trouve au bois de *Boulogne*, *Vincennes*, mêl
avec le précédent. ☉

Observ. D'après la division du genre *Cistus* de L. en 2 genres
Cistus et *Helianthemum*, il se trouve que nous n'avons que de
espèces du dernier dans nos environs.

TRIGYNIE. — TROIS STYLES.

DELPHINIUM. Calice nul; corolle irrégulière de 5 pétales
nectaire bifide, terminé postérieurement par un éperon; 1-
siliques.

D. **consolida**, L. *sp.* 748; *Fl. dan. t.* 683. Pied d'alouette de
champs. — Tige dressée, haute de 1 pied, rameuse et étalée a
sommet, légèrement pubescente; feuilles sessiles, multifides,
divisions linéaires, pubescentes; 3-5 fleurs ayant l'éperon long
et un peu redressé, formant sur chaque rameau une panicule lâch
étalée; une seule capsule pubescente; graines hérissées, noires. F
bleues. Juin. Se trouve abondamment dans les moissons. ☉

D. **Ajacis**, L. *sp.* 748; Dod. *Pempt.* 252. Pied d'alouette cul
tivé. — Ressemble extrêmement à l'espèce précédente; elle en dif
fère par ses tiges simples, ou presque simples; par ses fleurs nom
breuses en épi long, et dont le nectaire est marqué de ligne
formant ΛΙΛ; et par ses feuilles qui sont à découpures beaucou
plus nombreuses. Fleurs bleues, roses ou blanches. Juin. Se trouv
dans les débris, autour des jardins. ☉

Le Pied d'alouette des champs (et probablement celui des jar
dins) paraît une plante très-active; on la croit vermifuge, c
qui est probable à cause de sa force; mais son analogie d'organi
sation avec les aconits doit rendre prudent sur son administratior
C'est une plante à expérimenter de nouveau.

HYPERICUM. Calice à 5 parties; corolle de 5 pétales; étamine
réunies en 3-5 faisceaux; capsule à 3 loges.

* *Divisions du calice entières, non glanduleuses.*

H. PERFORATUM, L. *sp.* 1105; *Fl. dan. t.* 1043. Millepertuis.
— Tige dressée, haute de 1 à 2 pieds, rameuse, glabre, marquée
de 4 lignes interrompues, qui la font paraitre un peu quadrangulaire, surtout dans le bas; feuilles sessiles, ovales-oblongues,
marquées de 5 nervures, un peu glauques en dessous, glabres,
un peu glanduleuses sur les bords, perforées d'une multitude de
petits pores; fleurs grandes, nombreuses, terminales, paniculées;
pétales ovales, parsemés de points noirs. Fleurs jaunes. Eté. Très-
commun dans les bois herbeux. ♃

On prépare une huile de Millepertuis peu ou point usitée, et
qui est absolument inerte. Le Millepertuis passe pour vulnéraire,
mais les praticiens éclairés savent que penser des prétendus vulnéraires; il parait que c'est un très-bon excitant du système
pulmonaire, et excellent à employer dans les engorgemens froids,
les catarrhes chroniques, etc., du poumon; il semble pouvoir
remplacer, en cette qualité, le *Seneca* ou *Polygala* de Virginie.
On doit se servir de son infusion.

H. QUADRANGULARE, L. *sp.* 1104; *Fl. dan. t.* 640. Tige dressée,
simple, glabre, haute d'environ 2 pieds, marquée de 4 ailes con-
tinues, dont deux surtout très-remarquables, ce qui la fait
paraitre visiblement quadrangulaire; feuilles ovales-arrondies
en bas, marquées de 7.-9 nervures, un peu glauques en dessous,
glabres, perforées de beaucoup de pores; fleurs en panicule terminale, petites; pétales presque linéaires, parsemés de points
noirs; calices à divisions lancéolées. Fl. jaunes. Juin, juillet. Se
trouve dans les bois humides, à *Bondi, Montmorency, Tournans,
Meudon,* etc. ♃

H. DUBIUM, Leers. *Herb.* 165; Vill. *Dauph. t.* 44. Diffère de
l'espèce précédente par les angles des tiges moins prononcés; par
les folioles de son calice qui sont ovales, obtuses, et par ses feuilles
imperforées; ses pétales sont ovales, tachés d'une multitude de
points noirs. Fleurs jaunes. Se trouve mêlé avec le précédent,
avec lequel on le confond; il est beaucoup plus rare. ♃

H. HUMIFUSUM, L. *sp.* 1105; Clus. *Hist.* CLXXXI, *f.* 3. Tiges
longues de 6 à 8 pouces, rameuses, éparses, filiformes, à 2 tranchans, couchées, glabres, un peu redressées à l'extrémité; feuilles
oblongues, obtuses, perforées, presque elliptiques, glabres, un
peu glauques en dessous, marquées de points noirs sur les bords;
fleurs axillaires, pédonculées, ou à panicule terminale, foliacée;
calices à divisions grandes.

Var. B. *H. Liottardi,* Vill. *Dauph.* 3, *p.* 504, *t.* 44? Tige petite,
dressée; feuilles presque linéaires, longues.

Fleurs jaunes. Juin, juillet. Se trouve dans les bois montueux,

· sablonneux , à *Meudon* , etc. La variété B au bois des *Camaldules* , près d'Yerres. ☉

** *Divisions du calice bordées de dents glanduleuses.*

H. PULCHRUM , L. *sp.* 1106 ; *Fl. dan. t.* 75. Tige haute de 1 pied, dressée , branchue , glabre , prenant en vieillissant une teinte rouge , ainsi que toute la plante ; feuilles sessiles , perforées , cordiformes , un peu glauques en dessous , glabres , celles du haut quelquefois perfoliées ; fleurs terminales , étagées ; calices à divisions ovales , à dents glanduleuses. Fl. jaunes. Juin , juillet. Se trouve dans les bois secs , à *Meudon* , *Yerres* , etc. ♃

H. MONTANUM , L. *sp.* 1105 ; *Fl. dan. t.* 173. Tige haute de 1 à 2 pieds, simple, dressée , glabre , un peu nue au sommet ; feuilles sessiles, ovales-allongées, bordées de points noirs , finement denticulées , à 5-7 nervures , glabres , un peu glauques en dessous ; fleurs en panicule terminale , rameuse , mêlée de bractées glanduleuses , ainsi que les divisions du calice , qui sont velues , lancéolées-linéaires , bordées de dents glanduleuses. Fl. jaunes. Juin , juillet. Se trouve dans les bois élevés , à *Bondi* , etc. ♃

H. HIRSUTUM , L. *sp.* 1105 ; *Fl. dan. t.* 802. Tige haute de 1 à 2 pieds, dressée, presque simple, velue ; feuilles subsessiles , ovales, velues , surtout en dessous , où elles sont un peu glauques , perforées ; fleurs paniculées , étagées ; calices à divisions lancéolées , à dents glanduleuses , nombreuses. Fl. jaunes. Juin , juillet. Se trouve le long des chemins et fossés des bois , à *Juvisi* , *Bondi* , *Tournans* , etc. ♃

H. ELODES , L. *sp.* 1006 ; *Petiv. herb. t.* 60 , *f.* 12. Tige longue de 4 à 6 pouces , faible , couchée , simple , velue ; feuilles rondes , sessiles , velues , marquées de 5-7 nervures , un peu glauques en dessous ; fleurs en panicule terminale , rameuse ; calice à divisions ovales, glabres, à dents glanduleuses. Fl. jaunes. Juin, juillet. Se trouve dans les marais , à *Fontainebleau* et *Saint-Léger.* ♃

OBSERV. Ce genre , depuis son déplacement de la polyadelphie , classe justement supprimée , était placé dans la polyandrie-pentagynie , parce qu'il y a beaucoup d'espèces qui ont effectivement 5 styles ; mais il y en a autant à 3 ; et celles de nos environs se trouvant dans ce cas , j'ai cru devoir le placer dans la polyandrie-trigynie.

ANDROSÆMUM. Calice à 5 parties ; corolle de 5 pétales ; étamines réunies en 5 faisceaux ; baie à 1 loge.

A. OFFICINALE , All. *Ped. n°.* 1440 ; *Hypericum androsæmum,* L. *sp.* 1182 ; Blackw. *t.* 94. Toute saine. — Tiges longues de 1 pied, dressées , rameuses , ligneuses , presque à 2 tranchans ; feuilles grandes , sessiles , ovales , un peu glauques en dessous , glabres ; fleurs terminales, presque en ombelle simple ; calice foliacé, un peu inégal; baie polysperme. Fl. jaunes. Juin, juillet. Se trouve dans les bois montueux, humides, à *Fontainebleau*. ♄

PENTAGYNIE. — CINQ STYLES.

AQUILEGIA. Calice nul; corolle de 5 pétales, irrégulière ; nectaire à 5 cornes, placées entre les pétales ; 5 capsules réunies par la base.

A. VULGARIS, L. *sp.* 752; *Fl. dan. t.* 695. Ancolie, Gant de Notre-Dame. — Tige haute de 2 ou 3 pieds, dressée, un peu rameuse, pubescente ; feuilles inférieures trichotomes; chaque foliole trilobée, cunéiforme, arrondie au sommet, un peu glauque en dessous, les terminales simples, sessiles, entières et à 3 divisions; fleurs grandes, terminales, assez nombreuses; nectaires recourbés; 5 capsules un peu pubescentes. Fl. bleues, roses ou blanches. Juin. Se trouve dans les bois ombragés, humides, à *Meudon*, *Montmorency*, etc. ♃

Cette plante est recommandée en lotion, par quelques auteurs, contre la gale ; mais ce ne sont certainement pas de véritables médecins qui ont préconisé cet usage. Linnée, qui l'avait vu employer de cette façon, dit qu'elle a tué des enfans. Cette plante est très-active, et son usage dangereux, ce que sa conformation, presque semblable à celle des aconits, ne laisse que trop entrevoir ; tant est vrai cette loi de la nature, qu'il est temps d'émettre ici, et qui souffre peu d'exceptions, que la conformation d'organisation dans les plantes suppose une identité dans les vertus dont elles sont douées.

NIGELLA. Calice nul ; corolle de 5 pétales ; 5 nectaires trifides placés dans la corolle; 5 capsules ordinairement distinctes.

N. ARVENSIS, L. *sp.* 753 ; Math. *Valg.* 797. Nielle. — Tige élevée de 8 à 10 pouces, simple, glabre, un peu glauque, ainsi que toute la plante; feuilles multifides, à divisions capillaires, glabres; 1-3 fleurs terminales, solitaires sur chaque rameau ; capsule oblongue, rétrécie inférieurement, et profondément divisée. Fl. d'un bleu pâle, presque blanches. Août, septembre. Se trouve dans les champs, après la moisson, à *la Malmaison*, *Melun*, etc. ☉

Plante de la famille des aconits, et qui participe de leurs propriétés délétères. Ses graines sont réputées un excellent sternutatoire. On peut s'en servir en en modérant la dose, et en en usant avec prudence et discernement.

POLYGYNIE.—STYLES NOMBREUX.

ANEMONE. Calice nul ; corolle de 5 à 9 pétales ; plusieurs graines pédicellées.

A. PULSATILLA, L. *sp.* 759 ; *Fl. dan. t.* 153. Coquelourde, Pulsatille. — La plante est acaule ; les feuilles sont vraiment radicales, bi ou tripinnatifides, à divisions très-étroites, presque glabres, terminées par un poil ; pétiole commun, laineux, ainsi que les pédoncules, qui ont 4 à 5 pouces de haut, et portent un involucre ou collerette très-découpée, à 1 pouce de la fleur ; celle-ci est terminale, grande ; les pétales sont droits, planes, velus en dehors ; les graines terminées par une longue arête velue. Fl. violette. Avril, mai. Se trouve dans les endroits secs, à *Saint-Maur*, au bois de *Boulogne*, à *Fontainebleau*, etc. ♃

La Pulsatille est une plante âcre, corrosive, douée d'une activité marquée dans son état de fraîcheur : on l'a conseillée dans la paralysie, l'amaurosis, etc. ; mais ses bons effets ne sont pas suffisamment constatés. Son extrait paraît avoir fort peu de vertu, de sorte qu'il semblerait que l'eau lui ferait perdre de sa force, ce qui est le contraire de ce que nous avons vu pour le narcisse, mais ce qui paraît être presque général dans les plantes. Nous retrouvons ces propriétés corrosives dans plusieurs plantes de la famille des renoncules, à laquelle appartient la Pulsatille, et probablement toutes les espèces de ce genre les partagent.

A. NEMOROSA, L. *sp.* 762 ; Lob. *Ic.* 673, *f.* 2. La Sylvie. — Il naît de la racine 1 ou 2 feuilles à 3 folioles ovales, découpées, incisées ; la hampe est un peu poilue, haute d'environ 6 pouces, portant une collerette de 3 feuilles pédonculées, à 3 folioles ovales, incisées, lobées, dentées, un peu velues sur les bords ; il n'y a que 1 fleur terminale, penchée avant la fleuraison ; la corolle est à 6 pétales ; les graines sont nues, velues, terminées par une pointe courte, sétacée. Fl. d'un blanc un peu rougeâtre en dehors. Mars, avril. Très-commune dans les bois. ♃

A. RANUNCULOÏDES, L. *sp.* 762 ; *Fl. dan. t.* 140. Feuilles radicales portées sur de longs pétioles à 5 - 7 lobes digités, incisées, dentés ; hampe glabre, haute de 6 à 10 pouces, portant une collerette de 3 feuilles presque sessiles ; à folioles ternées, allongées, cunéiformes, incisées, subtrifides, très-légèrement velues sur les bords ; 2 fleurs terminales ; corolle de 6 pétales très-obtus ; graines aiguës, sans arête ni pointe. Fl. jaunes. Mars, avril. Se trouve dans les près des bois, à *Meudon.* ♃

A. TRIFOLIA, L. *sp.* 762 ; Lob. *Ic.* 281, *f.* 1. Une ou deux feuilles radicales, éloignées de la tige (comme dans les deux espèces précédentes), à 3 folioles ovales, dentées en scie ; hampe de

5-6 pouces, sur le milieu de laquelle naît une collerette de 3 feuilles à 3 folioles semblables à celles de la racine, un peu luisantes en dessous, à pétiole rougeâtre; une fleur terminale, à 8 pétales; graines sans arêtes. Fl. blanches. Avril. Se trouve dans les bois, à *Chantilli*, *Hérivaux*, etc. ? ♃

A. sylvestris, L. *sp.* 761; Bull. *Herb. t.* 59. Feuilles vraiment radicales, à pédoncules velus, à 3-5 folioles trifides, incisées, dentées, pubescentes; hampe de 1 pied, velue, dressée; collerette ordinairement de 3-5 feuilles pédonculées, à 3-5 folioles trifides, incisées, dentées, pubescentes, situées à 2-3 pouces de la racine; fleur terminale, grande, à 5 pétales; graines entourées d'un duvet laineux, formant une tête sphérique. Fl. blanches. Mai, juin. Se trouve dans les bois sablonneux, à *Senlis*; au *Mont-Pierreux*, à Fontainebleau. ♃

HEPATICA. Calice à 3 folioles persistantes; corolle de 6 pétales; plusieurs graines sessiles.

H. triloba, Vill. *Dauph.* 1, *p.* 336; *Anémone Hepatica*, L. *sp.* 758; Clus. *Hist.* ccxlvii, *f.* 1. Hépatique, Herbe de la Trinité. — Hampes uniflores, hautes de 3 à 6 pouces, velues, dressées; feuilles à longs pétioles velus, atteignant presque la hampe, ayant 3 lobes presque arrondis, entiers, épais, pubescens et velus au bord; calice à 3 folioles ovales, entières; corolle ordinairement à 6 pétales arrondis au sommet; graines oblongues, un peu pointues (non surmontées d'appendice, comme dans les Anémones). Fleurs bleues, rouges ou blanches, doublant facilement par la culture. Mars, avril. Se trouve dans les lieux ombragés, à *Villers-Coterets*, *Clermont.* ♃

Plante regardée autrefois comme astringente et vulnéraire, mais maintenant inerte et inusitée.

ROBERTIA. Calice nul; corolle caduque, de 6 à 8 pétales. assise sur 1 involucre multifide; 6-8 nectaires tubuleux à 2 lèvres; 6-8 capsules oblongues, pédicellées, terminées par les styles persistans.

R. hiemalis, N.; *Helleborus hiemalis*, L. *sp.* 783; Bull. *Herb. t.* 35. Hampe dressée, haute de 3-4 pouces; 1 feuille (naissant à côté de la hampe) subpeltée, à 7 lobes cunéiformes, profonds, incisés au sommet, glabres; une collerette foliacée, contiguë à la corolle, profondément incisée, en 8-10 lanières entières ou lobées; une fleur sessile, terminale, à 6-8 pétales caduques; 6-8 capsules oblongues, glabres; le nombre des pétales, des nectaires et des capsules est sujet à varier, et peut aller de 5 à 10. Fleurs jaunes. Février, mars. Se trouve dans les bois humides, à la *Queue-en-Brie.* ♃

J'ai dédié ce nouveau genre à M. Gaspard Robert, mon ami.

botaniste provençal, qui a enrichi la Flore de France d'une grande quantité de plantes nouvelles, qu'il a observées aux environs de Toulon, sa patrie, et qui ont été décrites dans la *Flora gallica* de M. Loiseleur Deslongchamps.

Dans une Dissertation sur l'Histoire naturelle et médicale des Renoncules, présentée à la Faculté de Montpellier, en 1811, pour l'admission au doctorat, M. Biria, son auteur, avait déjà fait de cette plante un genre, sous le nom de *Kœllea*; mais, comme on a déjà dédié à M. Kœller un genre *Kœleria*, j'ai cru devoir changer ce nom en celui que j'ai adopté.

CLEMATIS. Calice nul; corolle de 4 pétales; graines terminées par 1 arête plumeuse.

C. VITALBA, L. *sp.* 766; Jacq. *Aust. t.* 308. Clématite, Herbe aux Gueux. — Tige volubile, ligneuse, montant à 1-2 toises; feuilles glabres, ailées, dont les pétioles se roulent et s'accrochent aux corps voisins; 5 folioles pétiolées, cordiformes, entières, terminées comme en languette, marquées de 3 nervures; fleurs en grappes latérales, à pédoncule rameux, pubescent, plusieurs fois trifides; graines terminées par des arêtes soyeuses, très-longues, argentées, mêlées de rouge.

Var. B. Folioles dentées.

Fl. blanches. Juillet. Se trouve très-communément dans les haies et buissons. ♄

La Clématite est âcre, corrosive; elle a la propriété de faire lever des phlyctènes sur la peau, y étant appliquée fraîche, d'où lui vient le nom d'Herbe aux Gueux, parce que, effectivement, les mendians s'en servent à cette fin. Le seul usage qu'on puisse permettre de cette plante, c'est à l'extérieur; on l'a vue, appliquée de cette façon, résoudre en peu de jours des hydropisies survenues à des bestiaux. On pourrait faire les mêmes essais sur l'homme, puisque cela serait sans inconvénient. Les plantes de cette famille pourraient servir de vésicans, et être appliquées pour rappeler la goutte déplacée, des éruptions rentrées, etc.

C. RECTA, L. *sp.* 767; Jacq. *Aust. t.* 291. Tige haute de 2-3 pieds, dressée, non grimpante; feuilles ailées, portées sur des pétioles qui ne se tortillent pas, à 7 folioles pétiolées, grandes, cordiformes-lancéolées, entières, pubescentes en dessous; fleurs en panicule axillaire; à pédoncules glabres, rameux, plusieurs fois trifides; graines terminées par une arête plumeuse. Fl. blanches. Juin, juillet. Se trouve depuis plusieurs années dans les bois, à *Meudon*, *Vincennes*, *Saint-Cloud*, *Romainville*, où elle a été probablement semée. ♃

THALICTRUM. Calice nul; corolle de 4 ou 5 pétales; graines sans arêtes.

T. **flavum**, L. *sp.* 770 ; *Fl. dan. t.* 939. Rue des prés, Rhubarbe des pauvres.—Tige haute de 2 à 3 pieds, dressée, très-rameuse, sillonnée, glabre ; feuilles tricholomes, portées sur des pédoncules très-courts, membraneux à l'ouverture de la gaîne ; folioles un peu ovales, trifides, lobées, obtuses, sillonnées, incisées, glabres, un peu ridées, pâles en dessous, et comme échancrées en cœur à la base ; panicule dressée, d'abord ramassée, puis très-rameuse, jaunâtre, portant des graines sillonnées comme celles de certaines ombellifères ; 17 ou 18 étamines. Fleurs jaunes. Juillet, août. Se trouve dans les prés humides, à *Meudon*, *Saint-Gratien*, etc. ♃

T. **minus**, L. *sp.* 769 ; Seg. *Ver. t.* 11. Tige haute de 1 pied, dressée, rameuse, glabre, faisant des zigzags ; feuilles trois fois ailées ; folioles nombreuses, arrondies, trifides (semblables à celles de la pimprenelle), vertes des deux côtés, glabres ; fleurs penchées, en panicule très-étalée, nue, peu fournie. Fleurs d'un blanc-jaune. Juillet. Se trouve dans les taillis sablonneux, au bois de *Boulogne*, à *Saint-Germain*. ♃

T. **lucidum**, L. *sp.* 770 ; Pluk. *Alm. t.* 65, *f.* 5. Tige sillonnée, feuillée ; folioles linéaires, charnues, L., luisantes, Vaill. Fleurs jaunes. Juillet. Se trouve à *Palaiseau ?* (Vaill.; Dalib.). Je rapporte la phrase de L., ne connaissant pas cette plante ; Willden. *sp.* 2, *p.* 1301, met en doute si ce n'est pas une variété du T. *flavum*. ♃

ADONIS. Calice de 5 folioles ; corolle de 5 à 8 pétales ou plus, sans nectaire ; graines nues.

A. **annua**, Mill. *Dict. n°* 1 ; *A. autumnalis* et *A. œstivalis*, L. *sp.* 771 ; Jacq. *Aust. t.* 354. Tige haute de 1 pied environ, dressée, rameuse, glabre ; feuilles très-découpées, à divisions capillaires, sétacées, glabres ; fleurs axillaires ; corolle ayant de 5 (*A. œstivalis*, L.) à 8 pétales (*A. autumnalis*, L.); fruit allongé en une sorte d'épi ovale, portant des graines ridées, ovoïdes, et terminées par une petite pointe. Fleurs rouges ou citrines. Juin, juillet. Se trouve dans les moissons, plaine du *Point du Jour ;* à *Sèvres*, du côté de la rivière, etc. ☉

FICARIA. Calice caduc, à 3 folioles ; corolle de 9 pétales, ayant chacun une écaille à la base ; graines nombreuses, arrondies, obtuses.

F. **ranunculoïdes**, Roth. *Germ.* 1, *p.* 241 ; *Ranunculus ficaria*, L. *sp.* 774 ; *Fl. dan. t.* 499. Ficaire, Petite Chélidoine.— Tiges longues de 4 à 6 pouces, couchées, rampantes, faibles, glabres ; feuilles pétiolées, cordiformes, obtuses, crénelées-anguleuses ; fleurs terminales, solitaires, portées sur un pédoncule presque radical ; corolle de 8-9 pétales ; graines globuleuses, subpubescentes. Fleurs jaunes. Mars, avril. Bois ombragés, à *Meudon*, *Saint-Maur*, etc. ♃

La Ficaire est corrosive, comme beaucoup de renonculacées ; son eau distillée est brûlante, et a une saveur de moutarde : du reste, comme toutes les plantes délétères, elle perd une grande partie de ses qualités bonnes ou mauvaises par la dessiccation.

RANUNCULUS. Calice à 5 folioles ; corolle de 5 pétales, munis chacun d'une écaille à la base ; graines nombreuses, comprimées, terminées par une petite pointe.

** Feuilles simples.*

R. FLAMMULA, L. *sp.* 772 ; Lob. *Ic.* 670, *f.* 1. Petite Douve. — Tige d'environ 1 pied, glabre, ainsi que toute la plante, fléchie et souvent rampante à la base ; feuilles inférieures ovales, entières, marquées de plusieurs nervures, portées sur de longs pétioles, les supérieures lancéolées, longues, atténuées en un court pétiole ; fleurs terminales.

Var. B. Feuilles dentées.

Fleurs jaunes. Eté. Commune dans les marais. ☉. Les *R. flammula* et *reptans* de la Flore parisienne, de M. Thuillier, sont la même plante.

R. LINGUA, L. *sp.* 773 ; *Fl. dan. t.* 755. Tige dressée, ferme, velue, grosse, striée, haute de 2-3 pieds, un peu branchue, très-garnie de feuilles ; celles-ci très-longues, lancéolées-linéaires, sessiles, embrassantes, entières, ayant quelques petits poils à la base et sur les bords ; fleurs terminales, paniculées, grandes ; calice velu. Fleurs jaunes. Eté. Se trouve dans les marais, à *Saint-Gratien, Saint-Cucuphas*, etc. ♃

R. GRAMINEUS, L. *sp.* 773 ; Bull. *Herb. t.* 123. Tige dressée, haute de 1 pied, glabre, presque nue, branchue ; feuilles linéaires, longues, ressemblant à celles des graminées, marquées de nervures, ayant quelques poils épars sur les bords ; fleurs terminales, grandes, en panicule peu fournie ; calice glabre. Fleurs jaunes. Juin. Se trouve dans les endroits stériles, les landes, à *Fontainebleau*. ♃

R. NODIFLORUS, L. *sp.* 773 ; Vaill. *Act. Acad.* 1719, *t.* 4, *f.* 4. Tige de 3 à 5 pouces, rameuse, bifurquée, glabre ; feuilles ovales, entières, glabres, finissant en pétiole, marquées de 3 nervures, les supérieures lancéolées, finissant insensiblement en pétiole ; fleurs axillaires, sessiles aux nœuds des tiges, petites ; graines tuberculeuses, subpubescentes. Fleurs jaunes. Juin. Se trouve dans les mares de la forêt de *Fontainebleau*. ☉

*** Feuilles divisées.*

R. AURICOMUS. L. *sp.* 773 ; *Fl. dan. t.* 665. Tige haute de 6 à

8 pouces, branchue, dressée, faible, presque glabre; feuilles radicales pétiolées, réniformes, divisées en 3 lobes, crénelées (les premières radicales réniformes non divisées, crénelées et plus petites), les caulinaires divisées en cinq parties, et celles du sommet multifides, à segmens linéaires, entiers, glabres; fleurs terminales, peu nombreuses; pétales ne se développant que les uns après les autres, et avortant quelquefois. Fleurs jaunes. Se trouve dans les bois couverts, à *Meudon, Sèvres, Sceaux, Saint-Maur*, etc. ♃

R. SCELERATUS, L. *sp.* 776; *Fl. dan.* 371. Tige haute de 1 à 2 pieds, dressée, très-rameuse, grosse, glabre, rayée; feuilles radicales semi-quinquelobées; chaque lobe glabre, trifide, incisé, arrondi, ainsi que les incisions; les supérieures à divisions allongées, pinnatifides; fleurs nombreuses, en panicule très-foliacée, portées par des pédoncules courts, un peu sillonnés; corolle petite; ovaire s'accroissant, et formant une tête oblongue, un peu conique, ce qui distingue cette espèce de toutes les autres. Fleurs jaunes. Se trouve dans les marais et les endroits humides. Juin. Commune. ♃

R. ACRIS, L. *sp.* 779; Dod. *Pempt.* 422, *f.* 2. Bouton d'or. — Tige haute de 1 à 2 pieds, fistuleuse, dressée, glabre, presque nue; feuilles radicales à 5 lobes principaux, trifides, incisés, dentés, pubescens; les supérieures sessiles, à 3 – 5 divisions linéaires, entières; fleurs en panicule étalée, dont le calice est ouvert, velu, porté par un pédoncule non sillonné. Fleurs jaunes. Été. Prés humides. ♃

Cette Renoncule double facilement par la culture, et produit ce que l'on appelle le *Bouton d'or*. Elle est très-âcre, comme l'indique son nom latin, ainsi que la précédente, qui, dit-on, cause la mort avec le rire sardonique; pourtant les bestiaux la mangent. On a remarqué que les espèces à qualités délétères le devenaient davantage, lorsqu'elles croissent dans des lieux humides. On se rappelle que nous avons dit plus haut (*page* 210) que l'eau semblait diminuer la vertu des plantes soumises à son ébullition.

R. REPENS, L. 779; Lob. 664, *f.* 2. Bacinet. — Tige dressée, d'environ 1 pied de haut, un peu poilue, dont il part à la base des jets rampans qui s'allongent quelquefois à plus de 1 pied, et portent des feuilles et des fleurs; feuilles à 3 divisions dont celle du milieu pédonculée, tronquée à la base, les autres sessiles, coupées obliquement en dedans, à divisions trifides, incisées, lobées, dentées, un peu poilues, et ayant quelquefois des taches blanchâtres, les supérieures à divisions lancéolées, linéaires; fleurs terminales, à pédoncules sillonnés; calice ouvert, glabre. Fleurs jaunes. Été. Se trouve souvent dans les lieux ombragés, cultivés. ♃

R. BULBOSUS, L. *sp.* 778; Lob. *Ic.* 667, *f.* 1. Racine tubéreuse;

tige haute de 1 pied environ, dressée, un peu poilue, branchue ; feuilles à divisions trifides, dont la moyenne est pétiolée, un peu cunéiforme, les deux autres sessiles, coupées obliquement en dedans ; toutes sont trilobées, incisées, dentées, un peu obtuses, très-velues, les supérieures à divisions plus étroites ; fleurs terminales, peu nombreuses, à pédoncules sillonnés, velus, à calices à divisions ovales, velues, réfléchies à l'épanouissement des fleurs ; graines lisses. Fleurs jaunes. Avril. Se trouve dans les prés, les jardins, le bord des fossés, etc. ♃

R. PHILONOTIS, Willd. *sp.* 2, *p.* 1324 ; *R. pallidior*, Vill. *Dauph.* 3, *p.* 751. Les racines sont fibreuses ; la tige et les feuilles sont exactement comme dans l'espèce précédente ; les fleurs sont terminales, portées par des pédoncules sillonnés, velus ; les calices à divisions réfléchies, aiguës, velues ; les graines sont planes, et marquées d'une rangée circulaire de tubercules ; la plante est ordinairement très-velue, quelquefois glabre.

Var. B. *R. parvulus*, L. *Mant.* 79 ; *R. intermedius*, Poiret. *Dict.* 6, *p.* 100 ; *R. pumilus*, Thuill. *Fl. p.* 277. Tige de 2-4 pouces, à peu de fleurs ; feuilles radicales presque entières, à lobes peu profonds, presque glabres.

Fleurs d'un jaune pâle. Eté. Se trouve dans les lieux cultivés, un peu humides, au bord des mares, etc. La variété B à *Fontainebleau.* ☉

R. PARVIFLORUS, L. *sp.* 780 ; Moriss. *s.* 4, *t.* 28, *f.* 21. Se rapproche beaucoup, et n'est peut-être qu'une variété de l'espèce précédente ; elle en diffère par ses tiges couchées et ses fleurs plus petites ; il y a des graines qui sont toutes chargées d'aspérités, mais sur le même réceptacle on en trouve qui n'en ont qu'une rangée circulaire comme l'espèce ci-dessus. Fleurs jaunes. Juin. Se trouve dans les moissons, côté de *Champagne*, près de Fontainebleau. ☉

R. LANUGINOSUS, L. *sp.* 779 ; *Fl. dan. t.* 397. Tige haute de 1 pied environ ; feuilles grandes à 3 (ou 5) divisions principales, cunéiformes, trifides, lobées, incisées, dentées, très-velues, surtout en dessous, où elles sont presque soyeuses, et sur les pétioles, les supérieures à divisions plus étroites ; fleurs terminales, portées sur des pédoncules non sillonnés ; à calice velu, dont les divisions sont étalées ; graines glabres, lisses.

Var. B. *R. sylvaticus*, Thuill. *Fl. par.* 276. Graines terminées par une petite pointe recourbée, qui manque souvent dans la même fleur sur quelques-unes.

Fl. jaunes. Mai, juin. Se trouve dans les bois montueux, *Meudon*, etc. ♃

R. CHÆROPHYLLOS, L. *sp.* 780 ; Barrel. *Ic.* 581. Racine presque tubéreuse ; tige haute de 4 à 8 pouces, dressée, velue, nue ;

feuilles presque toutes radicales, multifides, ayant toutes les divisions étroites, un peu obtuses, velues, les caulinaires au nombre d'une ou deux (quelquefois point), à divisions allongées; fleur terminale, ordinairement unique, à pédoncule velu, sillonné; à calice étalé, quelquefois réfléchi; ovaire s'allongeant, devenant ovale; graines glabres, terminées par une pointe assez longue, courbée en bas. Fl. jaunes. Mai. Se trouve dans les bois secs, à *Clamart*, *Ville-d'Avrai*, *Fontainebleau*. ♃

R. ARVENSIS, L. *sp.* 780; Bull. *Herb. t.* 117. Tige haute de 8 à 10 pouces, dressée, rameuse, velue; feuilles à 3 folioles, presque pinnatifides, à segmens confluens, étroits, glabres, les impaires à divisions linéaires; fleurs axillaires ou terminales, peu nombreuses; 5–7 graines aplaties, tuberculeuses et épineuses; calice ouvert, velu. Fl. jaunes. Eté. Se trouve dans les moissons, à *Versailles*, *Saint-Hubert*, *Bondi*, *Gentilli*, *Vitri*, *Villejuif*, etc. ☉

R. HEDERACEUS, L. *sp.* 781; *Fl. dan.* 321. — Tiges nombreuses, longues de 2 à 4 pouces, rampantes, molles, transparentes; feuilles délicates, subréniformes, à 3–5 lobes arrondis, peu profonds, glabres; fleurs très-petites, solitaires sur leur pédoncule; à pétales ovales, pointus; graines à stries irrégulières, transversales, glabres. Fleurs blanches. Eté. Se trouve sur le bord des mares et dans les prés humides, à *Saint-Léger*, *Cachan*, *Porchefontaine*. ☉

R. TRIPARTITUS, Decand. *Ic. Plant. rar. fasc.* 1. *p.* 15, *t.* 40, *R. circinatus*, Sibth. ex Smith. *Fl. brit.* 2, *p.* 596. Tiges longues de 4 à 5 pouces, délicates, glabres, un peu pubescentes du haut; feuilles inférieures capillacées, multifides, les supérieures arrondies, divisées en 3 lobes profonds, cunéiformes, trifides au sommet, pubescentes en dessous; fleurs extrêmement petites; graines à stries irrégulières, transversales, glabres. Fl. blanches. Eté. Se trouve dans les marais, à *Fontainebleau*. ☉ Cette plante se rapproche de la précédente par sa consistance délicate et ses graines glabres, et de la suivante par ses feuilles différentes dans le bas de ce qu'elles sont au sommet de la tige.

R. AQUATILIS, L. *sp.* 781; J. Bauh. *Hist.* 3, *p.* 781, *f.* 1. Grenouillette. — Tige haute de 6 pouces à 1 pied, assez ferme, glabre, croissant dans l'eau; feuilles inférieures à divisions nombreuses, capillacées, glabres, les supérieures presque peltées, entières, à 5 lobes un peu profonds, arrondis, pubescens en dessus; fleurs solitaires, très-grandes, à pétales obcordiformes, échancrés au sommet; graines à stries irrégulières, transversales, velues.

Var. B. *R. cœspitosus*, Thuill. *Fl. par.* 279; Pluk. *Phyt. t.* 55. Tige dressée, très-rameuse, courte; feuilles semblables, multifides, à folioles linéaires, écartement incisées, glabres.

Var. C. R. capillaceus, Thuill. *Fl. par.* 278 ; J. Bauh. *Hist.* 3, *pag.* 781, *f.* 2. Tige couchée, simple ; feuilles semblables, à folioles capillaires, courtes, divergentes, glabres.

Var. D. R. hederaceus, Poiret, *Dict.* 6, *p.* 130 (non L.) ; J. Bauh. *Hist.* 3, *p.* 782, *f.* 2. Toutes les feuilles semblables, peltées, arrondies, à 5 lobes un peu profonds, à 1–3 dents au sommet.

Fleurs blanches, à onglets jaunes. Eté. L'espèce a le bas de la tige plongée dans l'eau des mares où elle croît, ce qui fait que ses feuilles inférieures sont capillaires ; au sommet, elle s'élève au-dessus, et ses feuilles sont entières. Les var. B et C viennent dans les mares, et elles n'ont que des feuilles capillaires, mais, l'eau venant à se retirer, leurs tiges restent courtes et peu développées. La variété D croît toujours hors de l'eau. ☉

R. FLUVIATILIS, Willd. *sp.* 2, *p.* 1333 ; *R. peucedanifolius*, All. *Ped. n°* 1469 ; Thuill. *Fl. par.* 279 ; J. Bauh. *Hist.* 3, *p.* 782, *f.* 1. Tiges longues de 2–3 pieds, glabres, nageantes ; feuilles toutes semblables, longues, multifides, à divisions capillaires, très-fines, glabres, parallèles, dichotomes ; fleurs grandes, terminales, solitaires, à pétales obtus, non échancrés au sommet, portées sur de longs pédoncules ; graines à stries irrégulières, transversales, et presque velues. Fleurs blanches. Eté. Ne se trouve que dans les rivières et jamais dans les mares, dans la *Seine* en allant à *Sèvres*, dans la *Marne* à *Charenton, Saint-Maur*, etc. ☉

R. ficaria, L. Vide *Ficaria ranunculoïdes*.

Le *R. reptans*, L., ne vient pas aux environs de Paris ; c'est une petite plante des départemens du midi.

HELLEBORUS. Calice à 5 folioles coriaces ; corolle nulle ; 5 nectaires tubuleux ; 3–5 capsules comprimées, sessiles, terminées par une pointe.

H. FŒTIDUS, L. *sp.* 784 ; Bull. *Herb. t.* 71. Pied-de-griffon. — Tige haute de 12 à 18 pouces, très-rameuse, irrégulière, épaisse, ferme, coriace, ainsi que toute la plante ; feuilles pétiolées, digitées, à folioles lancéolées-linéaires, épaisses, glabres, longues, à dents de scie éloignées ; les folioles supérieures ovales, entières, onduleuses ; fleurs terminales, assez nombreuses, à pédoncules pubescens ; calice de 5 folioles un peu colorées ; 3–4 capsules. Fleurs vertes, bordées de rouges. Février, mars. Se trouve dans les endroits pierreux, les allées des bois, à *Bondi, Senart, Chantilli*, etc. ♃

Le Pied-de-griffon ne parait pas avoir les propriétés énergiques de l'Ellébore noir, *H. niger*, L., surtout de celui des anciens, qui, à la vérité, confondaient sous ce nom des plantes différentes, mais toutes très-actives : on croit notre *H. fœtidus* vermifuge ; il a réussi comme tel à la dose de 15 grains de ses feuilles sèches, et un gros de feuilles récentes, pour les enfans de 5 à 6 ans. J'observe que cette plante doit être employée avec prudence, le genre auquel elle appartient la rendant justement suspecte.

CALTHA. Calice nul ; corolle de 5 à 8 pétales ; nectaires nuls ; plusieurs capsules polyspermes.

C. PALUSTRIS, L. *sp.* 784 ; Lam. *Ill. t.* 500. Tiges dressées, fermes, grosses, glabres, presque simples, hautes de 1 pied environ ; feuilles radicales pédonculées, en cœur – réniformes, grandes, crénelées à la base, presque entières au sommet, glabres ; les supérieures sessiles et crénelées partout ; fleurs terminales, grandes, à 5, 6 ou 7 pétales ; 10 ou 12 capsules. Fl. jaunes. Mars, avril. Se trouve souvent dans les marais, les prés humides. ♃

Cette plante âcre et caustique n'est plus, je crois, d'aucun usage, quoiqu'elle soit restée sur le catalogue des pharmaciens, comme tant d'autres ; elle y est connue sous le nom de *Populago* : à cette occasion j'observerai que les pharmaciens, qui sont en général éclairés et instruits, devraient bien mettre une réforme convenable dans les noms des plantes qu'ils emploient ; les naturalistes ont donné des noms maintenant reçus généralement, et qu'il leur serait avantageux d'adopter, comme ils ont fait pour ceux des substances minérales et chimiques ; il y aurait plus de facilité pour l'étude, et ils ne seraient pas obligés de se mettre deux nomenclatures dans la tête.

CLASSE XIV.

DIDYNAMIE. — QUATRE ÉTAMINES, dont deux plus longues.

GYMNOSPERMIE. — 4 graines nues au fond du calice.

AJUGA. Calice à 5 divisions presque égales ; corolle à 2 lèvres, la supérieure courte, bidentée, l'inférieure à 3 lobes ; étamines plus longues que la lèvre supérieure ; 4 graines réticulées.

A. PYRAMIDALIS, L. *sp.* 785 ; *Fl. dan. t.* 185. Tige tétragone, haute de 5 à 6 pouces, velue, dressée, simple ; feuilles ovales-oblongues, un peu dentées ou presque entières, pubescentes, les radicales plus grandes, les florales colorées, non lobées et ovales ; fleurs en verticilles serrés (6–10 à chaque), formant un épi tétragone et pyramidal. Fleurs bleues ou rougeâtres, rarement blanches. Mai, juin. Se trouve dans les bois secs, dans celui de *Boulogne*, à *Vincennes*, etc. ♂

A. GENEVENSIS, L. *sp.* 785. Tige tétragone, dressée, haute de 5 à 6 pouces, simple, velue ; feuilles ovales, dentées, pubescentes, sublobées, les radicales plus étroites, les florales trilobées ; fleurs en verticilles (10 à 12 à chaque), formant presque l'épi. Fleurs rouges ou bleues. Mai, juin. Se trouve dans les endroits secs, à *Vincennes*, *Yerres*, etc. ♂

A. REPTANS, L. *sp.* 785 ; Bull. *Herb. t.* 345. Bugle. — Tige simple, tétragone, glabre, ainsi que toute la plante, haute de 5 à 6 pouces ; feuilles ovales, entières ou subcrénelées, les radicales égales aux caulinaires, les florales non lobées et colorées ; fleurs en verticilles (8–10 à chaque), formant un épi interrompu ; il pousse de la racine de longs rejets rampans. Fleurs bleues, rouges ou blanches. Été. Se trouve dans les bois et les prés, au bois de *Boulogne*, etc. ♃

Plante qu'on trouve dans quelques recettes pharmaceutiques, mais elle est inerte, et actuellement inusitée.

A. CHAMÆPITYS, Schreb. *Unil.* 24 ; *Teucrium chamæpitys*, L. *sp.* 787 ; Lob. *Ic.* 382, *f.* 2. Ivette. — Tige arrondie, rameuse, velue, haute de 3–4 pouces ; feuilles inférieures quelquefois ovales, entières, le plus souvent trilobées, celles d'en haut à trois divisions profondes, velues, entières ; fleurs axillaires, solitaires, à calice un peu enflé. Fleurs jaunes, marquées d'un point pourpre. Été. Se trouve dans les champs sablonneux, après la moisson. Commune. ☉

Cette plante est amère et aromatique; elle convient dans toutes les maladies où il faut donner du ton aux organes affaiblis ; c'est un bon antispasmodique chaud ; on la croit très-utile dans la goutte et le rhumatisme chronique. En général, les plantes de cette famille sont la plupart amères et aromatiques, et ont des vertus fort analogues à celles de l'Ivette.

TEUCRIUM. Calice à 5 dents ; corolle bilabiée ; lèvre supérieure très-courte , fendue profondément en 2 , l'inférieure à 3 lobes ; étamines sortant par la fente de la lèvre supérieure ; graines non réticulées.

T. scorodonia , L. *sp.* 789 ; Bull. *Herb. t.* 301. Sauge des bois. — Tige dressée, rameuse, tétragone, velue, haute de 1 pied ; feuilles en cœur, crénelées, ridées, pubescentes, souvent rougeâtres en dessus ; fleurs en longues grappes, simples, unilatérales , axillaires ou terminales ; calice dont la dent supérieure est arrondie et plus grande que les autres , qui sont sétacées. Fleurs jaunes (étamines pourpres). Eté. Se trouve dans tous les bois. ♃

T. chamædrys , L. *sp.* 790 ; Math. *Valg.* 818. Germandrée , petit Chêne. — Tiges presque cylindriques , souvent couchées , longues de 6 à 7 pouces , velues ; feuilles ovales , crénelées , presque incisées , dures , un peu cunéiformes à la base , pâles en dessous ; 2–3 fleurs dans chaque aisselle , subverticillées en haut. Fl. rouges , quelquefois blanches. Juillet, août. Se trouve dans les bois secs, les lieux stériles , à *Saint-Germain , Vincennes ,* etc. ♃

Le petit Chêne est un excellent amer stomachique , un bon fébrifuge ; il convient dans l'inertie de l'estomac et du système gastrique , dans les débilités générales , la cachexie lente , etc. C'est un médicament dont on ne saurait trop recommander l'usage.

T. montanum , L. *sp.* 791 ; Clus. *Hist.* 363 , *f.* 1. Tiges très-rameuses , couchées , ligneuses , rondes , pubescentes , longues de 3 à 5 pouces; feuilles linéaires-lancéolées , obtuses , entières , à bords un peu roulés en dessous , glabres en dessus, velues-blanches en dessous ; fleurs réunies en têtes terminales, accompagnées de quelques feuilles qui forment une sorte d'involucre.

Var. B. *T. supinum ,* L. *sp.* 791 ; Lob. *Ic.* 488 ,*f.* 1. Feuilles presque linéaires.

Fl. blanches. Eté. Se trouve sur les montagnes pierreuses , arides, à *Saint-Germain , Fontainebleau , Senlis ,* etc. ♃

T. scordium , L. *sp.* 790 ; Bull. *Herb. t.* 205. Scordium.— Tige tétragone, couchée à la base , coudée , puis redressée , velue , un peu branchue , longue de 6 à 12 pouces ; feuilles ovales , dentées en scie , pubescentes , molles ; fleurs axillaires , presque géminées ;

la plante sent un peu l'ail. Fl. rouges, bleues ou blanches. Eté. Se
.trouve dans les lieux humides, à *Saint-Gratien*, etc. ♃

Plante plus active que la Germandrée, jouissant des mêmes vertus, et de plus vermifuge : on s'en sert dans les maladies pesti-
lentielles, à cause de son odeur forte et alliacée.

T. **botrys**, L. *sp.* 786; Dod. *Pempt.* 46. Botrys. — Tige dressée, velue, très-rameuse, étalée, tétragone, haute de 3 à 6
pouces; feuilles multifides, finissant en pétiole; à lobes un peu
ovales, pubescens; 3-4 fleurs ensemble dans les aisselles des
feuilles. Fl. rouges. Eté. Se trouve dans les champs après la moisson, et au bois de *Boulogne*, entre la porte *Maillot* et *Neuilly*, à
Saint-Germain, etc. ☉

Cette plante, qui doit avoir des vertus approchantes des espèces
précédentes, est peu employée; il ne faut pas la confondre avec
le *Chenopodium bothrys*, L., décrit page 98.

T. chamæpitys, L., Vide *Ajuga chamæpitys*.

HYSSOPUS. Calice à 5 dents, strié; corolle à 2 lèvres, la supérieure courte, échancrée, l'inférieure à 3 lobes, dont celui du
milieu crénelé; étamines dressées, distantes.

H. **officinalis**, L. *sp.* 796; Bull. *Herb. t.* 322. Hyssope. —
Tige dressée, un peu branchue, ligneuse, velue, arrondie, haute
de près de 2 pieds; feuilles sessiles, linéaires-lancéolées, entières,
un peu épaisses, presque pubescentes; fleurs axillaires, réunies
en épis terminaux unilatéraux. Fl. bleues, rouges ou blanches.
Juin, juillet. Commun sur les montagnes, aux environs de
Mantes. ♄

L'Hyssope est pectorale et incisive; elle convient parfaitement
dans l'asthme humide, le catarrhe chronique, l'infiltration pulmonaire : on s'en sert en infusion théiforme, comme de toutes
les labiées. Son huile essentielle contient du camphre, ainsi que
celles de plusieurs autres plantes de cette classe.

NEPETA. Calice à 5 dents ouvertes : corolle à 2 lèvres, la
supérieure échancrée, l'inférieure à 3 lobes, dont celui du
milieu concave, crénelé, les 2 latéraux petits et réfléchis; étamines rapprochées.

N. **cataria**, L. *sp.* 796; Bull. *Herb. t.* 287. Herbe aux chats.—
Tige dressée, rameuse, tétragone, pubescente, haute de 1 à 2
pieds; feuilles pétiolées, cordiformes, à grosses dents, pointues,
glabres en dessus, pubescentes, pâles en dessous; fleurs axillaires
et terminales, verticillées, formant un peu l'épi. Fl. blanches ou
purpurines. Juin, juillet. Se trouve le long des chemins et fossés,
entre *la Barre* et *Saint-Denis*, bois de *Vincennes*, de *Boulogne.* ♃

Ses vertus approchent de celles de l'Hyssope; mais elles sont
moins prononcées.

MENTHA. Calice à 5 dents; corolle à 4 divisions presque égales, la plus large un peu échancrée ; étamines distantes.

* *Fleurs en épis.*

M. SYLVESTRIS, L. *sp.* 840 ; Dod. *Pempt.* 96. Menthe sauvage. — Tige tétragone, velue, dressée, un peu branchue, haute d'environ 1 pied ; feuilles ovales-lancéolées, sessiles, inégalement dentées en scie, aiguës, velues, surtout en dessous, où elles sont blanchâtres; verticilles des fleurs, dont le pédicelle est velu, ainsi que le calice, formant 1 ou plusieurs épis terminaux, allongés ; étamines plus longues que la corolle ; bractées étroites, longues, molles.

Var. B. *M. nemorosa*, Willd. *sp.* 3, *p.* 75 ; *Fl. dan. t.* 487. Diffère de la précédente par ses feuilles plus ovales, dentées également, et ses étamines de la longueur de la corolle.

Fl. rougeâtres. Juillet, août. Se trouve dans les prés humides, à *Bondi ;* la variété B dans les bois, à *Saint-Léger.* ♃

M. ROTUNDIFOLIA, L. *sp.* 805 ; Riv. *t.* 51 ,*f.* 2. Baume sauvage. — Tige simple, carrée, velue, haute de 1 pied ; feuilles sessiles, ovales-arrondies, subcordiformes, rugueuses, crépues, crénelées, velues, surtout en dessous, où elles sont blanchâtres; verticilles de fleurs formant des épis terminaux, divariqués, allongés ; étamines plus longues que la corolle ; bractées étroites, courtes, ciliées; fleurs portées par des pédicelles courts, un peu hispides, non velus, ainsi que le calice. Fl. d'un blanc-rose. Juillet, août. Se trouve partout, dans les lieux humides. ♃

M. VIRIDIS, L. *sp.* 804 ; Dod. *Pempt.* 95 ,*f.* 4. Baume vert. — Tige carrée, presque simple, pubescente au sommet, haute de 1 pied ; feuilles sessiles, vertes, glabres, inégalement dentées en scie, pointues, lancéolées-ovales ; verticilles des fleurs, dont le pédicelle est glabre, ainsi que le calice, en épis allongés ; étamines un peu plus longues que la corolle; bractées fines, presque sétacées, courtes, un peu roides et ciliées. Fl. rougeâtres. Juin, juillet. Se trouve dans les lieux secs, à *Madrid*, *Lysi*, etc. ♃

** *Fleurs en tête.*

M. HIRSUTA, L. *Mant.* 81 ; *Fl. dan. t.* 638. Tige carrée, dressée, rameuse, velue, haute de plus de 1 pied ; feuilles ovales, arrondies à la base, larges, dentées en scie, velues, surtout en dessous, où elles sont un peu blanchâtres, portées sur des pétioles courts ; fleurs à pédicelles velus, formant une sorte d'épi court, presque en tête, axillaire ou terminal; calice strié; étamines plus longues que la corolle.

Var. B. *M. aquatica*, L. *sp.* 805; *Fl. dan. t.* 673. Pétiole plus allongé.

Fl. rougeâtres. Juillet, août. Se trouve dans les marais et sur le bord des eaux. Très-commune. ♃

*** *Fleurs verticillées.*

M. verticillata, Hoffm. *Germ.* 2, *p.* 6. Tige dressée, rameuse, carrée, velue, haute de 1 pied ; feuilles ovales, dentées en scie, velues, dégénérant en pétiole ; fleurs verticillées ; calice court, velu ; pédicelle fin, glabre ; étamines saillantes. Fl. rouges. Juillet. Se trouve dans les fossés des bois ; forêt d'*Armainvilliers.* ♃

M. gentilis, L. *sp.* 805 ; Moriss. *s.* 11, *t.* 5, *f.* 5. Tige dressée, très-rameuse, glabre, haute de 1 pied ; feuilles ovales, dentées en scie, finissant en pétiole court, pubescent, ainsi que le dessous des feuilles ; fleurs verticillées, peu nombreuses ; pédicelle glabre ; calice court, presque glabre ; étamines non saillantes. Fl. roses. Juin, juillet. Se trouve le long des chemins et fossés. ♃

M. procumbens, Thuill. *Fl. par.* 288 ; Moriss. *sect.* 2, *t.* 7, *f.* 2, 2ᶜ rangée. Tiges obscurément carrées, légèrement pubescentes, couchées, faibles, rameuses, longues de 1 pied ; feuilles ovales, arrondies, entières ou très-peu dentées, glabres ou très-légèrement pubescentes ; fleurs verticillées, peu nombreuses ; calices hispides ; pédicelles un peu hispides, dont les poils sont penchées vers la base ; étamines non saillantes.

Var. B. *M. austriaca,* Thuill. *l. c.* (non Jacq.). Tige presque dressée ; feuilles dentées.

Fl. rougeâtres. Juillet. Se trouve dans les fossés du pont de *Neuilly*, côté de *Chante-Coq* ; la variété B dans les champs cultivés. ♃

M. arvensis, L. *sp.* 806 ; Sole, *Menth. t.* 12. Tige courte, ferme, carrée, rameuse, couchée, velue, longue de 4 à 5 pouces ; feuilles ovales, obtuses, dentées, un peu arrondies, velues ; fleurs verticillées, assez nombreuses ; calice court, campanule, velu, ainsi que le pédicelle ; étamines non saillantes. Fleurs d'un blanc-rose. Août, septembre. Se trouve dans les champs un peu humides, après la moisson. ♃

M. pulegium, L. *sp.* 807 ; Lob. *Ic.* 500, *f.* 2. Pouliot. — Tige arrondie, couchée à la base, grêle, un peu rameuse, pubescente, longue de 1 pied et plus ; feuilles petites, ovales, souvent entières, presque sessiles, presque glabres, obtuses ; fleurs verticillées, très-nombreuses ; calice grêle, pubescent, ainsi que les pédicelles, fermé de poils pendant la maturation des graines ; corolle dont le lobe supérieur n'est pas fendu ; étamines saillantes. Fleurs roses. Juillet, août. Se trouve dans les lieux humides, sur le bord des rivières, à *Bercy*, etc. ♃

Le genre *Mentha* est d'une étude très-difficile. Toutes les Menthes sont d'excellens antispasmodiques chauds, dont on fait un grand usage ; on se sert surtout de leur eau distillée, et du sirop qu'on en prépare ; elles sont de très-bons toniques, qu'on ordonne avec fruit dans les affections carotiques, les typhus, les fièvres de mauvais caractères. Elles ont la réputation d'être carminatives et stomachiques. La Menthe poivrée (*Mentha piperita*, L.) possède toutes ces qualités au plus haut degré ; mais la plupart des précédentes, surtout la *M. rotundifolia*, la *M. viridis* et la *M. pulegium* peuvent la remplacer. On prend leur infusion théiforme ; leur huile essentielle, qui contient du camphre, est usitée, par gouttes, dans les potions cordiales.

GLECOMA. Calice strié, à 5 dents ; corolle labiée, la supérieure bifide, l'inférieure à 3 lobes, double du calice ; anthères conniventes, 2 à 2, en forme de croix.

G. HEDERACEA, L. *sp.* 807 ; Vaill. *Bot. t.* 5-6. Lierre terrestre. — Tige carrée, couchée, rampante, longue de 1 pied, glabre, ou légèrement poilue ; feuilles réniformes, petites, crénelées ; stipules écailleuses, petites, multifides ; fleurs axillaires, petites, velues, au nombre de 3-4 dans chaque aisselle. Fl. bleues, rouges ou blanches. Avril, mai. Se trouve communément dans les endroits couverts, humides, les haies, les buissons. ♃

G. MAGNA, N. ; Vaill., *t.* 6, *f.* 5 6. Diffère de la précédente, parce qu'elle est double de proportion dans toutes ses parties, plus velue ; ses stipules sont fendues jusqu'à la base ; il n'y a que 1 ou 2 fleurs dans chaque aisselle ; elles sont fort grandes. Fl. *id.* Avril, mai. Se trouve dans les lieux élevés, sur les coteaux. ♃

Le Lierre terrestre est le plus excellent de tous les pectoraux-incisifs ; il convient merveilleusement sur la fin des rhumes, dans les affections catarrhales sans fièvre, et dans tous les cas où le poumon est enduit de viscosité, de pituite, de sérosité, où son action est ralentie, peu active par défaut d'énergie ; dans la phthisie pulmonaire, il ralentit la marche de cette cruelle maladie ; et on a vu des personnes qui en étaient attaquées, prolonger par son usage leurs jours au-delà des espérances de leurs parens. Son sirop convient bien aux personnes qui ont la poitrine délicate.

LAMIUM. Calice à 5 dents aristées ; corolle à 2 lèvres, la supérieure entière et voûtée, l'inférieure à 2 lobes ; gorge de la corolle enflée, dentée des deux côtés sur les bords ; anthères hérissées de poils en dehors.

L. ALBUM, L. *sp.* 809 ; Bull. *Herb. t.* 213. Ortie blanche. — Tige dressée, rameuse, légèrement pubescente, haute de 1 pied environ ; feuilles cordiformes, ovales, aiguës, très-minces, glabres, à grandes dents ; fleurs verticillées, au nombre de 6 à 10 ; calice à dents très-longues, ciliées ; corolle grande ; gorge marquée de 2 dents de chaque côté. Fleurs blanches, tachées de noir. Avril, mai (refleurit en automne). Se trouve le long des chemins, des haies, et des fossés, etc. ♃

Cette plante passe pour astringente ; son infusion et son suc sont employés comme tels.

L. AMPLEXICAULE, L. *sp.* 809; Lob. *Ic.* 463, *f.* 2. Tige un peu couchée, un peu rameuse, glabre, haute de 4-5 pouces ; feuilles inférieures pétiolées, lobées, crénelées ; les florales sessiles, colorées, amplexicaules, arrondies, incisées, crénelées ; fleurs en verticilles, au nombre de 10-12 à chaque ; calice très-velu ; corolle grêle, dressée (quelques-unes avortent), à dents de la gorge très-petite. Fleurs rouges. Mars, avril. Se trouve très-souvent dans les lieux cultivés. ⊙

L. PURPUREUM, L. *sp.* 809; *Fl. dan. t.* 528. Tige rameuse et couchée à la base, flexible, glabre, longue de 6 à 8 pouces ; feuilles pétiolées, cordiformes, crénelées, sublobées, pubescentes ; fleurs verticillées, terminales, presque en tête ; 8-10 fleurs à chaque verticille ; corolle petite, grêle ; calice à dents ciliées.

Var. B. Feuilles plus grandes ; fleurs blanches ; anthères pourpres.

Fleurs pourpres. Fleurit au printemps et en automne. Se trouve dans les endroits cultivés. ⊙

L. INCISUM, Willd. *sp.* 3, *p.* 89; *L. hybridum*, Villars, *Dauph.* 1, *p.* 251 ; Thuill. *Fl. par.* 290. Diffère de l'espèce précédente par des feuilles profondément incisées et lobées. Fl. *id.* Avril, mai. Se trouve dans les endroits cultivés, surtout au bois de *Vincennes*. ⊙

GALEOBDOLON. Calice à 5 dents épineuses ; corolle à 2 lèvres, la supérieure entière, très-grande, en casque, l'inférieure à 3 lobes pointus.

G. LUTEUM, Huds. *Angl.* 258 ; *Galeopsis galeobdolon*, L. *sp.* 810; Dod. *Pempt.* 153. Ortie jaune. — Tige dressée, peu rameuse, pubescente, surtout aux nœuds des tiges ; feuilles ovales-cordiformes, celles du bas un peu arrondies, presque glabres, à pétioles velus, à dents un peu irrégulières ; verticilles de 6 fleurs; lèvre supérieure dressée, et imitant le casque des sauges. Fleurs jaunes. Mai. Se trouve dans les bois ombragés, à *Bondi*, *Mont-morency*, *Meudon*, etc. ♃

GALEOPSIS. Calice à 5 dents épineuses; corolle à 2 lèvres, la supérieure en voûte et crénelée, l'inférieure à 2 dents latérales ; anthères garnies de poils en dedans.

G. LADANUM, L. *sp.* 810; *Engl. Bot. t.* 884, R. Ortie rouge. — Tige très-rameuse, diffuse, presque arrondie, pubescente, à internœuds égaux, haute de 1 pied environ ; feuilles lancéolées, un peu dentées, glabres, finissant en un pétiole court ; fleurs subverticillées, terminales, entourées de bractées linéaires, épineuses; calice pubescent, à dents longues, inégales, atteignant le haut du tube de la corolle.

Var. B. *Angustifolia*, N. (non *G. angustifolia*, Hoffm.). Feuilles linéaires, entières; calice plus allongé, laineux, à dents courtes; bractées plus courtes.

Fleurs rouges, marquées de jaune. Août, septembre. Se trouve dans les endroits cultivés, après la moisson. ⊙

G. TETRAHIT, L. *sp.* 810; *Engl. Bot. t.* 207. Tige dressée, rameuse, un peu irrégulière, hispide, à nœuds renflés, haute de 1 à 2 pieds; feuilles ovales, pétiolées, dentées-crénelées, pointues, presque glabres; fleurs subverticillées; calice à dents très-dressées, très-épineuses, laineux, égalant presque la corolle. (On observe quelquefois cette plante avec une fleur terminale régulière, non labiée.) Fleurs rouges ou blanches. Juillet, août. Se trouve dans les lieux cultivés. ⊙

G. OCHROLEUCA, Lam. *Dict.* 2, *p.* 600; *G. grandiflora*, Thuill. *Fl. par.* 291; Petiv. *Herb. brit. t.* 33, *f.* 10. Tige carrée, rouge, dressée, rameuse, pubescente, haute de 1 pied; feuilles ovales, dentées en scie, aiguës, pubescentes, molles, pétiolées; fleurs verticillées; corolle quatre fois plus grande que le calice. Fleurs d'un jaune pâle, ou rouges. Août, septembre. Se trouve dans les moissons, à *Marcoussis*. ⊙

Galeopsis galeobdolon, L. Vide *Galeobdolon luteum*.

BETONICA. Calice à 5 dents; corolle à 2 lèvres, la supérieure dressée, un peu plane, l'inférieure à 3 lobes étalés; à tube cylindrique, un peu courbe.

B. OFFICINALIS, L. *sp.* 810; *Fl. dan. t.* 726. Bétoine. — Tige rameuse, dressée, tétragone, un peu hispide, velue, haute de 1 à 2 pieds; feuilles cordiformes-lancéolées, crénelées, pubescentes, pétiolées; verticilles terminaux formant un épi interrompu; bractées glabres; calice glabre en dehors, muni de poils qui sortent du dedans; lèvre supérieure de la corolle entière; lobe moyen de la lèvre inférieure échancré. Fleurs rouges ou blanches. Juillet. Se trouve dans les bois. Commune. ♃

La Bétoine est en grande réputation dans les livres de médecine, surtout parmi les anciens auteurs; sa racine est émétique, en poudre, à la dose de 1 à 2 gros; les feuilles sont sternutatoires, et assez usitées comme telles; il y a dans les pharmacies un emplâtre qui porte son nom, et où son suc dépuré entre, mais il est maintenant inusité comme tous les emplâtres qu'on croyait propres à la guérison des plaies.

B. STRICTA, Ait. *Kew.* 2, *p.* 299; *B. hirsuta*, Thuill. *Fl. par.* 293 (non L.). Diffère de la précédente espèce par ses bractées ciliées; par son calice velu à l'extérieur; par le lobe moyen de la lèvre inférieure qui est crénelé - ondulé, et non échancré ; les feuilles sont plus larges, et la tige plus velue, simple ; l'épi est plus compacte. Fleurs *id.* Se trouve dans les bois, à *Marcoussis, Montmorency,* etc. ♃

B. ORIENTALIS, L. *sp.* 811 ; *B. grandiflora,* Lam. *Dict.* 1, *p.* 411 ; id. *Ill. t.* 507, *f.* 2 ; Thuill. *Fl. par.* 293 (non Willd.). Tige simple, carrée, forte, velue, haute de 2 pieds ; feuilles cordiformes, lancéolées-linéaires, longues, crénelées, pubescentes ; verticilles formant un épi terminal, dense, gros ; bractées pubescentes, ciliées ; calice pubescent, garni de poils qui sortent du dedans ; corolle grande, à lèvre supérieure entière ; à lobe moyen de la lèvre inférieure entier, les latéraux obtus et écartés. Fleurs rouges. Juin. Se trouve dans les bois, à *Meaux* en *Brie.* (Thuill.) ♃

BALLOTA. Calice à 10 stries, à 5 lobes obtus, surmontés d'une pointe, formant la soucoupe du haut ; corolle à 2 lèvres, la supérieure concave, crénelée, l'inférieure à 3 lobes ; graines triangulaires.

B. FŒTIDA, Lam. *Fl. fr.* 2, *p.* 381 ; *B. nigra,* L. *sp.* 582 (édit. 1, non 2) ; *B. nigra,* Thuill. *Fl. par.* 296. Marrube noir. — Tige dressée, rameuse, pubescente, un peu arrondie, haute de 1 à 2 pieds ; feuilles ovales-arrondies, crénelées, fétides, pubescentes, surtout en dessous, d'un vert-noirâtre en dessus, finissant en pétiole ; fleurs verticillées, nombreuses, comme en grappes latérales ; corolle dont le tube ne dépasse pas le calice. Fleurs rougeâtres. Juillet, août. Se trouve très-communément le long des haies. ♃

L'odeur fétide de cette plante indique qu'elle convient dans les affections histériques, vaporeuses, nerveuses, etc. On l'emploie peu, quoiqu'elle doive avoir des vertus prononcées.

B. SEPIUM, Pers. *Syn.* 2, *p.* 125 ; *B. alba,* Thuill. *Fl. par.* 295 (non L.). Tige dressée, un peu arrondie, velue, rameuse, haute de 1 pied ; feuilles ovales-arrondies, crénelées, pubescentes, surtout en dessous, d'un vert-noirâtre en dessus, finissant un peu en pétiole ; fleurs en verticilles beaucoup moins garnis que dans l'espèce précédente ; corolle dont le tube est presque double du calice. Fleurs blanches. Juillet, août. Se trouve le long des murs du parc de *Vincennes,* à *Auteuil,* au *Point-du-Jour,* etc. ♃

MARRUBIUM. Calice cylindrique, à 10 stries, à 5-10 dents ; corolle à 2 lèvres, la supérieure étroite, linéaire, bifurquée, l'inférieure à 3 lobes, dont celui du milieu grand, échancré.

M. VULGARE, L. *sp.* 816 ; Bull. *Herb. t.* 273. Marrube blanc. — Tige rameuse du bas, cotonneuse, blanche, un peu arrondie, haute de 1-2 pieds ; feuilles ovales-arrondies, rugueuses, crêpues, crénelées, velues, blanches en dessous, finissant un peu en pétiole ;

fleurs nombreuses, en verticilles très — serrés ; dents calicinales épineuses, recourbées en crochets, déliées. Fleurs blanches. Juillet, août. Se trouve communément le long des chemins. ♃

Le Marrube est très-estimé pour ses propriétés emménagogues ; on en use dans la chlorose, la menstruation difficile, la rétention des règles, etc. On emploie son infusion théiforme : cette plante convient très-bien dans l'asthme humide, et dans les cachexies froides de l'organe pulmonaire.

STACHYS. Calice anguleux, à 5 dents ; corolle à tube court, à 2 lèvres, la supérieure concave, échancrée, l'inférieure à 3 divisions, les deux latérales réfléchies, celle du milieu grande, échancrée ; étamines se déjetant de côté en se desséchant.

S. ANNUA, L. *sp.* 813 ; Jacq. *Aust. t.* 360. Tige redressée, carrée, glabre, rameuse, haute de 6 pouces environ ; feuilles inférieures pétiolées, ovales, glabres, dentées—crénelées, un peu velues à la base du pétiole ou de la feuille dans les supérieures, qui sont sessiles, plus étroites et aiguës ; verticilles de 6 fleurs ; corolle double du calice, qui est velu. Fleurs d'un blanc—jaune. Juillet, août. Se trouve souvent dans les moissons et les lieux cultivés. ☉

S. ARVENSIS, L. *sp.* 834 ; *Fl. dan. t.* 587. Tige un peu arrondie, dressée, faible, velue, haute de 6–8 pouces ; feuilles ovales-cordiformes, très-obtuses, crénelées, presque glabres, pétiolées ; verticilles de 5-6 fleurs presque terminales ; corolle dépassant à peine le calice, qui est velu. Fleurs rougeâtres. Juin, juillet. Se trouve fréquemment dans les moissons et les endroits cultivés, à *Montmorency*, plaine du *Point-du-Jour*, etc. ☉

S. RECTA, L. *Mant.* 82 ; *S. bufonia*, Thuill. *Fl. par.* 295 ; Jacq. *Aust. t.* 359. La Crapaudine. — Tige carrée, velue, couchée à la base, rameuse, longue de 1 pied et plus ; feuilles ovales, pétiolées, crénelées, obtuses, velues, les supérieures sessiles et dentées ; verticilles de 6 fleurs ; corolle double du calice. Fleurs jaunes, avec des lignes noires. Eté. Se trouve dans les endroits arides, au bois de *Boulogne*, etc. ♃

S. PALUSTRIS, L. *sp.* 811 ; Blackw. *t.* 273. Ortie morte. — Tige dressée, simple, pubescente, haute de 2 pieds environ, à angles arrondis ; feuilles un peu échancrées en cœur à la base, trèslongues, lancéolées, dentées-crénelées, pubescentes ; verticilles de 6 fleurs formant l'épi au sommet ; corolle dépassant un peu le calice. Fleurs purpurines mêlées de jaune. Juillet, août. Se trouve dans les fossés, mares et ruisseaux, à *Meudon*, *Gentilli*, etc. ♃

S. SYLVATICA, L. *sp.* 811 ; Clus. *Hist. XXXVI.* Ortie puante. — Tige dressée, tétragone, velue, rude, haute de 2–3 pieds ; feuilles cordiformes-ovales, larges, velues, fétides, à grosses dents ; verticilles de 5–6 fleurs, formant par leur contiguité des épis lâches, terminaux; corolle double du calice, qui est velu. Fleurs d'un pourpre taché de blanc. Juin. Se trouve dans les bois couverts, les buissons, du côté de *Romainville*, etc. ♃

S. ALPINA, L. *sp.* 812; Lapeyr. *Fl. pyr.* 1, *p.* 14, *t.* 8. Tige dressée, très-velue, à angles arrondis, haute de 1 à 2 pieds; feuilles cordiformes-oblongues, pétiolées, pubescentes, et un peu épaisses, à dents assez grosses, les supérieures sessiles, lancéolées, dentées en scie; 12 à 15 fleurs à chaque verticille; tube de la corolle caché dans le calice qui est grand, velu; lèvre supérieure de la corolle plane. Fleurs d'un rouge ferrugineux. Juillet, août. Se trouve dans les bois couverts, à *Montmorency*, à *Vernon*. ♃

S. GERMANICA, L. *sp.* 812; Jacq. *Aust. t.* 319. Tige dressée, de 1 à 2 pieds, carrée, assez simple, chargée d'un duvet laineux, épais et blanc, qui est répandu sur toute la plante; feuilles cordiformes-ovales, allongées, crénelées, épaisses, un peu plus blanches en dessous, pétiolées; verticilles de 10-12 fleurs, formant un épi terminal épais et soyeux; corolle dépassant un peu le calice, qui est drapé. Fleurs rouges. Eté. Se trouve le long des chemins, assez communément, à *Yerres*, *la Barre*, *Vincennes*, etc. ♃

LEONURUS. Calice cylindrique, à 5 angles, à 5 dents; corolle bilabiée, la supérieure entière, concave, l'inférieure réfléchie, à 3 divisions égales; anthères parsemées de points brillans.

L. CARDIACA, L. *sp.* 817; Blackw. *t.* 171. Agripaume. — Tige dressée, branchue, ferme, carrée, velue, haute de 2-3 pieds; feuilles pétiolées, larges, presque palmées, divisées en 3-5 lobes principaux, laciniés en bas de la tige, entiers dans le haut; les feuilles sont souvent entières au sommet de l'épi, elles sont toutes velues, d'un vert foncé en dessus, cendrées, pubescentes en dessous; fleurs en verticilles axillaires, peu nombreuses; calice à dents épineuses, ne dépassant guère le tube de la corolle qui est laineuse, surtout la lèvre supérieure; étamines velues; ovaire surmonté d'une touffe de poils. Fleurs pourpres ou blanches. Juin, juillet. Se trouve dans les lieux arides et pierreux, à *Armainvilliers*, *Versailles*, etc. ♃

L. MARRUBIASTRUM, L. *sp.* 817; Jacq. *Aust. t.* 405. Tige dressée, presque glabre, branchue, haute de 1-2 pieds; feuilles pétiolées, ovales, presque lobées, à grosses dents arrondies, plus étroites, presque lancéolées en haut; fleurs en verticilles serrés; calice épineux, dépassant le tube de la corolle; étamines et ovaires glabres; lèvre supérieure velue. Fleurs d'un blanc sale. Juin, juillet. Se trouve dans les endroits cultivés, à *Etampes*. ☉

MELISSA. Calice à 2 lèvres (dépourvues de poils à l'entrée), la supérieure à 3 dents, l'inférieure à 2 lobes; corolle cylindrique à 2 lèvres, la supérieure voûtée, échancrée, l'inférieure à 3 lobes.

M. **officinalis**, L. *sp.* 827 ; Lob. *Ic.* 514, *f.* 2. Mélisse. — Tige dressée, rameuse, carrée, glabre, haute de 1 à 2 pieds ; feuilles ovales, arrondies à la base, crénelées, presque glabres, un peu luisantes en dessus, portées sur des pétioles un peu poilus ; grappes longues, grêles, axillaires, souvent unilatérales, disposées par petits verticilles de 3 - 4 fleurs ; corolle petite ; bractées ovales, pédicellées. Fleurs blanches ou incarnates. Juin, juillet. Se trouve le long des haies, à *Auteuil*, *Saint-Cloud*, aux prés *Saint-Gervais*, etc. ♃

Cette plante est d'un grand usage en médecine ; elle est douée de vertus nombreuses ; excellent tonique antispasmodique, elle convient dans l'apoplexie, la paralysie, la syphilis, la débilité musculaire, etc. On l'emploie en infusion théiforme ; elle donne son nom à une eau spiritueuse, dont elle est un des ingrédiens, et dont les propriétés sont généralement connues.

M. nepeta, calamintha, L. Vide *Thymus nepeta, calamintha*.

THYMUS. Calice à 2 lèvres, la supérieure trifide, l'inférieure bifide, ayant l'entrée poilue ; corolle à 2 lèvres, la supérieure échancrée, l'inférieure à 3 lobes.

* *Division moyenne de la lèvre inférieure de la corolle entière.*

T. **serpyllum**, L. *sp.* 825 ; Lam. *Ill. t.* 512. Serpolet. — Tiges rondes, couchées, rampantes, pubescentes, ligneuses, grêles, longues de 4 à 8 pouces ; feuilles très-entières, ovales ou arrondies, un peu bordées, obtuses, planes, glabres, finissant en un court pétiole, ciliées sur ce pétiole et le commencement de la feuille ; fleurs en tête ; corolle ne dépassant guère le calice.

Var. B. Feuilles élargies, grandes.

Var. C. Feuilles velues.

Var. D. Feuilles non ciliées, ainsi que le pétiole.

Var. E. Feuilles et fleurs à odeur de citron.

Fleurs rouges ou blanches. Eté. Se trouve dans les endroits secs. ♃

Le Serpolet est un bon aromatique, qui réussit dans les affections catarrhales froides de la poitrine ; il provoque utilement l'expectoration et la sortie des matières glaireuses qui tapissent les membranes muqueuses dans certains individus.

** *Division moyenne de la lèvre inférieure de la corolle échancrée.*

T. **acinos**, L. *sp.* 826 ; Bull. *Herb. t.* 318. Tige un peu couchée, rameuse à la base, ronde, velue, haute de près de 1 pied ; feuilles ovales ou ovales-lancéolées dans le haut, dentées au sommet, pubescentes, finissant en pétiole ; fleurs verticillées par six ; calice torse, gibbeux ; corolle double du calice.

Var. B. *T. alpinus*, Thuill. *Fl. par.* 300 (non L.). Tige dressée.

Var. C. *Acynos villosus*, Pers. *Syn.* 2, *p.* 131. Tige très-rameuse et chargée, ainsi que toute la plante, d'un duvet blan-châtre.

Fleurs rougeâtres mêlées de blanc. Eté. Se trouve dans les endroits cultivés, secs ; la variété B à *Fontainebleau* ; la variété C est commune. ☉

T. CALAMINTHA, Scop. *Carn. ed.* 2, *n°* 733 ; *Melissa calamintha*, L. *sp*. 827 ; Bull. *Herb. t.* 251. Calament. — Tige dressée, rameuse, carrée, velue, haute de 1 pied ; feuilles ovales, dentées, grandes, pubescentes, surtout en dessous, pétiolées ; fleurs en panicule dichotome, axillaire, de la longueur des feuilles ; dents des calices inégales. Fleurs rouges. Septembre, octobre. Se trouve dans les bois élevés, à *Meudon*, *Saint-Germain*, *Pontoise*, etc. ♃

Le Calament entre dans quelques recettes des dispensaires pharmaceutiques ; il est estimé avoir des qualités analogues, mais plus faibles que celles de la Mélisse.

T. NEPETA, Smith. *Fl. brit.* 2, *p*. 642 ; *Melissa nepeta*, L. *sp*. 828 ; Blackw. *t*. 167. Diffère à peine de la précédente ; ses tiges sont un peu fléchies ; ses feuilles moins pétiolées, plus velues ; les grappes latérales, dichotomes, plus longues que les feuilles ; les dents du calice presque égales, et la plante rend une odeur bien plus forte ; les poils de l'intérieur du calice sont proéminens dans cette espèce, et renfermés dans l'autre. Fl. *id*. Se trouve à la *Ferté-sous-Jouarre*, *Tribardou*, etc. dans les bois et les champs secs. ♃

ORIGANUM. Calice à 5 dents ovales ; corolle à 2 lèvres, la supérieure échancrée, l'inférieure à 3 lobes, à tube comprimé (fleurs entremêlées de grandes bractées colorées, formant par leur réunion des épis tétragones).

O. VULGARE, L. *sp*. 824 ; Bull. *Herb. t.* 193. Origan. — Tige rameuse, dressée, un peu étalée, pubescente, à angles arrondis ; feuilles ovales-arrondies, pétiolées, entières, pubescentes en dessous ; fleurs paniculées, ramassées au sommet des rameaux, en petites têtes tétragones ; calice velu à l'entrée, à divisions égales ; bractées d'un rouge-violet. Fleurs rouges. Juillet, août. Se trouve dans tous les bois secs. ♃

La vertu de l'Origan ressemble beaucoup à celle de la plupart des plantes dont nous avons parlé ; il est bon contre la toux humide, l'atonie générale, l'asthme, etc. Il est assez employé ; on se sert de son infusion.

CLINOPODIUM. Calice strié, à 5 dents sétacées ; corolle à 2 lèvres, la supérieure dressée, échancrée, l'inférieure à 3 lobes, dont celui du milieu grand et échancré (fleurs entourées par une collerette, à folioles très-déliées).

C. VULGARE, L. *sp*. 821 ; Lob. *Ic.* 504, *f*. 1. Tige simple, dressée, velue, haute de 1 pied, presque ronde ; feuilles ovales,

subcordiformes, velues, dentées, un peu pétiolées; fleurs terminales, en tête arrondie, entourée d'une sorte d'involucre à folioles
sétacées, hispides; calice cilié; corolle double du calice. Fleurs
rouges ou blanches. Juillet, août. Se trouve dans tous les bois
montueux. ♃

MELITTIS. Calice vaste, beaucoup plus ample que la corolle,
qui est bilabiée; lèvre supérieure plane, l'inférieure à 3 lobes
crénelés; anthères en croix.

M. melissophyllum, L. *sp.* 832; Jacq. *Aust..t.* 26. Mélisse
des bois. — Tige dressée, carrée, branchue, hispide, haute de
1 à 2 pieds; feuilles ovales, crénelées, pubescentes, finissant en
un court pétiole; fleurs axillaires, 1–2 ensemble, très-grandes;
calice à 3 - 4 lobes, le 4ᵉ lobe est même quelquefois denté,
comme bifide (on trouve ces deux espèces de calices sur le même
pied, ce qui détruit le *M. grandiflora* de Smith, qui a pour caractère d'avoir 4 dents au calice). Fl. d'un jaune-blanc, ou rougeâtre. Mai, juin. Se trouve dans les bois, à *Saint-Cloud, Meudon*, etc. ♃

SCUTELLARIA. Calice à 2 lèvres entières, fermé et operculé
après la fleuraison; corolle courbe à sa base, comprimée au sommet, à 2 lèvres, la supérieure bidentée, voûtée; l'inférieure
large, échancrée.

S. Columnæ, All. *Ped. nᵒ* 145, *t.* 84, *f.* 2. — Tige dressée,
rameuse, pubescente, velue au sommet, haute d'environ 1 pied;
feuilles cordiformes, crénelées, glabres, allongées dans le haut de
la plante, et dentées en scie; fleurs 2 à 2, formant un épi très-
allongé (4-5 pouces), avec une petite bractée à la base de chacune; calices très-velus; corolles redressées, à tubes très-alongés
(6-8 lignes), grêles; fleurs bleues, à lèvre inférieure pourpre,
tachée de blanc. Juin, juillet. Cette plante se trouve à *Romainville*, où elle aura peut-être été semée : je la décris d'après un
échantillon qui m'a été envoyé de Turin par M. Balbis. ♃

S. galericulata, L. *sp.* 835; Bull. *Herb. t.* 275. Toque. —
Tige dressée, haute de 1 pied, un peu penchée au sommet, presque simple, carrée, glabre; feuilles cordiformes-lancéolées, surtout en haut, à dents éloignées, glabres, ou seulement pubescentes
en dessous, peu profondes, portées sur des pétioles très-courts;
fleurs axillaires, 2 ensemble, presque sessiles, souvent penchées
et tournées du même côté. Fl. violettes. Juillet, août. Se trouve
le long des eaux, des fossés aquatiques, etc. ♃

S. minor, L. *sp.* 835; Ger. *Em.* 581, *f.* 2. Tige rameuse,
grêle, un peu couchée, carrée, pubescente, longue de 3 à 4
pouces; feuilles cordiformes, un peu ovales, presque entières,
légèrement dentées, glabres; fleurs axillaires, 2 ensemble, petites,

penchées et tournées du même côté: Fl. rougeâtres. Se trouve dans les lieux où l'eau a séjourné l'hiver, à *Meudon*, *Senart*, *Saint-Léger*, *Fontainebleau*, etc. ♃

PRUNELLA. Calice à 2 lèvres, la supérieure grande, presque tronquée, à 3 dents, l'inférieure à 2 lobes; corolle labiée, la supérieure voûtée, entière, l'inférieure à 3 lobes; filamens des étamines bifurqués, dont un est nu, et l'autre porte l'anthère (fleurs entremêlées de grandes bractées arrondies, avec une pointe au sommet).

P. VULGARIS, L. *sp.* 837; Dod. *Pempt.* 136. Brunelle. — Tige couchée à la base, carrée, à peine velue, longue de 1 pied au plus; feuilles ovales, finissant en pétiole court, entières ou un peu dentées, obtuses; fleurs en verticilles serrés, formant des épis terminaux; lèvre supérieure du calice tronquée, à 3 denticules égaux; corolle double du calice, à lèvre supérieure longue.

Var. B. P. *parviflora*, Poiret, *Itin.* 2, *p.* 188. Tige dressée; calice plus gros, à lèvre supérieure à 3 pointes égales; corolle courte, ne dépassant guère le calice, et dont la lèvre supérieure est courte.

Fl. bleues ou blanches. Eté. Se trouve dans les endroits frais, dans les gazons, les près; la variété B à *Montmorency*, *Armainvilliers*, etc. ♃

On l'estime astringente; c'est d'après cette qualité qu'on s'en sert dans les gargarismes contre l'angine, mais elle paraît douée de peu d'efficacité.

P. GRANDIFLORA, Jacq. *Aust. t.* 377; *P. vulgaris β*, L. *sp.* 837. Tige couchée à la base, velue, arrondie, longue de 4–8 pouces; feuilles ovales, entières ou un peu dentées, obtuses, pubescentes, portées sur de longs pétioles, surtout les inférieures; fleurs en verticilles formant des épis terminaux; calice à lèvre supérieure ovale, à 3 dents, terminées par des arêtes, dont 2 plus longues, celle du milieu à peine visible; corolle enflée, et triple du calice. Fl. bleues, pourpres ou blanches. Eté. Se trouve sur les montagnes sèches, sur le bord des bois, à *Fontainebleau*, *Meudon*, etc. ♃

P. PINNATIFIDA, Persoon. *Synop.* 2, *p.* 137; *P. grandiflora*, var. *laciniata auctorum*; Moriss. *s.* 2, *t.* 5, *f.* 6? Tige couchée, très-velue, longue de 6 à 8 pouces; feuilles inférieures ovales, entières, rudes, pétiolées, les supérieures lancéolées-linéaires, subpinnatifides, presque glabres; fleurs en verticilles formant des épis; calice moins grand que celui de l'espèce précédente, et dont la lèvre supérieure est à 3 dents égales, l'inférieure peu fendue; corolle enflée, triple du calice. Fl. pourpres. Eté. Se trouve dans les mêmes lieux que la précédente. ♃

P. laciniata, L. *sp.* 837, Vaill. *Bot. t.* 5, *f.* 1. Tige couchée à la base, velue, un peu arrondie, longue de 6–10 pouces; feuilles inférieures ovales, pubescentes, entières, pétiolées, les supérieures allongées, profondément pinnatifides, à segmens linéaires, entiers; verticilles des fleurs formant des épis terminaux; calice allongé; lèvre supérieure à 3 pointes égales, ayant l'intervalle des pointes sinueux; corolle non enflée, à peine double du calice (de la grandeur de celle du *P. vulgaris*.) Fl. rouges ou blanches. Été. Se trouve sur les coteaux secs, dans les bois. ♃

P. longifolia, Pers. *Synop.* 2, *p.* 137; **P.** *hyssopifolia*, Thuill. *Fl. par.* 304 (non Willd.); an L. *sp.* 837? Moriss. *s.* 11, *t.* 5, *f.* 7. Tige presque dressée, arrondie, glabre, haute de 8–10 pouces; feuilles très-longues, linéaires, très-entières, glabres; verticilles des fleurs formant un épi; calice un peu court, à lèvre supérieure à 3 dents égales, l'inférieure à dents presque ovales; corolle presque triple du calice. Fl. rouges. Juin, juillet. Se trouve dans les bois, à *Marcoussis*. ♃

ANGIOSPERMIE. — GRAINES RENFERMÉES
dans un péricarpe.

RHINANTHUS. Calice ventru, à 4 divisions; corolle étalée, à 2 lèvres, la supérieure en casque, l'inférieure à 3 lobes; capsule comprimée, obtuse, à 2 loges.

R. crista calli, L. *sp.* 840; *Fl. dan. t.* 91; *R. major*, Erhr. *Herb.* n° 56. Crête de coq. — Tige dressée, branchue du haut, glabre, tachée de marbrures noirâtres, haute de 1 pied et demi; feuilles lancéolées, épaisses, sessiles, à dents de scie, glabres, rugueuses; fleurs terminales, formant des épis lâches; calice glabre; lèvre supérieure de la corolle comprimée, bidentée au sommet, dépassée par le pistil qui est violet. Fl. jaunes. Mai. Commune dans les prés. ☉

R. minor, Erhr. *Herb.* 46. Tige simple, sans tache, glabre, haute de 8-10 pouces; feuilles lancéolées, dentées, sessiles, glabres; fleurs presque en tête; calice glabre; lèvre supérieure de la corolle comprimée, renfermant le pistil, qui est jaune. Fl. jaunes. Mai. Commun dans les prés secs. ☉

R. hirsuta, Lam. *Fl. fr.* 2, *p.* 353; *R. alectorolophus*, Poll. *Pal.* n° 580; *R. trixago*, Thuill. *Fl. par.* 304 (non L.); Bull. *Herb. t.* 125. Tige dressée, branchue ou simple, pubescente, non tachée, haute de 1 à 2 pieds; feuilles lancéolées, dentées, sub-pubescentes, sessiles; fleurs en long épi, lâche; calice velu; corolle dont la lèvre supérieure est comprimée, dépassée par le pistil, qui est jaune. Fl. d'un jaune taché. Mai. Se trouve dans les prés humides. ☉

EUPHRASIA. Calice cylindrique, à 4 lobes; corolle à 2 lèvres, l'inférieure à 3 divisions égales; anthères inférieures portant une pointe à l'un de leurs lobes; capsule ovoïde, à 2 loges.

E. OFFICINALIS, L. *sp.* 841; Lam. *Ill. t.* 508, *f.* 1. Euphraise. — Tige dressée, rameuse, velue, haute de 6 à 10 pouces; feuilles ovales, sessiles, obtuses, glabres, épaisses, ridées, à dents profondes, les supérieures alternes; fleurs axillaires, réunies en espèce d'épis très-courts, terminaux; étamines non saillantes.

Var. B. *E. minima*, Jacq.; *E. nemorosa*, Pers. *Syn.* 2, *p.* 149; Bull. *Herb. t.* 233. Tige petite, presque glabre; feuilles supérieures presque pinnatifides, à dents acérées, terminées par une pointe.

Fleurs blanches, souvent variées de jaune et de violet. Se trouve dans les endroits secs; la variété B dans les lieux arides, à *Montmorency*, etc. ⊙

L'eau distillée de cette plante est conseillée dans l'ophthalmie, et dans les autres maladies des yeux; mais elle ne paraît pas douée de beaucoup d'efficacité, non plus que la plante.

E. ODONTITES, L. *sp.* 841; *Fl. dan. t.* 625. Tige rameuse, étalée à la base, pubescente, haute de 4 à 8 pouces, quelquefois plus; feuilles sessiles, linéaires-lancéolées, dentées en scie, subpubescentes; fleurs en longs épis terminaux, unilatéraux, entremêlées de feuilles un peu plus longues qu'elles; étamines saillantes.

Var. B. *E. verna*, Bell. *App. Fl. pedem.* 83. Feuilles florales triples de la longueur des fleurs.

Fl. rouges. Juillet, août. Se trouve dans les champs, les lieux cultivés du côté de *Vincennes*, de *Champigni*, etc. ⊙

L'*E. lutea*, L. ne vient pas, suivant moi, aux environs de Paris.

MELAMPYRUM. Calice tubuleux, à 4 divisions; corolle labiée, la supérieure comprimée, à bord replié, l'inférieure à 3 lobes égaux; capsules obliques, à 2 loges monospermes.

M. ARVENSE, L. *sp.* 842; *Fl. dan. t.* 911. Blé de vache, Rougeole. — Tige dressée, simple, pubescente, haute de 1 pied; feuilles linéaires-lancéolées, entières, subpubescentes, sessiles, les florales pinnatifides à la base; fleurs en épi terminal, long, mêlé de bractées ovales, rouges, pinnatifides; dents du calice rudes; corolle fermée. Fl. rouges, à gorge jaune. Eté. Se trouve communément dans les moissons. ⊙.

M. SYLVATICUM, L. *sp.* 843; *Fl. dan. t.* 145. Tige rameuse, grêle, dressée, presque glabre, haute de 1 pied et plus; feuilles linéaires-lancéolées, entières, sessiles, glabres, un peu rudes, les supérieures pinnatifides à la base; fleurs placées 2 à 2, écartées, en grappes terminales, allongées, unilatérales; corolle allongée, ouverte. Fl. jaunes. Été. Se trouve dans les bois élevés, à *Saint-Germain*, *Yerres*, etc. ☉

M. **pratense**, L. *sp.* 843; Dalech. *Hist.* 899, *Ic.* Rougeole. — Tige dressée, rameuse ou simple, glabre, haute de 1 pied et plus; feuilles lancéolées, étroites, atténuées à la base en un court pétiole, entières, aiguës, les florales presque hastées à la base, dentées, un peu obtuses; fleurs unilatérales, terminales, axillaires; corolles grêles, allongées, à lèvres entr'ouvertes. Fleurs blanches, tachées de jaune. Mai, juin. Se trouve dans les prés et les bois couverts, à *Fontainebleau?* Je décris cette espèce sur des échantillons qui m'ont été envoyés de Lorraine par feu M. Willmet, auteur de la Flore de cette province. ☉

M. **cristatum**, L. *sp.* 842; *Fl. dan. t.* 1104. Tige dressée, un peu branchue, pubescente, haute de 8 à 10 pouces; feuilles linéaires, glabres, les inférieures entières, les supérieures élargies et subpinnatifides à la base; fleurs en épi compacte, terminal, court, quadrangulaire, entremêlé de bractées cordiformes, denticulées, et terminées, celles du bas, par un appendice foliacé; corolle presque fermée. Fl. d'un jaune mélangé de pourpre. Juillet. Se trouve dans les bois secs, au bois de *Boulogne*, à *Saint-Germain*, *Senart*, etc. ☉

LATHRÆA. Calice campanulé, 4-fide; corolle à 2 lèvres, la supérieure en casque, l'inférieure trifide, réfléchie; ovaire glanduleux à la base; capsule à 1 loge.

L. **squammaria**, L. *sp.* 844; *Fl. dan. t.* 136. Tige dressée, succulente, écailleuse vers la racine, simple, glabre, haute de 5-6 pouces; feuilles écailleuses, ovales, sessiles; fleurs pédonculées, penchées, ayant le calice velu, formant un épi allongé, terminal, entremêlé de bractées ovales. Fleurs de la couleur de la plante, qui est semblable aux orobanches pour le port. Mai. Se trouve dans les bois ombragés, à *Montfermeil*, *Fontainebleau*. ♃ Le *L. clandestina*, L., ne se trouve pas, ou ne se trouve plus, aux environs de Paris.

PEDICULARIS. Calice ventru, à 5 divisions; corolle tubuleuse, à 2 lèvres, la supérieure comprimée, en casque, l'inférieure plane, à 3 lobes; capsule comprimée, arrondie, à 2 loges.

P. **palustris**, L. *sp.* 845; Lam. *Ill. t.* 517, *f.* 1. Pédiculaire, Herbe aux Poux. — Tige dressée, rameuse, souvent étalée à la base, glabre, haute de 6 à 12 pouces; feuilles profondément pinnatifides; à folioles ovales, glabres, presque pinnatifides, devenant confluentes vers le sommet de la feuille, à bords comme cartilagineux, blanchâtres, obtus; fleurs axillaires, réunies vers le haut, et sessiles; calice enflé, rugueux, comme à 2 lèvres tailladées irrégulièrement ; lèvre supérieure de la corolle obtuse, tronquée, bidentée, l'inférieure obtuse et oblique ; corolle grosse, double du calice pour la longueur. Fl. rouges. Mai. Se trouve dans les bois humides et marécageux, à *Meudon*, *Ville-d'Avrai*, *Neuilly-sur-Marne*, etc. ⊙

Cette plante paraît avoir un certain degré d'activité ; elle est conseillée pour la destruction des poux, d'où lui vient son nom. On la croit bonne pour déterger les vieux ulcères, à cause de ses propriétés un peu caustiques : on s'en sert en décoction, en poudre, ou fraîche et pilée.

P. SYLVATICA, L. *sp.* 845 ; Lob. *Ic. t.* 748, *f.* 2. Tige le plus souvent étalée à la base, rarement montante, très-rameuse, glabre, longue de 3 à 5 pouces ; feuilles profondément pinnatifides, à folioles ovales, confluentes au sommet, glabres, marquées de dents comme cartilagineuses, blanchâtres, aiguës ; fleurs axillaires, dispersées le long de la tige ; calice rugueux très-enflé, à 5 lobes irréguliers ; lèvre supérieure de la corolle tronquée, bidentée, à dents aiguës ; corolle grêle, triple du calice. Fl. d'un rouge pâle. Mai, juin. Se trouve dans les prés et les allées des bois, à *Senart*, *Meudon*, *Sèvres*, *Bièvre*, etc. ⊙

ANTIRRHINUM. Calice persistant, à 5 lanières profondes ; corolle bossue à la base, labiée, avec un palais proéminent, la supérieure à 2 lobes réfléchis, l'inférieure à 3 ; capsule oblique à la base, à 2 loges, s'ouvrant au sommet par 3 trous ; graines nues.

A. MAJUS, L. *sp.* 859 ; Lam. *Ill. t.* 531. Mufle de Veau. — Tige dressée, rameuse, glabre inférieurement, haute de 1 pied et plus ; feuilles lancéolées-linéaires, entières, sessiles dans le haut, finissant en un court pétiole du bas ; fleurs terminales, presque en épi ; divisions du calice inégales, ovales-arrondies, très-courtes ; capsules glabres. Fl. rouges ou blanches. Eté. Se trouve dans les vieux murs, à *Saint-Germain*, à *Meudon*, dans les fossés de la *Bastille*, etc. ♂

A. ORONTIUM, L. *sp.* 860 ; Lam. *Ill. t.* 531, *f.* 2. Tête de mort. — Tige presque simple, glabre du bas, pubescente du haut, quelquefois couchée à la base, fléchie ; feuilles lancéolées-linéaires, sessiles, glabres ; fleurs axillaires, solitaires, écartées ; calice à divisions linéaires, foliacées, très-longues ; capsules velues. Fl. pourpres. Juillet, août. Se trouve dans les endroits cultivés, à *Montmorency*, *Saint-Denis*, *Champlan*, etc. ⊙

Tous les *Antirrhinum* à éperon de L. ; vide *Linaria* et *Anarrhinum*.

LINARIA. Calice persistant, à 5 lanières profondes ; corolle éperonnée à la base, labiée, avec un palais proéminent, la lèvre supérieure à 2 lobes réfléchis, l'inférieure à 3 ; capsule à 2 loges, s'ouvrant en plusieurs valves, avec 2 trous au sommet ; graines membraneuses.

** Feuilles anguleuses, pétiolées.*

L. CYMBALARIA, Desf. *Cat.* 64 ; *Antirrhinum cymbalaria*, L. *sp.* 851 ; Bull. *Herb. t.* 395. Cymbalaire. — Tiges grêles, longues d'environ 1 pied, rameuses, rampantes, glabres ; feuilles alternes, à base cordiforme, à 5 lobes obtus, arrondis, glabres ; fleurs sur de longs pédoncules, éparses, axillaires, solitaires ; calice à divisions obtuses ; éperon court, obtus ; capsules glabres ; graines ridées. Fl. d'un bleu clair ; palais jaune. Eté. Se trouve très-communément sur les vieux murs. ♃

L. ELATINE, Desf. *l. c.* ; *Antirrhinum elatine*, L. *sp.* 851 ; Bull. *Herb. t.* 245. Elatinée. — Tige couchée, velue, longue quelquefois de 1 pied ; feuilles inférieures ovales, arrondies, opposées, un peu dentées, velues ainsi que toute la plante, les supérieures hastées, alternes, entières, à pétioles courts ; fleurs axillaires, solitaires, sur des pédoncules longs, capillaires et glabres ; calice à divisions aiguës ; éperon aigu, un peu long ; capsules glabres, mucronées. Fl. jaunâtres. Juillet, août. Se trouve dans les endroits cultivés, à la *Gare, Saint-Gratien*, etc. ☉

L. SPURIA, Desf. *l. c.* ; *Antirrhinum spurium*, L. *sp.* 851 ; *Fl. dan. t.* 913. Velvote. — Tiges couchées, longues de 1 pied environ, velues ; feuilles alternes, arrondies, entières, velues, les supérieures presque sessiles ; fleurs axillaires, solitaires, portées sur des pédoncules velus ; calice à divisions un peu obtuses ; éperon recourbé, aigu ; capsules glabres. Fl. jaunâtres. Eté. Se trouve communément dans les endroits cultivés. ☉

*** Feuilles entières, étroites, sessiles ; éperon aigu.*

L. VULGARIS, Desf. *l. c.* ; *Antirrhinum linaria*, L. *sp.* 858 ; Bull. *Herb. t.* 261. Linaire, Lin sauvage. — Tige dressée, branchue, glabre, haute de 1 à 2 pieds ; feuilles éparses, serrées, linéaires-lancéolées, entières, glabres, glauques ; fleurs en épi terminal ; calice à divisions courtes, aiguës ; éperon très-long, très-aigu, droit ; capsule glabre.

Var. B. *Angustifolia.* Feuilles très-étroites, presque sétacées.

Var. C. *Peloria*, L. *Amœn. Acad.* 1, *p.* 55, *t.* 3. Calice à 5 divisions courtes ; corolle régulière, à 5 lobes, se prolongeant en 5 éperons ; 5 étamines insérées sur le calice ; fruit stérile. Malgré ces caractères, cette plante n'est qu'une variété, très-étonnante à la vérité, du *L. vulgaris* : on la trouve quelquefois sur le même pied, avec les fleurs ordinaires. On l'a observée aussi sur d'autres espèces ; ce phénomène végétal fait naître beaucoup de réflexions.

Fl. jaunes, à palais safrané, velu. Eté. Se trouve vulgairement dans les lieux pierreux ; la variété C est assez rare dans nos environs. ♃

La Linaire est une plante active, qui paraît même un peu vireuse : on l'emploie à l'extérieur, après l'avoir contuse, en application sur les ulcères sordides. On l'a quelquefois administrée, à l'intérieur, dans l'hydropisie. La velvote et le mufle de veau ont des qualités approchantes de cette plante.

L. ARVENSIS, Desf. *Cat. l. c. ; Antirrhinum arvense*, L. *sp.* 855 ; Dill. *Elth. t.* 163, *f.* 198. Tige rameuse, presque dressée, glabre du bas, velue, visqueuse au sommet, haute de 1 pied ; feuilles inférieures quaternées, étroites, linéaires, entières, glabres, les supérieures alternes ; fleurs petites, en épis terminaux, allongés ; calice velu, visqueux, à divisions étroites, obtuses ; éperon aigu, recourbé ; capsule glabre ; bractées réfléchies, très-déliées. Fl. bleuâtres. Eté. Se trouve dans les champs, à *Poigny*, etc. ⊙

L. SIMPLEX, Desf. *l. c. ; Antirrhinum arvense β*, L. *sp.* 855. Tige simple, dressée, haute de 8-10 pouces, glabres ; feuilles quaternées en bas, étroites, linéaires, glabres, alternes en haut ; fleurs petites, en tête ; calice velu, visqueux, à divisions étroites, obtuses ; éperon aigu, droit ; capsules glabres ; bractées réfléchies, très-déliées. Fl. jaunes. Juin. Se trouve dans les champs cultivés, à *Crecy*, *Bonneuil*, *Saint-Maurice*, etc. ⊙

L. THUILLIERII, N. ; *Antirrhinum bipunctatum*, Thuill. *Fl. par.* 311 (non L.). Tige rameuse, déliée, glabre, haute de 1 pied environ, pubescente dans le haut ; feuilles étroites, linéaires, glabres, entières, quaternées par bas, alternes en haut ; 2-4 fleurs terminales, distantes ou en tête ; calice velu, à divisions un peu profondes, presque aiguës ; corolles grandes, à éperon très-allongé, aigu, droit ; capsules subpubescentes, mucronées. Fl. jaunes. Eté. Se trouve dans les lieux secs, sur les murailles, à *Cachan* ; dans les moissons, à *Villeneuve-Saint-Georges*, *Sèvres*, etc. ⊙

L. PELISSERIANA, Desf. *l. c. ; Antirrhinum pelisserianum*, L. *sp.* 855 ; Barr. *Ic.* 1162. Tige un peu rameuse, presque dressée, glabre, haute de 1 pied environ ; poussant à la base des jets stériles qui ont des feuilles subovales, ternées ; celles des tiges florifères linéaires, étroites, glabres, quaternées ou ternées du bas, alternes du haut ; fleurs presque en tête, peu nombreuses ; calices fendus jusqu'à la base, à divisions linéaires, glabres ; éperons aigus, droits ; capsules à 2 lobes, glabres ; graines ciliées. Fl. bleues, mêlées de blanc. Se trouve dans les endroits herbeux, à la *Belle-Croix*, forêt de Fontainebleau. ⊙

L. PURPUREA, Desf. *l. c. ; Antirrhinum purpureum*, L. *sp.* 853 ; Dod. *Pempt.* 183, *f.* 2. Tige dressée, très-rameuse, glabre, assez grosse, haute de 1-2 pieds ; feuilles linéaires-lancéolées, verticillées par 3-5 dans le bas, entières, glabres ; fleurs nombreuses, en très-longs épis terminaux ; calice à divisions lancéolées, glabres, un peu scarieuses ; éperon allongé, aigu, un peu courbe ; cap-

sule ovoïde presque globuleuse, glabre. Fl. pourpres. Juin, juillet.
.Se trouve le long des chemins, à *Champagne*, *Valvins*, etc. ♃

L. **supina**, Desf. *l. c.* ; *Antirrhinum supinum*, L. *sp.* 856 ; Clus.
Hist. 321. Tige couchée, étalée, glabre, longue de 4-6 pouces ;
feuilles linéaires, étroites, glabres, entières, quaternées en bas,
alternes dans le haut ; fleurs terminales en épi ou en tête ; calice un
peu velu, à divisions très-profondes, étroites ; éperon fin, aigu,
un peu courbe ; capsules grosses, ovoïdes, glabres. Fl. jaunes.
Eté. Se trouve dans les endroits sablonneux. Commune. ☉

*** *Feuilles entières, étroites, sessiles ; éperon obtus.*

L. **repens**, Desf. *l. c.* ; *Antirrhinum repens*, L. *sp.* 854 ; Dill.
Elth. t. 163, *f.* 197. Racines rampantes ; tiges dressées, nombreuses, rameuses, glabres, longues de 6 à 18 pouces ; feuilles
linéaires, verticillées par 3-4 du bas, éparses du haut, nombreuses, glabres, entières, glauques ; fleurs en grappe allongée,
avec des bractées droites aussi longues que le pédoncule ; calice à
divisions profondes, un peu obtuses ; éperon court et obtus ;
capsule globuleuse, un peu échancrée. Fleurs blanchâtres, veinées de bleu, à palais jaune ; elles sont odorantes, surtout à certaines heures du jour. Eté. Se trouve dans les lieux arides, les
champs secs, à *Charenton*, etc. ♃

L. **monspessulana**, N. ; *Antirrhinum monspessulanum*, L. *sp.*
854. Tige dressée, presque simple, haute de près de 1 pied ;
feuilles nombreuses linéaires, subulées, canaliculées, cendrées,
éparses, les inférieures verticillées ; fleurs peu nombreuses, en épi
terminal, court ; calices à divisions profondes, étroites, glabres ;
éperon court et obtus ; capsule glabre. Fl. blanches, à gorge
jaune. Juillet, août. Se trouve le long des chemins des champs. ♃

L. **minor**, Desf. *l. c.* ; *Antirrhinum minus*, L. *sp.* 852 ; Lob.
Ic. t. 406, *f.* 1. Tige rameuse, velue, visqueuse, ainsi que toute
la plante, haute de 4 à 6 pouces ; feuilles inférieures ovales, les
supérieures obtuses, lancéolées, opposées, puis alternes, entières ;
fleurs en longues grappes feuillées ; calices à divisions étroites,
profondes, un peu obtuses, velues ; éperon très-court, obtus ;
capsules velues, ridées. Fl. d'un blanc-pourpre. Juin, juillet. Se
trouve dans les endroits sablonneux. Commune. ☉

ANARRHINUM. Calice persistant, à 5 lanières profondes ;
corolle tubuleuse, labiée, sans palais proéminent, munie d'un
éperon à la base ; capsule arrondie, à 2 loges, ayant 2 trous au
sommet, s'ouvrant en plusieurs valves ; graines nues.

A. **bellidifolium**, Desf. *Cat.* 65 ; *Antirrhinum bellidifolium*,
L. *Mant.* 417 ; Clus. *Hist.* 320, *f.* 1. Tige dressée, paniculée,
rameuse, glabre, haute de 1 à 2 pieds ; feuilles radicales étalées, lancéolées-ovales, spatulées, glabres, les caulinaires

divisées profondément, en 3-4 découpures linéaires, sétacées, glabres; fleurs petites, très-nombreuses, disposées en très-longues grappes paniculées; calice glabre; éperon court, obtus, retroussé et parallèle à la fleur; capsules glabres; graines chagrinées. Fl. blanches, variées de bleu et de pourpre. Juin, juillet. Se trouve dans les lieux secs, au bois de *Boulogne*, où il a été semé : il croît spontanément assez près du rayon ordinaire de la Flore. ♂

SCROPHULARIA. Calice persistant, à 5 lobes arrondis; corolle presque globuleuse, à 5 divisions, dont 2 plus grandes; capsule acuminée, arrondie, à 2 valves, à 2 loges.

S. VERNALIS, L. *sp.* 864 ; Barr. *Ic. t.* 273. Tige dressée, presque simple, grosse, carrée, velue, haute de 1 à 2 pieds; feuilles pubescentes, cordiformes, doublement dentées, minces, grandes, portées sur des pétioles velus; fleurs en panicules axillaires, dichotomes; corolles ovales. Fl. d'un blanc-jaune. Avril, mai. Se trouve dans les bois ombragés, à *Meaux*, *Vincennes*. (Bull.) ♂

S. NODOSA, L. *sp.* 863 ; Dod. *Pempt.* 50. Scrophulaire. — Tige glabre, carrée, haute de 2-3 pieds, simple; feuilles cordiformes, opposées dans le bas, lancéolées, alternes dans le haut, glabres, dentées, celles du bas irrégulièrement; fleurs en grappes terminales, allongées, non feuillées, rameuses.

Var. B. Feuilles ternées.

Fl. d'un pourpre-noirâtre. Juin, juillet. Se trouve dans les lieux couverts, les buissons. ♃ Commune.

La Scrophulaire est une plante amère et nauséeuse; on l'a beaucoup vantée contre les scrophules, et elle est encore usitée par quelques praticiens contre cette maladie; étant fraîche, sa dose, en pareil cas, est de 2 gros dans une livre d'eau en décoction : on l'emploie aussi à l'extérieur, en lotion, contre la gale, les dartres. Comme la plante n'a rien de très-excitant, je ne vois pas d'inconvénient à s'en servir de cette manière.

S. AQUATICA, L. *sp.* 864 ; *Fl. dan. t.* 507. Herbe du siége, Bétoine d'eau. — Tige de 2 à 3 pieds, simple, glabre, carrée, un peu ailée; feuilles opposées, ovales-subcordiformes, obtuses en bas, celles du haut ovales-lancéolées, pointues; toutes sont simplement crénelées, glabres, et leur pétiole se prolonge un peu sur la tige; fleurs en panicules latérales, écartées, courtes, rameuses, non feuillées.

Var. B. *Appendiculata*, N. Feuilles ayant à la base deux folioles plus ou moins grandes. Il ne faut pas confondre cette variété avec la *S. appendiculata* de Willd. *sp.* 3, *p.* 271.

Fl. d'un pourpre-noirâtre. Juin, juillet. Se trouve le long des ruisseaux; la variété B se trouve à l'étang de *Saint-Gratien*. ♃

S. **canina**, L. *sp.* 865 ; Clus. *Hist. cctx.* Tige dressée, rameuse, arrondie, glabre, haute de 1 à 2 pieds ; feuilles ailées, à folioles pinnées ou pinnatifides, à découpures ovales, anguleuses, dentées, glabres ; panicules courtes, latérales et terminales ; fleurs presque sessiles, petites ; ayant 2 étamines et les pistils saillans, et la corolle d'un pourpre noir. Juin, juillet. Se trouve dans les prés des bois, à *Fontainebleau.* ♃

DIGITALIS. Calice à 5 parties inégales ; corolle campanulée, ventrue, à 4 lobes obliques, inégaux ; capsule ovale, à 2 loges.

D. **purpurea**, L. *sp.* 866 ; Bull. *Herb. t.* 21. Digitale pourprée. — Tige dressée, haute de 2 à 4 pieds, simple, ronde, velue ; feuilles ovales-lancéolées, molles, velues, grisâtres en dessous, denticulées, un peu torses, finissant en un large pétiole un peu décurrent ; fleurs penchées, grandes, disposées en épi terminal, allongé, lâche, entremêlé de bractées foliacées ; pédoncules et calices velus, ceux-ci à lobes obtus. Fl. d'un pourpre tigré (ou blanches, Vaill.). Juin, juillet. Se trouve dans les taillis en colline, à *Meudon, Saint-Germain, Ruel,* etc. ♂

La Digitale pourprée est une plante amère très-active ; à haute dose, c'est un poison qui fait périr en causant des vomissemens, des coliques atroces, des déjections sanguinolentes, une sorte d'ivresse, etc. ; administrée d'une manière convenable, elle peut être extrêmement utile. On la conseille en décoction et en teinture spiritueuse ; cette dernière préparation est la plus convenable, et celle qu'on emploie de préférence : elle se fait en mettant digérer de l'eau-de-vie sur des feuilles sèches de Digitale, et on la prescrit dans une tisane appropriée, en allant graduellement depuis cinq gouttes jusqu'à cent et même au-delà.

On donne la Digitale pour les affections scrophuleuses, dans une décoction de houblon, de gentiane, de scrophulaire, etc. ; il faut en continuer long-temps l'usage. On conseille cette plante dans les hydropisies essentielles, où on a des exemples avérés de sa réussite ; on peut aller, en observant ses effets, à des doses assez considérables. On peut la donner aussi dans l'hydropisie symptomatique, qui succède à la lésion organique d'un ou de plusieurs viscères, comme il arrive dans la phthisie, les maladies de cœur, etc., etc, mais seulement dans l'intention de procurer un soulagement momentané, en désinfiltrant le malade par l'écoulement plus abondant des urines, qui a lieu lors de son administration ; car ces maladies sont toujours mortelles par l'impossibilité où l'on est de pouvoir rétablir les viscères altérés dans leur intégrité primitive.

La Digitale a encore la singulière propriété de ralentir la circulation, ce que je lui ai vu opérer d'une manière évidente ; elle ne produit pas ce phénomène sur tous les individus :

le pouls diminue quelquefois de 20 à 30 pulsations par minute, mais il revient au bout de quelques jours à son mode ordinaire. Cette vertu avait fait employer ce végétal dans les fièvres où une circulation trop active fatigue beaucoup les malades et dans quelques autres affections où cette fonction est plus ou moins irrégulière : on a à peu près renoncé à s'en servir dans cette intention, où on ne remplissait qu'imparfaitement l'objet qu'on se proposait.

D. LUTEA, L. *sp.* 867 ; Jacq. *Hort. vind. t.* 105. Tige simple, haute de 1 à 2 pieds, arrondie, glabre ainsi que toute la plante ; feuilles lancéolées, sessiles, très-pointues, un peu pâles en dessous, presque embrassantes, denticulées ; fleurs en épi terminal très-long, penché au sommet, unilatéral ; bractées réfléchies ; calices à lobes aigus. Fl. jaunes. Juin, juillet. Se trouve dans les bois montueux, à *Valvins*, etc. ♃

D. LIGULATA. Jaumes Saint-Hilaire, *Plantes de la France*, 46e livraison, *1c.* Tige haute d'environ 2 pieds, dressée, un peu anguleuse ; feuilles alternes, lancéolées, pointues, sessiles, très-entières sur la tige, celles de la base arrondies ; fleurs en épi ; calice à 5 divisions velues extérieurement ; corolle à 5 dents, dont une est en languette et beaucoup plus longue ; étamines moins longues que la corolle. Fleurs de couleur pourprée-ferrugineuse. Août, septembre. Cette plante a levé spontanément dans des terres apportées des environs de *Bric-Comte-Robert.* Elle est voisine de la D. *ferruginea*, L., mais elle en paraît distincte. ♃

SIBTHORPIA. Calice à 5 folioles ; corolle à 5 divisions égales ; stigmate en tête ; capsule comprimée, orbiculaire, à 2 loges ; cloison transversale.

S. EUROPÆA, L. *sp.* 880 ; Lam. *Ill. t.* 535. Petite plante grêle, rampante, à tige filiforme, velue, longue de 5-6 pouces ; feuilles réniformes, arrondies, lobées, portées sur de longs pétioles velus ; fleurs axillaires, solitaires, penchées, presque sessiles, d'un jaune-rougeâtre. Se trouve dans les lieux humides, à *Saint-Léger*, *Mantes*, etc. ♃

LIMOSELLA. Calice 5-fide ; corolle campanulée, à 5 divisions presque égales ; 2-4 étamines ; capsule ovoïde, à 2 loges.

L. AQUATICA, L. *sp.* 881 ; Lam. *Ill. t.* 535. Petite plante à jets rampans, haute de 1 pouce, glabre ; feuilles ovales-allongées, glabres, pétiolées ; pédoncules radicaux, inégaux, partant du même point, plus courts que les feuilles, uniflores ; capsule globuleuse, glabre.

Ver. B. *L. tenuifolia*, Hoffm. *Germ.* 2, *p.* 29. Feuilles linéaires, à peine dilatées au sommet ; pédoncules de la longueur des feuilles. Fleurs blanchâtres. Juin, juillet. Se trouve dans les endroits humides, sur le bord des mares, à *Senart*, *Bondi*, *Saint-Maur*, *Vincennes*, etc. ☉

OROBANCHE. Calice de 2 à 5 divisions ; corolle à 2 lèvres, à 4-5 divisions ; capsule à 1 loge, à 2 valves polyspermes (Plantes succulentes, de couleur de rouille).

   * Corolles quadrifides ; une bractée sous chaque fleur.*

O. **major**, L. *sp.* 882 ; *O. rapum-genistæ*, Thuill. *Fl. par.* 317 ; Journ. *Bot. p.* 287 ; *O. helianthemi*, Jaumes Saint-Hilaire ; Lam. *Ill. t.* 551. Orobanche. — Tige dressée, simple, très-anguleuse, souvent glabre, un peu rude, haute de 1 pied ou 2 ; feuilles squammiformes ; bractées velues ; fleurs en très-long épi, un peu interrompu ; corolles courtes, pubescentes, enflées, à 4 lobes principaux ; étamines glabres ; stigmate bilobé, à lobes distans ; style pubescent ; calice à 2 lobes bifides, pointus. Fleurs couleur de rouille. Juin. Se trouve sur le genêt à *Bouloy* (Thuill.), sur l'Hélianthème (Jaumes Saint-Hilaire), au bois de *Boulogne*, à *Vincennes*, *Fontainebleau*, *Saint-Germain*, etc. ♂

M. Léman, botaniste éclairé de cette capitale, s'est assuré que toutes les Orobanches sont essentiellement bisannuelles ; effectivement, si on arrache avec soin une Orobanche, on voit d'un côté les restes de la tige de l'année précédente, et de l'autre un gros tubercule écailleux qui se développe petit à petit, mais ne produit de tige que l'année d'ensuite.

O. **ricescens**, Lois. Desl. *Fl. gall.* 2, *p.* 384. Tige simple, glabre, anguleuse, haute de 6-8 pouces, ayant à la racine et au bas de la tige des écailles ou feuilles roides, imbriquées ; fleurs en épi ; calice à 2 lobes bifides, pointus ; corolle glabre, enflée, à 4 lobes entiers ; étamines glabres ; style un peu velu, presque glabre. Fleurs rouillées comme la plante. Juin, juillet. Se trouve aux environs de *Paris*, dans les bois, à *Yerres*, etc. ♂

O. **elatior**, Sutt. *Act. Soc. lin. Lond.* 4, *p.* 178, *t.* 17 ; *O. amethystea*, Thuill. *Fl. par.* 317. Tige anguleuse, pubescente, haute de 1 pied environ, simple ; feuilles squammiformes ; fleurs en épi allongé, assez dense ; calice à 2 divisions bifides, acérées ; corolle quadrifide, ventrue, presque glabre en dehors, allongée ; étamines velues inférieurement, ayant les anthères en cœur renversé, jaunes ; style velu, glabre en dessus. Fleurs purpurines. Juin, juillet. Se trouve dans les bois de *Boulogne*, de *Meudon*, de *Vincennes*, etc. On la rencontre quelquefois parasite sur l'aubépine. ♂

O. **vulgaris**, Lam. *Dict.* 4, *p.* 421 ; *O. caryophyllacea*, Smith, *Act. Soc. lin. Lond.* 4, *p.* 169. Tige simple, velue, arrondie, violette, haute de 6 pouces à 1 pied ; feuilles squammiformes ; fleurs en épi ; calice à 2 divisions bilobées, peu allongées ; corolle velue, ventrue, à bords frangés, comme déchiquetés, à 4 lobes ; étamines velues ; style presque glabre. Fl. de couleur violette-purpurine. Juin, juillet. Commune dans les bois. On la trouve quelquefois parasite sur les racines de l'aubépine et des rosiers, etc. ♂

O. EPITHYMUM, Decand. *Fl. fr.* 3, *p.* 490. Diffère de l'espèce précédente en ce que la plante a ses poils visqueux, et que la corolle n'est pas frangée sur les bords. Fleurs *id.* Se trouve dans les bois, sur le serpolet (Decand.). (Je l'ai observée aussi sur d'autres plantes), à *Fontainebleau*, etc. ♂

O. MINOR, Willd. *sp.* 3, *p.* 350. Tige simple, arrondie, striée, un peu grêle, haute de 8-10 pouces, pubescente ; feuilles squammiformes ; fleurs en épi ; calice à 2 lobes bifides, déliés, allongés ; corolle non enflée, moitié moins grosse que dans les espèces ci-dessus, pubescente, à 4 lobes un peu échancrés ; étamines velues ; style glabre. Fl. d'un jaune tendre. Juin, juillet. Elle croît dans les bois, à *Vincennes, Fontainebleau, Saint-Maur*, etc. On la trouve parasite sur les racines des graminées, des cistes, du chardon roulant, etc. ♂

** *Corolles 5-fides ; 3 bractées sous chaque fleur.*

O. LÆVIS, L. *sp.* 881 ; *O. cœrulea*, Vill. *Dauph.* 2, *p.* 406 ; Jacq. *Aust. t.* 276. Tige dressée, simple, anguleuse, pubescente, violette, haute de 1 pied ; feuilles squammiformes ; fleurs en épi peu serré ; 3 bractées, dont une large adhère à la tige, et deux étroites au calice, qui est à 4 lobes ; corolle pubescente, un peu tubuleuse, à lobes entiers ; étamines glabres ; style velu. Fleurs d'un bleu-violet. Juin. Se trouve dans le parc de *Saint-Fargeau*, au bois de *Vincennes*, etc. ♂

O. RAMOSA, L. *sp.* 882 ; Bull. *Herb. t.* 399. Tige jaunâtre, rameuse, pubescente, haute de 5-6 pouces ; fleurs petites, en épis peu serrés, terminaux ; bractées comme dans la précédente ; calice à 4 lobes aigus, plus courts ; corolle tubuleuse, étranglée au-dessus de l'ovaire, très-légèrement pubescente, à 5 lobes ; étamines et styles glabres. Fleurs d'un jaune tendre. Juin. Se trouve dans les chènevières, sur le chanvre, à *Champagne, Longjumeau, Fontenai-aux-Roses*, etc. ♂

CLASSE XV.

TÉTRADYNAMIE. — SIX ÉTAMINES,
dont deux plus courtes, opposées.

SILICULEUSE. — Fruit court, presque aussi large que long.

MYAGRUM. Calice à 4 divisions peu ouvertes; corolle de 4 pétales en croix; style persistant; silicule globuleuse, à 2 valves concaves, à 2 loges.

M. sativum, L. *sp.* 894; Matth. *Valg.* 1172. Cameline. — Tige haute de 1 à 2 pied, un peu branchue du haût, dressée, velue dans le bas ; feuilles sessiles, hastées à la base, entières, presque obtuses, pubescentes; fleurs pédonculées, en longues grappes, sur des rameaux paniculés ; silicules ovoïdes, lisses, à 2 loges polys-permes, comme divisées en deux par la cloison qui se prolonge à l'extérieur en forme d'aile. Fleurs blanches. Juin. Se trouve dans les moissons à *Champagne* ; dans les prairies artificielles, au-dessus des carrières de *Vaugirard*, etc. ⊙

On retire des graines de la Cameline une huile à brûler, dont on se sert dans quelques pays où l'on cultive cette plante pour cet usage.

M. dentatum, Willd. *sp.* 3, *p.* 408 ; Lind. *Alsat.* 49, *t.* 1. Tige presque simple, dressée, haute de 1 pied, pubescente-rude ; feuilles écartées, garnissant toute la tige, amplexicaules, linéaires, dentées-subpinnatifides, presque sagittées à la base, finement ciliées sur les bords, surtout les supérieurs; fleurs terminales, en grappes latérales ; silicules ovoïdes, lisses, à 2 loges polys-permes, semblables à celles de l'espèce précédente. Fleurs d'un jaune pâle. Juin. Habite les moissons, à *Palaiseau, Liancour, Beauvais*, etc. ⊙ Cette plante a une odeur désagréable.

M. paniculatum, L. *sp.* 895 ; *Fl. dan. t.* 204. Tige dressée, rameuse, paniculée, velue, haute de 1 pied et plus : feuilles ses-siles, hastées à la base, lancéolées, entières, rudes, glabres, les radicales lancéolées, presque roncinées, velues, finissant en une sorte de pétiole; fleurs en panicule, pédonculées; silicule petite, glabre, ovoïde, globuleuse, ridée, à 2 loges monospermes. Fleurs d'un blanc-jaunâtre. Juin. Se trouve dans les moissons, à *Charenton, Saint-Maur, Champigni, Nanterre, Montmartre*, dans la plaine de *Grenelle*. ⊙

M. erucœfolium, Vill. *Dauph.* 3, *p.* 279; *M. bursifolium*,

Thuill. *Fl par.* 319; *Crambe corvini*, All. *Ped. n°* 937; Barr. *Ic.* 1252. Tige étalée, presque couchée à la base, rameuse, dressée, glabre, haute de 6-12 pouces; feuilles radicales lyrées, roncinées, un peu glauques, glabres, les caulinaires un peu lancéolées, sagittées à la base, sessiles, dentées-anguleuses, glabres; fleurs pédonculées, en longues grappes; silicules globuleuses, glabres, ridées, à 1 loge monosperme. Fleurs blanches. Mai, juin. Se trouve dans les champs, les vignes, et sur les murailles, à *Chaumont*, *Passy*, etc. ☉

M. *perfoliatum*, L. Vide *Cakile perfoliata*.

CAKILE. Calice à 4 divisions, presque fermé; corolle de 4 pétales en croix; disque de l'ovaire portant 4 glandes; style simple ou nul; stigmate obtus; silicule composée de 2 articles monospermes, qui ne s'ouvrent point d'eux-mêmes.

C. perfoliata, Decand. *Fl. fr.* 4, *p.* 720; *Myagrum perfoliatum*, L. *sp.* 893; *C. Bauh.*, Prodr. 51, *f.* 2. Tige rameuse, dressée, haute de 1 pied environ, glabre; feuilles sessiles, cordiformes-sagittées à la base, lancéolées, obtuses, glauques, surtout en dessous, entières; fleurs subsessiles, en grappes spiciformes, longues; silicules un peu en cœur allongé, glabres, surmontées d'une pointe qui est le prolongement de la cloison. Fleurs jaunes. Juin. Se trouve dans les moissons, à *Auteuil*, etc. ☉

BUNIAS. Calice à 4 divisions; corolle de 4 pétales en croix; silicule arrondie, à 2–4 loges monospermes, à valves presque osseuses, qui ne s'ouvrent pas d'elles-mêmes.

B. orientalis, L. *sp.* 936; Gmel. *Sib.* 3, *t.* 57. Tige rameuse, dressée, un peu velue, haute de 2-3 pieds; feuilles inférieures roncinées, les moyennes ovales-lancéolées, finissant un peu en pétiole, les supérieures sessiles, entières, pubescentes à bords un peu plissés; fleurs paniculées, pédonculées, à grappes longues; silicules un peu triangulaires, arrondies, tuberculeuses. Fleurs jaunes. Mai, juin. Se trouve communément, depuis plusieurs années, dans le bois de *Boulogne*, à *Saint-Maur*, à *Vincennes*, où elle a été sans doute semée. ♃

DRABA. Calice dressé, à 4 divisions; corolle de 4 pétales en croix; style très-court; silicule entière, ovale-oblongue, comprimée, à 2 loges polyspermes, à graines nues, et dont la cloison est parallèle aux valves, qui sont planes.

D. verna, L. *sp.* 895; Lob. *Ic. t.* 469, *f.* 1. Tige rameuse, glabre, nue, haute de 4 à 6 pouces; feuilles radicales étalées en rosette, ovales-cunéiformes, sessiles, dentées, velues; fleurs paniculées, pédonculées, petites; fruit glabre, plane, entier, ovale-allongé. Fleurs blanches. Mars, avril. Se trouve dans tous les endroits sablonneux, au bois de *Boulogne*, etc. ☉

D. **muralis**, L. *sp.* 897 ; Lam. *Ill. t.* 556 , *f.* 2. Tige simple , feuillée , velue ; feuilles radicales ovales-cunéiformes , dentées , obtuses , velues , finissant en un court pétiole , les caulinaires sessiles , ovales , dentées , velues , embrassantes ; fleurs petites , un peu divariquées , en grappe terminale ; silicule ovale, allongée , glabre , plane. Fleurs blanches. Mars , avril. Se trouve sur les murs et dans les lieux secs , à *Sèvres , Montmorency ?* ☉

LEPIDIUM. Calice entr'ouvert, à 4 divisions ; corolle à 4 pétales en croix ; silicule entière au sommet, ovale, comprimée, à valves creusées en carène aiguë, à 2 loges polyspermes ; graines nues.

L. **latifolium**, L. *sp.* 899 ; *Fl. dan. t.* 557. Passerage. — Tige haute de 2-3 pieds , rameuse, dressée , glabre , souvent couverte d'une poussière glauque ; feuilles ovales-lancéolées , denticulées , glabres , pointues , finissant en un court pétiole ; fleurs en panicule foliacée ; corolle petite ; silicules ovales-arrondies , planes , glabres , terminées par le stigmate, qui est sessile. Fleurs blanches. Juillet , août. Se trouve dans les endroits ombragés des rivages , dans les îles de *Charenton* , à *Saint-Maur* , *Vincennes* , etc. ♃

Le nom de cette plante indique l'idée qu'on avait de ses vertus ; la Passerage a des propriétés antiscorbutiques, mais elles sont faibles , tandis que nous les verrons plus développées dans quelques-unes des plantes suivantes. Au fur et à mesure que nous avançons , nous voyons que plus les classes présentent d'analogie dans l'organisation des espèces qu'elles renferment, et plus les vertus de ces plantes sont semblables. Nous venons de voir que les plantes Didynames sont presque toutes actives , antispamodiques , toniques, etc. ; nous allons reconnaître que celles de la Tétradynamie, qui sont les Crucifères de Tournefort, sont presque toutes antiscorbutiques.

L. **iberis**, L. *sp.* 900 ; Lam. *Ill. t.* 556 , *f.* 2. Tiges très-rameuses, diffuses , glabres, comme ligneuses , hautes de 1 à 2 pieds ; feuilles linéaires, glabres, sessiles , entières , à bords un peu roulés, les inférieures un peu dentées ; fleurs paniculées , petites , ne contenant souvent que 2 étamines par l'avortement des 4 autres ; silicules ovales , aiguës , glabres. Fleurs blanches. Eté , automne. Commun le long des chemins et fossés du côté de *Saint-Mandé* , de *Vincennes* , etc. ♃

L. **petræum** , L. *sp.* 899 ; Jacq. *Aust. t.* 131. Tige dressée , rameuse , étalée, pubescente, haute de 2-3 pouces ; feuilles profondément pinnatifides , à folioles ovales-lancéolées, entières , pubescentes ; fleurs très-petites , presque en corymbe ; pétales échancrés , égaux au calice ; fruit ovale, lisse , comprimé, entier. Fleurs blanches. Mars , avril. Se trouve dans les endroits pierreux, rocailleux , à *Fontainebleau.* ☉

L. **procumbens** , L. *sp.* 898 ; Magn. *Monsp.* 184, *t.* 185. Elle ne paraît être qu'une variété de l'espèce précédente, qui vient dans les lieux moins secs ; sa tige longue de 4 à 6 pouces est presque couchée, plus faible, plus grêle ; les feuilles ne sont pinnatifides que jusqu'à moitié ; du reste, même fleur et même fruit. Se trouve dans les lieux frais, sablonneux, à *Fontainebleau*. ☉

L. ruderale, sativum et *nudicaule*, L. Vide *Thlaspi ruderale, sativum* et *nudicaule*.

THLASPI. Calice à 4 divisions ; corolle de 4 pétales en croix ; silique échancrée au sommet, comprimée, à 2 valves creusées en carène aiguë et bordée, à 2 loges.

* Loges monospermes.

T. RUDERALE, All. *Ped. n°* 917 ; *Lepidium ruderale*, L. *sp.* 900 ; *Fl. dan. t.* 184. Tige dressée, rameuse, glabre, haute de 6 à 8 pouces ; feuilles radicales bipinnatifides ou pinnatifides, glabres, les supérieures simples ; fleurs terminales petites, en grappes paniculées, souvent à 2 étamines ; silicules ovales-arrondies, comprimées, échancrées au sommet, petites. Fl. blanches. Mai. Se trouve dans les endroits pierreux, à *Palaiseau*, etc. ☉

T. NUDICAULE, Decand. *Fl. fr.* 4, *p.* 709 ; *Iberis nudicaulis*, L. *sp.* 907 ; *Fl. dan. t.* 323. Tiges nombreuses, simples, un peu inclinées, presque nues, glabres ou légèrement pubescentes, longues de 2-3 pouces ; feuilles radicales étalées en rosette, pinnatifides, à lobes un peu confluens au sommet, glabres, plus ou moins ovales ou arrondies, les caulinaires simples, courtes ; fleurs en grappes, corymbifères ; silicules arrondies, planes, glabres, échancrées au sommet.

Var. B. *Lepidium nudicaule*, L. *sp.* 898. Lobes des feuilles courts et linéaires.

Fleurs blanches. Mai. Se trouve dans les lieux sablonneux, au bois de *Boulogne*, etc. ☉

T. SATIVUM, Desf. *Cat.* 133 ; *Lepidium sativum*, L. *sp.* 899 ; Blackw. *t.* 23. Nasitor, Cresson alénois. — Tige dressée, peu branchue, glabre, haute de 1 pied environ ; feuilles un peu glauques, les inférieures bipinnatifides, découpées, glabres, les supérieures presque simples, entières ; fleurs en grappes terminales, allongées ; silicules arrondies, planes, glabres, échancrées, bordées et surmontées par le style qui est très-court.

Var. B. Feuilles crêpues.

Fleurs blanches. Eté. On le cultive, et il se trouve dans les lieux cultivés, à *Menilmontant*, etc. ☉

Le Cresson alénois est alimentaire, et un bon antiscorbutique ; comme sa saveur est agréable, on peut le manger crû en salade ; c'est un médicament que l'on prend ainsi sans la moindre répugnance.

** *Loges polyspermes.*

T. BURSA PASTORIS, L. *sp.* 903 ; Lam. *Ill. t.* 557 , *f*, 2. Bourse
à pasteur. — Tige dressée, haute de 6 pouces à 1 pied et plus ,
velue, un peu rameuse , peu feuillée ; feuilles radicales roncinées ,
velues, surtout en vieillissant , étalées en rosette, les supérieures
dentées, incisées ; fleurs petites, terminales , disposées en corymbe ; silicule triangulaire, en cœur renversé , comprimée,
glabre, sans rebord , échancrée, au sommet, surmontée du style.
  Var. B. Feuilles radicales presque entières.
  Var. C. Feuilles radicales finement découpées.
  Fleurs blanches. Printemps , été. Se trouve partout dans les
endroits cultivés, sur les murs , etc. ⊙

  T. PERFOLIATUM, L. *sp.* 902 ; Barr. *Ic. t.* 815. Tige dressée,
glabre, un peu rameuse à la base, haute de 3–4 pouces ; feuilles
radicales glauques , ovales , denticulées , finissant en pétiole, les
caulinaires sessiles, sagittées à la base, ovales, souvent entières ;
fleurs en corymbe ; silicules ovales , largement échancrées, glabres,
terminées par un style court. Fleurs blanches. Mars, avril. Se
trouve dans les lieux cultivés , les prairies caillouteuses, au
Plessis-Piquet, a *Romainville*, *Saint-Cloud*, *Vincennes*, etc. ⊙

  T. ARVENSE, L. *sp.* 901 ; *Fl. dan. t.* 793. Monnoyère. — Tige
rameuse, dressée, glabre, haute de 1 pied ; feuilles sessiles ,
embrassantes, oblongues , sinuées-dentées, glabres ; fleurs en
corymbes ; silicules arrondies, très-larges, glabres, comprimées ,
échancrées au sommet, terminées par un style très-court, bordées
d'une large membrane. Fleurs blanches. Avril, mai. Se trouve
communément dans les lieux cultivés. ⊙

  T. CAMPESTRE, L. *sp.* 902 ; Fuchs. *Hist.* 306 , *Ic.* Tige rameuse
à la base, dressée , pubescente, haute de 1 pied ; feuilles radicales
oblongues, un peu dentées, blanchâtres, pubescentes , finissant
en pétiole, les caulinaires nombreuses, sessiles, embrassantes,
sagittées à la base, lancéolées, presque entières, obtuses ; fleurs
en grappes presque ombellées ; silicules ovales, bombées, creusées
en cuiller d'un côté, glabres , échancrées au sommet, terminées
par un style court. Fleurs blanches. Mai, juin. Se trouve dans les
lieux secs. Très-commun. ⊙

  IBERIS. Calice ouvert, à 4 divisions ; corolle de 4 pétales, dont
2 plus grands ; silicules à 2 valves en carène, échancrées au
sommet, à 2 loges.

  I. AMARA , L. *sp.* 906 ; Riv. *Tetr. t.* 112. Tige rameuse, étalée à
la base , dressée, glabre, haute de 6 à 8 pouces ; feuilles lancéolées, dentées, subpinnatifides, glabres , éparses, finissant en
une sorte de pétiole ; fleurs terminales, presque en ombelles ; silicules planes, orbiculaires, surmontées d'un style persistant, et

souvent de 2 petites pointes latérales plus courtes. Fleurs blanches ou rougeâtres. Mai, juin. Se trouve partout dans les lieux cultivés, les moissons, à *Vincennes*, etc. ☉

I. INTERMEDIA, Guers. *Bull. Phil. n*° 82 , *t.* 21. Tige dressée, de 1 à 2 pieds, branchue, à rameaux divergens, glabres ; feuilles lancéolées-linéaires, glabres, dentées, terminées en pétiole, les supérieures entières ; fleurs, ramassées presque en ombelles ; silicules ovales, échancrées, larges, glabres, terminées par 2 pointes de la longueur du style, et écartées. Fleurs blanches, purpurines à la base. Mai, Juin. Se trouve sur les collines qui bordent la Seine, depuis *Mantes* jusqu'à *Rouen.* ♂ ?

I. nudicaule, L. Vide *Lepidium nudicaule.*

COCHLEARIA. Calice entr'ouvert, à 4 divisions ; corolle de 4 pétales en croix ; style court ; silicule gonflée, entière, à 2 valves bossues, à 2 loges, à 1—2 graines dans chaque.

C. ARMORACIA, L. *sp.* 904 ; Lob. *Ic.* 320 , *f.* 1. Cran, Raifort. — Tige dressée, haute de 2–3 pieds, rameuse vers le haut, glabre ; feuilles radicales grandes, dressées, ovales-oblongues, pétiolées, crénelées, glabres, celles de la tige souvent semi-pinnatifides, les supérieures sessiles, lancéolées, dentées-crénelées ; fleurs en longues grappes grêles ; silicules petites, globuleuses, glabres. Fl. blanches. Juin. Se trouve dans les lieux cultivés, un peu frais, à *Menilmontant, Belleville, Fontenai-aux-Roses*, etc. ♃

La racine de Raifort est le plus puissant de nos antiscorbutiques ; fraîche, elle répand une odeur pénétrante et une saveur âcre difficile à supporter : c'est elle qui donne au sirop antiscorbutique, si usité, et dont elle fait la base, ainsi qu'à l'esprit de Cochléaria, et au vin antiscorbutique, ce montant qui pique les yeux, lorsque ces médicamens sont bien faits, et cette saveur pénétrante qu'on y observe. C'est une plante très-précieuse contre le scorbut et toutes les affections qui tiennent à cette maladie dégénérée, lesquelles sont en grand nombre, et quelquefois difficiles à reconnaître. Il est impossible de faire usage de cette racine en nature ; ce n'est que sous l'une des formes dont nous avons parlé qu'on peut l'administrer.

C. DRABA, L. *sp.* 904 ; Jacq. *Aust. t.* 315. Tige simple, dressée, haute de 1 pied, pubescente ; feuilles ovales, sessiles, embrassantes, subhastées, blanchâtres, un peu pubescentes, un peu dentées ; fleurs en grappes ; silicules en cœur, aiguës, glabres, terminées par le style. Fleurs blanches. Juin, juillet. Se trouve dans les champs, à *Montmartre, Montreuil, Charenton*, etc. ♃

C. coronopus, L., Vide *Coronopus vulgaris.*

CORONOPUS. Calice à 4 divisions ; corolle de 4 pétales en

croix; silicule un peu orbiculaire, un peu comprimée, à 2 valves qui ne s'ouvrent pas d'elles-mêmes, hérissées de pointes tuberculeuses.

C. **vulgaris**, Desfont. *Cat.* 132 ; *Cochlearia coronopus*, L. *sp.* 904 ; *Fl. dan. t.* 202. Tige couchée, rameuse, glabre, étalée, longue de 4-5 pouces ; feuilles bipinnatifides, à folioles incisées, obtuses, glabres ; fleurs en grappes axillaires ou opposées aux feuilles ; silicules tuberculeuses, un peu réniformes, comprimées, terminées par le style. Fleurs blanches. Eté. Se trouve partout dans les endroits secs, pierreux, etc. ⊙

ALYSSUM. Calice connivent, à 4 divisions ; corolle de 4 pétales ouverts, en croix ; étamines souvent dentées ; silicules orbiculaires, velues, comprimées, surmontées par le style, à 2 loges.

A. **calycinum**, L. *sp.* 908 ; Jacq. *Aust. t.* 338. Tige dressée, rameuse, un peu étalée, haute de 6 à 12 pouces, pubescente, blanchâtre, ainsi que toute la plante ; feuilles étroites, sublancéolées, obtuses, entières, finissant en une sorte de pétiole ; fleurs en grappes terminales ; étamines simples ; silicule orbiculaire, plane, un peu échancrée au sommet, couverte de poils courts, rayonnans ; style court ; calice persistant presque jusqu'à la maturité de la silicule.

Var. B. *A. minimum*, Thuill. *Fl. par.* 327 (non L.). Tige petite, couchée.

Fl. d'un jaune tendre, blanchissant ensuite. Avril, mai. Se trouve dans les lieux sablonneux, incultes, au bois de *Boulogne*, etc. La variété B dans les lieux stériles. ⊙

A. **campestre**, L. *sp.* 909. Diffère de l'espèce précédente, parce qu'il n'est pas blanchâtre-cotonneux ; la tige est garnie de poils en étoile (comme dans tous les *alyssum*), éloignés ; les feuilles sont lancéolées, larges ; plusieurs étamines sont membraneuses, dentées ; la capsule est plus large, point échancrée, moins velue ; le style plus long ; le calice tombe avec les pétales. Fleurs *id.* Avril, mai. Se trouve sur le bord des chemins et fossés. ⊙ Rare.

A. **montanum**, L. *sp.* 907 ; Jacq. *Aust. t.* 37. Tiges couchées, rameuses, presque ligneuses, redressées à l'extrémité des rameaux, blanchâtres, rudes, longues de 6 à 8 pouces ; feuilles inférieures arrondies, spatulées, entières, blanchâtres, surtout en dessous, parsemées de quelques poils étoilés, les supérieures lancéolées ; fleurs assez grandes, en grappes ; étamines membraneuses, dentées ; silicule blanchâtre, velue, très-légèrement échancrée ; style très-long. Fleurs jaunes. Se trouve dans les lieux secs des montagnes, à *Saint-Maur*, *Bouron* près de Fontainebleau. ♃

A. **alpestre**, L. *Mant.* 92 ; All. *Ped. n°* 888, *t.* 18, *f.* 2. Tige presque ligneuse, dressée, rameuse, haute de 6 à 8 pouces, un peu blanchâtre, finement velue; feuilles lancéolées, ovales-renversés, obtuses, entières, un peu velues en dessus, plus en dessous, où elles sont blanches; fleurs petites, en corymbe serré; calice jaunâtre; étamines appendiculées, non dentées; silicule ovale, blanchâtre, un peu échancrée, avec un style long. Fleurs jaunes. Mai, juin. Se trouve dans les endroits montueux, forêt de *Senlis*. ♃

A. spinosum, L. *sp.* 907; Barr. *Ic.* 808. Tige presque ligneuse, rameuse, diffuse, longue de 4 à 6 pouces, blanchâtre, rude, à rameaux qui deviennent épineux en vieillissant; feuilles lancéolées, obtuses, entières, presque également blanchâtres des 2 côtés; fleurs en corymbe; étamines élargies, non dentées; silicules elliptiques, presque glabres, terminées par un style très-long. Fleurs blanches. Avril, mai. Se trouve sur les collines, à *Guipereux* près d'Epernon, forêt de *Rambouillet*, de *Senlis*. ♃

ISATIS. Calice à 4 divisions, peu ouvertes; corolle de 4 pétales en croix, ouverte; silicule ovale-oblongue, comprimée à une loge, à 2 valves qui, séparément, sont fortement creusées en carène.

I. tinctoria, L. *sp.* 936; Blackw. *t.* 246. Pastel.—Tige dressée, rameuse, haute de 2-3 pieds, glabre; feuilles lancéolées, sagittées à la base, embrassantes, glabres, glauques, les inférieures un peu crénelées; fleurs en grappes paniculées; silicules nombreuses, pendantes, oblongues, obtuses, glabres, avec une ligne médiane élevée des deux côtés, portées sur des pédoncules filiformes.

Var. B. *Hirsuta*; *I. alpina*, Thuill. *Fl. p.* 345 (non Allioni). Tige velue, plus petite; feuilles inférieures un peu velues.

Fl. jaunes. Mai, juin. Se trouve dans les lieux cultivés, au bois de *Boulogne*, à *Auteuil*; la *variété* B dans les endroits secs, à *Vincennes*, etc. ♂

Le Pastel a la propriété de donner, au moyen d'une sorte de fermentation qu'on lui fait éprouver, une fécule bleue très-belle, et qu'on pense devoir remplacer celle qu'on retire de l'indigo (*indigofera tinctoria*, L.). Des procédés nouveaux ont amené la préparation de cet indigo indigène à un point voisin de la perfection : aussi cultive-t-on en grand cette plante, pour en extraire la couleur appelée de son nom *Pastel*.

SILIQUEUSE.—Fruit beaucoup plus long que large.

DENTARIA. Calice à 4 divisions conniventes; corolle de 4 pétales en croix; stigmate échancré; silique longue, à 2 valves, qui se roulent à la maturité; cloison plus longue que les valves.

D. **bulbifera**, L. *sp.* 912; *Fl. dan. t.* 361. Tige dressée, simple, haute de 1 pied, glabre; feuilles ailées, portant des bulbes arrondis à l'insertion du pétiole commun, à 5-7 folioles, lancéolées, dentées - incisées, subpubescentes ou glabres, quelquefois un peu ciliées sur les bords, les 3 dernières folioles un peu confluentes; feuilles supérieures presque simples; fleurs terminales, grandes, peu nombreuses. Fleurs blanches, purpurescentes. Mai. Se trouve dans les bois, à *Conches*, *Villers-Coterets*, *Compiègne*, etc. ♃

CARDAMINE. Calice presque ouvert, à 4 divisions; corolle ouverte de 4 pétales en croix, à onglets longs et étroits; stigmate entier; silique grêle, à 2 loges, 2 valves qui se roulent en s'ouvrant; cloison égale aux loges.

C. **pratensis**, L. *sp.* 915; Blackw. *t.* 223. Cresson élégant, Cresson des prés. — Tige dressée, presque simple, un peu glauque, glabre, haute de 1 pied et plus; feuilles pinnées, glabres, les radicales à folioles arrondies, anguleuses; les supérieures à folioles presque linéaires, entières; fleurs terminales en corymbe, grandes; siliques linéaires, glabres. Fl. d'un blanc-violet. Avril, mai. Se trouve dans les prés, et les bois humides, à *Auteuil*, *Meudon*, etc. ♃

Le Cresson des prés est un bon antiscorbutique, qui est comestible dans plusieurs endroits; il paraît approcher beaucoup des vertus du Cresson d'eau. (*Sysimbrium nasturtium*, L.)

C. **amara**, L. *sp.* 915; *C. amara* et *nasturtiana*, Thuill. *Fl. p.* 330; Math. *Valg.* 483. Tige dressée, haute de 1 pied, glabre, poussant à la base des jets stériles, feuillés; feuilles pinnées, glabres, les radicales à folioles arrondies, anguleuses; les supérieures oblongues, anguleuses; fleurs terminales, plus petites que celles de l'espèce précédente; siliques linéaires, glabres. Fl. blanches. Se trouve dans les endroits humides, à *Palaiseau*, *Orsay*, etc. ♃

C. **hirsuta**, L. *sp.* 915; Curt. *Lond. fasc.* 4, *t.* 48. Tige dressée, presque simple, plus ou moins velue, haute de 4 à 6 pouces; feuilles ailées, quelquefois velues, à pétiole commun, velu; folioles radicales petites, arrondies, pétiolées, peu anguleuses, les supérieures plus étroites, plus longues, anguleuses, presque dentées; fleurs terminales, petites; siliques linéaires, glabres. Fl. blanches. Avril, mai. Se trouve dans les lieux humides, à Saint-Léger, bois de *l'Etang neuf*. Je ne pense pas que le *C. sylvatica* de Link., et peut-être le *C. parviflora*, L., soient distincts de cette espèce. ☉

C. **impatiens**, L. *sp.* 914; *Fl. dan. t.* 735. Tige dressée, branchue, haute de 1 pied; feuilles pinnées, glabres, transparentes, avec un appendice embrassant la tige à la base du pétiole; les radicales à folioles trilobées, cunéiformes ; les supérieures à folioles allongées, presque entières, confluentes au sommet ; fleurs terminales, en corymbe, très - petites, souvent apétales ; siliques linéaires, très - étroites. Fl. blanches. Mai. Se trouve dans les bois humides, à *Marcoussis, Fontainebleau.* ♂

SISYMBRIUM. Calice ouvert, à 4 divisions ; corolle à 4 pétales en croix ; siliques à 2 valves qui restent droites.

* *Siliques courtes.*

S. NASTURTIUM, L. *sp.* 916 ; *Fl. dan. t.* 690. Cresson de fontaine. — Tiges couchées, rampantes, ou nageantes, puis redressées, glabres ; feuilles ailées, glabres ; celles du bas de la tige à folioles arrondies, un peu anguleuses, et d'autant plus grandes qu'elles sont plus au sommet ; les supérieures à folioles ovales ; fleurs en corymbe ; siliques courtes, un peu arquées, à peine égales au pédoncule. Fl. blanches. Eté. Se trouve dans les fontaines et les ruisseaux ♃. Cette plante, pour le port, est une *cardamine.*

Si le Raifort est le plus actif et le plus puissant de nos antiscorbutiques, le cresson en est le plus employé ; il est doué d'une vertu semblable très – marquée ; il est d'un goût agréable : c'est son suc dont on use le plus généralement à la dose de 3–6 onces par jour, dépuré ou non ; cette plante convient dans le scorbut et les maladies qui en dérivent si souvent : on le donne aussi avec succès dans la phthisie, les scrophules, les maladies de la peau, en un mot toutes les fois qu'il faut corriger des humeurs viciées. Les Parisiens en consomment prodigieusement en salade toute l'année, manière commode et assez bonne d'en faire usage ; on l'a donné quelquefois, pour toute nourriture, à des malades qui s'en sont fort bien trouvés.

S. SYLVESTRE, L. *sp.* 916 ; All. *Ped. n°* 1012, *t.* 56, *f.* 2. Tige diffuse, rameuse, dressée, un peu étalée à la base, glabre ; feuilles glabres, presque bipinnatifides, à folioles ovales, dentées, anguleuses ; fleurs en grappes corymbifères ; calice coloré ; siliques un peu courbes, oblongues. Fl. d'un jaune vif. Eté. Se trouve sur les rivages, et dans les endroits où l'eau a séjourné l'hiver. ♃

S. PALUSTRE, Willd. *sp.* 3, *p.* 490 ; *S. hybridum*, Thuill. *Fl. p.* 330 ; *Fl. dan. t.* 409 ; diffère du précédent par les siliques courtes, renflées et bossues. Fl. d'un jaune-pâle. Eté. Se trouve dans les endroits où l'eau a séjourné, le long de la Seine, au bas des quais, etc. ♃ Le *S. pusillum* de M. Thuillier, *Fl. p.* 332, ne diffère pas de cette plante.

S. AMPHIBIUM, L. *sp.* 917 ; *Fl. dan. t.* 984. Tige redressée, un peu débile, grosse, presque simple, glabre, longue de 1 à 2

pieds ; feuilles simples , entières ou dentées , rétrécies et embrassantes à la base ; fleurs en grappes ; siliques ovoïdes , gonflées ,
un peu courbes , terminées par un style persistant ; pédicelles
réfléchis à la maturation.

Var. **B.** *Aquaticum ;* Lob. *Ic. t.* 319 ; feuilles inférieures à
découpures profondes , les supérieures incisées.

Fl. jaunes. Mai ; juin. Fréquent au bord des eaux ; la *var.* B
dans l'eau ♃

S. officinale , Scop. *Carn. ed.* 2 , *n°* 824 ; *Erysimum officinale* , L. *sp.* 922 ; *Fl. dan. t.* 560.. Erysimum , Vélar , Herbe au
chantre. — Tige redressée , rameuse , pubescente , grisâtre , ainsi
que toute la plante , haute de 1 pied , à rameaux écartés à angles
droits ; feuilles roncinées , à folioles dentées , presque hispides ;
fleurs très-petites , en épis grêles , longs ; siliques presque sessiles,
serrées contre l'axe de l'épi , velues , finissant d'une manière
très-aiguë. Fl. jaunes. Eté. Se trouve le long des fossés et des chemins , dans les lieux incultes. ☉

L'Erysimum passe pour être bon contre l'enrouement, d'où
lui vient son nom d'*Herbe au chantre;* il est antiscorbutique et
un peu incisif ; son sirop est assez employé.

** *Siliques grêles ; tige presque nue.*

S. murale , L. *sp.* 918 ; Barr. *Ic.* 131. Tige dressée, haute de
4 à 8 pouces , presque simple , presque nue , chargée de poils
plus ou moins abondans ; feuilles radicales , longues , dentées-
anguleuses , glabres ; fleurs terminales , peu nombreuses , grandes ;
siliques longues.

Var. **B.** *S. erucastrum* , Gouan. *Ill.* 42 , *t.* 20. Tiges et quelquefois feuilles hispides , celles-ci pinnatifides , à angles nus.

Var. **C.** *S. Barrelieri* , Thuill. *Fl. par.* 334; Barr. *Ic.* 1016. Tige
et feuilles plus hispides que celles de la variété précédente ; les
angles des folioles presque tous terminés par un poil.

Fl. jaunes. Eté. Se trouve sur les murs , dans les lieux caillouteux , arides. Commun. ☉

S. vimineum , L. *sp.* 919 ; J. Bauh. *Hist.* 2 , *Ic. p.* 862 , Petite
plante , à tige presque simple , nue , de 1 à 2 pouces , glabre ;
feuilles inférieures roncinées , à lobes obtus , glabres , étalés en
rosette ; fleurs terminales , petites , peu nombreuses ; siliques peu
allongées. Fl. jaunes. Eté. Se trouve dans les vignes , les endroits
cultivés , à *Colombe* , *Puteau* , *Nanterre* , *Montmorency*, etc. ☉

S. arenosum , L. *sp.* 919 ; Barr. *Ic.* 196. Tiges rameuses , un
peu diffuses , un peu feuillées , étalées , flexueuses , hispides-blan-
châtres , ainsi que toute la plante, longue de 4 à 6 pouces ; feuilles
radicales , lyrées , roncinées , les supérieures plus entières , dentées , anguleuses ; fleurs en corymbe ; calices glabres , ainsi que

les siliques, qui sont longues. Fl. rougeâtres. Juin. Se trouve sur le bord des vignes, à *Argenteuil*, (Thuill.) ? ☉

*** *Siliques grêles ; tiges feuillées.*

S. STRICTISSIMUM, L. *sp.* 922 ; Jacq. *Aust. t.* 194. Tige simple, dressée, pubescente ou un peu poilue, douce au toucher, haute de 2-3 pieds ; feuilles lancéolées, oblongues, dentées ou entières, légèrement pubescentes, surtout en dessous, où elles sont plus pâles, atténuées à la base en un court pétiole ; fleurs en corymbe terminal, composé de grappes latérales, dont l'axe est presque velu ou glabre ; calice coloré ; siliques grêles, écartées de la tige, glabres, et un peu roides à leur maturité. Fl. jaunes. Juin, juillet. Se trouve dans les endroits montueux, les bois, à *Saint-Cloud*, *Neuilly-sur-Marne*, *Mantes*, etc. ♃

S. SUPINUM, L. *sp.* 917 ; Isnard. *Act. acad.* 1724, *p.* 295, *t.* 18. Tige couchée, presque droite, longue de 1 pied et plus, un peu velue ; feuilles pinnatifides, glabres, à lobes écartés, dentés, anguleux, étroits, la pinnule terminale plus grande ; fleurs en grappe ; siliques assez longues, un peu pubescentes, axillaires, solitaires ou géminées, portées sur un pédoncule court situé dans l'aisselle des feuilles ou de petites folioles. Fl. blanchâtres. Eté. Se trouve dans les endroits sablonneux, sur les rivages ; dans les îles de *Charenton*, à l'île des *Cygnes*, etc. ☉

S. TENUIFOLIUM, L. *sp.* 917 ; Fuchs. *Hist.* 262. Roquette sauvage. — Tige rameuse, dressée, haute de 1 à 2 pieds, glabre, ainsi que toute la plante ; feuilles pinnatifides, glabres, les inférieures à découpures un peu étroites, élargies et confluentes dans celles du haut, âcres au goût ; fleurs en grappes corymbiformes, grandes ; siliques longues et grêles, portées sur de courts pédoncules. Fl. d'un jaune pâle. Eté. Se trouve abondamment dessus et le long des murs, ainsi que dans les endroits incultes. ☉

Cette plante est d'une odeur très-fétide.

S. LOESELII, L. *sp.* 921 ; Jacq. *Aust. t.* 324. Tige dressée, rameuse, haute de 1 à 2 pieds, velue, un peu blanchâtre ; feuilles pinnatifides, à découpures étroites qui augmentent en longueur successivement jusqu'à la pinnule terminale, qui est grande et hastée, dentée, obtuse, pubescentes ; fleurs terminales en grappe ; siliques très-longues, grêles, flexueuses, pubescentes, presque sessiles. Fl. jaunes. Eté. Se trouve dans les lieux cultivés, secs, pierreux, à *Chantilli*, *Saint-Maximin*, etc. ☉

S. OBTUSANGULUM, Decand. *Fl. fr.* 4, *p.* 671 ; *Synapis hispanica*, Lam. *Fl. fr.* 3, *p.* 645 ; Thuill. *Fl. par. p.* 343 (non L..) ; Bauh. *pin.* 862, *t.* 3. Tige rameuse, dressée, couverte de poils courts, un peu rude, haute de 1 pied environ ; feuilles profondément pinnatifides, un peu rudes, glabres ; folioles des feuilles radicales ovales, larges, à angles arrondis, dentées, obtuses, la foliole terminale très-obtuse ; les supérieures ayant les folioles plus étroites, mais toujours à angles et dents obtus ; fleurs en grappes ; calice coloré ; siliques longues, à 4 angles obtus, terminées par une petite corne, souvent courbées. Fl. jaunes. Eté. Se trouve dans les lieux stériles, sur les murs, au parc de *Vincennes*, du côté de *Plaisance*, etc. ♃

S. IRIO, L. *sp.* 921 ; Jacq. *Aust. t.* 322. Tige rameuse, diffuse, glabre, haute de 1 à 2 pieds ; feuilles roncinées, glabres, à folioles étroites, aiguës, écartées ; la pinnule terminale grande, hastée, pointue ; fleurs en grappes ; calice coloré ; siliques nombreuses, dressées, grêles, à pédoncule un peu court. Fleurs jaunes. Eté. Se trouve dans les lieux incultes, les décombres, le long des murs, etc. Commun. ☉

S. SOPHIA, L. *sp.* 922 ; *Fl. dan. t.* 528. Sagesse des Chirurgiens. — Tige dressée, rameuse, haute de 1 à 2 pieds, pubescente ; feuilles nombreuses, pubescentes, surtout sur les pétioles, pinnées, à folioles pinnatifides, à découpures étroites, dentées, obtuses ; fleurs terminales, disposées en corymbe, très-petites ; siliques grêles, longues, portées par des pédoncules pubescens, longs. Fl. jaunes. Mai, juin. Se trouve dans les lieux incultes, sur le bord des chemins, des murailles, etc. Commun. ☉

Les feuilles du Thalictron ou Sagesse des Chirurgiens sont faiblement antiscorbutiques ; les graines passent pour être rubéfiantes. L'une et l'autre sont maintenant peu employées.

Le *S. monense*, L. est une plante de Provence, qui ne vient pas aux environs de *Paris* ; celle qui a été prise pour elle est une variété insignifiante du *S. murale*.

CHEIRANTHUS. Calice serré, à 4 folioles, dont 2 sont bossues à la base ; corolle de 4 pétales, en croix ; disque de l'ovaire portant 2 glandes ; silique arrondie, terminée par un stigmate à 2 lobes ; graines membraneuses.

C. CHEIRI, L. *sp.* 924 ; Regnault, *Bot. t.* 204. Giroflée jaune. — Tige haute de 1 à 2 pieds, dressée, rameuse, un peu blanchâtre, dure, glabre ; feuilles lancéolées, pointues, un peu obliques, entières, finissant en une sorte de pétiole ; fleurs grandes, en grappes ; calice coloré ; siliques longues, grosses, subpubescentes, terminées par un stigmate bifide. Fl. d'un jaune de rouille. Mars, avril. Se trouve partout sur les toits et les murailles. ♂

C. *erysimoides*, L. Vide *Erysimum murale*.
C. *maritimus*, L. Vide *Hesperis maritima*.

ERYSIMUM. Calice fermé, à 4 divisions ; corolle de 4 pétales, en croix ; disque de l'ovaire portant 2 glandes ; silique exactement tétragone, dressée.

E. BARBAREA, L. *sp.* 922; Fuchs. *Hist.* 746, *Ic.* Herbe Sainte-Barbe. — Tige dressée, haute de 1 pied, presque simple, striée, glabre; feuilles lyrées, glabres, à folioles petites, arrondies, dentées, anguleuses, l'impaire très-grande, les supérieures simples, anguleuses; fleurs petites, en grappes allongées; siliques grêles, terminées par un style long. Fl. d'un jaune foncé. Mai, juin. Se trouve le long des fossés humides, des ruisseaux. Commune. ♃

L'herbe de Sainte-Barbe est un bon antiscorbutique; ses feuilles sont alimentaires dans quelques cantons; on s'en sert aussi, dans plusieurs pays, pour appliquer sur les contusions récentes, comme on fait chez nous des feuilles de persil.

E. PRÆCOX, Smith, *Fl. brit.* 707. Tige dressée, un peu rameuse, anguleuse, glabre, haute de 1 pied; feuilles lyrées, glabres, à folioles arrondies, lobées, non dentées, la terminale grande, les supérieures pinnatifides, à folioles étroites, entières, opposées; fleurs en grappes corymbiformes; siliques longues, glabres. Fl. d'un jaune pâle. Avril. (De nouveaux pieds refleurissent en octobre.) Se trouve dans les prés et sur les bords des ruisseaux, au *Calvaire*, à *Bondi*, etc. ♂

E. MURALE, Desf. *Cat.* 129; *Cheiranthus erysimoides*, L. *sp.* 923; *Fl. dan. t.* 721. Tige dressée, un peu rameuse, haute de 1 pied, couverte de poils courts et couchés, peu visibles; feuilles lancéolées, atténuées aux deux extrémités, sessiles, entières, ou quelquefois un peu denticulées; fleurs grandes, en corymbe; calice pâle, un peu bossu à la base; siliques pubescentes, moyennes, un peu étalées. Fl. jaunes. Juin. Se trouve dans les lieux pierreux, le bord des vignes, à *Moret*, *Sèvres*, dans les murs du parc de *Saint-Cloud*, etc. ♂

E. CHEIRANTHOIDES, L. *sp.* 923; *Fl. dan. t.* 731. Tige dressée, très-simple, haute de 1 à 2 pieds, un peu rude, à cause de quelques poils couchés, peu visibles; feuilles lancéolées-linéaires, atténuées aux deux bouts, sessiles, entières, ou légèrement denticulées; fleurs en grappes, petites; calice coloré, presque aussi long que les pétales; siliques subpubescentes, dressées, écartées, mais parallèles à la tige. Fl. jaunes. Juin, juillet. Se trouve dans les champs, les lieux cultivés, au bois de *Boulogne*, à *Charenton*, *Saint-Maur*, etc. ☉

E. HIERACIFOLIUM, L. *sp.* 923; *Fl. dan. t.* 923. Tige dressée, un peu rameuse, glabre, haute de 12 à 18 pouces; feuilles lancéolées, sessiles, dentées, un peu ondulées, rudes, glabres; fleurs grandes, en grappes; calice non coloré; siliques subtuberculeuses, dressées, un peu serrées contre la tige, terminées par un stigmate obtus, subbilobé. Fl. jaunes. Juin, juillet. Se trouve dans les lieux secs, sablonneux, à *Champagne*, *Longjumeau*, *Cormeil*, *Vincennes*, etc. ♂

E. officinale, et *alliaria*, L. Vide *Sisymbrium officinale*, et *Hesperis alliaria*.

HESPERIS. Calice serré, à 4 folioles, dont 2 sont bossues à la base ; corolle de 4 pétales, en croix ; disque de l'ovaire portant 2 glandes ; siliques arrondies ; graines nues.

H. MATRONALIS, L. *sp.* 927 ? Dod. *Pempt.* 161. Julienne sauvage. — Tige dressée, simple, haute de 1 à 2 pieds, un peu hispide, à poils souvent rameux ; feuilles pubescentes, ovales-lancéolées ou lancéolées, denticulées, finissant en languette au sommet, et en pétiole à la base ; fleurs terminales, grandes, paniculées ; folioles des calices barbues au sommet ; pétales obtus ; étamines incluses. Fl. d'un blanc-violet. Mai, juin. Se trouve dans les taillis, les buissons, à *Saint-Cloud*, *Meudon*, *Saint-Maur*, etc. ♃.

H. ALLIARIA, Lam. *Fl. fr.* 2, *p.* 503 ; *Erysimum alliaria*, L. *sp.* 922 ; Blackw. *t.* 372. Alliaire. — Tige dressée, simple, légèrement poilue, haute de 2 pieds ; feuilles presque glabres, cordiformes, larges et courtes, à dents sinuées, profondes, irrégulières, portées sur des pétioles velus ; fleurs en corymbes ; siliques longues et grêles. Fl. blanches. Mai. Se trouve dans les buissons et les lieux ombragés, à *Vincennes*, *Saint-Maur*, etc. ♂.

Cette plante a une odeur d'ail assez marquée, et qu'on est fort étonné de retrouver dans une espèce de cette classe. (Cette odeur est commune dans les plantes de l'hexandrie.) Nous avons déjà vu ce phénomène se présenter dans le *Scordium*. Cette propriété lui suppose les vertus de l'ail ; aussi on la croit vermifuge, antiseptique : elle tient d'ailleurs aux propriétés de sa classe, c'est-à-dire, qu'elle est aussi antiscorbutique ; mais son usage est peu fréquent.

H. MARITIMA, Lam. *Dict.* 3, *p.* 324 ; *Cheiranthus maritimus*, L. *sp.* 924 ; Barr. *Ic.* 1127. Giroflée de Mahon. — Tige flexueuse, souvent penchée, un peu glauque ainsi que toute la plante, couverte de poils couchés, peu visibles, haute de 8 à 10 pouces ; feuilles ovales-lancéolées, obtuses, entières ou denticulées, finissant en pétiole, ayant des poils couchés, peu visibles sur les deux faces ; fleurs peu nombreuses, terminales ; siliques longues, presque sessiles. Fleurs violettes. Été. Se trouve dans les îles de la Seine et de la Marne, près de *Charenton*. ☉

ARABIS. Calice serré, à 4 folioles ; corolle de 4 pétales, en croix ; disque de l'ovaire portant 4 glandes squammiformes, réfléchies ; siliques comprimées, linéaires.

A. THALIANA, L. *sp.* 929 ; Barr. *Ic.* 269 et 970. Tige rameuse, étalée, dressée, velue dans le bas, haute de 4 à 8 pouces ; feuilles radicales étalées en rosette, ovales-lancéolées, dentées, un peu hispides, finissant en un très-court pétiole, les caulinaires éparses, lancéolées, sessiles, entières, ciliées, à poils souvent rameux ; fleurs en grappes paniculées ; siliques écartées, grêles, courtes. Fl. blanches. Mai. Se trouve abondamment dans les endroits sablonneux, aux bois de *Boulogne*, de *Romainville*, etc. ☉

A. TURRITA, L. *sp.* 930 ; Jacq. *Aust. t.* 11. Chou bâtard. — Tige haute de 1 à 2 pieds, dressée, simple, velue ; feuilles radicales lancéolées, pétiolées, dentées-sinuées, hispides, les caulinaires sessiles, amplexicaules, auriculées, denticulées, velues ou pubescentes, obtuses ; fleurs terminales, en grappes ; siliques très-longues, presque sessiles, dressées, rapprochées de la tige. Fleurs jaunes. Juin. Se trouve dans les lieux couverts, les buissons montueux, garenne de *Canneville*, carrière de *Montgresin*, a *Moret*, etc. ♃

A. PERFOLIATA, Lam. *Dict.* 1, *p.* 219 ; *Turritis glabra*, L. *sp.* 930 ; *Fl. dan. t.* 809. Tige haute de 1 à 2 pieds, dressée, glauque, simple, un peu velue en bas, glabre dans le reste ; feuilles radicales lancéolées, dentées, un peu pinnatifides à la base, qui finit en pétiole, obtuses, couvertes de poils roides qui se perdent en vieillissant ; les caulinaires sessiles, embrassantes, hastées, glabres, glauques, aiguës ; fleurs en grappes spiciformes, terminales ; corolle dressée ; siliques grêles, serrées contre la tige. Fl. d'un jaune pâle. Mai, juin. Habite les lieux secs et sablonneux des bois, au bois de *Boulogne*, à *Vincennes*, *Yerres*, etc. ♂

A. HIRSUTA, Scop. *Carn.* n° 835 ; *Turritis hirsuta*, L. *sp.* 930. Tige rameuse du bas, dressée, haute de 1 pied, couverte de poils rameux-hispides ; feuilles radicales étalées en rosette, ovales-cunéiformes, finissant en pétiole, dentées-crénelées, très-velues, les caulinaires sessiles, petites, oblongues, dentées, obtuses, velues ; fleurs en grappes ; corolles dressées ; siliques grêles, fines, dressées, et serrées contre la tige. Fleurs d'un blanc-jaunâtre. Mai, juin. Se trouve dans les bois secs et arides, au bois de *Boulogne*, etc. ♂

BRASSICA. Calice fermé, bosselé à la base ; corolle de 4 pétales, en croix ; disque de l'ovaire portant 4 glandes ; silique arrondie ; cloison dépassant les valves, et subulées ; graines globuleuses.

B. OLERACEA, L. *sp.* 932 ; Jacq. *Aust. t.* 282. Chou. — Racine caulescente, arrondie, charnue ; tige dressée, rameuse, haute d'environ 2 pieds, glabre, glauque ; feuilles radicales pétiolées, glauques, glabres, lobées, lyrées, dentées, les supérieures également glauques et glabres, mais cordiformes-lancéolées, sessiles, embrassantes ; fleurs en grappes ; siliques assez courtes, renflées, un peu gibbeuses, dressées et écartées de la tige. Fleurs jaunes. Mars, avril. Cultivé. ♂

Voyez les variétés nombreuses, dans le Dictionnaire de Rozier, pour cette espèce et les deux suivantes.

On fait du Chou un grand usage alimentaire ; sa patrie nous est inconnue, ainsi que celle de beaucoup de végétaux que les besoins de l'homme, ou son industrie, ont su aller chercher jusque dans les climats les plus éloignés, pour se les approprier. Parmi les nombreuses variétés du Chou il en est une qui est employée par les médecins, c'est celle connue sous le nom de *Chou rouge* : elle fait la base d'un sirop estimé très-pectoral, et fort employé par quelques praticiens dans les affections catarrhales de la poitrine. Le Chou, plus qu'aucun des végétaux crucifères, a la propriété de passer à une sorte de fermentation putride : on sait combien l'eau dans laquelle il a bouilli se corrompt promptement ; il dépose du soufre, et produit de l'hydrogène sulfuré, comme les matières animales : aussi, de tous les végétaux, ce sont ceux de cette classe, et surtout le Chou, qui ressemblent le plus aux animaux, sous le rapport des principes constituans chimiques.

B. **NAPUS**, L. *sp.* 901 ; Fuchs. *Hist.* 177, *Ic.* Navet. — Racine caulescente, fusiforme ; tige dressée, presque simple, haute de 1 à 2 pieds, glabre et glauque, ainsi que toute la plante ; feuilles radicales lyrées, dentées, pétiolées, les supérieures entières, sessiles, embrassantes, subcordiformes-lancéolées ; fleurs en grappes ; siliques longues, cylindriques, égales, écartées de l'axe de la tige, redressées. Fl. jaunes. Avril, mai. Se trouve dans les lieux cultivés, les moissons. ♂

La racine du Navet est non-seulement alimentaire, mais médicinale : on en fait des décoctions qui forment des boissons pectorales, incisives et diurétiques ; c'est une des tisanes qui conviennent le mieux dans les catarrhes aigus, ou les rhumes un peu opiniâtres.

B. **RAPA**, Smith, *Fl. brit. p.* 719 ; *B. rapa*, α, L. *sp.* 931 ; Blackw. *Herb. t.* 226. Tige dressée, rameuse, un peu hispide du bas, haute de 2 pieds ; feuilles radicales (non glauques), lyrées, à lobes arrondis, dentés, hispides surtout sur les bords et sur le pétiole, les caulinaires glauques, entières, embrassantes, subcordiformes-lancéolées ; fleurs en grappes ; siliques à pédoncules hispides, longues, cylindriques, écartées de la tige, redressées, égales.

Var. B. *Sativa*. Rave. — Racine orbiculaire, charnue.

Fl. jaunes. Avril, mai. Se trouve dans les endroits cultivés, à *Longchamps*, etc. ♂

La var. B est cultivée comme alimentaire dans beaucoup de pays ; c'est un gros Navet.

B. **CHEIRANTHOS**, Vill. *Dauph.* 3, *p.* 332, *t.* 36 ; *B. erucastrum*, Thuill. *Fl. par.* 341 (non L.). Tige dressée, presque simple, haute de 1 pied, hérissée de poils roides, peu nombreux, épars sur toutes ses parties ; feuilles pétiolées, les radicales lyrées, à folioles anguleuses, irrégulières, les caulinaires à lobes étroits-linéaires ; fleurs en grappes ; siliques un peu bossues, terminées par un bec plane. Fl. jaunes. Juillet, août. Se trouve dans les endroits secs, plaine du *Point-du-Jour*, bois de *Boulogne*, etc. ♃

SINAPIS. Calice ouvert, à 4 divisions ; corolle de 4 pétales, en croix, à onglets droits ; disque de l'ovaire portant 4 glandes ; siliques arrondies, à cloison proéminente, en forme de languette.

S. ARVENSIS, L. *sp.* 933 ; *Fl. dan. t.* 753. Moutarde sauvage, Sénevé, Cendrée. — Tige haute de 1 à 2 pieds, dressée, rameuse, un peu nue supérieurement, hispide ; feuilles inférieures ovales, sublyrées, anguleuses-dentées, un peu hispides, les supérieures seulement ovales, dentées ou denticulées ; fleurs en grappes, grandes ; siliques presque sessiles, un peu hispides, un peu anguleuses, écartées de la tige, composées de petits renflemens, et terminées par un bec élargi, ventru à la base, fort long. Fl. jaunes. Eté. Très-commun dans les champs et les moissons. ⊙

Les graines des crucifères sont toutes un peu âcres, mais celles de la Moutarde le sont d'une manière plus marquée : on s'en sert pour en former, étant réduites en poudre, et humectées avec de l'eau ou du vinaigre, une espèce de bouillie connue sous le nom de *synapisme*, dont on fait un usage fréquent, lorsqu'il faut déplacer et attirer au dehors un principe rhumatisant, goutteux, humoral, etc., fixé sur un organe ou une partie intérieure : les synapismes sont rubéfians, et produisent des ampoules à la manière des épispastiques. La graine de Moutarde sert à composer un mélange alimentaire qui porte le nom de *Moutarde*, et qui est un véritable stomachique pour les personnes dont l'organe gastrique est paresseux, engourdi, et chez lesquelles la digestion a besoin, pour s'opérer, d'un excitant particulier ; elle a en même temps la propriété d'aiguiser l'appétit, et de le provoquer.

S. NIGRA, L. *sp.* 933 ; Blackw. *Herb. t.* 446. Sénevé noir. — Tige dressée, rameuse, haute de 1 à 2 pieds, scabre ; feuilles radicales lobées, pinnatifides, dentées, scabres, les supérieures linéaires-lancéolées, presque entières, glabres ; fleurs petites, en grappes ; siliques serrées contre la tige, anguleuses, glabres, un peu gonflées, comme couvertes de cicatricules, et se terminant graduellement par un bec anguleux.

Var. B. *S. torulosa*, Pers. *Synop.* 2, *p.* 207. Feuilles inférieures à lobes hastés ; siliques bossues d'espace en espace.

Var. C. *S. turgida*, id. *l. c.* Feuilles à lobes auriculés, à dents calleuses ; siliques ovales, gonflées, veinées, avec un bec anguleux.

Fl. jaunes. Eté. Se trouve assez communément dans les champs, les moissons, la variété B à *Sèvres*. ⊙

S. ALBA, L. *sp.* 933 ; Blackw. *t.* 29. Sénevé blanc. — Tige dressée, rameuse, haute de 1 à 2 pieds, un peu hispide ; toutes les feuilles lyrées, pinnatifides, dentées, scabres ; fleurs assez grandes, en grappes ; siliques hispides à la base, gibbeuses, courtes, arrondies, redressées, écartées de la tige, terminées par un bec court, pubescent, aigu. Fl. jaunes. Été. Se trouve dans les champs, les moissons, etc. ⊙

S. VILLOSA, N. ; *S. incana*, Thuill. *Fl. par.* 343. (non L.). Tige dressée, rameuse, haute de 1 à 2 pieds, un peu hispide ; feuilles inférieures pétiolées, ovales, dentées, un peu sinueuses, glabres ; les supérieures ovales-lancéolées, sessiles, dentées ; fleurs en grappes ; siliques longues, serrées contre la tige, cylindriques, non gibbeuses, velues, terminées petit à petit par un bec assez long, glabre, et surmonté d'un stigmate en tête. Fl. jaunes. Été. Se trouve dans les endroits cultivés, dans les îles de *Charenton*, etc. ⊙

RAPHANUS. Calice serré, à 4 folioles ; corolle de 4 pétales en croix ; disque de l'ovaire portant 4 glandes ; siliques ventrues, gibbeuses, sans valves, à 2 loges.

R. SATIVUS, L. *sp.* 935 ; Lob. *Ic.* 201, *f.* 1. Le Radis. — Racine tubéreuse rose ou blanche en dehors ; tige dressée, rameuse, glabre, haute de 2 pieds ; feuilles inférieures pinnatifides, glabres, à lobes arrondis, le terminal plus grand, presque entier ; fleurs en grappes ; siliques ventrues, presque vésiculeuses, glabres, terminées par un bec court et gros.

Var B. Lob. *Ic.* 201, *f.* 2. La petite Rave. — Racine fusiforme, rose en dehors.

Fl. violettes, veinées. Juin. Cultivé. ⊙

La Rave et le Radis sont antiscorbutiques ; mais je les crois indigestes. La grande consommation qu'en font quelques personnes me paraît vraiment blâmable.

R. NIGER, N. ; Lob. *Ic.* 202, *f.* 1 ; *R. sativus*, β, L. *sp.* 935. Raifort des Parisiens, Radis noir. — Il diffère de l'espèce précédente par ses feuilles roncinées et à lobes aigus, dentés en scie, et surtout par sa racine fusiforme, souvent très-grosse, noire en dehors, compacte, d'un goût très-piquant et un peu âcre. Fl. *id.* Été. Cultivé. ⊙

Le Radis noir est un excellent antiscorbutique ; on n'en fait pas usage comme médicament ; on en sert sur les tables. Comme il est très-actif, il sert de stimulant aux estomacs lents, qui ont la digestion pénible ; il agit alors à peu près comme la moutarde.

R. raphanistrum, L. Vide *Rapistrum arvense*.

RAPISTRUM. Calice serré, à 4 folioles ; corolle de 4 pétales en croix ; disque de l'ovaire portant 4 glandes ; siliques articulées, arrondies, sans valves, à 1 loge, terminées par une longue pointe.

R. ARVENSE, All. *Ped. n°.* 942 ; *Raphanus raphanistrum*, L. *sp.* 935 ; *Fl. dan. t.* 678. Ravenelle. — Tige dressée, un peu rameuse, légèrement hispide, haute de 1 pied et plus ; feuilles lyrées, à lobes écartés, inégaux, arrondis, sinueux, un peu rudes, denticulés ; fleurs grandes, en grappes courtes ; siliques glabres, à étranglemens successifs, striées sur les élévations qui sont en anneaux, terminées par une pointe aussi longue qu'elle, très-droite, glabre et aiguë. Fl. jaunes ou blanches, veinées de violet. Eté. Très-commun dans les moissons. ☉

CLASSE XVI.

MONADELPHIE. — ÉTAMINES réunies en un seul faisceau par les filamens.

PENTANDRIE.—CINQ ÉTAMINES.

ERODIUM. Calice à 5 folioles ; corolle de 5 pétales ; 5 étamines fertiles, avec une glande à leur base, 5 autres stériles et sans anthères ; 1 style à 5 stigmates ; 5 capsules réunies, monospermes, terminées par une arête barbue à la face interne, et qui forment, par leur réunion, un bec commun très-long, lequel se fend en cinq à leur maturité, et chacune des arêtes se roule alors en spirale.

E. CICUTARIUM, Willd. *sp.* 3, *p.* 629 ; *Geranium cicutarium*, L. *sp.* 951 ; Cav. *Diss.* 4, *p.* 226, *t.* 95, *f.* 1. Tige haute de 1 pied, un peu dressée, rameuse, velue ; feuilles pinnées, à folioles bipinnatifides, sessiles, à découpures incisées, dentées ; pédoncules axillaires, velus, portant de 4 à 10 fleurs ; corolle inégale, dont 2 pétales sont plus petits ; capsules à bec très-allongé, hispidiuscule.

Var. B. *E. pimpinellifolium*, Willd. *sp.* 3, *pag.* 630 ; Cav. *Diss.* 4, *p.* 226, *t.* 93, *f.* 1. Plante plus glabre ; tige couchée à la base, puis redressée ; folioles à découpures écartées, moins profondes.

Var. C. *Geranium pilosum*, Thuill. *Fl. par.* 346. Plante très-velue, blanchâtre ; tige petite, étalée, presque entièrement couchée.

Var. D. *E. præcox*, Willd. *sp.* 3, *p.* 631 ; Cav. *Diss.* 4, *p.* 272, *t.* 126, *f.* 2. Plante petite, velue, acaule ; pédoncules radicaux ; feuilles couchées, étalées.

Fleurs rougeâtres. Eté. (La var. D au printemps.) Se trouve, l'espèce dans les endroits incultes ; la var. B dans les endroits incultes et ombragés, frais ; la var. C le long des chemins, et la var. D dans les endroits arides, sablonneux. ☉

DÉCANDRIE. — DIX ÉTAMINES.

GERANIUM. Ce genre a tous les caractères du genre précédent , dont il diffère en ce qu'il a 10 étamines , et que les arêtes des capsules sont glabres intérieurement.

G. **sanguineum**, L. *sp.* 958 ; *Fl. dan. t.* 1107. Tige dressée , un peu branchue , haute de 1 à 2 pieds , très-velue , un peu noueuse ; feuilles orbiculaires , à 5–7 lobes profonds, trifides , entiers , pubescens, portées sur des pétioles velus ; pédoncules uniflores, très-velus , bractifères , un peu coudés , axillaires , longs ; fleurs grandes ; pétales échancrés ; fruits longs , à bec pubescent. Fl. rouges. Mai , juin. Se trouve dans les bois sablonneux , couverts, au bois de *Boulogne*, à *Fontainebleau* , *Juvisi* , etc. ♃

G. **batrachioides**, Cav. *Diss.* 4, *p.* 211 , *t.* 85 , *f.* 2 ; *G. sylvaticum* , var. B , Lois. Desl. *Fl. gall.* 427. Tige dressée, dichotome , pubescente, haute de 1 à 2 pieds ; feuilles grandes , à 5 lobes profonds , cunéiformes à la base, pinnatifides , incisés, pubescens , portées sur des pétioles stipulés à leur naissance ; pédoncules dichotomes, biflores à chaque division ; fleurs grandes , à pétales entiers ; calice à divisions aristées ; fruit velu. Fleurs bleuâtres. Juin. Se trouve dans les prés. (Thuill.) ? ♃

G. **pratense** , L. *sp.* 954 ; Cav. *Diss.* 4 , *p.* 210 , *t.* 87 , *f.* 2. Cette espèce ressemble tellement à la précédente , qu'il est presque impossible de l'en distinguer, et qu'il faut probablement les réunir. Ses feuilles sont seulement presque glabres , un peu ridées , rudes et à divisions plus aiguës ; ses étamines sont deltoïdes à la base , au lieu d'être subulées. Fl. *id.* Se trouve dans des lieux semblables, à *Lahy* ? ♃

G. **lucidum**, L. *sp.* 955 ; *Fl. dan. t.* 218. Tige rameuse, dressée , rougeâtre , très-glabre , haute de 8 à 12 pouces ; feuilles subpeltées , rondes , à 5–7 lobes peu profonds , trifides , très-entiers et très-obtus, luisantes en dessus et un peu pubescentes ; pédoncules biflores ; calice pyramidal , à divisions chagrinées , aristées , glabres ; fleurs petites ; pétales entiers ; capsules chagrinées, presque glabres. Fl. rouges. Juin. Se trouve sur les murailles , à *Epernon.* ☉

G. **molle**, L. *sp.* 955 ; Vaill. *Bot. t.* 15 , *f.* 3. Tige dressée, rameuse, haute de 6 à 12 pouces , un peu noueuse , velue ; feuilles arrondies , molles , à 7–9 lobes obtus, peu profonds , trifides, un peu dentés , pubescens ; pédoncules biflores ; fleurs petites ; calice velu ; pétales entiers ; capsule glabre , ridée en travers , à bec pubescent ; graines lisses. Fl. rougeâtres ou blanchâtres. Mai, juin. Se trouve dans les lieux arides. Commun. ☉

G. **pusillum**, L. *sp.* 957 ; Vaill. *Bot. t.* 15 , *f.* 1. Tige rameuse, un peu couchée ou étalée, longue de 3 à 8 pouces, pubescente; feuilles subréniformes, à 5-7 lobes peu profonds, trifides, pubescens, un peu dentés, obtus; pédoncules biflores; calice velu, aigu; pétales échancrés, courts; capsule non ridée, pubescente ainsi que le bec; graines lisses. Fl. d'un pourpre-blanc. Été. Se trouve dans les lieux arides. Commun. ☉

Cette espèce et la précédente n'ont quelquefois que 5 étamines fertiles; mais les arêtes des capsules sont toujours glabres intérieurement.

G. ROTUNDIFOLIUM, L. *sp.* 957; Cav. *Diss.* 4, *p.* 214, *t.* 93, *f.* 2. Tige rameuse, faible, souvent un peu couchée, un peu velue-visqueuse, longue de 8 à 12 pouces; feuilles arrondies à 5-6 lobes trifides, un peu profonds, obtus, presque entiers, peu velus, et ayant en dessous un duvet court et visqueux; pédoncules biflores; calice velu, long, à divisions aristées; pétales entiers, obtus; capsule et bec velus; graines ridées-réticulées. Fl. purpurines. Juin, juillet. Fréquent dans les lieux secs cultivés. ☉

G. DISSECTUM, L. *sp.* 956; Vaill. *Bot. t.* 15, *f.* 2. Tige rameuse, faible, presque dressée, étalée, haute de 6 à 8 pouces, un peu velue; feuilles presque pentagones, divisées jusqu'au pétiole en 5 lobes trifides et pinnatifides, obtus; pédoncules biflores, très-longs; calice glabre, à divisions aristées; pétales un peu échancrés; capsules un peu velues, ainsi que le bec; graines réticulées. Fl. purpurines. Juin, juillet. Fréquent dans les lieux secs et sur le bord des bois, assez fréquemment. ☉

G. COLUMBINUM, L. *sp.* 956; Vaill. *Bot. t.* 15, *f.* 4. Pied de Pigeon. — Tiges rameuses, faibles, couchées, longues de 1 pied et plus, à peine pubescentes; feuilles divisées jusqu'au pétiole en 5 parties écartées, trifides, à lobes linéaires, distans, aigus, légèrement pubescens; pédoncules biflores; calice glabre, à divisions aristées; pétales un peu échancrés; capsules glabres, à bec presque glabre; graines presque lisses. Fl. purpurines. Mai — juillet. Se trouve souvent dans les bois et buissons. ☉

G. ROBERTIANUM, L. 955; Cav. *Diss.* 4, *pag.* 215, *t.* 86, *f.* 1. Herbe à Robert. — Tige dressée, rougeâtre, très-rameuse, enflée et étranglée aux articulations, velue, haute de 1 à 2 pieds; feuilles ailées, à 3 ou 5 folioles pinnatifides, larges, à découpures ovales, obtuses, entières, presque glabres; pédoncules biflores; calices très-velus, à divisions aristées; pétales entiers; capsules glabres, réticulées, à bec subulé, glabre jusqu'au tiers de sa longueur.

Var. B. *G. purpureum*, Vill. *Dauph.* 3, *p.* 374, *t.* 40. Tige de 5 à 6 pouces, très-rouge; feuilles plus découpées; rides des capsules beaucoup plus prononcées que dans l'espèce.

Fl. purpurines ou blanchâtres. Été. Se trouve dans les lieux pierreux, les buissons: la var. B à *Saint-Cloud*. ☉

Cette plante, un peu fétide, est excellente pour les gargarismes, dans les angines muqueuses ; elle est astringente.

G. *cicutarium* , L. Vide *Erodium cicutarium.*

POLYANDRIE.—ÉTAMINES NOMBREUSES.

ALTHEA. Calice double, l'extérieur à 9 divisions, l'intérieur à 3 ; corolle de 5 pétales ; plusieurs capsules monospermes réunies, disposées circulairement.

A. OFFICINALIS , L. *sp.* 966 ; *Fl. dan. t.* 530. Guimauve. — Tige dressée , presque simple, haute de 2-3 pieds, couverte, ainsi que toute la plante , d'un duvet court , soyeux et blanchâtre ; feuilles ovales , un peu en cœur à la base , anguleuses, sublobées , plissées , crénelées , molles ; fleurs presque sessiles , axillaires , grandes , réunies en une sorte d'épi terminal très-long. Fleurs blanches ou purpurines. Juillet, août. Se trouve dans les lieux cultivés, humides. ♃

Cette plante, et surtout sa racine , est un excellent émollient dont on fait un très-grand usage en médecine ; on s'en sert , à l'extérieur , en lotions , fomentations , bains , injections ; à l'intérieur , en tisane , dans tous les cas d'inflammation et d'irritation ; ses fleurs sont pectorales et béchiques.

A. HIRSUTA , L. *sp.* 966 ; Jacq. *Aust. t.* 170. Tige dressée ou couchée, rameuse , haute de 1 pied et plus, hispide-velue , ainsi que toute la plante ; feuilles inférieures réniformes , à 5 lobes arrondis , les supérieures à 3 lobes très-profonds , dentés-subpinnatifides; fleurs en panicule terminale, foliacée. Fl. d'un blanc-rose. Juin , juillet. Se trouve dans les buissons , les endroits secs et un peu cultivés , à *Vincennes* , *Neuilly-sur-Marne* , etc. ♃

MALVA. Calice double , l'extérieur à 3 folioles , l'intérieur à 5 ; corolle de 5 pétales ; capsules monospermes réunies et disposées circulairement.

M. ROTUNDIFOLIA , L. *sp.* 969 ; *Fl. dan. t.* 721. Petite Mauve. — Tiges couchées, rameuses, longues de 1 pied et plus, ayant quelques poils épars ; feuilles longuement pétiolées, orbiculaires , presque à 5 lobes arrondis , denticulés , crénelés , pubescens ; pédoncules axillaires , ordinairement simples , presque glabres ; fleurs petites ; fruits subpubescens. Fl. purpurines-blanchâtres. Été. Se trouve le long des chemins , etc. Très-commune. ☉

M. SYLVESTRIS , L. *sp.* 969 ; Blackw. *Herb. t.* 22. Mauve. — Tige dressée , rameuse, velue , haute de 2 pieds ; feuilles à 5-7 lobes arrondis , crénelés , pubescens ; pétiole velu , ainsi que les pédoncules ; fleurs axillaires , agglomérées, pédonculées , grandes ; fruits glabres , chagrinés. Fl. purpurines. Été. Se trouve dans les champs , les buissons , etc. ♃

Les feuilles de cette plante ont presque les mêmes vertus que la racine de Guimauve, et on les emploie volontiers l'une pour l'autre ; les fleurs sont très-pectorales. On se sert souvent de la plante entière, bouillie et appliquée en cataplasme à l'extérieur, pour apaiser et résoudre des douleurs locales.

M. ALCEA, L. *sp.* 971 ; Blackw. *t.* 309. Alcée. — Tige dressée, haute de 2 à 4 pieds, presque simple, hispide-velue, à poils rayonnans, rameux ; feuilles un peu scabres, les radicales arrondies, crénelées, presque à 5 lobes, les caulinaires palmées, à lobes écartés, incisés, dentés ; calice extérieur, à folioles oblongues, obtuses ; capsules glabres. Fl. roses. Juillet, août. Se trouve dans les bois, à *Bondi*, *Montmorency*, etc. ♃

M. MOSCHATA, L. *sp.* 971 ; Cav. *Diss.* 2, *p.* 76, *t.* 18, *f.* 1. Mauve musquée. — Tige dressée, simple, haute de 1 à 2 pieds, presque glabre ; feuilles radicales réniformes, incisées, celles de la tige à 5 divisions allant jusqu'au pétiole, pinnées-multifides ; calice extérieur, à folioles linéaires ; capsules velues. Fl. rosées. Mai, juin. Se trouve dans les prés et les bois, à *Meudon*, *Versailles*, *Saint-Germain*, etc. ♃

STEGIA. Calice double, l'intérieur à 5 divisions, l'extérieur à 3-6 divisions ; corolle de 5 pétales ; réceptacle s'évasant au sommet en un large plateau qui recouvre les capsules en manière de toit.

S. LAVATERA, Decand. *Fl. fr.* 4, *p.* 835 ; *Lavatera trimestris*, L. *sp.* 974 ; Cav. *Diss.* 2, *pag.* 90, *t.* 31, *f.* 1. Tige dressée, presque simple, velue, hispide (poils simples), haute de 1 pied ; feuilles pétiolées, subpubescentes, les inférieures cordiformes-arrondies, sublobées, dentées, les supérieures cordiformes-anguleuses, dentées, les terminales subtrilobées ; fleurs solitaires, axillaires, un peu ramassées au sommet ; corolle grande ; calice presque glabre ; capsules petites, rangées circulairement sous l'évasement du réceptacle, au nombre de 10-12. Fleurs purpurines ou d'un rose pâle. Juillet, août. Se trouve aux environs de *Ruel*, où cette plante a peut-être été semée. ☉

CLASSE XVII.

DIADELPHIE. — ÉTAMINES réunies par les filamens, et séparées (ordinairement) en deux faisceaux.

HEXANDRIE. — SIX ÉTAMINES.

FUMARIA. Calice à 2 folioles ; corolle de 4 pétales irréguliers, dont un se prolonge en éperon ; étamines partagées en 2 faisceaux, portant chacun 3 anthères ; capsule sphérique, monosperme.

F. officinalis, L. *sp.* 984 ; Blackw. *Herb. t.* 237. Fumeterre. — Tige haute de 1 pied, rameuse, dressée, un peu diffuse, glabre ; feuilles bi ou tripinnées, multifides, à découpures oblongues, étroites, courtes, rapprochées, glabres, glauques ; fleurs en épis terminaux, allongés ; capsules un peu chagrinées. Fl. d'un pourpre foncé, noires au sommet. Eté. Se trouve dans les lieux cultivés. ⊙

F. media, Lois. Desl. *Not.* 101 ; Vaill. *Bot. t.* 10, *f.* 4. Tige de 1 à 2 pieds, rameuse, débile, dressée ou un peu couchée, grêle, glabre ; feuilles bi ou tripinnées, multifides, à découpures élargies, cunéiformes, écartées, glabres et glauques ; pétiole diffus et contourné ; fleurs en épis terminaux, plus petites que dans l'espèce précédente ; capsules un peu chagrinées. Fleurs d'un blanc-rougeâtre, pourpre au sommet. Eté. Se trouve plus fréquemment encore que la précédente dans les endroits cultivés. ⊙
Ces deux plantes, que l'on confond pour l'usage, sont très-employées en médecine ; elles sont amères, dépuratives, et conviennent très-bien dans les cachexies et les maladies de la peau. On s'en sert en en exprimant le suc, en extrait, en sirop, etc.

F. capreolata, L. *sp.* 985 ; Decand. *Ic. Plant. rar. t.* 34. Tige très-rameuse, diffuse, couchée ou s'accrochant aux corps voisins, longue de 1 à 2 pieds, très-grêle, glabre ; feuilles bi ou tripinnées, multifides, à folioles très-larges, ovales-cunéiformes, à découpures peu profondes, très glauques, surtout en dessous ; pétioles se roulant autour des corps qu'ils rencontrent ; fleurs grandes, peu nombreuses, disposées en épi court ; capsules lisses. Fleurs blanches, noirâtres au sommet. Juin, juillet. Se trouve dans les lieux cultivés, à *Juvisi.* ⊙

F. parviflora, Lam. *Dict.* 2, *p.* 567 ; Vaill. *Bot. t.* 10, *f.* 5. Tige longue de 6 à 10 pouces, étalée, diffuse, rameuse, presque couchée, glabre et glauque; feuilles décomposées, à divisions linéaires, capillaires, canaliculées, glabres et glauques; fleurs petites, en épi très-court, presque en tête; capsules subtuberculeuses. Fleurs d'un blanc-verdâtre, noires au sommet. Juin, juillet. Se trouve dans les champs sablonneux, à *Vincennes, Saint-Maur, Romainville, Chanteloup*, etc. ☉

F. VAILLANTII, Lois. Desl. *Not.* 102; Vaill. *t.* 10, *f.* 6. Tige de 4 à 6 pouces, rameuse, dressée, peu étalée, glabre et glauque; feuilles décomposées, à divisions linéaires-élargies, planes, allongées; fleurs en épi court, presque en tête, moins fourni que celui de l'espèce précédente, et de la même grandeur; capsules subtuberculeuses. Cette espèce a beaucoup de rapport avec la précédente, mais elle s'en distingue aux caractères indiqués. Fleurs couleur de chair, pourpres au sommet. Mai, juin. Se trouve dans les endroits sablonneux, à *Chanteloup*, etc. ☉

F. bulbosa, L. Vide *Corydalis tuberosa.*

CORYDALIS. Calice à 2 folioles; corolle de 4 pétales irréguliers, dont un est terminé en éperon; étamines partagées en 2 faisceaux membraneux, portant chacun 3 anthères; capsule siliqueuse, à 2 valves, à 1 loge polysperme.

C. LUTEA, Pers. *Syn.* 2, *p.* 270; *Fumaria lutea*, L. *Mant.* 258; *Fumaria corydalis*, Math. *Valgr.* 1160, *Ic.* Racine fibreuse; tige étalée, glabre, rameuse, haute de 4 à 8 pouces; feuilles glauques, glabres, bipinnées, à folioles ovales ou cunéiformes, entières ou incisées, souvent trifides au sommet; épi terminal peu fourni; fleurs portées sur des pédoncules filiformes, ayant à la base de petites bractées, linéaires, peu visibles; corolles allongées, à éperon court, obtus, recourbé et un peu renflé. Fleurs jaunes. Mai, juin. Se trouve dans les murs, à *Montmorency, Arcueil*, etc. Il est probable qu'elle vient de graines échappées de quelques jardins. ♃

C. TUBEROSA, Decand. *Fl. fr.* 4, *p.* 637; *Fumaria cava*, Retz; *Prodr.*; *F. bulbosa*, α, L. *sp.* 983; Lob. *Ic.* 759, *f.* 1. Racine tubéreuse, grosse, creuse, souvent irrégulière; tige dressée, fort simple, haute de 6 à 10 pouces, glabre, faible; 2 feuilles caulinaires, alternes, trichotomes, à folioles ovales, incisées-pinnatifides ou lobées, obtuses, glabres, glauques; fleurs en épi terminal; bractées ovales-lancéolées, entières; corolle posée transversalement; éperon recourbé et épaissi à l'extrémité. Fleurs purpurines ou blanches. Mars, avril. Se trouve dans les bois ombragés et les buissons, à *Saint-Maur, Compiègne*, etc. ♃

C. INTERMEDIA, N.; *Fumaria fabacea*, Willd. *sp.* 3, *p.* 862; *F. bulbosa*, β, L. *sp.* 983; Schk. 2, *t.* 194. Racine bulbeuse, solide, arrondie; tige simple, dressée, haute de 2-3 pouces, un peu velue ; 2-3 feuilles sur la tige, alternes, biternées à folioles ovales, glabres, glauques, obtuses, subtrifides, lobées ; fleurs peu nombreuses, terminales ; bractées très-entières, ovales-arrondies ; corolle à éperon droit, et non renflé. Fleurs purpurines ou blanches. Mars. Se trouve dans les mêmes lieux que la précédente, mais elle y est beaucoup plus rare. ♃

C. DIGITATA, Pers. *Syn.* 2, *p.* 269 ; *Fumaria bulbosa*, γ, L. *sp.* 983 ; *F. solida*, Smith, *Fl. brit. p.* 748 ; *Fl. dan. t.* 1224. Racine bulbeuse, solide, arrondie ; tige simple, dressée, glabre, faible ; haute de 4 à 6 pouces ; 2-3 feuilles caulinaires, alternes, biternées, à folioles oblongues, subtrifides, lobées, obtuses, glabres, glauques ; fleurs en épi terminal ; bractées palmées ; éperon droit et non renflé. Fleurs purpurines ou blanches. Mars. Se trouve avec les deux précédentes ; elle est la plus commune. ♃

OCTANDRIE.—HUIT ÉTAMINES.

POLYGALA. Calice à 5 folioles, dont 2 plus grandes, en forme d'ailes, colorées ; corolle monopétale, à 2 lèvres irrégulières ; capsule comprimée, en cœur renversé, à 2 loges monospermes (lèvre inférieure portant une houppe colorée).

P. VULGARIS, L. *sp.* 986 ; Bull. *Herb. t.* 177. Herbe au lait. — Tiges étalées, inclinées, simples, glabres, longues de 5 à 6 pouces ; feuilles glabres, entières, les inférieures ovales, oblongues, les supérieures lancéolées-linéaires, un peu aiguës ; fleurs en grappes terminales, unilatérales, avec de petites bractées caduques à la base des pédoncules ; ailes des calices obtuses, ovales, de la longueur des fleurs, à 3 raies ; graines velues.

Var. B. *P. cœspitosa*, Pers. *Syn.* 2, *p.* 271. Tiges petites, couchées, gazonnantes ; feuilles linéaires, les inférieures plus petites, les superieures dépassant les tiges.

Fleurs bleues, rougeâtres ou blanches. Juillet, août. Se trouve dans les prés secs, les bois. Commune. ♃

P. MONSPELIACA, L. *sp.* 987 ; Decand. *Ic. rar. t.* 9. Il est trèsvoisin du précédent ; il s'en distingue à sa tige plus élevée, dressée ; à ses feuilles entièrement linéaires en haut, aiguës ; aux ailes du calice qui sont oblongues, plus longues d'un quart que la fleur. Fl. bleues. Mai, juin. Se trouve sur les collines, à *Yerres*, etc. ☉

P. AMARA, L. *sp.* 987 ; Vaill. *Bot. t.* 32, *f.* 2. Tiges diffuses, rameuses, couchées, redressées à l'extrémité, longues de 5 à 6 pouces, glabres ; feuilles glabres, entières, les inférieures obovales, arrondies, très-obtuses, grandes, les supérieures linéaires ; fleurs en grappes unilatérales, avec des bractées colorées à la base des pédoncules ; ailes du calice ovales, larges, veinées, de la longueur des fleurs ; graines velues. Fleurs bleues. Mai, juin.

Se trouve sur les collines sèches, à Saint-Germain, pelouse du *Val*, etc. ♃

Le *P. amara* est amer et tonique ; il est regardé comme un très-bon remède contre plusieurs affections de poitrine, telles que la phthisie commençante, le catarrhe chronique et la péripneumonie catarrhale, vers la fin du traitement, lorsque la période inflammatoire a cessé, pour faire place à celle de l'expectoration. On pense que cette racine peut fournir une boisson très-convenable dans les fièvres de mauvais caractères, comme les fièvres adynamiques, ataxiques, etc. On croit qu'elle partage, ainsi que celle du *P. vulgaris*, à un degré moindre, les propriétés du *P. senega*, L., connu dans les pharmacies sous les noms de *Seneka* ou *Polygala* de Virginie. On se sert de la racine de ces deux plantes en décoction ; à haute dose, elles sont purgatives ; celle du *P. vulgaris* est un peu plus faible.

P. AUSTRIACA, Crantz, *Aust. p.* 439, *t.* 2. Tige couchée, étalée, un peu rameuse, longue de 3 à 4 pouces, glabre ; feuilles entières, glabres, les inférieures obovales, élargies, très-obtuses, faisant la rosette, les supérieures linéaires-lancéolées ; fleurs moitié plus petites que dans l'espèce précédente, en grappes unilatérales ; ailes du calice ovales, étroites, obtuses, à peine aussi longues que la fleur, moins larges que la capsule. Fleurs blanches ou d'un bleu pâle. Juin, juillet. Se trouve sur les collines sèches, à *Fontainebleau*, *Villers-Cotcrets*, etc. ♃

P. REPENS, N. Cette espèce diffère de la précédente par sa tige rampante, et qui pousse des touffes de distance en distance. Elle a été trouvée aux environs de Paris, par M. Thuillier, qui l'a communiquée, sous le nom de *P. parviflora*, à M. Brayer, amateur de botanique à Soissons. Fleurs *id.* ♃

DÉCANDRIE. — DIX ÉTAMINES.

GENISTA. Calice tubuleux ou en cloche, à 2 lèvres, la supérieure à 2 dents, l'inférieure à 3 ; corolle papilionacée ; carène pendante, ne renfermant qu'incomplètement les étamines qui sont monadelphes ; gousse oblongue, à 1 loge, à 1 ou plusieurs graines.

G. SCOPARIA, Lam. *Dict.* 2, *p.* 623 (non Vill.) ; *Spartium scoparium*, L. *sp.* 996 ; Duham. *Arb. t.* 84. Genêt à balai. — Arbrisseau de 3 à 4 pieds, à rameaux anguleux, verdâtres, glabres, luisans ; feuilles très-petites, à 3 folioles ovales, pubescentes, entières, aiguës ; feuilles simples supérieurement ; fleurs grandes, solitaires ou formant presque un épi terminal ; gousse comprimée, très-velue. Fl. jaunes. Mai, juin. Se trouve communément dans les bois secs, sablonneux. ♄

Les feuilles et les graines du Genêt commun, ou Genêt à balai, sont purgatives, ce qui est la propriété médicale dominante des légumineuses ; les fleurs de cet arbrisseau passent pour émétiques , mais le vinaigre détruit sans doute cette qualité, puisque dans plusieurs provinces on les mange confites dans du vinaigre. On les emploie contre l'hydropisie, à la dose d'une demi-once dans une livre d'eau. Les cendres du Genêt contiennent de l'alkali , et sont conséquemment diurétiques ; elles sont encore en usage chez quelques praticiens.

G. TINCTORIA , L. *sp.* 998 ; *Fl. dan. t.* 526. Genêt des teinturiers. — Tiges ligneuses, un peu couchées, longues de 1 pied et plus , striées, arrondies, glabres ; feuilles lancéolées-linéaires , sessiles , entières , glabres ou pubescentes, à 3 nervures ; fleurs en grappes serrées, terminales ; légume glabre , atténué au milieu , aigu. Fleurs jaunes. Juin, juillet. Commun sur les coteaux herbeux des bois ; on le trouve aussi dans les prés bas, à *Anière, etc.* ♄

Ce Genêt , qui fournit une bonne couleur jaune , est purgatif et émétique , mais il n'est point employé ; il serait peut-être utile de le faire ; on pourrait s'en servir à remplacer le séné, qui a une odeur nauséabonde détestable , et dont le plus grand mérite est de venir d'Egypte. Nous avons certainement, parmi nos végétaux indigènes, 20 substances propres à nous en tenir lieu.

G. PILOSA , L. *sp.* 999 ; Clus. *Hist.* 103. Tige rameuse , ligneuse , tuberculeuse, diffuse , couchée , longue de 1 à 2 pieds ; feuilles simples , très-petites , recourbées , pubescentes , entières , obtuses , sessiles ; 2–3 fleurs axillaires , velues ; fruits velus, soyeux , un peu atténués au milieu. Fleurs jaunes. Avril, mai. Se trouve sur les montagnes arides , parmi les bruyères, aux buttes de *Sèvres* , à *Saint–Germain* , au *Mont–Valérien* , à *Fontainebleau* , etc. ♄

G. SAGITTALIS , L. *sp.* 998 ; Jacq. *Aust. t.* 209. Tige étalée , demi-couchée, rameuse , glabre , haute de 6 à 10 pouces ; rameaux à 2 tranchans , membraneux , articulés, velus ; feuilles ovales-lancéolées , entières , velues, sessiles ; fleurs en épis courts , presque en tête ; fruit velu , à 4 graines. Fleurs jaunes. Mai, juin. Se trouve dans les lieux stériles, les bruyères, au bois de *Boulogne* , à *Andresi, Saint–Léger* , etc. ♄

G. ANGLICA, L. *sp.* 999 ; *Fl. dan. t.* 619. Tige diffuse , presque dressée , très-épineuse , haute de 1 pied au plus ; fenilles petites , lancéolées , glabres , aiguës , entières , sessiles ; fleurs axillaires solitaires ; fruit court, un peu enflé , glabre. Fleurs jaunes. Été. Se trouve sur les montagnes pierreuses, stériles, aux buttes de *Sèvres,* à *Andresi* , etc. ♄

ULEX. Calice à 2 lèvres ou folioles , grandes , carénées ; corolle papilionacée ; étamines monadelphes ; gousse renflée , dépassant à peine le calice.

U. europæus , α , L. *sp.* 1045 ; *Fl. dan. t.* 608. Ajonc marin.—Arbrisseau très-épineux , dressé, haut de 3 à 6 pieds, rameux , chargé d'épines rameuses , très-dures , vertes , glabres , très-nombreuses ; feuilles petites, linéaires , persistantes , peu visibles , pubescentes ; fleurs axillaires , pédonculées , avec 2 écailles à la base du pédoncule ; calice velu , avec 2 écailles à la base , ayant la lèvre inférieure bidentée , presque soudée avec la supérieure ; gousse velue. Fleurs jaunes. Mars , avril. Se trouve dans les endroits stériles , incultes , à *Meudon , Sèvres , Romainville* , etc. ♄

U. nanus , Smith, *Fl. brit.* 757 ; *U. europæus* , β , L. *sp.* 1045. Il est plus petit de moitié que le précédent dans toutes ses parties ; ses rameaux sont étalés , presque tombans ; les feuilles sont glabres ; il n'y a pas d'écailles à la base des calices ; la lèvre inférieure a 3 denticules , et est distincte à la base de la lèvre supérieure ; la corolle est moitié plus petite ; le fruit velu. Fl. jaunes. Septembre , octobre. Se trouve dans les endroits stériles , à *Meudon, Ruel,* etc. ♃

ONONIS. Calice en cloche , à 5 découpures linéaires ; corolle papilionacée , à étendard grand , strié ; étamines monadelphes ; gousses renflées , sessiles.

O. spinosa , Willd. *sp.* 3 , *p.* 989 ; *O. spinosa* , β , L. *sp.* 1006 ; Fuchs. *Hist.* 60, *Ic.* Bugrane, Arrête-bœuf.—Tige un peu couchée, rameuse , longue de 1 pied et plus , pubescente , ligneuse , épineuse en vieillissant ; feuilles inférieures à 3 folioles un peu ovales , étroites , allongées , obtuses , denticulées , pubescentes , les supérieures simples ; pétioles portant des stipules entières ; fleurs axillaires , solitaires , souvent géminées , presque sessiles ; légume pubescent.

Var. B. *O. antiquorum* , L. *sp.* 1006. Rameaux glabres ; feuilles dentées seulement à la pointe ; fleurs solitaires.

Fl. purpurines , à étendard rayé. Juin , juillet. Se trouve dans les champs incultes. ♃ La variété B dans les endroits pierreux , arides.

La racine de Bugrane est apéritive, et assez employée : elle entre souvent dans la confection du sirop des *cinq racines ,* médicament très-usité , qui devrait être composé avec les racines du petit houx (*Ruscus aculeatus* , L.), de fenouil (*Anethum fœniculum,* L.) d'asperge (*Asparagus officinalis* , L.), de persil (*Apium petroselinum* , L.) et d'ache (*Apium graveolens*) ; mais on y substitue souvent, ou on y ajoute, celles de fraisier, de chiendent, de chardon roulant , etc.

O. hircina , Jacq. *Hort. vind. t.* 93 ; *O. arvensis* , Murr. *Syst. veget.* 14 , *p.* 651 ; *O. altissima* , Lam. *Dict.* 1 , *p.* 506 ; *O. spinosa* , α , L. *sp.* 1006. Tige de 2—3 pieds et plus, dressée, pyramidale , ne prenant jamais d'épines , velue , visqueuse dans la partie supérieure ; stipules cordiformes-arrondies , embrassantes , dentées , fendues en deux pour laisser passer le pétiole ; feuilles inférieures à 3 folioles ovales, ou ovales-cunéiformes, très-obtuses, souvent comme tronquées au sommet, dentées dans toute leur longueur, et un peu déchiquetées à l'extrémité, les feuilles supérieures simples ; fleurs axillaires, souvent géminées en haut de la tige où elles forment quelquefois des épis foliacées ; gousse velue. Fleurs purpurines. Juin, juillet. Cette plante, qui a une odeur désagréable, se trouve dans les endroits herbeux des bois, forêt de *Saint-Germain.* ♃

O. Columnæ, All. *Ped. n°* 1166, *t.* 20, *f.* 3 ; *O. minutissima,* Jacq. ; *id.* Thuill. *Fl. par.* 359 (non L.). Tige dressée, rameuse à la base, haute de 4 à 6 pouces, légèrement pubescente ; feuilles à 3 folioles obovales, un peu cunéiformes, obtuses, denticulées, striées, à peine pubescentes, supérieurement il y a quelques feuilles simples ; pétioles à stipules dentées, et placées sur la tige ; fleurs axillaires, presque sessiles, formant, par leur réunion, des épis terminaux foliacés ; calice très-grand, scarieux, à divisions acérées, sétiformes, plus longues que la fleur, qui est petite, et même que le fruit, qui est pubescent. Fl. jaunes. Juin, juillet. Se trouve dans les lieux arides, sur les coteaux, à *Sèvres,* au bois de *Boulogne* où elle est très-rare, à *Saint-Germain,* commune à *Fontainebleau.* ♃

O. natrix, L. *sp.* 1008 ; Lob. *Ic.* 2, 28, *f.* 2. Tige dressée, rameuse, haute de 1 à 2 pieds, velue-visqueuse, ainsi que toute la plante, presque ligneuse ; feuilles ternées, à folioles lancéolées, distantes, denticulées au sommet, qui est obtus ; stipules très-longues, entières, portées par la tige ; pédoncules des fleurs plus longs que les feuilles, aristés ; pédoncules uniflores ; fleurs formant de longues grappes foliacées, grandes ; gousses longues, velues, pendantes. Fleurs jaunes. Eté. Se trouve sur les montagnes stériles, à *Saint-Maur,* aux buttes de *Sèvres,* etc. ♃

ANTHYLLIS. Calice ventru, à 5 dents, persistant ; corolle papilionacée ; étamines monadelphes ; gousse petite, cachée par le calice, arrondie, à 1-2 graines.

A. vulneraria, L. *sp.* 1012 ; Lam. *Ill. t.* 615, *f.* 1. Vulné-raire. — Tige presque couchée, rameuse, longue de 1 pied et plus, légèrement pubescente ; feuilles ailées, à folioles ovales-allongées, entières, pubescentes, inégales, les terminales beaucoup plus grandes, moins inégales au sommet des tiges ; fleurs formant des têtes terminales ou latérales, sessiles, géminées ; chaque tête séparée par une bractée digitée ; calices velus. Fleurs d'un jaune orangé. Eté. Se trouve dans les prés secs, à *Saint-Maur, Charenton, Meudon,* etc. ♃

Quelques gens de la campagne se servent de cette plante pilée, pour appliquer sur les plaies récentes, d'où lui vient son nom de Vulnéraire ; ce préjugé sur la vertu des plantes, pour la consolidation des plaies, préjugé généralement répandu parmi les gens même éclairés, tient à l'opinion que les chirurgiens anciens avaient sur la manière dont s'opérait leur guérison. Aujourd'hui que la chirurgie a fait des progrès si grands, on sait qu'il n'y a pas de plantes vulnéraires; que les seules choses auxquelles on pourrait donner ce nom, seraient celles qui favorisent la cicatrisation, comme la situation des parties, le repos, le rapprochement des bords de la plaie, la propreté, les pansemens méthodiques, etc., etc.

COLUTEA. Calice à 5 divisions; corolle papilionacée; gousse vésiculeuse, à 1 loge.

C. ARBORESCENS, L. *sp.* 1045; Dod. *Pempt.* 784. Baguenaudier. — Arbrisseau de 4 à 6 pieds de haut, à écorce grise, et dont les rameaux de l'année sont pubescens; feuilles ailées avec impaire, à 9–11 folioles ovales-arrondies, échancrées au sommet, entières, subpubescentes en dessous, glauques; fleurs en grappes axillaires; calice chargé de poils noirâtres, courts; les gousses ne s'ouvrent point au sommet, elles crèvent lorsqu'on les comprime, et rendent un gaz qu'il serait curieux d'analyser. Fleurs jaunes. Juin, juillet. Se trouve dans les haies des jardins; les fossés des *Champs-Ely-sées* en sont remplis. ♄

Les feuilles de Baguenaudier purgent assez bien, lorsqu'on en porte la dose jusqu'à une once et demie ou deux onces; elles ressemblent beaucoup au séné (*Cassia senna*, L.), et on en mêle avec, pour diminuer le prix de ce dernier; heureusement la fraude n'a d'autre inconvénient que d'en diminuer la vertu purgative.

PHASEOLUS. Calice à 2 lèvres, la supérieure échancrée, l'inférieure à 3 dents; corolle papilionacée; étamines, pistil et carène contournés en spirale; gousse oblongue.

P. VULGARIS, L. *sp.* 1016; Lob. *Ic.* 2, *t.* 59. Haricot. — Tige volubile, s'élevant à 3–5 pieds, légèrement pubescente; feuilles à 3 folioles ovales – obliques, terminées en languette, entières, pubescentes; fleurs en grappes; pédicelles placés 2 à 2; bractées ouvertes, plus petites que le calice; gousses pendantes, glabres; graines blanches ou variées. Fleurs blanches, un peu jaunâtres en se développant. Juin, juillet. Cultivé dans les champs. ☉

P. COCCINEUS, Lam. *Dict.* 3, *p.* 70; *P. vulgaris*, β, L. *sp.* 1016. Haricot rouge, Haricot à fleurs. — Diffère du précédent par des grappes de fleurs nombreuses, égales à la longueur des feuilles; par ses bractées appliquées contre le calice; par ses gousses grosses, subpubescentes, plus courtes; et par les graines doubles en grosseur, et de couleur purpurine. Fleurs écarlates. Juin, juillet. On le trouve quelquefois mêlé avec le précédent. ☉

P. NANUS, L. *sp.* 1017; J. Bauh. *Hist.* 2, *p.* 258, *Ic.* Haricot nain. — Tige dressée, rameuse, non volubile, haute de 6 à

6 pouces, légèrement pubescente ou lisse ; feuilles ternées, à folioles ovales-obliques , entières , subpubescentes , terminées en languettes ; fleurs en grappes peu fournies ; bractées plus longues que les calices ; légume pendant, ridé , glabre. Fleurs blanches. Juin , juillet. Cultivé en plein champ. ☉

La patrie précise du Haricot nous est inconnue, il est presque naturalisé chez nous , depuis l'époque où il est passé de l'Inde en Europe ; il fournit une excellente nourriture , à un prix très-modique : aussi est-il d'une grande ressource pour la classe peu aisée. Il contient une fécule ou farine très-nutritive ; mais il a l'inconvénient de causer des flatuosités chez quelques individus , ce qui vient souvent de la manière dont il est apprêté ; les condimens aromatiques ou acides le rendent de plus facile digestion.

PISUM. Calice en cloche , à 5 divisions , dont 2 supérieures plus courtes ; corolle papilionacée ; style triangulaire , creusé intérieurement en carène ; gousses oblongues.

P. SATIVUM, L. *sp.* 1026 ; Lam. *Ill. t.* 633. Pois. — Tige volubile , assez simple , haute de 1 à 2 pieds , glabre ; feuilles ailées , à 6 folioles ovales, entières , avec des bractées très-grandes , arrondies , dentées à la base et placées à la naissance des pétioles , lequel est terminé par des vrilles rameuses ; pédoncule axillaire , multiflore ; gousses glabres, pendantes. Fl. blanches. Mai — juillet. Cultivé. ☉

Le Pois est aussi nourrissant que le Haricot ; il ne produit pas de gaz en aussi grande abondance que lui : on peut faire une espèce de pain avec sa farine. Les pois secs servent à mettre dans la cavité des cautères , dont ils maintiennent l'étendue en se dilatant ; ils sont , sous ce rapport , préférables aux pois tournés , faits avec la racine d'Iris ou l'oranger.

P. ARVENSE , L. *sp.* 1027 ; J. Bauh. *Hist.* 2 , *p.* 297, *f.* 2. Pisaille. — Diffère du précédent par ses feuilles à 4 folioles , quelquefois dentées , et ses pédoncules uniflores. Fl. purpurines. Mai, juin. Se trouve dans les champs avec le précédent. ☉

OROBUS. Calice en cloche , à 5 divisions , dont 2 supérieures plus courtes ; corolle papilionacée ; style linéaire ; gousse presque cylindrique.

O. NIGER , L. *sp.* 1028 ; Clus. *Hist. ccxxx.* Tige dressée , rameuse , haute de 1 pied et plus , glabre , anguleuse ; feuilles ailées sans impaire , glabres , un peu glauques , à 8-12 folioles entières , terminées par une pointe , celles des feuilles inférieures lancéolées , longues , les supérieures ovales , petites ; stipules linéaires , entières , peu apparentes ; fleurs terminales , peu nombreuses , portées sur des pédoncules longs ; gousses glabres , aiguës. La plante noircit par la dessiccation. Fl. bleues ou purpurines. Mai. Se trouve dans les bois montagneux, à *Fontainebleau.* ♃

O. vernus, L. *sp.* 1028; Blackw. *t.* 208, *f.* 1-2. Tige dressée, anguleuse, haute de 1 pied au plus, glabre, simple; feuilles ailées, à 6 folioles, grandes, ovales-lancéolées, terminées en languette, entières, très-minces, glabres, pourvues à la base du pétiole de stipules entières, ovales, semi sagittées; 6–8 fleurs en grappes axillaires; gousses glabres, à graines petites et nombreuses. Fl. bleues ou rougeâtres. Avril, mai. Se trouve dans les bois, à *Fontainebleau, Montmorency, Senlis*, etc. ♃

O. tuberosus, L. *sp.* 1028; *Fl. dan. t.* 781. Racine tubéreuse; tige dressée, simple, un peu nue, ailée, glabre, haute de 1 pied; feuilles à 4-6 folioles ovales, ou ovales-lancéolées, entières, glabres, glauques en dessous, terminées par une pointe; stipules semi-sagittées, à 1 ou 2 dents; 3–4 fleurs en grappes; calice violet; gousses glabres.

Var. B. *O. angustifolius,* Roth. *Germ.* 1, *p.* 305; folioles lancéolées-linéaires.

Fl. roses ou purpurines. Mai, juin. Se trouve dans les bois, sur le bord des chemins. Commun. ♃

LATHYRUS. Calice en cloche, à 5 découpures, dont 2 supérieures plus courtes; style plane, élargi vers le sommet; gousse oblongue, comprimée.

** Pédoncule portant de 1 à 3 fleurs.*

L. aphaca, L. *sp.* 1029; Dod. *Pempt.* 545. Tige grimpante, presque filiforme, un peu rameuse, haute de 1 pied; feuilles nulles; stipules grandes, foliacées, opposées, sagittées, glabres, entières, pourvues de 2 denticules latéraux; vrille simple; pédoncules uniflores; gousse glabre. Fl. jaunes. Juin, juillet. Se trouve souvent dans les moissons. ☉

L. nissolia, L. *sp.* 1029; Dod. *Pempt.* 529. Tige rameuse, faible, grimpante, glabre, haute de 1 pied et plus; feuilles linéaires, très-étroites, longues, entières; vrilles nulles; stipules linéaires, semi-sagittées; pédoncule filiforme, très-long, portant 1-2 fleurs; gousses glabres, linéaires. Fl. purpurines. Juin, juillet. Se trouve dans les moissons, à *Livri, Montrouge.* Rare. ♃

L. angulatus, L. *sp.* 1051; Buxb. *Cent.* 3, *p.* 23, *t.* 42, *f.* 2. Tige un peu dressée, faible, rameuse, haute de plus de 1 pied, glabre; vrilles rameuses, fort simples, portant 2 folioles linéaires, longues, glabres; stipules semi – sagittées, longues, étroites, aiguës; pédoncule uniflore, aristé, très-long et capillaire; gousse presque linéaire, glabre. Fl. bleuâtres-purpurines. Mai, juin. Se trouve dans les moissons, à *Marcoussis, Montgeron,* etc. ☉ Rare.

L. sativus, L. *sp.* 1030 ; Dod. *Pempt.* 532. Pois carré, Gesse. — Tige un peu grimpante, haute de 1 à 2 pieds, un peu ailée, glabre; vrille rameuse, assez simple, portant 2 ou 4 folioles lancéolées-linéaires, glabres, pointues, entières ; stipules semi-sagittées, entières, étroites; pédoncule uniflore; gousse courte, large, canaliculée sur le dos, glabre; graine comprimée, quadrangulaire. Fleurs violettes ou blanches. Juin, juillet. On cultive cette plante comme alimentaire dans quelques cantons, aux environs de *Paris.* ☉

L. hirsutus, L. *sp.* 1032; J. Bauh. 2, *p.* 304, *f.* 2. Tige un peu grimpante, rameuse, haute de 1 à 2 pieds, ailée, pubescente; vrilles ailées à la base, rameuses, portant 2 folioles lancéolées, entières, pointues, subpubescentes; stipules semi-sagittées, aiguës; pédoncules ayant de 1 à 3 fleurs, dont le calice est velu; gousse velue, plane, oblongue. Fl. blanches-purpurines. Juin, juillet. Se trouve dans les moissons, à *Marcoussis, Tournans, Sceaux*, au *Bourg-la-Reine*, etc. ☉

** *Pédoncules portant plus de 3 fleurs.*

L. tuberosus, L. *sp.* 1033; Fuchs. *Hist.* 131. Gland de terre. — Racines portant des tubercules de la grosseur d'une noisette; tige grimpante, rameuse, haute de 1 à 2 pieds, déliée, glabre; vrille presque simple, portant 2 folioles ovales, obtuses, surmontées d'une petite pointe, comme la plupart des autres espèces; stipules linéaires, semi-sagittées, peu apparentes; pédoncule à 5 ou 6 fleurs; gousses glabres. Fl. roses. Juin, juillet. Se trouve dans les moissons, au *Château-Frayé*, à *Bondi*, à la *Gare*, etc. ♃

Les tubercules de la racine de cette plante sont très-bons à manger, et contiennent une grande quantité de fécule amilacée; sous ce rapport, ils sont comparables aux tubercules des *orchis.*

L. pratensis, L. *sp.* 1089; *Fl. dan. t.* 527. Tige grimpante, presque dressée, haute de 1 pied et plus, anguleuse, glabre; vrilles presque simples, pubescentes, portant 2 folioles lancéolées, courtes, très-aiguës, subpubescentes; stipules sagittées, acérées; pédoncule velu, à 4-8 fleurs, dont le calice est velu; gousse oblongue, glabre. Fl. jaunes. Mai—juillet. Fréquente dans les bois et les prés. ♃

L. palustris, L. *sp.* 1034; *Fl. dan. t.* 399. Tige grimpante, dressée, haute de 2 pieds, ailée, glabre; stipules semi-sagittées, entières; vrilles presque simples, portant de 4 à 8 folioles lancéolées, entières, glabres, terminées par une petite pointe; pédoncules à 4-6 fleurs, capsules glabres, un peu bordées au sommet. Fl. bleuâtres. Juin, juillet. Se trouve dans les prés marécageux, à *Saint-Gratien, Genilli, Arcueil, Bouron*, etc. ♃

L. sylvestris, L. *sp.* 1033; *Fl. dan. t.* 325. Tige grimpante, haute de 2-3 pieds, ailée, rameuse, glabre; stipules semi - sagittées, entières; vrilles ailées, très-rameuses, à 2 folioles lancéolées, aiguës, marquées de nervures; pédoncule très-long, portant 4 à 6 fleurs, grandes; fruit glabre. Fl. roses. Juin, juillet. Se trouve dans les bois et les prés, à *Bondi*, etc. ♃

VICIA. Calice tubuleux, à 5 dents, dont 2 supérieures plus courtes ; corolle papilionacée ; style filiforme, formant un angle droit avec l'ovaire; gousse oblongue.

** Pédoncule allongé, axillaire.*

V. cracca, L. *sp.* 1035; Riv. *Tetrap. t.* 50, Tige grimpante, haute de 3-4 pieds, presque simple, un peu anguleuse, pubescente; stipules étroites, entières, subsemi-sagittées; feuilles ailées, dont le pétiole est terminé par une vrille presque simple ; 14-16 folioles ovales-lancéolées ou lancéolées-linéaires, entières, velues et un peu brillantes en dessous, terminées par une petite pointe ; pédoncules plus longs que les feuilles, portant 20 à 30 fleurs ; calice à 3 dents ; gousse glabre. Fl. d'un rouge bleuâtre. Juin, juillet. Se trouve dans les haies et les moissons. Commune. ♃ Les *Vicia* décrites par M. Thuillier, *Fl. par.* 367, sous les noms de *V. incana* et *V. nissolia*, ne sont, suivant M. Decandolle, que de légères variétés du *V. cracca*. Les espèces véritables ne viennent pas dans nos environs.

V. gracilis, Lois. Desl. *Fl. gall.* 460, *t.* 12. Tige grêle, haute de 10 à 12 pouces, rameuse, grimpante, tétragone, presque glabre ; feuilles ailées, dont le pétiole est terminé par une vrille très-simple, hispidiuscule ; 6-8 folioles linéaires, aiguës, souvent alternes, un peu pointues et redressées ; stipules semisagittées, entières, peu considérables; pédoncules axillaires, redressés, plus longs que les feuilles, à 1-4 fleurs petites, penchées du même côté; légume oblong, glabre, contenant de 5 à 8 graines globuleuses. Fl. purpurines pâles. Juin, juillet.. Se trouve dans les moissons, à *Bondi, Sevran, Yerres*, etc. ☉

V. tetrasperma, Moench. *Meth.* 148; *Ervum tetraspermum*, L. *sp.* 1039; Moriss. *s.* 2, *t.* 4, *f.* 16. Tige dressée, un peu grimpante, tétragone, glabre, haute de 1 à 2 pieds; feuilles ailées, dont le pétiole est terminé par une vrille simple ; 8-10 folioles oblongues, linéaires, submucronées, glabres ou pilosiuscules ; pédoncule filiforme, plus court que les feuilles, à une, rarement deux fleurs, petites ; gousses glabres, à 4 graines.

Var. B. *Ervum soloniense*, Thuill. *Fl. par.* 371 ; (non L.). Pédoncule toujours uniflore.

Fl. d'un bleu-pourpre. Mai, juin. Se trouve dans les moissons et les buissons. ☉ Cette plante est voisine de la précédente, mais très-distincte.

V. ervilia, Willd. *sp.* 3, *p.* 1103; *Ervum ervilia*, L. *sp.* 1040;

ackw. *Herb. t.* 208 , Ers. Orobe officinale. — Tige dressée, haute
: 6 à 10 pouces, rameuse, tétragone, glabriuscule; feuilles
lées, terminées par un rudiment de vrille; 20—24 folioles lan-
colées, linéaires, comme tronquées, mucronées, glabres; sti-
ules trifides; pédoncule uniflore, aristé; gousse glabre, arti-
ilée, noueuse, à 3—4 graines anguleuses. Fl. blanches, à étendard
leuâtre. Juin. Se trouve dans les moissons, à *la Gare, Montmartre, Châtillon,* etc. On la cultive quelquefois. ⊙

Les graines de cette plante (qu'il ne faut pas confondre avec
elles des espèces du genre *Orobus*) sont très-employées; leur farine
orme une des quatre farines dites *résolutives* (les autres sont la
arine de lupin, *lupinus albus,* L.; celle de fève, *faba vulgaris,*
Moench. ; et celle d'orge, *hordeum vulgare,* L.). On l'emploie dans
es engorgemens froids, pâteux, dans les indurations scrophu-
euses, lymphatiques, toutes les fois, en un mot, qu'il n'y a pas
e symptômes inflammatoires. On prétend que la farine d'Ers
ause une débilité musculaire aux personnes qui en mangent.

** *Fleurs sessiles, axillaires.*

V. **sativa**, L. *sp.* 1037 ; *Fl. dan. t.* 552. Vesce. — Tige dressée,
ameuse, haute de 12 à 18 pouces, velue, anguleuse; feuilles
innées, terminées par une vrille rameuse; 10-18 folioles presque
n cœur renversé, mucronées, pubescentes, entières, presque
emblables sur toute la tige; stipules semi-sagittées, laciniées,
narquées d'un point noir enfoncé; 1-2 fleurs sessiles, grandes,
axillaires; gousses linéaires, pilosiuscules; 8-12 graines lisses,
globuleuses.

Var. B. *V. angustifolia,* All. *Ped t.* 59, *f.* 2 ; *V. segetalis,*
Thuill. *Fl. par.* 367. Tige dressée; feuilles inférieures obcordées
ou ovales, les supérieures linéaires, aiguës, mucronées; stipules
sans tache.

Var. C. *V. peregrina,* L. *sp.* 1038 ? Pluk. *t.* 233. Tige dressée;
feuilles inférieures obcordées ou ovales, les supérieures tronquées, un peu échancrées; stipules sans tache.

Var. D. *V. nemoralis,* Persoon. *Syn.* 2, *p.* 307. Tiges couchées; feuilles inférieures obcordées, très-velues, les supérieures
linéaires, aiguës ou tronquées, mucronées; stipules tachées.

Fleurs de couleur purpurine-violette. Juin, juillet. Se trouve
dans les champs, les bois, les moissons. ⊙

V. **lathyroides**, L. *sp.* 1037 ; Lam. *Ill. t.* 634, *f.* 2 ; *Ervum*
soloniense, L. *sp.* 1040. Tige dressée, rameuse, petite, haute de
3 à 6 pouces, velue ainsi que toute la plante; feuilles ailées, terminées par une vrille simple; 4 à 6 folioles, les inférieures obcordées, les supérieures ovales-oblongues, ou lancéolées, mucronées; stipules semi-sagittées, entières ou à 2 dents; 1 fleur sessile,
petite; gousse glabre, oblongue; 4-6 graines cubiques, ponc-

tuées; tuberculeuses. Fl. violettes. Avril, mai. Se trouve dans les endroits secs, plaine du *Point-du-Jour*, à *Meudon*, *Fontainebleau*, etc. ⊙

V. SEPIUM, L. *sp.* 1038; *Fl. dan. t.* 699. Tige grimpante, haute de 2 à 4 pieds, anguleuse, flexueuse, glabre; feuilles ailées, terminées par une vrille presque simple; 8-16 folioles ovales, allongées et atténuées vers le sommet, mucronées, molles, velues, les inférieures plus petites, plus rondes, échancrées; stipules très-petites, dentées; 1 à 4 fleurs un peu pédonculées; gousses glabres, larges. Fl. rougeâtres. Eté. Se trouve dans les haies et buissons. ♃

V. LUTEA, L. *sp.* 1037; Moriss. *s.* 2, *t.* 21, *f.* 5. Tige rameuse, faible, haute de 1 à 2 pieds, un peu tétragone, glabre; feuilles ailées, terminées par une vrille courte et rameuse; 8-10 folioles un peu pétiolées, alternes, un peu ciliées-poilues, ovales-allongées, obtuses, mucronées; stipules à 3 pointes, tachées; fleurs solitaires, grandes; étendard de la corolle glabre; gousses hérissées de poils tuberculeux à la base, contenant 5-6 graines. Fl. d'un jaune de soufre. Mai, juin. Se trouve dans les buissons, les bois, les moissons, à *Romainville*, etc. ⊙

V. HYBRIDA, L. *sp.* 1037; Jacq. *Aust. t.* 146. Ressemble à la précédente, dont elle diffère par sa tige plus ferme; par ses folioles plus nombreuses (12-14), tronquées et échancrées au sommet, à peine mucronées; par ses stipules non tachées, entières; et par l'étendard de la corolle, qui est velu. Fl. jaunes. Mai, juin. Se trouve dans les terrains maigres, sablonneux, encore plus communément que la précédente. ⊙

Le *V. dumetorum*, L. ne vient pas dans nos environs.

V. faba, L. Vide *Faba vulgaris*.

FABA. Calice tubuleux, à 5 dents, dont 2 supérieures plus courtes; corolle papilionacée; gousse grande, à valves charnues, épaisses, et comme spongieuses.

F. VULGARIS, Moench. *Meth.* 150; *Vicia faba*, L. *sp.* 1039; Blackw. *t.* 29. Fève, Fève de marais. — Tige dressée, haute de 2 pieds, glabre, grosse; feuilles ailées, sans vrilles; 4 folioles alternes, grandes, entières, nerveuses, ovales, souvent mucronées; stipules semi-sagittées, presque entières; 2-5 fleurs axillaires, presque sessiles, grandes; gousses pubescentes; graines oblongues, grosses, comprimées.

Var. B. *Minor*. Féverole. — Graines plus petites, arrondies. Fleurs d'un blanc mêlé de noir. Mai. Cultivée. ⊙

Les Fèves forment une excellente et abondante nourriture; elles sont moins indigestes que la plupart des légumes farineux; leur farine est une des quatre dites *résolutives*.

ERVUM. Calice à 5 divisions presque égales ; corolle papilionacée ; stigmate en tête ; gousse comprimée , courte , disperme.

E. LENS , **L.** *sp.* 1039; Dod. *Pempt.* 526. Lentille. — Tige dressée , rameuse , haute de 8 à 10 pouces , anguleuse , pubescente ; feuilles ailées , celles du bas non vrillées , et à 2–4 folioles courtes , obovales , celles du haut à vrilles simples , à 8–12 folioles ovales-allongées ou lancéolées , obtuses , pubescentes ; pédoncules plus courts que les feuilles , aristés , à 1–2 fleurs ; gousse plane , orbiculaire , glabre ; 2 graines orbiculaires , comprimées. Fleurs blanchâtres. Cultivée. On la trouve aussi dans les moissons. ☉

Les Lentilles sont, après les fèves, la meilleure des graines légumineuses pour la nourriture de l'homme ; elles sont peu ou point flatueuses ; on ne les mange que sèches , tandis que toutes les autres se mangent aussi en vert ; on emploie en médecine l'eau de lentille , qu'on regarde comme légèrement sudorifique , et qu'on donne souvent dans la variole , la rougeole , etc.

E. HIRSUTUM , **L.** *sp.* 1039; *Fl. dan. t.* 639. Tige grimpante , grêle , haute de 1–3 pieds , anguleuse , glabre ; feuilles ailées , terminées par des vrilles très-rameuses , déliées ; 12-18 folioles linéaires , obtuses , le plus souvent tronquées , un peu mucronées , écartées ; stipules linéaires ; pédoncule long , mais plus court que les feuilles , chargé de 2 à 6 fleurs ; gousses courtes , velues , à 2 graines rondes , luisantes , panachées. Fl. blanchâtres. Eté. Se trouve dans les haies et buissons , les lieux cultivés , etc. ☉

On m'a assuré que quelques personnes mangeaient les graines de cette plante.

E. tetraspermum , *ervilia* , **L.** Vide *Vicia tetrasperma* , *ervilia.*

ASTRAGALUS. Calice à 5 dents ; corolle papilionacée , à carène obtuse ; gousse à 2 loges séparées par une cloison , formée par le repli de la suture inférieure des valves.

A. GLYCYPHYLLOS , **L.** *sp.* 1067 ; Decand. *Astrag.* 127. Réglisse bâtarde. — Tige couchée , étalée , longue de 2 à 4 pieds , flexueuse , glabre ; feuilles à 11 ou 13 folioles grandes , ovales , glabres ; stipules entières , grandes , lancéolées ; fleurs en épi court , axillaire ; gousses allongées , très-glabres , un peu arquées , subulées au sommet. Fleurs d'un jaune-vert. Juin , juillet. Se trouve dans les prés des bois , à *Vincennes , Grosbois* , etc. , etc. ♃

C'est la ressemblance qui existe entre les feuilles de cette plante et celles de la Réglisse officinale (*Glycyrrhiza glabra,* L.) , qui lui a fait donner le nom qu'elle porte , car d'ailleurs elle n'est d'aucun usage en médecine.

A. CICER , **L.** *sp.* 1067 ; Decand. *Astrag.* 130. Tige couchée , diffuse , longue de 1 à 2 pieds , flexueuse , glabre ; feuilles ailées , à 17–19 folioles oblongues , un peu mucronées ; stipules petites , entières; fleurs en épis courts, axillaires; gousses vésiculeuses, globuleuses, velues, terminées par une pointe. Fl. d'un blanc-jaune. Juin, juillet. Se trouve dans le parc de *Saint-Cloud* et à *Vincennes*, où elle a été sans doute semée. ♃

A. **falcatus**, Desf. *Atl.* 2, *p.* 183, *t.* 206. Tige dressée, rameuse, haute de 1 à 2 pieds, glabre; feuilles à 25 ou 30 folioles lancéolées, un peu aiguës, entières, glabres; fleurs nombreuses, en très-longs épis latéraux, réfléchies, ainsi que la gousse, qui est arquée en faucille, étroite, aiguë et glabre. Fleurs d'un jaune pâle. Juin, juillet. Se trouve dans le parc de *Saint-Cloud*, à *Vincennes*, etc. où elle a probablement été semée. ♃

A. **monspessulanus**, L. *sp.* 1072; Decand. *Astrag.* 190. Plante acaule; feuilles ailées, à 20 ou 30 folioles ovales, petites, glabres; hampe subpubescente, portant un épi terminal, court; gousse allongée, un peu arquée, glabre, pointue. Fleurs purpurines. Juillet. Se trouve sur les collines, à *Vernon* et *Mantes*. ♃

ONOBRYCHIS. Calice persistant à 5 divisions; corolle papilionacée, à ailes courtes; gousse courte, monosperme, tronquée, garnie d'aspérité.

O. **sativa**, Lam. *Fl. fr.* 2, *p.* 652; *Hedysarum onobrychis*, L. *sp.* 1059. Sainfoin, Esparcette. — Tige dressée, rameuse, haute de 1 pied et plus, glabre; feuilles ailées avec impaire, à 17-19 folioles lancéolées, oblongues, mucronées, un peu ciliées; stipules scarieuses; fleurs en épis terminaux; dents du calice égales aux ailes de la corolle; gousse arrondie, comprimée, marquée de lignes irrégulières, subpubescentes, un peu épineuses, et denticulées en crête sur le bord extérieur. Fleurs roses. Mai. Cultivé, et se trouve spontané dans les prés secs de montagnes. ♃

CORONILLA. Calice à 2 lèvres, la supérieure à 2 dents presque réunies, l'inférieure à 3; corolle papilionacée, dont l'étendard est plus long que les ailes; légume articulé, à plusieurs loges monospermes.

C. **minima**, L. *sp.* 1048; Jacq. *Aust. t.* 271. Tige couchée à la base, rameuse, longue de 4 pouces à 1 pied, presque ligneuse, glabre, glauque ainsi que toute la plante; feuilles ailées, ayant de 3 à 9 folioles obtuses, épaisses, très-entières, cunéiformes, dont 2 sont presque sur la tige; stipules opposées aux feuilles, échancrées; fleurs pédonculées, en ombelle; légumes anguleux, gonflés d'espace en espace. Fl. jaunes. Mai—juillet. Se trouve sur les collines sèches, pierreuses, à *Saint-Germain*, *Fontaine-bleau*, etc. ♃

C. **varia**, L. *sp.* 1048; Clus. *Hist.* ccxxxvii. Tige un peu redressée ou couchée, rameuse, longue de 1 à 2 pieds, glabre, herbacée; feuilles ailées, à 12-16 folioles, souvent réfléchies, ovales-cunéiformes, obtuses, comme tronquées, submucronées, glabres; stipules linéaires, fort simples; fleurs pédonculées, en ombelle; fruits redressés, longs et linéaires, à articulations nombreuses. Fleurs variées de rose et de blanc. Juin, juillet. Se trouve dans les prés secs et sur le bord des bois. Au bois de *Boulogne*, à *Sceaux*, *Romainville*, etc. Commune. ♃

ORNITHOPUS. Calice tubuleux, à 5 dents presque égales; corolle papilionacée, à carène très-petite; gousse arquée, à articulations monospermes, cylindriques, droites.

O. PERPUSILLUS, L. *sp.* 1049; *Fl. dan. t.* 730. Pied d'oiseau.— Tige couchée, étalée, longue de 6 à 8 pouces, glabre, filiforme; feuilles ailées, avec impaire, à 15-25 folioles, ovales, arrondies, pubescentes, submucronées; fleurs en tête; pédoncule axillaire; gousses pubescentes, striées, réticulées, presque subulées. Fl. blanches variées de pourpre. Mai, juin. Se trouve dans les endroits sablonneux. Très-commun au bois de *Boulogne*, etc. ☉

HIPPOCREPIS. Calice à 5 dents inégales; corolle papilionacée; gousses à articulations courbées en fer à cheval, monospermes.

H. COMOSA, L. *sp.* 1050; Garid. *Aix. t.* 34. Tiges couchées, diffuses, longues de près de 1 pied, presque ligneuses, glabres; feuilles ailées, à 7-9 folioles ovales, un peu cunéiformes, mucronées, glabres; stipules entières; fleurs en ombelles simples; gousses étalées, presque glabres; subulées. Fl. jaunes. Juin, juillet. Se trouve sur les coteaux arides. Très-commune. ♃

MELILOTUS. Calice en cloche, persistant, à 5 dents; corolle papilionacée; gousse à 1 - 2 graines, dépassant le calice et tombant sans s'ouvrir (feuilles à 3 folioles; fleurs paniculées.)

M. OFFICINALIS, Lam. *Dict.* 4, *p.* 62; *Trifolium melilotus officinalis*, L. *sp.* 1078; Bull. *Herb. t.* 255. Mélilot.— Tige dressée, rameuse, haute de 1 pied et plus, glabre; feuilles à 3 folioles ovales, denticulées, glabres; stipules sétacées, entières; fleurs en grappes axillaires, nombreuses, réfléchies; gousses rugueuses, glabres.

Var. B. *M. alba*, Thuill. *Fl. par.* 378 (non L.). Fleurs blanches; tige plus élevée.

Fleurs jaunes. Eté. Se trouve dans les champs, etc.; la var. B à *Sèvres.* ♂

Le Mélilot est aromatique et résolutif; on emploie fréquemment ses fleurs, soit seules, soit avec celles du sureau, en lotion, en fomentation. On s'en sert rarement à l'intérieur, où son effet n'est pas encore suffisamment constaté; on prépare un *emplâtre de mélilot*, nommé ainsi, parce que ses fleurs entrent dans sa composition, et qui est maintenant presque inusité, comme la plupart des emplâtres.

M. ALTISSIMA, Thuill. *Fl. par.* 378. Diffère du précédent par une tige plus grosse, plus élevée; par les folioles, surtout celles du haut, qui sont allongées-linéaires, déchiquetées-denticulées; par le fruit, qui noircit en mûrissant. Je pense que ce n'est qu'une variété du précédent. Fl. jaunes. Se trouve dans les bois, à *Montmorency*, etc. ♃

TRIFOLIUM. Calice tubuleux, persistant, à 5 dents; corolle papilionacée; gousse très-courte, recouverte par le calice, à 1-2 graines, tombant sans s'ouvrir; (fleurs en tête ou en épi; feuilles à 3 folioles).

    * *Calice glabre; étendard caduc; gousses polyspermes.*

T. STRICTUM, L. *sp.* 1079; Valdst. *Pl. hung. pag.* 36, *t.* 37. Tiges couchées, diffuses, glabres, longues de 4 à 5 pouces; stipules rhomboïdales, striées, courtes, denticulées; folioles oblongues-linéaires, glabres, denticulées; fleurs en têtes courtes, portées sur des pédoncules longs; calice de la longueur de la corolle; gousses dispermes. Fl. purpurines. Juin, juillet. Se trouve à *Franchart*, forêt de Fontainebleau. ⊙

T. ELEGANS, Savi. *Fl. pis.* 2, *p.* 2, *t.* 1, *f.* 2; *T. hybridum* auctorum (non L.); Vaill. *Bot. t.* 22, *f.* 1. Tiges couchées, rameuses, un peu redressées à l'extrémité, atteignant plus de 1 pied de longueur, presque glabres; stipules entières, sétacées; folioles ovales élargis, finement denticulées, glabres; fleurs en tête serrées, chacune pédicellée, et réfléchie après la fleuraison; calice à dents égales, un peu courtes, sétacées; gousses à 2–3 graines. Fleurs variées de rose et de blanc. Juin, juillet. Se trouve dans les bois, à *Fontainebleau*, *Armainvilliers*, etc. ♃?

T. MICHELIANUM, *Fl. pis.* 2, *p.* 159; *T. hybridum*, β, L. *sp.* 1080; *T. Vaillantii*, Poiret. *Dict.* 8, *p.* 4; Vaill. *Bot. t.* 22, *f.* 5. Tige dressée, faible, haute de 1 pied, glabre, fistuleuse; stipules élargies, entières, pointues; folioles ovales-cunéiformes, grandes, dentées, un peu échancrées, glabres; fleurs grandes, en tête lâche, peu fournie; calices à dents sétacées, inégales; gousses dispermes. Fl. d'un blanc-rose. Mai, juin. Se trouve dans les endroits un peu humides, à *Palaiseau*, etc. ⊙

T. REPENS, L. *sp.* 1080; *Fl. dan. t.* 990. Triolet. — Tige rampante; stipules engaînantes, déchirées; folioles ovales, élargies, glabres, finement dentées; pédoncules radicaux; fleurs en tête; calices à dents inégales, élargies, courtes; gousses à 4 graines. Fleurs rougeâtres. Été. Se trouve par-tout dans les prés, les allées des bois, etc. ♃

**** *Calices velus ; étendard caduc.***

T. **subterraneum**, L. *sp.* 1080 ; Barr. *Ic.* 881. Tiges couchées, éparses, velues, longues de 2 à 6 pouces ; stipules entières, rhomboïdales, courtes ; folioles obcordées, velues, un peu dentées au sommet ; 4–5 fleurs en tête, laquelle est portée sur un pédoncule court, velu ; calice à 5 dents sétacées, hérissées de poils mous ; après la fleuraison, les têtes de fleurs s'enfoncent en terre, les dents du calice de la fleur supérieure croissent et deviennent des pointes roides, qui enveloppent, en forme d'involucre réfléchi, toutes les autres fleurs. Fl. d'un jaune pâle. Mai, juin. Se trouve à *Ville-d'Avrai* le long de la route de Versailles, à *Palaiseau*, plaine du *Point-du-Jour*, etc. ⊙

T. **diffusum**, Willd. *sp.* 3, *p.* 1365 ? Waldst. *Pl. hung.* 1, *p.* 49, *t.* 50 ; *T. ciliosum*, Thuill. *Fl. par.* 380. Tiges couchées, longues de 1 pied au plus, diffuses, garnies de poils droits ; stipules fendues en deux par le pétiole, glabres, terminées par de longues pointes ciliées ; folioles ovales-allongées, entières, ciliées ; fleurs en tête foliacée à la base, grosse ; calice à dents inégales, sétacées, de la longueur de la corolle, très-chargées de poils roux. Fleurs purpurines. Juillet. Se trouve à Fontainebleau, plaine de *la Glandée*. ⊙

T. **rubens**, L. *sp.* 1081 ; Jaq. *Aust. t.* 385. Tige dressée, simple, haute de 1 pied et plus, très-glabre ; stipules glabres, longues de plus de 1 pouce, linéaires, et garnissant le pétiole presque jusqu'à son sommet ; folioles linéaires-lancéolées, très-glabres, à denticules rougeâtres ; fleurs en épi allongé, gros ; calice glabre, un peu gonflé, à dents très-inégales, velues, dont une, triple des autres, est plus grande que la corolle, qui est monopétale. Fleurs pourpres. Juin, juillet. Se trouve dans les bois, à *Fontainebleau, Senart*, etc. ⊙

T. **pratense**, L. *sp.* 1082 ; *Fl. dan. t.* 989. Trèfle cultivé. — Tige dressée, rameuse, haute de 1 pied et demi, un peu velue ; stipules entières terminées par une pointe sétacée, filiforme ; folioles ovales, courtes, élargies, presque entières, un peu ciliées à la base ; fleurs en tête arrondie, foliacée à la base ; calice peu velu, à dents inégales, dont la plus longue est plus courte que la corolle, qui est monopétale. Fl. rouges. Eté. Se trouve dans les prés, et on le cultive pour la nourriture des bestiaux. ♃

T. **microphyllum**, Desvaux, *Journ. bot.* 2, *p.* 316. Tige dressée, flexueuse, rameuse, un peu nue, haute de 1 pied, glabre ; stipules élargies, terminées par une pointe sétacée, courte ; folioles petites, ovales-élargies, presque entières, velues-ciliées sur les bords ; fleurs en tête subfoliacée à la base, arrondie ; calice strié, velu, à dents courtes, presque égales, à 1 ou 2 poils sur chaque ; corolle monopétale. Fl. purpurines. Juin. Se trouve dans les bois secs , à *Yerres*, etc. ♃

T. MEDIUM , L. *Suec.* 2 , *p.* 558 ; *T. flexuosum*, Jacq. *Aust.* *t.* 386. Tige dressée, flexueuse, presque simple, haute de 1 pied, pubescente ; stipules entières, étroites , terminées par des pointes sétacées, velues ; folioles ovales, oblongues, lancéolées, presque entières, pubescentes, un peu ciliées, les inférieures plus courtes ; fleurs en tête arrondie, foliacée à la base ; calice glabre , gros , strié, à dents presque égales , ciliées, plus courtes que la corolle, qui est monopétale. Fl. purpurines. Mai , juin. Se trouve sur le bord des bois et des fossés élevés , à *Sèvres*, *Ville - d'Avrai*, *Saint-Germain*, plaine de *Grenelle*, etc. ♃

T. ALPESTRE, L. *sp.* 1082; *Fl. dan. t.* 622. Tige dressée, presque simple, peu ou point flexueuse, un peu velue, haute de plus de 1 pied ; stipules entières , terminées en pointe étroite ; folioles oblongues-lancéolées, entières, ciliées-velues sur les bords ; 1 ou 2 têtes de fleurs terminales , foliacées à la base, arrondies ; calice velu, à 5 dents inégales , dont une presque de la longueur de la corolle , qui est monopétale. Fleurs purpurines. Juillet, août. Se trouve dans les bois , à *Chaville*, *Bouron*, etc. ♃

T. INCARNATUM , L. *sp.* 1083 ; Barr. *Ic.* 697. Tige dressée , simple , haute de plus de 1 pied , velue ; stipules un peu dentées, courtes, obtuses ; folioles arrondies , cunéiformes à la base, pubescentes , presque sessiles sur le haut de la tige ; fleurs en épi oblong ; calice très-velu , marqué de côtes , à dents égales , sétacées , moins longues que l'étendard. Fl. purpurines. Mai , Juin. Se trouve dans les bois et les prés , au bois de *Boulogne*, à *Vaugirard*, *Palaiseau*, etc. ☉

T. MONTANUM , L. *sp.* 1087 ; J. Bauh. 2 , *p.* 380 , *f.* 2. Tige dressée , un peu rameuse au sommet, haute de 1 pied et plus , pubescente , ferme ; stipules entières , velues, terminées par une pointe sétacée ; folioles ovales - allongées , pubescentes , à dents marquées , acérées ; fleurs en tête oblongue, dont la plupart se réfléchissent , tandis que d'autres au sommet sont redressées ; calice presque glabre , à dents égales , plus courtes que la corolle, dont l'étendard est allongé , étroit, persistant. Fl. blanchâtres. Juillet. Se trouve à *Fontainebleau*. ♃

T. OCHROLEUCUM, L. *Syst. nat. ed.* 12, *p.* 233 ; Jacq. *Aust. t.* 40. Tige dressée ou un peu couchée , rameuse, haute de 1 pied , pubescente ; stipules entières , terminées par des pointes longues , ciliées, sétacées ; folioles inférieures obcordées , petites , pubescentes, les supérieures ovales-oblongues ; fleurs en épi court , foliacé ; calice glabre et marqué de côtes , à dents velues , ciliées, dont 4 sont égales , la 5ᵉ plus longue , mais moins grande que la corolle, qui est fort allongée. Fl. d'un jaune pâle. Juin, juillet. Se trouve sur le bord des bois, à *Saint-Cloud*, *Meudon*, *Saint-Germain*, etc. ♃

T. SQUARROSUM, L. *sp.* 1082 ; *T. dipsaceum*, Thuill. *Fl. par.* *p.* 382 ; Moriss. *s.* 2, *t.* 13, *f.* 1. Tige un peu couchée, rameuse, longue de 8 à 10 pouces, presque glabre, un peu diffuse ; stipules entières, terminées par de très-longues pointes linéaires ; folioles ovales, très-entières, un peu échancrées, un peu velues ; fleurs en tête arrondie, foliacée ; calice velu, strié, à dents inégales, un peu larges, devenant épineuses, et se recourbant les unes sur les autres, surtout la plus grande, qui est double des autres en longueur.

Var. B. Tige velue ; folioles lancéolées-cunéiformes.

Fl. purpurines. Juin, juillet. Se trouve dans les endroits humides des bois, à *Marcoussis*. ☉

T. ANGUSTIFOLIUM, L. *sp.* 1083 ; Barr. *Ic.* 698. Tige dressée, rameuse ou simple, haute de 1 pied environ, pubescente ; stipules très-amples, très-scarieuses et terminées par un prolongement capillaire ; folioles linéaires, longues et très-étroites ; fleurs en long épi conique ; calice fort velu, à dents inégales, dont 1 double des autres. Fl. purpurines. Juillet, août. Se trouve dans les prés, à *Palaiseau* ? ☉

T. ARVENSE, L. *sp.* 1083 ; *Fl. dan. t.* 724. Pied de lièvre. — Tige couchée à la base, très-rameuse, longue de 6 à 8 pouces, velue ; stipules entières, pointues ; folioles oblongues, étroites, entières, velues ; fleurs en petites têtes oblongues, nombreuses, cylindriques ; dents du calice presque égales, perdant leurs poils en vieillissant, plus longues que la corolle.

Var. B. *T. gracile*, Thuill. *Fl. par.* 383. Tige dressée, plus simple ; dents du calice violettes, presque glabres.

Fl. purpurines claires. Eté. Se trouve dans les champs et les bois sablonneux. Très-commun. ☉

T. SCABRUM, L. *sp.* 1084 ; Vaill. *Bot. t.* 33, *f.* 1. Tige couchée, rameuse, étalée, longue de 4 à 8 pouces, roide, velue ; stipules entières, courtes, aiguës ; folioles obcordées, entières, pubescentes ; fleurs en têtes oblongues, foliacées à la base, sessiles, axillaires ; calice velu, hispide, à dents lancéolées, inégales, mucronées, roides, plus longues que la corolle, se recourbant après la fleuraison. Fl. blanchâtres. Mai, juin. Se trouve dans les endroits arides, sablonneux, au bois de *Boulogne*, plaine du *Point-du-Jour*, etc. ☉

T. STRIATUM, L. *sp.* 1085 ; Vaill. *Bot. t.* 33, *f.* 2. Tige dressée, un peu rameuse, haute de 6 pouces, pubescente ; stipules entières, courtes, aristées ; folioles obovales-cunéiformes, pubescentes, entières, souvent échancrées au sommet ; fleurs en têtes oblongues , sessiles , axillaires ; calices velus , blanchâtres , striés , à dents courtes , droites , égales.

Var. B. *Incanum ,* N. Tige de 2-3 pouces , très-velue , blanche , ainsi que les feuilles , qui sont denticulées au sommet ; calice court , strié , anguleux , un peu gonflé.

Fl. purpurines claires. Mai , juin. Se trouve dans les prés secs et le long des chemins , au bois de *Boulogne ,* de *Romainville ,* de *Vincennes ,* etc. , la variété B au bois de *Sainte-Geneviève* près de *Juvisi.* ☉

******* *Calices enflés , ventrus , surtout après la fleuraison ; étendard caduc.*

T. FRAGIFERUM, L. *sp.* 1086 ; Vaill. *Bot. t.* 22 , *f.* 2. Trèfle fraise. — Tige couchée , rampante , longue de 4 pouces à 1 pied , un peu velue ; stipules entières , aiguës ; folioles ovales , un peu échancrées , denticulées , glabres , à pétiole très-velu ; fleurs en tête arrondie ; calice enflé , velu , à dents droites , glabres , un peu inégales , plus courtes que la corolle. Fl. rouges. Juillet , août. Très-commun sur le bord des chemins. ♃

******** *Etendards persistans , déjetés en bas après la fleuraison.*

T. AGRARIUM , L. *sp.* 1087 ; *T. aureum ,* Vill. *Fl. dauph.* 3 , *p.* 492 ; Thuill. *Fl. par.* 385 ; Vaill. *Bot. t.* 22 , *f.* 4 ? Tige dressée , rameuse , faible , haute de 2 pieds , un peu poilue ; stipules ovales , glabres , entières , aiguës ; folioles cunéiformes , oblongues , obtuses , denticulées dans leur moitié supérieure , glabres , subsessiles ; fleurs en tête arrondie , dressées , puis réfléchies ; calice glabre à dents inégales , dont 2 plus courtes ; corolle non striée. Fl. d'un jaune foncé. Juin , juillet. Se trouve dans les prés humides , à *Saint-Gratien , Juvisi ,* etc. ☉

T. CAMPESTRE , Schreber ; *T. spadiceum ,* Thuill. *Fl. par.* 385 (non L.) ; Curt. *Lond. t.* 45. Tige dressée , rameuse , ferme , haute de 1 pied , un peu velue ; stipules lancéolées , entières , aiguës , ciliées ; folioles ovales-cunéiformes , échancrées et denticulées au sommet , la moyenne à pétiole très-marqué ; fleurs en tête arrondie , à corolles réfléchies à leur maturité ; calice à dents inégales , dont 2 beaucoup plus courtes , un peu ciliées sur les bords ; pétales striés. Fl. jaunes. Eté. Se trouve abondamment dans les moissons , à *Saint-Germain , Yerres ,* etc. ☉

T. PROCUMBENS, L. *sp.* 1088 ; Vaill. *Bot. t.* 22 , *f.* 3. Tige rameuse , étalée , dont les rameaux inférieurs sont couchés par terre , longue de 1 pied environ , un peu velue ; stipules lancéolées , aiguës , ciliées ; folioles obcordées , denticulées , glabres , la moyenne un peu pétiolée ; fleurs en tête oblongue ; calice à dents inégales , dont 2 plus courtes , glabres ; pétales striés. Fl. jaunes. Avril et mai. Se trouve dans les endroits frais , herbeux , etc. ☉

T. **filiforme**, L. *sp.* 1088 ; Ray. *Synop. t.* 14 ,*f.* 4. Tige grêle, couchée, longue de 1 pied, pubescente ; stipules entières, aiguës, un peu velues ; folioles cunéiformes-allongées, échancrées et denticulées, sessiles ; 6—12 fleurs en tête arrondie, peu serrée ; calice un peu cilié ou glabre, à dents inégales, dont 2 plus courtes ; corolles non striées, ne devenant pas brunes en séchant, comme dans les trois espèces précédentes.

Var. B. *T. dubium*, Abbot. *Bedf.* 163 ; Curt. *Lond. t.* 53. Tige presque dressée, rameuse, un peu étalée, haute de 4 à 5 pouces ; 20-30 fleurs en tête.

Fl. d'un jaune pâle. Été. Se trouve dans les prés, la variété B dans les bois. Commun. ⊙

ROBINIA. Calice à 4 divisions, dont la supérieure est bifide ; corolle papilionacée; légume gibbeux, allongé.

R. **pseudo-acacia**, L. *sp.* 1043 ; Duham. *Arb. t.* 42. Acacia. — Arbre s'élevant jusqu'à 60 pieds ; bois jaunâtre, dur, cassant ; rameaux épineux ; feuilles ailées avec impaire ; folioles ovales, entières, pubescentes en dessous ; fleurs en grappes pendantes, d'une odeur agréable ; fruit glabre. Fl. blanches. Mai, juin. On le cultive devant les maisons et sur les promenades publiques, à cause de l'odeur agréable de ses fleurs. ♄

CYTISUS. Calice tubuleux ou en cloche, à 2 lèvres, la supérieure à 2 dents, l'inférieure à 3 ; carène renfermant les étamines, qui sont monadelphes ; gousses oblongues, rétrécies à la base, à 1 loge, à 1 ou plusieurs graines.

C. **laburnum**, L. *sp.* 1041 ; Jacq. *Aust. t.* 306. Faux Ebénier. — Arbre de 15 à 20 pieds de haut ; à écorce lisse et rameaux glabres ; feuilles à 3 folioles, grandes, ovales, entières, aiguës ou terminées par une très-petite pointe, un peu ciliée sur les bords ; fleurs en grappes longues, pendantes, nombreuses ; pédoncules partant souvent 2 du même point de l'axe de la grappe, qui est velu. Calice en cloche ; gousses longues, subpubescentes, étroites. Fl. jaunes. Mai. On le cultive dans les lieux publics, à cause de la beauté de ses fleurs. ♄

C. **supinus**, Jacq. *Aust. t.* 20 ; L. *sp.* 1042 ? Tige couchée, redressée à l'extrémité, branchue, longue de près de 1 pied, ligneuse, glabre; rameaux très-velus ; feuilles à 3 folioles obovales-cunéiformes, pubescentes, obtuses, entières; fleurs longues, en tête, 7-8 ensemble ; calice tubuleux, velu ; fruit très-velu. Fl. jaunes. Juin, juillet. Se trouve sur les collines des bois, à *Valvins* près de *Fontainebleau.* ♄

CICER. Calice à 5 divisions égales à la corolle, dont les 4 supérieures sont penchées sur l'étendard ; légume court, gonflé, disperme.

C. ARIETINUM, L. *sp.* 1040 ; Mathiol. *Valgr.* 417. Pois chiche,
— Tige dressée, rameuse, haute de 1 pied au plus, flexueuse,
velue ; feuilles ailées, sans impaire, à 10-12 folioles ovales,
pubescentes, dentées en scie dans les deux tiers supérieurs ; stipules un peu laciniées ; pédoncule axillaire, aristé, uniflore ; fruit
velu, gonflé, globuleux. Fleurs blanches. Mai, juin. Cultivé.

On le mange en vert ; il est de facile digestion, et il rend plus
facile à digérer les graines légumineuses avec lesquelles on le mêle.
Sec, il sert à mettre dans la cavité des cautères.

GALEGA. Calice en cloche, à 5 dents subulées, presque égales ;
corolle papilionacée ; gousse droite, linéaire, gonflée à chaque
graine.

G. OFFICINALIS, L. *sp.* 1060 ; Blackw. *Herb. t.* 92. Rue de chèvre.
— Tige dressée, rameuse, haute de 2 ou 3 pieds, glabre ; feuilles
ailées avec impaire, à 13-19 folioles oblongues, obtuses ou un
peu tronquées au sommet, mucronées, glabres ; stipules sagittées ;
fleurs en épis axillaires ou terminaux ; gousses très-droites, un
peu piquantes, glabres, contenant de 3 à 6 graines. Fleurs d'un
blanc-rose ou d'un bleu pâle. Se trouve dans les endroits épais
et élevés des bois, à *Saint-Cloud.* ♃

Cette plante est un peu aromatique et sudorifique ; on a cru
autrefois qu'elle était propre contre les maladies contagieuses ;
mais on n'en fait plus aucun usage aujourd'hui.

LOTUS. Calice tubuleux, à 5 découpures égales ; corolle papilionacée, dont les ailes sont plus courtes que l'étendard ; gousse
oblongue, droite (stipules foliacées ; feuilles à 3 folioles).

L. SILIQUOSUS, L. *sp.* 1089 ; Jacq. *Aust. t.* 361 ; *Tetragonolo-
bus siliquosus*, Roth. *Germ.* 1, *p.* 329. Tige couchée à la base,
rameuse, longue de 1 pied, velue ; stipules ovales, aiguës ; folioles
oblongues, un peu cunéiformes, velues, aiguës, les latérales
ayant le bord interne diminué ; 2-3 bractées foliacées à la base
des calices, lancéolées ; fleurs solitaires, grandes ; gousse droite,
glabre, tétragone, bordée sur chaque angle d'un repli ailé. Fl.
jaunes. Eté. Prés humides, bois, à *Meudon*, *Juvisi*, etc. ♃

L. CORNICULATUS, L. *sp.* 1092 ; Dod. *Pempt.* 573. Tige couchée,
faible, redressée à l'extrémité, longue de près de 1 pied, un peu
velue ; stipules ovales, entières, presque pédonculées ; folioles
ovales-cunéiformes, submucronées, velues, un peu glauques en
dessous ; 1-2 bractées ovales à la base du calice ; 6-10 fleurs en tête
déprimée ; calice velu ; gousses écartées, droites, cylindriques,
sans membranes.

Var. B. *L. villosus*, Thuill. *Fl. par.* 387. Tige plus élevée,
plus dressée ; feuilles plus grandes, plus velues, ainsi que toute la
plante, et surtout les calices.

Var. C. *L. tenuifolius*, Pollich. *Pal. n° 711.* Plante presque glabre; tige couchée; stipules et folioles lancéolées, étroites.

Fleurs jaunes, devenant vertes par la dessiccation. Eté. Se trouve dans les prés secs; la variété B dans les prés humides; la variété C dans les moissons à *Tournans, Ville-d'Avrai*, etc. ♃

TRIGONELLA. Calice en cloche, à 5 divisions; corolle papilionacée, dont la carène est égale aux ailes, et semble former avec elles une corolle à 3 pétales; gousses oblongues, comprimées, un peu courbes (feuilles à 3 folioles).

T. MONSPELIACA, L. *sp.* 1095; J. Bauh. *Hist.* 2, *p.* 373, *f.* 1. Tige étalée, couchée, longue de 3 à 6 pouces, pubescente; stipules sétacées; folioles cunéiformes, denticulées au sommet, très-obtuses, velues, surtout en dessous, où elles sont un peu pâles; fleurs très-petites, en têtes axillaires, sessiles; gousses réfléchies, partant du même point, et s'écartant en étoiles, striées, pubescentes, un peu arquées. Fleurs jaunes. Se trouve dans les lieux secs et sablonneux, à *Champigni*, plaine du *Point-du-Jour*, bois de *Boulogne*, plaine des *Sablons*, au *Mont-Valérien*, etc. ☉

Nota. Le *T. fenum grecum*, L. n'a jamais été trouvé aux environs de Paris à ma connaissance; c'est pourquoi je ne l'insère pas dans cette Flore.

MEDICAGO. Calice presque cylindrique, à 5 divisions égales; corolle papilionacée, dont la carène est écartée de l'étendard; gousses polyspermes, falciformes, ou tortillées en spirale; (feuilles à 3 folioles).

  ** Gousses subfalciformes, non épineuses.*

M. SATIVA, L. *sp.* 1096; Clus. *Hist.* CCXLII. Luzerne. — Tige dressée, presque simple, haute de 1 à 2 pieds, un peu tétragone, subpubescente; stipules entières, lancéolées, aiguës; folioles oblongues, ovales, denticulées au sommet, pubescentes; fleurs en grappe; gousses comprimées, pubescentes, faisant un ou deux tours de cercle complet. Fleurs violettes, bleuâtres ou jaunâtres. Eté. Se trouve dans les prés. On la cultive comme fourrage. ♃

M. FALCATA, L. *sp.* 1096; *Fl. dan. t.* 233. Tiges couchées inférieurement, redressées à l'extrémité, longues de 1 pied et plus, subtétragones, glabres; stipules lancéolées, entières, aiguës; folioles cunéiformes, étroites, allongées, pubescentes, denticulées, échancrées et mucronées au sommet; fleurs en grappes axillaires; gousses arquées en forme de faux, ou faisant un tour complet, glabres, comprimées. Fleurs d'un jaune mêlé de violet. Se trouve dans les prés secs, le long des chemins, etc. ♃

M. LUPULINA, L. *sp.* 1097; Fuchs. 819, *Ic.* Tige rameuse, couchée, longue de 6 pouces et plus, presque glabre; stipules élargies, et dentées à la base, lancéolées, aiguës; folioles ovales-cunéiformes, denticulées au sommet, glabres; fleurs en grappes axillaires; gousses réniformes, petites, striées, monospermes, villosiuscules, noircissant à la maturité. Fleurs jaunes. Eté. Se trouve fréquemment dans les endroits cultivés. ☉ Cette plante se rapproche des Mélilots par son fruit, ainsi que la suivante.

M. WILLDENOWII, N.; *M. lupulina*, Willd. *sp.* 3, *p.* 1406 (non L.); *M. lupulina, var. β.* Decand. *Fl. fr.* 4, *p.* 541. Tige presque dressée, rameuse, haute de 1 pied, subpubescente; stipules entières, lancéolées, aiguës; folioles petites, velues, blanchâtres, ovales, denticulées au sommet; fleurs en grappes axillaires; gousses réniformes, petites, striées, monospermes, villosiuscules, noircissant à la maturité.

Var. B. *Retorta*, N. Tige rabougrie, de 1 à 2 pouces, étalée, couchée.

Fleurs jaunes. Se trouve dans les endroits secs et sablonneux, plus communément que la précédente : la variété B vient dans les lieux où l'herbe est souvent battue par les piétons et broutée par les bestiaux. ♃

** *Gousses en spirale, glabres, non épineuses.*

M. ORBICULARIS, All. *Ped. n°* 1150; *M. polymorpha orbicularis*, L. *sp.* 1997; Moriss. *s.* 2, *t.* 15, *f.* 1. Tige étalée, rameuse, longue de 1 pied et plus, glabre, ainsi que toute la plante; stipules pinnatifides, à lanières sétacées; folioles ovales, élargies, dentées; pédoncules axillaires, à 2-3 fleurs; gousse plane, large, faisant 5 à 6 tours de spire, mince. Fleurs jaunes. Juin, juillet. Se trouve dans les lieux secs, au *Calvaire*, etc. ☉

*** *Gousses en spirale, glabres, épineuses.*

M. MACULATA, Willd. *sp.* 3, *p.* 1412; *M. polymorpha arabica*, L. *sp.* 1098; *M. arabica*, All. *Ped. n°* 1153; Thuill. *Fl. par.* 390; Moriss. *s.* 2, *t.* 15, *f.* 12. Tige dressée, faible, étalée, haute de 1 pied et plus, glabre; stipules lancéolées, à dents sétacées, recourbées; folioles obcordées, très-échancrées au sommet, glabres, entières, et marquées d'une grande tache noire; pédoncule axillaire, à 1-2 fleurs; gousse glabre, à 3-4 tours de spire, comprimée, garnie sur la ligne extérieure, d'épines courtes, courbes, dont les unes vont à droite, et les autres à gauche. Fl. jaunes. Juin, juillet. Très-abondante dans les prés humides. ☉

M. MURICATA, Willd. *sp.* 3, *p.* 1414; *M. polymorpha muricata*, L. *sp.* 1098; Moriss. *s.* 2, *t.* 15, *f.* 11. Tige rameuse, couchée, diffuse, longue de près de 2 pieds, glabre, ainsi que toute la plante; stipules laciniées, à laciniures bi ou trifides; folioles subobcordées-cunéiformes, denticulées au sommet, mucronées; pédoncule axillaire à 5-8 fleurs; gousses à 3-4 tours de spire, striées, glabres, et dont la ligne extérieure est garnie d'épines fines, courtes, presque droites, dont les unes vont à droite, et les autres à gauche. Fleurs d'un jaune-rouge. Se trouve dans les champs, à *Yerres*, *Vaugirard*, *Issi*, etc. ⊙

M. APICULATA, Willd. *sp.* 3, *p.* 1414; Gaert. *Sem.* 2, *p.* 349, *t.* 155. Tige rameuse, diffuse, faible, longue de 1 à 2 pieds, glabre, ainsi que toute la plante; stipules laciniées, à lacinures pinnatifides; folioles ovales-cunéiformes, entières ou à peine denticulées au sommet, submucronées; pédoncule court, axillaire, à 6-8 fleurs; gousse glabre, à 3-4 tours de spire, striée, garnie sur le bord de la ligne extérieure de tubercules subépineux. Fleurs jaunes. Mai, juin. Se trouve dans les moissons, à *Arcueil*, au *Bourg-la-Reine*, etc. ⊙

**** *Gousses en spirale, pubescentes, épineuses.*

M. RIGIDULA, Willd. *sp.* 3, *p.* 1417; *M. polymorpha rigi-dula*, L. *sp.* 1098; J. Bauh. *Hist.* 2, *p.* 385, *Ic.* Tige dressée, un peu roide, glabre, rameuse, longue de 10 à 15 pouces; stipules lancéolées, petites, dentées à la base; folioles cunéiformes, obtuses, mais tronquées au sommet, où elles sont denticulées, pubescentes en dessous; pédoncules axillaires, à 2-3 fleurs; gousses courtes, roulées en barillet, à 5-6 tours de spire, munies d'un duvet court sur les faces comprimées, hérissées sur la ligne extérieure de petits tubercules aigus, qui paraissent des épines avortées. Fleurs jaunes. Juin, juillet. Se trouve dans les endroits sablonneux, stériles, aux environs de *Paris?* ⊙

M. GERARDI, Willd. *sp.* 3, *p.* 1415; *M. villosa*, α, Decand. *Fl. fr.* 4, *p.* 545; *M. hirsuta*, Thuill. *Fl. par.* 390 (phrase française); Vaill. *Bot. t.* 33, *f.* 7? Tige couchée, rameuse, longue de 4 à 6 pouces, velue-blanchâtre, ainsi que toute la plante; stipules lancéolées, dentées à la base, sétacées; folioles cunéiformes, courtes, arrondies, et ayant beaucoup de petites dents au sommet, velues, plus blanches en dessous; pédoncule axillaire très-court, à 1-2 fleurs; gousses grosses, à 4-5 tours de spire, comprimées, pubescentes sur les faces, planes, glabres sur les épines, qui sont droites, et souvent recourbées en crochet au sommet. Fleurs jaunes. Eté. Se trouve dans les lieux arides, plaine du *Point-du-Jour.* ⊙

M. MINIMA, Willd. *sp.* 3, *p.* 1418; *M. polymorpha minima*, L. *sp.* 1099; *Fl. dan.* 211. Tiges très-rameuses, couchées, longues de 3 à 6 pouces, velues-blanchâtres; stipules lancéolées, entières, ou ayant 1-2 denticules à peine visibles à la base; folioles ovales-renversées ou cunéiformes, ayant 2-3 denticules au sommet, velues des deux côtés; pédoncules axillaires, à 2-5 fleurs; gousses arrondies, petites, à 3-4 tours de spire, poilues sur les faces planes, garnies en dehors de pointes droites, recourbées au sommet.

Var. B. *M. hirsuta*, All. *Ped. n°* 1099; J. Bauh. 2, *p.* 386, *f.* 1 ; *M. hirsuta*, Thuill. *Fl. par.* 390 (phrase latine). Tige longue de près de 1 pied, peu velue.

Var. C. *M. recta*, Desf. *Atl.* 2, *p.* 212. Tige dressée, haute de 3 pouces, un peu rameuse; pédoncules courts, à 1–3 fleurs.

Fleurs jaunes. Eté. L'espèce dans les lieux secs, à *Romainville*, etc. ; la variété B dans les lieux un peu humides (Decand.); la variété C au bois de *Boulogne* proche *Madrid*, dans l'excavation où croît le *Chelidonium glaucium*, L. ☉

CLASSE XVIII.

SYNGÉNÉSIE. — CINQ ÉTAMINES réunies par les anthères (fleurs composées).

POLYGAMIE ÉGALE. — Toutes les fleurs hermaphrodites.

TRAGOPOGON. Calice extérieur simple, de 8 à 10 folioles; corolles particulières en languette ; réceptacle nu ; aigrette plumeuse, stipitée.

T. PRATENSE, L. *sp.* 1109; Bull. *Herb. t.* 209. Barbe de Bouc. — Tige dressée, haute de 1 pied environ, faible, simple ou peu rameuse, glabre ; feuilles glabres, alternes, élargies et embrassantes à la base, linéaires, longues, entières, tortillées dans le reste de leur étendue, finissant d'une manière très-déliée ; pédoncule uniflore, cylindrique; calice à 8 folioles de la longueur des fleurs.

Var. B. *T. undulatum*, Thuill. *Fl. par.* 396 (non L.). Feuilles onduleuses.

Fleurs jaunes. Mai, juin. Commun dans les prés. ♃

La racine de cette plante est laiteuse ; on en fait un extrait qu'on ordonne quelquefois dans la petite vérole, etc.; mais je pense qu'on doit la rejeter de la matière médicale, comme inerte. Il vaudrait mieux se servir de sa décoction que de son extrait.

T. MAJUS, Roth. *Germ.* 1, *p.* 332; *T. major*, Jacq. *Aust. t.* 29. Tige dressée, haute de 1 pied, presque simple, ferme, glabre ; feuilles élargies à la base, embrassantes, alternes, quelquefois un peu laineuses au-dessous de leur insertion et sur le dos, plus courtes que dans l'espèce précédente, linéaires, entières, point tortillées; pédoncule uniflore, renflé fortement sous la fleur; calice à 10-12 folioles plus courtes que la fleur. Fl. jaunes. Mai, juin. Se trouve dans les prés secs et montueux, au *Calvaire*, etc. ♃

T. **porrifolium**, L. *sp.* 1110 ; Jacq. *Icon. rar.* 1 , *t.* 139. Salsifis. — Tige dressée , rameuse , haute de 1 à 2 pieds, glabre ; feuilles lancéolées-linéaires, alternes, élargies à la base , entières, glabres, étroites et déliées au sommet ; pédoncule un peu renflé, uniflore ; calice de 8 folioles étroites , plus longues que les fleurs. Fl. violettes. Juin, juillet. Se trouve dans les prés secs , à *Meudon*, *Juvisi* , etc. ♂

PODOSPERMUM. Calice imbriqué ; corolles particulières en languette ; réceptacle hérissé de tubercules pointus, visibles après la chute des graines ; aigrette plumeuse , sessile.   •

P. **laciniatum**, Decand. *Fl. fr.* 4 , *p.* 62 ; *Scorzonera laciniata* , L. *sp.* 1114 ; Jacq. *Aust. t.* 356. Tige un peu dressée , rameuse , anguleuse , un peu velue , haute de 6 à 12 pouces ; feuilles glabres , profondément pinnatifides , à découpures linéaires-subulées , les caulinaires supérieures simples , linéaires ; fleurs terminales ; folioles inférieures des calices munies d'une espèce de pointe mousse, au-dessous de leur sommet. Fl. jaunes. Mai , juin. Se trouve dans les endroits secs , sur le bord des chemins. Commun. ♂

P. **resedifolium** , Decand. *Fl. fr.* 4 , *p.* 61 ; *Scorzonera resedifolia* , L. *sp.* 1113 ? Gouan. *Ill. t.* 53. Tiges couchées , longues de 1 pied et plus, un peu tuberculeuses, rudes au toucher , arrondies , glabres ; feuilles profondément pinnatifides , à découpures lancéolées , la terminale presque ovale ; les supérieures entières, lancéolées ; fleurs terminales ; folioles des calices nues , les inférieures un peu cotonneuses. Fl. jaunes. Juin , juillet. Se trouve dans les endroits secs et montueux, à *Ménilmontant*, etc. ♃. Cette plante ne me paraît pas être celle de Linnée ; c'est bien celle de M. Decandolle.

SCORZONERA. Calice imbriqué ; réceptacle nu ; corolles particulières en languette ; aigrette plumeuse , sessile.

S. **humilis** , L. *sp.* 1112 ; Moriss. *s.* 7 , *t.* 9 , *f.* 4 , 3ᵉ rangée. Racine nue ; tige très-simple , dressée, uniflore , haute de 1 pied et plus, presque nue , velue , surtout à la base ; feuilles presque de la hauteur de la tige, linéaires-lancéolées , planes, velues particulièrement en bas, entières, marquées de nervures ; pédoncule écailleux , renflé , velu. Fl. jaunes. Mai, juin. Se trouve dans les endroits humides des bois , à *Montmorency*, *Yerres*, *Crécy* , *Meudon* , *Neuilly-sur-Marne.* ♃

S. **austriaca**, Willd. *sp.* 3 , *p.* 1498 ; Moriss. *s.* 7 , *t.* 9 , *f.* 10 , 3ᵉ rangée. Racine entourée de débris en forme de bourre ; tige simple , haute de 6 à 8 pouces, uniflore, glabre , presque nue ; feuilles linéaires , très-étroites , un peu velues à la base , aussi hautes que la tige, marquées de nervures ; pédoncule un peu renflé, presque écailleux , glabre.

Var. B. *S. humilis*, Decand. *Fl. fr.* 3 , *p.* 39 ? Feuilles radicales élargies , presque ovales.

Fl. jaunes. Avril , mai. Se trouve dans les landes de la forêt de *Fontainebleau*, ⅄. J'indique cette plante d'après Vaillant, *Bot.* 180, *Scorzonera, n*° 2. D'après une suite d'échantillons que j'ai dans mon herbier, je suis porté à croire que les *S. humilis*, L. , *S. austriaca*, Willd. , et *S. angustifolia*, L. , sont probablement des variétés de la même plante, dues au sol où elles croissent.

S. HISPANICA , L. *sp.* 1112 ; Black. *t.* 406. Salsifis , Scorsonère. — Tige dressée, rameuse, haute de 2 pieds , robuste, glabre ; feuilles ovales-lancéolées, ondulées, élargies , finissant en pétiole à la base , et presque subulées au sommet, les supérieures sessiles , demi-embrassantes , légèrement dentées , glabres ; fleurs terminales ; pédoncule uniflore , velu, ordinairement sans écailles et non renflé.

Var. B. Feuilles entières , étroites.

Fl. jaunes. Mai , juin. Se trouve dans les endroits cultivés. ⅄

La racine de Scorsonère , qui est alimentaire, est employée comme un léger diaphorétique et comme diurétique : on s'en sert en tisane et en extrait ; la première est souvent ordonnée dans les maladies éruptives. La *S. humilis* a les mêmes vertus. En Suède , c'est celle dont on se sert , parce qu'elle y est commune.

S. laciniata et *S. resedifolia* , L. Vide *Podospermum.*

PICRIS. Calice caliculé , dont les folioles extérieures sont courtes ; corolles particulières en languette ; réceptacle nu ; graines striées transversalement ; aigrette plumeuse , sessile.

P. HIERACIOÏDES , L. *sp.* 115 ; Lam. *Ill. t.* 648 , *f.* 2. Tige dressée, haute de 2 ou 3 pieds , branchue au sommet, hispide ainsi que toute la plante, et dont les poils sont souvent bifides à l'extrémité ; feuilles lancéolées, semi-amplexicaules, sinuées-dentées, longues , atténuées à la base ; fleurs presque en corymbe ; pédoncule écailleux , multiflore ; graines droites , striées en travers.

Var. B. *Autumnale* , N. Tige de 1 pied et plus , diffuse , à rameaux divergens.

Fl. jaunes. Juillet, août. Se trouve sur le bord des bois et dans les champs , près de *Saint-Gratien*, etc. ; la var. B est très-commune en automne , le long des murs, des chemins, dans les endroits pierreux. ⅄

P. PAUCIFLORA, Willd. *sp.* 3 , *p.* 1557 ; *Crepis sprengeriana ,* All. *Ped. n*° 810 ; Decand. *Ic. Fl. gall. rar. t.* 20. Tige dressée, haute de 1 pied, hispide, ainsi que toute la plante, à poils presque bifides au sommet ; rameaux divariqués ; feuilles lancéolées , courtes , sinuées-dentées, sessiles ; les supérieures linéaires, entières ; pédoncules allongés , non écailleux , uniflores ; calice épieux ; graines arquées , striées en travers. Fl. jaunes. Juillet , août. Se trouve dans les champs , à *Montmorency*. ♃

P. echioïdes, L. Vide *Helmintia echioïdes*.

HELMINTIA. Calice caliculé, dont les folioles extérieures sont fort larges ; corolles particulières en languette; réceptacle nu ; graines striées en travers ; aigrette plumeuse , stipitée.

H. ECHIOÏDES, Gærtn. 2 ,*p*. 368 , *t.* 159 , *f.* 2; *Picris echioïdes*, *L. sp.* 1114. Tige dressée , rameuse , haute de 1 à 2 pieds , très-hispide , ainsi que toute la plante , et dont les poils sont durs , piquans et simples ; feuilles oblongues–ovales , amplexicaules , entières ; folioles extérieures des calices cordiformes , épineuses , les intérieures longues , déliées , pinnées-épineuses ; graines striées ; aigrette portée sur un pédicule long et délié. Fl. jaunes. Juin , juillet. Se trouve dans les champs , à *Bondi*, *Montmorency*, *Montreuil* , etc. ☉

SONCHUS. Calice imbriqué , ventru ; corolles particulières en languette; réceptacle nu ; graines striées en long ; aigrette simple , sessile.

S. OLERACEUS , L. *sp.* 1116; *S. lævis*, Vill. *Dauph.* 3 , *p.* 158 ; Thuill. *Fl. par.* 399 ; *Fl. dan. t.* 682. Laiteron. — Tige rameuse , aclescente , haute de 1 à 2 pieds , fistuleuse , lisse ; feuilles oblongues ou pinnatifides , amplexicaules , auriculées à la base , subsyrées , glabres , à dents irrégulières, sinuées ; fleurs presque en ombelle ; pédoncules quelquefois cotonneux ; calices glabres.

Var. B. *S. asper* , Vill. *Dauph.* 3 , *p.* 158 ; Thuill. *Fl. par.* 400 ; Fuchs. *Hist.* 674 , *Ic.* Feuilles comme crépues , roides , à dents épineuses.

Fl. jaunes. Eté. Se trouve dans les endroits cultivés , la var. B dans les lieux arides. ☉

S. ARVENSIS , L. *sp.* 1116 ; Fuchs. *Hist.* 319 , *Ic.* Tige dressée , simple , haute de 1 à 2 pieds , ferme , glabre ; feuilles glabres , roncinées , à lobes inclinés , presque parallèles , denticulés , un peu auriculés à la base ; fleurs terminales , grandes , peu nombreuses , presque en ombelle ; pédoncules et calices hispides–glanduleux , noirâtres. Fl. jaunes. Juin , juillet. Se trouve communément dans les champs. ♃

S. PALUSTRIS , L. *sp.* 1116 ; *Fl. dan. t.* 606. Tige dressée , simple , branchue , haute de 3 à 5 pieds , ferme , grosse , glabre ; feuilles roncinées , à lobes divariqués , denticulés , glabres , fortement auriculés , et même sagittés à la base ; fleurs nombreuses , en corymbe; pédoncules et calices hispides-glanduleux , noirâtres. Fl. jaunes. Juin , juillet. Vient dans les lieux humides , touffus , à *Gentilli* , *Saint-Gratien* , aux iles de *Charenton* , etc. ♃

LACTUCA. Calice imbriqué , cylindrique , à folioles membraneuses sur les bords ; corolles en languette ; aigrette simple , stipitée.

*** *Tiges et feuilles sans épines.***

L. sativa, L. *sp.* 1118. Laitue. — Tige dressée, haute de 1 à 2 pieds, glabre, simple, paniculée du haut ; feuilles inférieures ovales-arrondies, atténuées à la base, amplexicaules, ondulées, presque entières, glabres, les supérieures sessiles, cordiformes, denticulées ; fleurs paniculées, petites, dressées ; graines striées, non dentées sur le bord supérieur. Fl. d'un jaune pâle. Juin, juillet. Cultivée, et se trouve dans les endroits cultivés. ⊙ Voyez, pour les variétés assez nombreuses de cette plante, le Dictionnaire d'agriculture de Rozier.

L'eau distillée de Laitue est très-employée comme calmante, sédative, tempérante. Je l'ai vue quelquefois produire un véritable narcotisme, ce qui prouve qu'elle a plus d'activité que quelques médecins ne lui en attribuent. On prend aussi le suc et l'extrait de cette plante potagère, que la culture adoucit, et qui, abandonnée à elle-même, deviendrait vireuse, comme les autres espèces de son genre.

L. perennis, L. *sp.* 1120 ; Dod. *Pempt.* 637. Tige dressée, rameuse, haute de 2-3 pieds, glabre ; feuilles profondément pinnatifides, presque bipinnatifides, non épineuses, glabres, à lanières linéaires ; fleurs en corymbe, paniculées, grandes ; graines aplaties, noirâtres, pointues aux deux extrémités. Fleurs bleues. Juin, juillet. Se trouve dans les champs et les moissons, à *Saint-Maur*, *Charenton*, *Chaillot*, etc. ♃

**** *Tiges ou feuilles épineuses.***

L. scariola, L. *sp.* 1119 ; Cam. *Epit.* 300, *Ic.* Laitue sauvage. — Tige dressée, haute de 1 à 2 pieds, glabre, paniculée au sommet ; feuilles lancéolées, plus ou moins roncinées, verticales, denticulées, glabres, embrassantes et arrondies à la base, épineuses sur la ligne postérieure, et un peu sur les bords ; fleurs en panicule ; graines elliptiques, sillonnées, pâles. Fl. jaunes. Juillet, août. Se trouve aux lieux secs, et sur le bord des chemins, plaine *Saint-Denis*, etc. ♂

L. virosa, L. *sp.* 1119 ; Moriss. *s.* 7, *t.* 2, *f.* 16. Laitue vireuse. — Tige dressée, de 2-3 pieds, rameuse, glabre ; feuilles pinnatifides-roncinées, horizontales, glabres, denticulées, épineuses sur la ligne postérieure, embrassantes et sagittées à la base ; fleurs en panicule ; graines elliptiques, comprimées, striées et noires. Fl. jaunes. Juin, juillet. Commune le long des chemins et des haies. ♂

La Laitue vireuse est un puissant narcotique ; elle a les mêmes propriétés, utiles ou malfaisantes, que la jusquiame, la belladone, etc. On donne son extrait de 1 à 2 grains : on emploie la décoction à l'extérieur, pour apaiser les douleurs, etc. La plante précédente, qu'il faut se garder de confondre avec *la scarole*, ou scariole des jardiniers, qui n'est qu'une variété de culture de l'endive (*chicorium endivia*, L.) , est à-peu-près dans le même cas. C'est surtout parmi ces plantes, douées de beaucoùp d'énergie, et qui, administrées sous un petit volume, causent des *médications* fortes, qu'on doit espérer de trouver des médicamens utiles, plutôt que parmi des espèces inertes et sans vertus. Les anciens médecins blâmaient l'usage des premières, et s'attachaient à trouver des propriétés à toutes les autres ; de là l'inutilité et l'insignifiance de leur matière médicale végétale. Je pense que c'est en tenant une conduite opposée qu'on arrivera à des résultats plus satisfaisans pour la thérapeutique médicale.

L. **saligna**, L. *sp.* 1119 ; Jacq. *Aust. t.* 250. Tige dressée, haute de 1 à 2 pieds, rameuse et étalée à la base, glabre ; feuilles radicales linéaires-pinnatifides, glabres, ayant quelques épines rares sur la ligne postérieure, à divisions terminées par une sorte d'épine, à lobe terminal long et linéaire, entier, les caulinaires linéaires, entières, sessiles, comme sagittées ; fleurs en longues grappes spiciformes ; graines lisses. Fl. jaunes. Juin, juillet. Se trouve dans les moissons, les champs arides, les vignes, etc. ⊙

CHONDRILLA. Calice double, cylindrique ; corolles particulières en languette ; réceptacle nu ; aigrette stipitée, simple.

C. **juncea**, L. *sp.* 1120 ; Jacq. *Aust. t.* 427. Tige dressée, presque nue, très-rameuse, étalée, couverte d'épines courbées en bas, glabre et nue dans le reste ; feuilles radicales roncinées, glabres, les caulinaires longues, linéaires, entières ; fleurs éparses ; graines striées en long dans les deux tiers inférieurs, tuberculoso-écailleuses dans le tiers supérieur. Fleurs jaunes. Été. Se trouve dans les lieux arides, sablonneux, plaine du *Point-du-Jour*, à *Sèvres*, etc. ♃

PRENANTHES. Calice double, cylindrique ; corolles particulières en languette ; réceptacle nu ; aigrette simple, sessile.

P. **muralis**, L. *sp.* 1121 ; *Fl. dan. t.* 509. Tige dressée, rougeâtre, glabre, haute de 1 à 2 pieds ; feuilles glabres, glauques en dessous, profondément pinnatifides-roncinées, à lobes anguleux, larges, et dont le terminal est comme palmé, les supérieures plus simples ; fleurs petites, grêles, en panicule, portées par des pédoncules capillaires. Fl. jaunes. Juin — Septembre. Se trouve dans les lieux ombragés, à *Sèvres*, *Auteuil*, etc. ⊙

P. **hieracifolia**, Willd. *sp.* 3, *p.* 1541 ; *Crepis pulchra*, L. *sp.* 1134 ; J. Bauh. *Hist.* 2, *p.* 1025, *Ic.* Tige dressée, presque nue, rameuse à la base, haute de 1 à 2 pieds, glabre, surtout dans le haut ; feuilles radicales, oblongues, un peu roncinées-sinuées, obtuses, un peu hispides, les caulinaires embrassantes, lancéolées, pointues ; fleurs plus courtes que dans l'espèce précédente, en panicule très-étalée; graines presque lisses. Fl. jaunes. Juin. Se trouve le long des chemins et des champs, à *Crosne, Saint-Cloud*, etc. ☉

TARAXACUM. Calice à 2 rangées, se déjetant en dehors après la fleuraison; corolles particulières en languette; réceptacle ponctué; aigrette simple, pédicellée.

T. DENS LEONIS, Lam. *Ill. t.* 653; *Leontodon taraxacum*, L. *sp.* 1122. Pissenlit. — Hampe uniflore de 4 à 10 pouces, ordinairement glabre, fistuleuse; feuilles radicales glabres, roncinées plus ou moins profondément, à découpures faisant le crochet, denticulées; fleur grande; rangée extérieure du calice réfléchie; graines épineuses au sommet; aigrette portée sur un long pédicelle. Fl. jaunes. Eté. Se trouve très - communément dans les prés, le long des chemins et fossés. ♃

Le suc de Pissenlit est très-employé contre la cachexie, le scorbut; c'est un très-bon amer dépuratif, utile dans les débilités gastriques. On emploie aussi son extrait et sa décoction; la plante, qui est alimentaire, est estimée un très-bon fondant des obstructions du foie, de la rate et des poumons.

T. PALUSTRE, Decand. *Fl. fr.* 4, *p.* 45; *Leontodon palustre*, Smith. *Fl. brit.* 2, *p.* 825; *Fl. hung. t.* 115. Hampe uniflore, de 3 à 6 pouces, glabre, fistuleuse, partant quelquefois d'une souche assez grosse; feuilles plus étroites que dans l'espèce précédente, plus ou moins roncinées, glabres, souvent presque entières; fleurs moitié plus petites que celles du *T. Dens leonis*, rangée extérieure du calice collée contre l'intérieure jusqu'après la fleuraison; graines et aigrettes semblables à celles de l'espèce précédente. Fl. jaunes, rougeâtres en dehors. Juin, juillet. Se trouve dans les endroits marécageux, à *Meudon, Villers-Coterets.* ♃

LEONTODON. Calice imbriqué; réceptacle ponctué, corolles particulières en languette; aigrettes sessiles et plumeuses.

** Hampes ou pédoncules uniflores.*

L. HIRTUM, L. *sp.* 1123; *Thrincia hirta*, Roth. *Cat. Bot.* 1, *p.* 98; *Hyoseris taraxacoïdes*, Lam. *Dict.* 3, *p.* 159; C. Bauh. 63, *Ic.* Hampe uniflore, de 3 à 6 pouces, glabre ou presque glabre, étalée, partant souvent plusieurs d'une même souche; feuilles plus ou moins roncinées, à poils simples et plus souvent bifurqués; folioles du calice glabres; corolles velues à l'ouverture de leur tube; graines pointillées – tuberculeuses; aigrettes de la circonférence souvent avortées. Fl. jaunes. Mai, juin. Se trouve dans les endroits secs, sablonneux, pierreux, le long des chemins, etc. ♃ Très-commun. Le *L. saxatile* de M. Thuillier, *Fl. par.* 404, est une légère variété de cette plante, qui varie effectivement beaucoup, pour le port, suivant les localités.

L. **hispidum**, L. *sp.* 1124 ; *Thrincia hispida*, Roth. *l. c.* ; *Fl. dan. t.* 862. Hampes uniflores, dressées, de 4–10 pouces de hauteur, partant souvent plusieurs de la même racine, rudes, hérissées de poils durs, blancs, bifurqués ; feuilles roncinées, chargées de poils semblables ainsi que les folioles du calice ; corolles velues à l'ouverture de leur tube ; graines striées ; aigrettes de la circonférence souvent avortées.

Var. B. Feuilles roncinées, hispides, à poils bifurqués ; hampes à poils rares, simples, longs, tortillés.

Fl. jaunes. Juin, juillet. Se trouve dans les prés, les endroits sablonneux, à *Saint-Maur*, etc. Commun. ⊙

L. **hastile**, L. *sp.* 1123 ; Jacq. *Aust. t.* 162 ; *Apârgia hastilis*, Willd. *sp.* 3, *p.* 1548. Hampe uniflore, de 6 à 12 pouces de haut, glabre ; feuilles glabres, plus ou moins roncinées, quelquefois entières ; calices à folioles glabres ; fleurs velues à l'ouverture du tube.

Var. B. Feuilles et hampes glabres ; calice un peu hérissé.

Fl. jaunes. Mai, juin. Se trouve dans les champs, à *Meudon*, etc. ; la variété *B.* dans les endroits secs. ♃

** * Tige multiflore.*

L. **autumnale**, L. 1123 ; *Apargia autumnalis*, Willd. 3, *p.* 1550; *Fl. dan. t.* 501. Tige étalée, rameuse, glabre, longue de 1 pied, nue ou ayant quelques folioles étroites aux ramifications ; feuilles radicales plus ou moins roncinées, glabres, le plus souvent à découpures linéaires, écartées ; pédoncules rameux, fistuleux, renflés, garnis d'écailles ; calices un peu velus. Fl. jaunes. Juillet — octobre. Se trouve très souvent dans les prés et les lieux humides. ♃

HIERACIUM. Calice ovale, imbriqué, à folioles serrées ; réceptacle nu ; corolles particulières en languette ; aigrette simple, sessile.

** Tiges nues.*

H. **pilosella**, L. *sp.* 1125 ; Bull. *Herb. t.* 279. Piloselle. — Il part de la racine des rejets feuillés rampans. Hampe dressée, uniflore, pubescente, de 3 à 6 pouces de haut ; feuilles ovales-oblongues, obtuses, entières, vertes en dessus, glauques en dessous, hérissées de longs poils sur les bords ; fleurs terminales ; corolle particulière, à 5 dents ; calices velus, blanchâtres ; folioles du calice velues, blanchâtres. Fl. jaunes. Été. Très-commun dans les endroits secs, arides, sablonneux, etc. ♃

H. **peleterianum**, N. ; *H. pilosella grandiflora*, Decand. *Fl. fr.* 4, *p.* 23. Il part de la racine de la plante des rejets rampans et feuillés. Hampe uniflore, de 3 à 4 pouces, velue, et hérissée en outre de longs poils durs, souvent noirâtres à la base ;

feuilles ovales-oblongues, larges, obtuses, chargées de longs poils des deux côtés, souvent très-blanches en dessous, toujours plus vertes en dessus ; fleurs trois ou quatre fois plus grandes que dans l'espèce précédente ; corolles particulières à 5 divisions profondes ; calices très-velus, blanchâtres. Fl. jaunes. Été. Cette plante a été trouvée sur les montagnes des environs de *Mantes*, par M. Lepeletier, amateur de botanique ; j'ai cru devoir lui conserver le nom de celui qui, le premier, l'avait observée dans nos environs. ♃

H. AURICULA, L. *sp.* 1126 ; *H. dubium*, Thuill. *Fl. par.* 406. (non L.) ; *Fl. dan. t.* 1044. Tige simple, presque dressée, haute de 1 à 2 pieds, faible, un peu poilue, unifoliée sur le milieu ; feuilles lancéolées, entières, glabres et unicolores, garnies de quelques longs poils sur le côté : il y en a quelques-unes au bas de la tige, qui est nue dans le reste de sa longueur ; fleurs terminales, en ombelle, ou en tête un peu serrée dans les petits individus ; calices à folioles velues, à poils un peu noirâtres : il part de la souche des rejets rampans, feuillés. Fl. jaunes. Mai, juin. Se trouve dans les lieux humides et marécageux, à *Saint-Léger*, *Neuilly-sur-Marne*, etc. ♃

** *Tiges feuillées.*

H. MURORUM, L. *sp.* 1128 ; Lob. *Ic.* 587, *f.* 1. Pulmonaire des Français. — Tige dressée, de 1 à 2 pieds, simple, peu feuillée, velue, un peu rude ; feuilles radicales oblongues, ovales-lancéolées, sinuées-dentées, ou simplement dentées, ou presque entières, molles, velues, à pétiole laineux ; 2-3 feuilles sur la tige, plus étroites et presque sessiles ; fleurs terminales, peu nombreuses, rapprochées en corymbe ; pédoncules et calices velus, noirâtres.

Var. B. Feuilles marquées en dessus de taches noirâtres devenant violettes en vieillissant.

Fl. jaunes. Juin, juillet. Se trouve dans les endroits secs, sur les murs, etc. ♃

OBSERV. La plante que quelques auteurs nomment *H. sylvaticum*, n'est pas distincte, pour moi, de celle que je viens de décrire ; du moins celle de nos environs n'en diffère pas.

Le nom de Pulmonaire a sans doute été donné à cette plante à cause des taches qu'on observe souvent sur ses feuilles, ainsi que dans la *Pulmonaria vulgaris*, pour leur ressemblance avec les taches noirâtres qu'on trouve quelquefois sur des poumons sains. Elle n'est plus d'aucun usage médical. On regardait sa racine comme astringente.

H. SABAUDUM, L. *sp.* 1131 ; Moriss. *s.* 7, *t.* 5, *f.* 59. Tige dressée, haute de 1-2 pieds, hispide, assez simple, un peu rude, ferme ;

euilles oblongues, amplexicaules, consistantes, un peu dentées, resque glabres, les supérieures subcordiformes, les inférieures lus allongées : toutes ont les bords rudes, à cause de petits enticules qu'on y remarque ; fleurs en panicule terminale, peu ournie ; calices noirâtres, presque glabres. Fl. jaunes. Juillet, oût. Se trouve dans les bois ; je n'ai point encore observé cette lante aux environs de Paris ; je la décris d'après des échantillons enant de Savoie. ♃

H. UMBELLATUM, L. *sp.* 1131 ; Dod. *Pempt.* 627, *f.* 2. Tige ressée, de 1 à 4 pieds de hauteur, un peu velue, surtout du as, ou glabre, souvent rameuse ; feuilles lancéolées, les radi- ales quelquefois subpinnatifides, les supérieures étroites, den- ées, presque glabres, sessiles, mais non embrassantes ; fleurs talées, en panicule corymbiforme, dont les pédoncules partent uelquefois du même point ; calice d'un vert foncé, glabre. *Var.* B. *H. chrysophtalmum*, Thuill. *Fl. par.* 407 ; feuilles resque entières. Fl. jaunes. Juin — septembre. Se trouve dans les bois com- munément, à *Meudon, Vincennes,* etc. ♃

CREPIS. Calice ovale, sillonné, imbriqué, à folioles inférieures ches, écartées ; corolles particulières en languette ; réceptacle u ; aigrette simple, sessile.

C. BIENNIS, L. *sp.* 1136 ; J. Bauh. *Hist.* 2, *p.* 1025, *Ic.* Tige ressée, rameuse, haute de 2 à 4 pieds, hispide en bas, glabre n haut ; feuilles radicales roncinées, couvertes de poils blancs, ispides, fort courts, les caulinaires à découpures plus étroites, udes, les supérieures linéaires, entières ; fleurs grandes, pani- ulées ; calices d'un vert noirâtre, ayant quelques poils, mais oint farineux. Fl. jaunes. Mai, juin. Se trouve communément ans les prés. ♂

C. TECTORUM, L. *sp.* 1135 ; *Fl. dan. t.* 501. Tige redressée, e 1 à 2 pieds, rameuse, quelquefois même diffuse, un peu velue u bas, glabre et sillonnée dans le reste ; feuilles radicales glabres, oncinées, les caulinaires à découpures plus étroites, sagittées à la ase, les terminales linéaires, entières ; fleurs en panicule, moitié oins grandes que dans l'espèce précédente ; calice légèrement ubescent, non farineux. Fl. jaunes. Eté. Se trouve dans les ois, les champs, quelquefois sur les toits. Commune. ☉

C. PINNATIFIDA, Willd. *sp.* 3, *p.* 1604 ? *C. Dioscoridis,* Thuill. *Fl. par.* 410 ; *Lob. Ic.* 239, *f.* 2. Tige étalée, un peu diffuse, ouge à la base, sillonnée, velue, haute de 1 pied ; feuilles radi- ales un peu rouges à leur naissance, profondément pinnatifides, découpures linéaires, écartées, faisant le crochet, velues, à obe terminal entier, aigu ; les supérieures sagittées à la base, à écoupures plus étroites encore ; les terminales entières, sétacées ;

fleurs en panicule terminale, de la grandeur de celles de l'espèce
précédente, à calices très-farineux, pubescens. Fl. jaunes. Juin
Se trouve le long des chemins, à *Montmorency*, etc. ⊙

C. VIRENS, L. *sp.* 1134. Tige grêle, redressée, faible, haut
d'environ 1 pied, très-glabre, ainsi que toute la plante; feuille
lancéolées, longues, élargies, et presque hastées à la base, très
peu roncinées, souvent entières, sinueuses–dentées, les supérieures tout-à-fait linéaires; fleurs paniculées, petites, portée
sur des pédoncules déliés, farineux au sommet, ainsi que le calice
surtout avant le développement de ce dernier organe, qui est e
outre un peu pubescent.

Var. B. *C. linifolia*, Thuill. *Fl. par.* 408. Tige dressée, simple
haute de 6 à 10 pouces; feuilles entières, ou légèrement dentées
fleurs peu nombreuses.

Var. C. *C. uniflora*, Thuill. *l. c.* Tige rameuse à la base, haut
de 2 à 4 pouces; feuilles roncinées, ou entières; pédoncule
uniflores.

Fleurs jaunes. Eté. Se trouve communément dans les prés secs
arides; les variétés B et C croissent à *Vincennes*. ⊙

OBSERV. Le *C. umbellata*, Thuill. *Fl. par.* 409, n'est pa
connu des botanistes de la capitale; M. Persoon, *Syn.* 2, *p.* 377
en fait une variété du *C. virens*, L.

C. fœtida, L. Vide *Barkhausia fœtida*.
C. pulchra, L. Vide *Prenanthes hieracifolia*.

BARKHAUSIA. Calice oblong, sillonné, renflé à la maturité
à 2 rangs de folioles, dont l'extérieur est lâche; réceptacle nu
corolles particulières en languette; aigrette simple, portée pa
l'amincissement de la graine, qui forme un pédicelle.

B. TARAXACIFOLIA, Decand. *Fl. fr.* 4, *p.* 43; *Crepis taraxacifolia*
Thuill. *Fl. par.* 409 (non Desfont. *Atl.*); *C. taurinensis*, Willd
sp. 3, *p.* 1595; *Balbis misc. p.* 37, *t.* 9. Tige dressée, presqu
simple, haute de 1 à 2 pieds, purpurine à la base, glabre; feuille
radicales lyrées–roncinées, un peu hispides–rudes, d'un aspec
cendré, et dont le pétiole participe de la teinte rougeâtre de l
tige; les caulinaires lancéolées, pinnatifides, sagittées à la base
fleurs terminales, grandes; calice cendré, presque farineux, e
dont les folioles extérieures sont plus glabres et un peu scarieuse
sur les bords; pédoncules un peu velus. Fleurs jaunes. Mai
juin. Se trouve dans les champs, les endroits sablonneux, commune au bois de *Boulogne*, etc. ⊙

B. FŒTIDA, Decand. *Fl. fr.* 4, *p.* 42; *Crepis fœtida*, L. *sp*
1133; Dod. *Pempt.* 630, *f.* 1. Tige dressée, haute de 12 à 18
pouces, étalée, rameuse, velue, rude, blanchâtre ainsi que toute
la plante; feuilles roncinées, à segmens anguleux; les caulinaire

étroites, linéaires, pinnatifides à la base ; fleurs terminales, penchées avant le développement ; calice devenant roide, presque piquant à la maturité des graines ; pédoncules se renflant un peu à la même époque. Fleurs jaunes, rouges en dehors. Juillet, août. Se trouve le long des chemins et fossés, à *Juvisi*, etc. Assez commune. ⊙ La plante a une odeur désagréable.

B. **rubra**, Moench. *Meth.* 537 ; *Crepis rubra*, L. *sp.* 1132. Tige dressée, simple, nue dans sa moitié supérieure, haute de 1 pied, glabre ; feuilles radicales ovales-allongées, finissant en pétiole, dentées ou un peu roncinées, les caulinaires sessiles, presque embrassantes ; fleurs terminales, peu nombreuses, solitaires ; calices velus, subhispides, à folioles un peu scarieuses. Fl. d'un rouge tendre. Juin, juillet. Se trouve dans la plaine de *Grenelle*, où elle aura été probablement semée. ⊙.

B. **ciliata**, N. Tige rameuse, un peu noueuse à la naissance des rameaux, anguleuse, striée, hispide à la base, à peu près glabre dans tout le reste, haute de 1 à 2 pieds ; feuilles inférieures roncinées, glabres, ciliées sur les bords et le pétiole, les supérieures sessiles, élargies, subhastées ou pinnatifides à la base, entières dans le haut, pointues, peu ou point ciliées ; fleurs paniculées, assez nombreuses, grandes ; calices verdâtres, glabres ou presque glabres, un peu cendrés, à folioles intérieures membraneuses sur les bords. Fl. jaunes. Été. Se trouve dans le bois de *Vincennes*. Cette espèce m'a été communiquée par M. Lallemant. ♃

HYPOCHŒRIS. Calice imbriqué ; réceptacle paléacé ; corolles particulières en languette ; aigrette plumeuse, pédicellée.

H. **maculata**, L. *sp.* 1140 ; *Fl. dan. t.* 149. Tige dressée, nue, haute de 12 à 18 pouces, un peu rameuse, sillonnée, hispide, rude ; feuilles radicales ovales, dentées, hispidiuscules, une ou deux moins grandes sur la tige ; fleurs terminales, solitaires, grandes ; calice velu, noirâtre ; aigrettes du centre pédicellées, les latérales sessiles. Fl. jaunes. Juin. Se trouve dans les bruyères, à *Fontainebleau, Saint-Léger.* ♃

H. **radicata**, L. *sp.* 1140 ; Moriss. *s.* 7, *t.* 4, *f.* 5. Tige nue, glabre, rameuse, haute de 15 à 18 pouces ; feuilles radicales étalées en rosette, roncinées, à découpures obtuses, hispides, un peu courtes ; fleurs solitaires, terminales ; pédoncules un peu écailleux ; fleurs moitié plus petites que celles de l'espèce précédente, et plus longues que les calices, qui sont très-glabres, un peu glauques ; toutes les aigrettes pédicellées. Fl. jaunes. Été. Très-commune dans les allées des bois, les prés, etc. ♃

H. **glabra**, L. *sp.* 1140 ; *Fl. dan. t.* 424. Tige dressée, haute de

8 à 10 pouces, rameuse de la souche, et souvent du bas de la tige, glabre, nue ; feuilles radicales en rosette, presque semblables à celles de l'espèce précédente ; fleurs terminales ; pédoncules non écailleux ; calice glabre, oblong ; fleurs plus petites que dans l'espèce précédente ; corolles de la longueur du calice ; aigrettes du centre pédicellées, les latérales sessiles. Fleurs jaunes, peu apparentes. Juin, juillet. Se trouve dans les bois secs. ⊙

H. **hispida**, Roth. *Catalect. bot.* 1, *p.* 100 ; *H. minima*, Desf. *Atlant.* 2, *p.* 238. Tige de 5 à 6 pouces, nue, un peu rameuse, ou simple, glabre ; feuilles radicales longues, sinuées-dentées, finissant insensiblement en pétiole (semblables à celles de la *Lapsana minima*), un peu poilues, et comme ciliées sur les bords ; fleurs terminales, peu nombreuses ; calice oblong, de la longueur de la corolle, muni de longs filamens verdâtres ; aigrettes du centre pédonculées, les latérales sessiles, ayant les soies inégales, les extérieures plus petites, moins velues, tandis que celles du milieu le sont beaucoup plus dans leur moitié inférieure. Fleurs jaunes. Juin. Je l'ai trouvé au bois de *Boulogne*, côté de Madrid, où elle n'est pas rare. Il paraît qu'on la confondait avec la précédente. ⊙

H. **simplex**, N. Hampe de 2 à 4 pouces, glabre, un peu écailleuse, uniflore ; feuilles radicales ovales, dentées, petites, un peu ciliées ; fleur petite, terminale ; calice glabre, toutes les aigrettes presque sessiles. Fleurs jaunes. Elle a été trouvée aux environs des étangs de *Saint-Léger*, par M. Thuillier. ⊙

CICHORIUM. Calice caliculé, l'intérieur à 8 folioles droites, soudées à la base, l'extérieur à 5 plus courtes, ouvertes au sommet ; réceptacle subpaléacé ; corolles particulières en languette ; aigrette sessile, écailleuse, très-courte.

C. **intybus**, L. *sp.* 1142 ; Blackw. *t.* 183. Chicorée sauvage. — Tige dressée, lactescente, de 2 à 3 pieds et plus de haut, rameuse, velue ; feuilles roncinées, à lobes distans, aigus, dentés, un peu velus ; fleurs latérales, solitaires ou géminées, sessiles, ou l'une des deux pédonculées ; calices hispides-ciliés, l'extérieur ayant un renflement presque osseux à la base ; aigrettes composées de 4–5 dents, plus courtes que les graines.
Var. B. *C. endivia*, L. *sp.* 1442. Feuilles lancéolées, entières, crénelées ou dentées.
Fl. bleues ou blanches. Eté. Se trouve le long des chemins ; la variété B dans les bois. ♃

Cette plante, dont on cultive plusieurs variétés pour l'usage alimentaire, est très-employée en médecine ; on se sert de ses feuilles et de ses racines en décoction pour tisane, que l'on emploie avantageusement dans les fièvres bilieuses, muqueuses, les débilités intestinales, etc. Les feuilles sont dépuratives, et entrent dans la plupart des sucs d'herbes; l'extrait est très-utile pour fondre les engorgemens des viscères, seul ou le plus souvent mêlé avec d'autres médicamens. On fait un sirop de chicorée, dans lequel il entre des substances purgatives, et dont on fait ordinairement usage pour les enfans nouveau-nés, lorsqu'on veut aider la sortie de leur *meconium*. La graine de Chicorée et celle d'Endive font partie des quatre petites semences froides; les deux autres sont celles de laitue (*lactuca sativa*, L.), et celle de pourpier (*portulaca oleracea*, L.).

LAPSANA. Calice simple, avec des écailles à la base, et dont les folioles sont creusées en gouttières intérieurement; réceptacle nu; corolles particulières en languette; aigrette nulle.

L. **communis**, L. *sp.* 1141; *Fl. dan. t.* 500. Lampsane, Herbe aux mamelles. — Tige dressée, rameuse, haute de 2 pieds, velue; feuilles inférieures lyrées, pubescentes, dont le lobe terminal est arrondi, anguleux, denté, les supérieures ovales; fleurs nombreuses, petites, disposées en panicule, portées sur des pédoncules déliés, glabres, ainsi que les calices. Fl. jaunes. Été. Commune dans les endroits cultivés. ⊙

Cette plante est émolliente; on l'applique, bouillie, en cataplasme sur les endroits douloureux, et particulièrement sur les seins écorchés des nourrices, d'où lui vient son nom. Elle est peu usitée à Paris, mais les femmes de la campagne s'en servent souvent.

L. **crispa**, Willd. *sp.* 3, *p.* 1624. Cette plante, qui se reproduit toujours la même par la graine, suivant l'observation de Willdenow, ne diffère de la précédente que par le lymbe de ses feuilles, qui est crépu et doublement denté. Fl. *id.* Se trouve dans les mêmes lieux, mais plus rarement. ⊙

L. **minima**, *All. ped. n°* 751; *Hyoseris minima*, L. *sp.* 1138; Clus. *Hist.* cxlii. Tige haute de 1 pied, presque simple, dressée, nue, glabre; feuilles lancéolées-obovales sinuées-denticulées, glabres; fleurs terminales, 3 sur chaque tige, portées par des pédoncules renflés et fistuleux; calice un peu blanchâtre, pas sensiblement velu. Fl. jaunes. Mai, juin. Se trouve dans les champs sablonneux, à *Saint-Léger, Marcoussis, Senart*, etc. ⊙

L. **fœtida**, *All. ped. n°* 749; *Hyoseris fœtida*, L. *sp.* 1137; Waldst. *Pl. hung.* 1, *p.* 48, *t.* 49. Hampes uniflores, hautes de 4-5 pouces, glabres; feuilles radicales roncinées-pinnatifides, à segmens réguliers, dont le terminal est presque quadrilatère, glabres, étalées par terre; fleurs grandes; calices glabres, moitié plus courts que les corolles. Fl. jaunes. Juin. Cette plante est indiquée au bois de *Vincennes*; je ne l'ai jamais observée aux environs de Paris, où je la crois très-rare, si elle y vient. ♃

SCOLYMUS. Calice imbriqué, épineux; réceptacle paléacé; corolles particulières, en languette; aigrette nulle, ou consistant en 2–3 soies.

S. maculatus, L. *sp.* 1143; Clus. *Hist. clvi, f.* 1. Tige rameuse, redressée, haute de 1 à 2 pieds, velue; feuilles glabres, décurrentes, subpinnatifides, à dents épineuses, souvent marbrées de blanc; bractées pectinées–pinnatifides; fleurs solitaires, axillaires, sessiles; anthères rougeâtres; graines destituées d'aigrettes. Fleurs jaunes. Juillet, août. Se trouve sur le bord des chemins, au–delà de *Rambouillet.* ⊙

ARCTIUM. Calice globuleux, à folioles nombreuses, linéaires-subulées, et recourbées en crochet à l'extrémité; réceptacle paléacé; corolles particulières à 5 dents égales; aigrette persistante, simple, sessile, composée de poils roides, tordus.

A. lappa, α, L. *sp.* 1143; Math. *Valg.* 1154. Bardane, Glouteron. — Tige rameuse, dressée, haute de 1 à 2 pieds, velue, blanchâtre; feuilles ovales-cordiformes, entières, pubescentes et blanchâtres en dessous; fleurs comme en grappe, situées 5–6 le long d'un pédoncule commun, de couleur purpurine, à calice glabre. Juin. Se trouve le long des routes, aux endroits pierreux. Commune. ♂

La racine de Bardane est très-précieuse, en ce qu'elle fournit un excellent sudorifique dépuratif, qui remplace très - convenablement la salsepareille, et qui lui est même supérieure suivant plusieurs praticiens. Il faut en donner une once et même deux par pinte d'eau en décoction. Cette racine s'administre dans la syphilis, surtout la chronique, avec beaucoup de succès, et dans toutes les maladies de la peau; on la croit même efficace contre la goutte; mais cette maladie, rebelle à tous les moyens, fera sans doute encore long-temps le désespoir des médecins. Nous voyons, à fur et mesure que nous avançons dans notre travail, que la nature nous offre les moyens de nous passer des productions étrangères, et que ce n'est que par une sorte d'aveuglement que nous leur préférons des remèdes exotiques toujours chers, et souvent altérés. Pour moi, je pense que, dans l'état actuel de la médecine, un praticien éclairé, qui posséderait bien sa matière médicale indigène, pourrait rigoureusement se passer des productions lointaines, et trouverait autour de lui de quoi remplir suffisamment les indications que les phénomènes morbifiques lui présentent journellement.

A. grandiflora, Desf. *Cat.* 92; *A. majus,* Thuil. *Fl. p.* 415; Schk. 3, *t.* 227. Tige élevée de 3 à 4 pieds, robuste, rameuse, presque glabre; feuilles larges, cordiformes, plutôt glauques que velues en dessous, un peu denticulées; fleurs réunies comme en corymbe, doubles au moins de celles de l'espèce précédente; calice glabre. Fl. purpurines. Juin. Se trouve dans les bonnes terres, à *Yerres*, dans les bois, à *Montmorency*, etc. ♂

A. **tomentosum**, Schk. *l. c.* Thuill. *Fl. p.* 415. Tige rameuse, dressée, haute de 1 à 2 pieds, glabre; feuilles ovales, cordiformes, denticulées, presque unicolores; fleurs terminales, comme en corymbe; calice cotonneux. Fl. purpurines. Juin. Se trouve assez communément sur le bord des chemins et fossés. ♂

Les trois espèces précédentes pourraient bien n'être que des variétés l'une de l'autre.

SERRATULA. Calice imbriqué, cylindrique, non épineux; réceptacle paléacé; corolles particulières, à 5 dents égales; aigrettes sessiles, à poils, simples, roides, dentés.

S. **tinctoria**, L. *sp.* 1144; *Fl. dan. t.* 282. Sarrette des Teinturiers. — Tige dressée, rameuse, glabre, haute de 1 à 2 pieds; feuilles glabres, lyrées-pinnatifides, à segmens lancéolés, dentés en scie, terminées par un lobe ovale, grand; fleurs en corymbe terminal; calice glabre; poils de l'aigrette jaunâtres et dentés, de la longueur de la graine.

Var. B. Feuilles entières, dentées.

Fl. purpurines. Août, septembre. Se trouve dans les bois un peu humides, à *Montmorency*, *Meudon*, etc.; la variété B à *Montmorency.* ♃

Les teinturiers retirent de cette plante un suc jaune.

S. arvensis, L. Vide *Cnicus arvensis.*

CARDUUS. Calice imbriqué, ventru, à folioles épineuses; réceptacle velu; corolles particulières à 5 dents égales; aigrettes sessiles, simples.

C. **nutans**, L. *sp.* 1160; *Fl. dan. t.* 675. Tige dressée, rameuse, haute de 1 à 2 pieds, anguleuse, velue; feuilles décurrentes lancéolées, pinnatifides, à dents épineuses, glabres des deux côtés; pédoncules un peu cotonneux, non épineux, blanchâtres, allongés; fleurs terminales, solitaires, penchées; folioles du calice lancéolées, les extérieures ouvertes. Fleurs purpurines, quelquefois blanches. Juin, juillet. Se trouve communément sur le bord des chemins, dans les lieux arides. ♂

C. **crispus**, L. *sp.* 1150; *Fl. dan. t.* 621. Tige dressée, très-rameuse, haute de 2 à 3 pieds, glabre; feuilles décurrentes, oblongues-sinueuses, crépues, très-épineuses sur les bords, velues en dessous; pédoncules épineux, courts; fleurs rapprochées; calice glabre, à folioles épineuses, sétacées, étalées. Fleurs purpurines. Juin, juillet. Se trouve souvent sur le bord des champs, des chemins. ☉

C. **tenuiflorus**, Smith, *Fl. brit.* 849; *Curt. Lond. fasc.* 6, *t.* 55 ; *C. acanthoïdes*, Thuill. *Fl. par.* 417 (non L.). Tige dressée, rameuse, haute de 2 pieds, cotonneuse, ailée dans toute sa longueur par la décurrence des feuilles, qui sont oblongues, sinueuses, à lobes anguleux, épineux, velues surtout en dessous, où elles sont blanches ; fleurs petites, sessiles, agglomérées ; calices cylindriques, à folioles lancéolées, subulées, dressées. Fl. d'un blanc-rose. Juin, juillet. Se trouve souvent le long des chemins et dans les endroits arides. ☉

C. MARIANUS, L. *sp.* 1156 ; Fuchs. *Hist.* 56. Chardon Marie. — Tige haute de 2 pieds, dressée, rameuse, glabre, striée ; feuilles sessiles, embrassantes, non décurrentes, oblongues, glabres, sinueuses-épineuses, souvent marbrées de blanc ; fleurs terminales solitaires, grandes ; calices à folioles grandes, ciliées-épineuses, réfléchies, terminées par une longue épine ; aigrette un peu ciliée. Fleurs purpurines. Se trouve le long des chemins, à *Montmorency*, en entrant dans le village, etc. ☉

La racine de Chardon Marie passe pour être un assez bon sudorifique ; cependant elle est peu usitée.

C. *palustris*, *lanceolatus*, *eriophorus*, *acaulis*, L. Vide *Cnicus palustris*, *lanceolatus*, *eriophorus*, *acaulis*.

CNICUS. Calice ventru, imbriqué, à folioles épineuses ; réceptacle velu ; corolles à 5 dents égales ; aigrette sessile, plumeuse.

* *Feuilles décurrentes.*

C. PALUSTRIS, Roth. *Germ.* 1, *p.* 345 ; *Carduus palustris*, L. *sp.* 1151 ; Gmel. *Sib.* 2, *t.* 23, *f.* 2. Tige dressée, simple, haute de 3 à 5 pieds, un peu velue du bas ; feuilles décurrentes, linéaires, sinuées, très-épineuses, glabres, un peu glauques, et velues en dessous ; fleurs agglomérées, sessiles, petites ; calices à folioles courtes, cotonneuses à la base, à peine épineuses. Fleurs purpurines. Juin, juillet. Se trouve dans les prés marécageux, à *Meudon*, etc. ♂

C. LANCEOLATUS, Roth. *Germ.* 1, *p.* 345 ; *Carduus lanceolatus*, L. *sp.* 1149 ; *Fl. dan. t.* 1173. Tige de 2 pieds, dressée, branchue, un peu velue ; feuilles rudes, allongées, velues en dessous, terminées par un prolongement lancéolé, ayant latéralement des découpures bilobées, et dont les lobes sont divariqués et épineux ; fleurs terminales, sessiles, presque agglomérées, très-grandes ; folioles des calices un peu élargies à la base, longues et étroites ensuite, peu velues. Fleurs purpurines. Juin, juillet. Se trouve très-fréquemment sur le bord des chemins, des champs, etc. ♂

** *Feuilles sessiles.*

C. ERIOPHORUS, Roth. *Germ.* 1, *p.* 349 ; *Carduus eriophorus*, L. *sp.* 1153 ; Jacq. *Aust. t.* 171. Chardon aux ânes. — Tige dressée, branchue, haute de 2 à 4 pieds, velue; feuilles embrassantes, non décurrentes, laineuses en dessous, à laciniures souvent bifides, épineuses; les radicales couchées, très-grandes; fleurs terminales, solitaires, très-grandes; calice à folioles cotonneuses, épineuses au sommet, peu serrées. Fleurs purpurines. Juillet, août. Se trouve le long des chemins, à *Melun*, etc. ♂

C. **pratensis**, Willd. *sp.* 3, *p.* 1672; *Carduus dissectus*, Thuill. *Fl. p.* 418 (non L); *C. anglicus*, Lam. *Dict.* 1, *p.* 705; Lob. *Ic.* 583. Tige dressée, haute de 1 à 2 pieds, presque glabre du bas; feuilles lancéolées, sinueuses, peu épineuses, velues en dessous, embrassantes, non décurrentes, subciliées; pédoncule cotonneux, blanchâtre; une seule fleur sur la tige; calice presque glabre, peu ou point épineux. Fl. purpurines. Juillet, août. Se trouve abondamment dans les prés humides, à *Meudon*, etc. ♂

C. **oleraceus**, L. *sp.* 1156; Lob. *Ic.* 2, *p.* 11. Tige de 3 à 5 pieds, dressée, presque simple, très-glabre ainsi que toute la plante; feuilles inférieures très-grandes, pinnatifides, à lobes ciliés-épineux, les supérieures sessiles, ovales, entières, ciliées; fleurs terminales, grandes, agglomérées, sessiles, entourées de bractées ovales, ciliées; calice non épineux, glabre. Fleurs d'un jaune pâle. Juin, juillet. Se trouve dans les prés marécageux, à *Meudon, Montmorency*, etc. ♃

C. **paludosus**, Lois. Desl. *Fl. gall.* 542. Feuilles amplexicaules, sinuées, dentées-ciliées; fleurs réunies, redressées, presque pédonculées; calices cotonneux, à folioles lancéolées, subulées, réfléchies (Desl.). Fleurs d'un jaune pâle. Fleurit dans le même temps. Cette plante a été observée à *Meudon*, par M. le professeur Richard. ♃

C. **arvensis**, Hoffm. *Germ.* 4, *p.* 180; *Serratula arvensis*, L. *sp.* 1149; *Fl. dan. t.* 644. Chardon hémorrhoïdal. — Tige dressée, haute de 1 à 2 pied, paniculée, glabre; feuilles sessiles, pinnatifides, crépues, très-épineuses, ciliées, velues en dessous; fleurs agglomérées, portées sur des pédoncules courts, blanchâtres; calices à peine épineux, à folioles serrées, presque glabres. Fleurs purpurines. Été. Très-commun dans les champs, les moissons. ♃

Les plantes ont été, comme tous les corps de la nature, des sujets de superstition et d'extravagance; on ne saurait croire combien certains auteurs, graves d'ailleurs, ont répété d'absurdités sur leur compte. Pour en citer un exemple en passant, nous dirons que le nom de ce Chardon lui vient de ce qu'on a prétendu qu'en en portant dans ses poches, on n'était jamais sujet aux hémorrhoïdes.

C. **acaulis**, Roth. *Germ.* 1, *p.* 346; *Carduus acaulis*, L. *sp.* 1156; *Fl. dan. t.* 1114. Feuilles toutes radicales, étalées sur la terre, glabres, à laciniures subpalmées, épineuses-ciliées ; pédoncule radical, uniflore ; fleurs grandes ; calice glabre, à folioles non épineuses, serrées les unes contre les autres.

Var. B. *C. dubius,* Willd. *Prodr. n°* 801, *t.* 6, *f.* 11. Tige de 2-3 pouces, laineuse, uniflore.

Fleurs purpurines. Juillet, août. Très-commun sur les coteaux secs, au bord des fossés, etc. ♃

ONOPORDUM. Calice ventru, imbriqué, à folioles terminées par une épine simple ; réceptacle nu, alvéolaire ; corolles particulières à 5 dents égales ; aigrette simple, sessile.

O. ACANTHIUM, L. *sp.* 1158 ; *Fl. dan. t.* 909. Pédane, Chardon acanthe. — Tige dressée, rameuse, haute de 2 à 6 pieds, grosse, blanchâtre, laineuse ; feuilles décurrentes, ovales, sinueuses-dentées, épineuses, blanchâtres et cotonneuses des deux côtés ; fleurs terminales, très-grandes ; calice à folioles épineuses, étalées, velues à la base.

Var. B. Feuilles vertes et presque glabres.

Fleurs de couleur purpurine ou blanchâtre. Juin, juillet. Se trouve abondamment le long des chemins, aux lieux incultes, arides. ♂

CARLINA. Calice imbriqué, composé de folioles, dont les unes intérieures sont scarieuses et plus colorées, les autres extérieures sont lâches, incisées et épineuses ; réceptacle paléacé ; corolle à 5 dents égales ; aigrette sessile, plumeuse.

C. VULGARIS, L. *sp.* 1161 ; Math. *Valgr.* 669. Carline. — Tige dressée, haute de 12 à 18 pouces, paniculée, glabre ; feuilles lancéolées, embrassantes, sinuées-dentées, épineuses, aiguës, glabres, les supérieures subcordiformes-lancéolées ; fleurs terminales (quelquefois il n'y en a qu'une) ; calice à folioles extérieures rousses, épineuses, ciliées, les intérieures d'un jaune doré, luisantes, étalées ; graines velues ; aigrette étalée, divisée en faisceaux trifides. Fleurs blanches. Juillet, août. Très-commune dans les lieux secs et pierreux, sur le bord des chemins. ♂

La Carline dont il est fait mention dans les Pharmacopées n'est pas celle que nous venons de décrire, elle est connue sous le nom de *C. acaulis,* L. ; elle vient dans les hautes montagnes : on l'estime sudorifique, alexitère, etc. Je pense que la nôtre participe de ces qualités, et qu'on doit chercher à s'en assurer par l'observation.

CARDUNCELLUS. Calice imbriqué, à folioles larges, terminées par une petite épine ; réceptacle paléacé ; corolles à 5 dents égales ; filets des étamines hérissés ; aigrette simple, sessile.

C. MITISSIMUS, Decand. *Fl. fr.* 4, *p.* 73 ; *Carthamus mitissimus,*

L. *sp.* 1164. Plante acaule ; feuilles lancéolées-ovales , pinnatifides
à la base , dentées en scie dans le reste (quelquefois les dents sont
très-peu marquées), glabres , non épineuses , finissant en pétiole ;
une seule fleur radicale, grande , portée sur un pédoncule très-
court , laineux ; calice glabre, à larges folioles ; aigrette à poils
roides , fortement ciliés (ce qui rapproche cette plante du genre
Cnicus). Fleurs bleues. Juin , juillet. Se trouve sur les collines et le
bord des bois, à *Etampes* , la *Ferté-Alais*. ♃

Carthamus lanatus , L. Vide *Centaurea lanata.*

BIDENS. Calice caliculé , à folioles presque égales ; réceptacle
paléacé ; corolles particulières à 5 dents égales (quelquefois il y en
a en languette à la circonférence) ; graines surmontées de 2-5
arêtes hispides , persistantes.

B. TRIPARTITA, L. *sp.* 1165 ; Blackw. *t.* 519. Chanvre aquatique. — Tige dressée, haute de 1 à 2 pieds , rougeâtre , glabre ;
feuilles divisées en 3 ou 5 folioles oblongues , dentées en scie ,
glabres ; fleurs terminales ; calices accompagnés de 4-5 bractées
entières , étroites , plus longues que la fleur , glabres ; graines à
2 arêtes hispides , dont les poils sont tournés de haut en bas.
Var. B. *B. hybrida ,* Thuill. *Fl. par.* 422. Découpures des
feuilles lancéolées.
Var. C. *B. radiata ,* Thuill. *l. c.* Bractées allongées et rayonnantes.
Fleurs jaunes. Juillet , août. Se trouve communément dans les
endroits aquatiques , à *Ville-d'Avrai, Bondi* , etc. ☉
B. CERNUA, L. *sp.* 1165 ; *Fl. dan. t.* 841. Tige dressée, haute
de 1 pied, un peu velue ; feuilles lancéolées, dentées en scie ,
glabres ; fleurs penchées , terminales ; bractées lancéolées , entières ,
un peu plus longues que la fleur ; calice glabre , à folioles lancéolées, un peu colorées, striées ; graines à 4 arêtes fines , hispides ,
dont les poils sont tournés de haut en bas.
Var. B. *B. minima ,* L. *sp.* 1165 ; *Fl. dan. t.* 312. Tige de 1 à
2 pouces, portant 2-6 fleurs dressées ; feuilles lancéolées, dentées.
Var. C. *Coreopsis bidens ,* L. *sp.* 1281. Folioles du calice arrondies et colorées ; fleurs dressées , radiées.
Fleurs jaunes. Août. Se trouve dans les lieux aquatiques , à
Neuilly-sur-Marne, Rambouillet, Saint-Léger , etc. ; la variété B
à *Saint-Léger ;* la variété C à *Fontainebleau* marais de *Bouron.* ☉

EUPATORIUM. Calice cylindrique , imbriqué , presque simple ;
réceptacle nu ; corolles particulières , peu nombreuses , à 5 dents
égales ; style très-long , bifide ; aigrette simple . sessile.

E. CANNABINUM, L. *sp.* 1173 ; *Fl. dan. t.* 745. Eupatoire d'Avi-
cenne. — Tige dressée, haute de 3-4 pieds , presque simple ,
pubescente ; feuilles divisées en 3 folioles presque pédonculées ,

dentées en scie, lancéolées, glabres, un peu pâles en dessous; fleurs petites, nombreuses, formant un corymbe terminal, serré, arrondi; folioles intérieures du calice glabres, aiguës, scarieuses sur les bords, et un peu colorées; aigrette simple.

Var. B. Feuilles à 5 folioles.

Var. C. Feuilles supérieures entières.

Fleurs blanches ou rosées. Août, septembre. Très-commune dans les prés humides, à *Meudon*, etc., etc. ♃

Plante inerte suivant la plupart des auteurs, mais Gessner dit avoir éprouvé sur lui-même son activité; après avoir bu une décoction vineuse de sa racine, il vomit douze fois et eut des évacuations abondantes par les selles et par les urines. Elle me paraîtrait, d'après cette expérience, convenir très-bien pour les hydropiques.

CHRYSOCOMA. Calice hémisphérique, imbriqué; réceptacle nu; corolles particulières à 5 dents égales; style à peine plus long que les fleurs; aigrette simple, sessile.

C. LINOSYRIS, L. *sp.* 1178; All. *Ped. t.* 11, *f.* 2. Tige dressée, simple du bas, branchue et paniculée au sommet, haute de 12 à 18 pouces, feuillée dans toute sa hauteur, glabre et striée; feuilles nombreuses, linéaires, éparses, très-étroites, aiguës, entières, un peu charnues, glabres; fleurs en corymbe terminal, à folioles du calice linéaires, très-aiguës, un peu lâches; aigrettes rousses, courtes, simples et sessiles. Fleurs jaunes. Juillet, août. Se trouve sur les montagnes sèches, à *Fontainebleau*, *Vernon*, *Mantes* et *Marcoussis*. ♃

C. *graminifolia*, L. Vide *Solidago lanceolata*.

POLYGAMIE SUPERFLUE. — FLEURS hermaphrodites au centre, femelles à la circonférence.

TANACETUM. Calice hémisphérique, imbriqué; réceptacle nu; corolles du centre à 5 dents égales, celles de la circonférence à 3 dents mousses, souvent nulles; graines couronnées par un rebord membraneux, sans aigrette.

T. VULGARE, L. *sp.* 1184; *Fl. dan. t.* 871. Tanaisie. — Tige presque simple, haute de 1 à 2 pieds, ferme, glabre; feuilles profondément pinnatifides, à segmens linéaires, incisés, subpinnatifides, glabres, ponctués; entre les folioles principales il y en a de petites, qui sont la continuation du corps de la feuille; fleurs en corymbe terminal; calices glabres, à folioles obtuses, scarieuses au sommet; chaque fleur prise en particulier est exactement hémisphérique, et contient un grand nombre de fleurons pressés les uns contre les autres.

Var. B. Feuilles à bords crépus.

Fleurs jaunes. Août, septembre. Se trouve dans les lieux montueux, sur le bord des champs, à *Meudon*, dans les iles de la *Marne*, etc. ♃

La Tanaisie a une odeur très-forte; c'est un excellent vermifuge, surtout les graines prises en décoction ou en poudre; on emploie la plante dans l'hystérie avec avantage : c'est également un bon fébrifuge. Cette plante, précieuse pour ses qualités, n'est point assez employée; nous pouvons faire ce reproche pour beaucoup d'autres qui ont des vertus très-marquées. Nous ne nous lasserons pas de le dire, on donne sans cesse la préférence à des plantes étrangères, qui souvent sont loin de valoir les nôtres; mais pouvons-nous espérer de persuader que ce qui vient sous nos pas, et qu'on peut avoir avec facilité, vaille ce qui naît à 3 ou 4 mille lieues et coûte fort cher.

ARTEMISIA. Calice imbriqué, à folioles arrondies, conniventes; réceptacle nu ou garni de poils; corolles du centre à 5 dents, celles du bord presque entières et grêles; graines sans aigrette.

* *Réceptacle nu.*

A. VULGARIS, L. *sp.* 1188; Lob. *Ic.* 764, *f.* 2. Armoise. — Tige dressée, haute de 2-3 pieds, un peu rameuse, glabre; feuilles caulinaires pinnatifides, à laciniures lancéolées, entières, confluentes, très-blanches, et cotonneuses en dessous, les florales entières; fleurs très-nombreuses, sessiles, en grappe longue et rameuse; calices blanchâtres, un peu laineux, à folioles obtuses, un peu scarieuses. Fleurs d'un jaune-roux. Juillet, août. Se trouve dans les champs, le long des fossés, à *Crosne*, etc. ♃

L'Armoise est un bon emménagogue; on l'emploie aussi avec succès dans l'hystérie, les coliques venteuses et nerveuses, etc., etc. On s'en sert en infusion. Son sirop est très-usité.

A. CAMPESTRIS, L. *sp.* 1185; Dalechamp. *Hist.* 939, *Ic.* Tiges un peu couchées à la base, redressées ensuite, longues de 1 pied et plus, ligneuses, rougeâtres ou vertes, menues, glabres; feuilles glabres, vertes, un peu charnues, divisées au sommet en 3-4 découpures linéaires, ce qui les fait paraître pétiolées; pédoncules courts, axillaires; fleurs dressées, petites; calices glabres, scarieux; réceptacle nu. Fleurs d'un jaune-verdâtre. Juillet, août. Se trouve dans les endroits arides; elle est abondante dans la plaine du *Point-du-Jour*, au bois de *Boulogne*, etc. ♃ ♄

Linné dit, dans sa Matière médicale, que les graines de cette plante ont plus d'efficacité contre les vers que celle du *Semen contra* ou Santoline (*Artemisia santonica*, L.)

** *Réceptacle garni de poils.*

A. ABSINTHIUM, L. *sp.* 1188 ; Fuchs. *Hist.* 1 , *Ic.* Absinthe. — Tige dressée, haute de 2 pieds, un peu rameuse, subpubescente, grisâtre ; feuilles inférieures tripinnatifides, à segmens lancéolés-ovales, pubescens, un peu soyeux, pâles en dessous, obtus, confluens ; les caulinaires moyennes bipinnatifides, puis simplement pinnatifides, et enfin celles du sommet de la tige entières et simples ; fleurs globuleuses, en petites grappes axillaires, pédonculées et penchées, formant par leur réunion une panicule longue et étroite ; calices velus, à folioles scarieuses ; réceptacle poilu. Fleurs jaunes. Juillet, août. Se trouve dans les endroits secs et arides, aux environs de Paris ? On la cultive. ♃

Cette plante est très-amère, et fait un excellent stomachique, le meilleur de ceux qu'offrent les plantes de notre Flore ; on en compose des liqueurs dont on fait beaucoup d'usage ; elle est un puissant emménagogue, et un très-bon vermifuge. On s'en sert en nature, en extrait, en sirop ; le vin d'Absinthe est très-employé, et très-utile à la suite des fièvres ou maladies longues, dans la convalescence, l'atonie du système digestif, l'inappétence, le scorbut, etc.

GNAPHALIUM. Calice imbriqué, à folioles dont les bords sont scarieux et souvent colorés ; réceptacle nu ; corolles particulières à 4-5 dents égales ; aigrette sessile, simple (plantes blanchâtres, cotonneuses).

* *Tiges dressées, simples ; fleurs en corymbe terminal.*

G. DIOICUM, L. *sp.* 199 ; Gaert. *Fruct.* 2, *p.* 410, *t.* 167. Pied de chat. — Tige simple, dressée, haute de 3 à 6 pouces, laineuse, blanche, poussant de la racine des jets rampans ou couchés, feuillés ; feuilles alternes, écartées, linéaires, aiguës, cotonneuses, entières, les radicales spatulées, plus blanches en dessous ; fleurs terminales, au nombre de 3 à 5, assez grandes, un peu serrées, les unes mâles, les autres femelles sur des pieds différens ; calice laineux à la base, coloré, à folioles oblongues, scarieuses ; aigrette simple, blanche. Fleurs mâles blanches, les femelles rougeâtres. Avril, mai. Se trouve sur les collines sèches, à *Montmorency*, *Avron*, *Bièvre*, forêt de *Senart*, etc. ♃

Cette plante est regardée comme pectorale par quelques médecins ; elle est maintenant peu ou point employée.

G. LUTEO-ALBUM, L. *sp.* 1196 ; Clus. *Hist.* 329, *f.* 1. Tige dressée, simple ou un peu rameuse de la base, velue, blanche ; feuilles entières, écartées, embrassantes, lancéolées, velues des deux côtés, unicolores, les radicales presque ovales ; une vingtaine de fleurs en corymbe terminal, formé de 3-4 corymbes particuliers, agglomérés ; pédoncules particuliers laineux ; calices entièrement scarieux, colorés en jaune pâle; aigrette simple, presque blanche. Fleurs d'un jaune-blanc. Juillet, août. Se trouve dans les lieux humides et les bois, aux environs de Paris ? ⊙

** *Tiges dressées, simples ; fleurs en épi allongé.*

G. **rectum**, Smith, *Fl. brit.* 870; *G. sylvaticum*, Thuill. *Fl. par.* 427 (non L.); *Fl. dan. t.* 1229. Tige très-simple, dressée, haute de 1 à 2 pieds, velue, blanche; feuilles linéaires-lancéolées, entières, longues, blanches et velues en dessous, glabres en dessus; fleurs nombreuses, en petites grappes axillaires, formant par leur réunion un long épi, qui a le tiers de la plante en étendue, et qui est entremêlé de feuilles ; calices scarieux, glabres, colorés ; aigrettes simples, rousses. Fleurs blanches. Août, septembre. Se trouve sur le bord des bois montueux, à *Meudon*, *Saint-Cloud*, etc., etc. Assez commun. ♃

G. **arvense**, Lam. *Dict.* 2, *p.* 759; *Filago arvensis*, L. *sp.* 1312. Tige dressée, paniculée, à rameaux courts, dressés, haute de 1 pied, velue, blanche; feuilles embrassantes, lancéolées, courtes, velues, blanchâtres des deux côtés, presque imbriquées sur la tige; fleurs ramassées à l'extrémité des rameaux, qui forment une sorte d'épi par leur application contre la tige ; calice entièrement cotonneux, non scarieux; aigrette simple et blanche. Fleurs blanches. Juillet, août. Se trouve assez souvent dans les champs sablonneux, au bois de *Boulogne*, etc. ⊙

*** *Tiges rameuses ; fleurs en têtes pédonculées.*

G. **uliginosum**, L. *sp.* 1200 ; *Fl. dan. t.* 859. Tige rameuse, souvent diffuse, longue de 5 à 8 pouces, velue, blanche; feuilles linéaires, étroites, entières, blanches et velues des deux côtés; fleurs agglomérées, en têtes foliacées, portées sur des pédoncules axillaires ou terminaux, petites et nombreuses dans chaque capitule ; calice scarieux, jaunâtre presque dans sa totalité ; aigrette très-simple, blanche. Fl. d'un jaune-roux. Eté. Fréquent dans les lieux où l'eau a séjourné l'hiver, forêt de *Crécy*, etc. ⊙

**** *Tiges rameuses ou dichotomes ; fleurs en têtes sessiles sur les tiges.*

G. **germanicum**, Lam. *Dict.* 2, *p.* 759 ; *Filago germanica*, L. *sp.* 1311. Herbe à coton. — Tige dressée, dichotome, haute de 4 à 8 pouces, à peine pubescente, et point blanche dans le bas, blanche et velue au sommet; feuilles linéaires, étroites, entières, presque obtuses ; têtes de fleurs compactes, sessiles, composées d'une soixantaine de petites fleurs particulières, très-aiguës ; calices anguleux subcaliculés, laineux, à folioles aiguës, sétacées et scarieuses au sommet, aussi longues que les fleurs ;

aigrettes simples, courtes, sessiles. Fl. d'un jaune-pâle. Juillet, août. Se trouve fréquemment dans les champs. ☉

G. GALLICUM, Lam. *Dict.* 2, *p.* 759; *Filago gallica*, L. *sp.* 1312; Pluk. *Alm. t.* 298, *f.* 2. Tige simple d'abord, puis rameuse et diffuse dans ses deux tiers supérieurs, quelquefois couchée, point blanche, longue de 6 à 10 pouces, à rameaux filiformes, presque glabres; feuilles linéaires, sétacées, presque capillaires, blanches; fleurs en têtes axillaires sessiles, qui contiennent 5 ou 6 petites fleurs coniques, comme tronquées; calices blanchâtres, glabres au sommet, un peu aigus, plus courts que la fleur; aigrettes simples. Fleurs un peu rousses. Juillet, août. Se trouve souvent dans les champs sablonneux. ☉

G. MONTANUM, Willd. *sp.* 3, *pag.* 1896; *Filago montana*, L. *sp.* 1311. Cette plante se rapproche de la précédente; elle en diffère par ses feuilles lancéolées, courtes, serrées contre la tige, velues des deux côtés; les fleurs sont en même nombre et placées de même; les calices, qui sont moins aigus, sont de la longueur des fleurs, et scarieux. Les rameaux ne sont pas filiformes comme dans le *G. gallicum*, quoiqu'ils soient grêles. Fl. d'un jaune fauve. Juillet, août. Se trouve dans les endroits sablonneux. Commun au bois de *Boulogne*. ☉

XERANTHEMUM. Calice imbriqué, à folioles scarieuses, dont les intérieures sont longues et colorées; réceptacle paléacé; corolles particulières à 5 dents égales; aigrettes à 5 écailles sétacées.

X. ANNUUM, α, L. *sp.* 1201; Clus. *Hist.* 2, *p.* 11, *f.* 2. Immortelle. — Tige dressée, rameuse, haute de 1 pied, blanchâtre, cotonneuse; feuilles ovales-lancéolées, entières, plus ou moins velues, pointues; fleurs terminales, solitaires, portées sur de longs pédoncules; calice à folioles colorées, blanches ou rougeâtres, les intérieures comme radiées, 3 ou 4 plus longues que les fleurons; ceux-ci tubuleux, grêles, doubles des écailles qui terminent les graines, qui sont un peu hispides; les fleurs des bords stériles, sans aigrettes. Fl. purpurines ou blanches. Juin, juillet. Se trouve dans la forêt de *Montmorency*, où il a peut-être été semé. ☉

Les fleurs de cette plante conservent leur couleur pendant des années entières; aussi les bouquetières en forment-elles la plupart de leurs bouquets d'hiver.

CONYZA. Calice imbriqué, ovoïde, à folioles extérieures réfléchies; réceptacle nu; corolles du centre à 5 dents égales, celles de la circonférence à 3; aigrette simple, sessile.

C. SQUARROSA, L. *sp.* 1205; Lam. *Ill. t.* 697, *f.* 1. Tige dressée, rameuse, haute de 2-3 pieds, rougeâtre, un peu rude au toucher, comme cendrée ; feuilles ovales, oblongues, entières ou presque entières, les inférieures pétiolées et dentées ; fleurs en corymbes terminaux ; calices pubescens, à folioles brunes au sommet, et réfléchies ; aigrette simple, plus courte que la fleur. Fl. d'un jaune blanchâtre. Juillet, août. Se trouve dans les bois et les champs secs, proche de *Sèvres*, etc. ♃

PETASITES. Calice simple ; réceptacle nu ; corolles particulières à 5 dents égales ; aigrette simple, sessile.

P. VULGARIS, Desf. *Atl.* 2, *pag.* 270 ; *Tussilago petasites*, L. *sp.* 1215 ; *Fl. dan. t.* 842. Pétasite. — Tige dressée, haute de près de 1 pied, glabre, blanchâtre, garnie de grandes folioles écailleuses, qui ne sont que des feuilles avortées ; celles-ci naissent après les fleurs ; elles sont grandes, cordées-réniformes, inégalement denticulées, subhispides et vertes en dessus, pubescentes et pâles en dessous ; fleurs nombreuses, en thyrse ovale-oblong, souvent solitaires sur leur pédicelle, renfermant une vingtaine de corolles particulières, presque toutes hermaphrodites ; calice glabre, à folioles ovales ; aigrette courte, simple, blanche.

Var. B. Corolles presque toutes femelles ; pédicelles très-allongés.
— Fl. purpurines. Mars, avril. Se trouve dans les prés humides, à *Luzarches*, près le moulin de *Chamontel.* (Vaill.). ♃

Cette plante est réputée pectorale dans les traités de médecine ; il paraît que ses vertus sont faibles, car son usage est presque abandonné.

TUSSILAGO. Calice simple ; réceptacle nu ; fleurs radiées ; aigrette simple, sessile.

T. FARFARA, L. *sp.* 1214 ; *Fl. dan. t.* 595. Tussilage, Pas d'Ane. — Hampe uniflore, haute de 6 à 12 pouces, velue, garnie dans toute sa longueur d'écailles glabres en dehors, et velues en dedans, alternes, distantes ; feuilles naissant après les fleurs, subcordées, lobées-anguleuses, denticulées, glabres en dessus, cotonneuses et très-blanches en dessous ; fleur terminale, grande ; calice glabre, à folioles égales, linéaires, obtuses ; aigrette simple, blanche, assez longue. Fl. jaunes. Mars, avril. Se trouve dans les terrains argileux. Commun du côté de *Belleville, Ménilmontant*, etc. ♃

Le Tussilage est pectoral, et fort employé comme tel. On se sert de sa fleur en infusion ; on en fait aussi un sirop.

ERIGERON. Calice imbriqué ; réceptacle nu ; corolles radiées, celles de la circonférence nombreuses et à languettes étroites ; aigrette sessile, simple.

E. CANADENSE, L. *sp.* 1210 ; *Fl. dan. t.* 292. Tige dressée, paniculée, haute de 2 à 3 pieds, un peu hispide ; feuilles éparses, assez nombreuses. linéaires-lancéolées , longues , dentées , ciliées , ayant sur leur limbe quelques poils hispides , rares et dressés ; fleurs nombreuses, en panicule longue, occupant plus de la moitié de la tige , entremêlée de folioles linéaires - étroites , ciliées , non dentées ; chaque fleur est petite , a le calice glabre et l'aigrette simple , courte et un peu rousse. Fl. d'un jaune pâle , à disque blanc. Juillet , août. Commun le long des chemins , dans les bois , les endroits pierreux , etc. ☉

On dit cette plante originaire du Canada , chose que j'ai peine à croire , tant elle est répandue dans toute la France ; rien ne prouve d'ailleurs ce fait , qu'on répète par une espèce de tradition. On peut voir à ce sujet une discussion dans les herborisations de Tournefort (*tom.* 1 , *p.* 295 , *édit. de* B. de Jussieu.)

E. ACRE , L. *sp.* 1211 ; Curt. *Lond. fasc.* 1 , *t.* 60. Tige rameuse à la souche, haute de 1 à 2 pieds , velue ; feuilles inférieures oblongues-lancéolées , ordinairement entières ainsi que toutes les autres , et ayant des poils couchés sur les deux faces, les supérieures seulement lancéolées ; fleurs un peu paniculées , peu nombreuses, assez grosses , écartées , solitaires sur des pédoncules alternes, allongés et ouverts ; calice à folioles velues-ciliées ; aigrette simple , ciliée , rousse et un peu longue. Fl. bleues ou purpurines , à disque jaune. Se trouve sur les pelouses sèches , dans les lieux arides , à *Vincennes , Saint-Cloud* , etc. ♃

E. *graveolens* , L. Vide *Solidago graveolens*.

SENECIO. Calice caliculé , cylindrique , dont les folioles sont sphacelées au sommet ; réceptacle nu ; corolles à 5 dents égales ; aigrette simple , sessile.

S. VULGARIS , L. *sp.* 1216 ; *Fl. dan. t.* 513. Seneçon. — Tige dressée , rameuse , s'élevant à 1 pied , glabre , tendre , fistuleuse ; feuilles embrassantes , pinnatifides , glabres , épaisses , à segmens écartés , un peu roulés en dessous , linéaires , marqués de dents aiguës ; fleurs paniculées , portées sur des pédicelles solitaires ; calices glabres ; aigrette simple , très-blanches. Fl. jaunes. Été. Très-commun dans les lieux cultivés. ☉

JACOBÆA. Calice caliculé , cylindrique , dont les folioles sont quelquefois sphacelées au sommet ; réceptacle nu ; fleurs radiées ; aigrette simple , sessile.

* *Feuilles pinnatifides ; fleurs à rayons planes.*

J. VULGARIS , Gært. *Fruct.* 2 , *p.* 445 , *t.* 170 , *f.* 1 ; *Senecio Jacobæa* , L. *sp.* 1219. Jacobée . Herbe Saint-Jacques. — Tige dressée , rameuse , haute de 1 à 2 pieds , glabre ; feuilles plus ou moins pinnatifides , à découpures dentées , obtuses , glabres ; les caulinaires inférieures plus entières ; fleurs en corymbe terminal ; calice glabre , a folioles assez courtes ; graines cannelées , hispidiuscules ; fleurs à rayons planes, roulés à la maturité ; aigrettes sessiles, simples, blanches. Fl. jaunes. Juin, juillet. Très-commune dans les prés et les bois. ♃

J. ERUCIFOLIA, N. ; *Senecio crucifolius*, L. *sp.* 1128 ; Barr. *Ic.* 153, *Obs.* 1075. Racines traçantes ; tige dressée, un peu velue, paniculée du haut, s'élevant à 1 ou 2 pieds ; feuilles bipinnatifides, à lobes anguleux-dentés, plus ou moins velus en dessous ; corymbe terminal ; fleurs moitié plus petites que dans l'espèce précédente, portées sur des pédoncules velus, un peu squammeux, quelquefois blanchâtres ainsi que le calice, qui est velu ; rayons des fleurs planes, puis roulés à la maturité ; graines un peu velues ; aigrette simple, sessile, courte, blanche. Fleurs jaunes. Juillet, août. Se trouve dans les bois montagneux, les champs élevés, etc., assez communément à *Ozouer*, *Marcoussis*, *Saint-Cloud*, etc. ♃

J. AQUATICA, N ; *Senecio aquaticus*, Huds. *Angl.* 366 ; *Fl. dan.* t. 784. Tige rameuse, dressée, haute de 2 à 3 pieds, grosse, souvent violette à la base, glabre ; feuilles glabres, lyrées, à lobe terminal grand, ovale, crénelé ; les radicales ovales, presque entières ; fleur en corymbe terminal ; calices glabres, à folioles un peu plus courtes que dans l'espèce précédente ; rayons des fleurs étalés, puis roulés à la maturité ; graines cannelées, très glabres ; aigrette sessile, simple, blanche. Fl. jaunes. Juin, juillet. Elle est presque aussi commune que la précédente. Se trouve dans les prés humides, le long des ruisseaux, dans les bois, à *Yerres*, forêt de *Crécy*, etc. ♃

J. ADONIDIFOLIA, N. ; *Senecio adonidifolius*, Lois. Desl. *Fl. gall.* 566 ; *S. abrotanifolius*, Lam. *Fl. fr.* 2., *p.* 133 ; Thuill. *Fl. par.* 432 (non L.) ; *S. tenuifolius*, Decand. *Fl. fr.* 4, *p.* 164 (non Jacq.). Tige dressée, rameuse, haute de 1 a 2 pieds, glabre ; feuilles bi ou tripinnées, à folioles étroites, linéaires, entières, souvent trifides au sommet, glabres ; fleurs terminales, nombreuses, serrées, disposées en corymbe ; calices presque glabres, à folioles ovales ; rayons des fleurs planes, rayés ; aigrettes très-courtes, blanches, simples, un peu ciliées. Fl. jaunes. Juillet, août. Se trouve au bois de *Boulogne*, à *Marcoussis*, *Montmorency*, *Fontainebleau*, à *Nolai* au-delà de *Palaiseau*. ♃

J. DENTATA, N. ; *Senecio dentatus*, Jacq. *Coll.* 5, *p.* 150, *t.* 6, *f.* 2. Tige dressée, rameuse, quelquefois diffuse, glabre, haute de 1 pied et plus ; feuilles pinnatifides, embrassantes, glabres des deux côtés, un peu pâles en dessous, à découpures linéaires, écartées, anguleuses, dentées, aiguës ; fleurs paniculées, de la grosseur de celles de la *J. vulgaris*, portées sur des pédoncules plus ou moins allongés, un peu écailleux ; calices glabres, à folioles étroites, aiguës ; rayons des fleurs planes, à 3-4 denticules au sommet ; graines blanchâtres, un peu velues ; aigrette blanche, simple, hispidiuscule (à la loupe). Fl. jaunes. Juillet, août. Se trouve au bois de *Boulogne,* où elle aura été semée. Elle est originaire du *Cap,* mais elle se multiplie avec la plus grande facilité. ⊙

*** * *Feuilles entières ; fleurs à rayons planes.***

J. **paludosa**, N. ; *Senecio paludosus,* L. *sp.* 1220 ; Dalech. *Hist.* 1037, *f.* 2. Tige très-simple, haute de 2 à 4 pieds, glabre, un peu anguleuse ; feuilles très - longues, lancéolées, sessiles, dentées en scie, velues en dessous, très - aiguës ; fleurs peu nombreuses, en corymbe terminal, portées par des pédoncules laineux ; calices glabres ; rayons planes ; graines lisses ; aigrette simple, sessile, un peu rousse. Fl. jaunes. Juin, juillet. Se trouve au bord des eaux, à *Saint-Gratien,* îles de *Charenton,* etc. ♃

*** * * *Feuilles pinnatifides ; fleurs à rayons roulés.***

J. **sylvatica**, N. ; *Senecio sylvaticus,* L. *sp.* 1217 ; Dill. *Elth. t.* 258, *f.* 337. Tige dressée, haute de 1 à 3 pieds, paniculée ; glabre ; feuilles pinnatifides, à découpures linéaires, sinuées-dentées, écartées, glabres ou un peu velues en dessous ; panicule terminale ; fleurs dressées, solitaires sur les pédicelles ; calice glabre, presque simple ; rayons des fleurs très-petits, roulés en dehors ; aigrette simple, blanche, sessile. Fl. jaunes. Eté. Se trouve dans les bois sablonneux, bois de *Boulogne,* de *Meudon,* etc. ⊙

J. **viscosa**, N. ; *Senecio viscosus,* L. *sp.* 1217 ; Dill. *Elth. t.* 258, *f.* 336. Tige étalée, dressée, haute de 1 pied, pubescente, visqueuse ; feuilles pinnatifides, à découpures sinueuses – dentées, un peu anguleuses, velues, visqueuses en dessous ; corymbe terminal ; fleur double de grosseur de l'espèce précédente ; calice presque simple, pubescent, visqueux ; rayons roulés en dehors ; aigrette simple, sessile, blanche. Fl. jaunes. Juillet, août. Se trouve dans les endroits pierreux des bois, au *Plessis - Piquet,* à *Verrières, Palaiseau,* parc *Saint-Fargeau,* etc. ⊙

ASTER. Calice imbriqué, dont les folioles inférieures sont souvent étalées ; réceptacle nu ; corolles radiées, à plus de 10 rayons ; aigrette simple, sessile.

A. **novæ belgii**, L. *sp.* 1231 ; Herm. *Lugdb.* 66, *t.* 69. Tige dressée, haute de 2 à 4 pieds, glabre, arrondie, très - rameuse ; feuilles lancéolées, subamplexicaules, glabres, dentées en scie, surtout les inférieures, les supérieures rudes sur les bords et entières ; fleurs très – nombreuses, assez grandes, souvent solitaires à l'extrémité de chaque rameau, qui est légèrement pubescent et garni de petites folioles ; calices à folioles lâches, linéaires ; 20 – 30 rayons ; aigrette courte, d'un blanc sale. Fl. violettes, à disque jaune. Juillet, août. Elle est naturalisée dans le parc de *Versailles* , où elle pousse jusque dans les fentes des bassins. ♃ Elle est originaire de l'Amérique septentrionale.

SOLIDAGO. Calice imbriqué , à folioles serrées ; réceptacle nu ; fleurs radiées , à 5–6 rayons ; aigrette simple , sessile.

S. VIRGA AUREA , L. *sp.* 1235 ; *Fl. dan. t.* 663. Verge d'or. — Tige simple , dressée , puis inclinée au sommet , haute de 2 – 3 pieds , pubescente ; feuilles ovales , finissant en pétiole , subspatulées , crénelées-dentées , les supérieures entières , toutes munies sur les bords de denticules fins , acérés ; fleurs en long épi composé de petites grappes courtes , axillaires ; calices glabres ; aigrettes courtes , sessiles , simples , blanches.

Var. B. Feuilles entières.

Fl. jaunes. Eté. Se trouve dans les bois , à *Meudon* , etc. ♃

S. CANADENSIS , L. *sp.* 1233 ; Pluk. *Alm. t.* 261 , *f.* 1. Tige haute de 2–3 pieds , ronde , velue ou glabre , simple , paniculée au sommet ; feuilles lancéolées , atténuées à la base presque en un court pétiole , un peu rude sur les deux faces , dentées en scie sur le milieu des côtés , très-aiguës ; fleurs nombreuses , unilatérales , dressées, en grappes très-fournies , penchées à l'extrémité, presque roulées , entremêlées de folioles, surtout de très – petites sur l'axe des grappes ; calices presque glabres; rayons courts. Fleurs jaunes. Août. Cette plante, originaire de l'Amérique septentrionale , est presque naturalisée dans nos environs. On la trouve au bois de *Boulogne* , etc. ♃

S. GRAVEOLENS , Lam. *Fl. fr.* 2 , *p.* 145 ; *Erigeron graveolens* , L. *sp.* 1210 ; Barr. *Ic. t.* 370. Tige rameuse , diffuse , haute de 1 pied , velue , un peu visqueuse au sommet ; feuilles lancéolées , longues , étroites , entières , un peu glabres ; fleurs très – nombreuses en panicule très-rameuse, étalée , moins grosses que celles du *S. virga aurea* , portées sur des pédoncules plus courts que les feuilles, au nombre de 1 à 2 sur chaque ; calices scabriuscules , à folioles un peu étalées ; aigrette simple , sessile , un peu rousse. Cette plante exhale une odeur forte lorsqu'on la touche. Fl. jaunes. Août , septembre. Se trouve dans les endroits caillouteux , à *Vincennes* , *Verrières* , *Versailles* , *Rambouillet* , *Saint - Léger* , *Chaville* , etc. ♃

S. LANCEOLATA , Willd. *sp.* 3 , 2062 ; *Chrysocoma graminifolia* , L. *sp.* 1178. Tige dressée , rameuse , haute de 1 à 2 pieds , glabre , un peu ailée par place ; feuilles lancéolées-linéaires , longues , entières , glabres , rudes sur les bords , ce qui est causé par de petits denticules tuberculeux qu'on y observe avec la loupe , marquées de 3 nervures principales ; corymbes terminaux , composés de petits pelotons de fleurs serrées et sessiles ; calices glabres ; aigrette simple et sessile , un peu plus longue que les fleurons. Fl. jaunes. Juin. J'ai observé cette plante dans le bois de *Meudon* , où elle a été probablement semée ; elle est originaire du Canada. ♃

CINERARIA. Calice simple, à folioles nombreuses, égales ; réceptacle nu ; fleurs radiées ; aigrettes sessiles, simples.

C. CAMPESTRIS, Retz. *Prodr. Fl. scand. ed.* 2 , n° 1027; *C. alpina*, γ, L. *sp.* 1243 ; *C. integrifolia*, Thuill. *Fl. p.* 434 (non Jacq.) ; Gouan. *Ill. t.* 69. Tige simple, presque entièrement nue, haute de 1 à 2 pieds, un peu laineuse par places, surtout au sommet ; feuilles radicales ovales, subspatulées, entières, glabres en dessus, laineuses et très-blanches en dessous, celles de la tige lancéolées ; ombelle terminale, simple, de 5 à 10 fleurs, grosses, à calices blanchâtres, velus ; fleurons allongés ; aigrette courte, très-blanche, sessile, simple. Fl. jaunes. Se trouve dans les bois humides et les prés, à *Montmorency, Neuilly-sur-Marne*, etc. ♃

CORVISARTIA. Calice imbriqué, à folioles de 2 espèces, les extérieures larges, ovales-trapezoïdes, velues, les intérieures linéaires, nombreuses, colorées, glabres, formant comme une rangée de paillettes à la circonférence extérieure du disque ; réceptacle nu ; fleurs radiées, à rayons linéaires très-allongés, fort nombreux ; anthères aplaties, simples, lancéolées ; aigrette simple, sessile.

C. HELENIUM, N. ; *Inula helenium*, L. *sp.* 1236. Aunée, Enula campana. — Tige dressée, presque simple, haute de 3-4 pieds, grosse, striée, velue ; feuilles radicales oblongues, minces, presque entières, pubescentes en dessous, les caulinaires embrassantes, subcordiformes, ovales - oblongues, aiguës, velues-cotonneuses en dessous, marquées de dents courtes et irrégulières ; fleurs terminales très-grandes, formant une panicule corymbiforme ; graines cannelées, glabres, surmontées d'une aigrette à soies évasées, souvent flexueuses ; stigmate entier ou bifide. Fl. jaunes. Juillet, août. Se trouve dans les prés et les bois humides, à *Montmorency, Meudon, Sèvres, Senart, Grosbois, Marcoussis*, etc. ♃

J'ai dédié ce nouveau genre à M. le baron Corvisart, premier médecin de S. M. l'Empereur et Roi, fondateur de l'enseignement de la médecine clinique en France, et auteur du Traité des Lésions organiques du Cœur.

Les botanistes se sont toujours fait un devoir de conserver les noms des grands médecins ; tous ont applaudi à Linnée lorsqu'il fit et adopta les genres *Hippocratea, Boerhaavia*, etc., depuis ils ont conservé cette coutume honorable. Je m'estime heureux d'avoir eu l'occasion de donner un nom si recommandable à la plus belle des plantes composées de nos environs, plante encore peu étudiée, et qu'on avait confondue dans un genre dont elle est aussi distincte par ses caractères botaniques que par son port.

L'*Enula campana* est célèbre dans la plus haute antiquité, et jusque dans la mythologie, pour ses qualités alexipharmaques et vulnéraires. Sa racine est fort employée en médecine ; elle convient beaucoup dans les engorgemens visqueux et froids du poumon, dans les affections catarrhales chroniques ; elle est stomachique et vermifuge. Quelques praticiens s'en servent à l'extérieur, et en forment une pommade utile contre les affections psoriques : le vin d'aunée est très-usité comme tonique.

INULA. Calice imbriqué, à folioles étalées au sommet ; réceptacle nu ; fleurs radiées, à 10-12 rayons au moins ; anthères à 2 cornes ; aigrette simple, sessile.

I. **britannica**, L. *sp.* 1237 ; *Fl. dan. t.* 413. Tige dressée, haute de 1 à 2 pieds, un peu rameuse et paniculée du haut, velue-laineuse, surtout au sommet ; feuilles sessiles, lancéolées, longues, denticulées, velues, blanchâtres particulièrement en dessous ; fleurs terminales, souvent solitaires à l'extrémité des rameaux, grandes ; calice à folioles linéaires, velues blanches ; rayons des corolles nombreux, étroits ; graines velues ; aigrette simple, sessile, blanche.

Var. B. *I. comosa*, Lam. *Fl. fr.* 2, *p.* 147 ; folioles des calices très-longues, dépassant la fleur.

Fl. jaunes. Juillet, août. Commune sur les bords de la Seine, de la Marne, et dans les fossés. ♃

I. **dyssenterica**, L. *sp.* 1337 ; *Fl. dan. t.* 410. Herbe Saint-Roch. — Tige dressée, haute de 12 à 18 pouces, rameuse dans la moitié supérieure, velue ; feuilles inférieures oblongues-lancéolées, toutes les autres embrassantes, cordiformes - oblongues, à peine denticulées, onduleuses sur les bords, velues - blanchâtres, surtout en dessous ; fleurs terminales, souvent solitaires sur le sommet des rameaux, plus petites que dans l'*I. britannica* ; calices à folioles velues, particulièrement dans leur moitié inférieure ; rayons nombreux, un peu moins allongés que dans l'espèce précédente ; graines un peu velues ; aigrette simple, sessile, blanche. Fl. jaunes. Juillet, août. Commune dans les fossés, les ruisseaux, etc. ♃

Le nom de cette plante lui vient de ce qu'effectivement elle est très-utile dans la dyssenterie ; dans les armées russes, où cette maladie fait souvent de si cruels ravages, on en a éprouvé les bons effets de manière à la rendre recommandable. En France elle est peu ou point usitée : elle mérite de fixer l'attention des praticiens.

I. **pulicaria**, L. *sp.* 1238 ; *Fl. dan. t.* 613. Tige haute de 1 pied au plus, rameuse, velue - laineuse ; feuilles embrassantes, petites, oblongues-lancéolées, entières, onduleuses, velues, blanchâtres des deux côtés, sessiles ; fleurs terminales, nombreuses, arrondies ; calices très-laineux, à folioles courtes, serrées ; rayons des fleurs si courts qu'on croirait qu'elles sont flosculeuses ; aigrette simple, sessile. Fl. d'un jaune sale. Eté. Se trouve dans les lieux où l'eau a séjourné l'hiver. Fréquente sur les bords de la *Seine*, à *Berci*, *Charenton*, etc. ☉

I. SALICINA, L. *sp.* 1238 ; *Fl. dan. t.* 786. Tige presque simple, un peu paniculée du haut, élevée de 1 à 2 pieds, anguleuse, glabre et sans poils ; feuilles embrassantes, lancéolées - larges, vertes, un peu luisantes, surtout en dessous, un peu coriaces, glabres, denticulées-acérées sur les bords ; 3-4 fleurs terminales ; calices glabres, à folioles larges, un peu ciliées, les extérieures tronquées, bifides et noirâtres au sommet ; rayons des fleurs nombreux, très-étroits et fort longs ; aigrette simple, sessile. Fl. d'un jaune safrané. Juin, juillet. Se trouve dans les prairies humides, à *Gentilli*, *Neuilly-sur-Marne*, *Saint-Gratien*, etc. ♃

I. HIRTA, L. *sp.* 1239 ; Jacq. *Aust. t.* 358. Tige simple ou presque simple, submuniflore, haute de 12 à 15 pouces, rougeâtre, un peu rude, velue ; feuilles sessiles, lancéolées, luisantes, poilues-ciliées sur les bords, ayant quelques poils rares, et couchés sur les deux faces qui sont un peu rudes à cause de la multiplicité des veines qu'on y observe ; 1 ou 2 fleurs terminales ; calice à folioles longues, lancéolées, aiguës, ciliées-velues, lâches ; rayons des fleurs longs, très - étroits ; aigrette simple, sessile. Fl. d'un jaune safrané. Juin, juillet. Se trouve sur les collines sèches ; à *Saint-Maur*, *Fontainebleau*, etc. ♃

DORONICUM. Calice simple, à folioles longues, égales ; réceptacle nu ; fleurs radiées ; graines du centre portant une aigrette simple, sessile ; graines de la circonférence sans aigrette.

D. PLANTAGINEUM, L. *sp.* 1247 ; Lob. *Ic.* 648 ? Tige simple, uniflore, haute de 1 à 2 pieds, presque glabre ; feuilles radicales pétiolées, ovales, subcordiformes, larges, dentées, subanguleuses, marquées de nervures ; les caulinaires spatulées ou sessiles, ovales, les supérieures quelquefois lancéolées ; fleurs terminales, grandes ; calice pubescent, à folioles étroites, longues comme les rayons qui sont à 3 dents ; graines très-velues, cannelées ; aigrettes courtes, simples ; fleurs à languette, sans aigrette (elles me paraissent stériles). Fl. d'un jaune pâle. Mai. Se trouve dans les bois touffus ou ombragés, à *Saint-Germain*, *Neuilly-sur-Marne*, *Montmorency*, *Bondi* (elle n'est commune dans aucun de ces bois, on n'en rencontre que quelques pieds épars). ♃

BELLIS. Calice simple, hémisphérique, à folioles courtes, égales ; réceptacle conique, nu ; fleurs radiées ; graines sans aigrettes.

B. PERENNIS, L. *sp.* 1248 ; Lam. *Ill. t.* 677. Paquerette.— Hampe uniflore, haute de 3 à 5 pouces, velue ; feuilles ovales-renversés, finissant en pétiole, crénelées, presque glabres ; fleur terminale ; calice à folioles ovales, obtuses, un peu noirâtres, hispidiuscules ; rayons nombreux ; disque des fleurs conique ; graines comprimées, velues ; aigrette nulle.

Var. B. Fleurs pleines.

Var. C. *B. integrifolia*, Lam. *Dict.* 5, *pag.* 6. Feuilles entières.

Fleurs blanches ou rougeâtres (verdissant dans l'herbier), à disque jaune. Printemps, été, automne. Se trouve dans les gazons secs très-communément ; la variété C sur *la butte* du Jardin des Plantes, etc. ♃

B. **sylvestris**, Cyrill. *Plant. rar. Fasc.* 2, *p.* 12, *t.* 4. Cette plante n'est peut-être qu'une variété de la précédente ; elle en diffère parce qu'elle est plus grande dans toutes ses parties, par ses feuilles qui sont allongées, lancéolées, à 3 nervures et presque entières, et enfin par les folioles du calice qui sont plus allongées. Fleurs *id.* Se trouve dans les bois. Je ne l'ai pas encore rencontrée aux environs de Paris, mais elle est si voisine de la précédente qu'il est probable qu'on l'a confondue avec elle jusqu'ici : depuis que Cyrillo l'a décrite, elle a été déjà trouvée en France, et il est probable qu'on l'observera aussi dans nos environs. ♃

CHRYSANTHEMUM. Calice hémisphérique, à folioles imbriquées, scarieuses au sommet ; réceptacle nu ; fleurs radiées ; graines nues, sans aigrette.

C. **leucanthemum**, L. *sp.* 1251 ; *Fl. dan. t.* 994. Grande Marguerite. — Tige presque simple, un peu paniculée du haut, élevée de 1 à 2 pieds, anguleuse, un peu hispide du bas ; feuilles inférieures spatulées, ovales-renversés, finissant en pétiole, dentées-crénelées, glabres, les supérieures étroites, amplexicaules, subpinnatifides ; fleurs terminales, grandes ; calices à folioles scarieuses et noirâtres au sommet ; rayons entiers à leur extrémité ; graines glabres, cannelées, oblongues, un peu pointues à l'extrémité supérieure.

Var. B. Tiges et feuilles velues, celles-ci un peu roides, plus étroites que dans l'espèce, dentées en scie ; calice à folioles scarieuses, point noirâtres au sommet.

Fleurs blanches, à disque jaune. Été. Très-commune dans les prés ; la variété B à *Fontainebleau* sur les montagnes.

C. **segetum**, L. *sp.* 1254 ; Bull. *Herb. t.* 339. Marguerite dorée. — Tige dressée, rameuse, étalée, arrondie, glabre, haute de 1 à 2 pieds ; feuilles glauques, glabres, embrassantes à la base, les inférieures subpinnatifides, à lobes dilatés, trifides, les supérieures plus étroites, marquées de larges dents, aiguës ; fleurs terminales, solitaires à l'extrémité des rameaux ; calices glabres ; rayons larges, bilobés ; graines cannelées, courtes, tronquées aux deux extrémités. Fleurs jaunes. Juin, juillet. Se trouve dans les moissons, à *Montmorency, Tournans*, etc. etc. ⊙

C. inodorum, corymbosum, L. Vide *Pyrethrum inodorum, corymbosum.*

MATRICARIA. Calice plane, imbriqué, à folioles scarieuses au sommet; réceptacle ovoïde, nu; fleurs radiées; aigrette nulle; graines nues.

M. perforata, N.; *M chamomilla*, L. *sp.* 1258? Camomille.— Tige dressée, rameuse, glabre, rougeâtre, haute de 12 à 18 pouces; feuilles bipinnées, à découpures capillaires, glabres, un peu élargies, embrassantes et pinnatifides à la base; fleurs terminales, solitaires sur les pédoncules, peu nombreuses; calices glabres, à folioles scarieuses, et bordées d'une ligne rougeâtre autour; réceptacle ponctué-tuberculeux, ovoïde; rayons le plus souvent entiers ou bifides, presque ovales; graines subtétragones, comme tronquées et creusées en godet au sommet, perforées d'un ou deux trous un peu au-dessous du sommet, finement tuberculeuses. Fl. blanches à disque jaune. Très-commune dans les endroits cultivés, les champs incultes, etc. ⊙

Je ne pense pas que cette plante soit le *M. chamomilla* de Linnée; ni cet auteur, ni d'autres ne parlent de la perforation des graines. Smith, qui la décrit avec le plus grand soin (*Fl. brit.* 2, *p.* 902), n'en fait nullement mention; sa description fait voir d'ailleurs que sa plante est différente de la nôtre. Il est probable, d'après cela, que nous n'avons pas l'espèce de Linnée dans nos environs; du moins je n'ai toujours trouvé que celle à graines perforées.

La camomille est en grande réputation parmi les médecins : elle jouit effectivement de beaucoup de vertus. On lui préfère généralement aujourd'hui la camomille romaine, qui les possède à un degré plus marqué, et qui est au moins aussi commune dans nos environs. Voyez ci dessous, page 333, l'article *Anthemis nobilis*, L.

M. *Parthenium*, L. Vide *Pyrethrum parthenium.*

ANTHEMIS. Calice imbriqué, hémisphérique, à folioles scarieuses; réceptacle paléacé, convexe; fleurs radiées; graines couronnées par une membrane entière ou dentée.

A. mixta, L. *sp.* 1260; Pluk. *Alm. t.* 17. *f.* 4. Tige rameuse, étalée, longue de 1 pied environ, un peu velue; feuilles linéaires, longues, sessiles, semi pinnatifides, à lanières courtes, éloignées, dentées ou incisées, terminées par des pointes aiguës, un peu velues; fleurs terminales; calices velus, à folioles scarieuses au sommet; fleurons trilobés, ou seulement à 2 lobes; réceptacle ovoïde; graines ovoïdes, lisses; paillettes en nacelle de la longueur des fleurons. Fl. blanches à disque jaune. Été. Se trouve dans les endroits cultivés, à la *Gare, Étampes*, etc. ⊙

A. NOBILIS, L. *sp.* 1260 ; Blackw. *t.* 526. Camomille romaine.— Tige de 4 à 6 pouces, couchée, divisée en 3-4 rameaux partant de la racine, étalés, uniflores, velus, ainsi que les feuilles qui sont courtes, bipinnées, à divisions étroites, pointues ; fleurs terminales ; calices velus, à folioles scarieuses, blanchâtres et obtuses ; rayons ordinairement à 2 dents ; fleurons gonflés à la base, posés sur la graine, qui est lisse, subtétragone et creusée en godet pour les recevoir ; réceptacle ovoïde, à écailles un peu en nacelle, lacérées au sommet, plus courtes que les fleurons. Fl. blanches, à disque jaune. Juillet, août. Commune sur toutes les pelouses sèches, dans les bois, à *Meudon*, *Yerres*, etc. 2/

La camomille romaine est une plante précieuse. et extrêmement employée en médecine ; elle est antispasmodique, stomachique, vermifuge, fébrifuge, anti émétique, etc. On use de préférence de celle qui est cultivée, parce que sa fleur est double, plus grosse et plus odorante ; dès lors on lui suppose plus de vertu, et c'est, je crois, avec quelque raison, puisqu'en général la culture développe le principe odorant des fleurs. L'huile essentielle de cette plante est d'un beau vert ; son eau distillée est très-odorante ; on en fait un sirop souvent ordonné ; mais c'est son infusion théiforme qui a le plus de valeur, et la préparation qu'on préfère généralement : c'est un de nos meilleurs fébrifuges indigènes, et une des plantes les plus utiles pour réparer les délabremens du système gastrique.

A. ARVENSIS, L. *sp.* 1261. Tige rameuse, étalée ou couchée, longue de 1 à 2 pieds, rougeâtre à la base, velue au sommet ; feuilles bipinnées, velues, courtes, à divisions étroites, aiguës ; plusieurs fleurs terminales ; calices velus, à folioles obtuses, brunes ou rousses à l'extrémité ; rayons à 3 dents ; réceptacle ovoïde, à paillettes en nacelle, subulées, plus longues que les fleurs, qu'on les voit dépasser ; graines semblables à celles de l'espèce ci-dessus. Fl. blanches, à disque jaune. Se trouve dans les lieux cultivés, à *Charenton*, *Tournans*, etc., etc. ⊙

A. COTULA, L. *sp.* 1261 ; Curt. *Lond. fasc.* 5, *t.* 61. Maroute, Camomille puante. — Tige dressée, étalée, glabre, haute de 1 pied et plus ; feuilles bi ou tripinnées, plus allongées que celles des deux espèces précédentes, un peu velues, à divisions étroites, aiguës ; fleurs terminales ; calices un peu velus, à folioles scarieuses ; rayons larges, à 3 dents ; réceptacle ovoïde, à paillettes sétacées, plus courtes que les fleurs ; graines ovoïdes, tuberculeuses. Fl. blanches, à disque jaune. Mai, juin. Se trouve communément dans les endroits cultivés un peu humides. ⊙

Cette plante est un excellent anti-hystérique, qui n'est point assez employé, ce qui vient sans doute de son odeur désagréable. Je l'ai souvent ordonnée avec un grand succès, en lavement, dans les accès hystériques, et dans le cours des autres accidens nerveux de cette maladie si fréquente et si difficile à soumettre. La Maroute a cela de particulier, suivant *Spielmann,* qu'elle ne donne pas d'huile essentielle.

PYRETHRUM. Calice hémisphérique, à folioles imbriquées, scarieuses au sommet; réceptacle nu; fleurs radiées; graines sans aigrette, membraneuses, souvent dentées au sommet.

P. corymbosum, Willd. *sp.* 3, *p.* 2155; *Chrysanthemum corymbosum,* L. *sp.* 1251; Jacq. *Aust. t.* 379. Tige presque simple, haute de 1 à 2 pieds, anguleuse, presque glabre; feuilles ailées, grandes, glabres, légèrement pubescentes en dessous, à folioles oblongues, pinnatifides, à dents aiguës; fleurs en corymbe, peu nombreuses, (4-6); calice glabre, à folioles scarieuses et noirâtres au sommet; demi-fleurons à 3 dents; disque plane; graines couronnées de 5 dents. Fl. blanches, à disque jaune. Se trouve dans les bois montueux, à *Vincennes, Saint-Cloud, Romainville, Fleury,* etc. ♃

P. inodorum, Smith. *Fl. brit.* 2, *p.* 900; *Chrysanthemum inodorum,* L. *sp.* 1253; *Fl. dan. t.* 696. Tige dressée, rameuse, haute de 1 pied, un peu étalée, glabre ainsi que toute la plante; feuilles bi ou tripinnées, à découpures capillaires; fleurs terminales, peu nombreuses, très-grandes, portées sur des pédoncules nus; calice glabre, à folioles courtes, noirâtres et point scarieuses au sommet; rayons très-grands, à 3 denticules ou seulement à 2, ou par fois entiers; disque convexe; graines couronnées par une membrane entière: cette plante est presque inodore. Fl. blanches, à disque jaune. Juin, juillet. Se trouve dans les moissons et les lieux cultivés, à *Longjumeau, Sèvres, Vaugirard, Neuilly-sur-Marne,* etc. ☉

P. parthenium, Smith, *Fl. brit.* 2, *p.* 900; *Matricaria parthenium,* L. *sp.* 1250; Bull. *Herb. t.* 203. Matricaire.—Tige dressée, rameuse à la souche, un peu paniculée du haut, élevée de 12 à 18 pouces, velue; feuilles ailées, assez petites (comparées à celles des autres espèces), velues, à folioles profondément pinnatifides, à découpures terminées par une sorte d'épine; supérieurement, les feuilles sont simplement ailées, puis pinnatifides, et enfin simples, et à peine dentées au sommet des rameaux; fleurs terminales, solitaires sur leur pédoncule; calices velus, à folioles scarieuses, point noires, mais un peu déchirées au sommet; rayons des fleurs presque ovales, bifides; disque hémisphérique; graines à 2-4 denticules. Fl. blanches, à disque jaune. Juin, juillet. Se trouve dans les champs incultes, dans les îles de la *Seine* et de la *Marne,* etc. ♂

La matricaire est fort usitée en médecine; elle convient dans les convulsions, l'hystérie, et en général dans toutes les maladies nerveuses; on s'en sert en infusion comme boisson, et en décoction pour les lavemens qui conviennent fort dans le météorisme abdominal des vaporeux, des hypocondriaques, etc. Cette plante est aussi vermifuge, et propre contre la fièvre intermittente ; on se sert de préférence de celle qui est cultivée, parce qu'elle est plus succulente et plus odorante.

ACHILLEA. Calice imbriqué, ovale ; réceptacle paléacé ; fleurs radiées, celles du rayon au nombre de 5 à 10, dont la languette est presque arrondie, échancrée ; aigrette nulle.

A. **MILLEFOLIUM**, L. *sp.* 1267 ; *Fl. dan. t.* 737 ; Millefeuille, Herbe au charpentier. — Tige dressée, presque simple, un peu paniculée du haut, élevée de 1 à 2 pieds, un peu velue ; feuilles ailées, très-découpées, garnies de quelques poils, ayant des folioles subpinnées plus ou moins incisées, et dont chaque découpure est courte et terminée par une pointe piquante ; fleurs petites, nombreuses, en corymbes terminaux assez simples ; calice pubescent ou velu, à folioles obtuses, bordées d'une ligne rougeâtre ; rayons au nombre de 5, filiformes à la base, terminés par un élargissement arrondi, échancré.

Var. B. Fleurs rougeâtres ou rouges.

Fleurs blanches. Été. Très-commune dans les gazons secs, le long des chemins, etc. ♃

La Millefeuille est estimée vulnéraire ; nous avons dit notre opinion sur cette prétendue propriété des plantes : elle entre dans plusieurs compositions pharmaceutiques ; je ne lui crois pas de grandes vertus. Sa racine sent, dit-on, le camphre, et dès lors on l'a proposée pour remplacer la serpentaire de Virginie (*Aristolochia serpentaria*, L.), qui a une odeur semblable.

A. **PTARMICA**, L. *sp.* 1266 ; *Fl. dan. t.* 643. Herbe à éternuer. — Tige simple, haute de 1 à 2 pieds, très-légèrement pubescente au sommet ; feuilles linéaires, très-longues, finement dentées en scie, aiguës, glabres ; fleurs peu nombreuses, triple de grosseur de l'espèce précédente, disposées en corymbe terminal ; calice velu, à folioles non bordées de rouge ; rayons au nombre de 10, étroits à la base, ovales-élargis et bidentés au sommet. Fleurs blanches. Juin, juillet. Se trouve dans les prés humides, à *Gentilli*, *Juvisi*, *Armainvilliers*, etc., etc. ♃

A. **ALPINA**, L. *sp.* 1266 ; Bocc. *Mus. t.* 101. Tige très-simple, haute de 1 à 2 pieds, glabre ; feuilles linéaires, moitié moins longues que celles de l'espèce précédente, glabres, pinnatifides-pectinées, dont les laciniures sont denticulées sur les bords ; fleurs paniculées, et semblables en tout à celle de l'*A. ptarmica*, dont il se pourrait que cette plante ne fût qu'une variété ; mais c'est bien l'*A. alpina* de L. Fleurs blanches. Juin. Se trouve dans les prés, à *Saint-Léger*, où je n'en ai rencontré qu'un seul individu. ♃

POLYGAMIE FRUSTRANÉE. — Fleurs hermaphrodites au centre, stériles à la circonférence.

HELIANTHUS. Calice imbriqué, à folioles lâches ; réceptacle paléacé, plane ; fleurs radiées ; graines couronnées par 2 arêtes molles et caduques.

H. TUBEROSUS, L. *sp.* 1277 ; Jacq. *Hort. vind. t.* 161. Topinamboux, Topinambour. — Tubercules adhérens aux racines ; tige dressée, élancée, simple ou un peu branchue, haute de 3 à 6 pieds, scabre et rude au toucher ; feuilles inférieures ovales-cordées, les supérieures ovales-allongées, toutes sont finement tuberculeuses en dessus ; fleurs terminales ; calices à folioles cilioso-hispides, lancéolées ; rayons allongés ; graines terminées par 2 (3-4) petites lames scarieuses. Fleurs jaunes. Septembre, octobre. Cultivé pour les tubercules de la racine qui sont alimentaires. ♃

CENTAUREA. Calice imbriqué, à divisions scarieuses, ciliées, épineuses ou foliacées ; réceptacle hérissé de paillettes soyeuses ; corolles à 5 dents, les extérieures plus développées ; graines (à ombilic latéral) couronnées d'une aigrette simple, sessile, à poils roides.

** Calices scarieux ou ciliés, sans épines.*

C. JACEA, L. *sp.* 1293 ; *Fl. dan. t.* 519. Jacée. — Tige dressée ou un peu couchée, haute de 12 à 18 pouces, anguleuse, velue, blanchâtre, rude ; feuilles lancéolées, entières ou un peu dentées, fort rudes sur les 2 faces, surtout celles du sommet, à peine un peu poilues ; calice scarieux, à écailles entières, luisantes, un peu déchirées au sommet à leur maturité ; fleurs à fleurons stériles à la circonférence, couronnées (on appelle ainsi les fleurs dont les rayons stériles dépassent les autres, par comparaison avec les demi-fleurons dans les fleurs radiées) ; graines à aigrette nulle, ou ayant de petits cils très-courts au sommet.
Var. B. Tiges plus scabres ; feuilles plus étroites, dentées, sublobées ; *an C. amara*, L. *sp.* 1292 ?
Fleurs purpurines ou blanches. Juin, juillet. Se trouve dans les champs, à *Yerres*, etc. ; la variété B à *Fontainebleau*. En général cette plante est rare, tandis que la *C. nigra*, L., est très-commune. ♃

C. NIGRESCENS, Willd. *sp.* 3, *p.* 2288 Tige de 1 à 2 pieds, simple ou peu rameuse, un peu anguleuse, velue ; feuilles inférieures subpinnatifides ou lobées, presque glabres, terminées en un long pétiole ; les supérieures lancéolées-linéaires, entières,

sessiles, un peu velues-blanchâtres des deux côtés ; fleurs terminales ; calices à folioles intérieures entières, ou un peu lacérées
en vieillissant, les extérieures ciliées, un peu noirâtres ; fleurons
de la circonférence stériles, couronnés.

Var. **B.** *Nana*, N. Souche rameuse ; tige haute de 2–3 pouces.
Fleurs purpurines. Eté. L'espèce et la variété se trouvent dans
le bois de *Vincennes*, et probablement ailleurs. ♃ Cette plante est
intermédiaire entre la *C. jacea*, L. et la *C. nigra*, L., par ses
calices dont les folioles intérieures sont semblables à celles de la
première, et les extérieures à celles de la seconde.

C. **NIGRA**, L. *sp.* 1288 ; *Fl. dan. t.* 996. Tige dressée, haute
de 1 à 2 pieds, anguleuse, simple, presque glabre ; feuilles lancéolées, entières, les radicales subpinnatifides ou lyrées, vertes ;
fleurs terminales ; calice à folioles dressées, ciliées au sommet,
noirâtres ; fleurons tous hermaphrodites (point de stériles),
sans couronne ; graines surmontées d'une petite aigrette à poils
blancs.

Var. **B.** *C. decipiens*, Thuill. *Fl. p.* 445. Feuilles linéaires, les
inférieures dentées, sublobées, blanchâtres.

Var. **C.** *C. amara*, Thuill. *l. c.* Feuilles lancéolées, entières,
pubescentes-blanchâtres.

Var. **D.** *C. transalpina*, Schleich. *Cat. pl. helv.* Feuilles lancéolées-oblongues, dentées, vertes.

Fl. purpurines ou blanchâtres. Juillet, août. Se trouve dans
les bois très - communément. ♃ La *C. pratensis* de la *Fl. par.* de
M. Thuillier, n'est pas distincte de la *C. nigra*, L.

C. **SCABIOSA**, L. *sp.* 1291 ; Math. *Valgr.* 969. Tige dressée,
rameuse, haute de 1 à 2 pieds, anguleuse, glabre ; feuilles inférieures ailées, à folioles étroites, allongées, subpinnatifides ou
dentées, presque glabres, les supérieures plus simples ; quelquefois les feuilles tant inférieures que supérieures ne sont que pinnatifides ; fleurs grandes, terminales, peu nombreuses (2-6),
situées à l'extrémité des rameaux ; calice à folioles larges, très-
noires au sommet, à cils jaunes ; fleurons extérieurs stériles, à
lanières étroites, longues ; graines ovoïdes, comprimées, couronnées par une aigrette blanchâtre. Fl. purpurines. Eté. Se trouve
assez souvent dans les montagnes et les champs secs. ♃

C. **CYANUS**, L. *sp.* 1289 ; Bull. *Herb. t.* 221. Bluet, Aubifoin,
Casse-Lunette. — Tige dressée, branchue, haute de 1 à 2 pieds,
blanchâtre, anguleuse, velue ; feuilles linéaires, entières, un
peu cotonneuses, longues, aiguës ; les inférieures ont souvent deux
lobes linéaires plus ou moins allongés, et placés à angle droit sur
leur milieu ; fleurs terminales ; calices à folioles courtement ciliées,
rousses sur le bord ; fleurons extérieurs stériles, fort grands ;
graines extérieures avortées et dépourvues d'aigrettes, celles du

centre ovoïdes, comprimées, surmontées d'une aigrette rousse. Fleurs bleues, roses, blanches, ou variées. Se trouve très-fréquemment dans les moissons. ☉

Cette plante est réputée ophthalmique, d'où lui vient le nom de *Casse-Lunette.*

** *Calices épineux.*

C. LANATA, Decand. *Fl. fr.* 4, *p.* 102; *Carthamus lanatus,* L. *sp.* 1163; Dod. *Pempt.* 736. Tige dressée, rameuse, haute de 2 pieds, laineuse; feuilles embrassantes, lancéolées, incisées-subpinnatifides, dentées-épineuses, pubescentes, marquées de nervures saillantes; fleurs terminales, grandes; calice à grandes folioles extérieures, vertes, subpinnatifides, munies d'épines simples, courtes, les intérieures plus petites, lancéolées, aiguës, jaunâtres, noirâtres au sommet, non épineuses; fleurs sans couronne (les fleurons extérieurs ne dépassant pas ceux du centre); graines tétragones, surmontées de poils inégaux. Fleurs d'un jaune safrané. Juillet, août. Se trouve le long des chemins, dans les lieux secs, à *Juvisi, Noisi,* etc. ☉

C. SOLSTITIALIS, L. *sp.* 1297; Moriss. *s.* 7, *t.* 34, *f.* 29. Tige dressée, rameuse, haute de 1 pied environ, ailée; feuilles inférieures grandes, pinnatifides, à lanières écartées, étroites, dentées, blanchâtres, et dont le lobe terminal est plus grand et anguleux; les supérieures entières, petites, linéaires, et également blanchâtres; la décurrence de ces feuilles forme les ailes de la tige; fleurs terminales; calice velu ou glabre, dont chaque foliole est terminée par 5 épines, simples, 2 de chaque côté, petites, et une médiane fort longue, folioles intérieures du calice sans épines; graines brunâtres, tachées, les extérieures sans aigrette, les intérieures à aigrette roide, inégale. Fleurs jaunes. Juillet, août. Se trouve le long des chemins, plaines du *Point-du-Jour,* de *Grenelle,* à *Ruel, Bondi, Sèvres, Issy,* etc. ☉

C. CALCITRAPA, L. *sp.* 1297; Dod. *Pempt.* 733. Chausse-trape, Chardon étoilé. — Tige dressée, rameuse, étalée, haute de 1 pied environ, anguleuse, subpubescente; feuilles pinnatifides, à découpures étroites, pointues, quelques-unes seulement dentées; fleurs terminales, environnées de bractées; calice allongé, glabre, portant au sommet de chaque foliole une épine rameuse, longue, qui en a à la base, et, de chaque côté, 2 ou 3 petites; fleurons sans couronne; graines comprimées, luisantes, sans aigrette. Fl. purpurines ou blanches. Été. Très-commune le long des chemins. ♂

Le nom de la Chausse-trape est écrit dans quelques formules pharmaceutiques: cette plante, qui était potagère chez les Hébreux, est maintenant fort peu ou point usitée. On la regarde comme sudorifique, antigoutteuse, etc.; on prétend même qu'elle peut suppléer le Chardon bénit (*Centaurea benedicta*, L.), qui est un excellent sudorifique, et qui croît dans le midi de la France.

C. **myacantha**, Decand. *Fl. fr.* 3, *p.* 101 ; *Ic. rar. t.* 23 ; *C. calcitrapoides*, Thuill. *Fl par.* 446 (non **L.**). Tige grêle, rameuse, faible, glabre, longue de 4 à 10 pouces ; feuilles lancéolées, élargies, dentées, ou un peu lobées vers la base ; fleurs terminales, cylindriques, plus petites que dans l'espèce précédente ; calice glabre, à folioles recourbées au sommet en manière de corne, courte, aiguë, ayant de chaque côté 5 à 6 épines simples et fines ; fleurons sans couronne ; graines a aigrette peu fournie, presque nulle. Fleurs purpurines. Juillet, août. Se trouve sur le bord des fossés, à *Vincennes*, *Cachan*, etc. ♂

POLYGAMIE NÉCESSAIRE. — Fleurs mâles au centre, femelles à la circonférence.

CALENDULA. Calice simple, à folioles nombreuses, égales ; réceptacle nu ; corolles radiées ; graines différentes, celles du disque membraneuses au sommet, celles du centre renfermées dans des capsules particulières.

C. **arvensis**, L. *sp.* 1303 ; Gaert. *Fruct.* 2, *p.* 421, *t.* 168, *f.* 4. Souci de vigne. — Tige étalée, rameuse, haute de 1 à 2 pieds, un peu velue ; feuilles oblongues, ovales-lancéolées, entières, subdenticulées, presque glabres ; fleurs petites, terminales ; calice glabre ; graines du centre presque courbées en anneau, hérissées d'aspérités sur le dos, et renfermées dans des espèces de capsules ; celles du disque nues, très-allongées, membraneuses au sommet, et épineuses en éperon sur la face convexe. Fleurs jaunes. Eté. Se trouve très-souvent dans les lieux cultivés, et surtout dans les vignes. ☉

Le Souci de vigne paraît égaler en vertu le Souci officinal (*Calendula officinalis*, L.), qui est essentiellement emménagogue, et souvent prescrit comme tel. On se sert plus particulièrement des fleurs en infusion. Il est un peu narcotique, suivant Peyrilhe.

MICROPUS. Calice simple, à folioles lâches ; réceptacle proéminent, subulé, paléacé seulement à la circonférence ; corolles à 5 dents égales ; graines sans aigrettes.

M. **erectus**, L. *sp.* 1313 ; Lam. *Ill. t.* 694, *f.* 2. Tige dressée, rameuse, très-cotonneuse, blanche, haute de 5 à 6 pouces ; feuilles linéaires, courbes, entières, un peu onduleuses, cotonneuses ; fleurs axillaires, sessiles ou terminales, enveloppées dans un coton abondant qui empêche de distinguer ses différentes parties ; calice de 7-9 folioles courtes, velues ; fleurons très-petits, à peine visibles ; graines comprimées, enveloppées dans les folioles du calice. Fl. couleur de paille. Juillet, août. Se trouve dans les champs à *Clagni*, à *Bouron* près de Fontainebleau, *Ermenonville*, *Saint-Germain*, etc. ☉

POLYGAMIE SÉPARÉE. — Fleurs pourvues de calices particuliers, et renfermées dans un calice commun.

ECHINOPS. Fleurs réunies en tête sphérique ; calice commun composé de quelques folioles petites, et réfléchies sur le pédoncule ; fleurs particulières à calice imbriqué ; graines velues, surmontées d'une sorte de cupule.

E. SPHÆROCEPHALUS, L. *sp.* 1314 ; Lam. *Ill. t.* 719, *f.* 1. Tige dressée, rameuse, haute de 2 à 3 pieds, pubescente, sillonnée de bandes blanches ; feuilles embrassantes, grandes, pinnatifides, sinueuses, dentées-épineuses, cotonneuses en dessous ; fleurs grosses, en tête sphérique ; réceptacle ovoïde ; calices particuliers entourés à la base de poils roides (qui, réunis, peuvent être considérés comme les paillettes du réceptacle), imbriqués, à folioles lancéolées, aiguës, ciliées, plus longues que les fleurs, qui sont supères, pédicellées, à 5 pétales linéaires ; étamines réunies, fendues au sommet, pour laisser passer le stigmate ; fruit surmonté d'un godet hispide, du milieu duquel sort le pédicelle de la fleur. Fl. (c'est-à-dire, la réunion des calices particuliers, car la véritable, qu'on ne voit pas, est d'un blanc-jaune) améthistes. Juillet. Se trouve dans les haies et buissons, à *Sainte-Radegonde* forêt de Montmorency. ♂

CLASSE XIX.

GYNANDRIE. — ÉTAMINES sur le pistil.

DIANDRIE. — DEUX ÉTAMINES.

ORCHIS. Calice nul ; corolle irrégulière de 6 pétales, dont cinq sont semblables, et le sixième qui est une sorte de lèvre inférieure, qu'on désigne quelquefois sous le nom de nectaire, a une forme particulière, et est ordinairement divisé à son sommet, toujours terminé inférieurement par un éperon plus ou moins allongé (fleurs en épi).

** Racines composées de 2 tubercules entiers.*

O. BIFOLIA, L. *sp.* 1331 ; *Fl. dan. t.* 235. Tige dressée, haute de 12 à 18 pouces, simple, glabre (comme celle de tous les Orchis) ; 2–3 feuilles radicales ovales, grandes, obtuses, les caulinaires linéaires-lancéolées, petites, alternes ; épi allongé, lâche ; fleurs grandes, ayant chacune une bractée à la base de l'ovaire, ce qui est commun à toutes les espèces ; lèvre inférieure linéaire, entière, obtuse, longue, mais plus courte que l'éperon, qui est allongé et un peu courbe. Fl. blanches, odorantes ; nectaire verdâtre. Mai, juin. Se trouve communément dans les bois un peu humides, les prés, les buissons. ♃

O. PYRAMIDALIS, L. *sp.* 1332 ; Jacq. *Aust. t.* 266. Tige dressée, haute de 12 à 18 pouces ; feuilles lancéolées, imbriquées inférieurement, aiguës ; épi ovale, un peu pyramidal ; fleurs petites, serrées ; lèvre inférieure trifide, à divisions égales, presque entières ; éperon aussi long que l'ovaire, délié, un peu courbe. Fl. purpurines. Mai, juin. Se trouve dans les prés secs, à *Fontainebleau, Senlis, Compiègne.* ♃

O. CORIOPHORA, L. *sp.* 1332 ; Jacq. *Aust. t.* 122 ; Vaill. *Bot. t.* 31, *f.* 30, 31, 32. Tige dressée, haute de 12 à 18 pouces ; feuilles lancéolées-linéaires ; épi ovale-oblong ; fleurs courtes, et presque imbriquées ; lèvre inférieure trifide, à lobe du milieu plus long, tous les trois un peu anguleux ; éperon court, moitié moins long que l'ovaire, délié à la pointe, et faisant le crochet ; les autres pétales connivens, aigus, et semblant n'en faire qu'un, qui forme la gouttière. Fl. d'un rouge sale, exhalant une odeur de punaise marquée ; lèvre inférieure un peu verdâtre. Mai, juin. Commune dans les prés humides, à *Marcoussis,* etc., etc. ♃

O. MORIO, L. *sp.* 1333; *Fl. dan. t.* 253; Vaill. *Bot. t.* 31 ,*f.* 13, 14. Tige dressée, haute de 4 à 6 pouces; feuilles linéaires, longues; épi peu fourni de fleurs grandes, un peu lâches; lèvre inférieure très-large, partagée en 4 lobes courts, obtus, un peu crénelés, dont les latéraux sont un peu plus longs; les autres pétales sont un peu connivens à la base; éperon presque droit, obtus, plus court que l'ovaire. Fleurs purpurines, quelquefois blanches. Mai, juin. Se trouve dans les prés, au bord des bois, à *Saint-Maur,* etc. ♃

C'est avec les bulbes des Orchis, et particulièrement avec ceux de l'*O. morio,* qu'on prépare le *salep,* médicament qui a eu une grande réputation, et qui en conserve encore auprès de quelques praticiens : c'est celui qu'on tire de l'Orient, comme on s'en doute bien, qui est le plus estimé, quoique non-seulement cet Orchis qui vient abondamment chez nous pût très-bien le remplacer, mais même toutes les espèces à bulbes arrondies, et probablement celles qui les ont palmées. Quoi qu'il en soit, le salep n'est qu'une fécule très-nutritive, qu'on obtient en faisant dessécher par un procédé particulier ces bulbes; on les met ensuite en poudre, pour s'en servir bouillis dans du lait, du bouillon, ou de l'eau sucrée et aromatisée. On estime que le salep est un puissant remède contre l'épuisement, la consomption, la phthisie pulmonaire, etc. On peut consulter à ce sujet, *la Matière médicale indigène* de MM. Coste et Willemet.

O. MASCULA, L. *sp.* 1333; *Fl. dan. t.* 457; Vaill. *Bot. t.* 31, *f.* 11, 12. Tige élevée de 12 à 18 pouces; feuilles oblongues-lancéolées, planes, souvent tachées; fleurs grandes, en long épi, lâche; lèvre inférieure à 3 lobes, qui en forment 4, parce que celui du milieu, qui est un peu plus long que les autres, est fortement échancré, les deux latéraux sont plus larges, tous sont un peu crénelés; éperon obtus, presque droit, de la longueur de l'ovaire; deux des pétales sont ouverts et redressés.

Var. B. *O. tricornis,* Lois. Desl. *Fl. gall. p.* 603. Cette plante ressemble entièrement à la précédente, si ce n'est que les pétales sont connivens, un peu obtus, et que deux sont éperonnés à la base, ce qui fait trois cornes sous les fleurs. M. Loiseleur Deslongchamps a trouvé un seul individu semblable, à *Sainte-Radegonde* dans la forêt de Montmorency ; il présume que cette plante n'est peut-être qu'une variété remarquable de l'espèce précédente : peut-être est-ce une monstruosité?

Fleurs purpurines ou blanches. Avril, mai. Se trouve dans les prés et les pâturages des bois, à *Sèvres,* au *Calvaire,* à *Montmorency,* etc. ♃

O. LAXIFLORA, Lam. *Fl. fr.* 3, *p.* 504; *Orchis ensifolia,* Vill. *Dauph.* 2, *p.* 29; Vaill. *Bot. t.* 31, *f.* 33, 34. Tige dressée, haute de 12 à 18 pouces; feuilles lancéolées-linéaires, canaliculées; épi allongé, très-lâche; fleurs grandes; lèvre inférieure comme à 2 lobes, celui du milieu étant nul ou presque nul; les latéraux obtus, arrondis, un peu crénelés; éperon courbe, obtus, plus court que l'ovaire, souvent échancré à l'extrémité.

Var. B. Lobes de la lèvre inférieure presque égaux.

Var. C. Lobes latéraux de la lèvre inférieure petits et presque nuls.

Var. D. *O. palustris*, Jacq. *Ic. Rar.* 1, *t.* 181. Lèvre inférieure à 3 lobes, l'intermédiaire échancré; feuilles linéaires.

Fleurs purpurines ou violettes. Mai, juin. Se trouve fréquemment dans les prés humides. ♃

O. PALLENS, L. *Mant.* 292; Jacq. *Aust. t.* 45. Tige dressée, haute de 5 à 6 pouces; feuilles ovales-oblongues, obtuses; épi ovale, un peu lâche; fleurs assez grandes; lèvre inférieure à 3 lobes obtus, entiers, celui du milieu un peu plus long, un peu échancré; éperon courbe, obtus, de la longueur de l'ovaire; la fleur sent l'urine de chat, et est d'un jaune pâle. Mai. Se trouve dans les bois humides, à *Montmorency ?* ♃

O. USTULATA, L. *sp.* 1333; *Fl. dan. t.* 103; Vaill. *Bot. t.* 31, *f.* 35, 36. Tige dressée, haute de 6 à 10 pouces; feuilles lancéolées-oblongues, les supérieures faisant de longues gaînes autour de la tige; épi oblong, serré, noirâtre au sommet; fleurs petites; lèvre inférieure trifide, à divisions linéaires, celle du milieu allongée, bifide; les pétales supérieurs courts et obtus; éperon très-court, obtus, un peu en crochet. Fleurs d'un pourpre-noirâtre; lèvre inférieure blanche, avec des points rouges. Mai, juin. Se trouve dans les prés, au *Plessis-Piquet, Moulignon*, à *Fontainebleau, Chailli*, etc. ♃

O. VARIEGATA, Jacq. *Ic. rar.* 3, *t.* 599; Lam. *Dict.* 4, *p.* 592. Tige dressée, haute de près de 1 pied; feuilles lancéolées, étroites; épi court, presque globuleux; fleurs un peu petites; pétales aigus; lèvre inférieure à 3 lobes distans, les latéraux ovales, petits, le médian plus long, élargi, à 2 dents, avec une pointe au milieu de l'échancrure; éperon délié, un peu courbe, aigu, long comme la moitié de l'ovaire. Fleurs d'un pourpre pâle, tachetées de points plus foncés. Mai. Se trouve dans les prés. Quelques botanistes disent avoir trouvé cette plante dans nos environs; quant à moi, elle a échappé jusqu'ici à mes recherches. ♃

O. TEPHROSANTHOS, Vill. *Dauph.* 2, *p.* 32; *O. zoophora*, Thuill. *Fl. par.* 459; Vaill. *Bot. t.* 31, *f.* 25, 26. Tige dressée, haute de 1 pied; feuilles ovales-oblongues, obtuses; épi court, presque globuleux; fleurs grandes; pétales aigus, un peu connivens; lèvre inférieure d'abord trifide, puis quadrifide, à cause de la division du lobe moyen en deux, au milieu desquels on observe une pointe, toutes ces divisions sont linéaires, allongées, entières;

l'éperon est délié, obtus, courbe, moitié moins long que l'ovaire.

Var. B. *O. cercopitheca*, Lam. *Dict.* 4, *p.* 593; Hall. *Helv. t.* 30. Lanières du lobe moyen un peu dentées.

Fl. de couleur purpurine claire, ponctuée de pourpre foncé. Se trouve sur les coteaux des bois, à *Saint-Maur*, *Vincennes*, *Saint-Germain*, *Neuilly-sur-Marne*, etc. ♃

O. GALEATA, Lam. *Dict.* 4, *p.* 593; *O. mimusops*, Thuill. *Fl. par.* 458; *O. militaris*, γ. L. *sp.* 1334; Vaill. *Bot. t.* 31, *f.* 22, 23, 24. Tige dressée, haute de 10 à 15 pouces; feuilles lancéolées-oblongues; épi court, presque globuleux; fleurs plus grandes que celles de l'espèce précédente; pétales connivens, courts et fermés en manière de casque; lèvre inférieure un peu velue, trifide; les 2 divisions latérales courtes, écartées, linéaires, la médiane allongée, élargie vers son sommet, à 2 lobes courts, divergens, arrondis, avec une petite pointe au milieu de l'échancrure; éperon délié, atteignant à peine la moitié de l'ovaire.

Var. B. Divisions latérales de la lèvre inférieure presque nulles.

Fl. de couleur purpurine claire, ponctuées de pourpre plus foncé, Mai et juin. Se trouve dans les gazons, à *Fontainebleau.* ♃

O. MILITARIS, L. *sp.* 1338; Jacq. *Ic. rar.* 3, *t.* 598; Vaill. *Bot. t.* 31, *f.* 21. Tige dressée, grosse, haute de 2 à 3 pieds; feuilles larges, ovales-lancéolées; épi gros, oblong; fleurs grandes; pétales connivens, courts, aigus; lèvre inférieure trifide d'abord; les 2 divisions latérales étroites, linéaires, distantes; la portion moyenne élargie, divisée en 2 lobes profonds, écartés, larges, entiers, avec une pointe au milieu; éperon courbe, obtus, un peu délié, ne faisant guère que le tiers de la longueur de l'ovaire. Fleurs d'un rouge pâle; lèvre inférieure plus foncée. Avril, mai. Se trouve dans les bois montueux, dans les taillis, à *Saint-Cloud*, etc. ♃

O. FUSCA, Jacq. *Aust. t.* 307; *O. militaris*, β, L. *sp.* 1334? Vaill. *Bot. t.* 31, *f.* 27, 28. Cette plante ne diffère de la précédente que par sa tige un peu moins haute, et les divisions du lobe moyen de la lèvre inférieure, qui sont taillées un peu obliquement en biseau en dehors, et légèrement dentées. Fleurs d'un violet-brun. Avril, mai. Se trouve dans les bois, à *Saint-Cloud*, etc. ♃

** *Racines composées de deux tubercules palmés.*

O. LATIFOLIA, L. *sp.* 1334; *Fl. dan. t.* 266; Vaill. *Bot. t.* 31, *f.* 1, 2, 3, 4, 5. Tige fistuleuse, de 1 à 2 pieds de haut, grosse; feuilles larges, surtout à la base, lancéolées-oblongues, souvent tachées, ponctuées; fleurs en long épi étroit; corolles petites, comme cachées par des bractées étroites qui sont plus longues qu'elles; trois pétales supérieurs connivens, deux latéraux ouverts; lèvre inférieure subtrilobée; lobes latéraux peu marqués, réfléchis, celui du milieu saillant, court; éperon conique, plus court que l'ovaire. Fleurs purpurines ou blanches ; lèvre inférieure marquée de lignes ou de points violets. Mai, juin. Se trouve très-communément dans les prés humides, à *Meudon*, *Saint-Gratien*, etc. ♃

O. DIVARICATA, Richard *ex* Loisel. Desl. *Fl. gall.* 606, *Sub. O. latifolia*, var. β. Feuilles linéaires-lancéolées, canaliculées ; épi dense ; lèvre inférieure subcunéiforme, à lobe moyen peu apparent ; bulbes radicaux, seulement en 2 parties divariquées. Fl. *id.* Cette plante a été trouvée à *Saint-Gratien*, par M. le professeur Richard. ♃

O. MACULATA, L. *sp.* 1335 ; *Fl. dan. t.* 933 ; Vaill. *Bot. t.* 31, *f.* 9, 10. Tige de 1 à 2 pieds ; feuilles lancéolées-linéaires, tachées ; épi conique, serré ; fleurs de grandeur moyenne ; pétales supérieurs connivens, deux latéraux étalés ; lèvre inférieure arrondie, denticulée, un peu échancrée au sommet, avec une pointe qui part de l'échancrure. Fleurs d'un blanc rosé, avec des taches purpurines. Juin, juillet. Très-commune dans les bois et les prés humides. ♃

O. INCARNATA, L. *sp.* 1335 ; *O. sambucina*, var. β *auctorum* ; Jacq. *Aust. t.* 108. Tige de 4 à 6 pouces ; feuilles oblongues-lancéolées, obtuses ; épi un peu lâche ; fleurs grandes ; pétales ouverts ; lèvre inférieure plane, un peu dentée, ovale-pointue ou à lobe peu marqué, et dont le médian est saillant ; éperon très-gros, obtus, droit, un peu plus court que l'ovaire. Fleurs purpurines. Mai, juin. Cette plante est indiquée aux environs de *Paris* ; je ne l'y ai jamais observée, et je doute fort qu'elle s'y trouve, parce que son lieu natal le plus ordinaire est dans les Alpes. ♃

O. ODORATISSIMA, L. *sp.* 1335 ; Hall. *Helv. n°* 1274, *t.* 29. Tige dressée, haute de 10 à 15 pouces ; feuilles linéaires, longues, très-aiguës, canaliculées ; épi oblong, grêle, filiforme, un peu lâche ; fleurs petites ; pétales libres ; lèvre inférieure à 3 lobes presque égaux, entiers ; éperon délié, aigu, un peu courbe, presque plus long que l'ovaire. Fleurs de couleur uniforme, purpurine, odorantes. Juin, juillet. Se trouve dans les prés, à *Saint-Gratien*, *Fontainebleau*, etc. ♃

O. CONOPSEA, L. *sp.* 1335 ; *Fl. dan. t.* 224. Tige dressée, haute de 12 à 18 pouces ; feuilles lancéolées, longues ; épi allongé, un peu lâche ; fleurs assez petites ; pétales latéraux très-ouverts ; lèvre inférieure à 3 lobes presque égaux ; les deux latéraux obtus, élargis, le médian plus étroit, et un peu moins long ; éperon très-long, très-délié, double en longueur de l'ovaire. Fleurs odorantes, purpurines, panachées, quelquefois blanches. Mai, juin. Se trouve dans les prés humides et les marais, à *Montmorency*, *Saint-Cucufas*, *Fontainebleau*, etc. ♃

*** *Racines composées de tubercules fasciculés.*

O. ABORTIVA, L. *sp.* 1136 ; Jacq. *Aust. t.* 193 ; *Limodorum abortivum*, Swartz, *Nov. act. Holm.* 6, *p.* 80. Tige dressée, un peu flexueuse, haute de 2 pieds, grosse ; feuilles avortées, et dont il ne reste que les gaines , comme en ont toutes les orchidées ; épi très-long , peu fourni, composé de fleurs distantes, grandes ; pétales libres ; lèvre inférieure ovale , entière, un peu concave et pointue ; éperon aussi long que l'ovaire, un peu courbe ; stigmate laineux. Cette plante a l'aspect d'une Orobanche. Fleurs violettes ainsi que toute la plante. Juin. Se trouve à *Fontainebleau* sous les hautes futaies , à *Orsai*. ♃

Observ. Je n'ai pas cru devoir adopter les nouveaux genres formés par Swartz dans les orchidées ; les caractères en sont très-difficiles à saisir, et les auteurs peu d'accord sur leur exactitude , puisque tantôt ils mettent une espèce dans un genre , tantôt dans un autre. Si on voulait admettre pour base des genres de cette famille des caractères aussi délicats que ceux donnés par Swartz, il faudrait les multiplier encore plus qu'on n'a fait , et il n'y a presque pas d'espèce qui ne pût en constituer un : j'ai conservé la classification de Linnée, qui est fondée sur des caractères faciles et très-visibles , en indiquant les genres de Swartz à la synonymie.

SATYRIUM. Calice nul ; corolle irrégulière de 6 pétales , dont l'inférieur est allongé, divisé , plus ou moins étroit , renflé et comme gibbeux à la base (fleurs en épi).

S. **viride** , L. *sp.* 1337 ; *Fl. dan. t.* 77 ; Vaill. *Bot. t.* 31 , *f.* 6, 7 , 8. Racines palmées ; tige dressée, de 4 à 8 pouces ; feuilles lancéolées-ovales ; épi lâche, allongé ; fleurs de grandeur moyenne , accompagnées de bractées étroites plus longues qu'elles ; pétales libres, courts , ovales ; lèvre inférieure réfléchie en bas , étroite, trifide à l'extrémité , et dont le lobe moyen est plus court , tous sont entiers ; il y a à la base de la lèvre un renflement court, globuleux , peu visible en ce qu'il est caché par les pétales latéraux.

Fleurs d'un vert-jaunâtre ainsi que toute la plante. Juin. Se trouve dans les prés humides , à *Cachan, Neuilly-sur-Marne, Montmorency*, etc. ♃

S. **hircinum** , L. *sp.* 1337 ; Jacq. *Aust. t.* 367 ; Vaill. *Bot. t.* 30 , *f.* 6, *aa.* Satyrion. — Racines formées de 2 tubercules arrondis ; tige dressée, haute de 2 pieds et plus ; feuilles lancéolées-ovales, les supérieures linéaires ; épi très-long (quelquefois de 1 pied) , un peu lâche ; fleurs très-grandes ; pétales supérieurs courts, un peu en casque ; lèvre inférieure allongée , réfléchie en bas, à 3 lobes , les deux latéraux linéaires, entiers , ondulés , faisant le crochet, le moyen extrêmement long (1 pouce et demi), très-grêle , velu à son origine et en dessus , terminé à la base par une sorte de petit éperon obtus, très-court, gros, à peine visible. Fleurs verdâtres avec des lignes pourpres, répandant une odeur de bouc désagréable. Juin, juillet. Se trouve dans les endroits secs, au bois de

Boulogne, à *Saint-Cloud*, *Meudon*, *Champagne* près de Fontainebleau, etc. ♃

OPHRYS. Calice nul; corolle irrégulière de 6 pétales, l'inférieur en forme de lèvre, divisé, dépourvu de tout éperon, ni
renflement à la base (fleurs en épi).

    * *Racines composées de deux tubercules arrondis.*

O. **myodes**, Jacq. *Ic. rar.* 1, *t.* 184; Vaill. *Bot. t.* 31, *f.* 17, 18.
Ophris mouche. —Tige dressée, haute de 12 à 18 pouces; feuilles
lancéolées; épi allongé, très-lâche, à fleurs alternes; pétales
étalés, les 3 supérieurs lancéolés, obtus, les 2 latéraux linéaires,
très-étroits; lèvre inférieure velue, pendante, à 3 divisions, dont
celle du milieu plus longue et bifide, à lobes ovales. Fleurs à
pétales supérieurs verts, les latéraux pourpres, l'inférieur d'un
rouge foncé. Mai, juin. Se trouve dans les prés de collines, à
Saint-Cloud, *Saint-Maur*, *Fontainebleau*, etc. ♃

O. **apifera**, Huds. *Angl.* 391; Vaill. *Bot. t.* 30, *f.* 9? Tige
dressée, haute de 8 à 10 pouces; feuilles lancéolées; 2-4 fleurs
terminales, grandes, en épi; pétales étalés, les trois supérieurs
elliptiques, obtus, les 2 latéraux lancéolés, très-courts; lèvre
inférieure velue, à 3 divisions, les latérales oblongues, la médiane
obovale, trilobée, et dont le lobe terminal est subulé et recourbé
en crochet. Fleurs dont les pétales sont d'un purpurin clair, et la
lèvre inférieure d'un rouge ferrugineux. Mai, juin. Se rencontre
sur les collines aux environs de *Paris ?* ♃

O. **aranifera**, Hudson, *Angl.* 392; Vaill. *Bot. t.* 31, *f.* 15, 16.
Tige dressée, haute de 4 à 8 pouces; feuilles inférieures ovales,
les supérieures ovales-lancéolées; 3-6 fleurs en épi, grandes,
éloignées à leur maturité; pétales étalés, les trois supérieurs
oblongs, obtus, les deux latéraux lancéolés-aigus, plus courts;
lèvre inférieure velue, trilobée, le lobe moyen obovale et échancré. Fleurs à pétales verts, à lèvre inférieure brune, ferrugineuse, marquée de 2 lignes livides et glabres. Avril, mai. Commune à *Saint-Maur*. ♃

O. **arachnites**, Willd. *sp.* 4, *p.* 67; Vaill. *Bot. t.* 30, *f.* 10,
11, 12, 13. Tige dressée, haute de 4 a 6 pouces; feuilles lancéolées; 3-5 fleurs terminales; pétales étalés, les trois supérieurs
oblongs, obtus, les deux latéraux linéaires, lancéolés, très-courts;
lèvre inférieure velue, à 3 divisions, les 2 latérales très-petites et
à peine visibles (il serait mieux de dire à 2 dents), la moyenne très-
large, arrondie, obtuse, crénelée ou courtement trilobée. Fleurs
à pétales verdâtres, à lèvre inférieure brune, ferrugineuse, marquée de lignes. Mai. Se trouve sur le bord des bois, dans les prés,
à *Saint-Maur*, au bois de *Boulogne*, etc.

Observ. Les quatre espèces précédentes sont des divisions de l'*O. insectifera* de Linné, *sp.* 1343; leurs caractères sont assez difficiles à bien saisir; on observe d'ailleurs des variétés nombreuses, dont on peut voir les détails dans le *Species l. c.*, qui établissent des passages de l'une à l'autre; de sorte qu'il faudra peut-être en revenir à l'opinion de l'illustre botaniste suédois, et réunir, comme lui, sous le nom d'*O. insectifera,* tous les individus à lèvre inférieure arrondie, et divisée en 4 ou 5 lobes plus ou moins profonds.

O. ANTROPOPHORA, L. *sp.* 1343; *Fl. dan. t.* 103; Vaill. *Bot. t.* 31, *f.* 19, 20. Tige dressée, haute de 1 pied; feuilles ovales-lancéolées; épi allongé, grêle, un peu lâche; fleurs un peu petites; pétales supérieurs connivens, courts; lèvre inférieure allongée, pendante, à 3 divisions linéaires, écartées, celle du milieu bifide, à lobes également linéaires. Fleurs d'un blanc-jaunâtre, à lèvre inférieure jaune. Mai, juin. Se trouve dans les prés et sur les collines, à *Fontainebleau, Valvins, Bouron, Samois,* etc.

O. MONORCHIS, L. *sp.* 1342; *Fl. dan. t.* 102; Hall. *Helv. n°* 1262, *t.* 22, *f.* 2. Racine comme à une seule bulbe, l'autre étant éloignée latéralement; tige dressée, presque nue, haute de 3 à 5 pouces; feuilles radicales lancéolées; épi oblong; fleurs petites; pétales ouverts; lèvre inférieure ne dépassant guère les pétales, comme à 3 lobes, les deux latéraux courts, presque tronqués, le médian linéaire, allongé, entier; les 2 pétales latéraux ont presque la même forme que la lèvre inférieure. Fleurs d'un vert-jaune. Juin. Se trouve dans les prés et sur les collines sèches, entre *Chelles* et *Neuilly-sur-Marne,* à *Liancourt,* etc. ♃

O. LOESELII, L. *sp.* 1341; *O. paludosa, Fl. dan. t.* 877 (non L.); *Malaxis Loeselii,* Swartz, *l. c.* Racine fibreuse, ayant une sorte de bulbe arrondie; tige dressée, grêle, nue, triangulaire, haute de 2 à 5 pouces; 2 feuilles ovales-lancéolées; 2–4 fleurs terminales, retournées, de grandeur moyenne; pétales écartés, linéaires; lèvre inférieure (qui est supérieure) ovale, entière, subdenticulée, recourbée en bas au sommet. Fleurs d'un jaune-vert. Mai, juin. Se trouve dans les prés, à *Saint-Gratien, Saint-Léger.* ♃

** *Racines composées de tubercules rameux.*

O. OVATA, L. *sp.* 1340; *Fl. dan. t.* 137; *Epipactis ovata,* All. *Ped. n°* 1850. Tige dressée, haute de près de 1 pied, pubescente; 2 feuilles presque au milieu de la tige, ovales-arrondies, grandes; épi allongé, grêle, un peu lâche; fleurs petites; pétales ovales, un peu obtus, ouverts; lèvre inférieure triple des autres, linéaire, fendue en deux. Fleurs verdâtres. Mai, juin. Se trouve fréquemment dans les prés et les bois humides, ombragés. ♃

O. ÆSTIVALIS, Lam. *Dict.* 4, *p.* 567; *O. spiralis,* γ L. *sp.* 1340; *Neottia æstivalis,* Decand. *Fl. fr.* 3, *p.* 258; Lob. *Ic.* 187, *f.* 1.

Tige dressée, haute de 6 à 10 pouces, partant du milieu de la racine; feuilles longues, linéaires; épi un peu allongé, grêle; fleurs disposées en spirale sur l'axe de l'épi, courbées, à pétales presque égaux, ouverts; lèvre inférieure entière, élargie-ovale, marquée de petites crénelures. Fl. blanches, odorantes. Août, septembre. Se trouve dans les prés marécageux, à *Saint-Gratien, Episi, Fleuri, Saint-Léger*, etc. ♃

O. SPIRALIS, L. *sp. α*, 1340; *Neottia spiralis*, Swartz, *l. c.*; Lob. *Ic.* 187, *f.* 2. Tige dressée, haute de 5 à 8 pouces, partant à côté des bulbes; feuilles lancéolées-ovales; épi allongé; fleurs velues, en spirale, semblables à celles de l'espèce précédente, blanches, inodores. Août, septembre. Se trouve dans les prés et sur les pelouses sèches, à *Avron, Chailli, Saint-Léger*, etc. ♃

O. NIDUS AVIS, L. *sp.* 1339; *Epipactis nidus avis*. All. *Ped.* n⁰ 1849; Clus. *Hist.* 270, *f.* 1. Racine à fibres nombreuses, amassées en forme de nid d'oiseau; tige dressée, haute de 1 pied; feuilles nulles, et dont on n'observe que les gaines sur la tige; épi allongé, assez serré; fleurs assez grandes; pétales ouverts, courts; lèvre inférieure double des autres pétales, pendante, élargie et divisée en 2 lobes écartés, larges et entiers. Fl. roussâtres, comme toute la plante, qui a le port d'une Orobanche. Mai, juin. Se trouve communément dans les bois, à *Sèvres, Saint-Cloud, Saint-Germain*, etc. ♃

L'*O. paludosa*, L., ne vient pas aux environs de Paris.

SERAPIAS. Calice nul; corolle irrégulière de 6 pétales, l'inférieur presque égal aux autres, entier, ovale, concave en dedans, gibbeux en dehors, mais non à la base (fleurs en épi).

S. LATIFOLIA, L. *Mant.* 490; *Fl. dan. t.* 811; *Epipactis latifolia*, Willd. *sp.* 4, *p.* 83. Tige dressée, haute de 1 à 2 pieds; feuilles ovales-arrondies, surtout inférieurement, embrassantes, alternes, pointues, les supérieures ovales-lancéolées; épis très-longs, grêles; fleurs penchées, sessiles, souvent tournées du même côté, petites, nombreuses; ovaire pubescent, ainsi que l'axe qui le supporte; pétales égaux, aigus; lèvre inférieure presque de la même longueur, entière. Fl. purpurines foncées (blanchâtres avant leur maturité). Juin, juillet. Se trouve dans les bois couverts, à *Vincennes*, etc. ♃ La différence que l'âge produit dans la couleur des fleurs a fait croire que c'étaient deux espèces différentes, désignées, la première sous le nom de *S. viridiflora*, la seconde sous celui de *S. atro-rubens*. Vide Hoffm. *Fl. germ.* 2, *p.* 182.

S. MICROPHYLLA, Hoffm. *Fl. germ.* 2, *p.* 182.; *S. parvifolia*, Persoon. *Synop.* 2, *p.* 512. Cette plante est plus petite que la précédente dans toutes ses parties; ses feuilles sont surtout de trois-quarts moindres, mais semblables; ses fleurs acquièrent un pourpre plus intense, et la lèvre inférieure est un peu crispée, à petites crénelures sur les bords. Ce n'est probablement qu'une variété de la précédente, due au lieu où elle croît. Fl. d'un pourpre noirâtre. Juin. Se trouve sur les montagnes arides, à *Champagne* près de Fontainebleau. ♃

S. palustris, Scop. *Carn. p.* 1129; *S. longifolia*, L. *Mant.* 490; *Epipactis palustris*, Willd. *sp.* 4, *p.* 84; *Fl. dan. t.* 267. Tige dressée, haute de 12 à 18 pouces, légèrement pubescente; feuilles inférieures ovales-lancéolées, engaînantes, les supérieures lancéolées, sessiles, embrassantes; épi lâche; fleurs grandes, peu nombreuses, pédicellées, un peu penchées à leur maturité; ovaires pubescens; pétales ovales, obtus; lèvre inférieure ayant une appendice arrondie, très-obtuse, plissée sur les bords, et plus longue dans sa totalité que les autres pétales. Fleurs verdâtres, variées de pourpre. Assez fréquente dans les prés marécageux, à *Montmorency*, etc. ♃

S. grandiflora, L. *Mant.* 491; *S. lancifolia*, Murr. *Syst. veget.* 670; *Epipactis lancifolia*, Decand. *Fl. fr.* 3, *p.* 259. Tige dressée, haute de 12 à 18 pouces, nue du bas, où il n'y a que la gaine des feuilles; plus haut, les feuilles sont ovales, puis ovales-lancéolées, sessiles, embrassantes; épi pauciflore; fleurs très-grandes, redressées; ovaire glabre, subpédicellé; pétales égaux; lèvre inférieure un peu plus courte, ovale, obtuse, entière; bractées plus longues que les ovaires. Fleurs blanches; lèvre inférieure variée de jaune. Avril, mai. Se trouve sur les coteaux des bois, à *Saint-Cloud*, *Saint-Germain*, etc. ♃

S. rubra, L. *Mant.* 490; *Epipactis rubra*, All. *ped. n°* 1857; *Fl. dan. t.* 345. Tige dressée, grêle, flexueuse, haute de 1 pied, un peu velue du haut; feuilles inférieures ovales, les supérieures lancéolées; 4 à 8 fleurs, grandes, dressées, en épi terminal, lâches; ovaire pubescent; pétales allongés, distans, aigus; lèvre inférieure aiguë, ondulée, marquée de lignes élevées. Fl. d'un rouge clair. Juin, juillet. Se trouve dans les bois couverts, à *Fontainebleau*, *Chantilli*, *Compiègne*, etc. ♃

HEXANDRIE. — SIX ÉTAMINES.

ARISTOLOCHIA. Calice nul; corolle monopétale, ventrue à la base, finissant en cornet; capsule infère à 6 loges polyspermes; stigmate à 6 divisions.

A. clematitis, L. *sp.* 1364; Bull. *Herb. t.* 39. Aristoloche clématite. — Tige à peine dressée, faible, haute de 1 à 2 pieds, anguleuse, striée, glabre; feuilles alternes, pétiolées, cordées-réniformes, glabres, entières, un peu plissées sur les bords, veinées en dessous; fleurs axillaires, pédonculées, au nombre de 3 à 6 ensemble; corolle tubuleuse, à languette oblongue; fruit globuleux, verdâtre, acquérant presque le volume d'une pomme d'api. Fleurs d'un jaune-vert. Mai, juin, juillet. Très-commune dans les champs, les haies, les buissons, etc. ♃

Murrai pense que l'Aristoloche clématite peut suppléer efficacement la Serpentaire de Virginie (*Aristolochia serpentaria*, L.), et les Aristoloches longue et ronde (*A. longua, rotunda*, L.) Les Anglais, qui se procurent très-facilement ces trois racines, surtout la première, qui est la plus employée, lui préfèrent l'A. clématite. Ainsi donc on doit regarder cette plante comme très-utile dans toutes les maladies où il faut donner du ton et réveiller l'énergie vitale, comme dans les fièvres adynamiques, ataxiques, etc. On se sert de sa racine à la dose de 1 ou 2 gros, en décoction aqueuse ou vineuse.

CLASSE XX.

MONOÉCIE.—FLEURS unisexuelles sur le même pied, mais séparées.

MONANDRIE. — UNE ÉTAMINE.

ZANICHELLIA. Fleurs *mâles* solitaires, peu apparentes; calice et corolle nuls, disposés semblablement.

Fleurs *femelles;* calice monophylle; corolle nulle; 4 graines comprimées, nues, terminées en pointe allongée.

Z. palustris, L. *sp.* 1375; Mich. *Gen.* 71, *t.* 34, *f.* 1. Les tiges sont grêles, faibles, très-rameuses, longues de 1 pied ou plus, flottantes, comme articulées à l'insertion des feuilles; celles-ci sont capillaires, longues de 2 pouces, opposées inférieurement, souvent verticillées par 3-4 supérieurement; les fleurs mâles consistent en une étamine nue, longue; l'anthère est à 4 loges; cette étamine est insérée à la base des fleurs femelles, qui sont axillaires, sessiles, petites, réunies par 3 ou 4, ayant chacune un stigmate entier; elles sont abritées par une sorte d'écaille ou petite gaîne, qu'on regarde comme le calice; les graines sont un peu comprimées, surmontées d'une pointe allongée, qui porte à son sommet un stigmate aplati, entier; lorsqu'elles sont bien mûres, elles sont un peu semi-lunaires, et denticulées sur le dos. Fleurs herbacées. Avril, mai, juin. Se trouve assez communément dans les ruisseaux, fossés, bassins abandonnés, etc., à *Saint-Cloud, Gentilli*, etc. ☉

Il faut prendre garde de confondre cette plante avec les Potamogetons à feuilles linéaires.

Z. dentata, Willd. *sp.* 4, *p.* 181; Mich. *Gen.* 71, *t.* 34, *f.* 2. Cette plante diffère de la précédente en ce qu'elle est un petit plus grêle dans toutes ses parties ; ses feuilles sont plus courtes, entières ; l'anthère n'est qu'à 2 loges ; le stigmate est denté ; et les graines, au lieu d'être denticulées sur le dos, sont seulement tuberculeuses sur toute leur surface. Fleurs *id.* Se trouve dans les fossés aquatiques, à *Saint-Gratien*, *Montmorency*, *Saint-Léger*. ☉

CAULINIA. Fleurs *mâles* solitaires, peu apparentes ; calice et corolle nuls ; anthères sessiles.

Fleurs *femelles* disposées de même ; calice et corolle nuls ; style filiforme ; stigmate bifide ; capsule monosperme.

C. FRAGILIS, Willd. *sp.* 4, *p.* 182 ; *Najas minor*, All. *ped.* *n°* 2106 ; *N. subulata*, Thuill. *Fl. par.* 510 ; Mich. *Gen.* 71, *t.* 8, *f.* 3. Tiges submergées, souvent nageantes, rameuses, diffuses, longues de 2 pouces à 1 pied et demi (Willd.), verdâtres, glabres, transparentes ; feuilles 3 à 3, ou opposées, élargies à la base en une espèce d'appendice déchiquetée, linéaires, glabres, subulées, longues de 6 à 10 lignes, marquées de denticules alternes ou opposés, surmontés d'une petite épine rougeâtre ; fleurs axillaires, peu apparentes ; style allongé, filiforme, ayant de 1 à 3 stigmates ; capsules presque subulées, striées, glabres. Fl. herbacées. Juillet, août. Se trouve au bord des eaux, autour des îles de *Charenton*, et au bord de *la Seine* à *Argenteuil*, *Chamrozay*, dans les bassins des *Tuileries*, etc. ☉

NOTA. A l'exemple de Smith, je renvoie à la Cryptogamie le genre CHARA, que Linnée avait mal à propos placé dans la monoécie.

DIANDRIE. — DEUX ÉTAMINES.

LEMNA. Fleurs *mâles* solitaires peu apparentes, placées sous les feuilles ; calice monophylle ; corolle nulle.

Fleurs *femelles* disposées semblablement ; calice monophylle ; corolle nulle ; 1 style ; capsule uniloculaire et à plusieurs graines.

L. TRISULCA, L. *sp.* 1376 ; Mich. *Gen.* 15, *t.* 11, *f.* 5. Petite plante flottant à la surface de l'eau ; tiges rameuses, filiformes, glabres ; feuilles composées de 3 folioles lancéolées, aiguës, entières ou un peu anguleuses, et disposées en croix, ayant chacune une racine simple, terminée par un renflement tuberculeux, allongé, caduque, attachée en dessous, et qui tombe de bonne heure, de sorte qu'alors la plante en paraît privée ; pétiole grêle, axillaire, attaché à la base de la foliole moyenne ; stipules ovales-lancéolées, entières, aiguës (il naît aussi une racine dans l'aisselle des stipules) ; fleurs situées sous les feuilles, et peut-être aussi à l'aisselle des stipules, rarement visibles, de couleur herbacée. Mai. Se trouve sur les eaux stagnantes. ☉

L. **minor**, L. *sp.* 1376; Vaill. *Bot. t.* 20, *f.* 3. Plante flottant à la surface de l'eau, sans tige, et consistant en des feuilles ovales, obtuses, entières, planes, mais un peu bombées des deux côtés, cohérentes 3 ensemble par une extrémité, ayant au-dessous de chacune d'elles une racine très-allongée, simple, solitaire, terminée par un renflement tuberculeux, allongé, caduc, reçue dans un sillon creusé dans leur milieu; fleurs rarement apparentes, situées sous les feuilles, de couleur herbacée. Mai. Se trouve très-communément sur les eaux tranquilles, à *Saint-Gratien*, etc. ☉

L. **gibba**, L. *sp.* 1377; Mich. *Gen.* 15, *t.* 11, *f.* 1. Cette espèce ressemble presque entièrement à la précédente; elle en diffère en ce que ses feuilles, qui sont plus allongées, sont fortement bossues et presque hémisphériques en dessous; les racines, qui sont solitaires, pénètrent par la base des feuilles, au lieu d'être reçues dans un sillon médian. Fl. *id.* Se trouve plus rarement que les deux espèces précédentes, à *Fontainebleau*, etc. ☉

L. **arrhiza**, L. *Mant.* 294; Mich. *Gen.* 16, *t.* 11, *f.* 4. Plante flottant sur l'eau, consistant en des feuilles isolées, ou 2 ensemble cohérentes par une des extrémités, arrondies (semblables à des lentilles), planes et vertes en dessus, un peu noirâtres et presque spongieuses en dessous, sans traces de racines; fleurs inconnues jusqu'ici, mais devant nécessairement être placées sous les feuilles. Se trouve assez communément dans les mares, à *Fontainebleau*, *Bondi*, *Montreuil*, etc. ☉. Wiggers pense que cette plante n'est que le commencement de la suivante.

L. **polyrhiza**, L. *sp.* 1377; Vaillant. *Bot. t.* 20, *f.* 2. Plante flottant sur l'eau, sans tige, consistant en feuilles planes assez minces, grandes (triples de celles des autres espèces), entières, arrondies, vertes des deux côtés, souvent cohérentes 2-3 par la base, ayant au-dessous de chacune d'elles un faisceau nombreux de racines courtes, simples, terminées par un tubercule allongé, aigu, caduc; les racines viennent s'insérer au même point de la feuille, et à peu près au milieu; fleurs rarement apparentes, situées sous les feuilles; capsules ovoïdes, un peu plus grosses qu'un grain de millet. Fl. herbacées. Juin, juillet. Se trouve dans les eaux courantes et les mares, à *Gentilly*, *Juvisi*, *Fontainebleau*. ☉

OBSERVATIONS. Les fleurs de ces plantes sont très-difficiles à voir; j'avoue n'avoir pu observer que celles de la *L. polyrhiza*, qui, étant la plus grande espèce, est plus facile, par conséquent, à étudier. Willdenow dit n'avoir vu que celles-là et celles de la *L. minor*; Volta reconnu celles de la *L. trisulca*; plusieurs auteurs ont aperçu celle de la *L. gibba*, mais personne n'a pu trouver celle de la *L. arrhiza* la *Lemna trisulca*, qui a une tige rameuse, a peut-être la frucification axillaire, et une autre organisation que les quatre autres espèces; elle sera probablement distinguée comme genre, lorsque sa fructification sera mieux connue; genre qui restera , sans doute , dans les plantes phanérogames , tandis que les autres seront peut-être placées parmi les criptogames. Les *Lemna* paraissent tirer leur nourriture de l'eau seule ; car leur racine ne va pas jusqu'à la terre. Le tubercule qui termine leur racine est peut-être pour ces plantes un moyen de reproduction ; il se sépare de bonne heure , de sorte qu'on le voit assez rarement ; peut-être germe-t-il sur les bords de l'eau , d'où il vient flotter ensuite à la surface. Micheli pense que ce tubercule sert peut-être de balancier à la plante , pour la maintenir en équilibre sur l'eau. On observe sous les feuilles des *Lemna* beaucoup de petits animaux aquatiques , entre autres des crustacés : on y trouve aussi quelquefois le polype d'eau douce , animal si singulier par la possibilité où il est de former autant d'individus qu'on en fait de sections.

FRAXINUS. Fleurs *mâles* rares , le plus souvent hermaphrodites ; calice et corolle nuls ; 2 étamines ; 1 pistil.

Fleurs *femelles* semblables ; fruits terminés par une aile lancéolée.

F. EXCELSIOR , L. *sp.* 1509 ; Dod. *Pempt.* 771. Frêne. — Arbre élevé de 60–80 pieds , à écorce unie et grisâtre , dont le bois est blanc ; feuilles opposées , ailées , avec impaire , glabres , un peu plus vertes en dessus qu'en dessous , à 11-15 folioles lancéolées , dentées en scie , terminées par 1 languette , où les dents sont plus profondes , et atténuées en 1 court pétiole à la base ; fleurs paraissant un peu avant les feuilles , les hermaphrodites à 2 étamines (3 suivant Hoffman , *Fl. germ.* 2 , *p.* 279) ; capsule plane , ovale-oblongue , terminée par un appendice membraneux , ne renfermant que 1 graine , à cause de l'avortement de l'une des loges.

Le bois de Frêne est employé par les tourneurs pour beaucoup d'objets utiles, comme des manches d'outils , de grosses chaises, etc. L'écorce est estimée fébrifuge (la plupart des écorces , en général , le sont) ; on la croit aussi vermifuge et antisyphilitique. Il transsude du tronc , des branches , et même des feuilles de cet arbre , un suc poisseux , concret , appelé *manne ;* dans nos environs , il en rend très-rarement. L'*Ornus Europœa* (*F. ornus*, L.) est celui qui en donne le plus abondamment , surtout au moyen des incisions qu'on y fait ; c'est dans les pays chauds , comme en Calabre , qu'on obtient la *manne* la meilleure. Plusieurs autres arbres ont aussi la propriété de sécréter cette substance purgative, comme le mélèze , le chêne , l'érable , le genévrier , etc.

TRIANDRIE. — TROIS ÉTAMINES.

ZEA. Fleurs *mâles* en épis distincts ; glume à 2 valves égales , mutiques , biflores ; bâles scarieuses , à 2 valves inégales.

Fleurs *femelles* en épis gros, compactes ; glume à 2 valves ; bâle à 2 valves ; style très long, velu, pendant ; graines solitaires reçues dans un réceptacle oblong.

Z. **mays**, L. *sp.* 1378 ; Blackw. *Herb. t.* 547. Maïs, blé de Turquie. — Tige grosse, haute de 3 à 5 pieds, noueuse, inégale, glabre ; feuilles longues, larges, engaînantes, ciliées sur les bords, avec une large nervure blanche au milieu ; épis femelles très-gros, ventrus, sessiles, solitaires, enveloppés dans les gaines des feuilles voisines, qui les entourent en manière de spathe, laissant passer les styles, qui sont roussâtres et nombreux ; fleurs mâles nues, terminales, nombreuses, en épis rameux, pubescentes, un peu rougeâtres latéralement. Fl. herbacées. Juillet, août. Cultivé. ☉

Le Maïs est alimentaire dans beaucoup de pays. Sa farine est fort saine,

SPARGANIUM. Fleurs *mâles* en chaton globuleux, sessiles ; calice à 3 folioles ; corolle nulle.

Fleurs *femelles* eu chaton globuleux, sessiles ; calice à 3 folioles ; corolle nulle ; stigmate bifide ; drupe sec, monosperme.

S. **ramosum**, Huds. *Angl.* 402 ; *S. erectum*, α, L. *sp.* 1378 ; Dod. *Pempt.* 601, *f.* 1. Ruban d'eau. — Tige dressée, un peu flexueuse, haute de 1 à 2 pieds environ, glabre ; feuilles radicales très-allongées, flottantes, les caulinaires alternes, allongées, linéaires-larges, pliées en gouttières, glabres, obtuses, à bords lisses ; pédoncule commun des fleurs, axillaire, rameux ; chatons femelles distans, sessiles, peu nombreux (2-3), les mâles placés au-dessus, alternes, nombreux, rapprochés ; stigmate linéaire allongé. Fleurs herbacées. Juin, juillet, août. Se trouve communément dans les ruisseaux, à *Gentilly*, etc. ♃

S. **simplex**, Huds. *Angl.* 401 ; *S. erectum*, β, L. *sp.* 1378 ; Dod. *Pempt.* 601, *f.* 2. Il s'élève autant que le précédent, dont il diffère par ses feuilles plus étroites, non pliées en gouttières, à l'exception de la base ; par ses fleurs sessiles sur la tige, et dont les plus inférieures sont quelquefois portées sur des pédoncules simples ; les chatons mâles et femelles sont à peu près en égal quantité (4 de chaque) ; le stigmate est linéaire, allongé. Fl. *id.* Se trouve dans les mares et ruisseaux, à *Ville-d'Avrai*, forêt de *Crécy*, etc. ♃

S. **natans**, L. *sp.* 1378. Tige longue de 4 à 8 pouces, grêle, simple ; feuilles planes, étroites, obtuses ; fleurs sessiles, axillaires ; les chatons femelles au nombre de 3 ; chaton mâle solitaire, terminal ; stigmate court, un peu ovale. Fl. *id.* Se trouve dans les marais, surtout dans ceux remplis de mousse, à *Verrières, Bondi, Saint-Léger, Fontainebleau*, etc. ♃

CAREX. Fleurs mâles en épis imbriqués, situées au-dessus des femelles, ou séparées en épis particuliers ; glume univalve (écaille) ; corolle nulle.

Fleurs femelles en épis, au-dessous des mâles, ou sur des épis séparés ; glume *id.* ; corolle monopétale, ventrue, bidentée au sommet ; graine comprimée ou trigone, enveloppée dans la corolle ; 2-3 stigmates. (Nous appellerons, pour nous conformer à l'usage, dans nos descriptions, *capsule*, la corolle et le fruit qu'elle renferme, et *écaille*, la valve du calice.)

A *Epillet dioïque, unique.*

C. DIOÏCA, **L.** *sp.* 1379 (non Schk.) ; Schk. *Caric.*, *n*° 1, A, *t.* A, *f.* 1. Racines rampantes ; tige dressée, haute de 6 à 10 pouces, glabre, triangulaire, un peu rude en la touchant de haut en bas ; feuilles triangulaires, montant aux deux tiers de la tige, rudes sur les bords ; fleurs en épi unique, dioïque, sur des pieds séparés ; les mâles en épi linéaire, à étamines longues, les femelles en épi oblong ; capsules rougeâtres, dressées, un peu ventrues à la base, déliées au sommet, striées, un peu denticulées sur les bords. Fleurit en mai et juin. Se trouve dans les marais spongieux, à *Saint-Léger.* ♃

C. DAVALLIANA, Smith. *Fl. brit.* 3, *p.* 964 ; *C. dioïca,* Schk. *Caric.* *n*° 1, *t.* Q *et* W, *f.* 2 (non L.). Diffère du précédent, dont il n'est probablement qu'une variété, par sa racine fibreuse, non rampante, par ses feuilles plus courtes et plus rudes, et par ses capsules écartées de l'axe de l'épi, penchées, et moins denticulées. Fl. *id.* Se trouve dans les prés tourbeux, à *Fontainebleau, Meaux.* ♃ Cette espèce est intermédiaire entre la précédente, dont elle a les fleurs dioïques, et la suivante, dont elle a les capsules penchées et presque réfléchies. On trouve quelquefois des fleurs mâles au sommet de l'épi femelle.

B *Epillets androgins.*

B * *Epi unique.*

C. PULICARIS, **L.** *sp.* 1380 ; Leers. *Herb. t.* 14, *f.* 1. Racines fibreuses ; tige s'élevant à 6 pouces environ, fine, un peu striée, cylindrique ; feuilles capillaires, déliées, glabres, un peu roides ; épi unique, ayant 8 ou 10 fleurs femelles écartées, et quelques fleurs mâles au sommet, serrées ; capsules triangulaires, glabres, se déjetant en bas après la fleuraison. Fleurit en mai et juin. Se trouve dans les bois et prés limoneux, à *Meudon, Sèvres,* etc. ♃

B ** *Epillets rapprochés.*

C. **DIVISA**, Huds. *Angl.* 405 ; *C. schœnoïdes* , Thuill. *Fl. par.* *p.* 480 ; Schk. *Caric. n*° 11 , *t.* R *et* V v , *f.* 61 (non L.). Racines rampantes, tortueuses ; tige débile, triangulaire, nue ; feuilles étroites, triángulaires vers le sommet, presque aussi hautes que la tige, qui a de 1 à 2 pieds ; 5-6 épillets ovales, en tête irrégulière, accompagnés de bractées, dont la première, foliacée, très-longue, étroite, manque quelquefois ; capsules presque ailées, hispides sur les angles, bidentées au sommet, plus courtes que l'écaille. Fleurit en mai et juin. Se trouve dans les près humides, à *Ozouer*, *Montmorency* , etc. ♃

C. **CYPEROÏDES**, L. *Suppl.* 413 ; Schk. *Caric. n*° 28, *t.* A , *f.* 5. Racines fibreuses, blanchâtres ; chaume triangulaire, feuillé, articulé ; feuilles lisses, planes, un peu rudes sur les bords, et dont la gaine est fendue et membraneuse comme celle des graminées ; épillets réunis en une tête arrondie, serrée, verdâtre ; bractées foliacées, allongées ; capsules pédicellées, subulées, bordées à la pointe, qui est à 2 dents ; écailles sétacées. Fleurit en mai et juin. Se trouve dans les sables humides, à *Sézanne en Brie*. ♃

C. **SPLENDENS**, Pers. *Synop.* 2 , *p.* 536. Tige dressée, haute de 1 pied et demi, triangulaire, comprimée à la base ; feuilles dressées, un peu molles, égalant presque la hauteur de la tige ; épi ovale, composé de 3-4 épillets rapprochés ; écailles extérieures membraneuses, aristées ; capsules d'un gris brillant, à 2 stigmates. Fleurit en mai. Se trouve dans les bois, à *Montmorency*. (Thuill.) ♃

C. **ARENARIA** , L. *sp.* 1381 ; Schk. *Caric. n*° 8, *t.* B *et* D d , *f.* 6. Salsepareille d'Allemagne. — Racines grosses, noueuses, rampantes, munies d'une multitude de filamens noirs et verticillés ; chaume triangulaire, recourbé, à angles aigus, s'élevant à environ 1 pied ; feuilles longues, creusées en gouttière, engaînantes, pointues ; 6-8 épillets alternes, gros, ramassés, ceux du bas accompagnés de bractées foliacées ; écailles aiguës, d'un jaune pâle, égalant les capsules, qui sont pointues, marquées de nervures, denticulées-bifides à l'extrémité. Fleurit en mai et juin. Se trouve dans les sables, à *Saint-Léger ?* ♃ Rare.

En Allemagne on fait usage de la racine de ce Carex, qu'on estime sudorifique et apéritive. Comme il est très-rare dans nos environs, il est difficile de s'assurer de ses propriétés. On pourrait le faire venir des bords de la mer, où il est très-commun ; mais nous ne manquons pas de plantes capables de remplacer la Salsepareille.

C. **INTERMEDIA** , Good. *Trans. linn.* 2 , *p.* 154 ; Schk. *Caric. n*° 9, *t.* B , *f.* 7 ; *C. multiformis*, Thuill. *Fl. par. p.* 479. Racines rampantes, profondes; tige triangulaire, dressée, haute de 1 à 2 pieds; feuilles planes; 30-60 épillets très-variables pour la grosseur, la forme et la direction, alternes, rapprochés presque en épis distiques; écailles couleur de rouille, de la longueur des capsules, qui sont pointues, striées, étroitement marginées, bifides. Fleurit en mai et juin. Se trouve très-communément dans les marais et les prés humides. ♃

C. SCHREBERI, Willd. *sp.* 4, *p.* 225; Schk. *Caric.* n° 30, *t.* B, *f.* 9; *C. tenella*, Thuill. *Fl. par.* 479. Racines articulées, rampantes; tiges obscurément triangulaires, grêles, presque nues, de 1 pied de haut au plus; feuilles planes, très-étroites, imitant la gaîne; 3 ou 6 épillets atténués aux 2 extrémités, imbriqués; bractées aristées; écailles aiguës, rousses; capsules enflées, non dentées, bifides. Fleurit en avril et mai. Se trouve dans les gazons secs, aux bois de *Boulogne*, de *Vincennes*, de *Saint-Maur*, etc. ♃

C. SCHOENOIDES, Host. *Gram. p.* 35, *t.* 45 (non Thuill.). Racine rampante; tige dressée, triangulaire, scabre sur les angles, finement striée, nue dans la partie supérieure, haute de 8-10 pouces; feuilles glauques, planes, rudes sur les bords, qui sont un peu roulés; 4-5 épillets alternes, presque en tête, avec une bractée fine, courte, hispide au sommet; écaille aiguë; capsules acuminées, bifides, à plusieurs nervures. Fleurit en mai. Se trouve sur les collines herbeuses, à *Palaiseau*, *Orsay*. ♃

C. OVALIS, Good. *Trans. linn.* 2, *p.* 148; Schk. *Caric.* n° 29, *t.* B, *f.* 8; *C. leporina*, Thuill. *Fl. par.* 479 (non L.). Racine rampante, très-tenace; tige triangulaire, lisse, presque nue, haute de 1 à 2 pieds; feuilles molles, planes, un peu recourbées en arrière; 4-6 épillets gros, ovales, presque contigus, alternes, accompagnés de bractées blondes, courtes; capsules comprimées, marquées de nervures, à bords membraneux, pointues, un peu échancrées, de la longueur des écailles. Fleurit en avril et en mai. Très-commun dans les endroits humides. ♃

C. BRIZOIDES, L. *sp.* 1381 (non Thuill.); Schk. *Caric.* n° 32, *t.* C et U, *f.* 12. Racine oblique, presque rampante; chaume triangulaire, nu, haut de 1 à 2 pouces; feuilles étroites, ramassées; 6-10 épillets presque distiques, ramassés, un peu recourbés; bractées aristées; écailles lancéolées, blanchâtres; capsules bordées, à 2 dents. Fleurit en avril et mai. Se trouve dans les bois et buissons. Ce Carex est indiqué au *Château-Frayé* près de *Villeneuve-Saint-Georges*. Je l'y ai cherché inutilement. On l'indique aussi forêt de *Senart*. Il doit être très-rare dans nos environs. ♃

C. MURICATA, L. *sp.* 1382; Schk. *Caric.* n° 43, *t.* E, *f.* 22 (non Leers.). Racine fibreuse; chaume triangulaire, nu, haut de 1 à 2 pieds; feuilles étroites, presque lisses; 8-10 épillets rapprochés presque uniformément, les supérieurs contigus, sans bractées; écailles aiguës, ferrugineuses; capsules convexes d'un côté, à bords rudes, noirâtres à la pointe, qui est à 2 dents aiguës. Fleurit en mai et juin. Très-commun dans les bois et les prés humides. ♃

C. VULPINA, L. *sp.* 1382; Leers. *Herb.* 199, *t.* 14, *f.* 5; *C. spicata*, Thuill. *Fl. par.* 480 (non L.). Racines touffues, denses; tiges de 1 à 2 pieds, à 3 côtés très-aigus; feuilles larges, rudes au toucher; 8-12 épillets en panicule rameuse, ramassée, ceux du bas plus lâches, pourvus d'une bractée membraneuse à la base, déliée ensuite comme un cheveu; écailles pointues; capsules comprimées-coniques, divariquées, à pointe échancrée.

Var. B. Epillets vivipares.

Fleurit en avril et mai. Commun dans les marais, au bord des eaux. ♃

B *** *Epillets éloignés.*

C. DIVULSA, Good. *Trans. linn.* 2, *p.* 160; Mich. *Gen.* 69, *t.* 33, *f.* 10; *C. loliacea*, Thuill. *Fl. p.* 481 (non L.). Racine fibreuse; chaume triangulaire, flasque, de 1 à 2 pieds de haut; feuilles allongées, assez douces au toucher; 5-7 épillets, les inférieurs éloignés; écailles pâles, dépassant les capsules, qui sont ramassées, glabres, bidentées, un peu denticulées à la pointe.

Var. B. *C. virens*, Lam. *Dict.* 3, *p.* 384 (non Thuill.). Epillets pourvus d'une longue bractée foliacée.

Fleurit en mai, juin. Se trouve dans les bois humides. ♃

C. TERETIUSCULA, Good. *Trans. linn.* 2, *p.* 163, *t.* 19, *f.* 3; *C. fulva*, Thuill. *Fl. par.* 483. Racine fibreuse, presque rampante; chaume strié, arrondi inférieurement, triangulaire supérieurement, ayant 1 à 2 pieds de haut; feuilles un peu roides, redressées; 8-10 épillets agglomérés, en panicule serrée, entremêlée de bractées scarieuses; écailles ovales, brunes; capsules ventrues, bidentées, raboteuses (presque ciliées) à la pointe. Fleurit en mai. Se trouve dans les marais, à *Saint-Léger, Fontainebleau.* ♃

C. PARADOXA, Willd. *Acad. Berol.* 1794, *p.* 39, *t.* 1; *C. paniculata*, Erhrh. *Gram.* n° 69 (non L.). Racine à longues fibres, ramassées; tige triangulaire, à angles mousses; feuilles canaliculées, denticulées (hispides) sur les bords; 7-8 épillets aigus, en panicule étroite, les inférieurs plus lâches; écailles aiguës, brunes; capsules ovoïdes, coniques, marquées de nervures, terminées par une pointe scabre et échancrée. Fleurit en mai. Se trouve dans les lieux spongieux et humides, à *Meudon.* ♃. Rare.

C. PANICULATA, L. *sp.* 1383; Leers. *Herb.* 201, *t.* 14. *f.* Racine rampante, articulée, confuse; tige très-rude au toucher, à angles très-aigus, haute de 1 à 2 pieds; feuilles dressées, rudes; 25 - 30 épillets paniculés, à pédicelles alternes, munis de bractées rouges à la base; écailles lancéolées, rousses, blanchâtres sur les bords; capsules concaves d'un côté, convexes de l'autre, vertes, comme bordées à la pointe, qui est denticulée, bifide.

Var. B. Fleurs à 2 étamines.

Fleurit en mai et juin. Se trouve dans les prés humides, à *Meudon*, etc. ♃

C. ELONGATA, L. *sp.* 1383 (non Leers.); Schk. *Caric. n°* 39, *t.* E, *f.* 25; *C. divergens*, Thuill. *Fl. par.* 481. Racine rampante; tige triangulaire, striée, coupante sur les bords, haute de 1 pied à 2; feuilles planes, glabres, égalant presque la tige, très-déliées au sommet; 6-12 épillets oblongs, un peu écartés du bas ou presque contigus; écailles et bractées blondes, obtuses; capsules étalées, presque coniques, marquées de nervures, à pointe denticulée, presque entière, du double plus longue que l'écaille. Fleurit en avril et mai. Se trouve dans les bois humides, à *Bondi*, *Fontainebleau*, etc. ♃

C. STELLULATA, Good. *Trans. linn.* 2, *p.* 144; *C. stellata*, Schk. *Caric. n°* 34, *f.* 8. Racine à fibres nombreuses; tige tantôt fortement triangulaire, tantôt l'étant obscurément, haute de 10 à 12 pouces; feuilles planes, triangulaires au sommet; 3-5 épillets alternes, distincts, pauciflores; écailles de la longueur des capsules, qui sont divariquées, étoilées, à pointe scabre et entière. Fleurit en mai. Se trouve communément dans les prés humides. ♃

C. CURTA, Good. *Trans. linn.* 2, *p.* 45; *C. elongata*, Leers. *Herb.* 200, *t.* 14, *f.* 7 (non L.); *C. Richardi*, Thuill. *Fl. par.* 482. Racines presque rampantes; tiges lisses, hautes de 1 à 2 pieds, souvent plus élevées que les feuilles, qui sont planes, étroites et légèrement rudes sur les bords; 4-7 épillets obtus, multiflores, courts, les inférieurs éloignés, les supérieurs rapprochés; écailles petites, pâles; capsules ovales, aiguës, entières. Fleurit en mai. Se trouve dans les marais ombragés, à *Bondi*, *Saint-Léger.* ♃

C. REMOTA, L. *sp.* 1383, et *C. axillaris*, L. *sp.* 1382 (non Good.); Schk. *Caric. n°* 35, *t.* E, *f.* 23. Racines fibreuses, touffues; tige haute de 1 à 2 pieds, obscurément triangulaire, flasque et tombante, ainsi que les feuilles, qui sont étroites, vertes, et atteignent la moitié de la tige; 5-8 épillets solitaires, les inférieurs très-écartés, pourvus de bractées très-longues, qui dépassent la tige, les supérieurs nus; écailles ovales, courtes; capsule presque bifide à la pointe. Fleurit en avril et mai. Se trouve dans les lieux humides et ombragés, à *Saint-Léger*, *Marcoussis*, *Montmorency*, forêt de *Crécy*, etc. ♃

C *Epillets unisexuels.*

c * *Capsules glabres; 1 seul épi mâle.*

C. **depauperata**, Good. *Trans. linn. pag.* 181 ; Schk. *Caric.* n° 79, *t.* M *et* V v, *f.* 50 ; *C. molinifera*, Thuill. *Fl. par.* 490. Racines fibreuses; tiges feuillées, articulées. obscurément triangulaires, grêles, hautes de 1 à 2 pieds ; feuilles longuement vaginées (les inférieures ont la gaîne d'un beau rouge), dressées, aiguës, scabres sur les bords ; un épi mâle, terminal, filiforme, blanchâtre ; 3-4 épis femelles, portés sur de longs pédoncules, dont la majeure partie est renfermée dans la gaîne des bractées foliacées qui les accompagne, et dépassent de beaucoup l'épi ; écailles scarieuses, pointues ; capsules triangulaires, lâches, ventrues, grosses, au nombre de 3-4 dans chaque épi, terminées par une pointe oblique, dont l'ouverture est membraneuse, à 2 dents, et marquées de nervures régulières sur les 3 côtés. Fleurit en mai et juin. Se trouve dans les bois couverts et fourrés, à *Vincennes, Saint-Germain, Compiègne.* ♃

Observ. Cette espèce est une des meilleures pour étudier les caractères de ce genre, à cause de la grosseur des parties de la fructification.

C. **Michelii**, Willd. *sp.* 4, *p.* 277 ; Host. *Gram.* 1, *p.* 54, *t.* 72. Cette espèce se rapproche beaucoup de la précédente ; voici les caractères qui l'en distinguent : elle ne s'élève qu'à 1 pied environ ; les feuilles sont plus courtes ; l'épillet mâle est ovale ; il n'y a que deux épillets femelles ; les capsules sont moins vertes, mais aussi grosses et à 2 dents assez longues au sommet. Fleurit *id.* Il a été trouvé dans les prés montueux, au *Plessis-Piquet.* ♃

C. **limosa**, L. *sp.* 1386 ; Schk. *Caric.* n° 89, *t.* X *et* A a a, *f.* 78. Racine rampante, stolonifère, laineuse ; tige obscurément triangulaire, scabre, striée, de 6 à 10 pouces de haut ; feuilles courtes, étroites, planes ; épi mâle lancéolé, dressé, terminal ; 1-2 épis femelles pédonculés, pendans, munis d'une bractée foliacée, scarieuse, plus courte que la gaîne ; écaille elliptique, un peu pointue, d'un jaune de rouille ; capsules comprimées-triangulaires, blanchâtres, aiguës des 2 côtés, à bec entier. Fleurit en mai et juin. Se trouve dans les marais tourbeux. Très-rare. ♃

C. **pallescens**, L. *sp.* 1386 ; Schk. *Caric. no* 92, *t.* K k, *f.* 99. Racines à fibres nombreuses ; chaume triangulaire, rude, haut de 1 à 2 pieds ; feuilles quelquefois pubescentes, surtout sur la gaîne, planes ; épi mâle petit, d'un jaune pâle ; 2-3 épis femelles, pédonculés, ovales, obtus, penchés, accompagnés de bractées foliacées, dont l'inférieure dépasse de beaucoup la tige ; écaille pointue, de la couleur de la capsule, qui est d'un vert pâle, ovoïde, gonflé, sans pointe, ni pore au sommet, et plus courte que l'écaille. Fleurit en mai et juin. Se trouve fréquemment dans les prés et bois humides, aux environs de *Paris*. ♃

C. FLAVA, L. *sp.* 1384; Schk. *Caric. n°* 60, *t.* H, *f.* 36. Racines nombreuses, presque rampantes; chaume lisse, feuillé, inférieurement triangulaire, de 8 à 10 pouces de haut; feuilles planes, un peu rudes sur les bords, presque de la longueur de la tige; 1 épi mâle terminal; 1–3 femelles, sessiles, presque globuleux, accompagnés de bractées foliacées, à écailles rousses et courtes; capsules ventrues, à côtes, terminées par un long bec courbé et bidenté, d'un jaune-vert particulier.

Var. B. *C. œderi*, Ehrh. *Gram. n°* 79. Tiges de 2 à 3 pouces; épis plus rapprochés.

Fleurit en avril et mai. Fréquent dans les marais couverts, la variété B à *Ville-d'Avrai*. ♃

C. FULVA, Good. *Tr. linn.* 2, *p.* 177, *t.* 20, *f.* 6. Racines rampantes; tige triangulaire, haute de 8 à 10 pouces; feuilles planes, glabres, à gaîne fendue; 1 (ou 2) épi mâle terminal; 2-3 épis femelles distans, sessiles, globuleux, accompagnés de bractées foliacées; écailles courtes, roussâtres, ovales; capsules à long bec atténué. Fleurit en juin et juillet. Se trouve dans les prés fangeux. Rare. Cette espèce a été trouvée aux environs de *Paris* par M. de Lamarck. ♃

C. DISTANS, L. *sp.* 1387; Schk. *Caric. n°* 87, *t.* T *et* Y y, *f.* 68. Racines fibreuses; chaume triangulaire, lisse, de 1 à 3 pieds de haut; feuilles glabres, rudes sur les bords, courtes, planes; 1 épi mâle au sommet de la tige; 2 à 4 épis femelles très-éloignés les uns des autres, ovoïdes, paraissant sessiles parce qu'ils sont munis de bractées foliacées, dont la gaîne renferme leur pédoncule; écailles rousses, surmontées d'une pointe courte; capsules à côtes, à bec assez long, un peu dressé, bifide. (Dans les très-petites tiges, les capsules sont un peu hispides.) Fleurit en mai et juin. Se trouve dans les prés humides, sur les bords des ruisseaux, assez communément. ♃   •

C. BINERVIS, Smith, *Fl. brit.* 3, *p.* 993; Schk. *Caric. t.* R r r, *f.* 160. Les tiges sont plus élevées que ne le sont ordinairement celles de l'espèce précédente; elles sont obscurément triangulaires, lisses; les feuilles sont plus larges, un peu rudes sur les bords; il y a un épi mâle terminal, double en longueur de celui du *C. distans*, roussâtre; épis femelles, qui sont au nombre de 2-3, et paraissent pédonculés, parce que les pédoncules, beaucoup plus longs, sont renfermés dans la gaîne des bractées foliacées dont sont accompagnés ces épis, qui sont cylindriques, très-longs; les écailles sont pointues, de la couleur des capsules; celles-ci sont blondes, terminées par un bec presque à 2 dents, et marquées de côtes, dont 2 sont plus élevées. Fleurit en mai et juin. Croît dans les prés et les lieux herbeux, à *Saint-Léger*. ♃

C. **pilosa**, Allioni, *Fl. ped.* n⁰ 2325 ; Schk. *Caric.* n⁰ 78, *t.* **M**, *f.* 49. Racine rampante, stolonifère ; chaume obscurément triangulaire, écailleux à la base, haut de 1 à 2 pieds ; feuilles larges, planes, cilioso-denticulées sur les bords, avec quelques poils épars, tuberculeux à la base, situés sur les nervures dorsales ; 1 épi mâle terminal, gros, ovoïde, rougeâtre foncé ; 2-3 épis femelles, grêles, pauciflores, mâles au sommet, pédonculés, et dont la plus grande partie du pédoncule est cachée dans la gaine de la bractée foliacée qui l'accompagne, et qui est plus courte que l'épi ; écailles rougeâtres sur les bords ; capsules écartées, à cause des fleurs mâles interposées, à bec pourvu de 2 dents très-visibles. Fleurit en avril et mai. Se trouve dans les prés. Rare. ♃

C. **panicea**, L. *sp.* 1387 ; Schk. *Caric.* n⁰ 93, *t.* L1, *f.* 100. Racines rampantes ; tige obscurément triangulaire, presque nue, haute de 1 à 2 pieds ; feuilles glauques, creusées en gouttière, rudes sur les bords, assez longues ; un épi mâle terminal, cylindrique ; 1-3 épis femelles éloignés, allongés, pauciflores, celui du bas pédonculé, et ayant la moitié du pédoncule cachée dans la bractée foliacée qui l'accompagne, celui du haut presque sessile ; écailles obtuses, brunes sur les bords, vertes au milieu ; capsules alternes, gonflées, striées, presque tronquées, percées d'un pore au sommet. Fleurit en avril et mai. Très-commune dans les prés et bois humides. ♃

C. **drymeja**, L. *Suppl.* 414 ; Schk. *Caric.* n⁰ 94, *t.* L1, *f.* 101 ; *C. sylvatica*, Huds. *Angl.* 411 ; *C. capillaris*, Thuill. *Fl. par.* 485. (non L.) Racines presque rampantes ; chaume obscurément triangulaire, feuillé, flasque, haut de 1 à 2 pieds ; feuilles planes, légèrement rudes sur les bords ; 1 épi mâle terminal filiforme, cylindrique ; 3-5 épis femelles, grêles, allongés, penchés, plus fournis au sommet, distans, l'inférieur très-longuement pédonculé, les autres l'étant graduellement moins, et ayant tous une portion du pédoncule cachée par la gaine des feuilles florales, qui les accompagne ; écailles pointues, jaunâtres, moins longues que les capsules, qui sont enflées, alternes, écartées, surtout en bas, marquées de lignes saillantes, et terminées par un long bec, à 2 dents. Fleurit en mai et juin. Vient communément dans les bois ombragés. ♃

C. **maxima**, Scop. *Fl. carn.* 2, n₀ 1169 ; Schk. *Caric.*, n₀ 85, *t.* Q, *f.* 60 ; *C. pendula*, Huds. *Angl.* 411 ; Thuill. *Fl. par.* 489. Racines fibreuses, denses ; tiges robustes, triangulaires, hautes de 3 à 5 pieds, entièrement recouvertes par les gaines des feuilles ; celles-ci très-larges (8-10 lignes), épaisses, fermes, très-longues, roulées et rudes sur les bords ; un épi mâle au sommet , allongé , blanchâtre ; 5-6 épis femelles très-longs (l'inférieur a 3-4 pouces), très-grêles , pédonculés et renfermés en partie dans la gaine des feuilles florales , dressés avant la fleuraison, pendans après , ayant quelquefois des fleurs mâles au sommet ; écailles pointues , noirâtres ; capsules un peu enflées , terminées par une pointe tronquée. Fleurit en mai et juin. Se trouve dans les bois humides ; à *Montmorency* , *Bondi* , *Saint-Léger*. ♃

C. **pseudo-cyperus** , L. *sp.* 1387 ; Schk. *Caric. n° 95 , t.* M m , *f.* 102. Racines fibreuses ; chaume à 3 angles aigus , feuillé , dressé , scabre , haut de 1 à 2 pieds ; feuilles dressées , larges , planes , pointues , rudes sur les bords et la ligne dorsale ; 1 épi mâle terminal , cylindrique , grêle ; 3-4 épis femelles , tournés du même côté , penchés à la maturité des fruits , oblongs , d'un jaune-doré , pédonculés , et dont le pédoncule sort de la gaine des feuilles florales , lesquelles dépassent de beaucoup la tige ; écailles sétacées , hispides ; capsules aplaties , nombreuses , lancéolées , à très-long bec , terminé par 2 dents presque sétacées. Fleurit en juin et juillet. Se trouve dans les fossés des bois , à *Bondi* , *Ville-d'Avrai* , etc. ♃

c ** *Capsules glabres ; 2 ou plusieurs épis mâles.*

C. **cœspitosa** , L. *sp.* 1388 ; Schk. *Caric. n° 48 , t.* A a *et* B b , *f.* 85. Racines rampantes , entortillées ; tige triangulaire , grêle , haute de 1 à 2 pieds ; feuilles allongées , molles ; épi mâle solitaire , souvent 2 , nu ; 2-3 épis femelles contigus ou distans , cylindriques , portés sur des pédoncules quelquefois courts , munis de longues bractées foliacées , avec 2 auricules noirâtres à la base ; capsules ovales , gonflées , scabres sur les angles ou raboteuses , avec 1 pore au sommet , 1 ligne verte sur le dos , et rougeâtre dans le reste , ainsi que les écailles. Fleurit en avril et mai. se trouve communément dans les marais et les bois humides. ♃

C. **stricta** , Good. *Trans. linn.* 2 , *p.* 196 , *t.* 21 , *f.* 9 ; *C. melanochloros* , Thuill. *Fl. par. p.* 488. Racines rampantes ; tige triangulaire , écailleuse du bas , rude au toucher , haute de 2 à 3 pieds ; feuilles lacérées à la gaine , filamenteuses , glauques , étroites , longues ; 2 ou plusieurs épis mâles , longs , noirâtres ; aigus ; 2-3 épis femelles , quelquefois mâles au sommet , éloignés , sessiles en haut , cylindriques , celui du bas pédonculé courtement , accompagné d'une bractée foliacée , qui n'égale pas la longueur de l'épi , et qui est un peu élargie à la base ; écailles brunes foncées , linéaires , obtuses ; capsules très-aplaties , vertes , très-entières , comme bordées , surmontées d'une pointe courte , qui en tombant laisse 1 pore au sommet. Fleurit en avril et mai. Se trouve fréquemment dans les marais. ♃

C. **ACUTA**, Good. *Trans. linn.* 2, *p.* 203 ; Schk. *Caric. n° 50, t.* E e et Ff, *f.* 92, *a. b.* ; *C. virens*, Thuill. *Fl. par.* 489 (non Lam.). Racines rampantes, épaisses ; tige très-âpre, triangulaire, penchée, ayant de 2 à 3 pieds de haut ; feuilles denticulées, lâches ; 2 ou 3 épis mâles, cylindriques ; 2–4 épis femelles, grêles, penchés à la fructification, et munis de bractées foliacées, dont la première dépasse la tige ; écailles aiguës, noirâtres, presque égales aux capsules, qui sont ovoïdes, atténuées des deux côtés, et surmontées d'une pointe courte, perforée. Fleurit en avril et mai. Commun dans les marais. ♃

C. **ECHINATA**, Desf. *Fl. atlant.* 2, *p.* 338 ; Schk. *Caric. n° 51*, *t.* 8, *f.* 64. Chaume triangulaire, dressé, ferme ; feuilles larges ; tous les épis à fleurs denses, sessiles et alternes ; 4-6 mâles nus ; 3-4 femelles comme axillaires, dressés, munis de longues bractées foliacées, presque engainantes, dentées ; écailles aristées, égales aux capsules, qui sont comprimées, hispides, à pointe courte et bidentée. Se trouve dans les bois humides, à l'hermitage de *L'Ondi*, où il a été observé par M. le professeur Richard. ♃ Très-rare.

C. **AMPULLACEA**, Good. *Trans. linn.* 2, *p.* 207 ; Schk. *Caric. n°* 104, *t.* T t, *f.* 107 ; *C. longifolia*, Thuill. *Fl. par.* 490. Racines profondément rampantes ; chaume à angles obtus, glabre, creux, élevé de 1 à 2 pieds ; feuilles carinées, longues, étroites, glauques, un peu rudes sur les bords ; 2 épis mâles terminaux, souvent courbés, pointus ; 2 épis femelles, droits, longs, cylindriques, un peu pédonculés, accompagnés de feuilles florales ; écailles ovales, obtuses ; capsules très-enflées du bas, avec 1 bec à 2 dents divergentes, quelquefois crochues. Fleurit en mai et juin. Se trouve dans les marais, à *Saint-Léger*, *Monfort-l'Amaury*, etc. ♃

C. **VESICARIA**, Good. *Trans. linn.* 2, *p.* 205 ; Schk. *Caric. n°* 103, *t.* S s, *f.* 106. Racines rampantes, articulées ; chaume haut de 1 à 2 pieds, à 3 angles aigus, rude, feuillé en haut et en bas ; 2-3 épis mâles, linéaires-lancéolés, sessiles, de couleur pâle, celui d'en bas avec 1 bractée foliacée ; 2-3 épis femelles écartés, alternes, presque sessiles, accompagnés de feuilles florales plus longues que la tige ; écailles lancéolées, aiguës, un peu roulées au sommet, de couleur blonde, plus petites que les capsules ; celles-ci sont à angle droit sur l'axe de l'épi, enflées, allant en diminuant graduellement jusqu'à la pointe, qui est assez longue, à 2 dents sétacées, divariquées. (Les épis, quoique plus longs que ceux de l'espèce précédente, contiennent moitié moins de capsules, parce qu'elles sont plus grosses et plus serrées.) Fleurit en mai et juin. Se trouve assez communément dans les marais et les bois humides. ♃

C. **RIPARIA**, Curt. *Lond. f.* 4, *t.* 60 ; *C. crassa*, Host. *Gram.* 1, *pl.* 93. Racines rampantes, épaisses ; tiges de 2 à 4 pieds, fortes, grosses, à 3 angles aigus, rudes au toucher ; feuilles à gaînes qui se déchirent en réseau, glauques, planes, coupantes sur les bords, longues ; 2-3 épis mâles (ayant quelquefois des femelles au sommet), terminaux, gros, noirâtres ou plutôt roux ; 3 ou 5 épis femelles longs, gros, écartés, un peu pédonculés, munis à la base de feuilles florales, dont l'inférieure est très-longue et dépasse la tige, les autres allant en diminuant graduellement ; écailles lancéolées, sétacées, plus longues que les capsules, qui sont allongées, un peu gonflées du bas, et terminées par 2 dents au sommet. Fleurit en avril et mai. Très-commun sur le bord des eaux de marais, et dans les fossés aquatiques. ♃

C. PALUDOSA, Good. *Trans. linn.* 2, *pag.* 202 ; Schk. *Caric.* *n°* 1001, *t.* Oo *et* Vv, *f.* 103 ; C. *rigens*, Thuill. *Fl. par.* 488. Racines fortement rampantes, stolonifères ; chaume triangulaire, noueux, flexueux, rude sur les angles, haut de 2 à 4 pieds ; feuilles âpres, les radicales à gaine se déchirant en réseau, la supérieure dépassant la tige ; 1-4 épis mâles contigus, presque trigones ; 3-4 épis femelles axillaires, roides, sessiles ou un peu pédonculés, quelquefois mâles au sommet ; écailles des épis mâles obtus, celles des femelles terminées par une pointe ; capsules denses, roides, elliptiques, livides, à pointe courte, obscurément échancrée. Fleurit en mai et juin. Se trouve sur le bord des eaux, surtout de celles des marais. ♃

C. HORDEISTICHOS, Vill. *Dauph.* 2, *p.* 221, *t.* 6 ; C. *hordeiformis*, Willd. *sp.* 4, *p.* 310. Racines fibreuses, touffues ; chaume triangulaire, scabre, flexueux, noueux, haut de 8 à 10 pouces au plus ; feuilles planes, denticulées, hispides, plus longues que la tige ; les florales à gaines membraneuses ; 2-3 épis mâles, grêles, à écailles rousses ; 3-4 épis femelles, très-éloignés des mâles, dont l'inférieur est quelquefois radical ; ils sont courts, gros, rapprochés, imitant assez bien l'épi de *l'orge distique* ; quelquefois le pédoncule porte, à côté de l'épi principal, un autre épi moins fort ; écailles très-obtuses, scarieuses, pâles ; capsules imbriquées, convexes-planes, jaunes, un peu ciliées sur le bec, qui est long et bidenté ; graines oblongues, noires. Fleurit en mai. Se trouve dans les marais, à *Bondi.* ♃

c *** *Capsules velus ; 1 épi mâle.*

C. PRÆCOX, Jacq. *Aust. t.* 446. Racines rampantes, stolonifères ; tige débile, plane d'un côté, convexe de l'autre, nue, haute de 5 à 6 pouces ; feuilles recourbées, gazonnées, tout-à-fait lisses sur les bords, ainsi que la tige, planes ; 1 épi mâle terminal, dressé, ovoïde ; 2-3 épis femelles très-rapprochés, oblongs, gros, munis de bractées foliacées ; écailles ovales, mucronées ; capsules gonflées, pyriformes, pubescentes, avec une pointe

ourte, entière. Fleurit en avril et mai. Cette espèce est commune
dans les endroits secs, au bois de *Boulogne*, etc. ♃

C. TOMENTOSA, L. *Mant.* 123 ; Schk. *Caric. n°* 57, *t.* F, *f.* 28 ;
C. *filiformis*, Thuill. *Fl. par.* 485 (non L.). Racines rampantes,
uniquées ; chaume triangulaire, nu, lisse, filiforme, haut de
à 2 pieds ; feuilles étroites, planes, un peu rudes sur les bords,
léliées au sommet ; épi mâle situé au sommet, de couleur jaune ;
3–4 épis femelles très-rapprochés, globuleux, pauciflores, munis
de bractées courtes ; écailles aiguës, un peu plus longues que les
capsules, qui sont tomenteuses, globuleuses, terminées par une
pointe entière. Fleurit en avril et mai. Se trouve dans les endroits
secs, à *Saint-Maur*, etc. ♃

C. ERICETORUM, Poll. *Palat. n°* 886. ; *C. ciliata*, Schk. *Caric.*
n° 66, *t.* I, *f.* 42. Racines rampantes ; chaume presque arrondi,
enveloppé de gaines sanguinolentes à la base, nu, haut de 10 à 12
pouces ; feuilles étroites, planes, un peu rudes sur les bords,
fermes ; 1 épi mâle terminal, en massue ; 2-3 épis femelles, dont
2 rapprochés du mâle, et l'inférieur éloigné, ils sont sessiles, presque globuleux, munis de bractées foliacées, courtes ; écailles noir-
pourpre, ovales, de la grandeur des capsules, qui sont gonflées
au sommet, et couvertes d'une espèce de laine, qui a une teinte
pourpre vers le bec de la capsule, qui est court et un peu cilié.
Fleurit en avril et mai. Se trouve dans les bois, à *Fontainebleau.*
Rare. ♃

C. PILULIFERA, L. *sp.* 1385 ; Schk. *Caric. n°* 64, *t.* I, *f.* 39.
Racine fibreuse ; chaume triangulaire, presque nu, un peu penché, haut de 6 à 10 pouces ; feuilles touffues, scabres ; 1 épi mâle
terminal, étroit, court ; 2-3 épis femelles rapprochés, globuleux,
sessiles, munis de bractées foliacées, sans gaine ; écailles avec ou
sans pointe, de couleur ferrugineuse, égalant les capsules, qui
sont presque globuleuses, atténuées des 2 côtés, avec une élévation circulaire qui les partage en 2 parties presque égales, très-
velues, à bec court.

Var. B. *C. hispidula*, Gaudin, *Agrost. helvet.* 2, *p.* 136. Capsules hispides.

Fleurit en avril et mai. Se trouve assez communément dans les
prés et bois secs. ♃

C. HUMILIS, Leyss. *Fl. hall. n°* 952 ; *C. clandestina*, Schk.
Caric. n° 67, *t.* K, *f.* 43 ; *C. scariosa*, Lam. *Dict.* 3, *p.* 388.
Racines fibreuses, presque rampantes, tortueuses, formant des
souches épaisses et noirâtres ; tiges ayant 1 ou 2 pouces de haut,
dressées, presque cylindriques ; feuilles 3 ou 4 fois plus longues
que la tige, roulées, rudes au toucher ; 1 épi mâle supérieur,
cylindrique ; 2-3 épis femelles, dont 1 tout près de l'épi mâle,
les autres écartés, celui du bas porté sur 1 pédoncule qui part

de la racine, et est caché par la gaine de la feuille florale, ayant tous de 2 à 4 fleurs ; écailles obtuses, rousses, scarieuses et blanchâtres au sommet ; capsules lâches, blanchâtres, gonflées, oblongues, très-légèrement pubescentes, tronquées et entières à la pointe. Fleurit en avril et mai. Se trouve sur les montagnes sèches et dans les bois arides, au bois de *Boulogne*, à *Fontaine-bleau*. ♃

C. DIGITATA, L. *sp.* 1384 ; Schk. *Caric.* *n°* 63, *t.* H, *f.* 38. Racines fibreuses ; chaume presque arrondi, haut de 6 à 8 pouces, lisse, menu ; feuilles planes, assez courtes, un peu rudes sur les bords, à gaine inférieure rougeâtre ; 1 épi mâle terminal, court, et à écailles d'un beau rouge-pourpre ; 2 ou 3 épis femelles pédonculés, le supérieur dépassant l'épi mâle ; épis, tant mâles que femelles, pédonculés, avec 1 écaille à la base des pédoncules, et atteignant à peu près à la même hauteur, ce qui leur donne un aspect digité ; écailles obtuses, presque aristées, de la même couleur que l'épi mâle, égales aux capsules, qui sont lâches, velues, alternes, très-exactement triangulaires, avec 1 pointe entière. Fleurit en avril et mai. Se trouve dans les bois ombragés, à *Fontaine-bleau*, *Marcoussis*. ♃

c **** *Capsules velues ; 2 ou plusieurs épis mâles.*

C. GLAUCA, Scop. *Fl. Carn.* n° 1157 ; *C. flacca*, Schk. *Caric.* n° 98, *t.* O P, *f.* 57, *a. b.* Racines grêles, rampantes, stolonifères ; tige obscurément triangulaire, un peu lisse, haute de 1 à 2 pieds ; feuilles étroites, longues, planes, un peu roulées sur les bords, rudes sur tous les points ; 2 épis mâles terminaux, l'inférieur plus grêle, pédonculé, avec une écaille à la base du pédoncule ; 2-3 épis femelles pédonculés, sortant de la gaîne très-courte des feuilles florales, cylindriques et pendans à leur maturité ; écailles lancéolées et de couleur pourpre, avec une ligne verte sur le dos, presque égales aux capsules, qui sont ramassées, turbinées, sans nervures, très-légèrement pubescentes, presque entières au sommet. Fleurit en mai et juin. Très-commun dans les lieux humides des bois, les marais, etc., à *Meudon*, *Montmorency*, etc. ♃

C. FILIFORMIS, L. *sp.* 1385 ; Schk. *Caric.* *n°* 68, *t.* K, *f.* 45. (Non Thuill.) Racines rampantes, poussant 1 seule tige, qui est dressée, grêle, arrondie, presque nue, haute de 2 à 3 pieds ; feuilles longues, roulées, filiformes, trigones vers la pointe, égalant la hauteur de la tige ; 2-3 épis mâles très-distans, les inférieurs petits, maigres, sessiles, avec des bractées foliacées ; 1-2 épis femelles, presque globuleux, éloignés, et dont le pédoncule est entièrement renfermé dans la gaîne de la feuille florale, laquelle est très-longue, sétacée, et dépasse la tige ; écailles d'un brun foncé, terminées par 1 longue pointe hispide, surpassant la capsule, qui est laineuse, ventrue, surmontée d'un bec bifurqué.

Fleurit en avril et mai. Se trouve dans les marais, à *Saint-Léger*. ♃
Rare.

C. **hirta**, L. *sp.* 1389; Schk. *Caric. n° 105, t.* U u, *f.* 108.
Racines épaisses, profondément rampantes; chaume presque
triangulaire, lisse et glabre, haut de 10 à 15 pouces; écailles
radicales lisses; feuilles de la longueur de la tige, très-aiguës, laineuses sur leur gaine et leur limbe, à bords un peu rudes; 2-3 épis
mâles, inégaux, rapprochés, à écailles velues; 2-3 épis femelles
distans, pédonculés, munis de feuilles florales, à écailles sétacées,
glabres; capsules un peu lâches, laineuses, gonflées, terminées
par 2 dents très-longues.

*Var.*B. C. *hirtæformis*, Persoon, *Syn.* 2, *p.*547. Feuilles glabres.
Fleurit en mai et juin. Se trouve communément dans les endroits
où l'eau a séjourné l'hiver; la variété B dans l'eau. ♃

*TÉTRANDRIE. — QUATRE ÉTAMINES.

LITTORELLA. Fleurs *mâles* solitaires; calice à 4 folioles; corolle
à 4 divisions plus longues que le calice; étamines 4 fois plus longues que les corolles.
Fleurs *femelles* solitaires; calice à 4 folioles; corolle à 4 divisions plus courtes que le calice; style 5 à 6 fois plus long que les
corolles; 4 graines nues.

L. **lacustris**, L. *Mant.* 295; *Plantago uniflora*, L. *sp.* 167;
Fl. dan. t. 170. Plantain de moine. — Hampe (ou pédoncule)
dressée, simple, filiforme, haute de 1 à 3 pouces, glabre; feuilles
linéaires, plus longues que la hampe, dressées, aiguës, glabres;
fleur mâle terminale à divisions du calice allongées, ouvertes, à
corolle tubuleuse, un peu évasée, à 4 lobes au sommet, à étamines très-longues, dressées, réfléchies ensuite, probablement
pour la fécondation; fleurs femelles plus nombreuses, à calice et
corolle semblables pour les divisions, celle-ci plus courte; style
très-long, velu; 4 graines nues, accolées, longues, un peu cannelées, noirâtres; ces fleurs sont ordinairement sessiles à la racine, quelquefois un peu pédonculées. Fl. herbacées. Juin —
août. Se trouve sur le bord des étangs, à *Saint-Gratien, Saint-
Léger*, etc. ♃ Ce genre était encore mal connu jusqu'ici; j'ai
tâché d'établir ses véritables caractères.

NAJAS. Fleurs *mâles* solitaires, peu apparentes; calice à 2
lobes; corolle monopétale, à 4 divisions; anthères sessiles, cohérentes.
Fleurs *femelles* disposées de même; calice et corolle nuls;
stigmate bi ou trifide; capsule renfermant de 1 à 4 graines.

N. **monosperma**, Willd. *sp.* 4, *p.* 331; *N. marina*, L. *sp.* 1441;

Mich. *Gen.* 11, *t.* 8, *f.* 2. Cette plante aquatique, haute de 4-5 pouces, a les tiges rameuses, dressées, transparentes, garnies de petites pointes épineuses, alternes ; les feuilles sont verticillées par 3-5, placées ordinairement à la naissance des rameaux, élargies à la base, en espèce d'oreille entière, garnie quelquefois de petites dents épineuses ; elles sont ensuite linéaires, longues de 1 pouce, sinueuses-dentées, épineuses, transparentes ; quelquefois les feuilles inférieures se changent en lanières simples, sans dents, presque capillaires, longues de 3 à 6 pouces ; d'autres fois elles avortent et forment de simples stipules obtuses ; les fleurs sont axillaires, à côté l'une de l'autre, les mâles pédonculés, les femelles plus nombreuses et plus visibles, sessiles ; les capsules, plus grosses qu'un grain de froment, ont les parois minces, et contiennent un grain qui devient un peu corné et verdâtre, de la même grosseur. Fl. herbacées. Août, septembre. Commune dans la Seine, vis-à-vis la *Gare*, etc., dans les étangs, à *Livri*, etc. ⊙

N. TETRASPERMA, Willd. *sp.* 4, *p.* 331 ; *N. fluvialis*, Thuill. *Fl. par.* 510 ? Mich. *Gen.* 11, *t.* 8, *f.* 1. Diffère de l'espèce précédente par les tiges non épineuses, et les capsules à 4 graines. Fl. *idem*. Août, septembre. Se trouve à *Saint—Léger*, *Saint-Gratien*, etc. ⊙

BETULA. Fleurs *mâles* en chatons grêles, allongés, composés d'une multitude de fleurs ayant chacune 3 écailles calicinales, placées au-dessus l'une de l'autre, posées séparément sur l'axe du chaton au moyen d'un court pédicelle ; la supérieure, qui est la plus large, reçoit les étamines qui sont au nombre d'une douzaine dans les fleurs de la base, et de 8 ou 6 dans les supérieures.

Fleurs *femelles* en chatons gros, oblongs, composés d'une grande quantité d'écailles trilobées, imbriquées, renfermant entre elles des capsules à 2 loges monospermes, surmontées de 2 styles, et environnés d'une large membrane.

B. ALBA, L. *sp.* 1393 ; Duham. *Arb.* 1, *t.* 39. Bouleau. — Arbre pouvant s'élever à 50 ou 60 pieds, à écorce blanche, qui se sépare par couches très-minces ; à rameaux grêles, rougeâtres, pendans, glabres, ainsi que les jeunes pousses ; à feuilles ovales, acuminées, subdeltoïdes, comme tronquées à la base, doublement dentées, très-glabres et vertes des deux côtés, un peu plus pâles en dessous ; à fleurs mâles, en chatons géminés, terminaux, paraissant avant les feuilles, ainsi que les chatons femelles qui persistent une partie de l'été, sont solitaires, latéraux, et à écailles (prises séparément) conformées comme un trèfle de cartes à jouer ; à capsules ovales, petites, entourées d'une membrane orbiculaire, échancrée au sommet ; ayant 2 graines, dont une avorte souvent.

Var. B. *B. pendula*, Roth. *Germ.* 1, *p.* 405. Rameaux pendans. Hoffm. *Fl. germ.* 246, dit que le *B. alba* a les rameaux redressés, les feuilles doublement dentées, et les écailles des chatons femelles presque arrondies, tandis que le *B. pendula* a les rameaux pendans, les feuilles incisées, doublement dentées, et les écailles des chatons femelles subtrilobées. L'espèce de nos environs que je viens de décrire, a les feuilles doublement dentées, les rameaux pendans, et les écailles des chatons à 3 lobes, ce qui fait voir que ces deux arbres ne sont pas différens, et ne sont que deux variétés.

Var. C. Feuilles presque incisées, doublement dentées.

Var. D. *B. verrucosa*, Erhr. *Arb.* n° 96. Rameaux chargés de tubercules verruqueux, blanchâtres : ce n'est encore qu'une variété du Bouleau commun ; les tubercules ne sont dus qu'à une transsudation résineuse qui a lieu à travers l'épiderme des jeunes branches, comme on peut s'en assurer avec une forte loupe.

Fleurit en avril, mai ; très-commun dans les bois. La variété C à *Versailles*. ♄

Le Bouleau est très-employé par différens ouvriers ; avec les branches on fait des cercles ; le pied sert à faire des sabots ; les feuilles sont amères, et ont été employées contre les maladies de la peau. On en peut retirer une couleur jaune par l'ébullition.

B. PUBESCENS, Erhr. *Arb.* n° 67. Cet arbre diffère du précédent, en ce que ses pousses sont velues, et restent ainsi pendant toute la saison ; ses feuilles sont épaisses, à dents presque égales, subcordiformes, et réellement cordiformes dans les grandes feuilles ; la pointe de la feuille n'est pas allongée comme dans l'espèce ci-dessus, et surtout le dessous des feuilles est très-velu, et le dessus pubescent. Je ne connais pas parfaitement sa fructification.

Var. B. Feuilles glabres. On reconnaît qu'elle appartient à l'espèce ci-dessus, à ses jeunes branches velues, à ses feuilles épaisses, à dents presque égales.

Fleurit *idem*. Se trouve dans les lieux humides et tourbeux, à *Saint-Léger*, *Marly-la-Ville* ; la variété B à *Meudon*. ♄

ALNUS. Fleurs *mâles* en chatons grêles, allongés, composés de fleurs nombreuses, ayant chacune 3 écailles calicinales pédicellées, et un godet à 4 lobes contenant 4 étamines.

Fleurs *femelles* en petits chatons ovoïdes, très-durs, composées d'écailles cunéiformes, coriaces, persistantes ; capsules ovales, comprimées, non membraneuses, à 2 loges monospermes, surmontées de 2 styles longs.

A. VISCOSA, Gaert. *Fruct.* 2, *p.* 54, *t.* 90, *f.* 2 ; *Betula alnus*, L. *sp.* 1394. L'Aune.——Arbre de 40 à 50 pieds d'élévation, à écorce brunâtre, gercée, à bois rougeâtre ; à feuilles arrondiesobovales, comme tronquées au sommet, sublobées, denticulées, visqueuses dans leur jeunesse, portées sur des pétioles courts non stipulés, glabres, à l'exception des angles des nervures de la face inférieure, où l'on aperçoit des houppes velues; à chatons naissant un peu après les feuilles; les mâles 3–4 ensemble, pendans, placés au-dessus des chatons femelles, qui sont petits, résineux, portés sur des pédoncules rameux. Fleurit en mars et avril. Commun dans les bois humides et marécageux. ♄

On se sert du bois d'Aune dans l'ébénisterie; il se conserve long-temps dans l'eau sans se pourrir, ce qui le fait servir pour les conduites d'eau.

A. INCANA, Vill. *Dauph.* 4, *p.* 790; *Betula alnus*, β, L. *sp.* 1394. Cet arbre diffère du précédent par ses feuilles qui sont presque ovales, avec une pointe en languette (au lieu d'être tronquées), elles sont doublement dentées, et les dents sont aiguës; le bord des feuilles est un peu plissé, et leur face supérieure d'un vert gris, et l'inférieure glauque–velue; les pétioles sont plus allongés, et munis à la base d'une bractée lancéolée, entière, caduque. Fleurit *id.* Se trouve dans les lieux humides, à *Saint-Léger.* ♄

BUXUS. Fleurs *mâles* sessiles, axillaires et agglomérées, chacune à 4–5 écailles imbriquées, colorées, tenant lieu de corolle, et renfermant 4 étamines, avec un rudiment avorté d'ovaire.

Fleurs *femelles* naissant à la partie supérieure des paquets de fleurs, ayant 4–5 écailles imbriquées, colorées, tenant lieu de corolle; 3 styles; stigmates obtus et hérissés; capsule à 3 cornes, à loges dispermes.

B. SEMPERVIRENS, L. *sp.* 1394; Dod. *Pempt.* 782. Buis. — Cet arbrisseau dont le bois est tortueux, jaune en dedans, très-dur, est susceptible de s'élever jusqu'à 20 et 25 pieds, mais ordinairement il est d'une taille bien au-dessous; ses feuilles sont persistantes, ovales, très-entières, un peu roulées en dessous sur les bords, un peu échancrées au sommet, plus pâles à la face inférieure, luisantes en dessus, atténuées en pétiole court; les fleurs sont axillaires, les mâles ont les étamines courtes, les femelles les capsules ovoïdes, assez grosses, un peu bosselées, vertes, à cornes divergentes.

Var. B. *B. humilis*, Mill. *Dict. n°* 3. Tige de 1 pied (ce qui vient des tailles successives qu'on lui fait).

Fleurs jaunes. Mars, avril. Se trouve dans les bois, à *Saint-Cloud*, etc.; la variété B cultivée en bordure dans les jardins. ♄

Le bois du Buis est fort estimé comme sudorifique; il paraît égaler au moins le gaïac, et peut-être la salsepareille; il pourrait très-bien remplacer ces végétaux, si nous n'avions pas la manie de préférer ce qui vient de loin à ce que nous avons dans nos

mains; les feuilles purgent à la dose d'une demi-once. Le bois est
fort recherché des tourneurs, pour les ouvrages de tabletterie.

MORUS. Fleurs *mâles* en chatons ovales ; calice à 4 folioles ;
corolle nulle.

Fleurs *femelles* en chatons arrondis ; calice à 4 folioles ; corolle
nulle ; baies nombreuses, placées sur un réceptacle commun.

M. NIGRA, L. *sp.* 1398; Duhamel, *Arb.* 2, *p.* 61 , *t.* 1. Mûrier
noir. — Cet arbre très-gros ne s'élève guère qu'à 30 ou 40
pieds; son écorce est grise et rude ; ses feuilles sont ovales-cordiformes, obtuses, crénelées, glabres (pubescentes avant leur par-
fait développement, comme dans la plupart des arbres), un peu
épaisses et un peu rudes au toucher; ses fleurs sont en chatons
pédonculés ; les mâles plus allongées, les femelles presque arrondies, offrent à leur maturité le fruit appelé *mûre*, lequel est noirâtre, composé de baies nombreuses, de saveur sucrée. Fleurs
herbacées. Avril, mai. Cultivé pour l'excellence de son fruit. ♄

On fait avec les mûres un sirop rafraîchissant très-employé dans
les affections de la gorge.

M. ALBA, L. *sp.* 1398 ; Gaert. *Fruct.* 2 , *t.* 126,*f.* 6. Cet arbre
se distingue du précédent par ses feuilles plus lisses, à dents un
peu inégales, et par la base de ses feuilles, qui est plus profondément échancrée et un peu inégale ; ses fruits sont petits, blanchâtres et beaucoup moins succulens. Les deux arbres sont susceptibles d'avoir des feuilles découpées, ce qui en change entièrement le port. Fleurit *id.* Cultivé dans les jardins pour la
nourriture des vers à soie. Cet arbre nous vient de la Chine, tandis
que le précédent est indigène de nos provinces méridionales. ♄

URTICA. Fleurs *mâles* disposées en longues grappes; calice à
4 folioles ; corolle nulle.
— Fleurs *femelles* en grappes ou en tête; calice à 2 folioles;
corolle nulle ; stigmate velu ; une graine supère, luisante.

U. URENS, L. *sp.* 1396; *Fl. dan. t.* 739. Ortie grièche. — Tige
dressée, presque simple, haute de 15 à 20 pouces, arrondie,
glabre, garnie d'aiguillons qui versent un ichor brûlant ; feuilles
opposées, pétiolées, ovales-elliptiques, incisées-dentées, aiguillonnées, marquées de 3 nervures principales; fleurs en grappes
axillaires, comme verticillées, les femelles plus nombreuses ; graines
ovales-subcordiformes, comprimées, luisantes, d'un jaune pâle.
Fl. herbacées. Été. Très-commune dans les endroits incultes. ☉

U. DIOICA, L. *sp.* 1396 ; *Fl. dan. t.* 746. Grande Ortie. — Tige
rameuse, dressée, haute de 2 ou 3 pieds, tétragone, pubescente,
garnie d'aiguillons moins nombreux et moins forts que dans l'espèce
précédente ; feuilles opposées, lancéolées-cordiformes, terminées

en languette , très-allongées , aiguillonnées , marquées de grosses dents ; fleurs axillaires , à grappes rameuses, géminées , pendantes , velues , les mâles ordinairement sur des pieds séparés , quelquefois sur le même. Fleurs herbacées. Été. Très-commune dans les lieux incultes , les buissons , etc. ♃

Les deux espèces précédentes servent à l'*urtication*, mais la première est préférable , parce que ses piqûres sont plus douloureuses ; on emploie avec succès ce procédé, qui consiste à frapper une région du corps avec une poignée d'ortie , dans les affections comateuses, dans la léthargie, l'apoplexie, la paralysie, etc.; elle procure une excitation passagère et vive , souvent préférable à une continue. Le suc dépuré de l'*U. dioica* est employé comme astringent , mais je crois que c'est plutôt une vertu de supposition qu'une réelle ; enfin , les tiges de la même sont susceptibles, étant apprêtées , d'être filées comme le chanvre. Dans quelques pays on mange cette plante dans sa jeunesse.

U. PILULIFERA , L. *sp*. 1395; Fuchs. *Hist*. 106. Ortie romaine. — Tige dressée , un peu rameuse , haute de 1 pied , aiguillonnée , cylindrique , presque glabre; feuilles opposées , pétiolées , ovalessublancéolées , marquées de grosses dents ; fleurs axillaires , en chatons globuleux , ordinairement géminés , pédonculés , dont l'un est mâle et l'autre femelle ; graines longues , comprimées , luisantes. Fleurs herbacées. Juin , juillet. Se trouve dans les champs et les endroits incultes , à *Saint-Germain, Brunois, Chaillot,* etc. ☉

PARIETARIA. Fleurs *mâles* en grappes courtes , sessiles ; calice à 4 divisions ; corolle nulle.

Fleurs *femelles* semblables ; calice à 4 divisions ; corolle nulle ; une graine supère, allongée (il y a quelquefois des fleurs hermaphrodites parmi les précédentes.)

P. OFFICINALIS , L. *sp*. 1492 ; Bull. *Herb*. t. 1991. Pariétaire. — Tige étalée , rameuse, un peu redressée , longue de 1 pied environ, pubescente; feuilles alternes , ovales-allongées , atténuées aux deux extrémités , pétiolées , pubescentes , très-entières , luisantes en dessus ; fleurs petites , en grappes axillaires , courtes , arrondies ; calices ovales , semblables dans les fleurs mâles et femelles ; étamines dont les loges sont lamelleuses, blanches. Fl. verdâtres , qui se renouvellent pendant sept ou huit mois de l'année. Trèscommune dans les vieux murs et à leur pied. ♃

Cette plante est très-employée; c'est un excellent diurétique, ce qu'elle doit sans doute au nitrate de potasse qu'elle contient en grande abondance. On l'ordonne aux graveleux , à ceux dont les urines se secrètent difficilement , etc. Elle est aussi très-émolliente et fort usitée en cataplasme , étant cuite et appliquée sur le lieu douloureux.

P. JUDAICA, L. *sp*. 1492 ; Lam. *Ill*. t. 853 , *f*. 2. Cette plante se distingue de la précédente en ce qu'elle s'élève à peine à moitié, en ce que ses feuilles, qui ont à peine le tiers ou le quart en étendue, sont d'un aspect blanchâtre, presque hispides, tandis que dans la *P. officinalis* elles ne sont que pubéscentes, du reste elles sont semblables; parmi les fleurs, dont les grappes sont beaucoup moins fournies, on en observe de mâles qui ont le calice cylindrique et allongé, ayant les dents conniventes; les autres calices sont ovales. Fleurit *id.* Se trouve également, mais moins communément, dans les vieux murs, dans ceux qui sont secs, et seulement dans les lieux caillouteux. ♃

PENTANDRIE.— CINQ ÉTAMINES.

XANTHIUM. Fleurs *mâles* réunies, comme dans les plantes syngénèses, ayant 1 calice commun imbriqué, les corolles monopétales, infundibuliformes, à 5 dents égales, et le réceptacle paléacé.

Fleurs *femelles* solitaires, à calice uniflore, à 2 folioles; 1 drupe sec, épineux, renfermant 1 noix biloculaire; 2 styles.

X. STRUMARIUM, L. *sp.* 1400; *Fl. dan. t.* 970. Lampourde. — Tige dressée, branchue, haute de 15 à 20 pouces, non épineuse, subpubescente, cendrée; feuilles pétiolées, alternes, cordiformes-courtes, sinuées-lobées, rudes, un peu hispides, à dents obtuses, inégales; fleurs sessiles, les femelles plus nombreuses; drupes velus, garnis d'aiguillons recourbés au sommet, terminés par 2 cornes; la noix est à 2 loges, souvent à 1, lorsqu'il n'y a que 1 style, ce qui arrive quelquefois; les 2 styles qui surmontent le drupe passent par les cornes qui le terminent pour se rendre aux amandes de la noix, qui sont sèches, de sorte que ces cornes sont perforées, ce qui est visible, même sans loupe. Fl. verdâtres. Juin, juillet. Se trouve dans les lieux incultes, à *Saint-Germain, Longjumeau, Antoni*, etc. ☉

X. SPINOSUM, L. *sp.* 1400; Moris. *s.* 15, *t.* 2, *f.* 3. La tige est dressée, branchue, haute de 1 pied environ, glabre, chargée d'épines rameuses, trifides, très-droites, de couleur jaune-doré; les feuilles sont lancéolées, subtrilobées, non dentées, d'un vert foncé, et hispidiuscules en dessus, blanches et presque velues en dessous, elles finissent en pétiole à la base; les fleurs sont axillaires, sessiles; les drupes sont un peu velus, couverts d'aiguillons recourbés en hameçons très-aigus, et terminés par 2 cornes imperforées, courtes, surtout une qui l'est beaucoup plus que l'autre; la consistance de ce drupe est presque osseuse; les 2 loges sont bien marquées et remplies d'amandes huileuses. Fleurs verdâtres. Juillet, août. Se trouve le long des chemins, dans les ruelles du village de *Juvisi*. ☉

AMARANTHUS. Fleurs *mâles* en grappes ; calice à 3-5 folioles ; corolle nulle ; 3 ou 5 étamines.

Fleurs *femelles* entremêlées dans les grappes mâles ; calice à 3-5 folioles ; corolle nulle ; 3 styles ; capsule uniloculaire, monosperme, s'ouvrant en travers ou se déchirant au sommet.

** Capsules se déchirant au sommet.*

A. BLITUM, L. *sp.* 1405 ; Cam. *Epit.* 235, *Ic.* Tiges couchées, diffuses, longues de 12 à 18 pouces, glabres ; feuilles rhomboïdes-ovales, obtuses et bifides au sommet, finissant en pétiole à la base, entières, légèrement onduleuses, glabres ; grappes de fleurs axillaires, grêles, faibles, longues, surtout au sommet de la plante, où elles ont 2 à 3 pouces ; fleurs mâles à 3 étamines ; fleurs femelles ayant 1 calice à 3 folioles ; capsule un peu ridée, se déchirant au sommet ; graine petite, lenticulaire, très-luisante. Fleurs herbacées. Juillet — septembre. Se trouve dans les endroits cultivés, le long des rues de villages, plaine de *Saint-Denis*, etc. ⊙

A. PROSTRATUS, Balbis. *Misc. bot. pag.* 44, *t.* 10 ; *A. viridis*, Vill. *Dauph.* 2, *p.* 567 (non L.). Tige rameuse, couchée, longue de 1 pied environ, glabre ; feuilles rhomboïdes-ovales, sublancéolées, obtuses, terminées par une petite pointe au sommet, finissant en pétiole ; fleurs agglomérées, sessiles, faisant par leur continuité une sorte d'épi terminal ; les mâles ont 3 étamines, les femelles des calices à 3 folioles ; capsules gonflées, un peu pyriformes, glabres, obtuses, terminées par 1-2 styles courts, persistans, se déchirant au sommet ; graines noires, luisantes. Fleurs herbacées. Eté. Se trouve dans les lieux cultivés. Je ne suis pas assuré que cette plante vienne dans nos environs ; mais, comme elle ressemble beaucoup à la précédente, et qu'elle a été long-temps confondue avec elle, j'ai cru devoir la décrire, ce que j'ai fait sur des échantillons que M. Balbis, professeur de botanique à Turin, m'a envoyés. ⊙

*** Capsules s'ouvrant en travers.*

A. SYLVESTRIS, Desf. *Cat.* 44 ; Lois. Desl. *Notice* 140 ; *A. viridis*, Thuill. *Fl. par.* 497 (non L.) ; Lob. *Ic.* 250, *f.* 1. Tige rameuse, faiblement redressée, longue de plus de 1 pied, glabre ; feuilles glabres, rhomboïdes-ovales, presque pointues, finissant en pétiole ; fleurs en petits paquets axillaires, parfaitement ronds ; distans, comme alternes, ne faisant nullement l'épi ; fleurs mâles à 3 étamines, fleurs femelles à calice à 3 folioles aiguës ; capsules globuleuses, subtricornes, et s'ouvrant en travers à la manière des boites à savonnette ; graine luisante, presque globuleuse. Fleurs herbacées. Août, septembre. Se trouve assez communément dans les lieux cultivés, les cours, les jardins, ainsi que dans les décombres, etc. ⊙. On confondait cette espèce avec l'*A. viridis*, L., qui est une plante de l'Amérique méridionale.

A. RETROFLEXUS, L. *sp.* 1407 ; Willd. *Amar.* 33 , *t.* 11 , *f.* 2 ;
A. spicatus, Lam. *Fl. fr.* 2 , *p.* 192. Tige dressée, ferme, peu
branchue, haute de 1 à 2 pieds, pubescente, rude ; feuilles ovales,
un peu rudes au toucher, terminées en languette, finissant en
pétiole à la base, un peu onduleuses et plissées, entières ; grappes de
fleurs terminales, serrées, denses, et formant par leur réunion un
gros épi terminal, rameux, presque décomposé, vert ; fleurs mâles
à 5 étamines ; calice des fleurs femelles à 5 folioles scarieuses, un
peu déchiquetées, et quelquefois aristées au sommet, entourées
de 3–5 folioles imbriquées, épineuses ; capsules s'ouvrant en travers, un peu comprimées, courtes, terminées par 3 cornes ;
graines luisantes, presque globuleuses. Fleurs verdâtres. A et,
septembre. Se trouve très-communément aux environs de Paris,
dans les champs, à la *Gare*, *Vincennes*, *Belleville*, plaine du
Point-du-Jour, au bois de *Boulogne*, etc. ☉

POLYANDRIE. — ETAMINES NOMBREUSES
(plus de sept).

CERATOPHYLLUM. Fleurs *mâles* solitaires, axillaires ; calice
à 8–10 divisions ; corolle nulle ; 16 à 20 étamines très-courtes.
  Fleurs *femelles* solitaires ; calice semblable ; corolle nulle ; 1 stigmate oblique ; 1 style filiforme ; 1 noix monosperme.

C. DEMERSUM, L. *sp.* 1409 ; Lam. *Ill. t.* 775, *f.* 2. Hydre cornu,
Cornifle. — Tige nageante, rameuse, filiforme ; feuilles verticillées par 6–8, profondément dichotomes, à 3–4 laciniures à
chaque dichotomie, toutes capillaires, sétacées, finement dentées, épineuses (à la loupe) ; fleurs axillaires, solitaires, petites ;
noix elliptiques, arrondies, terminées par 3 cornes, dont 1 longue, dressée, et 2 tournées vers la base, plus courtes. Fleurs herbacées. Juin, juillet. Fréquent dans les fossés et les mares. ♃

C. SUBMERSUM, L. *sp.* 1409 ; *Fl. dan. t.* 510. Cette plante a le
port de la précédente ; ses feuilles sont un peu plus rameuses ;
les divisions des calices sont un peu dentées, ce qui n'a pas lieu
dans le *C. demersum* ; les fruits sont plus petits et sans cornes ou
épines.
  Var. B. *Spinosum*, N. Feuilles courtes, épaisses, fistuleuses,
renflées en s'éloignant du point d'attache, épineuses aux dépens
de la substance de la feuille, presque en crête au sommet.
  Fl. *id.* Se trouve dans les mêmes lieux que l'espèce précédente,
mais moins fréquemment : la variété B dans les rivières ; ne connaissant pas sa fructification, je n'ose assurer que ce soit une
espèce distincte. ♃

MYRIOPHYLLUM. Fleurs *mâles* disposées en épis verticillés ;
calice à 4 folioles ; corolle de 4 pétales caducus ; 8 étamines.

Fleurs *femelles* sur le même épi ; calice et corolle *idem* ; 4 stigmates sessiles ; 4 capsules monospermes.

M. VERTICILLATUM, L. *sp.* 1410 ; *Fl. dan. t.* 1046. Volant d'eau. — Les tiges sont simples, plongées dans l'eau, jusqu'à la naissance des fleurs, glabres ; les feuilles verticillées par 4-5, ailées-pectinées, à découpures capillaires très-fines et parallèles, existent jusqu'au sommet de la tige ; 1 ou 2 pouces avant sa terminaison, les fleurs naissent aux aisselles des feuilles, sessiles, agglomérées, comme verticillées par 5 ou 6 ; les supérieures sont mâles, et il y a souvent des hermaphrodites parmi les autres.

Var. B. *Pinnatifidum*, N. Feuilles florales seulement pinnatifides, plus courtes.

Fleurs herbacées. Eté. Se trouve dans les mares et les eaux stagnantes, communément, ainsi que la variété B, qui semble former le passage avec l'espèce suivante. ♃

M. SPICATUM, L. *sp.* 1409 ; *Fl. dan. t.* 681. Il diffère du précédent en ce que les tiges sont un peu rameuses, et surtout en ce que les fleurs ne sont nullement accompagnées de feuilles, mais seulement de 4 écailles arrondies, entières, de sorte qu'elles forment 1 épi un peu interrompu à la base.

Var. B. Smith, *Fl. brit.* 3, *p.* 1021 ; Moris. *s.* 15, *t.* 4, *f.* 7. Ecailles florales ovales-lancéolées, entières.

Fl. id. Se trouve dans les mêmes lieux que la précédente ; la variété B a *Saint-Léger*. ♃

TYPHA. Fleurs *mâles* en chaton cylindrique, dont l'axe est velu ; calice nul ; corolle nulle.

Fleurs *femelles* sur le même chaton, placées au-dessous des fleurs mâles ; calice et corolle nuls ; 1 graine pédicellée, entourée a la base du pédicelle d'une houppe de poils en forme d'involucre.

T. LATIFOLIA, L. *sp.* 1377 ; *Fl. dan. t.* 645. Masse d'eau, Massette. — La tige est dressée, simple, haute de 4 à 6 pieds et plus ; les feuilles sont engaînantes, et leur gaîne est comme tronquée au sommet, elles s'élèvent presque autant que la tige, sont striées, glabres, lisses sur les bords, un peu épaisses dans le milieu, et linéaires-larges ; le chaton est long de près de 2 pieds, la portion femelle est d'un roux foncé et la plus longue ; la portion mâle est posée immédiatement dessus, et composée d'une multitude prodigieuse d'étamines qui se détortillent a leur maturité, et paraissent composées de plusieurs filets ; fleurs femelles ayant les pédicelles portant les graines, plus longs que les soies de l'involucre ; graines petites, noires. Fleurit en mai et juin. Très-commune dans les rivières, les mares, les fossés, etc. ♃

T. ANGUSTIFOLIA, L. *sp.* 1377 ; *Fl. dan. t.* 815. Cette plante s'élève autant que la précédente, dont elle ne diffère que par ses

euilles plus étroites et presque semi-cylindriques ; le chaton, de
1 même longueur, a sa portion mâle séparée de la portion femelle
l'environ 1 pouce ; celle-ci est d'un roux plus clair. Fleurit *id.*
Se trouve dans les mêmes lieux que l'espèce précédente. ♃

ARUM. Spathe monophylle, en cornet ; fleurs *mâles* sur le
milieu du spadix, qui est nu au sommet, et allongé ; calice et
corolle nuls ; étamines nombreuses.

Fleurs *femelles* à la base du même spadix ; calice et corolle
nuls ; 1 stigmate barbu sur chaque ovaire ; baies nombreuses à
1 loge ordinairement monosperme.

A. **maculatum**, L. *sp.* 1370 ; Bull. *Herb. t.* 25. Pied de Veau,
Gouet. — Tige dressée, simple, nue, uniflore ; hampe haute de
3 à 10 pouces, glabre ; feuilles radicales portées sur de longs
pétioles, grandes, sagittées-cordiformes, comme tronquées obliquement des deux côtés à la base, entières, sans taches, glabres ;
spathe terminale allongée, aiguë ; spadix moitié moins long
qu'elle ; en mûrissant, la portion qui est au-dessus des baies
tombe ; celles-ci sont grosses, nombreuses, rouges, et contiennent
2 graines chagrinées. (A une certaine époque de la fleuraison, le
chaton acquiert une chaleur remarquable.)

Var. **B.** Feuilles marbrées de taches blanches ou noires.

Fleurs (spathe) d'un vert pâle. Avril, mai. Très-commun dans
les bois, à *Saint-Cloud*, coteau de *Beauté* à Vincennes, etc. ♃

L'Arum est usité en médecine ; on se sert de sa racine, qu'il
faut recueillir avant que les fleurs soient ouvertes. Elle est susceptible de fournir une fécule douce, quoique la plante soit très-
âcre et fort active, ce qui est d'ailleurs le caractère des fécules
pures, qui ne participent jamais des propriétés délétères des végétaux d'où on les extrait. Il serait curieux de répéter l'analyse
chimique de l'Arum ; car on prétend y avoir trouvé des produits
analogues à ceux des corps animalisés ; ce qui, joint à la propriété
qu'il a de produire de la chaleur pendant la fécondation, doit
fixer l'attention des naturalistes. On dit que cette racine est savon-
neuse, et qu'elle sert même, dans quelques cantons de la France,
pour le blanchiment du linge.

On conseille l'Arum dans les maladies chroniques qui viennent
d'obstruction, ce qui lui suppose une vertu incisive marquée : on
l'a donnée dans le scrophule, la chlorose, la cachexie, les engorgemens des viscères, etc. ; mais il est bon de faire de nouvelles
expériences sur cette plante intéressante, afin d'avoir sur son
compte des données fixes. Il y a dans les pharmacies une *poudre
d'Arum composée*, où cette racine entre, et qui est regardée
comme fébrifuge et stomachique.

SAGITTARIA. Fleurs *mâles*, en épi ; calice à 2 folioles ; corolle de 3 pétales ; environ 20 étamines.

Fleurs *femelles*, situées sur le même épi ; calice et corolles semblables ; pistils nombreux ; capsules ventrues, nombreuses, monospermes.

S. **sagittifolia**, L. *sp.* 1410 ; *Fl. dan. t.* 172. Sagittaire, Flèche d'eau.—Hampe de 1 à 2 pieds, simple, triangulaire, glabre ; feuilles radicales longuement et largement pétiolées, triangulaires-sagittées, dont les prolongemens sont aussi longs que le corps de la feuille, d'une largeur plus ou moins étendue, très-entières, aiguës et glabres, marquées de nervures ; fleurs en panicule, verticillées par 3, les supérieures, mâles, plus nombreuses que les inférieures, qui sont femelles, toutes ayant une bractée à la base du pédoncule, qui est court ; capsules nombreuses, réunies en un corps globuleux. Fl. blanches. Juin, juillet. Très-commune dans les rivières et les fossés. ♃

POTERIUM. Fleurs *mâles*, en chatons globuleux ; calice triphylle ; corolle à 4 divisions ; 30–40 étamines.

Fleurs *femelles*, placées à la partie inférieure des chatons mâles ; calice et corolle semblables ; 2 styles ; noix biloculaire, sortant du tube endurci de la corolle, à 1 loge monosperme.

P. **sanguisorba**, L. *sp.* 1411 ; Blackw. *t.* 415. Pimprenelle. —Tige haute de 1 pied environ, presque simple, un peu anguleuse, glabre, un peu nue supérieurement ; feuilles ailées avec impaire, portées sur des pétioles, légèrement velues à la base ; folioles ovales - arrondies, incisées - dentées, un peu glauques, surtout en dessous, où elles sont hispidiuscules ; fleurs disposées en têtes terminales, les mâles entremêlées avec les femelles, celles-ci placées le plus souvent à la partie inférieure de l'épi globuleux, ayant des styles barbus et rougeâtres, les autres à filamens des étamines très-longs ; fruits rugueux. Fleurs herbacées (Il y a quelquefois des fleurs hermaphrodites.) Mai, juin. Très-commune dans les prés secs. ♃

QUERCUS. Fleurs *mâles* en longues grappes simples, ayant chacune 1 calice campanulé, à 5-10 lobes ; corolle nulle ; 5 à 10 étamines.

Fleurs *femelles* solitaires ou agglomérées, ayant chacune 1 calice (cupule) entier, ligneux, écailleux, hémisphérique ; corolle nulle ; 1 style très-court ; 3 stigmates ; 1 noix supère, coriace, contenant une seule graine qui se sépare en 2 lobes à sa maturité.

Q. **robur**, L. *sp.* 1414 ; *Q. pedunculata*, Hoffm. *Germ.* 2, *p.* 254 ; *Fl. dan. t.* 1180. Chêne pédonculé. — Arbre très-élevé, dont le bois est très-dur ; feuilles presque sessiles, oblongues, sinueuses-pinnatifides, très-glabres (même dans leur jeunesse), un peu glauques en dessous, plus larges au sommet qu'à la base, à lobes obtus ; pédoncules axillaires, grêles, longs de 2 à 3 pouces, portant 2–3 glands sessiles, alternes, et de grosseur médiocre ; cupules pubescentes, à écailles serrées.

Var. **B.** Lobes des feuilles plus écartés et presque aigus.

Fleurs rousses. Avril, mai. Se trouve dans les bois, moins communément que le suivant ; la variété B à *Yerres.* ♄

OBSERVATION. MM. Willdenow, Lamarck, Hoffman, etc., croient que cet arbre n'est pas le *Q. robur* de Linnée. MM. Smith et Decandolle pensent que c'est celui que nous venons de décrire qui est l'espèce de Linnée : nous sommes de l'avis de ces derniers botanistes ; la synonymie de Bauhin, que Linnée cite à la suite de sa phrase, ne nous semble laisser aucun doute à cet.égard.

Q. SESSILIFLORA, Smith, *Fl. brit.* 3, *p.* 1026 ; Schk. 3, *t.* 301, β. Chêne Roure, Rouvre. — Arbre moins élevé, à bois moins dur que le précédent ; feuilles oblongues, pétiolées, sinueuses, à lobes arrondis, glabres en dessus et en dessous, où on aperçoit pourtant quelques houppes étoilées dans les angles des veines (pubescentes à leur développement) ; fruits non pédonculés, sessiles, agglomérés, plus nombreux que dans le *Q. robur ;* cupules pubescentes, à écailles serrées.

Var. **B.** *Platiphylla.* Durelin, Chêne à larges feuilles. — Feuilles très-grandes, planes, sinuées, à peine lobées.

Var. **C.** *Laciniata.* Feuilles découpées et plus petites.

Fleurs *id.* Avril, mai. Très-commun dans les bois ; la variété C à *Malesherbes.* ♄

M. Léman m'a dit avoir suivi avec exactitude les deux arbres précédens, et s'être assuré qu'ils n'étaient que des variétés l'un de l'autre, et qu'on observait quelquefois sur le même pied des fruits non pédonculés et des fruits pédonculés.

Q. PUBESCENS, Willd. *sp.* 4, *p.* 450 ; *Q. lanuginosa*, Thuill. *Fl. par.* 502. Arbre d'une hauteur ordinaire, à tronc tortueux ; feuilles oblongues, sinuées-lobées, à lobes arrondis, velues en dessous, à poils rayonnans, glabres en dessus ; fruits sessiles, agglomérés, semblables à ceux du *Q. sessiliflora*, Sm.

Var. **B.** *Nigra* (non *Q. nigra*, Thore). Feuilles très-larges, épaisses ; glands gros et presque solitaires.

Var. **C.** *Incisa.* Feuilles assez petites, sinuées-pinnatifides ; garnies en dessus de quelques poils radiés.

Fleurs *id.* Avril, mai. Se trouve dans les bois, particulièrement au bois de *Boulogne*, ainsi que ses variétés. ♄

Q. CERRIS, L. *sp.* 1415 ; Allioni, *Ped. n°* 1986 ; *Q. crinita,* *var.* γ, Lam. *Dict.* 1, *pag.* 717 ; Lob. *Icon.* 2, *t.* 156, *f.* 2. Arbre à tronc tortueux ; feuilles presque lancéolées, lyrées-sinueuses, pubescentes ou velues en dessous, à sinuosités anguleuses (en naissant, les feuilles sont velues des deux côtés, de même que dans le précédent); fruits sessiles, réunis 2 ou 3 ensemble; cupules pubescentes, à écailles séparées, et comme hérissées. Fl. *id.* Avril, mai. Croît dans les lieux pierreux et montueux, à *Fontainebleau, Compiègne ?* ♄

Q. ÆGILOPS, L. *sp.* 1414; Lob. *Ic.* 2, *p.* 156, *f.* 1. Arbre à tige élevée; à feuilles ovales-oblongues, sinueuses, velues, blanches en dessous, à peine lobées, et dont les lobes sont courts et mucronés; à fruits sessiles; à cupules grosses, pubescentes, dont les écailles sont séparées, lancéolées et hérissées; à gland un peu ombiliqué au sommet, et de la grosseur du gland ordinaire. Fl. *id.* Avril, mai. Cet arbre est indiqué, par M. de Lamark, dans la forêt de *Fontainebleau;* je n'ai pas eu la satisfaction de l'y rencontrer. ♄

Les Chênes sont difficiles à reconnaître, en ce qu'ils varient beaucoup dans leur feuillage. On serait tenté d'en faire beaucoup d'espèces, si on s'en tenait à ce seul organe : lorsqu'ils sont jeunes, leurs feuilles sont plus grandes; et, lorsqu'elles poussent au printemps, elles sont presque toujours velues. Le bois de Chêne est très-employé dans les arts et les constructions de toutes espèces; l'écorce sert au tannage des cuirs : on a voulu lui attribuer une vertu fébrifuge dans ces derniers temps, et elle composait en grande partie le *quinquina français* de M. Alphonse Leroy, qu'on a abandonné à cause de son insuffisance. Le gland du Chêne sert à la nourriture des pourceaux; enfin, cet arbre si utile renferme un principe astringent, connu sous le nom d'*acide gallique,* et qu'on retrouve en abondance dans la noix de galle, production résultant de la piqûre d'un insecte, et qu'on observe quelquefois sur les feuilles et les branches de nos Chênes; mais dont la plus estimée se récolte sur le *Q. ilex,* L., qui croît dans les pays chauds.

JUGLANS. Fleurs *mâles* disposées en chatons allongés; calices composés d'écailles, dont les inférieures sont trilobées de chaque côté; corolle nulle; 12-24 étamines.

Fleurs *femelles* solitaires dans de petits bourgeons à 4 écailles caduques; 2 styles, à stigmates en masse; drupe ovoïde, à noyau sillonné, osseux, à 2 valves.

J. REGIA, L. *sp.* 1415; Blackw. *Herb. t.* 247. Noyer. — Arbre gros et très-élevé, dont les rameaux forment une large tête; feuilles grandes, pinnées avec impaire, à 5-9 folioles ovales, entières, presque égales à la base, veinées parallèlement en dessous, glabres, mais ayant en dessus et en dessous de petites houppes poilues, à l'angle des veines; chatons mâles longs de 3 à 4 pouces; fruits ordinairement géminés, sessiles. Fleurs jaunâtres. Juin. Originaire de Perse. Cultivé depuis long-temps dans notre pays, où il n'est pas encore entièrement acclimaté, puisqu'il y gèle souvent. ♄

Le Noyer est un arbre extrêmement utile; son bois est susceptible de faire de bons meubles, d'un beau veiné; ses feuilles sont aromatiques, amères et astringentes; le fruit, outre ses usages alimentaires, sert en médecine; c'est avec le *brou*, ou enveloppe extérieure, qu'on fait l'*eau de trois noix*, qui est employée assez souvent comme tonique; on retire des amandes une huile épaisse, connue sous le nom d'*huile de noix*; elle est douce et émolliente comme toutes les huiles grasses; elle est usitée en lavement dans le traitement de la colique des peintres.

FAGUS. Fleurs *mâles* en chaton globuleux; calice à 6 lobes peu profonds; corolle nulle; 8 étamines.

Fleurs *femelles* placées deux à deux dans un calice à 4 lobes; corolle nulle; 2 styles trifides; 2 graines recouvertes par le calice, qui devient coriace et hérissé d'épines molles et simples.

F. SYLVATICA, L. *sp.* 1416; Gaertn. *Fruct.* 1, *t.* 37, *f.* 2. Hêtre, Foyard, Fayard. — Arbre élevé, à rameaux étalés, et dont l'écorce est unie et grisâtre; les feuilles sont ovales-arrondies, entières, un peu ondulées, et poilues sur les bords, presque sinueuses, avec des houppes soyeuses à l'angle des nervures inférieures (ces feuilles rougissent en automne); les fleurs mâles sont disposées en chatons globuleux, pendans; les fleurs femelles ont les valves des calices velues en dedans et en dehors, et hérissées de ce dernier côté d'épines molles, douces et velues; les graines ailées-triangulaires, lisses, contiennent une amande huileuse. Fleurs herbacées. Mai, juin. Se trouve très-communément dans les bois. ♄

Le bois du Hêtre est employé par quelques ouvriers, surtout par les coffretiers; son fruit, connu sous le nom de *faîne*, contient une huile que l'on mange dans quelques cantons de la France.

F. castanea, L. Vide *Castanea vesca*.

CASTANEA. Fleurs *mâles* en chatons très-allongés; calice à 6 divisions profondes; 5-20 étamines.

Fleurs *femelles* réunies 2-3 ensemble dans un calice à 4 lobes, et au fond duquel on trouve des étamines avortées, hérissé en dehors d'épines roides et rameuses; 6 styles cartilagineux; noix uniloculaire, renfermant 1 à 3 graines.

C. VESCA, Gaertn. *Fruct.* 1, *p.* 181, *t.* 37, *f.* 1; *Fagus castanea*, L. *sp.* 1416. Le Châtaignier.—Arbre très-élevé, pouvant acquérir un diamètre considérable, à rameaux longs et étalés; feuilles grandes, ovales-oblongues, pointues, glabres, portées sur des pétioles courts, marquées de dents sétacées; fleurs mâles en chatons axillaires, ayant de 6 à 9 pouces de long; fleurs femelles sessiles, à calices couverts d'épines roides, étalées, rameuses ; noix à 1-2 graines glabres, ridées. Fleurs herbacées. Juin. Très-commun dans les bois montueux, et à terre légère et sablonneuse. ♄

Dans plusieurs provinces de France, la nourriture ordinaire des campagnards est la Châtaigne ; les branches du Châtaignier servent à faire des cercles et les troncs des charpentes, que l'on dit presque indestructibles.

CARPINUS. Fleurs *mâles* en chatons allongés ; calice à écailles ciliées à la base ; corolle nulle ; 8-20 étamines un peu barbues.

Fleurs *femelles* en chatons lâches ; calice à 1 seule foliole, grande, trifide ; corolle nulle ; 2 styles ; 1 noix ovale, anguleuse, comprimée, dentée au sommet, uniloculaire.

C. BETULUS, L. *sp.* 1416 ; Duhamel, *Arb.* 1, *p.* 130, *t.* 49. Charme. — Arbre de hauteur moyenne, à tronc anguleux, à écorce unie, tachée de blanc, et à bois très-compacte ; feuilles glabres, ovales-oblongues, courtement pétiolées, terminées par une languette courte, marquées de petites dents nombreuses, un peu inégales ; chatons femelles comme foliacés à leur maturité, ce qui vient du calice qui est très-grand, et dont le lobe moyen est long de près de 1 pouce et denté en scie ; graines comprimées, cannelées comme celles de certaines ombellifères, d'une consistance presque osseuse, avec un petit prolongement denté au sommet.

Var. B. *B. incisa*, *Hort. Kew.* 3, *p.* 362. Charmille. — Feuilles moitié plus petites, doublement dentées en scie, et à dents plus aiguës et plus profondes.

Fleurs rougeâtres. Avril. Se trouve très-communément dans nos forêts. ♄

Cet arbre, le hêtre et le chêne roure, forment les trois quarts de nos bois et forêts.

CORYLUS. Fleurs *mâles* en chatons ; calice à écailles rhomboïdales, à 3 lobes ; corolle nulle ; 8 étamines.

Fleurs *femelles* naissant plusieurs ensemble dans un bourgeon écailleux ; calice monophylle, se développant après la fleuraison, à lobes laciniés ; noix ovale, lisse, monosperme.

C. AVELLANA, L. *sp.* 1417 ; Lam. *Ill. t.* 780. Noisetier, Coudrier. — Arbrisseau de taille moyenne, à pousses velues, à branches flexibles, à feuilles arrondies-cordiformes, terminées par une languette courte, pubescentes en dessous, un peu anguleuses, dentées, portées sur des pétioles courts, ayant à la base des stipules caduques, ovales-lancéolées, obtuses, courtes ; fleurs femelles agglomérées, à calices pubescens, laciniés ; à noix ovales, ayant à la base une dépression arrondie. Fl. roussâtres. Février, mars. Très-commun dans les buissons, sur le bord des bois, des haies, etc. ♄

PLATANUS. Fleurs *mâles* en chatons globuleux; calice nul; corolle à peine visible, renfermant des étamines nombreuses.

Fleurs *femelles* en chatons globuleux; calice à plusieurs folioles; corolle nulle; style très-long, à stigmate recourbé; graines nues, en forme de massue, un peu poilues à la base.

P. ORIENTALIS, L. *sp.* 1417; Clus. *Hist.* 1, *p.* 9. Le Platane. — Cet arbre s'élève à une grande hauteur, son écorce se pèle par couches circulaires; les feuilles sont palmées, à 5 lobes aigus, sinueux-anguleux, glabres en dessous, et ont un pétiole muni d'une stipule à la base; les chatons sont portés sur des pédoncules velus, les mâles sont plus petits, les femelles sont hérissés de crochets, qui paraissent être les styles persistans. Fleurit en été. Cultivé dans les avenues; il y en a une belle autour du premier bassin à *Meudon.* ♄

MONADELPHIE. — ÉTAMINES réunies par les filets en un seul corps.

PINUS. Fleurs *mâles* en chatons oblongs, ramassés en grappes; calice et corolle nuls; étamines en forme d'écailles, presque sessiles, imbriquées.

Fleurs *femelles* composées d'écailles extérieures membraneuses, d'écailles intérieures charnues, qui sont les calices, et de 2 ovaires à la base interne du calice; le fruit est un cône formé d'écailles imbriquées, épaissies à leur sommet, contenant à leur base 2 noix osseuses, surmontées d'une aile membraneuse.

P. SYLVESTRIS, L. *sp.* 1418; Lois. *Arb.* 5, *p.* 230, *t.* 66. Pin sauvage, Pin de Genève, Pinéastre. — Arbre de 80 pieds et plus; rameaux verticillés; feuilles linéaires, roides, géminées, d'un vert un peu glauque, longues de 1 à 2 pouces; chatons de fleurs mâles jaunâtres ou roussâtres, courtement pédonculés, disposés en grappe droite, paraissant terminale; fleurs femelles formant des chatons ovoïdes, rougeâtres, longs de 2 lignes; strobiles coniques, souvent deux à deux, à peu près aussi longs que les feuilles, ayant leurs écailles formées au sommet en pyramide raccourcie; 2 graines ovales, surmontées d'une aile membraneuse à la base interne de chaque écaille. Fleurit en avril et mai. Se trouve dans la forêt de *Fontainebleau*, où il a été planté: il est originaire du nord et des pays de montagnes. ♄

Le bois du Pin sauvage est employé dans les pays où il est commun pour faire la charpente des maisons : il est en Europe d'une grande utilité pour la marine; c'est avec lui qu'on fait les plus belles et les meilleures mâtures. Les Lapons font avec son écorce intérieure, qui contient un principe muqueux nutritif, une sorte de pain.

P. **maritima**, Poir. *Dict.* 5, *p.* 337; Lois. *Arb.* 5 , *p.* 240, *t.* 72 et 72 *bis.* , *fig.* 1. Pin maritime. — **Grand arbre** s'élevant bien droit, en forme de pyramide; rameaux régulièrement verticillés; feuilles longues de 8 à 10 pouces, linéaires, roides, piquantes, deux à deux dans une même gaîne; chatons mâles d'une couleur fauve, réunis en grappes; chatons femelles rougeâtres, au nombre de 3 à 4 vers le sommet des rameaux; cônes gros, plus courts que les feuilles, à écailles formées sur leur dos en pyramide à 2 angles, dont le sommet est en pointe obtuse; graines ovales, noirâtres, chargées d'une grande aile membraneuse. Fleurit en mai. Indigène des contrées littorales de l'Océan et de la Méditerranée. Se trouve maintenant dans la forêt de *Fontainebleau*, où il a été planté. ♄

Le bois du Pin maritime est moins estimé pour les constructions que celui du Pin sauvage; mais sous d'autres rapports, cet arbre n'en est pas moins précieux : il fournit de la térébenthine, de la résine, substances qui sont employées dans les arts; et du goudron, qui est d'un si grand usage dans les ports de mer, soit pour enduire les cordages, soit pour calfater les vaisseaux. On a préconisé l'eau de goudron pour la guérison de la phthisie pulmonaire; mais ce remède est bien loin d'avoir la propriété qu'on lui a supposée.

ABIES. Fleurs *mâles* en chatons solitaires; calice et corolle nuls; écailles portant immédiatement les anthères.

Fleurs *femelles* composées de calices en forme d'écailles onguiculées, portant 2 ovaires à leur base interne; fruit en cône formé d'écailles imbriquées, arrondies à leur sommet, portant à leur base 2 graines surmontées d'une aile membraneuse.

A. **excelsa**, Poir. *Dict.* 6, *p.* 518; Lois. *Arb.* 5, *p.* 289, *tab.* 80; *Pinus abies*, L. *sp.* 1421. Pesse, Epicéa, Faux-sapin. — Arbre de 80 à 100 pieds de haut, à rameaux verticillés, inclinés sous leur propre poids dans l'âge adulte, et formant une pyramide; feuilles simples, persistantes, éparses, quadrangulaires, d'un vert sombre; chatons des fleurs mâles pédonculés, axillaires, longs de 6 lignes, à étamines formées d'une anthère à 2 loges, qui s'ouvrent dans toute leur longueur par la partie inférieure; cônes cylindriques, terminaux, pendans, à écailles tronquées ou échancrées au sommet. Fleurit au mois d'avril. Indigène des pays de montagnes, cultivé dans les parcs et bois particuliers. ♄

La Pesse fournit la poix blanche, qui est une sorte de résine en usage dans les arts et dans certaines préparations pharmaceutiques, particulièrement pour la confection des onguens et emplâtres.

A. **pectinata**, Decand. *Fl. fr.* 3, *p.* 276; Lois. *Arb.* 5, *p.* 294, *tab.* 82 ; *pinus picea*, L. *sp.* 1420. Sapin commun. — Arbre qui s'élève bien droit à 100 pieds et plus, ayant ses rameaux disposés par verticilles ; feuilles solitaires, linéaires, planes, persistantes, obtuses ou échancrées à leur sommet, d'un vert foncé en dessus, blanchâtres en dessous; chatons de fleurs mâles isolés un à un dans les aisselles des feuilles, à étamines dont les 2 loges des anthères sont renflées à leur extrémité, et s'ouvrent transversalement; cônes axillaires, cylindriques, redressés, à écailles munies d'une bractée dorsale, allongée. Fleurit au mois d'avril. Croît spontanément dans les *Vosges*, les *Alpes*, les *Pyrénées*, etc. ; cultivé dans les bois et parcs particuliers, à *Pont-Chartrain*, etc. ♄

Le Sapin est un arbre précieux comme bois de charpente, de mâture, de travail, de chauffage, et sous le rapport des différens produits qu'on en retire pendant qu'il est sur pied. Ces produits sont la térébenthine, l'essence de celle-ci, la colophane, et le noir de fumée. La térébenthine est usitée en médecine ; elle entre dans plusieurs préparations pharmaceutiques; on l'emploie quelquefois avec succès dans le catarrhe de la vessie, etc., etc.; elle communique aux urines une odeur de violette. La colophane entre dans la composition de plusieurs emplâtres et onguens.

SYNGÉNÉSIE.—ÉTAMINES réunies par les anthères.

CUCUMIS. Fleurs *mâles* solitaires ; calice à 5 dents sétacées ; corolle en cloche, à 5 divisions ; 3 étamines réunies par les anthères.

Fleurs *femelles* solitaires ; calice et corolle *id.* ; 3 étamines avortées ; style à 3 stigmates épais et bifurqués ; pomme à 3 loges, sous-divisée en 2-3 autres ; graines à bords aigus, nichées dans des cellules remplies de pulpe.

C. MELO, L. *sp.* 1436 ; Blackw. *t.* 329. Le Melon. — Tige couchée, sarmenteuse, longue de 4 à 6 pieds, hispide; feuilles cordiformes-lobées, à lobes arrondis, peu saillans, et presque plissés, subdenticulés, rudes sur les deux faces, ainsi que le pétiole; vrilles axillaires ; fleurs axillaires, pédonculées, petites ; fruit gros, ovale ou arrondi, marqué de côtes ou sans côtes, à écorce ridée, chargée de lignes saillantes en réseau; graines nombreuses. Fleurs jaunes. Eté. Se trouve autour des habitations, à *Passy*, à *la Gare*, etc. On le cultive en plein champ dans quelques cantons. ☉ *Voyez le Dict. d'Agricult.*, de Rozier, pour les variétés.

La chair du Melon a une saveur sucrée très-agréable, et fort recherchée par quelques personnes; elle est un peu lourde, mais en général elle convient à celles qui ont un tempérament sec, nerveux, échauffé, etc. Sa graine est une des quatre semences froides, que l'on emploie encore quelquefois dans les pharmacies.

C. SATIVUS, L. *sp.* 1437 ; Blackw. *t.* 4. Concombre. — Tige couchée, sarmenteuse, longue de 2 à 4 pieds, grosse, hispide; feuilles cordiformes, lobées-anguleuses, à lobes aigus, rudes en dessus et en dessous; fleurs et vrilles axillaires; fruits allongés, presque cylindriques, tuberculeux, surtout dans leur jeunesse où on les cueille sous le nom de *cornichons*. Fleurs jaunes. Presque spontané, et cultivé dans quelques cantons en plein champ. ⊙

Le Concombre passe pour être très-froid; on fait avec sa pulpe une pommade très-employée pour les plaies des parties délicates, comme les lèvres, les narines, etc. La graine est une des quatre *semences froides*.

CUCURBITA. Ce genre a tous les caractères du précédent, dont il ne diffère qu'en ce que les graines sont renflées sur les bords, et renfermées dans des cellules qui ne sont pas remplies de pulpe.

C. MAXIMA, Lam. *Dict.* 2, *p.* 151; Lob. *Ic.* 641, *f.* 2. Potiron, Citrouille. — Tige couchée, sarmenteuse, longue de 6 à 10 pieds, hérissée; feuilles très-grandes, cordiformes-arrondies, horizontales, portées sur des pétioles dressés; vrilles axillaires; fleurs axillaires, très-grandes, évasées, et à bords recourbés en dehors; fruit très-gros, sphérique, déprimé sur ses faces supérieures et inférieures; chair ferme. Fleurs jaunes. Juin, juillet. Cultivé généralement en plein champ, du côté des prés *Saint-Gervais*, etc. ⊙ *Voyez* pour ses variétés le *Dict.* de Rozier.

Le Potiron, outre ses usages alimentaires, fournit sa graine, qui est une des quatre semences froides. Nous en avons déjà nommé trois, la quatrième est celle de la courge ou gourde (*Cucurbita lagenaria*, L.), que l'on cultive dans le midi de la France.

BRYONIA. Fleurs *mâles* solitaires; calice à 5 dents; corolle à 5 divisions; 3 étamines.

Fleurs *femelles* solitaires; calice et corolle *id.*; style trifide; baie globuleuse, polysperme.

B. DIOICA, Jacq. *Aust. t.* 199; *B. alba*, Lam. *Dict.* 1, *p.* 496; *id.* Thuill. *Fl. par.* 508 (non L.); Bull. *Herb. t.* 55. Bryone, Couleuvrée. — Tige grimpante, s'élevant à 5 ou 6 pieds, glabre, lisse; feuilles palmées, hispides-tuberculeuses sur les deux faces, non dentées, échancrées à la base, à 5 lobes profonds, dont le médian est trifide, allongé, très-rude; vrilles axillaires, très-longues; fleurs en grappes, les mâles portées sur des pédoncules très-longs et sur des pieds séparés; baies arrondies, rouges à leur maturité, contenant 4 à 6 graines ovoïdes, un peu pointues. Fl. d'un blanc verdâtre. Eté. Très-commune dans les haies. ♃

La Bryone est douée d'une vertu purgative très-active; on extrait de sa racine une fécule qu'on emploie encore quelquefois à des doses faibles, quoique ses propriétés évacuantes soient

bien moins prononcées que celles de la racine fraîche , et probablement nulles : si elle était préparée par des lotions suffisantes ,
elle serait totalement inerte , et seulement nutritive , comme toutes
les fécules amilacées.

CLASSE XXI.

DIOÉCIE. — FLEURS mâles et femelles sur des individus séparés.

DIANDRIE. — DEUX ÉTAMINES.

VALLISNERIA. Fleurs *mâles* nombreuses , sessiles , trifides,
placées sur un petit spadix , enveloppé d'une spathe qui se fend
en 3-4 parties , et est portée par un support radical , court
et droit.

Fleurs *femelles* solitaires , ayant un calice et une corolle trifides , entourées d'une spathe qui s'ouvre en plusieurs parties , et
est portée sur une hampe très-longue , qui se déroule en spirale ;
capsules très-allongées , cylindriques , polyspermes ; 3 stigmates.

V. spiralis, **L.** *sp.* 1441 ; Mich. *Gen.* 12 , *t.* 10 ,*f.* 1 et 2. Il
pousse de la racine des feuilles linéaires , obtuses , larges de 3 lignes,
et longues de près de 1 pied ; elles sont transparentes , faibles ,
glabres , denticulées au sommet ; du milieu des feuilles il sort des
hampes d'environ 1 pouce pour les individus mâles , et soutenant
une spathe de 3-4 lignes , et hautes de plus de 1 pied dans les individus femelles , roulées en spirale avant et après la fécondation ,
(qui a lieu de la manière suivante : la fleur femelle vient à la surface de l'eau par le développement de sa hampe ; la fleur mâle se
détache par la rupture du pédoncule, et vient féconder les stigmates
en voguant autour de la première ; la hampe femelle se resserre
en spirale après être fécondée , et son fruit mûrit au fond de
l'eau) ; la capsule grandit beaucoup en mûrissant , elle atteint jusqu'à 2 pouces de long ; elle renferme alors de petites graines oblongues , fort nombreuses. Fleurs herbacées. Juin , juillet. Se trouve
dans la Seine à *Mantes ?* dans la rivière des *Gobelins ?* ♃

MM. Bernard de Jussieu, Dalibard et Lhéritier ont observé ,
dit—on , cette plante dans nos environs : je dois déclarer qu'elle
a échappé à toutes mes recherches ; mais , d'après des autorités si
respectables , je n'ose douter qu'elle y existe. J'observe cependant
que plusieurs plantes aquatiques peuvent en imposer à son sujet ;
Willdenow a planté des pieds de prétendue *Vallisneria ,* qui ont
poussé l'année d'ensuite *la sagittaria sagittifolia ,* L. ; l'échantillon

incomplet, trouvé par Lhéritier à Mantes, consiste également en feuilles avortées de la sagittaire ; enfin plusieurs *potamogeton*, *sparganium*, etc., ont des feuilles qui ont une grande ressemblance avec celle de la *Vallisneria* ; et, tant qu'on ne verra pas la hampe en spirale de la fleur femelle, on fera bien de douter.

SALIX. Fleurs *mâles* disposées en chatons allongés, ayant chacune une écaille entière, qui tient lieu de calice et de corolle, avec une glande nectarifère à la base ; une à cinq étamines, (ordinairement deux.)

Fleurs *femelles* disposées également en chatons ; calice et corolle semblables ; 1 style bifurqué en 2 ou 4 stigmates ; capsule à 2 valves, à 1 loge, à graines aigrettées.

** Capsules velues ; feuilles glabres.*

S. HELIX, L. *sp.* 1414 ; *S. monandra*, Hoffm. *Salic.* 1, *p.* 18, *t.* 1, *f.* 1, 2 (non Arduin.). Arbrisseau élevé de 6 à 10 pieds ; rameaux luisans, glabres, verdâtres ; feuilles opposées dans le haut des rameaux, lancéolées-oblongues, un peu spatulées, presque sessiles, denticulées, surtout dans leur moitié supérieure, pointues, glabres, glauques en dessous, longues de 15 à 20 lignes ; fleurs mâles à une étamine, dont l'anthère est globuleuse et à 4 loges ; capsules velues, à 2 stigmates ; écailles des chatons noires.

Var. B. *S. olivacea*, Thuill. *Fl. par.* 514. Feuilles plus grandes que dans l'espèce, denticulées dans presque toute leur longueur, à denticules un peu glanduleux ; capsules plus velues. (Il ne noircit pas dans l'herbier comme le *S. Helix.*)

Fleurs jaunâtres. Avril. Se trouve dans les endroits marécageux, le long des rivières, à *Longchamp*, etc. ♄

S. PURPUREA, L. *sp.* 1444 ; *S. monandra*, Arduin, *Mem.* 1, *p.* 67, *t.* 11. Diffère du précédent en ce que sa tige est tombante ; ses feuilles dentées, opposées dans le bas des rameaux et non dans le haut, et qu'il a le style court et les stigmates ovales, tandis que l'un est filiforme, allongé, et les autres linéaires dans le *S. helix* ; malgré ces caractères, ces deux saules se rapprochent beaucoup. Fleurs *id.* Se trouve dans les mêmes lieux. ♄

S. RUBRA, Smith, *Fl. brit.* 1042 ; *S. virescens*, Vill. *Dauph. vol.* 3, *p.* 785, *t.* 51, *f.* 30 ; Vaill. *Bot. p.* 175, *Salix n°* 5. Rameaux souples, très longs, glabres, grisâtres ou rougeâtres ; feuilles alternes, pétiolées, linéaires-lancéolées, aiguës, denticulées, longues de 3 à 4 pouces, glabres, vertes des 2 côtés (rarement un peu poilues en dessous) ; capsules velues. Fleurs *id.* Se trouve dans les saussaies. J'indique cette plante d'après le synonyme de Vaillant, cité par Smith, auteur extrêmement exacte. ♄ On dit aussi qu'il se trouve à *Senart*, dans les lieux humides.

** *Capsules velues ; feuilles velues.*

S. caprea, L. *sp.* 1448 ; *Fl. dan. t.* 245. Saule marceau. —
Arbrisseau élevé de 15 à 20 pieds, dont le tronc est cendré et les rameaux allongés ; les feuilles sont alternes, longues de 18 à 24 lignes,
pétiolées, ovales, dentées ou denticulées, un peu ondulées en
leurs bords, pubescentes des 2 côtés, surtout en dessous où elles
sont blanchâtres, et pourvues à la base de leur pétiole, qui est
court, de 2 stipules semi-linéaires, un peu anguleuses ; les chatons
mâles sont ovales-oblongs, ont 2 étamines distinctes, et les écailles
ovales-élargies, couvertes de longs poils ; les chatons femelles sont
semblables, et ont les capsules lancéolées-velues, un peu ventrues
à la base, surmontées d'un style presque nul, et de deux stigmates
ovales. Fleurs *id.* Avril. Se trouve fréquemment dans les bois humides. ♄

S. aurita, L. *sp.* 1446 ; Hoffm. *Sal. t.* 22, *f.* 1. Il s'élève à la
même hauteur que le précédent ; ses feuilles sont longues de 15 a
20 lignes, obovales-arrondies, entières, au moins les supérieures,
pubescentes, surtout en dessous où elles sont blanchâtres, presque finissant en pétiole, lequel est garni à la base d'une stipule
lancéolée, ovale ou arrondie ; les chatons sont allongés, épais et
pédonculés, portant à leur base 3–4 bractées alternes, semblables
aux stipules ; les capsules sont nombreuses, longues, acuminées,
pédicellées, pubescentes, et leurs valves se roulent à la maturité. Fleurs *id.* Avril. Se trouve dans les bois secs, au bois de
Boulogne, etc. ♄

S. acuminata, Hoffm. *Sal.* 39, *t.* 6, *f.* 1. Plus petit que le
S. caprea ; feuilles alternes, pétiolées, lancéolées ou ovales-oblongues (ayant près de 3 pouces), acuminées, ondulées sur les bords,
et denticulées principalement vers la pointe, vertes et glabres en
dessus, velues en dessous où l'on observe des veines arquées ;
stipules réniformes, sessiles, dentées, surtout aux feuilles inférieures ; chatons ovales-cylindriques, à écailles ovales, aiguës,
poilues ; capsules pubescentes, ovales-atténuées, à longs pédicelles ; style court ; stigmate obtus, entier, puis bifide. Fl. *id.*
Avril. Se trouve dans les bois et les buissons humides. ♄

S. cinerea, L. *sp.* 1449 ; Vill. *Dauph.* 3, *t.* 50, *f.* 7. Arbrisseau de 6 à 8 pieds, à rameaux cendrés, subpubescens ; à feuilles
longues de 1 pouce, alternes, obovales-cunéiformes, acuminées
ou obtuses, denticulées ou entières, légèrement pubescentes en
dessus, glauques, blanchâtres, pubescentes, subréticulées en
dessous ; stipules très-petites, réniformes, dentées, velues en
dessous ; chatons cylindriques, peu allongés ; capsules légèrement pubescentes, enflées à la base, longues, et finissant en bec
aminci. Fl. *id.* Mai. Se trouve dans les bois d'*Yerres* près le château de la Grange, à *Montmorency*, etc. ♄

S. RUFINERVIS, Decand. *Voyag. bot.* 11. Arbuste de 12 à 15 pieds, à rameaux grisâtres, à écorce rude, un peu cendré à l'extrémité ; à feuilles obovales-cunéiformes, un peu acuminées, denticulées dans leur tiers supérieur, avec les bords un peu roulés, glabres, un peu ridées en dessus, réticulées, glauques et pubescentes en dessous, ayant les veines rousses ainsi que les poils qui les garnissent ; à stipules réniformes dentées ; à capsules velues. Fl. *id.* Se trouve à *Meudon* dans les marais un peu desséchés. Je ne connois pas la fructification de ce Saule, que j'ai recueilli au mois de septembre 1810. ♄

S. AQUATICA, Willd. 4, *p.* 761 ; *S. aurita*, Hoffm. *Sal.* 1, *t.* 5, *f.* 3 (non L.). Arbrisseau à rameaux courts, un peu cendrés-rougeâtres ; à feuilles petites (6-8 lignes) obovales-arrondies, très-obtuses, ou terminées par une pointe courte, un peu ridées, ondulées et à bords un peu renversés en dessous, entières, verdâtres-subpubescentes en dessus, pubescentes-glauques en dessous ; stipules arrondies, faisant un peu la languette d'un côté, entières, petites ; chatons ovales ; écailles linéaires, velues ; fleurs mâles à 2 étamines distinctes, les femelles à capsules pédicellées, pubescentes, allongées, et dont les valves se roulent séparément ou avec les valves des capsules voisines. Fl. *id.* Se trouve au bord des fossés humides des bois, à *Saint-Léger*, etc. ♄

S. REPENS, L. *sp.* 1447 ; *S. depressa*, Hoffm. *Sal.* 1, *t.* 15, 16. Les tiges sont couchées, enfoncées dans la terre, noirâtres, rameuses, radicantes, longues ; les rameaux qui en sortent ont 4-6 pouces ; les feuilles (de 6-7 lignes) elliptiques-lancéolées, entières, à bords un peu roulés, glabres en dessus, glauques, soyeuses en dessous, deviennent nues en vieillissant ; les stipules sont nulles ; les chatons courts, obtus, à écailles ovales, laineuses ; les capsules pubescentes le sont d'autant moins, qu'elles approchent davantage de la maturité ; le style est court, et a les 2 stigmates ovales. Fl. *id.* Juin. Se trouve au marais des *Planets*, à *Saint-Léger.* ♄

S. INCUBACEA, L. *Sp.* 1447 (non Willd.) ; *S. repens*, γ, Smith, *Fl. brit.* 1062 ; Lob. *Ic.* 2, *t.* 138. Tiges couchées, rampantes ? rameaux courts, plus petits que ceux du précédent, d'un gris-rougeâtre, pubescens sur les jeunes pousses ; feuilles petites (4-5 lignes), ovales, très-entières, à bords entiers, très-légèrement roulés en dessous ou planes, glabres, un peu luisantes en dessus, glauques-soyeuses en dessous, devenant presque glabres en vieillissant ; chatons ovales, obtus, courts ; écailles oblongues, obtuses, laineuses ; capsules lâches, lancéolées, velues ; style court, terminé par 4 stigmates. Fl. *id.* Mai, juin. Se trouve à *Saint-Léger*, au marais des *Planets.* ♄

S. ROSTRATA, Thuill. *Fl. par.* 517. Tige redressée, longue de 1 à 2 pieds, à rameaux glabres, rougeâtres ; feuilles lancéolées,

étroites, entières (longues de 1 pouce), atténuées aux 2 extrémités, finissant en 1 court pétiole, glabres en dessus, un peu veinées, glauques, légèrement soyeuses en dessous, devenant facilement glabres, ayant les bords un peu roulés (à la loupe, on
aperçoit de petites dentelures sur quelques feuilles, ce qui rap-
procherait cette espèce du *S. prostrata* de Smith); chatons ovales,
courts, à écailles ovales, laineuses; capsules velues, un peu ventrues à la base, allongées au sommet, terminées par 4 stigmates
ovales. Fl. *id.* Avril. Se trouve dans les pâturages, à *Saint-
Léger.* ♄

S. **argentea**, Smith, *Fl. brit.* 1059; *S. lanata*, Thuill. *Fl.
par.* 516 (non L.); Dill. *in Raü*, *Synop.* 447, *t.* 19, *f.* 3. Tiges
diffuses ou couchées, longues de 1 ou 2 pieds, à rameaux ouverts,
velus-argentés; feuilles nombreuses, longues de 6–8 lignes,
courtement pétiolées, très-entières, ovales-élargies, terminées
par une pointe torse faisant le crochet, à bords un peu roulés,
pubescentes, blanchâtres en dessus, velues-argentées, brillantes
en dessous; stipules ovales, aiguës, velues; chatons allongés,
cylindriques, à écailles oblongues, obtuses, laineuses; capsules
lancéolées, velues, terminées par 1 style court surmonté de 4
stigmates. Fl. *id.* Mai, juin. Se trouve dans les marais, à *Saint-
Léger* (à *Meudon?*). ♄. Les botanistes prenaient cet arbuste pour
le *S. lanata* L., qui est de Laponie.

S. **viminalis**, L. *sp.* 1448; Hoffm. *Sal.* 1, *p.* 22, *f.* 1, 2. Osier
blanc. — Arbre de 15 à 20 pieds, à rameaux dressés, jaunâtres,
un peu cendrés sur les pousses, dont les feuilles sont alternes,
courtement pétiolées, linéaires-lancéolées, assez larges, longues
de 4 à 6 pouces, entières, un peu ondulées sur les bords, qui
sont roulés en dessous dans leur jeunesse, vertes et glabres en
dessus, blanches et soyeuses en dessous, terminées par 1 pointe
très-aiguë; stipules nulles ou lancéolées; chatons cylindriques, à
écailles arrondies, velues; capsules ovales-lancéolées, velues,
terminées par 1 style allongé; surmonté de 2 à 4 stigmates filiformes. Fl. *idem.* Se trouve assez communément dans les oseraies
humides. ♄

*** *Capsules glabres; feuilles glabres.*

S. **triandra**, L. *sp.* 1442; Hoffm. *Sal.* 1, *p.* 45, *t.* 9, 10.
Arbre d'environ 30 pieds, qui se dépouille de l'écorce de ses
rameaux chaque année; ceux-ci sont allongés, noirâtres et glabres; les feuilles sont pétiolées, linéaires, longues, de 3 pouces,
étroites à la base, qui est égale, acuminées, pourvues de dents
nombreuses et un peu glanduleuses, glabres des 2 côtés, et un
peu glauques en dessous; stipules ovales-obliques, dentées,
glabres, souvent nulles; chatons cylindriques, grêles, jaunâtres,
à écailles velues, obtuses; les mâles ordinairement à 3 étamines;

ovaires pédicellés , tuberculeux , glabres, ovales-acuminés ; capsules glabres , verdâtres. Fl. *id.* Mai, et refleurit quelquefois en août. Se trouve dans les oseraies et sur le bord des rivières. ♄ J'indique cette espèce, quoique je ne l'aie pas encore rencontrée dans nos environs.

S. PENTANDRA , L. *sp.* 1442 ; *Fl. dan. t..* 943. Arbrisseau de 12 à 15 pieds au plus , à rameaux lisses , noirâtres , luisans et visqueux sur les pousses ; feuilles longues de 2-4 pouces , ovales-lancéolées ou lancéolées, glabres des 2 côtés , un peu glauques en dessous ; à petites crénelures nombreuses, glanduleuses, surtout à la base et sur le pétiole , qui est visqueux, aïnsi que les feuilles lorsqu'elles se développent, et comme enduites d'une résine jaune odorante ; stipules ovales-obliques, grandes, subsemi-cordées ou nulles ; chatons cylindriques à écailles presque nulles ; les mâles à 5-7 étamines ; les femelles portées sur des pédoncules allongés, d'abord glabres, et pourvus de 3-5 folioles alternes , puis velus lorsqu'ils forment l'axe du chaton ; capsules pédicellées, grosses, glabres , ovales-pointues , vertes. Fl. *id.* Mai, juin. Se trouve le long des ruisseaux, des fossés humides ; on le cultive sur le bord des vignes , pour faire des liens , à *Saint-Cloud ,* etc. ♄

S. AMYGDALINA , L. *sp.* 1443. Arbrisseau à rameaux jaunâtres , fragiles , glabres . et dont l'écorce se dépouille tous les ans ; à feuilles longues de 2-3 pouces , pétiolées , ovales , à base arrondie, quelquefois inégale , pointues , à dents nombreuses, un peu glanduleuses , mais pas sur le pétiole (qui est un peu velu), glabres des 2 côtés , et glauques en dessous ; stipules grandes , variables, ordinairement arrondies ou semi-cordées , crénelées , caduques ; chatons cylindriques , à écailles glabres ; les mâles à 3 étamines ; les femelles à capsules glabres, grosses, pédicellées. Fl. *id.* Avril. Se trouve dans les bois humides. ♄

S. FRAGILIS , L. *sp.* 1443 ; *S. decipiens,* Hoffm. *Sal.* 1 , *p.* 9 , *t.* 31. Arbre de 15 à 20 pieds , dont les rameaux sont cassans , glabres , brunâtres ; les feuilles longues de 3 à 5 pouces , lancéolées-larges , glabres des 2 côtés , atténuées aux 2 extrémités , fermes , garnies dans toute leur longueur de dents glanduleuses, obtuses , comme recourbées au sommet, ainsi que le pétiole , qui porte aussi des glandes ; les chatons sont cylindriques . pédonculés et garnis de 3-4 grandes folioles, velus dans la partie qui forme l'axe du chaton ; les écailles sont velues (quelquefois glabres) ; les fleurs mâles ont 2-3 étamines ; les femelles, des capsules glabres, pédicellées et allongées. Fl. *idem.* Juin , juillet. Se trouve dans les bois humides , les oseraies , sur le bord des rivières , etc. ♄

     **** *Capsules glabres ; feuilles velues.*

S. VITELLINA , L. *sp.* 1442 ; Hoffm. *Sal.* 1 , *p.* 57 , *t.* 11 , 12 *et*

4, *f.* 1. **Osier jaune.** — Arbre d'une hauteur médiocre, à rameaux redressés, d'un jaune luisant, ainsi que les pétioles et les nervures des feuilles ; celles-ci longues de 1 à 2 pouces, lancéolées, atténuées aux 2 extrémités, presque sessiles, à dents nombreuses, très-fines, glabres et luisantes en dessus, glabres ou quelquefois un peu soyeuses en dessous ; stipules ovales, caduques ; chatons cylindriques, aigus, pédonculés, feuillés à la base, à écailles ovales-lancéolées, pubescentes en dehors, à axe velu ; les mâles à 2 étamines, les femelles à capsules glabres, non pédicellées, courtes, surmontées par deux stigmates échancrés ; es feuilles, en se développant, sont argentées. Fl. *id.* Mars, avril, mai. Se trouve communément dans les marais et les fossés. ♄

La fructification de cet arbre n'est point facile à voir, parce qu'on le coupe continuellement pour avoir ses rameaux, dont on fait un grand usage pour les ouvrages de vannerie, etc.

S. ALBA, L. *sp.* 1449: Hoffm. *Sal.* 1, *p.* 41, *t.* 7, 8 et 23, *f.* 3. **Saule blanc.** — Arbre de 30 à 40 pieds, dont le tronc se creuse étant vieux ; à rameaux dressés, blanchâtres et pubescens aux extrémités ; à feuilles presque sessiles, lancéolées, longues de 3 pouces, presque glabres en dessus, blanches et soyeuses en dessous, et marquées d'une multitude de petites dents, dont les inférieures sont glanduleuses ; les stipules sont nulles ; les chatons cylindriques, feuillés à la base, à écailles velues ; les mâles à 2 étamines, les femelles à capsules glabres, ovales-oblongues, portées sur un court pédicelle, terminées par 4 stigmates courts. Fl. *id.* Se trouve abondamment le long des rivières, etc. ♄

Le genre *Salix* est celui qui offre le plus de difficultés, pour l'étude de tous ceux qui composent notre Flore : tous les obstacles viennent se réunir pour augmenter les embarras du botaniste. 1°. Ces arbres sont dioïques. 2°. Les individus mâles et femelles sont souvent éloignés, et quelquefois même différens. 3°. Beaucoup fleurissent à une époque de l'année où les botanistes ne commencent pas encore leurs excursions. 4°. Les feuilles ne viennent souvent qu'après, et lorsque les fleurs sont passées ; de sorte qu'on risque de se tromper et de rapporter des feuilles à un arbre, tandis qu'on a les fleurs d'un autre. 5°. Les Saules varient suivant l'âge et le terrain où ils croissent. 6° Les jeunes, ou ceux qu'on tient bas en les coupant souvent, ont des feuilles plus grandes, de forme et de couleur autres qu'étant adultes. 7°. Les rameaux de l'année ont souvent des stipules, tandis que les vieux en manquent. On voit qu'il faut une réserve **extrême** pour prononcer sur les espèces fort nombreuses de ce genre : les botanistes qui n'ont pas mis cette prudence dans leurs travaux, ont décrit souvent des variétés pour des espèces ; et, en général, ce qu'on a écrit sur le genre *Salix* est fort embrouillé et demande un nouvel examen. On n'aura une bonne *Saligraphie* que lorsqu'on réunira sous ses yeux, et dans un terrain approprié, toutes les espèces, qu'on les verra croître, et qu'on les observera dans leurs différentes périodes; jusque-là, on doit s'en tenir aux espèces certaines; c'est ce que j'ai fait, préférant me borner plutôt que de propager des erreurs.

Les écorces de plusieurs Saules sont réputées fébrifuges, surtout celles du Saule blanc et du *S. fragilis*, L. La plupart des espèces ont les branches souples et sont fort employées dans la vannerie, dans les travaux de l'agriculture, etc.

Les *S. phylicifolia, lanata, arenaria, hastata*, L., n'ont point encore été trouvés, à ma connaissance, dans nos environs.

Les *S. hippophæfolia, membranacea, ulmifolia*, de M. Thuillier, rentrent dans les espèces décrites ici, ou n'en sont que des variétés.

TETRANDRIE. — QUATRE ETAMINES.

VISCUM. Fleurs *mâles* en paquets axillaires et sessiles; calice à 4 divisions; corolle nulle; étamines sans filets, à anthères spongieuses, sessiles, fixées à la paroi interne des calices.

Fleurs *femelles* disposées comme les mâles; calice supère, à 4 divisions; corolle nulle; style nul; 1 baie monosperme; graines cordiformes.

V. ALBUM, L. *sp.* 1451; Blackw. *t.* 184. Gui, Gui de chêne. — Plante parasite qui croît sur les arbres, presque ligneuse, de couleur jaune-verdâtre; sa tige est très-rameuse, dichotome, diffuse, glabre, longue de 1 à 3 pieds, et poussant en tous sens; les feuilles sont opposées, obovales, charnues, épaisses, jaunâtres, marquées de nervures, entières, très-obtuses et atténuées-cunéiformes à la base, sessiles; ses fleurs forment des groupes par 3-4 aux bifurcations des rameaux, et aux aisselles des feuilles; les baies sont blanches, rondes (presque semblables aux groseilles blanches), et contiennent un suc très-visqueux, et une graine cordiforme, très-aplatie. Fleurs jaunâtres. Mars. Se trouve sur les vieux arbres, surtout sur les pommiers; on le trouve très-rarement sur le chêne; aussi les Druides coupaient-ils avec une serpette d'or celui qu'on y rencontrait. ♄

Le Gui est une plante fort singulière, célèbre dans l'histoire des Gaules et celle des Druides: il a long-temps passé pour un remède contre l'épilepsie; mais cette terrible maladie n'en a pas de connu jusqu'ici. Les baies du Gui sont trop purgatives pour qu'on puisse s'en servir comme d'un évacuant; on les croit émollientes, et on s'en sert quelquefois à l'extérieur, dans les campagnes, pour faire mûrir des abcès. On retire de ces baies et de l'écorce de ce végétal la *glu*, substance utile dans les arts, et qui approche des résines par ses propriétés.

MYRICA. Fleurs *mâles* en chatons ovales; calice formé de 1 écaille ovale; corolle nulle.

Fleurs *femelles* en chatons presque globuleux ; calice et corolle semblables ; 2 styles ; drupe monosperme.

M. **gale**, L. *sp.* 1435 ; *Fl. dan. t.* 327. Galé. — Petit arbrisseau élevé de 1 à 2 pieds, qui a le port d'un petit saule ; sa tige est rameuse, lisse, noirâtre ; les feuilles sont alternes, lancéolées-élargies au sommet, cunéiformes-atténuées en pétiole à la base, entières, plus souvent dentées dans leur moitié supérieure, à bords un peu roulés, légèrement pubescentes sur leurs 2 faces, un peu moins vertes en dessous ; fleurs en chatons, dont les écailles sont larges, un peu pointues et blanchâtres au sommet ; les mâles paraissent avant les feuilles ; les femelles ont les capsules ovoïdes, charnues. Toute la plante est odorante ; il transsude de ses fleurs mâles et femelles, ainsi que de ses feuilles, une cire grenue d'un jaune-doré. Fleurs jaunâtres. Avril. Se trouve abondamment autour des marais, dans la forêt de *Saint-Léger*. ♄

M. **pensilvanica**, Lam. *Dict.* ; *M. carolinensis*, Willd. *sp.* 4, *p.* 746. Arbrisseau à tige de 4-5 pieds, rameuse, un peu noueuse ; feuilles ovales, atténuées en pétiole, marquées de grosses dents au sommet, glabres, parsemées en dessous de gouttes résineuses d'un jaune doré ; capsules agglomérées, globuleuses, un peu mamelonnées, couvertes à leur maturité d'une cire blanche assez épaisse. Fleurs jaunâtres. Mai. Se trouve à l'étang de *Rambouillet*, où il a été planté par feu M. Lemonnier. ♄

En Amérique, où cet arbrisseau (ainsi que le *M. cerifera*, L., dont celui-ci n'est peut-être qu'une variété) donne plus de cire qu'en France, on la récolte avec soin pour l'usage domestique. Notre Galé rend plutôt une résine qu'une espèce de cire ; il peut fournir une teinture jaune. Les habitans des environs de *Saint-Léger* s'en servent à chauffer leur four.

PENTANDRIE. — CINQ ÉTAMINES.

SPINACIA. Fleurs *mâles* en grappes terminales ; calice à 5 divisions ; corolle nulle.

Fleurs *femelles* ramassées en peloton dans les aisselles des feuilles ; calice à 2-4 divisions ; corolle nulle ; 1 graine renfermée dans le calice qui s'endurcit.

S. **oleracea**, α, L. *sp.* 1456 ; *S. spinosa*, Mœnch. *Meth.* 318 ; Lam. *Ill. t.* 814. Epinard. — Tige dressée, rameuse, glabre, haute de 1 à 2 pieds ; feuilles pétiolées, lancéolées-deltoïdes, non dentées, vertes des 2 côtés et glabres, souvent hastées, quelquefois incisées à la base, terminées au sommet en languette allongée, aiguë ; fleurs femelles ramassées aux aisselles des feuilles ; fruit à calice persistant, et se prolongeant à la maturité en 2-4 cornes aiguës, divergentes. Fleurs herbacées. Mai. Cultivé quelquefois en plein champ. ♂

S. inermis, Mœnch. *Meth.* 318 ; *S. oleracea*, β, L. *sp.* 1456 ; Moriss. *s.* 5 , *t.* 30 , *f.* 2. Epinard de Hollande. — Cette espèce ressemble exactement à la précédente, dont elle diffère par ses feuilles plus grandes et ses fruits, dont les calices grandissent sans devenir à cornes épineuses. Fleurs *id.* Se trouvent mêlé avec le précédent ; on le cultive aussi à part. ♂

CANNABIS. Fleurs *mâles* disposées en grappes ; calice à 5 divisions ; corolle nulle.

Fleurs *femelles* disposées en grappe ; calice monophylle, entier, fendu d'un seul côté ; corolle nulle ; 2 styles ; graine renfermée dans le calice, qui se ferme pendant la maturation.

C. sativa, L. *sp.* 1457 ; Blackw. *Herb. t.* 322 , *a. b.* Chanvre. — Tige dressée, simple, un peu hispide, rude au toucher, haute de 3-6 pieds ; feuilles opposées, pétiolées, à 5-7 folioles digitées, lancéolées, atténuées aux deux extrémités, surtout au sommet, où elles sont terminées en languette, marquées de grosses dents en scie (dans les pieds mâles, les 2 folioles externes sont souvent linéaires et entières), très-rudes et bulleuses en dessus, grisâtres et moins rudes en dessous ; fleurs en grappes latérales et terminales, les mâles très-nombreuses ; graines luisantes, ovoïdes-comprimés.

Var. B. Feuilles alternes.

Fl. herbacées. Juin, juillet. Se trouve autour des habitations ; on le cultive dans les champs. ☉

Cette plante, d'une odeur forte, est une des plus utiles de celles que possède l'homme ; son écorce lui sert à faire la toile dont il se vêtit ; les graines, connues sous le nom de *chenevis*, contiennent une huile grasse d'un grand usage ; la plante entière est active, et dans l'Orient, où ses propriétés sont plus prononcées, elle est-enivrante, exhilarante : on en use même dans l'intention de produire cet effet. Chez nous le chanvre, et même son odeur, sont seulement un peu narcotiques.

HUMULUS. Fleurs *mâles* en grappes rameuses, axillaires ; calice à 5 folioles ; corolle nulle.

Fleurs *femelles* en grappes rameuses, axillaires ; calices d'une seule foliole entière, grande, ouverte obliquement, et formant par leur réunion des espèces de cônes foliacés ; corolle nulle ; 2 styles ; une graine à la base interne de la foliole calicinale.

H. lupulus, L. *sp.* 1457 ; Bauh. *Pin.* 298. Houblon. — Tige volubile, simple, striée, rude-hispide, susceptible de s'élever à 8-10 pieds et plus ; feuilles opposées dans le bas, alternes dans le haut, pétiolées, cordiformes à la base, entières ou trilobées, garnies de dents ou crénelures acuminées, un peu rudes au toucher en dessus, un peu pâles en dessous ; fleurs mâles en grappes axillaires, solitaires ou opposées ; les femelles aussi en grappes axillaires ou opposées , par groupes, ou en espèce de cône foliacé , à folioles calicinales , grandes , ovales, entières, colorées, ayant à la base une graine petite , ovoïde , jaunâtre. Fl. jaunâtres. Juillet. Se trouve dans les buissons. ♃

Le Houblon est peut-être le plus excellent de nos antiscrophuleux ; il est fort usité contre cette maladie si fréquente , et contre les nombreuses affections qui en dérivent : on emploie aussi le Houblon contre les maladies de la peau. On sait que cette plante sert à la confection de la bierre, boisson extrêmement saine, et qui est la plus ordinaire des habitans du nord ; les pousses se mangent comme les asperges. Pour l'usage médical on se sert des cônes foliacés du houblon.

HEXANDRIE. — SIX ÉTAMINES.

TAMUS. Fleurs *mâles* en grappes axillaires ; calice à 6 divisions ; corolle nulle.

Fleurs *femelles* en petites grappes axillaires ; calice à 6 divisions ; corolle nulle ; 3 styles ; baie infère , à 3 loges , à 2 graines.

T. COMMUNIS, L. *sp.* 1458 ; Blackw. *Herb. t.* 457. Sceau de Notre-Dame , Herbe aux Femmes battues. —Tige volubile, grimpante, s'élevant à 4-6 pieds , simple , lisse , glabre ; feuilles pétiolées , alternes, cordiformes-allongées , aiguës, entières , glabres , transparentes , marquées de nervures ; fleurs en grappes axillaires ; les femelles pédonculées , à 3 - 6 styles ; baies sphériques , rougeâtre, réunies 2 ou 3 ensemble. Fleurs blanchâtres. Juin , juillet. Se trouve dans les buissons , les haies, les bois, à *Montmorency* , *Saint-Cloud* , *Sèvres* , etc. ♃

OCTANDRIE. — HUIT ÉTAMINES.

POPULUS. Fleurs *mâles* en chatons cylindriques ; calice composé d'une écaille lacérée ; corolle entière , d'une seule pièce oblique , un peu turbinée.

Fleurs *femelles* en chatons cylindriques ; calice et corolle semblables ; stigmate quadrifide ; capsule à 2 loges, à plusieurs graines aigrettées.

P. ALBA, L. *sp.* 1463 ; Lob. *Ic.* 2 , 193 , *f.* 1. Peuplier blanc. — Arbre élevé de 30 à 40 pieds , à écorce crevassée ; branches horizontales ; rameaux blancs ; feuilles grandes , cordiformes, un peu arrondies , anguleuses-lobées, à 3 lobes plus marqués , à dents un peu aiguës-sinueuses, glabres , un peu luisantes , et d'un vert foncé en dessus , très-blanches en dessous ; pétioles épais , presque arrondis , très-velus , longs au plus comme la moitié des

feuilles ; stipules lancéolées, dentées, blanches en dessous ; fleurs
eu chatons, longs d'environ 1 pouce, assez denses, obtus, les
mâles à 8 étamines ; capsules ovales, glabres, surmontées par les
stigmates.

Var. B. *Crispa*, N. Feuilles moins lobées, à dents plus nombreuses, ondulées-crêpues (les dents inférieures sont marquées
de glandes, comme dans l'espèce, mais plus visibles.)

Fl. verdâtres. Mars, avril. Se trouve fréquemment dans les
bois. ♄

P. **canescens**, Smith, *Fl. brit.* 3, *p.* 1080 ; Lob. *Ic.* 2, *p.* 193.
Arbre moins élevé que le précédent, à branches ascendantes,
à rameaux cendrés, à écorce lisse ; feuilles (plus petites que dans
le *P. alba*, L.) arrondies, sinueuses-sublobées, anguleuses-dentées, obtuses, non glanduleuses, d'un vert-noirâtre, glabres et
luisantes en dessus, velues-cendrées en dessous ; pétioles grêles,
pubescens, souvent glabres, de la longueur des feuilles, parfois
beaucoup plus longs ; stipules linéaires-lancéolées, velues-cendrées ; chatons longs d'environ 2 pouces, lâches, les mâles à
8 étamines ; capsules glabres, surmontées de 4 stigmates.

Var. B. *Intermedia*, N. Feuilles petites, arrondies, non
lobées, subcrénelées, glauques-pubescentes en dessous, devenant
glabres en vieillissant.

Fl. *id.* Mars, avril. Se trouve assez communément dans les
bois, dans celui de *Boulogne*, etc. ; la var. B, dont je ne connais
pas la fructification, et que je soupçonne être un hybride du
P. *canescens* et du **P.** *tremula*, forêt de *Senart*, au bord des ruisseaux. ♄

P. **tremula**, L. *sp.* 1464 ; Blackw. *Herb. t.* 248. Tremble. —
Arbre élevé de 40 à 50 pieds, à écorce lisse, blanchâtre, dont les
pousses nouvelles sont velues ; feuilles orbiculaires, plus larges que
longues, comme tronquées à la base, à dents sinueuses, glabres des
deux côtés, un peu poilues sur les bords, glauques en dessous ;
pétioles purpurins, doubles de la longueur des feuilles, glabres,
planes, grêles, un peu roides, et s'agitant au moindre vent ;
stipules sétacées, velues, caduques ; chatons longs d'environ
2 pouces, ovales-cylindriques, à écailles velues, les mâles à 8 étamines. Fleurit en mars, avril. Se trouve très-communément dans
les bois humides, le long des eaux. ♄

P. **nigra**, L. *sp.* 1464 ; Math. *Valgr.* 137. Peuplier noir.
— Arbre ayant de 40 à 50 pieds de hauteur, à rameaux étalés,
glabres ainsi que les pousses ; à feuilles deltoïdes-ovales, aiguës,
un peu arrondies et presque entières à la base, crénelées un peu
irrégulièrement, glabres et unicolores des deux côtés ; pétioles de
la longueur des feuilles, glabres, comprimés (les feuilles et
les pétioles sont enduits, lors de leur développement, d'une matière résineuse très-abondante, surtout dans le bourgeon) ; cha-

tons pédonculés, à écailles glabres ; les mâles à 16 étamines, les femelles plus longs, à capsules un peu écartées.

Var. **B.** *P. flexilis*, Rozier, *Dict. agric.* 7, *p.* 618. Osier blanc. — Tige nulle ; rameaux nombreux, flexibles (ce qui provient de ce qu'on coupe la tige une ou deux fois l'année).

Fleurit en mars. Se trouve partout dans les bois humides, les endroits marécageux ; la var. B cultivée sur le bord des vignes. ♄

Le Peuplier fournit à la thérapeutique ses bourgeons résineux, qui servent à la composition de l'onguent *populeum*, onguent maturatif et adoucissant, dont on fait un emploi assez fréquent, et qu'on applique souvent sur les hémorrhoïdes douloureuses. Le bois du Peuplier est très-utile pour les ouvrages de menuiserie ; on en fait des planches, etc. Les rameaux de la variété servent aux mêmes usages que l'Osier ordinaire.

P. **fastigiata**, Poiret, *Dict.* 5, *p.* 235. Peuplier pyramidal, Peuplier d'Italie. — Tige s'élevant jusqu'à 80 et 100 pieds, à rameaux redressés, serrés, effilés ; feuilles quadrilatères, plus larges que longues, aiguës, à base largement cunéiforme, dentées - crénelées (beaucoup moins à la base), glabres et unicolores sur les deux faces, résineuses à leur développement, portées sur des pétioles glabres, comprimés, de la longueur de la feuille ; stipules linéaires-sétacées, caïuques, entières ; chatons semblables à ceux de l'espèce précédente ; les mâles a 12–18 étamines. Fleurit en mars et avril ; cultivé le long des routes, des avenues, etc. ♃ Je ne connais pas les chatons femelles de cet arbre ; ils sont très-rares, et peut-être même n'y en a-t-il pas d'individus femelles en France, parce qu'il a toujours été multiplié de boutures depuis qu'on l'a apporté d'Italie, d'où il ne nous est peut-être venu que des individus mâles. ♃

ENNÉANDRIE. — NEUF ÉTAMINES.

MERCURIALIS. Fleurs *mâles* en chatons (grappes) allongés ; calice à 3 folioles ; corolle nulle ; filamens des étamines courts.

Fleurs *femelles*, géminées, ou en petites grappes axillaires ; calice à 4-5 folioles ; corolle nulle ; 2 styles ; capsules à 2 loges monospermes.

M. **annua**, L. *sp.* 1465 ; Fuchs. *Hist.* 475, 476. Mercuriale, Foirole. — Tige dressée, rameuse, glabre, haute de 1 pied ou environ (j'en ai vu dans des jardins des individus mâles hauts de 6 pieds) ; feuilles glabres, ordinairement pétiolées, ovales - lancéolées, à dents de scie obtuses ; fleurs mâles nombreuses, en épis allongés, axillaires, interrompus, contenant de 9 à 15 étamines ; fleurs femelles géminées ou solitaires, quelquefois en petites grappes courtes, subsessiles ; capsules didymes, velues-hispides ; graines arrondies, un peu chagrinées.

Var. B. M. ambigua, L. *sp.* 1465. Feuilles ciliées sur les bords; fleurs mâles et femelles sur le même pied ; ces dernières beaucoup plus nombreuses.

Fl. verdâtres. Tout l'été. Se trouve partout dans les endroits cultivés ; la variété *B*, forêt de *Saint-Germain*. ⊙ Les individus femelles sont plus courts, plus rameux, et les feuilles sont plus petites et un peu ciliées sur les bords, et à pétioles plus courts.

La mercuriale a une odeur un peu nauséeuse, qui indique ses qualités purgatives ; elle en jouit effectivement à un degré marqué, mais peu énergique ; on ne la considère guère que comme laxative. Sa décoction sert à faire des lavemens fort usités, et encore plus le *miel mercurial*, sirop qu'on prépare avec cette plante et du miel, mais dans lequel les pharmaciens ajoutent ordinairement les *queues* de séné : on applique aussi quelquefois à l'extérieur la mercuriale cuite, en cataplasme, comme émollienle.

M. PERENNIS, L. *sp.* 1465 ; *Fl. dan. t.* 400. Tige très-simple, velue, haute de près de 1 pied ; feuilles courtement pétiolées, ovales, ciliées, ayant en dessus de petits poils tuberculeux à la base, ce qui la rend un peu rude au toucher ; fleurs mâles en longs épis axillaires ; les femelles solitaires ou géminées, portées sur des pédoncules axillaires, beaucoup plus courts que ceux des fleurs mâles ; capsules hispides, didymes ; graines arrondies, un peu comprimées, légèrement chagrinées. Fl. herbacées. Mars, avril. Se trouve dans tous les bois ombragés. ♃

HYDROCHARIS. Fleurs *mâles* dans une spathe diphylle (2 bractées, Smith.); calice trifide; corolle de 3 pétales ; étamines disposées sur 3 rangs, situées sur un ovaire avorté.

Fleurs *femelles* nues ; calice trifide ; corolle de 3 pétales ; 6 styles à 2 stigmates ; capsule infère, à 6 loges polyspermes.

H. MORSUS RANÆ, L. *sp.* 1466 ; *Fl. dan. t.* 878. Plante nageante, acaule, stolonifère, glabre, longue de 1 à 2 pieds ; feuilles opposées, réniformes-orbiculaires, très-entières, glabres, pétiolées ; 3-4 fleurs mâles, presque en ombelle ; les femelles solitaires, à pédoncule simple, allongé ; corolles à pétales grands, arrondis ; capsules coriaces, arrondies. Fl. blanches, jaunes à la base. Juin, juillet. Se trouve dans les ruisseaux, les étangs, les fossés, à *Crosne*, *Yerres*, *Creil*, *Fontainebleau*, etc. ♃

MONADELPHIE. — ETAMINES réunies par les filets
en un seul faisceau.

JUNIPERUS. Fleurs *mâles* en chatons, composées d'écailles staminifères ; corolle nulle ; anthères à 1 loge, portées sur la partie latérale du pédicelle de chaque écaille.

Fleurs *femelles* composées d'un petit nombre d'écailles opposées en croix, ou 3 à 3, et de 2 ovaires adhérens à la base de la face interne de chaque écaille ; fruit bacciforme, formé de l'aggrégation des écailles, et contenant 1 ou 2 graines.

J. **communis**, L. *sp.* 1470 ; Lois. *Arb.* 6, *t.* 15. Genévrier, Genièvre. — Arbrisseau de 4 à 5 pieds de haut, restant le plus souvent en buisson, s'élevant quelquefois, mais plus rarement, à la hauteur de 15 à 20 pieds, et formant un petit arbre ; feuilles lancéolées-linéaires, roides, aiguës, piquantes, opposées 3 par 3, persistantes ; fleurs mâles, en petits chatons axillaires ; fleurs femelles également axillaires, devenant de petites baies globuleuses, vertes d'abord, et ensuite noirâtres à leur maturité. Fleurit en mars et avril : croît sur le bord des bois et sur les collines, à *Senart*, etc. ♃

Les baies de Genièvre sont employées en médecine ; elles sont toniques et diurétiques ; on en prépare un extrait qui est un très-bon stomachique, et qui est assez usité. On fait, avec ses baies fermentées, une sorte de vin dont on se sert dans quelques cantons forestiers ; les paysans de la forêt de Fontainebleau en offrent aux botanistes pour rafraîchissement : on fabrique aussi une sorte d'eau-de-vie de Genièvre. Les baies de Genièvre sèches répandent, en les brûlant, une odeur assez agréable qu'on utilise dans les hôpitaux pour corriger le mauvais air des salles ; enfin on prépare avec les baies de Genièvre et quelques autres substances, une sorte de bierre très-saine, dont on s'est très-bien trouvé dans les voyages maritimes de long cours, et qui est presque inaltérable.

TAXUS. Fleurs *mâles* solitaires, axillaires, composées d'un calice écailleux, de 8 ou 10 étamines dont les filets sont réunis en cylindre, et dont les anthères sont en bouclier, à 6 ou 8 loges qui s'ouvrent en dessous.

Fleurs *femelles* axillaires solitaires, ayant un calice comme les mâles, et un ovaire dont le stigmate est concave et qui, par le renflement du réceptacle, devient un drupe charnu, ouvert au sommet, et dont le noyau renferme une seule graine.

T. **baccata**, L. *sp.* 1472 ; *Nouv. Duham.* 1, *p.* 62, *t.* 19. L'If. — Arbre de 40 à 50 pieds, s'élevant bien droit ; feuilles rapprochées les unes des autres, éparses, paraissant distiques, linéaires, entières, glabres, d'un vert foncé ; fleurs mâles très-nombreuses, axillaires, solitaires, sessiles, roussâtres ; fleurs femelles moins nombreuses, solitaires, sessiles, axillaires ; fruit pulpeux, d'un rouge vif, contenant une noix à une seule loge qui ne s'ouvre point et qui renferme une graine blanchâtre, charnue et huileuse. Fleurit au commencement du printemps. Indigène des montagnes de la France ; cultivé dans les parcs et les jardins. Il y en a une charmille extérieure entre *Romainville* et *Bondi*.

Le fruit de l'If passe pour vénéneux. Son bois est rougeâtre, très-dur, il prend un beau poli ; on en fait des meubles et des ouvrages de marqueterie.

SYNGÉNÉSIE. — ÉTAMINES réunies par les anthères.

RUSCUS. Fleurs *mâles* portées par les feuilles ; calice à 6 folioles ; corolle nulle.

Fleurs *femelles* portées également par les feuilles ; calice à 6 folioles ; corolle nulle ; 1 style ; baie à 3 loges, à 2 graines.

R. ACULEATUS, L. *sp.* 1474 ; Blackw. *t.* 155. Petit Houx, Houx-frelon. — Sous-arbrisseau à tige dressée, rameuse, glabre, un peu anguleuse supérieurement, haute de 1 à 2 pieds ; à feuilles alternes, ovales, coriaces, sessiles, très-aiguës et épineuses au sommet, entières sur les bords, glabres ; à fleurs solitaires, portées sur la face supérieure et dans la région moyenne des feuilles, à l'aisselle d'une petite bractée ; à baies rouges, contenant 2-3 graines fort dures. Fleurs blanchâtres. Mai. Se trouve dans les bois montueux, à *Jouy*, *Saint-Germain*, *Fontainebleau*, etc. ђ

La Racine de petit Houx est un très-bon diurétique, fort employé, et une des cinq racines dites *apéritives mineures*. La plante, quoique très-épineuse, étant vieille, a ses pousses bonnes à manger lorsqu'elles sortent de terre, ce que l'on fait dans quelques pays.

CLASSE XXII.

CRYPTOGAMIE.

Je n'ai pas cru devoir, quant à présent, m'occuper de cette partie de la Botanique. Dans l'état actuel, cette partie de la science des végétaux ne me paraît pas encore assez travaillée pour offrir des résultats certains ; plusieurs savans s'en occupent de manière à nous faire espérer quelque chose de mieux que ce que nous avons jusqu'ici ; ce n'est qu'avec une juste défiance qu'on doit se permettre de prononcer sur les espèces cryptogames, tant elles sont nombreuses et faciles à varier.

Au surplus, cette classe ne présente d'intérêt que pour le botaniste ; et, malgré la quantité prodigieuse d'espèces qu'elle renferme, il n'y en a qu'un très-petit nombre qui soient utiles en médecine, dans les arts, ou comme alimens.

SUPPLÉMENT.

MONANDRIE.

(Page 2.) CALLITRICHE SESSILIS, Decand.
Var. G. C. *confervoides*, Thuillier, inédit. Toutes les feuilles linéaires, très-étroites, presque capillaires, allongées.

Cette variété est fort remarquable ; elle a été observée dans nos environs par M. Thuillier, ainsi que plusieurs autres, qui ne méritent pas d'être distinguées, et qui forment des passages entre les variétés que nous avons décrites ; plus on en trouvera, plus il sera prouvé qu'elles appartiennent toutes à la même espèce.

DIANDRIE.

(Page 6.) Après la VERONICA SPURIA, L., *ajoutez :*
VERONICA LONGIFOLIA, L. *sp.* 13 ; Clus. *Hist.* 346, *f.* 1. Tige un peu rameuse, dressée, arrondie, haute de 1 pied et plus, garnie d'un duvet court ; feuilles lancéolées, acuminées, à dents de scie épaisses, un peu embrassantes à la base, les inférieures subpétiolées, les supérieures presque entières et étroites ; toutes sont un peu blanchâtres ainsi que le reste de la plante ; épis paniculés, allongés ; capsules presque globuleuses, glabres à leur maturité. Fl. roses. Eté. Se trouve dans les endroits montueux et secs, à *Fontainebleau.* ♃

Cette plante est très distincte du *V. spuria*, L., qui a les feuilles trois à trois, glabres, et les épis plus longs et surtout beaucoup plus grêles.

(Page 11.) ANTHOXANTHUM ODORATUM, L., ajoutez :
Var. C. Tiges et feuilles très-scabres, glabres. Cette variété ne fleurit que sur la fin de l'été. On la trouve au bois de *Boulogne*, dans les lieux sablonneux et labourés.

TRIANDRIE.

(Page 18.) SCIRPUS CARICIS, Willd. Cette espèce indiquée à *Saint-Gratien*, se trouve aussi le long des ruisseaux, et dans les prairies de la vallée du *Plessis-Piquet*.

(Page 26.) AGROSTIS PARADOXA, Decand. M. Léman a trouvé deux pieds de ce gramen au bois de *Romainville*.

(Page 29.) TRAGUS RACEMOSUS. Desf. Cette graminée est commune dans la plaine des *Sablons* ; on la trouve aussi à *Pontoise*.

(Page 34.) MELICA CILIATA, L. Elle a été trouvée à *Meulan* par M. Delaroche.

(Page 36.) Dactylis glomerata, L., ajoutez :
Var. B. *Dactylis hispanica*, Roth. *Catalec. Bot.* 1, *p.* 8. Panicule resserrée, presque en épi tourné d'un seul côté. Cette variété a été trouvée dans les moissons à *Sceaux*, par M. Léman.

(Page 40.) Poa bromoides, N. Il croit aussi à *Gentilly*.

(Page *ibid.*) Festuca ovina, L. *Ajoutez* à la description ; tige presque carrée, ce qui la distingue de toutes les autres espèces du genre.

(Page 41.) Festuca duriuscula, L. La plante de Linnée qui porte ce nom a les épillets glabres ; il faut lui donner pour synonyme la *F. tenuifolia*, Hoffm. *Fl. germ.* 1, *p.* 51. La plante décrite sous le même nom par Leers, a les épillets pubescens, et n'est pas distincte de la *F. Lemanii*, *Bat.* Il s'ensuit que l'espèce de Leers doit être supprimée, puisqu'elle est différente de celle de Linnée, et reportée à la *F. Lemanii.*

(Page *ibid.*) Festuca Lemanii, Batard.
Var. B. *Ciliata*, N. Epillets seulement ciliés sur le bord des bâles. Cette variété, qui se trouve aux bois de *Boulogne* et de *Vincennes*, est très-distincte de la *F. ciliata*, Decand. *Fl. fr.*

(Page *ibid.*) Après la F. Lemanii, *Bat.*
F. arundinacea, Ehrh. *Gram.* 125 ; Scheuchz. *Agrost. t.* 5, *f.* 18. Tige dressée, lisse, glabre, haute de 3–4 pieds ; feuilles très-larges, roides et rudes au toucher, coupantes sur les bords, glabres, un peu cendrées, comme toute la plante ; panicule resserrée ; pédicelles inférieurs géminés ; épillets dressés, de 4 à 6 fleurs glabres, très-courtement aristées (dans la même panicule il y en a quelquefois qui ne sont qu'aiguës), souvent un peu colorées. Fleurit en juin, juillet. Assez commune aux environs de *Paris*, dans les lieux humides, entre autres dans les îles de la *Marne*, l'enclos de *Bagnolet*, etc. ☉

(Page 46.) Le Triticum repens, L. *Var.* E, N., est le *T. glaucum* de la Flore parisienne de M. Thuillier, page 67.

(Page 47.) Triticum intermedium, *Host.* S'observe plaine du *Point-du-Jour*, au bois de *Boulogne*, à *Villiers* près de Clichy, etc.

TÉTRANDRIE.

(Page 61.) Après le Galium Vaillantii, Decand., ajoutez :
Galium parisiense, L. *sp.* 157 ; *G. litigiosum*, Decand. *Fl. fr.* 4, *p.* 263. Tige de 6-8 pouces, délicate, rameuse, glabre, scabre, garnie de denticules nombreux, visibles à la loupe seulement ; feuilles lancéolées-oblongues, glabres, aiguës, acérées sur les

bords ; fleurs paniculées , à pédicelles rameux, souvent trifides ; fruits très-petits , globuleux, entièrement couverts de poils his- pides fins , ce qui leur donne un aspect blanchâtre. Fleurs d'un blanc purpurin. Eté. Cette plante, que je croyais ne pas venir dans nos environs , et qui y est effectivement fort rare, vient d'être observée pour la première fois , par M. Verdier , à l'étang *Coquenard* (près de Saint-Denis).

(Page 69.) La MOENCHIA GLAUCA est de M. Persoon, et la *Sagina erecta* de Linnée ; il y a eu transposition de noms d'auteurs. En confrontant un très-grand nombre d'individus de cette plante , je me suis aperçu que les deux variétés A et B que j'ai indiquées finissent par se confondre.

(Page 82.) VIOLA ODORATA , L. , *ajoutez :*
La racine de cette plante passe pour participer des vertus émétiques de sa congènere (*viola ipecacuanha* , L.) : on dit qu'elle la remplace très-bien à la dose de 40 à 60 grains en poudre ; on double la dose en décoction.

PENTANDRIE.

(Page 85.) VERBASCUM THAPSUS , L. Bouillon-blanc. — J'ai noté , dans ma description de cette plante, qu'elle n'avait souvent que deux étamines velues ; M. Léman dit avoir observé que nous n'avons dans nos environs que des individus semblables , de sorte que, suivant lui, nous ne possédons pas le *V. thapsus* de Linnée ; et il nomme le nôtre *V. intermedium.* Les *Verbascum* sont si sujets à varier, les hybrides s'y forment avec tant de facilité , que je n'ose encore admettre son idée ; mais j'ai cru devoir l'exposer ici , afin qu'on puisse suivre cette observation.

Les fleurs du Bouillon blanc sont pectorales , et employées fréquemment comme telles.

(Page 87.) *Verbascum blattaria* , L. , *ajoutez :* Herbe aux Mites.

(Page 92.) Après le RIBES RUBRUM , L. , *ajoutez :*
RIBES PETRÆUM, Jacq. *Ic. rar. t.* 49 Il s'élève à la même hauteur que le *R. rubrum* auquel il ressemble beaucoup , et dont il diffère par ses feuilles à dents plus nombreuses, plus petites , par ses grappes redressées pendant la fleuraison, par son calice coloré en rouge , et par ses fruits acerbes. Fleurs herbacées. Mai. Cet arbrisseau forme la haie de clôture d'un jardin qui est à l'entrée de la forêt de *Saint-Germain,* en passant par le parterre. ♄

(Page 93.) VITIS VINIFERA , L., *ajoutez :*
Le vin , pris modérément , est la **boisson la plus salutaire** dont l'homme puisse faire usage ; c'est un excellent tonique lorsqu'il est vieux et riche en principes alcooliques ; on le nomme alors *vin généreux.* On s'en sert beaucoup dans la pratique actuelle

de la médecine, dans les fièvres de mauvais caractère, soit pur, soit coupé avec des décoctions médicamenteuses, comme celle de kina, etc. On fait des *limonades vineuses*, en le mélangeant avec l'eau de citron ; etc. Les vins médicamenteux sont très-employés, particulièrement celui de *kina*, le *vin antiscorbutique*, le *vin d'absinthe*, etc.

Les produits du vin sont nombreux et très-utiles en médecine, dans les arts et les besoins de la vie. L'*eau-de-vie* qui s'obtient par la distillation du vin est d'un usage presque général ; l'*alcool*, qui n'est qu'une eau-de-vie plus concentrée, sert a faire les *esprits*, les *teintures*, les *eaux spiritueuses*, etc., dont on use en médecine. L'alcool est un des élémens de l'*Éther* et de la *liqueur minérale anodine* d'*Hoffman*, etc.

Le *vinaigre* est le produit de la fermentation acide du vin ; on l'emploie quelquefois mêlé dans les boissons, dans les cas de putridité, etc. ; on en met dans les lavemens rafraîchissans. Le vinaigre est un bon antiseptique ; il est utile contre le narcotisme, etc.

Le vin dépose dans les tonneaux des produits salins ; ce résidu s'appelle *tartre* ou *sel de tartre* ; purifié, il prend le nom de *crème de tartre* ; on retire de la crème de tartre l'*acide tartareux*, avec lequel on fait des espèces de limonades qu'on appelle *limonade végétale*, pour la distinguer de la limonade au citron. La crème de tartre est avec excès d'acide ; si on sature cet excès d'acide avec de la potasse, on a un sel connu sous le nom de *sel végétal*, avec l'antimoine, l'*émétique*, etc., etc.

HEXANDRIE.

(Page 132.) ORNITHOGALUM UMBELLATUM, L. Au lieu de 3 étamines dilatées à la base, *lisez :* toutes les étamines dilatées à la base ; capsules à 6 côtes très-marquées.

(Page 139.) BERBERIS VULGARIS, L. Il forme presque en totalité la haie qui règne à *Longchamp*, le long des murs du bois de *Boulogne*.

(Page 141.) RUMEX SANGUINEUS, L. Se trouve dans les lieux cultivés, à *Aubervilliers*.

ICOSANDRIE.

(Page 195.) FRAGARIA VESCA, L. : *au lieu de* que j'appellerai *F. vesca abortiva*, etc. *lisez* que j'appellerais, etc. ; *puis ajoutez :* *Var.* D. *F. nuda*, *Syst. edit.* 15, *p.* 511. Point de rejets rampans. Commune au bois de *Boulogne* et à *Saint-Cloud*.

FIN.

TABLE ALPHABÉTIQUE

Des noms latins des genres de plantes qui se trouvent aux environs de Paris.

TABLE ALPHABÉTIQUE

Des noms français des plantes qui croissent aux environs
de Paris.

F

Faux ébénier, 293.
Sapin, 386.
Fenouil, 119.
Fève de marais, 284.
Ficaire, 213.
Filipendule, 188.
Flambe, 14.
Flèche d'eau, 580.
Fleur du coucou, 170.
—— du soleil, 204.
Flouve, 11.
Foirole, 401.
Foyard, 383.
Fraisier, 193.
—— stérile, 197.
Framboisier, 193.
Frêne, 354.
Froment, 45.
Fumeterre, 271.
Fusain, 92.

G

Galé, 397.
Gant de Notre-Dame, 209.
Gantelée, 80.
Garance, 62.
Gaude, 176.
Gazon d'Olimpe, 124.
Genêt à balai, 274.
—— des teinturiers, 275.
Genévrier, 403.
Gentiane croisette, 100.
—— des marais, *ibid.*
Germandrée, 221.
Gesse, 280.
Giroflée jaune, 259.
—— de Mahon, 261.
Gland de terre, 281.
Glayeul, 14.
Globulaire, 51.
Glouteron, 312.
Gouet, 379.
Graines de Canarie, 23.
Grassette, 9.
Grateron, 61.
Gratiole, 8.
Grenouillette, 217.
Groseiller, 92.
—— à maquereaux, 93
Gui, 396.

H

Haricot, 278.
—— à fleurs, *ibid.*
—— nain, *ibid.*
Héliotrope, 70.
Hépatique, 211.
Herbe à l'esquinancie, 57.
—— aux verrues, 70.
—— aux goutteux, 121.
—— à lait, 273.
—— aux mamelles, 311.
—— aux poux, 237.
—— aux charpentiers, 335.
—— à éternuer, *ibid.*
—— du siége, 242.
—— à pauvre homme, 8.
—— aux ânes, 146.
—— aux magiciennes, 4.
—— aux perles, 71.
—— aux écus, 77.
—— aux curedents, 107.
—— à l'hirondelle, 148.
—— à Paris, 154.
—— aux gueux, 212.
—— aux chats, 222.
—— au chantre, 257.
—— aux femmes battues, 399.
—— à Robert, 268.
—— de la Trinité, 211.
—— Saint-Christophe, 199.
—— Saint-Jacques, 324.
—— Saint-Roch, 329.
—— Sainte-Barbe, 271.
Hêtre, 385.
Houblon, 398.
Houx, 66.
Hydre cornu, 377.
Hyssope, 222.

I

If, 403.
Immortelle, 322.
Iris des jardins, 14.
— des marais, *ibid.*
— gigot, 15.
Ivette, 220.
Ivraie, 48.

J

Jacée, 336.
Jacobée, 384.

FIN DE LA TABLE.